W0256162

HANDBUCH DER ASTROPHYSIK

HERAUSGEGEBEN VON

G. EBERHARD · A. KOHLSCHÜTTER
H. LUDENDORFF

BAND III / ZWEITE HÄLFTE

GRUNDLAGEN DER ASTROPHYSIK

DRITTER TEIL

BERLIN
VERLAG VON JULIUS SPRINGER
1930

GRUNDLAGEN DER ASTROPHYSIK

DRITTER TEIL

II

BEARBEITET VON

W. GROTRIAN · O. LAPORTE
E. A. MILNE · K. WURM

MIT 131 ABBILDUNGEN

BERLIN
VERLAG VON JULIUS SPRINGER
1930

ISBN-13:978-3-642-88851-9 e-ISBN-13:978-3-642-90706-7
DOI: 10.1007/978-3-642-90706-7

Inhaltsverzeichnis.

Kapitel 5.

Gesetzmäßigkeiten in den Serienspektren.

Von Prof. Dr. W. GROTRIAN, Potsdam.

(Mit 73 Abbildungen.)

Kapitel 6.

Theorie der Multiplettspektren.

Von Prof. Dr. O. LAPORTE, Ann Arbor, Mich.

(Mit 30 Abbildungen.)

Kapitel 7.

Bandenspektra.

Von Dr. K. WURM, Potsdam.

(Mit 28 Abbildungen.)

Seite

Chapter 8.

Theory of Pulsating Stars.

By Prof. E. A. MILNE, Oxford.

Berichtigungen zu Band III.

S. 71 Zeile 15 von unten: lies F statt $\mathfrak{F}$.

S. 173 Fußnote: lies $T_1^4 = (4/\sqrt{3})\,T_0^4$ statt $\tau_1^4 = (4/\sqrt{3})\,\tau_0^4$.

S. 357 Gleichung (4): lies $\frac{\partial}{\partial z}(\nu\, m\, \overline{u w})$ statt $\frac{\partial}{\partial z}(\nu\, m\, \overline{u v})$.

S. 361 in den beiden letzten Gleichungen: lies $\prod_{i=1}^{Nr}\{\ldots\}$ statt $\prod_{i=1}^{r}\{\ldots\}$.

S. 362 in Gleichung (25) und in der Gleichung darüber: lies m_k statt m_i, u_k statt u_i.

S. 362 Gleichung (26): lies m statt m_i.

S. 387 Zeile 2 unter Gleichung (104): lies $\boldsymbol{A}_r$ statt A_r.

S. 392 Zeile 5 von unten: lies const $\cdot\, \delta_{n,\,n'\pm 1}$ statt $\delta_{n,\,n'\pm 1}$.

S. 394 Gleichung (143): lies $E_{j n_2}$ statt $E_{j n 2}$.

S. 398 Gleichung (162): lies $\varepsilon_{p 1}$ statt $\varepsilon_{p l}$.

S. 440 Gleichung (290) und 2 Zeilen darüber: lies $-\lambda$ und $-\lambda_1$ statt λ und λ_1.

S. 460 Gleichung (368) und (369). Der Index $d w$ gibt die Richtung des gestreuten Strahles an.

S. 463 Gleichung (378): lies $\frac{1}{4}A^2$ statt A^2.

S. 464 Gleichung (381): lies $\left(\frac{\nu-\nu_0}{\nu_0}\right)^2$ statt $\left(\frac{y-y_0}{\nu_0}\right)^2$.

S. 465 Gleichung (382): lies B_{nm} statt B_{mn}.

S. 469 Gleichung (392): lies $\pi\, 420\, \beta$ statt $\pi\, 420$.

Berichtigungen zu Band IV.

S. 160 Fußnote [1]: lies vol 14, No 13 statt vol 4, No 2.

S. 161 Fußnote [2]: ebenso.

Kapitel 5.

Gesetzmäßigkeiten in den Serienspektren

Von

W. GROTRIAN-Potsdam.

Mit 73 Abbildungen.

a) Die Spektren von Atomen und Ionen mit einem einzigen Elektron.

a_1) Das Spektrum des Wasserstoffatoms.

1. Die BALMER-Serie. Die ersten gesetzmäßigen Zahlenbeziehungen zwischen den Wellenlängen der Spektrallinien eines Elementes sind im Spektrum des Wasserstoffs gefunden worden. Nachdem zuerst G. J. STONEY[1] darauf hingewiesen hatte, daß sich die Schwingungszahlen der drei Wasserstofflinien $H\alpha$, $H\beta$ und $H\delta$ wie 20:27:32 verhalten, wurde der entscheidende Schritt von J. J. BALMER[2] getan, der sich auf Anregung von E. HAGENBACH mit dem Problem beschäftigte. BALMER zeigte, daß sich die aus den Messungen von ÅNGSTRÖM bekannten Wellenlängen der vier Wasserstofflinien $H\alpha$, $H\beta$, $H\gamma$ und $H\delta$ mit großer Genauigkeit darstellen lassen durch die Formel

$$\lambda = h\frac{n^2}{n^2-4}, \tag{1}$$

in der die sog. Grundzahl des Wasserstoffspektrums $h = 3645{,}6 \cdot 10^{-8}$ cm $= 3645{,}6$ Å ist und für n die Werte 3, 4, 5, 6 einzusetzen sind, um die Wellenlängen der einzelnen Linien zu erhalten. Aber auch weitere ultraviolette Wasserstofflinien, von denen damals 5 von H. W. VOGEL[3] in irdischen Lichtquellen und 10 von W. HUGGINS[4] in den Spektren weißer Sterne, insbesondere α Lyrae, gefunden waren, fügten sich der BALMERschen Formel, wenn auch nicht mit derselben Genauigkeit wie die vier ersten, was, wie wir heute wissen, auf der Ungenauigkeit der damaligen Wellenlängenmessungen dieser Linien beruhte. Das charakteristische Verhalten der Linien, deren Wellenlängen sich durch die BALMERsche Formel darstellen lassen, besteht darin, daß die Linien mit wachsender „Laufzahl n" näher und näher aneinanderrücken und gegen eine Grenzwellenlänge konvergieren, deren Wert gleich h ist. Außerdem nimmt mit wachsendem n — abgesehen von Sonderfällen, die besonders in manchen Sternspektren bekannt sind — die Intensität der Linien ab. Liniengruppen, die sich so verhalten, treten auch in den Spektren vieler anderer Elemente in charakteristischer Weise auf und werden in der Spektroskopie als „Serien" bezeichnet. In diesem Sinne bilden die genannten Wasserstofflinien eine Serie, die nach

[1] Phil Mag 41, S. 291 (1871). [2] Ann d Phys 25, S. 80 (1885).
[3] Berl Sitzber (1879), S. 586; (1880), S. 192; A N 96, S. 327 (1880).
[4] London R S Proc A 25, S. 445 (1876); Phil Trans 171 II, S. 171 u. 669 (1880).

dem Entdecker der ihr innewohnenden Gesetzmäßigkeit als „BALMER-Serie" bezeichnet wird.

Das Gesetz der BALMER-Serie tritt noch deutlicher in die Erscheinung, wenn wir unter Umformung der ursprünglichen BALMERschen Formel statt der Wellenlängen die Schwingungszahlen oder, wie es in der Spektroskopie allgemein üblich ist, die Wellenzahlen der Linien berechnen. Bezeichnen wir mit λ_{vac} die aufs Vakuum reduzierten, in Zentimetern gemessenen Wellenlängen der Linien, so sind[1]

$$\text{die Schwingungszahlen } \nu = \frac{c}{\lambda_{vac}} \quad (\text{Dim. sec}^{-1}),$$

$$\text{die Wellenzahlen } \nu = \frac{1}{\lambda_{vac}} \quad (\text{Dim. cm}^{-1}),$$

wobei c die Lichtgeschwindigkeit bedeutet.

Dann können wir Formel (1) in der Form schreiben

$$\nu = \frac{1}{\lambda_{vac}} = R\left(\frac{1}{2^2} - \frac{1}{n^2}\right), \quad n = 3, 4, 5 \ldots \tag{2}$$

in der R die sog. RYDBERG-Konstante ist, die mit der BALMERschen Grundzahl h verknüpft ist durch die Beziehung $R = \frac{4}{h}$. Unter Zugrundelegung des BALMERschen Wertes von h ergibt sich der Wert $R = 109690\ \text{cm}^{-1}$. Auf den genauen Wert von R werden wir weiter unten noch zurückkommen. Formel (2) zeigt nun besonders deutlich, daß mit wachsendem n die Frequenzen der Linien immer mehr zunehmen und für $n = \infty$ gegen die Grenze $\nu_\infty = \frac{R}{2^2}$ konvergieren. Die dieser Frequenz entsprechende Stelle des Spektrums wird die „Seriengrenze" genannt.

Die BALMER-Serie ist natürlich seit der Entdeckung BALMERS in zahlreichen Arbeiten sorgfältig untersucht worden, wobei erstens eine erhöhte Genauigkeit der Wellenlängenbestimmung, zweitens eine Verfolgung der Serie bis zu möglichst hohen Seriengliedern und drittens eine Ermittlung der Feinstruktur der Linien angestrebt wurde. Von den in neuerer Zeit entstandenen Arbeiten der ersten Gattung erwähnen wir die von PASCHEN[2], der die Wellenlängen von $H\alpha$ bis $H\delta$ mit dem großen Konkavgitter des Tübinger Institutes gegen Eisennormalen gemessen hat und in derselben Arbeit auch die Ergebnisse interferometrischer Messungen von K. W. MEISSNER an $H\alpha$ und $H\beta$ mitteilt, ferner die von CURTIS[3], der ebenfalls mit einem großen Konkavgitter in einer LITTROW-Aufstellung nach EAGLE Messungen an $H\alpha$ bis $H\zeta$ ausgeführt hat. Weiterhin erwähnen wir die Arbeiten von WOOD und RUARK, auf die wir sogleich noch zurückkommen werden, und schließlich eine Arbeit von HOUSTON[4], der die Wellenlängen von $H\alpha$, $H\beta$ und $H\gamma$ interferometrisch gemessen hat. Die Versuche, die BALMER-Serie in irdischen Lichtquellen bis zu hohen Gliedern zu verfolgen, blieben lange Zeit wenig erfolgreich. Die Schwierigkeit liegt darin, daß Wasserstoff in Entladungsröhren außer dem BALMER-Spektrum noch ein sehr kompliziertes, aus zahlreichen über den gesamten Spektralbereich verteilten Linien bestehendes Bandenspektrum,

---

[1] Es ist allgemein üblich, zur Bezeichnung dieser beiden verschiedenen Größen denselben Buchstaben „ν" zu verwenden, obwohl dadurch natürlich Mißverständnisse leicht vorkommen können. Um diesen von vornherein vorzubeugen, bemerken wir, daß in diesem Kapitel mit „ν" stets die Wellenzahlen gemeint sind, für die wir auch die Bezeichnung „Frequenzen" benutzen werden, während die „ν" des vorhergehenden Kapitels von ROSSELAND stets Schwingungszahlen sind.

[2] Ann d Phys 50, S. 933 (1916).

[3] London R S Proc A 90, S. 605 (1914); 96, S. 147 (1919).

[4] Ap J 64, S. 81 (1926).

das sog. Viellinienspektrum oder zweite Wasserstoffspektrum, emittiert, das dem H_2-Molekül zuzuschreiben ist. Außerdem erscheint in vielen Fällen ein ausgedehntes kontinuierliches Spektrum, das sich von etwa 5000 A an bis weit ins extreme Ultraviolett erstreckt. Diese beiden Spektren, die bisher in der Astrophysik keine Rolle spielen und deshalb hier nur kurz erwähnt zu werden brauchen, überdecken die schwachen höheren Glieder der Balmer-Serie, so daß diese in dem Gewirr der Viellinien und insbesondere auf dem starken kontinuierlichen Grunde verschwinden. Wood[1] hat zuerst diese Schwierigkeit überwunden, indem es ihm gelang, die Entladungsbedingungen so zu gestalten, daß nur das Atomspektrum auftrat. Er benutzte dazu ein etwa 2 m langes Entladungsrohr, das von feuchtem Wasserstoff durchströmt wurde. Im mittleren Teil dieses Rohres trat bei geeignetem Druck und hohen Stromstärken fast nur das Atomspektrum auf. Wood konnte so mit einem Gitterspektrographen die Balmer-Serie bis zum 22. Gliede photographieren und bis zum 20. Gliede vermessen. An einer so gewonnenen Aufnahme hat dann Ruark[2] eine Präzisionsmessung der Balmer-Serie bis zum 18. Gliede durchgeführt.

Whiddington[3] erzeugte ein sehr reines Balmer-Spektrum in einer Entladungsröhre mit Glühkathode bei sehr geringem Druck ($< 10^{-3}$ mm Hg) und konnte auch bis zum 20. Gliede der Serie vordringen. Noch reinere Verhältnisse erzielte G. Herzberg[4], der in bestimmten Teilen einer elektrodenlosen Ringentladung die Balmer-Serie bis zum 23. Gliede verfolgen und auch das kontinuierliche Spektrum beobachten konnte, das sich an die Grenze der Balmer-Serie nach kurzen Wellenlängen mit abnehmender Intensität anschließt[5] und auch nach langen Wellen noch ein kleines Stück in die Serie hineinreicht.

Wenn auch diese in den Laboratorien erzielten Erfolge durchaus beachtenswert sind, so werden sie doch von dem, was die astrophysikalischen Lichtquellen zeigen, noch wesentlich übertroffen. Da in anderen Teilen dieses Handbuches auf diese Befunde ausführlich eingegangen wird, sei hier ohne vollständige Literaturangaben nur folgendes erwähnt: In den Wasserstoffsternen tritt die Balmer-Serie in Absorption oder auch in Emission bis zu hohen Gliednummern auf und ist in ζ Tauri (Typus B3) bis zur Höchstzahl von 27 Gliedern verfolgt worden. Das an die Balmer-Serie anschließende Grenzkontinuum ist in Absorption insbesondere von Hartmann[6] in den Spektren verschiedener Sterne nachgewiesen worden und tritt besonders stark beim Typus B 8 (Beispiel α Leonis) auf.

In den Spektren der galaktischen Nebel ist die Balmer-Serie in Emission vorhanden und z. B. beim Orionnebel bis zu $H\xi$, dem 14. Gliede der Serie, beobachtet. Außerdem tritt aber, vor allem bei planetarischen Nebeln, das Grenzkontinuum mit bemerkenswerter Intensität in Emission auf, wie insbesondere die Aufnahmen von Wright[7] zeigen. Das Spektrum beginnt nach Wright in N. G. C. 6543 und 7009 mit seiner langwelligen Grenze bei etwa 3650 A, also fast genau an der Grenze der Balmer-Serie, soll sich aber in anderen Objekten gelegentlich auch bis zu etwas längeren Wellenlängen erstrecken.

---

[1] London R S Proc A 97, S. 455 (1920); 102, S. 1 (1922); Phil Mag 42, S. 729 (1921); 44, S. 538 (1922).

[2] Ap J 58, S. 46 (1923). [3] Phil Mag 46, S. 605 (1923).

[4] Ann d Phys 84, S. 565 (1927). Hier findet man auch ein ausführliches Literaturverzeichnis der Arbeiten über die Spektren des Wasserstoffs.

[5] Dieses sog. „Grenzkontinuum" darf nicht mit dem oben erwähnten ausgedehnten kontinuierlichen Spektrum des Wasserstoffs verwechselt werden.

[6] Phys Z 18, S. 429 (1917); s. auch W. Huggins u. Lady Huggins, Atlas of Representative Stellar Spectra, S. 85 (1899).

[7] Lick Bull 13, S. 256 (1918); s. insbesondere Tafel 48, Fig. 5 u. Tafel 49, Fig. 1.

Die günstigste „Lichtquelle“ für die Beobachtung der in Frage stehenden Spektren sind aber fraglos die Sonnenchromosphäre und die Protuberanzen. Im Flashspektrum ist die BALMER-Serie von zahlreichen Beobachtern bis zu sehr hohen Seriengliedern, maximal wohl bis zum 37., beobachtet worden, und auch das Grenzkontinuum ist sowohl im Flashspektrum wie auch im Spektrum der Protuberanzen deutlich erkennbar, nachdem zuerst EVERSHED[1] auf das Auftreten dieses Spektrums in den Protuberanzen mit aller Deutlichkeit hingewiesen hat.

Eine Untersuchung der BALMER-Linien mit Spektralapparaten hohen Auflösungsvermögens, insbesondere also mit Interferenzspektroskopen, hat die zuerst von MICHELSON und MORLEY gefundene Tatsache ergeben, daß die BALMER-Linien nicht einfach sind, sondern eine Feinstruktur besitzen. Alle BALMER-Linien wurden zunächst als enge Doppellinien erkannt mit einem nahezu konstanten Frequenzabstande $\Delta\nu$, der für $H\alpha$ $\Delta\nu = 0{,}32\ \mathrm{cm}^{-1}$ ist und mit wachsender Gliednummer auf $\Delta\nu = 0{,}35\ \mathrm{cm}^{-1}$ anwächst. Neuere Untersuchungen[2] haben gezeigt, daß die Struktur in Wirklichkeit noch etwas komplizierter ist. In astrophysikalischen Lichtquellen ist diese Feinstruktur bisher nicht beobachtet und dürfte auch wohl kaum beobachtbar sein, weil die BALMER-Linien stets so stark verbreitert sind, daß die Feinstruktur verschwindet. Wir brauchen hier deshalb auf die zahlreichen Arbeiten, die sich auf die Untersuchung der Feinstrukturen beziehen, nicht einzugehen. Die Tatsache der Feinstruktur der BALMER-Linien ist für die Astrophysik nur von Bedeutung im Zusammenhange mit der Frage, welche Wellenlängenwerte für die Mitten der verbreiterten BALMER-Linien zugrunde gelegt werden müssen. Es ist klar, daß hierfür die Schwerpunkte der Dublettkomponenten eingesetzt werden müssen, die sich aus den Feinstrukturbeobachtungen berechnen lassen. Für diese Schwerpunkte gilt die einfache BALMERsche Formel (2) nicht mehr genau. Die anzubringenden Korrektionen lassen sich, worauf wir etwas später noch zurückkommen werden, auf Grund der Atomtheorie berechnen. Hier sei aber eine der von CURTIS[3] aufgestellten empirischen Formeln angegeben, die in ihrer Form den Formeln angepaßt ist, welche sich auch zur Seriendarstellung in anderen Spektren bestens bewährt haben. Sie lautet

$$\nu = R\left(\frac{1}{(2+p)^2} - \frac{1}{(n+\mu)^2}\right), \tag{3}$$

mit folgenden Werten der Konstanten

$$R = 109678{,}28\ \mathrm{cm}^{-1}, \qquad p = -3{,}83\cdot 10^{-6}, \qquad \mu = 2{,}10\cdot 10^{-6}.$$

Diese Formel gibt nach CURTIS Werte für ν und damit auch für die λ, deren Abweichungen von den Beobachtungen wenigstens für die Serienglieder bis $n = 8$ kleiner sind als die wahrscheinlichen Beobachtungsfehler.

2. Die LYMAN-, RITZ-PASCHEN- und andere Serien. Formel (2) umfaßt bekanntlich nicht nur die Linien der BALMER-Serie, sondern bei naheliegender Verallgemeinerung auch sämtliche anderen Linien, die wir auf Grund der spektroskopischen Erfahrungen dem Spektrum des Wasserstoffatoms zuordnen müssen. Diese verallgemeinerte Form lautet:

$$\nu = R\left(\frac{1}{n_1^2} - \frac{1}{n_2^2}\right), \tag{4}$$

[1] Phil Trans 197, S. 381 (1901); von Aufnahmen aus neuerer Zeit, die beide Spektren zeigen, s. z. B. C. R. DAVIDSON u. F. J. M. STRATTON, Mem R A S 64, S. 105 (1927); s. hier insbesondere Tafel 1.

[2] G. HANSEN, Ann d Phys 78, S. 558 (1925); W. V. HOUSTON, Ap J 64, S. 81 (1926); Phys Rev 30, S. 608 (1927); N. A. KENT, L. B. TAYLOR u. H. PEARSON, ebenda 30, S. 266 (1927). Literaturzusammenstellungen über Feinstrukturbeobachtungen s. bei E. LAU, Phys Z 25, S. 60 (1924) u. G. HANSEN, l. c.

[3] London R S Proc A 96, S. 147 (1919).

in der n_1 und n_2 nun zwei beliebige ganze Zahlen sein sollen mit der Nebenbedingung $n_2 > n_1$. Setzen wir $n_1 = 2$ und $n_2 = 3, 4, 5 \ldots$, so ergeben sich die Frequenzen der BALMER-Linien. Setzen wir $n_1 = 1$, $n_2 = 2, 3, 4, 5 \ldots$, so erhalten wir die Frequenzen der im extremen Ultraviolett gelegenen, zuerst von LYMAN[1] gefundenen und nach ihm benannten LYMAN-Serie. Setzen wir $n_1 = 3$, $n_2 = 4, 5, 6 \ldots$, so ergeben sich die Frequenzen der im Ultraroten gelegenen RITZ-PASCHEN-Serie, die von RITZ auf Grund theoretischer Überlegungen vorausgesagt wurde und von der PASCHEN[2] zunächst zwei Glieder gefunden hat. Weitere Glieder dieser Serie sind dann neuerdings von BRACKETT[3] und POETKER[4] gefunden worden. Von der Serie mit $n_1 = 4$, $n_2 = 5, 6, 7 \ldots$ sind die beiden ersten noch weiter im Ultraroten gelegenen Linien von BRACKETT[3] gefunden worden, und schließlich gibt es noch eine von PFUND[5] beobachtete Wasserstofflinie, die bei $\lambda = 7{,}40\,\mu$ liegt und als erstes Glied der Serie mit $n_1 = 5$, $n_2 = 6, 7, 8 \ldots$ zu deuten ist.

In Tabelle 1 stellen wir die Wellenlängen- und Frequenzwerte der Linien des Wasserstoffatoms zusammen. In der ersten Kolonne stehen die Namen der Beobachter, die die in der dritten Kolonne angegebenen Wellenlängenwerte (Internationale ÅNGSTRÖM-Einheiten, bezogen aufs Vakuum für die LYMAN-Serie, bezogen auf Luft, bei 15° C und 760 mm Druck, für die übrigen Serien) beobachtet haben. In der vierten und fünften Kolonne stehen für die BALMER-Serie die nach der CURTISschen Formel (3) berechneten Wellenlängen- und Frequenzwerte, für die übrigen Serien sind dieselben nach der einfachen Formel (4) berechnet.

In Abb. 1, S. 482 geben wir eine schematische Darstellung des Wasserstoffspektrums in einem für die Wellenzahlen gleichförmigen Maßstabe (s. die Skala rechts). Im ersten Spektralstreifen von links ist das Gesamtspektrum dargestellt. In den weiteren Spektralstreifen sind die Linien der einzelnen Serien herausgezogen.

3. Die Termdarstellung der Serien und ihre atomtheoretische Deutung. Setzen wir $T(n) = \frac{R}{n^2}$, so nimmt $T(n)$ für $n = 1, 2, 3 \ldots$ eine Folge von Werten an, die mit wachsendem n gegen Null konvergieren. Gleichung (4) läßt sich dann in der Form schreiben:

$$\nu = T(n_1) - T(n_2). \tag{5}$$

Die Frequenz jeder Linie erscheint also dargestellt als Differenz zweier Werte aus der Wertefolge $T(n)$. Die empirische Analyse der Spektren hat ergeben, daß diese Art der Darstellung, bei der die Frequenz jeder Spektrallinie als Differenz zweier solcher Größen $T(n)$ erscheint, dem tieferen Sinn der spektralen Gesetzmäßigkeiten angepaßt ist. Die Spektroskopiker nennen diese Größen T die „Terme" des betreffenden Spektrums, und Gleichung (5), nach der jede beobachtbare Spektrallinie als Differenz zweier der für das betreffende Spektrum charakteristischen Terme darstellbar sein soll, ist der Ausdruck des sog. RYDBERG-RITZschen Kombinationsprinzips.

Betrachten wir die zu einer Serie gehörigen Linien, so hat in Gleichung (5) $T(n_1)$ für alle zur Serie gehörigen Linien denselben Wert, und es ist $T(n_1)$ gleich der Frequenz der Seriengrenze. $T(n_1)$ heißt deshalb auch der „konstante Term" oder der „Grenzterm". $T(n_2)$ dagegen nimmt eine gegen Null konvergierende Folge von Werten an und heißt deshalb der „variable Term" oder der „Laufterm". Eine Folge von Werten wie $T(n)$ heißt „Termfolge". Aus der Einordnung der Linien in Serien lassen sich die Terme berechnen. Für Wasserstoff liegen

---

[1] Ap J 23, S. 181 (1906); 43, S. 89 (1916). [2] Ann d Phys 27, S. 537 (1908).
[3] Ap J 56, S. 154 (1922). [4] Phys Rev 30, S. 418 (1927).
[5] J Opt Soc Amer 9, S. 193 (1924).

die Verhältnisse insofern besonders einfach, als sämtliche Terme des Spektrums Glieder der einen Termfolge $T(n) = R/n^2$ sind und sich also berechnen lassen, sobald R bekannt ist. Nun gilt aber, wie wir schon gesehen haben, infolge der vorhandenen Feinstruktur der Linien die BALMERsche Formel nicht genau. Zur Berechnung der in Tabelle 1 unter $T(n)$ angegebenen Werte der Terme ist wieder die CURTISsche Formel zugrunde gelegt, die also die für die Schwerpunkte der Dublettlinien gültigen Termwerte gibt.

Tabelle 1. Wasserstoff.

Beobachter		n	LYMAN-Serie $\nu = R_H\left(\frac{1}{1^2} - \frac{1}{n^2}\right)$ λ_{vac} (beob.)	λ_{vac} (ber.)	ν (ber.)		
MILLIKAN		2	1215,7	1215,68	82258,31		
LYMAN		3	1026,0	1025,73	97491,36		
		4	972,7	972,54	102822,94		
Beobachter		**n**	**BALMER-Serie $\nu = R_H\left(\frac{1}{2^2} - \frac{1}{n^2}\right)$ λ_{Luft} (beob.)**	**λ_{Luft} (ber.)**	**ν (ber.)**	**Termwerte n**	**$T(n)$**
HOUSTON	$H\alpha$	3	6562,8473 6562,7110	6562,793	15233,216	1	109677,82
						2	27419,512
	$H\beta$	4	4861,3578 4861,2800	4861,327	20564,793	3	12186,458
						4	6854,881
	$H\gamma$	5	4340,497 4340,429	4340,466	23032,543	5	4387,131
Mittelwert von PASCHEN, CURTIS und RUARK	$H\delta$	6	4101,7346	4101,738	24373,055	6	3046,619
	$H\varepsilon$	7	3970,0740	3970,075	25181,343	7	2238,331
	$H\zeta$	8	3889,0575	3889,052	25705,957	8	1713,717
RUARK	$H\eta$	9	3835,397	3835,387	26065,61	9	1354,06
	$H\vartheta$	10	3797,910	3797,900	26322,90	10	1096,77
	$H\iota$	11	3770,634	3770,633	26513,24	11	906,43
	$H\varkappa$	12	3750,152	3750,154	26658,03	12	761,64
	$H\lambda$	13	3734,372	3734,371	26770,68	13	648,99
	$H\mu$	14	3721,948	3721,941	26860,09	14	559,58
WOOD	$H\nu$	15	3711,980	3711,973	26932,21	15	487,46
	$H\xi$	16	3703,861	3703,855	26991,24	16	428,43
	$H o$	17	3697,159	3697,154	27040,16	17	379,51
	$H\pi$	18	3691,553	3691,557	27081,16	18	338,51
	$H\varrho$	19	3686,833	3686,834	27115,85	19	303,82
	$H\sigma$	20	3682,825	3682,810	27145,47	20	274,20
	$H\tau$	21	3679,372	3679,355	27170,96	21	248,71
	$H\upsilon$	22	3676,378	3676,365	27193,07	22	226,60
DAVIDSON u. STRATTON	$H\varphi$	23	3673,76	3673,761	27212,35	23	207,32
	$H\chi$	24	3671,42	3671,478	27229,26	24	190,41
	$H\psi$	25	3669,50	3669,466	27244,19	25	175,48
	$H\omega$	26	3667,69	3667,684	27257,42	26	162,25
	$H 25$	27	3666,10	3666,097	27269,23	27	150,44
	$H 26$	28	3664,69	3664,679	27279,78	28	139,89
	$H 27$	29	3663,42	3663,405	27289,26	29	130,41
	$H 28$	30	3662,24	3662,258	27297,81	30	121,86
	$H 29$	31	3661,34	3661,221	27305,54	31	114,13
	$H 30$	32	3660,33	3660,280	27312,55	32	107,12
	$H 31$	33	3659,68	3659,423	27318,94	33	100,73
	$H 32$	34	3658,81	3658,641	27324,79	34	94,88
	$H 33$	35	3658,00	3657,926	27330,14	35	89,53
	$H 34$	36	3657,25	3657,269	27335,05	36	84,62
		37	—	3656,666	27339,55	37	80,12
		∞	—	3645,981	27419,674	∞	0

Tabelle 1 Fortsetzung.

Beobachter	n	RITZ-PASCHEN-Serie $\nu = R_H\left(\frac{1}{3^2} - \frac{1}{n^2}\right)$ λ_{Luft} (beob.)	λ_{Luft} (ber.)	ν (ber.)
PASCHEN	4	18751,3	18751,1	5331,58
	5	12817,6	12818,1	7799,33
BRACKETT. . . .	6	1,09 μ	10938,1	9139,84
POETKER	7	10049,8	10049,4	9948,13
	8	9546,2	9546,0	10472,74
	9	9229,7	9229,1	10832,40
	10	9015,3	9014,9	11089,69
	11	8863,4	8862,9	11280,03
Beobachter	**n**	**BRACKETT-Serie $\nu = R_H\left(\frac{1}{4^2} - \frac{1}{n^2}\right)$ λ_{Luft} (beob.)**	**λ_{Luft} (ber.)**	**ν (ber.)**
BRACKETT. . . .	5	4,05 μ	40510,4	2467,75
	6	2,63 μ	26251,6	3808,26
Beobachter	**n**	**PFUND-Serie $\nu = R_H\left(\frac{1}{5^2} - \frac{1}{n^2}\right)$ λ_{Luft} (beob.)**	**λ_{Luft} (ber.)**	**ν (ber.)**
PFUND	6	7,40 μ	74578,0	1340,512

Bekanntlich findet das RYDBERG-RITZsche Kombinationsprinzip seine atomphysikalische Deutung in der BOHRschen Frequenzbedingung. Um den Anschluß an die theoretischen Ausführungen des Kapitels 4 zu gewinnen, erinnern wir daran, daß gemäß der BOHRschen Frequenzbedingung die Frequenz ν (Dim. cm^{-1}) jeder Spektrallinie gegeben ist durch

$$h c \nu = E_{n_2} - E_{n_1}, \tag{6}$$

in der E_{n_2} und E_{n_1} die Energiewerte des Atoms sind in den beiden Quantenzuständen, zwischen denen der mit Emission der betreffenden Spektrallinie verbundene Übergang erfolgt. Es ist also

$$\nu = \frac{E_{n_2}}{h c} - \frac{E_{n_1}}{h c}. \tag{7}$$

Die Theorie lehrt, daß Formel (5) und (7) identisch sind, und daß die beiden Terme $T(n_1)$ und $T(n_2)$ in Formel (5), atomphysikalisch gedeutet, nichts anderes sind als die durch $h c$ dividierten und mit dem negativen Vorzeichen versehenen Werte der Energie der durch n_1 und n_2 bestimmten Quantenzustände. Es ist also

$$E_n = -h c\, T(n) \tag{8}$$

und für den speziellen Fall des Wasserstoffatoms ist

$$E_n = -\frac{R h c}{n^2}. \tag{9}$$

4. Das Niveauschema des Wasserstoffatoms. Unter Berücksichtigung dieses wichtigen Zusammenhanges können wir, sobald wir die Terme eines Spektrums kennen, zur Veranschaulichung der Entstehung der Spektrallinien im Sinne der BOHRschen Atomtheorie ein Energiediagramm oder Niveauschema zeichnen. Abb. 2 zeigt dasselbe für das Wasserstoffatom. Auf einer vertikalen Frequenzskala, auf der, oben bei Null beginnend, nach unten hin wachsende ν-Werte aufgetragen sind, werden an den den Termwerten R/n^2 entsprechenden

Stellen horizontale Niveaustriche gezeichnet, für die die Werte von n links angegeben sind. Diese Niveaus entsprechen nun gemäß Gleichung (9) in einem dem Frequenzmaßstabe proportionalen Energiemaßstabe den Energiewerten der

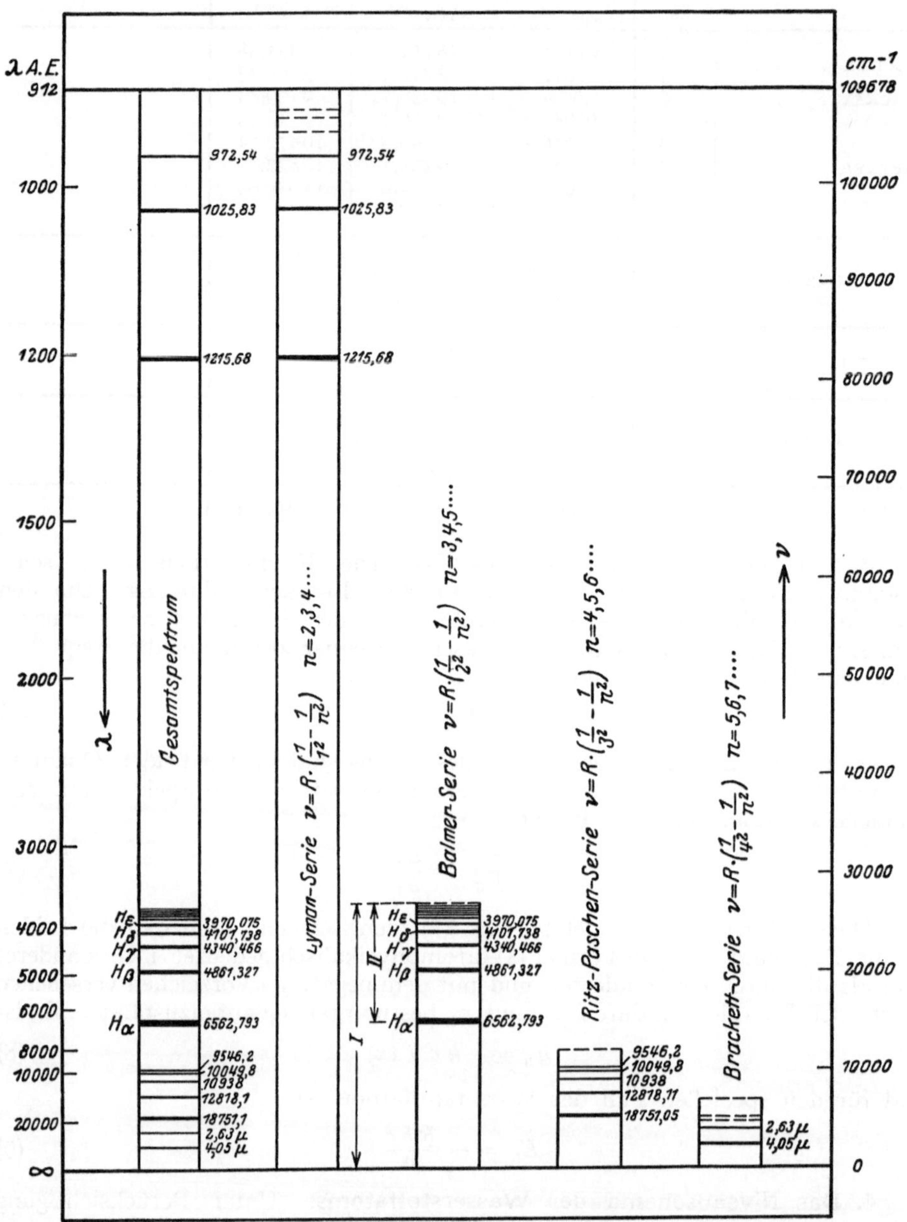

Abb. 1. Spektrum des Wasserstoffatoms.

verschiedenen Quantenzustände des H-Atoms in der Weise, daß das am tiefsten liegende Niveau dem Normalzustande des H-Atoms entspricht und die höher liegenden Niveaus die Anregungszustände des H-Atoms darstellen. Diese rücken mit wachsendem n immer näher zusammen und konvergieren gegen die oberste, dem Termwert $T(\infty) = 0$ entsprechende Grenze, die dem Zustande der vollständigen Abtrennung des Elektrons vom Kerne, d. h. der Ionisation, entspricht. Auf der linken Seite der Abbildung ist eine beim Normalzustande mit 0 be-

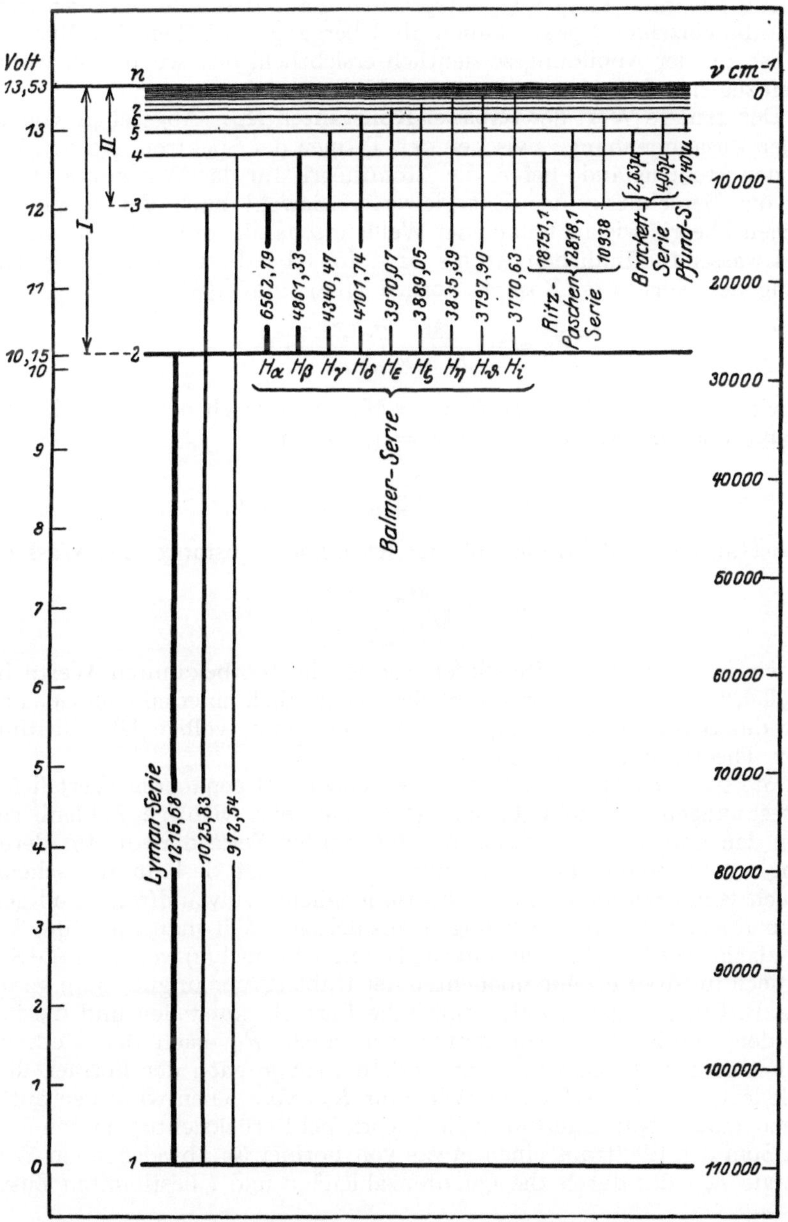

Abb. 2. Niveauschema des Wasserstoffatoms.

ginnende Energieskala in Volt abgetragen. Diese Skala zeigt also z. B., daß die kinetische Energie eines Elektrons, das in einem elektrischen Felde die Potentialdifferenz 10,15 Volt frei durchlaufen hat, ausreicht, um bei einem Zusammenstoß ein Wasserstoffatom vom Quantenzustand $n = 1$ in den Quantenzustand

$n = 2$ zu bringen, und daß 13,53 Volt ausreichen, um das Wasserstoffatom vom Normalzustande auf eine Quantenbahn $n = \infty$ zu bringen, d. h. das Atom zu ionisieren. Die kleinste Anregungsspannung 10,15 wird auch die Resonanzspannung genannt, 13,53 Volt entsprechen der Ionisierungsspannung.

Wie die einzelnen Spektrallinien als Übergänge zwischen den Niveaus entstehen, ist aus der Abbildung so deutlich ersichtlich, daß wir darauf wohl nicht näher einzugehen brauchen.

5. Der genaue Wert der RYDBERG-Konstanten R_H. Abgesehen von diesem generellen Zusammenhange zwischen den Termen der Spektren und den Energiewerten der Atomzustände liefert die Atomtheorie für das Wasserstoffatom auch die genaue Berechnung der Energiewerte. Sowohl nach der ursprünglichen BOHRschen Theorie wie auch nach der Wellenmechanik ergibt sich für die Energie E_n eines wasserstoffähnlichen Atoms bzw. Ions bei Berücksichtigung der Mitbewegung des Kernes [s. Kap. 4, Formel (188) und (195)]

$$E_n = -\frac{M}{M+\mu}\,\frac{2\pi^2 Z^2 e^4 \mu}{h^2}\,\frac{1}{n^2}. \tag{10}$$

Setzen wir speziell für Wasserstoff $M = M_H$, also gleich der Masse des Wasserstoffatoms, und die Atomnummer[1] $Z = 1$, so wird

$$E_n = -\frac{M_H}{M_H+\mu}\,\frac{2\pi^2 e^4 \mu}{h^2}\,\frac{1}{n^2}, \tag{11}$$

und es ist also gemäß Formel (9) die RYDBERG-Konstante des Wasserstoffs:

$$R_H = \frac{M_H}{M_H+\mu}\,\frac{2\pi^2 e^4 \mu}{c h^3}. \tag{12}$$

Setzen wir in die rechte Seite dieser Formel die bestbekannten Werte für die universellen Konstanten ein, so ergibt sich bekanntlich innerhalb der Genauigkeit, mit der die Berechnung durchgeführt werden kann, völlige Übereinstimmung zwischen Theorie und Beobachtung.

Da die spektroskopischen Daten aber einen viel genaueren Wert liefern als die Berechnungen, so stellt Formel (12) eine sehr wichtige Zahlenbeziehung zwischen den universellen Konstanten der rechten Seite dar, die für deren Berechnung von fundamentaler Bedeutung ist. Es ist deshalb wünschenswert, einen auch vom Standpunkte der Theorie möglichst einwandfreien und genauen Wert für R_H aus den Beobachtungen abzuleiten. Will man dies tun, so muß daran gedacht werden, daß die einfache BALMER-Formel (2) weder für die Schwerpunkte noch für die Einzelkomponenten der Dubletts genau gilt. Man kann nun, wie es z. B. CURTIS[2] getan hat, empirische Formeln aufstellen und die in diese eingehenden empirischen Konstanten wie auch R_H nach der Methode der kleinsten Quadrate berechnen. Dann erhält man je nach der Formel, die man zugrunde legt, etwas verschiedene Werte für R_H, von denen wir einen auf S. 478 angegeben haben. Nun liefert aber die Theorie bei Berücksichtigung von Relativität und Spin des Elektrons einen etwas von Formel (9) abweichenden Wert für die Energie $E_{n,l}$ des durch die Quantenzahlen[3] n und l bestimmten Zustandes

---

[1] Abweichend von der in Bd. III/1, Kap. 4 benutzten Bezeichnung N für die Atomnummer oder Kernladungszahl benutzen wir hier und im folgenden den in der deutschen Literatur allgemein üblichen Buchstaben Z.

[2] London R S Proc A 96, S. 147 (1919).

[3] Abweichend von der in Bd. III/1, Kap. 4 gewählten Bezeichnung benutzen wir auch hier die in der deutschen Literatur übliche Bezeichnung l (statt k) für die Nebenquantenzahl und α (statt γ) für die SOMMERFELDsche Feinstrukturkonstante.

eines wasserstoffähnlichen Atoms bzw. Ions mit der Kernladungszahl Z. Nach Kapitel 4, Formel (252) ist

$$E_{n,l} = E_n + E_n \frac{Z^2 \alpha^2}{n} \left(\frac{3}{4n} - \frac{1}{l+1} \right) \tag{13}$$

$$l = 0, 1, 2 \ldots n-1, \qquad \alpha^2 = \left(\frac{2\pi e^2}{hc} \right)^2 = 5{,}32 \cdot 10^{-5},$$

und die Frequenz einer durch den Übergang $n_2, l_2 \to n_1, l_1$ bestimmten Feinstrukturkomponente ist für Wasserstoff ($Z = 1$) gegeben durch

$$\nu = R_H \left(\frac{1}{n_1^2} - \frac{1}{n_2^2} \right) + R_H \alpha^2 \left[\frac{1}{n_1^3} \left(\frac{3}{4n_1} - \frac{1}{l_1+1} \right) - \frac{1}{n_2^3} \left(\frac{1}{4n_2} - \frac{1}{l_2+1} \right) \right]. \tag{14}$$

Für die Linien der BALMER-Serie ist speziell $n_1 = 2$, die beiden Hauptkomponenten der BALMER-Liniendubletts entstehen dadurch, daß in (14) l_1 entweder gleich 0 oder 1 gesetzt wird. Wegen der Kleinheit von α^2 sind sowohl die Abweichungen von der einfachen BALMER-Formel wie auch die Aufspaltungen gering. Formel (14) gibt bei Berücksichtigung der Auswahlregeln für die Quantenzahlen[1] l und j ($\Delta l = \pm 1$ und $\Delta j = 0$ oder ± 1) tatsächlich sämtliche Beobachtungstatsachen[2] über die Feinstruktur, also Größe der Aufspaltung, wie auch Zahl und Intensität der Komponenten, richtig wieder.

Es ist deshalb selbstverständlich, einer möglichst genauen Berechnung von R_H Formel (14) zugrunde zu legen. Das kann in der Weise geschehen, daß man die Wellenlängen der Einzelkomponenten der Feinstruktur möglichst genau bestimmt (was natürlich nur für die ersten Glieder der BALMER-Serie möglich ist) und aus Formel (14) unter Einsetzung der diesen Komponenten entsprechenden Werte von n_1, l_1, n_2 und l_2 den Wert von R_H berechnet. So erhält HOUSTON[3] aus den langwelligen Dublettkomponenten von $H\alpha$ und $H\beta$ im Mittel den Wert

$$R_H = 109677{,}759 \pm 0{,}008 \text{ cm}^{-1}.$$

Andererseits kann man aus Formel (14) unter Berücksichtigung der verschiedenen Intensitäten der Einzelkomponenten die Frequenz des Schwerpunktes der BALMER-Linien berechnen und diese Formel dem entsprechenden Beobachtungsmaterial an unaufgespaltenen BALMER-Linien zugrunde legen. In dieser Weise ist RUARK[4] vorgegangen und hat aus jeder der BALMER-Linien von $n_2 = 5$ bis $n_2 = 14$ ($H\gamma$ bis $H\mu$) den Wert von R_H berechnet; er erhält als Mittelwert

$$R_H = 109677{,}26 \pm 0{,}23 \text{ cm}^{-1}.$$

Von den früheren Bestimmungen erwähnen wir noch folgende:

PASCHEN[5] $R_H = 109677{,}691 \pm 0{,}06$,

BIRGE[6] $R_H = 109677{,}7 \pm 0{,}2$,

HOUSTON[7] $R_H = 109677{,}70 \pm 0{,}04$.

Wie man sieht, weichen diese Werte nur wenig voneinander ab.

[1] Die Quantenzahl j kommt zwar explizite in Formel (14) nicht mehr vor. Daß sie aber doch für die Bestimmung der Einzelkomponenten eine Rolle spielt, hängt damit zusammen, daß die durch (13) bestimmten Energieniveaus in Wirklichkeit [s. Formel (251) in Kap. 4] doppelt sind mit verschiedenen Werten von j.

[2] A. SOMMERFELD u. A. UNSÖLD, Z f Phys 36, S. 259 (1926); 38, S. 237 (1926).

[3] Phys Rev 30, S. 608 (1927).

[4] Ap J 58, S. 46 (1923).

[5] Ann d Phys 50, S. 935 (1916).

[6] Phys Rev 17, S. 589 (1921).

[7] Ap J 64, S. 81 (1926).

6. Die atomtheoretische Deutung des Grenzkontinuums. Wir müssen nun noch auf die atomtheoretische Deutung des kontinuierlichen Spektrums eingehen, das sich an die Grenze der BALMER-Serie anschließt. Im Sinne der BOHRschen Bahnvorstellung können Frequenzen, die kurzwelliger als die Seriengrenze sind, dadurch zustande kommen, daß ein Übergang stattfindet zwischen einer hyperbolischen Bahn des Elektrons und einer gewöhnlichen Quantenbahn. Die Energie der hyperbolischen Bahn ist gleich der kinetischen Energie $E_{\text{kin}} = \frac{1}{2} m v^2$ des Elektrons in unendlich großer Entfernung vom Kern. Die bei einem Übergang von der hyperbolischen Bahn in die $n$te Quantenbahn emittierte Frequenz ist gemäß (7) und (9) also gegeben durch

$$\nu = \frac{E_{\text{kin}}}{h} - \frac{E_n}{h} = \frac{E_{\text{kin}}}{h} + \frac{R}{n^2}. \tag{15}$$

Nach der Auffassung der BOHRschen Theorie ist die Energie der hyperbolischen Bahn oder auch die kinetische Energie eines freien Elektrons nicht gequantelt. Das gleiche Resultat (s. Kap. 4, S. 403) ergibt sich auch aus der Wellenmechanik, derzufolge die Wellengleichung des H-Atoms für beliebige positive Werte der Energie eine Lösung besitzt. In (15) kann also E_{kin}/h eine kontinuierliche Folge von Werten $\geqq 0$ annehmen, und damit ergeben sich kontinuierliche Spektren, die sich an die Grenze jeder Serie nach den kurzen Wellenlängen anschließen. Daß dies Spektrum nur für $n = 2$, also an der Grenze der BALMER-Serie, beobachtet ist, liegt daran, daß die übrigen Spektren entweder ins extreme Ultraviolett oder Ultrarot fallen, wo die Beobachtungen viel schwieriger sind und die astrophysikalischen Lichtquellen ausfallen.

Die Absorption des kontinuierlichen Spektrums entspricht natürlich dem umgekehrten Prozeß, bei dem ein im $n$ten Quantenzustande befindliches H-Atom ein Lichtquant $h\nu$ absorbiert, wodurch das Atomelektron abgetrennt wird und außerdem eine kinetische Energie relativ zum Kerne erhält.

a_2) Das Spektrum des ionisierten Heliumatoms.

7. Die historische Entwicklung. Im Jahre 1896 entdeckte PICKERING[1] im Spektrum von ζ Puppis eine Serie von Linien, von denen jede zwischen zwei Wasserstofflinien der BALMER-Serie lag. Die Frequenzen dieser neuen Linien lassen sich durch die Formel

$$\nu = R\left(\frac{1}{2^2} - \frac{1}{(n+\frac{1}{2})^2}\right) \qquad n = 3, 4, 5, 6 \ldots \tag{16}$$

darstellen, und aus dieser Analogie zur BALMER-Formel zogen sowohl PICKERING[1] wie auch KAYSER[2] und insbesondere RYDBERG[3] den Schluß, daß diese Linien dem Wasserstoffspektrum zuzuschreiben seien. FOWLER[4] gelang es dann, im Spektrum einer Funkenentladung durch ein Gemisch von Wasserstoff und Helium nicht nur diese PICKERING-Serie zu beobachten, sondern auch weitere Linien, die von ihm entsprechend der theoretischen Überlegungen von RYDBERG in zwei Serien, sog. Hauptserien, zusammengefaßt wurden und sich durch die Formeln darstellen lassen

$$\nu = R\left(\frac{1}{(1,5)^2} - \frac{1}{(n+1)^2}\right), \qquad n = 1, 2, 3, 4 \tag{17}$$

$$\nu = R\left(\frac{1}{(1,5)^2} - \frac{1}{(n+\frac{1}{2})^2}\right). \qquad n = 2, 3, 4 \tag{18}$$

[1] Ap J 4, S. 369 (1896); 5, S. 92 (1897). [2] Ap J 5, S. 95 (1897).
[3] Ap J 7, S. 233 (1899). [4] M N 73, S. 62 (1912).

Das erste Glied der Serie (17) ist die aus den Spektren der O-Sterne, der galaktischen Nebel und der Chromosphäre schon damals bekannte Linie $\lambda = 4686$ A. Alle diese Linien wurden zunächst dem Wasserstoff zugeschrieben. BOHR[1] hat dann bereits in seinen ersten grundlegenden Arbeiten über den Atombau behauptet, daß diese Linien sämtlich zum Spektrum des ionisierten Heliums gehören und durch die allgemeine Formel dargestellt werden können

$$\nu = 4R_{\mathrm{He}}\left(\frac{1}{n_1^2} - \frac{1}{n_2^2}\right). \tag{19}$$

Nachdem FOWLER[2] eingehend dargelegt hatte, daß diese Auffassung BOHRS im Einklange sei mit den damals vorliegenden spektroskopischen Befunden, ist dann EVANS[3] der experimentelle Nachweis gelungen, daß die in Frage stehenden Linien in einem mit reinem Helium gefüllten Geißlerrohr emittiert werden, in dem die BALMER-Linien nicht auftreten. Speziell für die Linie λ 4686 war dies Resultat schon vorher von STARK[4] erhalten worden, und außerdem hatte RAU[5] festgestellt, daß diese Linie erst bei sehr hohen Elektronengeschwindigkeiten angeregt wird, was nur im Sinne der BOHRschen Behauptung zu verstehen ist. EVANS fand bei seinen Versuchen nicht nur die Linien der PICKERING- und FOWLER-Serien, sondern stellte auch fest, daß die nach der BOHRschen Formel (19) ganz dicht neben den BALMER-Linien auf der kurzwelligen Seite zu erwartenden Heliumlinien vorhanden sind. Bald darauf hat dann PASCHEN[6] in einer umfassenden Arbeit die genauen Wellenlängen dieser BOHRschen Heliumlinien angegeben, vor allem auch die Feinstruktur untersucht und auf Grund der SOMMERFELDschen[7] Feinstrukturtheorie gedeutet.

8. Die einzelnen Serien. Die bisher erwähnten Linien lassen sich als folgende Spezialfälle der BOHRschen Formel (19) darstellen. Die Linien der PICKERING-Serie (16) bilden zusammen mit den dicht neben den BALMER-Linien liegenden, von EVANS gefundenen Linien die Serie

$$\nu = 4R_{\mathrm{He}}\left(\frac{1}{4^2} - \frac{1}{n^2}\right). \qquad n = 5, 6, 7\ldots \tag{20}$$

Die Linien dieser Serie, die dicht neben den BALMER-Linien liegen ($n = 6, 8, 10\ldots$), sind von PLASKETT[8] auch in den Spektren einiger O-Sterne (10 Lacertae Oe 5, 9 Sagittae Oe 5, B. D. 35°3930 N Oe) deutlich getrennt von den BALMER-Linien beobachtet worden.

Die beiden von FOWLER gefundenen Serien (17) und (18) bilden zusammen die Serie

$$\nu = 4R_{\mathrm{He}}\left(\frac{1}{3^2} - \frac{1}{n^2}\right). \qquad n = 4, 5, 6\ldots \tag{21}$$

Weiterhin hat dann LYMAN[9] bei seinen Untersuchungen des Heliumspektrums im extremen Ultraviolett drei Glieder der Serie

$$\nu = 4R_{\mathrm{He}}\left(\frac{1}{2^2} - \frac{1}{n^2}\right) \qquad n = 3, 4, 5\ldots \tag{22}$$

und zwei Glieder der Serie

$$\nu = 4R_{\mathrm{He}}\left(\frac{1}{1^2} - \frac{1}{n^2}\right) \qquad n = 2, 3, 4\ldots \tag{23}$$

gefunden.

---

[1] Phil Mag 26, S. 1 (1913); Nature 95, S. 6 (1915). [2] Phil Trans 214, S. 225 (1914).
[3] Phil Mag 29, S. 284 (1915). [4] Verh d D phys Ges 16, S. 468 (1914).
[5] Sitzber d phys-med Ges Würzburg Nr 2, S. 20 (1914).
[6] Ann d Phys 50, S. 901 (1916).
[7] Sitzber d bayr Akad d W 4. Dez. 1915, S. 425 u. 8. Jan. 1916, S. 459; Ann d Phys 51, S. 1 (1916); s. auch Atombau und Spektrallinien, 4. Aufl. Braunschweig, Vieweg, 1924.
[8] Publ Dominion Astrophys Obs Victoria I, S. 325 (1922).
[9] Ap J 43, S. 89 (1916); Science 45, S. 187 (1917); Nature 104, S. 314 (1919); H. FRICKE u. TH. LYMAN, Phil Mag 41, S. 814 (1921); TH. LYMAN Ap J 60, S. 1 (1924).

In Tabelle 2 stellen wir die beobachteten und berechneten Wellenlängen sowie die Frequenzen für das Heliumfunkenspektrum in derselben Weise zusammen wie in Tabelle 1 für Wasserstoff. Für die beiden von LYMAN gefundenen Serien und für die PICKERING-Serie sind die Frequenzen nach den einfachen Formeln (20), (22) und (23) berechnet. Dagegen ist bei der FOWLER-Serie der Tatsache Rechnung getragen, daß ebenso wie bei Wasserstoff die einfache BALMER-Formel nicht genau gilt, sondern für jede Komponente der komplizierten Feinstrukturen Korrektionen anzubringen sind. Wie insbesondere PASCHEN[1] gezeigt hat, sind die beobachteten Feinstrukturen in bester Übereinstimmung mit den von der Theorie geforderten Aufspaltungsbildern, die sich gemäß der allgemeinen Energieformel (13) errechnen lassen, wenn für die Kernladungszahl $Z = 2$ gesetzt wird. Da diese Feinstrukturen in astrophysikalischen Lichtquellen bisher nicht beobachtet sind, gehen wir hier auf dieselben nicht näher ein, sondern bemerken nur, daß die in Tabelle 2 als „ber.“ angegebenen Wellenlängen und Frequenzen die Mittelwerte sind aus den Feinstrukturkomponenten Ia und IIb der SOMMERFELD-PASCHENschen Bezeichnungsweise.

Tabelle 2. Helium (Funkenspektrum)

Beobachter	n	$\nu = 4 R_{He}\left(\frac{1}{1^2} - \frac{1}{n^2}\right)$ (LYMAN)		
		λ_{vac} (beob.)	λ_{vac} (ber.)	ν ber.
LYMAN	2	303,6	303,79	329166
	3	256,3	256,33	390123
Beobachter	**n**	$\nu = 4 R_{He}\left(\frac{1}{2^2} - \frac{1}{n^2}\right)$ (LYMAN)		
		λ_{vac} (beob.)	λ_{vac} (ber.)	ν ber.
LYMAN	3	1640,4	1640,49	60957,35
	4	1215,2 (?)	1215,18	82292,42
	5	1085,2	1084,98	92167,51
Beobachter	**n**	$\nu = 4 R_{He}\left(\frac{1}{3^2} - \frac{1}{n^2}\right)$ (FOWLER)		
		λ_{Luft} (beob.)	λ_{Luft} (ber.)	ν ber.
PASCHEN	4	4685,760	4685,760	21335,31
	5	3203,138	3203,145	31210,33
	6	2733,326	2733,334	36574,55
	7	2511,233	2511,238	39809,01
	8	2385,427	2385,435	41908,29
	9	2306,215	2306,227	43347,50
FOWLER	10	2252,81	—	—
Beobachter	**n**	$\nu = 4 R_{He}\left(\frac{1}{4^2} - \frac{1}{n^2}\right)$ (PICKERING)		
		λ_{Luft} (beob.)	λ_{Lutt} (ber.)	ν ber.
PASCHEN	5	—	10123,72	9875,09
	6	6560,130	6560,168	15239,31
	7	5411,551	5411,57	18473,80
	8	4859,342	4859,36	20573,10
	9	4541,612	4541,63	22012,37
	10	4338,694	4338,71	23041,87
	11	4199,857	4199,87	23803,59
	12	4100,409	4100,08	24382,93

[1] l. c. S. 487; Ann d Phys 82, S. 689 (1927). Weitere Literatur über Feinstrukturen der He^{+}-Linien: P. KUNZE, Ann d Phys 79, S. 610 (1926); W. LEO, ebenda 81, S. 757 (1926).

9. Der Wert der Rydberg-Konstanten R_{He} und R_∞. Worauf wir aber noch eingehen müssen, ist der Wert der Rydberg-Konstante für He^+. Wieder läßt sich je ein Wert aus jeder einzelnen Feinstrukturkomponente berechnen nach der zu (14) analogen Formel

$$\nu = 4 R_{He}\left(\frac{1}{n_1^2} - \frac{1}{n_2^2}\right) + 16 R_{He}\,\alpha^2\left[\frac{1}{n_1^3}\left(\frac{3}{4n_1} - \frac{1}{l_1+1}\right) - \frac{1}{n_2^3}\left(\frac{3}{4n_2} - \frac{1}{l_2+1}\right)\right]. \quad (24)$$

Paschen erhielt als besten Wert aus allen von ihm beobachteten Feinstrukturbildern

$$R_{He} = 109\,722{,}144\ \text{cm}^{-1}.$$

Houston[1] erhält aus interferometrischen Messungen der beiden Hauptkomponenten des Feinstrukturbildes von $\lambda = 4686$

$$R_{He} = 109\,722{,}403\ \text{cm}^{-1}.$$

Aus (10) folgt bei Einsetzen von $Z = 2$ und $M = M_{He}$

$$R_{He} = \frac{M_{He}}{M_{He} + \mu}\,\frac{2\pi^2 e^4 \mu}{c h^3}. \quad (25)$$

Der Unterschied zwischen R_H und R_{He} rührt also von den verschiedenen Kernmassen her. Bezeichnen wir die Rydberg-Konstante für unendlich große Kernmasse mit R_∞, so ist

$$R_\infty = \frac{2\pi^2 e^4 \mu}{c h^3}. \quad (26)$$

R_∞ läßt sich aus R_H und R_{He} und den bekannten Atomgewichten berechnen. So erhält Paschen

$$R_\infty = 109\,737{,}18 \pm 0{,}06,$$

während Flamm[2] berechnet

$$R_\infty = 109\,737{,}11 \pm 0{,}06,$$

Houston dagegen leitet aus seinen Beobachtungen den Wert ab

$$R_\infty = 109\,737{,}424 \pm 0{,}20.$$

Weiterhin läßt sich aus R_H und R_{He} das Verhältnis μ/M_H und unter Hinzunahme der Faraday-Konstante die spezifische Ladung des Elektrons e/μ berechnen. Wegen dieser Berechnungen und ihres Zusammenhanges mit den Bestrebungen, möglichst genaue Werte für die universellen Konstanten abzuleiten, verweisen wir auf die erwähnten Arbeiten von Paschen, Flamm und Houston, auf die neuerdings erschienene kritische Zusammenstellung der Werte physikalischer Konstanten von Birge[3] sowie auf Sommerfelds Buch: Atombau und Spektrallinien, 6. Kap., § 9.

10. Die Spektren von Li^{++} und Be^{+++}. Ganz neuerdings ist es B. Edlén und A. Ericson[4] unter Benutzung eines besonders kräftigen Vakuumfunkens als Lichtquelle gelungen, einige im extremen Ultraviolett gelegene Linien aus dem Spektrum des zweifach ionisierten Lithiums und des dreifach ionisierten Berylliums zu beobachten. Die Frequenzen der Linien in den Spektren dieser vollkommen wasserstoffähnlichen Ionen lassen sich berechnen nach den Formeln

$$\nu = 9 R_{Li}\left(\frac{1}{n_1^2} - \frac{1}{n_2^2}\right) \quad \text{für } Li^{++},$$

$$\nu = 16 R_{Be}\left(\frac{1}{n_1^2} - \frac{1}{n_2^2}\right) \quad \text{für } Be^{+++},$$

[1] Phys Rev 30, S. 613 (1927). [2] Phys Z 18, S. 515 (1917).
[3] Phys Rev Supplement 1, S. 1 (1929). [4] Nature 125, S. 233 (1930).

wobei R_{Li} und R_{Be} in Analogie zu (25) zu berechnen sind. Es ergibt sich

$$R_{\mathrm{Li}} = 109727{,}6\ \mathrm{cm}^{-1},$$
$$R_{\mathrm{Be}} = 109730{,}6\ \mathrm{cm}^{-1}.$$

Die von EDLÉN und ERICSON beobachteten Linien gehören zu den Grundserien mit $n_1 = 1$. Die berechneten und beobachteten Wellenlängen sind die folgenden:

Li++			Be+++		
	$\lambda_{\mathrm{ber.}}$	$\lambda_{\mathrm{beob.}}$		$\lambda_{\mathrm{ber.}}$	$\lambda_{\mathrm{beob.}}$
$n_1 = 1,\ n_2 = 2$	135,01	135,02	$n_1 = 1,\ n_2 = 2$	75,94	75,94
$n_2 = 3$	113,92	113,93			

Wie man sieht, ist die Übereinstimmung ausgezeichnet.

b) Die Spektren von Atomen und Ionen mit einem Valenzelektron.

11. Historische Bemerkung. Bereits wenige Jahre nach der Entdeckung BALMERS wurden in der Erforschung der Gesetzmäßigkeiten in den Spektren Fortschritte erzielt, die als epochemachend bezeichnet werden müssen. Es handelt sich dabei um die Entdeckung, daß sich auch die Linien vieler anderer Atomspektren ähnlich in Serien einordnen lassen wie die Wasserstofflinien. Wie so häufig in der Wissenschaft wurde diese Entdeckung fast gleichzeitig von verschiedenen Forschern gemacht. Es handelt sich dabei einerseits um die klassischen Arbeiten von KAYSER und RUNGE[1] über die Spektren der Elemente und andererseits um die Untersuchungen von RYDBERG[1]. Während RYDBERG lediglich das damals bereits vorliegende Wellenlängenmaterial seinen Untersuchungen zugrunde legte und trotz der Mangelhaftigkeit desselben in genialer Intuition die Gesetze der Linienserien aus demselben herauszufinden verstand, haben KAYSER und RUNGE die von ihnen erforschten Spektren selbst neu aufgenommen und vermessen. Ihre Arbeiten sind daher auch vom experimentellen Standpunkte grundlegend. RYDBERGS besonderes Verdienst besteht andererseits darin, daß er die empirisch gefundenen Gesetzmäßigkeiten in einer Form dargestellt hat, die einerseits eine weitgehendere Verallgemeinerung gestattete und andererseits auch durch die Deutung auf Grund der Atomtheorie eine überraschende und glänzende Rechtfertigung fand. Von den zahlreichen Forschern, die sich anschließend an diese grundlegenden Arbeiten mit der Erforschung der Serienspektren beschäftigt haben, nennen wir den Theoretiker W. RITZ[2], der insbesondere an RYDBERG anknüpft, und vor allem F. PASCHEN und A. FOWLER, die auf Grund eigener mit höchster Präzision ausgeführter Experimente die Analyse zahlreicher Spektren durchgeführt haben. Diese beiden Forscher haben im Jahre 1922 in Buchform Tabellenwerke[3] herausgegeben, in denen das damals bekannte empirische Material über die Serienspektren vollständig enthalten ist. Diese Tabellen sowie die in den Bänden V, VI und VII des Handbuches der Spektroskopie vom KAYSER enthaltenen Wellenlängentabellen der Spektren sämtlicher Elemente bilden das unentbehrliche Handwerkszeug für jeden Spektroskopiker. Auf die Entwicklung der spektroskopischen Forschung nach 1922 werden wir später noch zurückkommen.

[1] Literaturangaben s. bei H. KAYSER, Handb. der Spektroskopie II, S. 510ff.
[2] Ann d Phys 12, S. 264 (1903).
[3] F. PASCHEN u. R. GÖTZE, Seriengesetze der Linienspektren. Berlin, Julius Springer, 1922; A. FOWLER, Report on Series in Line Spectra. London, Fleetway Press, Ltd. 1922.

12. Die empirischen Serienformeln. Das charakteristische Merkmal für die in der soeben kurz skizzierten Epoche der spektroskopischen Forschung gemachten Entdeckungen ist die Tatsache, daß sich die Linien der untersuchten Spektren, also z. B. der Alkalispektren, in Serien einordnen lassen. Dabei bleibt der spektroskopische Charakter dieser Serien qualitativ genau so wie bei der BALMERschen Wasserstoffserie. Eine Serie stellt sich im Spektrogramm immer dar als eine Folge von Linien, die nach kurzen Wellenlängen zu mit abnehmender Intensität näher und näher aneinanderrücken. Diese Serien fallen aber bei den Spektren mit zahlreichen Linien nicht so deutlich in die Augen wie beim Wasserstoffspektrum, und die Hauptaufgabe bei der Analyse eines Spektrums besteht darin, aus dem scheinbar gesetzlosen Gewirr von Linien diejenigen herauszufinden, die zu einer Serie gehören.

Der gesetzmäßige Zusammenhang zwischen den zu einer Serie gehörigen Linien läßt sich ganz ähnlich wie bei den Wasserstoffserien darstellen durch eine Formel von der Gestalt

$$\nu = T_1 - T(m), \tag{27}$$

also wieder als Differenz zweier Terme, von denen der erste T_1 einen für jede Serie konstanten Wert besitzt und gleich der Frequenz der Seriengrenze ist, während $T(m)$ eine Funktion der Laufzahl m ist, die in ihrem Verlauf stets der einfachen für Wasserstoff gültigen Funktion $T(m) = \frac{R}{m^2}$ ähnlich ist und insbesondere die Eigenschaft hat, für $m = \infty$ zu verschwinden. Jedoch reicht diese einfache BALMER-Formel in keinem Falle aus, sondern man muß stets noch eine oder gar mehrere Konstanten in die Formel hineinnehmen, um den Verlauf einer Serie mit annähernd der Genauigkeit darzustellen, die durch die Messungen gewährleistet ist. KAYSER und RUNGE benutzten zur Darstellung der von ihnen in den Spektren der Alkalien, Erdalkalien und Erden gefundenen Serien die Form, die vom Standpunkte der Mathematik die gegebene erscheint. Sie dachten sich die unbekannte Funktion $T(m) = f(m)$ nach fallenden Potenzen von m in eine Reihe entwickelt, setzten also

$$T(m) = \frac{B}{m^2} + \frac{C}{m^3} \tag{28a}$$

oder

$$T(m) = \frac{B}{m^2} + \frac{C}{m^4}, \tag{28b}$$

und bestimmten in der Frequenzgleichung $\nu = T_1 - T(m)$ die Konstanten T_1, B und C so, daß die Beobachtungen möglichst gut dargestellt wurden. Durch diese Formeln ließen sich in der Tat viele, wenn auch nicht alle der von ihnen gefundenen Serien recht gut darstellen.

RYDBERG dagegen hat die analytische Form der unbekannten Funktion selbst gefunden in seinem berühmten Ansatz

$$T(m) = \frac{R}{(m+a)^2}, \tag{29}$$

in dem nun nur noch a eine willkürlich zu bestimmende, dagegen R dieselbe Konstante ist, die auch in die Formel des einfachen BALMER-Termes eingeht. Diese Entdeckung, daß die Konstante R eine universelle Bedeutung hat und in den Spektren sämtlicher Elemente eine ähnliche Rolle spielt wie im Wasserstoffspektrum, ist von fundamentaler Bedeutung gewesen und rechtfertigt es, daß R als „RYDBERG-Konstante“ bezeichnet wird.

In der Frequenzformel

$$\nu = T_1 - \frac{R}{(m+a)^2} \tag{30}$$

sind nun nur noch zwei Konstanten T_1 und a willkürlich zu bestimmen. Die Frequenzen der verschiedenen Serienlinien erhält man, indem man m die Reihe der ganzen Zahlen durchlaufen läßt. Der Wert von a hängt natürlich davon ab, mit welchem Wert von m man bei dem ersten Gliede der Serie beginnt. Bei geeigneter Wahl von m kann man stets erreichen, daß a zwischen $+\frac{1}{2}$ und $-\frac{1}{2}$ liegt. In dieser Weise sind die Werte von m bei der Analyse der Spektren im allgemeinen bestimmt worden, und man nennt die so erhaltenen Zahlen m „empirische Laufzahlen". a erscheint dann also als eine zu m hinzutretende Korrektionsgröße und wird als „RYDBERG-Korrektion" bezeichnet.

RYDBERG hat gezeigt, daß durch seine Formel das empirische Material mindestens ebensogut dargestellt wird, wie durch die Formeln von KAYSER und RUNGE. Es gibt aber Fälle, in denen auch die RYDBERGsche Formel nicht ausreicht. Von den vielen Formeln[1], die im Laufe der Zeit vorgeschlagen und mit mehr oder weniger Erfolg verwendet worden sind, erwähnen wir nur die wichtigen von W. RITZ stammenden Ansätze. In sinngemäßer Verallgemeinerung der RYDBERGschen Formel setzt RITZ

$$T(m) = \frac{R}{\left(m + a + \frac{b}{m^2}\right)^2} \tag{31a}$$

oder auch

$$T(m) = \frac{R}{\left(m + a + \frac{b}{(m+a)^2}\right)^2}, \tag{31b}$$

wo b eine neue Konstante ist. Da in erster Näherung $T(m) = \frac{R}{(m+a)^2}$ und also $\frac{1}{(m+a)^2} = \frac{T(m)}{R}$ ist, kommt RITZ auf folgende Kettenbruchdarstellung

$$T(m) = \frac{R}{(m + a + b' T(m))^2}. \tag{31c}$$

Die in den Serienformeln auftretenden drei Konstanten T_1, a und b bzw. b' lassen sich berechnen, sobald drei Glieder der Serie bekannt sind. Wie man zu verfahren hat, um bei zahlreichen Seriengliedern die Konstanten so zu bestimmen, daß die Beobachtungen möglichst gut dargestellt werden, ist auseinandergesetzt bei PASCHEN[2] und bei E. FUES[3]. Für die Berechnung der Serien nach der RYDBERGschen Formel und das Aufsuchen zu erwartender höherer Serienglieder sind die in den Tabellenwerken von PASCHEN-GÖTZE und FOWLER enthaltenen Funktionstafeln[4] für $\frac{R}{(m+a)^2}$ von außerordentlichem Nutzen.

13. Die Haupt-, Neben- und BERGMANN-Serien. Die Analyse der Spektren der Alkalien, Erdalkalien und Erden hat ergeben, daß in jedem Spektrum im allgemeinen vier Arten von Serien auftreten und zu unterscheiden sind. In ihrer reinsten und einfachsten Form treten diese Serien in den Spektren der Alkalien auf, und wir wollen, um vom Einfachen zum Komplizierten allmählich fortzuschreiten, unsere Betrachtungen zunächst auf die Bogenspektren der Alkalien und noch spezieller auf das Bogenspektrum des Lithiums beschränken. In den Alkalispektren tritt besonders auffällig eine Serie auf, deren Linien sich dadurch auszeichnen, daß sie in starken Bogenentladungen leicht in Selbstumkehr erscheinen und von dem nichtleuchtenden Dampf des betreffenden Metalles absorbiert werden. Diese Serie wird als „Hauptserie" bezeichnet.

[1] S. z. B. A. FOWLER, Report on Series in Line Spectra, Kap. V, S. 31.

[2] Seriengesetze, S. 12.

[3] Ann d Phys 63, S. 1 (1920).

[4] l. c. S. 150 u. 151; FOWLER, Report, S. 82, 83 u. 84; F. PASCHEN, J Opt Soc Amer 16, S. 231 (1928).

Indem wir uns die Frequenzen der Linien dieser Serie durch eine RYDBERGsche Formel dargestellt denken, können wir schreiben

$$\nu = T_{\text{H.S.}} - \frac{R}{(m+p)^2}, \qquad m = 2, 3, 4 \ldots, \text{ Hauptserie} \tag{32}$$

wobei $T_{\text{H.S.}}$ den konstanten Grenzterm und p die RYDBERG-Korrektion des Lauftermes bedeutet, die wir mit diesem Buchstaben bezeichnen im Anschluß an die englische Bezeichnung dieser Serie als „principal series". Die Laufzahlen m sind dabei so bestimmt, wie es der auf S. 492 gegebenen Vorschrift entspricht, daß $+0{,}5 > p > -0{,}5$ sein soll.

Weiterhin beobachtet man zwei Serien, deren Linien einander im Spektrum immer abwechseln, so daß jede Linie der einen Serie zwischen zweien der anderen liegt. Daß diese Linien nicht zu einer einzigen Serie gehören, erkennt man an ihrem verschiedenen Aussehen. Während die Linien der einen Serie in einem Bogen in Luft diffus erscheinen, bleiben die der anderen scharf. Diese Serien werden als Nebenserien bezeichnet, und zwar unterscheidet man dem Aussehen der Linien entsprechend die diffuse Nebenserie und die scharfe Nebenserie oder statt dessen auch die I. Nebenserie und die II. Nebenserie. Schon die abwechselnde Lage der Linien läßt darauf schließen, daß diese beiden Serien derselben Grenze zustreben, und die Berechnung nach einer der Serienformeln ergibt, daß das tatsächlich der Fall ist. Wir können also, wenn wir uns wieder eine RYDBERG-Formel verwendet denken, schreiben

$$\nu = T_{\text{N.S.}} - \frac{R}{(m+s)^2}, \qquad m = 2, 3, 4, \ldots \text{ (scharfe) II. Nebenserie} \tag{33a}$$

$$\nu = T_{\text{N.S.}} - \frac{R}{(m+d)^2}. \qquad m = 3, 4, 5, \ldots \text{ (diffuse) I. Nebenserie.} \tag{33b}$$

Die Nebenserien unterscheiden sich also lediglich durch die Werte der RYDBERG-Korrektionen s (scharf) und d (diffus) der Laufterme. Zu der Wahl der in (33b) angegebenen Laufzahlen der diffusen I. Nebenserie werden wir zwanglos durch die Bedingung $0{,}5 > d > -0{,}5$ geführt. Die Werte der RYDBERG-Korrektion d sind im allgemeinen klein, so daß Zweifel in der Numerierung nicht entstehen. Dagegen ergeben sich bei den Lauftermen der scharfen II. Nebenserie meist große Werte der Korrektionsgröße s. Diese liegen bei den Alkalien und auch bei anderen Spektren in der Nähe von 0,5. Deshalb hat man früher die Laufterme der scharfen Nebenserie mit halbzahligen Laufzahlen $m = 1{,}5,\ 2{,}5,\ 3{,}5 \ldots$ berechnet, wobei die Korrektionen s natürlich wesentlich kleiner werden. In der älteren Literatur findet man diese Laufzahlen noch vielfach verwendet[1], sie sind aber, seitdem man im Zusammenhange mit der Theorie erkannt hat, daß ihnen keine Realität zukommt, aufgegeben und durch ganzzahlige ersetzt worden. Wenn wir dementsprechend in (33a) statt der früher üblichen Werte $m = 2{,}5,\ 3{,}5,\ 4{,}5 \ldots$ die Werte $m = 2, 3, 4 \ldots$ eingesetzt haben, so hat das zur Folge, daß in den meisten Spektren s der Bedingung $0{,}5 > s > -0{,}5$ nicht mehr genügt, vielmehr im allgemeinen $s > 0{,}5$ wird. Man könnte deshalb, um der genannten Bedingung zu genügen, statt mit $m = 2$ mit $m = 3$ beginnen, wobei $s < 0$ würde; es hat sich jedoch die in (33a) gegebene Zuordnung eingebürgert, so daß wir sie beibehalten wollen.

Zu den drei bisher erwähnten Serien tritt im allgemeinen noch eine vierte, deren Linien meist im Ultraroten liegen. Diese Serien werden in der deutschen Literatur als „BERGMANN-Serien", in der englischen als „fundamental

---

[1] Vgl. in diesem Zusammenhange auch die empirischen Formeln (16) und (17) für die fälschlich dem Wasserstoff zugeschriebenen He^+-Linien.

series" bezeichnet. Bei Darstellung durch eine RYDBERG-Formel lassen sich die Frequenzen schreiben

$$\nu = T_{\mathrm{B.\,s.}} - \frac{R}{(m+f)^2}, \qquad m = 4, 5, 6, \ldots \tag{34}$$

wobei $T_{\mathrm{B.\,s.}}$ den konstanten Grenzterm und f (fundamental) die RYDBERG-Korrektion der Laufterme bedeutet, für die sich im allgemeinen nur sehr kleine Werte ergeben, so daß in der Wahl der Laufzahlen m für die sehr nahe wasserstoffähnlichen Terme kein Zweifel bestehen kann.

14. Die Werte der Grenzterme. In Abb. 3 S. 498 geben wir eine schematische Darstellung des Lithiumbogenspektrums. In dem Spektralstreifen „G. Sp." ist das Gesamtspektrum in einem rechts angebrachten gleichmäßigen Frequenzmaßstabe dargestellt (der dementsprechende Wellenlängenmaßstab befindet sich links), in den mit II. N.S., H.S., I. N.S. und B.S. bezeichneten Streifen sind die zu den einzelnen Serien gehörigen Linien herausgezogen. Man sieht, daß die Grenze der Hauptserie wesentlich weiter im Ultravioletten liegt als die gemeinsame Grenze der beiden Nebenserien. Die Grenze der BERGMANN-Serie, von der nur zwei ultrarote Glieder bekannt sind, liegt bei etwa 8000 A. Zahlenmäßig ergeben sich folgende Werte für die Grenzterme

$$T_{\mathrm{H.\,s.}} = 43486{,}3\ \mathrm{cm}^{-1}, \quad T_{\mathrm{N.\,s.}} = 28582{,}5\ \mathrm{cm}^{-1}, \quad T_{\mathrm{B.\,s.}} = 12203{,}1\ \mathrm{cm}^{-1}.$$

Außer der wichtigen Tatsache, daß die Grenzterme der beiden Nebenserien identisch sind, bestehen noch weitere Beziehungen zwischen den Grenztermen und Lauftermen der einzelnen Serien. Die erste ergibt sich aus der Regel von RYDBERG und SCHUSTER. Diese aus dem empirischen Material abgeleitete Regel sagt aus: Die Differenz des Grenztermes der Hauptserie und des Grenztermes der beiden Nebenserien ist gleich der Frequenz des ersten Gliedes der Hauptserie.

Zahlenmäßig belegen wir diese Regel für das Li-Spektrum. Es ist gemäß den oben angegebenen Werten

$$T_{\mathrm{H.\,s.}} - T_{\mathrm{N.\,s.}} = 14903{,}8\ \mathrm{cm}^{-1}.$$

Die Frequenz der bekannten roten Li-Linie $\lambda = 6707{,}8$, die das erste Glied ($m = 2$) der Hauptserie bildet, ist auch genau[1]

$$\nu_{6708} = 14903{,}8\ \mathrm{cm}^{-1}.$$

Drücken wir diese Beziehung in einer Formel aus, so lautet dieselbe

$$T_{\mathrm{H.\,s.}} - T_{\mathrm{N.\,s.}} = T_{\mathrm{H.\,s.}} - \frac{R}{(2+p)^2},$$

also

$$T_{\mathrm{N.\,s.}} = \frac{R}{(2+p)^2}. \tag{35}$$

Es ist also der Grenzterm der Nebenserien ein spezieller Wert der Lauftermfolge der Hauptserie, und zwar der Wert, für den $m = 2$ ist.

Eine analoge, von RUNGE entdeckte Beziehung bestimmt den Grenzterm der BERGMANN-Serie. Nach RUNGE ist die Differenz der Grenzen der Nebenserien und der BERGMANN-Serien gleich der Frequenz des ersten Gliedes der I. diffusen Nebenserie.

Für Li erhalten wir aus den angegebenen Zahlenwerten

$$T_{\mathrm{N.\,s.}} - T_{\mathrm{B.\,s.}} = 16379{,}4\ \mathrm{cm}^{-1}.$$

---

[1] Die genaue zahlenmäßige Übereinstimmung hängt damit zusammen, daß bei der Berechnung die Gültigkeit der Regeln von RYDBERG-SCHUSTER und RUNGE schon voraus-

Die Frequenz des ersten Gliedes der ersten Nebenserie, der roten Linie $\lambda = 6101{,}53$, ist

$$\nu = 16379{,}4\ \mathrm{cm}^{-1}$$

und stimmt damit also völlig überein[1]. In unseren Formeln ausgedrückt lautet die Beziehung

$$T_{\mathrm{N.S.}} - T_{\mathrm{B.S.}} = T_{\mathrm{N.S.}} - \frac{R}{(3+d)^2},$$

also

$$T_{\mathrm{B.S.}} = \frac{R}{(3+d)^2}. \tag{36}$$

Es ist also der Grenzterm der BERGMANN-Serie gleich dem Wert der Lauftermfolge der I. Nebenserie, für den $m = 3$ ist.

Schließlich erwarten wir, daß sich nun auch der Grenzterm der Hauptserie als ein spezieller Wert einer der Termfolgen darstellen lassen wird. In der Tat zeigt sich, daß $T_{\mathrm{H.S.}}$ nahezu übereinstimmt mit dem Wert der Termfolge der scharfen Nebenserie $\frac{R}{(m+s)^2}$, für den $m = 1$ ist. Als Beispiel benutzen wir wieder das Li-Spektrum. Aus der Analyse der II. scharfen Nebenserie ergibt sich, daß s sehr nahe gleich 0,6 ist. Berechnen wir $R/(1{,}6)^2$, so ergibt sich $42843\ \mathrm{cm}^{-1}$, ein Wert, der nahezu mit dem angegebenen Wert für $T_{\mathrm{N.S.}}$ übereinstimmt. Die Übereinstimmung würde besser werden, wenn wir statt der einfachen RYDBERGschen Formel eine genauere benutzt hätten.

In einer Formel ausgedrückt ist also

$$T_{\mathrm{H.S.}} = \frac{R}{(1+s)^2}. \tag{37}$$

15. Die symbolische Bezeichnung der Serien und Terme. Das Schema der vier Serien läßt sich nun also in folgender Form darstellen:

$$\nu = \frac{R}{(1+s)^2} - \frac{R}{(m+p)^2}, \quad m = 2, 3, 4 \ldots, \quad \text{Hauptserie} \tag{38a}$$

$$\nu = \frac{R}{(2+p)^2} - \frac{R}{(m+s)^2}, \quad m = 2, 3, 4 \ldots, \quad \text{II. scharfe Nebenserie} \tag{38b}$$

$$\nu = \frac{R}{(2+p)^2} - \frac{R}{(m+d)^2}, \quad m = 3, 4, 5 \ldots, \quad \text{I. diffuse Nebenserie} \tag{38c}$$

$$\nu = \frac{R}{(3+d)^2} - \frac{R}{(m+f)^2} \quad m = 4, 5, 6 \ldots, \quad \text{BERGMANN-Serie.} \tag{38d}$$

Um die umständliche Schreibweise der Serienformeln zu vereinfachen, hat man in der Spektroskopie schon seit langer Zeit abgekürzte, symbolische Bezeichnungen eingeführt. Diese zerfallen in zwei Gruppen. Erstens hat man die obigen Serienformeln durch folgende Symbole ersetzt:

$$P(m) = \frac{R}{(1+s)^2} - \frac{R}{(m+p)^2} \quad \text{Hauptserie,} \tag{39a}$$

$$S(m) = \frac{R}{(2+p)^2} - \frac{R}{(m+s)^2} \quad \text{II. Nebenserie,} \tag{39b}$$

$$D(m) = \frac{R}{(2+p)^2} - \frac{R}{(m+d)^2} \quad \text{I. Nebenserie,} \tag{39c}$$

$$F(m) = \frac{R}{(3+d)^2} - \frac{R}{(m+f)^2} \quad \text{BERGMANN-Serie.} \tag{39d}$$

Diese Symbole werden in der neueren Literatur nur noch selten verwendet.

[1] Siehe Anmerkung 1, S. 494.

Viel wichtiger sind die Symbole, die für die Terme und Termfolgen eingeführt worden sind. Von den zahlreichen Vorschlägen, die gemacht wurden, haben heute nur zwei noch praktische Bedeutung. Die eine geht in ihrem Ursprunge auf RITZ zurück, ist aber insbesondere von PASCHEN in die spektroskopische Literatur eingeführt worden. Diese Symbolik ist erwachsen aus den Bedürfnissen der empirischen Spektroskopie und hat keinen direkten Zusammenhang mit der Theorie. Sie ist in neuerer Zeit mehr und mehr verdrängt worden durch die von RUSSELL und SAUNDERS eingeführte Symbolik, die sich im Zusammenhange mit der Deutung der Spektren auf Grund der Atomtheorie herausgebildet hat. Während wir auf diese letztere Bezeichnungsweise erst etwas später eingehen werden, wollen wir die Grundzüge der RITZ-PASCHENschen Symbolik gleich hier behandeln. Wir ersetzen die RYDBERGsche Termformel mit der Laufzahl m und der RYDBERG-Korrektion a durch das Symbol

$$m a = \frac{R}{(m + a)^2}. \tag{40}$$

Statt ma wurde früher gelegentlich auch m, a oder (m, a) geschrieben, jedoch ist die Bezeichnung von (40) heutzutage die allgemein übliche. Die vier Serien (39) oder (40) lauten nun in der symbolischen Schreibweise

$$\nu = 1s - mp, \qquad m = 2, 3, 4, 5, \ldots \text{ Hauptserie} \tag{41a}$$

$$\nu = 2p - ms, \qquad m = 2, 3, 4, 5, \ldots \text{ II. Nebenserie} \tag{41b}$$

$$\nu = 2p - md, \qquad m = 3, 4, 5, 6, \ldots \text{ I. Nebenserie} \tag{41c}$$

$$\nu = 3d - mf. \qquad m = 4, 5, 6, 7, \ldots \text{ BERGMANN-Serie.} \tag{41d}$$

Diesen Bezeichnungen entsprechend nennt man die verschiedenen Terme auch s-, p-, d- und f-Terme und spricht von einer s-Termfolge usw. In Abb. 3 haben wir diese Bezeichnungen an den einzelnen Serien angebracht.

Zur Unterscheidung verschiedener Arten von Spektren werden in den Symbolen verschiedene Lettern benutzt. Wie wir bald näher zeigen werden, sind die wichtigsten und bis zum Jahre 1922 ausschließlich bekannten Typen von Spektren die sog. Singulett-, Dublett- und Triplettspektren. Nach dem Vorschlage von PASCHEN benutzt man für die Symbole

bei Singulettspektren große lateinische Buchstaben: S, P, D, F,
bei Dublett- und Triplettspektren kleine lateinische Buchstaben s, p, d, f.

In der englischen Literatur wird dagegen entsprechend einem von SAUNDERS gemachten Vorschlage folgende, insbesondere von A. FOWLER und seiner Schule befürwortete Bezeichnung verwendet:

bei Singulettspektren große lateinische Buchstaben: S, P, D, F,
bei Dublettspektren kleine griechische Buchstaben: $\sigma, \pi, \delta, \varphi$,
bei Triplettspektren kleine lateinische Buchstaben: s, p, d, f.

Auch in der Wahl der Laufzahlen unterscheiden sich die beiden Bezeichnungsweisen. Während bei PASCHEN durchweg die in (38) und (41) angegebenen Zahlen benutzt werden, die der folgenden Zuordnung entsprechen:

$$\left.\begin{array}{ll} \text{für } s\text{-Terme } ms: & m = 1, 2, 3 \ldots \\ \text{für } p\text{-Terme } mp: & m = 2, 3, 4 \ldots \\ \text{für } d\text{-Terme } md: & m = 3, 4, 5 \ldots \\ \text{für } f\text{-Terme } mf: & m = 4, 5, 6 \ldots \end{array}\right\} \text{PASCHEN,} \tag{42a}$$

findet in dem Tabellenwerk von A. FOWLER wie auch in vielen älteren Originalarbeiten der englischen und amerikanischen Literatur folgende, von RYDBERG eingeführte Zählung Verwendung

$$\left.\begin{array}{lll} \text{für } s\text{-Terme } ms\colon & m = 1, 2, 3 \ldots \\ \text{für } p\text{-Terme } mp\colon & m = 1, 2, 3 \ldots \\ \text{für } d\text{-Terme } md\colon & m = 2, 3, 4 \ldots \\ \text{für } f\text{-Terme } mf\colon & m = 3, 4, 5 \ldots \end{array}\right\} \text{FOWLER.} \tag{42b}$$

Handelt es sich also z. B. um Dublettspektren, so gibt folgende kleine Tabelle den Zusammenhang zwischen den beiden Bezeichnungsweisen der Terme:

PASCHEN: $1s,\ 2s,\ 3s;\quad 2p,\ 3p,\ 4p;\quad 3d,\ 4d,\ 5d;\quad 4f,\ 5f,\ 6f,$
FOWLER: $1\sigma,\ 2\sigma,\ 3\sigma;\quad 1\pi,\ 2\pi,\ 3\pi;\quad 2\delta,\ 3\delta,\ 4\delta;\quad 3\varphi,\ 4\varphi,\ 5\varphi.$

Die Bedingung, daß die RYDBERG-Korrektionen s, p, d, f stets zwischen $+0{,}5$ und $-0{,}5$ liegen sollen, ist bei der FOWLERschen Zählweise natürlich noch weniger erfüllt als bei der PASCHENschen. Solange die Serien nach einer einfachen RYDBERGschen Formel berechnet werden, ist die Beziehung zwischen den RYDBERGkorrektionen natürlich ganz einfach. Da die Laufzahlen bei den s-Termen gleich sind und sich bei den p-, d- und f-Termen um eine Einheit unterscheiden, ist

$$\sigma = s, \quad \pi = p + 1, \quad \delta = d + 1, \quad \varphi = f + 1.$$

Sobald aber die Serien nach komplizierteren Formeln mit höheren Korrektionsgliedern berechnet werden, hängen natürlich auch die Werte der Konstanten von der Wahl der Laufzahlen in nicht ganz einfacher Weise ab.

16. Das Niveauschema des Li-Bogenspektrums. Wenn wir die bisher mitgeteilten empirischen Befunde vom Standpunkte der Atomtheorie zu deuten versuchen, so ist klar, daß wir auch hier wieder wie beim Wasserstoffatom die Terme als die durch hc dividierten Energiewerte der Atomzustände aufzufassen haben. Bei Kenntnis der Terme können wir wieder ein Niveauschema konstruieren, das die Lage der Energieniveaus und die Entstehung der Spektrallinien veranschaulicht. Für das Lithiumbogenspektrum geben wir diese Darstellung in Abb. 4. Hier sind wieder wie in Abb. 2 von einer oberen Nullinie aus, entsprechend der rechts innen angebrachten Frequenzskala, die Termwerte nach unten abgetragen, und zwar in der Weise, daß die Terme, die zur selben Folge gehören, also s-, p-, d- und f-Terme, auf derselben Vertikalen angeordnet und durch einen kurzen Horizontalstrich gekennzeichnet sind. Die Bezeichnung des Termes in der PASCHENschen Symbolik steht neben jedem Horizontalstrich. Wir sehen, daß das dem $1s$-Term entsprechende Niveau am tiefsten liegt. Ihm entspricht der Zustand kleinster Energie, also der Normalzustand des Li-Atoms. Die höheren s-Zustände bilden eine Folge, die ebenso wie die p-, d- und f-Zustände gegen das obere, wieder der Ionisation entsprechende Nullniveau konvergieren. Die schrägen Verbindungslinien deuten die Übergänge an, durch die die Spektrallinien entstehen. Wir erkennen so aus der Abbildung deutlich, daß die Hauptserie $\nu = 1s - mp$ durch die Übergänge von den p-Niveaus zum Grundniveau $1s$ entsteht. Das erste Glied dieser Serie ist die bekannte rote Li-Linie $\lambda = 6707{,}85$ A. Da $1s$ dem Grundzustande des Atomes entspricht und sich in einem mäßig temperierten Dampf praktisch alle Atome in diesem Zustande befinden, so kann der Dampf aus einem kontinuierlichen Spektrum nur die Linien absorbieren, für die der Anfangszustand der Absorption der Zustand $1s$ ist, d. h. es können nur die Linien der Hauptserie absorbiert werden, wie es den Beobachtungen entspricht. In der Tat sind in Lithiumdampf die Linien der Hauptserie bis zu sehr hohen Gliedern in Absorption beobachtet worden.

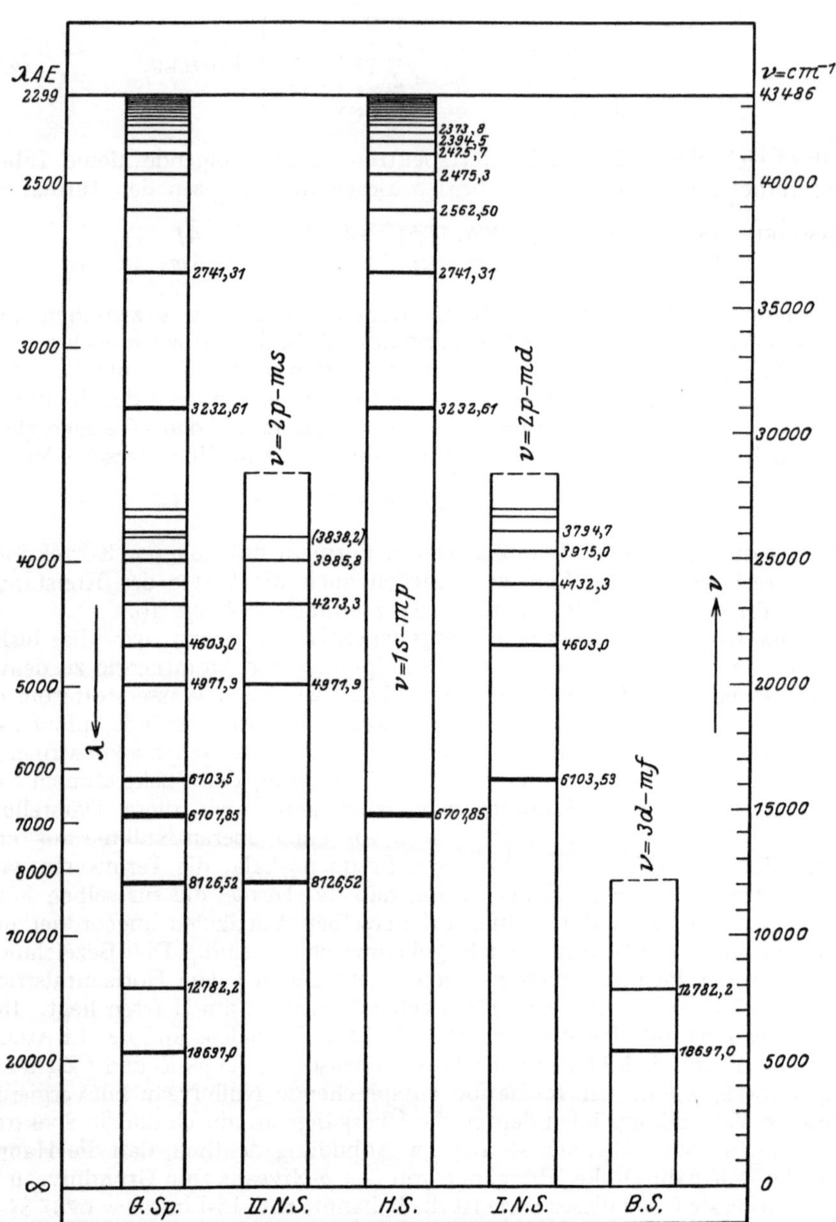

Abb. 3. Spektrum des Lithium I.

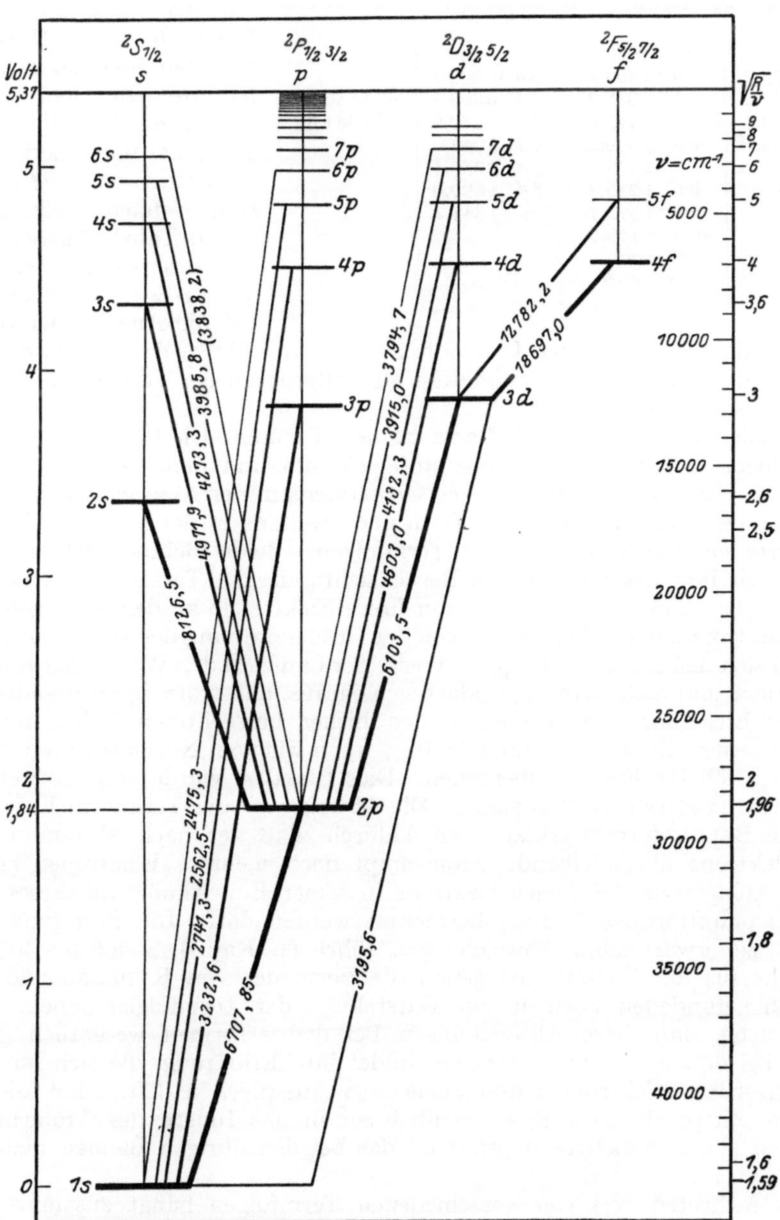

Abb. 4. Niveauschema des Lithium I.

Tabelle 3. Terme des Lithium-Bogenspektrums.

s-Terme	p-Terme	d-Terme	f-Terme
1s 43486,3			
2s 16280,5	2p 28582,5		
3s 8475,2	3p 12560,4	3d 12203,1	
4s 5187,8	4p 7018,2	4d 6863,5	4f 6856,1
5s 3500,4	5p 4473,6	5d 4389,6	5f 4381,8
6s 2535,6	6p 3099,2	6d 3047,0	
	7p 2273,3	7d 2237,4	
	8p 1736,3	8d 1699,0	
	9p 1372,7	9d 1345,2	
	10p 1113,6		
	bekannt bis 40p		

Die Linien der beiden Nebenserien $\nu = 2p - ms$ und $2p - md$ entstehen in Emission durch Übergänge von den höheren s- und d-Niveaus zu dem tiefsten p-Niveau $2p$, die Linien der BERGMANN-Serie durch Übergänge von den f-Niveaus zum tiefsten d-Niveau $3d$.

In Tabelle 3 geben wir die Werte der wichtigsten Terme des Li-Bogenspektrums an; auf die Angabe der Wellenlängen und Frequenzen der Linien haben wir verzichtet, da die ersteren aus Abb. 3 u. 4 zu entnehmen und letztere als Differenzen der Terme aus Tabelle 3 leicht zu berechnen sind.

17. Die Zuordnung der l-Werte zu den Termen. Die beiden wesentlichen Unterschiede zwischen dem Wasserstoffspektrum und dem hier als Prototyp behandelten Li-Bogenspektrum liegen also erstens in der Abweichung der Termwerte von dem einfachen BALMER-Term und zweitens in der Vervielfachung der Termwerte entsprechend den vier Termfolgen. Beide Befunde finden in der Atomtheorie ihre Erklärung durch Berücksichtigung der Tatsache, daß bei allen Atomen außer dem Wasserstoffatom mehrere Elektronen an den Kern gebunden sind. Daß trotzdem die Termwerte von der Größenordnung der Wasserstoffterme sind und sich insbesondere für große Werte der Laufzahl den Werten der BALMER-Terme mehr und mehr nähern, erklärt sich daraus, daß trotz des Vorhandenseins mehrerer Elektronen wenigstens in den bisher betrachteten Fällen nur ein Elektron seinen Bindungszustand ändert, wenn wir vom Normalzustand zu den Zuständen höherer Energie übergehen. Dies Elektron wurde von SOMMERFELD das „Leuchtelektron" genannt. Die Abweichung der Termformeln von der einfachen BALMERformel erklärt sich dadurch, daß der nach Abtrennung des Leuchtelektrons übrigbleibende Atomrumpf noch mehrere Elektronen enthält und bei Anlagerung des Leuchtelektrons in seiner Einwirkung auf dieses nicht mehr als punktförmige Ladung betrachtet werden darf. Die Berechnung der hiernach zu erwartenden Abweichungen führt (s. Kap. 4, S. 406 bis 409) auf Ausdrücke für die Energie, die genau die Form der von RYDBERG und RITZ empirisch gefundenen Formeln zur Darstellung der Termfolgen haben. Auch die Tatsache, daß diese Abweichungen bei den s-Termen wesentlich größer sind als bei den p-, d- und f-Termen, findet ihre Erklärung, die sich im Sinne des BOHRschen Elektronenbahnmodelles so aussprechen läßt, daß die den s-Termen entsprechenden Elektronenbahnen in das Innere des Atomrumpfes eindringen (Tauchbahnen), während das bei den übrigen Bahnen nicht der Fall ist.

Das Auftreten von vier verschiedenen Termfolgen hängt zusammen mit der Tatsache, daß die möglichen Energiewerte einer durch zwei Quantenzahlen bestimmten Mannigfaltigkeit entsprechen. Neben der Hauptquantenzahl n, die im wesentlichen mit der Laufzahl m identisch ist (auf den genauen Zusammenhang kommen wir noch zurück), fordert die Theorie die Einführung einer zweiten Quantenzahl, die im Sinne der BOHRschen Modellvorstellung den Drehimpuls des Leuchtelektrons in seiner Bahn mißt. Die dieser Quantenzahl vom Standpunkte der Wellenmechanik analoge Größe wollen wir mit l

bezeichnen[1]. Die Theorie zeigt, daß sie die Werte

$$l = 0, 1, 2, 3, 4 \ldots n - 1 \tag{43a}$$

annehmen kann, so daß also stets

$$l \leqq n - 1 \tag{43b}$$

oder auch für einen Term mit einem bestimmten Wert von l

$$n \geqq l + 1 \tag{43c}$$

ist. Die Theorie ergibt nun (s. Kap. 4, S. 409), daß die RYDBERG- und RITZ-Korrektionen der Termfolgen Funktionen dieser Nebenquantenzahl l sind. Die verschiedenen Termfolgen müssen sich also durch die Werte von l unterscheiden. Die zuerst von SOMMERFELD angegebene Zuordnung der l-Werte zu den Termen lautet

$$s\text{-Terme } l = 0, \tag{44a}$$

$$p\text{-Terme } l = 1, \tag{44b}$$

$$d\text{-Terme } l = 2, \tag{44c}$$

$$f\text{-Terme } l = 3. \tag{44d}$$

Selbstverständlich ist nach dieser Art der Zuordnung zu erwarten, daß es außer den bisher mitgeteilten Termfolgen noch weitere mit $l = 4, 5, 6$ usw. gibt. In der Tat sind auch solche Terme insbesondere aus der Analyse der Funkenspektren bekannt. Auch diese hat man durch Buchstaben gekennzeichnet und kommt in etwas willkürlicher Fortsetzung des Alphabets zu folgender Bezeichnung:

$$g\text{-Terme } l = 4, \tag{44e}$$

$$h\text{-Terme } l = 5, \tag{44f}$$

$$i\text{-Terme } l = 6 \tag{44g}$$

usw.

Aus diesen Zuordnungen folgt zusammen mit der Bedingung (43a), daß die kleinsten Hauptquantenzahlen n, die den Termen mit bestimmtem Werte von l zugeordnet werden können, die folgenden sind:

$$\text{für } s\text{-Terme } n_{\min} = 1, \tag{45a}$$

$$\text{für } p\text{-Terme } n_{\min} = 2, \tag{45b}$$

$$\text{für } d\text{-Terme } n_{\min} = 3, \tag{45c}$$

$$\text{für } f\text{-Terme } n_{\min} = 4 \tag{45d}$$

usw.

Wie wir aus (42a) ersehen, entspricht diese Forderung vollständig der PASCHENschen Festlegung der empirischen Laufzahlen, so daß man glauben möchte und in der Tat auch lange geglaubt hat, daß die PASCHENschen Laufzahlen mit den wahren Hauptquantenzahlen identisch seien. Daß dies aber nicht allgemein der Fall ist und auch z. B. bei dem von uns bisher behandelten Li-Spektrum insofern nicht zutrifft, als dem tiefsten s-Term $1s$ nicht die Hauptquantenzahl $n = 1$, sondern $n = 2$ zugeordnet werden muß, ist eine Tatsache, auf die wir schon jetzt hinweisen, aber erst später näher eingehen wollen.

---

[1] Um Verwechslungen zu vermeiden, bemerken wir, daß die ursprünglich von SOMMERFELD eingeführte und mit dem Buchstaben k bezeichnete „azimutale Quantenzahl" bzw. die Nebenquantenzahl in der Bezeichnung von BOHR nicht identisch ist mit der hier eingeführten Größe l. Das SOMMERFELD-BOHRsche k ist um eine Einheit größer und kann die Werte $1, 2, 3 \ldots n$ annehmen. In dem Beitrag von ROSSELAND, Bd. III/1, Kap. 4, ist für die Größe, die hier mit „l" bezeichnet wird, der Buchstabe „k" gewählt worden. Die hier gewählte Bezeichnung ist zur Zeit in der Spektroskopie allgemein üblich.

18. Die Auswahlregel für l. Wenn wir die Serienformeln (41) oder auch Abb. 4 betrachten, so sehen wir, daß die den vier Serien entsprechenden Spektrallinien stets durch die Kombination solcher Terme bzw. durch den Übergang zwischen solchen Energieniveaus entstehen, deren l-Werte sich um eine Einheit unterscheiden. Aus der viel größeren Mannigfaltigkeit der möglichen Kombinationen zwischen den Termen entsprechend dem RYDBERG-RITZschen Kombinationsprinzip bzw. der möglichen Übergänge zwischen den Energieniveaus entsprechend der BOHRschen Frequenzbedingung findet also eine bestimmte Auswahl statt, die zur Auslese derjenigen Spektrallinien führt, die wir unter normalen Anregungsbedingungen tatsächlich beobachten. Dieser empirische Befund ist in voller Übereinstimmung mit der Theorie, die (s. Kap. 4, S. 402) ein Auswahlprinzip aufstellt und fordert, daß nur solche Übergänge vorkommen sollen, für die

$$\Delta l = \pm 1 \tag{46}$$

ist. Dieser Auswahlregel gehorchen in der Tat die vier Serien des normalen Seriensystems. Die Auswahlregel läßt aber außerdem noch weitere Kombinationen zwischen den Termen zu. Während für die vier Serien die konstanten Terme bzw. die Endzustände der Emission die größten Terme bzw. tiefsten Niveaus der betreffenden Termfolge sind, läßt die Auswahlregel allgemein folgende Kombinationen bzw. Übergänge zu:

$$\left.\begin{aligned} &\nu = ns - mp, \quad \nu = np - ms, \quad \nu = np - md, \quad \nu = nd - mp, \\ &\nu = nd - mf, \quad \nu = nf - md \quad \text{usw.}, \end{aligned}\right\} \tag{47}$$

wobei nun n und m zwei beliebige Laufzahlen sind und nur zu verlangen ist, daß der Term mit der Laufzahl n größer ist als der mit der Laufzahl m. Man kann natürlich auch diese Linien wieder in Serien zusammenfassen. Die Formeln (47) enthalten ja in dieser allgemeinen Form die vier bisher behandelten Serien als Spezialfälle, wenn man für n den kleinstmöglichen Wert einsetzt und m variiert. Neue Serien entstehen, wenn man für n nicht den kleinsten Wert, sondern einen höheren wählt und dann wieder m die möglichen Werte durchlaufen läßt. So kann man nach (47) z. B. folgende höhere Haupt- und Nebenserien erwarten:

$\nu = 2s - mp \quad m = 3, 4, 5 \ldots$ höhere Hauptserie
$\nu = 3p - ms \quad m = 3, 4, 5 \ldots$ höhere II. Nebenserie
$\nu = 3p - md \quad m = 4, 5, 6 \ldots$ höhere I. Nebenserie
$\nu = 4d - mf \quad m = 5, 6, 7 \ldots$ höhere BERGMANNserie.

Solche Serien sind in den Spektren tatsächlich vielfach beobachtet, sie fallen bei den Bogenspektren aber meist ins Ultrarote und sind schwer zu beobachten. Bei Li sind z. B. folgende Kombinationen bekannt:

$$\left.\begin{aligned} \nu &= 3p - 3s \quad \lambda = 24467{,}0 \\ \nu &= 3p - 4s \quad \lambda = 13566{,}4 \end{aligned}\right\} \text{höhere II. Nebenserie}$$

$$\left.\begin{aligned} \nu &= 3p - 4d \quad \lambda = 17551{,}6 \\ \nu &= 3p - 5d \quad \lambda = 12232{,}4 \end{aligned}\right\} \text{höhere I. Nebenserie.}$$

Bei den Funkenspektren rücken, wie wir sehen werden, diese Linien häufig ins sichtbare Spektralgebiet und gehören dann zu den stärksten in diesem Gebiet beobachtbaren Linien.

Außer den bisher erwähnten, nach dem Auswahlprinzip „erlaubten" Linien treten aber in den Spektren auch solche auf, die bei ihrer zweifellos richtigen

Einordnung in das Termschema Kombinationen bzw. Übergängen entsprechen, die nach dem Auswahlprinzip für l „verboten" sind. Insbesondere sind solche Linien beobachtet, für die $\Delta l = 0$ oder 2 ist. Im Lithiumspektrum sind z. B. folgende Linien beobachtet:

$$\nu = 2p - 3p \quad \lambda = 6240{,}1$$
$$\nu = 2p - 4p \quad \lambda = 4636{,}1$$
$$\nu = 2p - 5p \quad \lambda = 4148{,}0$$
$$\nu = 1s - 3d \quad \lambda = 3195{,}6.$$

Die letztere Linie ist auch im Niveauschema der Abb. 4 eingezeichnet.

Das Auftreten dieser Linien bedeutet keinen Widerspruch gegen den Sinn der Auswahlregel. Diese sagt vielmehr nur aus, daß die Atome in einem von äußeren störenden Einflüssen freien Raume die Linien, die der Auswahlregel genügen, mit einer Intensität ausstrahlen, die sehr groß ist gegenüber der Intensität solcher Linien, die „verboten" sind. Es besteht aber doch stets eine zwar kleine, aber immerhin endliche Übergangswahrscheinlichkeit (s. Kap. 6, Ziff. 34) für die verbotenen Übergänge, die es durchaus verständlich macht, daß solche Linien schwach neben den „erlaubten" Linien auftreten. In elektrischen Feldern (STARKeffekt) kommen diese nach der Auswahlregel für l verbotenen Linien mit wesentlich verstärkter Intensität heraus.

19. Die Dublettstruktur der Alkali-Bogenspektren. Die Untersuchung der Lithiumlinien[1] mit Spektralapparaten hohen Auflösungsvermögens hat ergeben, daß die rote Li-Linie $\nu = 1s - 2p$, $\lambda = 6707{,}8$ und die Linien der beiden Nebenserien enge Doppellinien mit einer Aufspaltung $\Delta\nu = 0{,}33\ \mathrm{cm}^{-1}$ sind. Diese Doppellinien treten bei den Bogenspektren der übrigen Alkalien mit gesteigerter Deutlichkeit hervor und geben denselben den typischen Charakter von sog. Dublettspektren.

Die Erscheinungsformen, die dabei auftreten, sind folgende: Die Linien der Hauptserie sind Doppellinien, die mit wachsender Laufzahl immer näher aneinander rücken, so daß der Frequenzabstand $\Delta\nu$ mit wachsendem m gegen Null konvergiert. Fassen wir die langwelligen und die kurzwelligen Dublettkomponenten zu je einer Serie zusammen, so haben wir also zwei Serien, die gegen dieselbe Grenze konvergieren. Der konstante Term der beiden Serien muß also derselbe, der Laufterm dagegen verschieden sein. Wenn wir jede der beiden Serien nach einer RYDBERGschen oder RITZschen Serienformel berechnen, so ergibt sich ein gemeinsamer Grenzterm $1s$, dagegen erhalten wir zwei Lauftermfolgen mp, die sich durch etwas verschiedene Werte der Korrektionsgrößen p in der RYDBERG-Formel $mp = \frac{R}{(m+p)^2}$ unterscheiden. Für jedes m ist der eine Term etwas größer als der andere. Nach PASCHENS Symbolik wollen wir den kleineren Term (dem größeren Wert von p entsprechend) mit mp_1, den größeren mit mp_2 bezeichnen. Es ist also stets $mp_2 > mp_1$. Die beiden Hauptserien lassen sich dann durch folgende symbolische Formeln darstellen:

$$\left.\begin{array}{l}\text{kurzwellige Komponente: } \nu = 1s - mp_1 \\ \text{langwellige Komponente: } \nu = 1s - mp_2\end{array}\right\} \quad m = 2, 3, 4 \ldots \text{ Hauptserien} \qquad (48)$$

Charakteristisch für die Dubletts dieser Hauptserien ist außerdem, daß die kurzwellige Komponente stets intensiver ist als die langwellige.

---

[1] N. A. KENT, Ap J 40, S. 337 (1914).

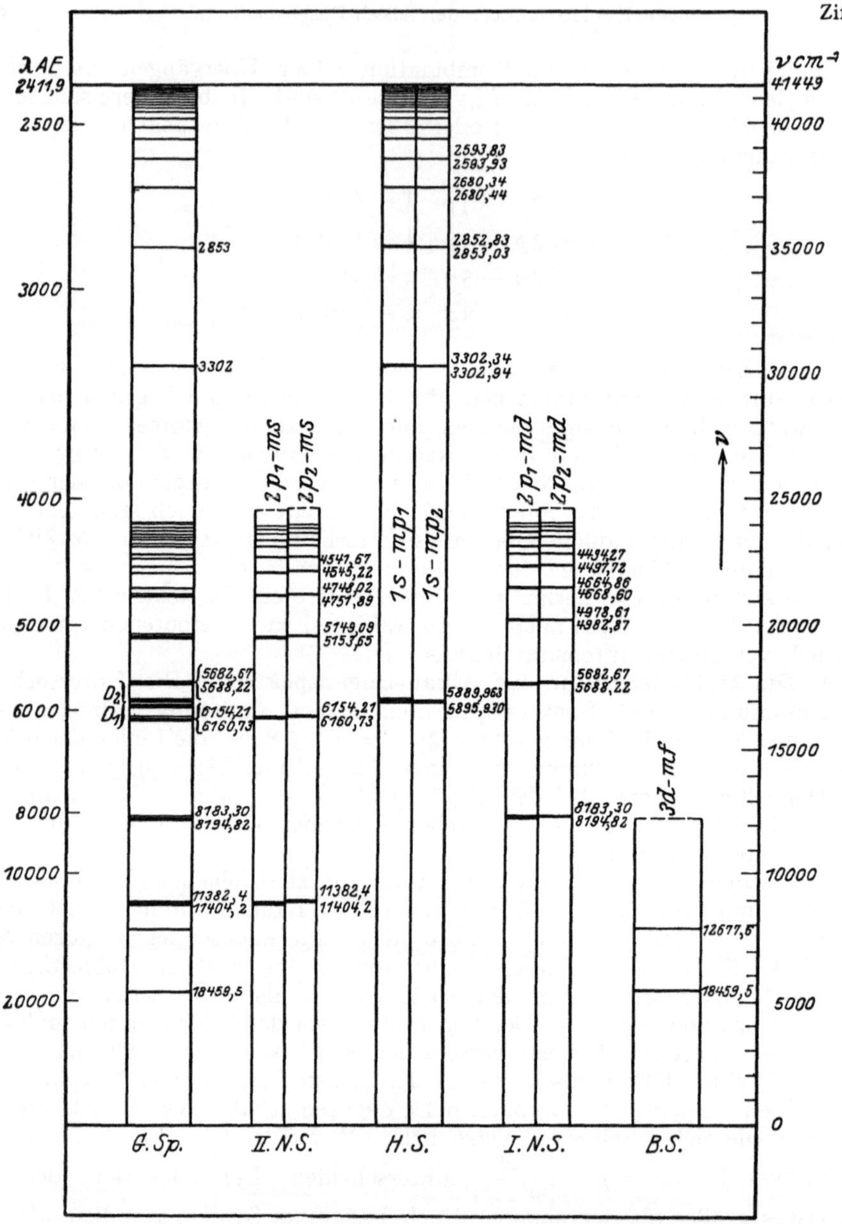

Abb. 5. Spektrum des Natrium I.

Tabelle 4. Terme des Natrium-Spektrums.

s-Terme	p-Terme	$\Delta\nu$	d-Terme	f-Terme
1 s 41 449,00				
2 s 15 709,50	2 p_1 24 475,65 2 p_2 24 492,83	17,18		
3 s 8248,28	3 p_1 11 176,14 3 p_2 11 181,63	5,49	3 d 12276,18	
4 s 5077,31	4 p_1 6406,34 4 p_2 6408,83	2,49	4 d 6900,35	4 f 6860,37
5 s 3437,28	5 p_1 4151,30 5 p_2 4152,80	1,50	5 d 4412,47	5 f 4390,37
6 s 2480,65	6 p_1 2907,46 6 p_2 2908,93	1,47	6 d 3061,92	6 f 3041,5

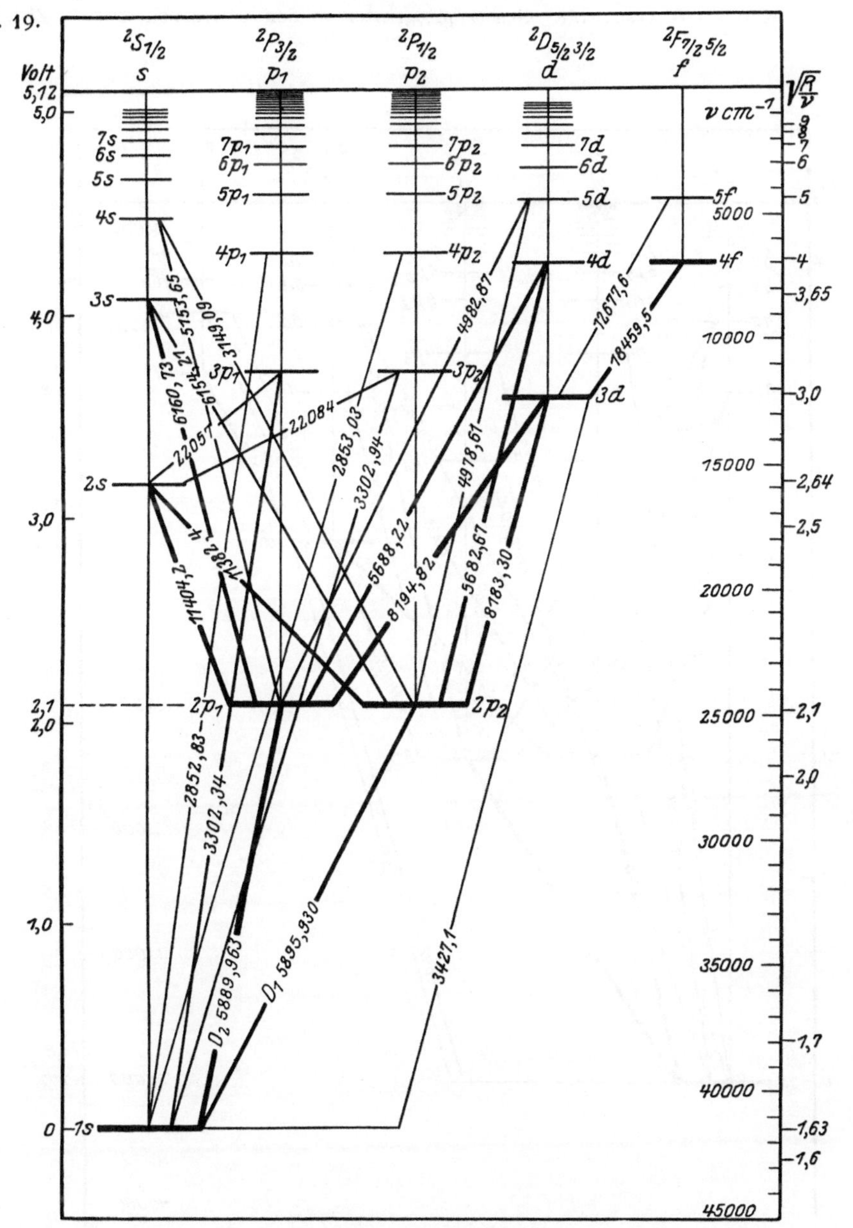

Abb. 6. Niveauschema des Natrium I.

Tabelle 4 (Fortsetzung).

s-Terme	*p*-Terme		*d*-Terme	*f*-Terme
7*s* 1874,49	7*p*₁ 2149,80 7*p*₂ 2150,69	0,89	7*d* 2248,56	
8*s* 1466,0	8*p*₁ 1654,08 8*p*₂ 1655,31	1,31 (?)	8*d* 1720,88	
9*s* 1175,5	9*p* 1312,28		9*d* 1357,2	
10*s* 966,1	10*p* 1065,86		10*d* 1098,7	
11*s* 804,4	11*p* 883,40		11*d* 907,1	
12*s* 679,5	12*p* 743,31		12*d* 761,7	
	bekannt bis 58*p*		bekannt bis 15*d*	

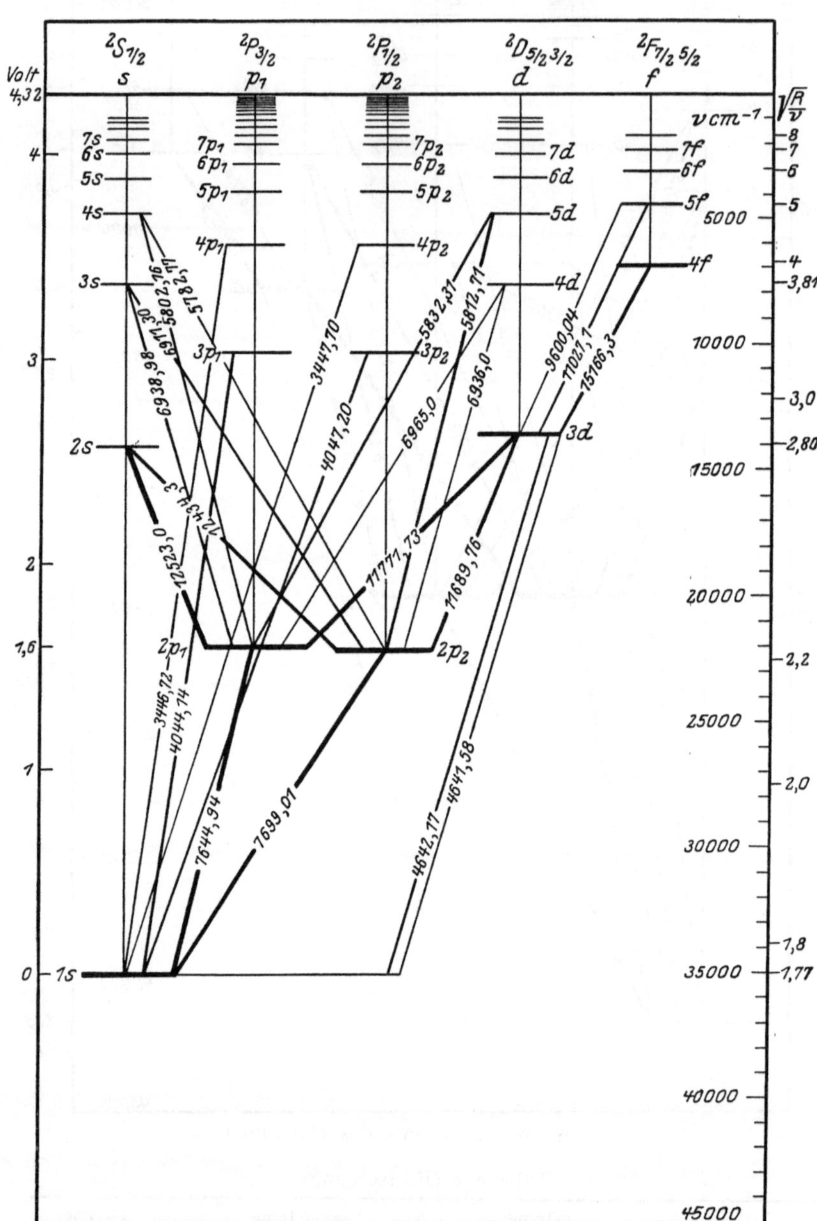

Abb. 7. Niveauschema des Kalium I.

Siehe Tabelle 5 S. 508.

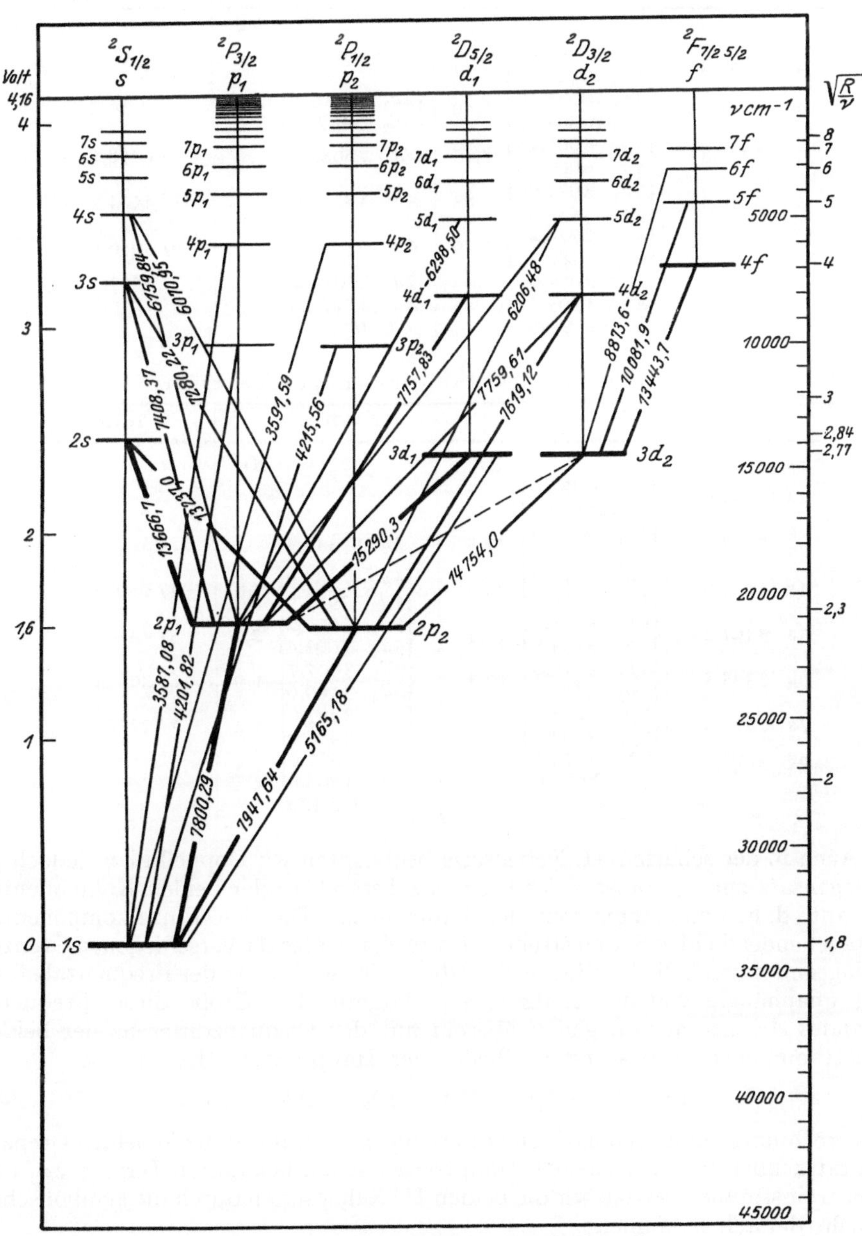

Abb. 8. Niveauschema des Rubidium I.

Siehe Tabelle 6 S. 508.

Tabelle 5. Terme des Kalium-Bogenspektrums.

s-Terme	p-Terme	$\Delta\nu$	d-Terme	$\Delta\nu$	f-Terme
$1s$ 35005,88					
$2s$ 13980,28	$2p_1$ 21963,06 $2p_2$ 22020,77	57,71			
$3s$ 7555,69	$3p_1$ 10285,70 $3p_2$ 10304,39	18,69	$3d_1$ 13470,26 $3d_2$ 13467,52	2,74	
$4s$ 4732,83	$4p_1$ 6001,18 $4p_2$ 6009,33	8,15	$4d$ 7608,3		$4f$ 6878,5
$5s$ 3240,44	$5p_1$ 3930,00 $5p_2$ 3934,83	4,83	$5d$ 4821,89		$5f$ 4404,2
	$6p_1$ 2778,27 $6p_2$ 2780,56	2,29	$6d$ 3309,81		$6f$ 3056,5
	$7p$ 2064,6		$7d$ 2407,42		$7f$ 2244,3
	$8p$ 1595,5		$8d$ 1827,76		$8f$ 1714,8
	bis $25p$		bis 11d		

Tabelle 6. Terme des Rubidium-Bogenspektrums.

s-Terme	p-Terme	$\Delta\nu$	d-Terme	$\Delta\nu$	f-Terme
$1s$ 33689,1					
$2s$ 13557,9	$2p_1$ 20872,6 $2p_2$ 21110,2	237,6			
$3s$ 7378,1	$3p_1$ 9896,6 $3p_2$ 9974,1	77,5	$3d$ 14334,3		
$4s$ 4642,9	$4p_1$ 5819,2 $4p_2$ 5854,2	35,0	$4d_1$ 7985,9 $4d_2$ 7988,9	3,0	$4f$ 6897,6
$5s$ 3191,2	$5p_1$ 3835,5 $5p_2$ 3854,8	19,3	$5d_1$ 5000,2 $5d_2$ 5002,4	2,2	$5f$ 4418,2
$6s$ 2328,5	$6p_1$ 2719,6 $6p_2$ 2729,9	10,3	$6d_1$ 3407,7 $6d_2$ 3409,6	1,9	$6f$ 3068,0
$7s$ 1773,8	$7p_1$ 2028,2 $7p_2$ 2033,8	5,6	$7d_1$ 2467,0 $7d_2$ 2468,2	1,2	$7f$ 2252,4
$8s$ 1397,4	$8p$ 1573,3 bis $31p$		$8d_1$ 1867,6 $8d_2$ 1868,8 bis $10d$	1,2	

Auch in der scharfen II. Nebenserie beobachten wir Doppellinien, jedoch ist im Gegensatz zur Hauptserie der Frequenzabstand $\Delta\nu$ der beiden Komponenten konstant, d. h. unabhängig von der Laufzahl m. Die den Einzelkomponenten entsprechenden beiden Serien streben also zwei, um dies $\Delta\nu$ verschiedenen Grenzen zu, dagegen müssen die Laufterme dieselben sein, weil sonst der Frequenzabstand nicht unabhängig von der Laufzahl sein könnte. Die Größe dieses Frequenzabstandes $\Delta\nu$ stimmt nun genau überein mit der Frequenzdifferenz der beiden Dublettkomponenten des ersten Gliedes der Hauptserien. Es ist also

$$\Delta\nu = 1s - 2p_1 - (1s - 2p_2) = 2p_2 - 2p_1. \tag{49}$$

Die Berechnung der Serien nach einer Serienformel ergibt, daß die beiden Grenzen auch tatsächlich mit den aus den Hauptserien schon bekannten Termen $2p_1$ und $2p_2$ übereinstimmen, so daß wir die beiden II. Nebenserien durch die symbolischen Formeln darstellen können:

$$\left.\begin{array}{l}\text{langwellige Komponente: } \nu = 2p_1 - ms\\ \text{kurzwellige Komponente: } \nu = 2p_2 - ms\end{array}\right\} m = 2, 3, 4 \ldots \quad \text{II. Nebenserie} \tag{50}$$

Charakteristisch ist, daß die langwellige Komponente stets stärker ist als die kurzwellige. In der I. Nebenserie haben wir bei Na zunächst noch dasselbe Bild wie in der II. Nebenserie: Doppellinien mit demselben konstanten Frequenzabstande $\Delta\nu = 2p_2 - 2p_1$. Die beiden den Einzelkomponenten entsprechenden Serien lassen sich also darstellen durch:

$$\left.\begin{array}{l}\text{langwellige Komponente: } \nu = 2p_1 - md\\ \text{kurzwellige Komponente: } \nu = 2p_2 - md\end{array}\right\} m = 3, 4, 5 \quad \text{I. Nebenserie} \tag{51}$$

Auch hier ist wieder die langwellige Komponente die stärkere.

In der BERGMANN-Serie des Natriums ergibt sich keine Aufspaltung der Linien, so daß wir zunächst zu der Auffassung geführt werden, daß das Auftreten der Doppellinien darauf zurückzuführen sei, daß die p-Terme in zwei benachbarte Terme aufspalten.

Abb. 5 zeigt analog zu Abb. 3 die Aufspaltung der Haupt- und Nebenserien des Natriums in zwei Einzelserien und Abb. 6 gibt die Übertragung dieser Abbildung in das Niveauschema, in dem die beiden den mp_1- und mp_2-Termen entsprechenden Energieniveaus nebeneinander aufgetragen sind. Obwohl der Höhenunterschied zwischen den Niveaus mit gleichem m so klein ist, daß er höchstens für $m = 2$ in der Abbildung hervortrit+, ist doch bei dieser Anordnung alles Wesentliche leicht erkennbar.

Zur Ergänzung dieser Abbildungen stellen wir in Tabelle 4 die Terme des Na-Spektrums zusammen.

Aus dieser Tabelle erkennt man deutlich, wie die Aufspaltung der p-Terme mit wachsendem m abnimmt. Schließlich rücken die Linien so nahe aneinander, daß sie nicht mehr getrennt zu beobachten sind.

Die Hauptserie des Na ist diejenige Serie, die bis zu den höchsten Seriengliedern verfolgt worden ist. Sie ist von WOOD und FORTRAT[1] bis zum Gliede $m = 58$ verfolgt worden, und zwar in Absorption. WOOD und FORTRAT konnten die Serien mit guter Annäherung durch folgende RITZsche Formeln darstellen:

$$\nu = 1s - mp_1 = 41448{,}59 - \frac{R}{\left(m + 0{,}14497 - \frac{0{,}11240}{m^2}\right)^2}, \quad m = 2, 3, 4 \tag{52a}$$

$$\nu = 1s - mp_2 = 41448{,}59 - \frac{R}{\left(m + 0{,}14373 - \frac{0{,}11043}{m^2}\right)^2}. \quad m = 2, 3, 4 \tag{52b}$$

Diese Formeln stellen mit Ausnahme des zweiten Gliedes ($m = 3$), das offensichtlich eine Störung zeigt, die Beobachtungen so gut dar, daß die Abweichungen zwischen beobachteten und berechneten Frequenzwerten im Mittel nur 0,2 bis 0,3 cm^{-1} betragen.

Wie man aus den Formeln (52) ersieht, sind die RYDBERG-Korrektionen positiv, die RITZ-Korrektionen dagegen negativ in Übereinstimmung mit dem, was man nach der Theorie [s. Kap. 4, Formel (214)] zu erwarten hat.

Beim Natriumspektrum lassen sich alle wesentlichen Züge des Bildes der Doppellinien noch durch die Annahme deuten, daß lediglich die p-Terme doppelt sind. Nur minutiöse Befunde, nämlich ganz geringe Unterschiede in der Frequenzdifferenz der Dubletts in der I. und II. Nebenserie deuten darauf hin, daß auch die d-Terme in Wirklichkeit doppelt sind. Daß dies tatsächlich so ist und daß nicht nur die p- und d-Terme, sondern auch die f-Terme in Wirklichkeit doppelt sind, erfahren wir mit Sicherheit aus der Analyse der Spektren der schwereren Alkalien: Kalium, Rubidium und Cäsium, deren Niveauschemata in den Abb. 7, 8 und 10 dargestellt sind, während in den Tabellen 5, 6 und 7 die Termwerte dieser Spektren gegeben werden. Mit wachsendem Atomgewicht wachsen näm-

[1] R. W. WOOD, Phys Z 10, S. 88 (1909); Ap J 29, S. 97 (1909); R. W. WOOD u. R. FORTRAT, ebenda 43, S. 73 (1916).

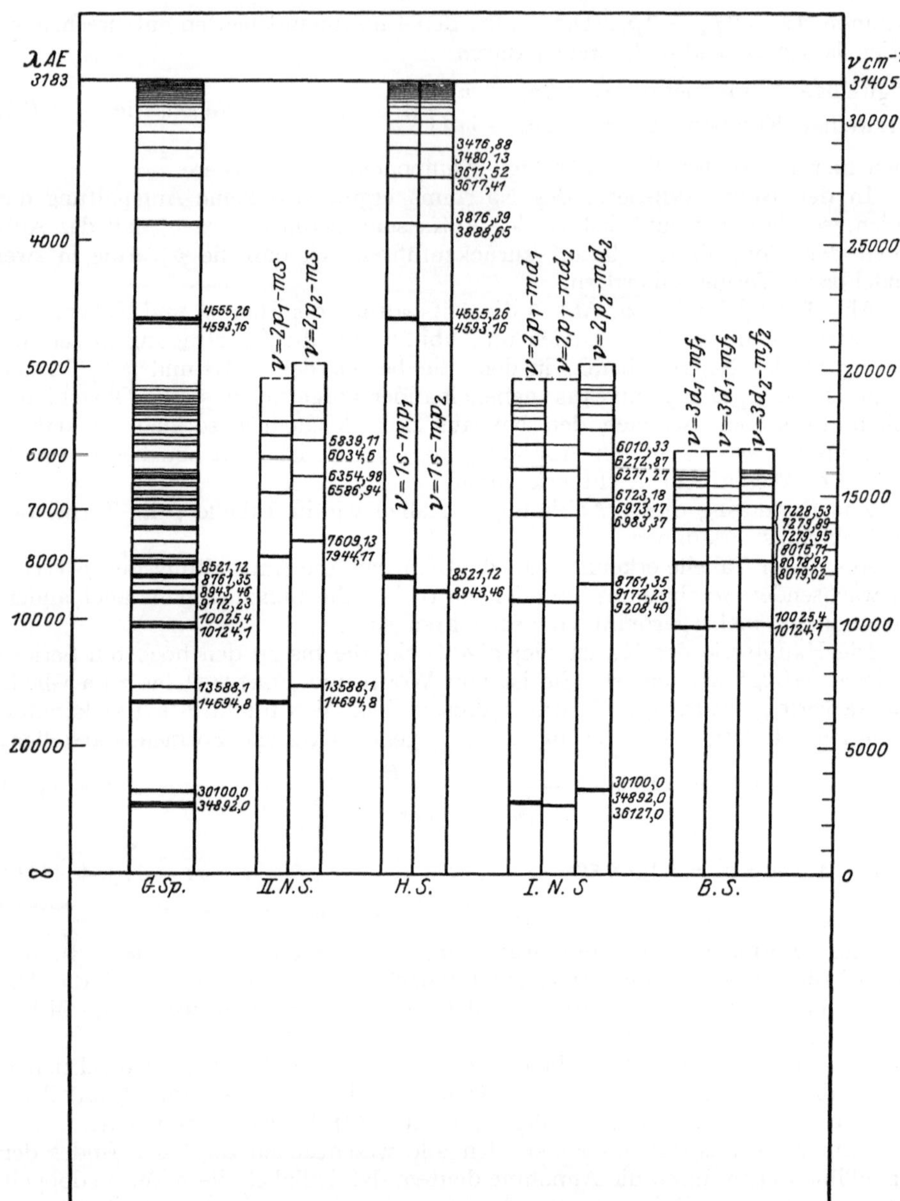

Abb. 9. Spektrum des Cäsium I.

Tabelle 7. Terme des Cäsium-Bogenspektrums[1].

s-Terme	p-Terme		d-Terme		f-Terme
1s 31404,9		$\Delta\nu$		$\Delta\nu$	
2s 12871,2	$2p_1$ 19674,6 $2p_2$ 20228,6	554,0			
3s 7090,1	$3p_1$ 9460,4 $3p_2$ 9641,5	181,4	$3d_1$ 16809,62 $3d_2$ 16907,21	97,59	
4s 4497,2	$4p_1$ 5617,0 $4p_2$ 5697,6	80,6	$4d_1$ 8775,1 $4d_2$ 8817,9	42,8	$4f_1$ 6934,43 $4f_2$ —

[1] BERGMANNterme nach K. W. MEISSNER, Ann d Phys 65, S. 378 (1921).

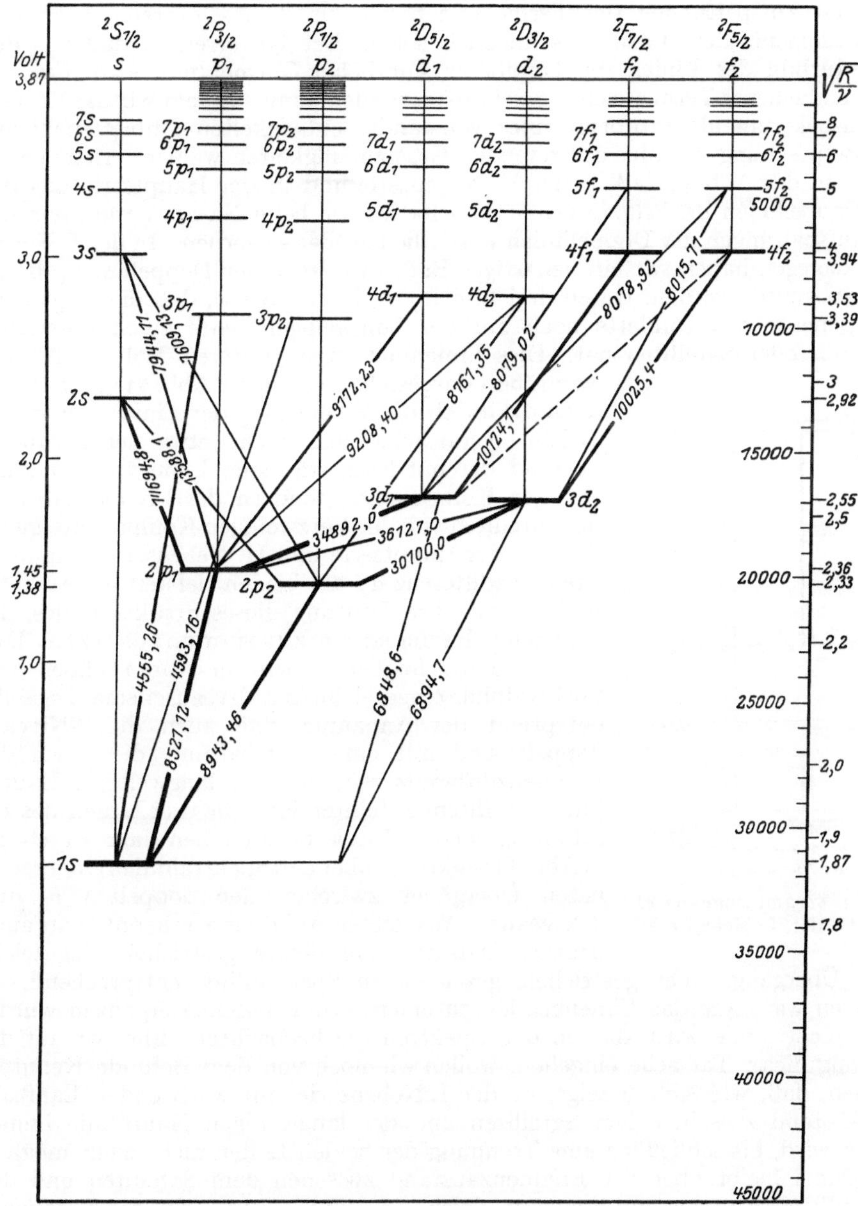

Abb. 10. Niveauschema des Cäsium I.

Tabelle 7 (Fortsetzung).

s-Terme	p-Terme			d-Terme			f-Terme		
5s 3107,8	$5p_1$	3725,6	45,1	$5d_1$	5337,9	20,9	$5f_1$	4435,28	0,14
	$5p_2$	3770,7		$5d_2$	5358,8		$5f_2$	4435,14	
6s 2276,3	$6p_1$	2653,7	26,8	$6d_1$	3583,4	11,6	$6f_1$	3077,04	0,10
	$6p_2$	2680,5		$6d_2$	3595,0		$6f_2$	3076,94	
7s 1740	$7p_1$	1987,4	17,1	$7d_1$	2569,8	8,2	$7f_1$	2258,54	0,07
	$7p_2$	2004,5		$7d_2$	2578,0		$7f_2$	2258,47	
	$8p_1$	1541,9	11,4	$8d_1$	1934,0	3,6	$8f_1$	1727,76	0,04
	$8p_2$	1553,3		$8d_2$	1938,4		$8f_2$	1727,72	
	bis 32p			bis 12d			bis 12f		

lich die Aufspaltungen der Terme und haben bei dem schwersten bekannten Alkalielement, dem Cäsium, schließlich solche Beträge erreicht, daß aus dem Strukturbild der Linien die Duplizität sämtlicher Terme (mit Ausnahme der stets einfachen s-Terme) sicher geschlossen werden kann. Indem wir das Cäsiumbogenspektrum als Prototyp eines vollständig entwickelten Dublettspektrums zur Besprechung der hier auftretenden Gesetzmäßigkeiten wählen, erkennen wir an Hand der Abb. 9, daß in der II. Nebenserie und in der Hauptserie das Bild der Doppellinien im Prinzip genau dasselbe ist wie beim Na-Spektrum, nur sind die Aufspaltungen der Doppellinien wesentlich größer geworden. In der I. Nebenserie dagegen haben wir ein neuartiges Bild. An Stelle der Doppellinien, die bei Na beobachtet werden, treten drei Linien auf, in der Weise, daß die langwellige Komponente des Dubletts noch auf der langwelligen Seite einen schwachen Begleiter oder Satelliten hat. Dies Linienbild ist im unteren Teil der Abb. 11 vergrößert dargestellt. Aus dieser Abb. 11 erkennt man auch die durch die Vermessung der Linien gewonnene Erfahrungstatsache, daß nicht etwa der Frequenzabstand der mittleren stärksten Linie von der kurzwelligen Komponente, sondern der Frequenzabstand des Satelliten von der kurzwelligen Komponente gleich der aus der Hauptserie und II. Nebenserie bekannten Frequenzdifferenz Δp der beiden tiefsten p-Terme $2p_2$ und $2p_1$ ist. Die Deutung dieses Strukturbildes, das man nach RYDBERG ein zusammengesetztes Dublett nennt, folgt aus dem in Abb. 11 über dem Spektralbilde eingezeichneten Niveauschema. Dasselbe entspricht der Annahme, daß auch die d-Niveaus doppelt sind mit einer Aufspaltung, die gleich der Frequenzdifferenz zwischen der langwelligen Hauptlinie und ihrem Satelliten ist. Die drei Linien des zusammengesetzten Dubletts entstehen dann durch die in Abb. 11 senkrecht über den Spektrallinien eingezeichneten Übergänge zwischen den doppelten p- und d-Niveaus. Aus dieser Abbildung erkennt man auch deutlich, daß noch ein vierter, gestrichelt eingezeichneter Übergang, einer gestrichelt gezeichneten Spektrallinie entsprechend, zu erwarten wäre, die das Liniengebilde zu einem symmetrischen ergänzen würde. Eine solche Linie wird aber in den Spektren nie beobachtet. Ehe wir auf die Deutung dieser Tatsache eingehen, wollen wir noch von dem Befunde Kenntnis nehmen, daß, wie Abb. 9 zeigt, in der I. Nebenserie mit wachsender Laufzahl der Abstand zwischen dem Satelliten und der langwelligen Hauptlinie immer kleiner wird, bis schließlich eine Trennung der beiden Linien nicht mehr möglich ist. Dabei bleibt aber der Frequenzabstand zwischen dem Satelliten und der kurzwelligen Komponente konstant gleich $\Delta p = 2p_2 - 2p_1$. Da der Frequenzabstand zwischen dem Satelliten und der langwelligen Hauptlinie gleich der Aufspaltung Δd der beiden d-Terme ist, kommen wir zu der Feststellung, daß mit wachsender Laufzahl auch diese Aufspaltung Δd der d-Terme abnimmt, genau so, wie wir es bei den p-Termen schon kennengelernt haben. Indem wir auch die doppelten d-Terme durch Indizes unterscheiden und für die Laufzahl m mit md_1 und md_2 bezeichnen derart, daß wieder $md_1 < md_2$ ist, können wir die drei Serien, in die die I. Nebenserie entsprechend den drei Komponenten des zusammengesetzten Dubletts zerfällt, durch folgende Symbole ausdrücken:

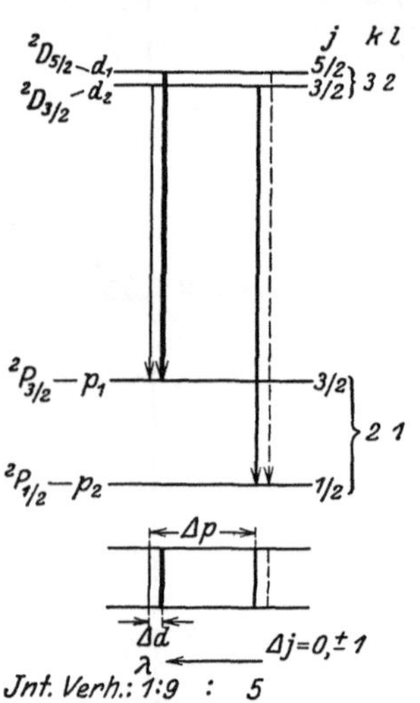

Abb. 11. Zusammengesetztes Dublett der I. Nebenserie.

$$\nu = 2p_1 - md_2 \quad \text{langwelliger Satellit} \tag{53a}$$

$$\nu = 2p_1 - md_1 \quad \text{langwellige Hauptlinie} \tag{53b}$$

$$\nu = 2p_2 - md_2 \quad \text{kurzwellige Hauptlinie} \tag{53c}$$

Von diesen drei Serien konvergieren die beiden ersten gegen dieselbe Grenze $2p_1$, die dritte dagegen konvergiert gegen die Grenze $2p_2$, so wie es aus Abb. 9 auch deutlich ersichtlich ist.

In der BERGMANN-Serie ergeben sich ganz ähnliche Strukturbilder wie in der I. Nebenserie. Auch hier haben wir ein zusammengesetztes Dublett, so wie es aus Abb. 9 und 12 ersichtlich ist. Die Aufspaltungen der Linien sind aber wesentlich kleiner, und zwar ergibt sich, daß der Frequenzabstand zwischen dem Satelliten und der kurzwelligen Komponente gleich der nunmehr aus der Analyse der I. Nebenserie bekannten Aufspaltung Δd der $3d$-Terme ist. Es ist also

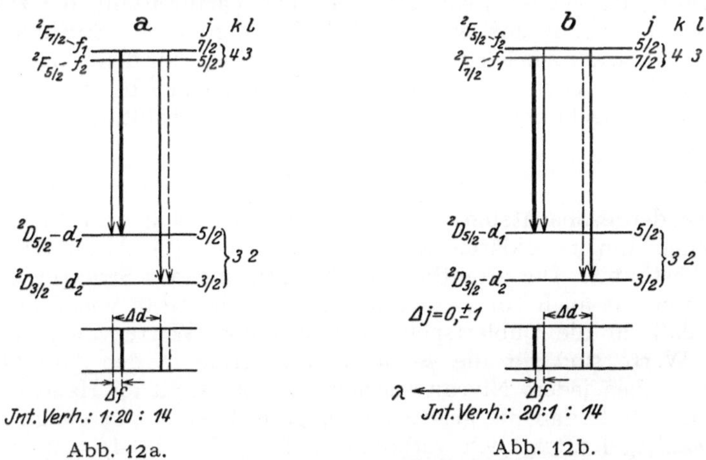

Abb. 12a. Abb. 12b.

Abb. 12a u. b. Zusammengesetztes Dublett der BERGMANNserie. *a* mit regelrechten *f*-Termen, *b* mit verkehrten *f*-Termen.

$\Delta d = 3d_2 - 3d_1$. Das Niveauschema der Abb. 12a gibt wieder die Deutung auf Grund der Annahme, daß auch die f-Terme aufgespalten sind; diese doppelten f-Terme wollen wir wieder durch Indizes f_1 und f_2 unterscheiden derart, daß $mf_1 < mf_2$ ist. Gelegentlich und zwar z. B. bei dem speziell hier betrachteten Bogenspektrum des Cäsiums[1] kommt es indessen vor, daß der Satellit nicht auf der langwelligen, sondern wie es Abb. 12b zeigt, auf der kurzwelligen Seite der langwelligen Hauptkomponente liegt. Wir müssen dann annehmen, daß, so wie es Abb. 12b darstellt, das Niveau, das wir bisher mit f_1 bezeichnet haben, tiefer liegt als das Niveau f_2, so daß also jetzt $mf_1 > mf_2$ ist. Nach SOMMERFELD bezeichnet man in dem durch Abb. 12a dargestellten Falle die Lage der Terme als „regelrecht" und spricht von „r e g e l r e c h t e n" Termen, im Falle der Abb. 12b nennt man die Lage der Terme „v e r k e h r t" und spricht von „verkehrten Termen".

Wie aber auch immer die Lage der Terme sei, so beobachten wir wieder stets, daß mit wachsender Laufzahl auch in der BERGMANN-Serie langwellige Hauptkomponente und Satellit immer näher aneinander heranrücken, wobei die Frequenzdifferenz zwischen Satellit und kurzwelliger Hauptkomponente

[1] K. W. MEISSNER, Ann d Phys 65, S. 378 (1921).

konstant gleich Δd bleibt. Wir können also auch die drei Einzelserien, in die die BERGMANN-Serie zerfällt, wieder durch folgende Symbole darstellen

$$\nu = 3d_1 - mf_2 \quad \text{Satellit} \tag{54a}$$

$$\nu = 3d_1 - mf_1 \quad \text{langwellige Hauptlinie} \tag{54b}$$

$$\nu = 3d_2 - mf_2 \quad \text{kurzwellige Hauptlinie} \tag{54c}$$

20. Die innere Quantenzahl *j*. Aus den Abb. 12a und 12b erhellt deutlich die Tatsache, daß auch die zusammengesetzten Dubletts der BERGMANNserie in ihrer Struktur von drei Linien dadurch zustande kommen, daß eine zu erwartende, gestrichelt gezeichnete Linie ausfällt. Dieser wie auch der analoge Befund in der I. Nebenserie ist zuerst von SOMMERFELD in der Weise gedeutet worden, daß das Auftreten der beobachteten und das Ausfallen der nach dem Niveauschema der Abb. 11 und 12 zu erwartenden Linien zurückzuführen sei auf die Wirkung der Auswahlregel für eine neue Quantenzahl, die zur Unterscheidung der Doppelniveaus offensichtlich benötigt wird. SOMMERFELD hat diese neue Quantenzahl zunächst rein formal eingeführt, ihr den Namen „innere Quantenzahl" gegeben und sie mit dem Buchstaben j bezeichnet. Die den einzelnen Termen zugehörigen Werte von j wurden so gewählt, daß sich nach der Auswahlregel

$$\Delta j = 0 \quad \text{oder} \quad \pm 1 \tag{55}$$

das Auftreten der beobachteten und das Fehlen der nach dem Niveauschema zu erwartenden Linien erklären ließ. Dabei blieben die Absolutwerte von j zunächst unbestimmt. Die atomtheoretische Deutung der Strukturgesetze der Dublettspektren hat auch zur Festlegung der Absolutwerte von j geführt. Es ergibt sich, daß für die Dublettspektren halbzahlige Werte von j zu nehmen sind. Diese Werte sind für die p-, d- und f-Terme in den Abb. 11 und 12 unter j rechts neben jedem Niveau angegeben. Man stellt an Hand dieser Abbildungen leicht fest, daß die gestrichelt eingezeichneten Übergänge nach der obigen Auswahlregel tatsächlich verboten sind, da für sie $\Delta j = 2$ wäre. Für die s-Terme ergibt sich unter Berücksichtigung der Tatsache, daß diese in der Hauptserie und der II. Nebenserie mit beiden p-Termen kombinieren, der Wert $j = \frac{1}{2}$.

21. Die atomtheoretische Deutung der Dublettstruktur. Die zusammengehörigen Werte von j und l können wir in folgender Tabelle 8 darstellen.

Tabelle 8.

$l \backslash j$	$\frac{1}{2}$	$\frac{3}{2}$	$\frac{5}{2}$	$\frac{7}{2}$
s 0	$\frac{1}{2}$			
p 1	$\frac{1}{2}$	$\frac{3}{2}$		
d 2		$\frac{3}{2}$	$\frac{5}{2}$	
f 3			$\frac{5}{2}$	$\frac{7}{2}$

Die atomtheoretische Deutung dieses Schemas ist bereits in Kap. 4, S. 416 und S. 426 gegeben worden. Wir erinnern daher nur kurz an folgende Tatsachen: Für das Zustandekommen der Alkali-Dublettspektren ist lediglich das eine außerhalb einer abgeschlossenen Elektronenkonfiguration vorhandene Valenzelektron verantwortlich zu machen. Sämtliche zur Charakterisierung der Atomzustände erforderlichen Quantenzahlen beziehen sich auf dieses Elektron. Außer den Haupt- und Nebenquantenzahlen n und l ist aber noch der Spin des Elektrons zu berücksichtigen, der die Einführung einer neuen Quantenzahl[1] s bedingt, die für jedes Elektron gleich $\frac{1}{2}$ ist. Die Bedeutung von l und s im Sinne des BOHRschen Modelles ist die, daß diese Zahlen die Werte der Drehimpulsmomente

[1] Diese Quantenzahl „s" für den Spin darf nicht verwechselt werden mit dem für s-Terme schon benutzten Zeichen „s". Die wenig glückliche doppelte Benutzung des Buchstabens s hat sich so allgemein eingebürgert, daß wir sie auch hier beibehalten.

des Elektrons, in Einheiten von $h/2\pi$ gemessen, angeben, und zwar l das Drehimpulsmoment infolge des Umlaufs des Elektrons in seiner Bahn um den Kern und s das Drehimpulsmoment infolge der Eigenrotation oder des Spins. In diesem Bilde ist dann j die dem Gesamtimpulsmoment zugeordnete Quantenzahl. Da für die vektorielle Addition der den Quantenzahlen l und s entsprechenden Drehimpulsmomente nur Parallel- oder Antiparallelstellung von s zu l gestattet ist, so ist $j = l \pm s = l \pm \frac{1}{2}$, wobei aber für $l = 0$ nur der Wert $j = \frac{1}{2}$ zugelassen ist, da j nicht negativ werden kann. Die aus dieser Regel folgenden Werte entsprechen, wie man sich leicht überzeugt, vollständig den in Tabelle 8 angegebenen.

22. Die Russell-Saundersschen Termsymbole. Im Zusammenhange mit der atomtheoretischen Deutung der Spektren ist nun insbesondere von Russell und Saunders eine etwas abgeänderte Symbolik für die Bezeichnung der Terme entwickelt worden, in der die für den Atomzustand charakteristischen Größen, also die Quantenzahlen, direkt enthalten sind. Für die Unterscheidung der einzelnen Termfolgen entsprechend den verschiedenen Werten von l werden die Buchstaben beibehalten, es werden aber durchweg große lateinische Buchstaben gewählt, so daß also entspricht

$$\begin{array}{cccccc} l = & 0 & 1 & 2 & 3 & 4 \\ & S & P & D & F & G. \end{array}$$

Die Multiplizität des Spektrums wird durch eine links oben angehängte Zahl angegeben, also in unserem Falle der Dublettspektren wird ^2S, ^2P, ^2D usw. geschrieben. Der Wert von j wird an dies Symbol rechts unten angehängt, so daß nun an Stelle der Paschenschen Symbole folgende neue Symbole entstehen

Paschen	s	p_2	p_1	d_2	d_1	f_2	f_1
Russell und Saunders	$^2S_{\frac{1}{2}}$	$^2P_{\frac{1}{2}}$	$^2P_{\frac{3}{2}}$	$^2D_{\frac{3}{2}}$	$^2D_{\frac{5}{2}}$	$^2F_{\frac{5}{2}}$	$^2F_{\frac{7}{2}}$.

Die Hauptquantenzahlen n bzw. die Laufzahlen m werden wieder in derselben Weise wie bei Paschen vor das Symbol gesetzt, also z. B. $2p_1 = 2\,^2P_{\frac{3}{2}}$. Diese neuen Symbole sind in den Abb. 11, 12a und 12b links neben den Paschenschen Symbolen und in den Niveaufiguren der Spektren Li bis Cs oben über den Paschenschen Symbolen angegeben.

23. Die Bogenspektren von Cu, Ag und Au. Dieselbe Dublettstruktur wie bei den Alkalibogenspektren finden wir auch bei den Bogenspektren von Cu, Ag und Au, woraus wir den Schluß ziehen (s. Kap. 4, S. 423), daß auch bei diesen Atomen ein Valenzelektron außerhalb einer abgeschlossenen Elektronengruppe vorhanden ist. Auch bei diesen Spektren treten die typischen Doppellinien in den Haupt- und II. Nebenserien auf und in den I. Nebenserien die zusammengesetzten Dubletts; die Bergmann-Terme sind bei Cu und Ag infolge zu kleiner Aufspaltung nur einfach beobachtet. Als Beispiel für die Lage der Terme geben wir in Abb. 13 das Niveauschema des Cu-Bogenspektrums. In dieser Abbildung sind außer den normalen Dublettermen zwei mit d_1' und d_2' bezeichnete tief liegende Terme eingezeichnet, die unter Emission sehr starker Linien mit den $2p$-Termen kombinieren. Diese und zahlreiche andere in der Abbildung nicht eingezeichnete Terme entsprechen komplizierteren Atomzuständen, bei denen nicht nur ein Elektron außerhalb der abgeschlossenen Gruppe, sondern auch Elektronen dieser Gruppe in verschiedenen Quantenzuständen auftreten. Die genauere Deutung der Terme wird in Kap. 6 bei der Behandlung der komplizierten Spektren gegeben werden.

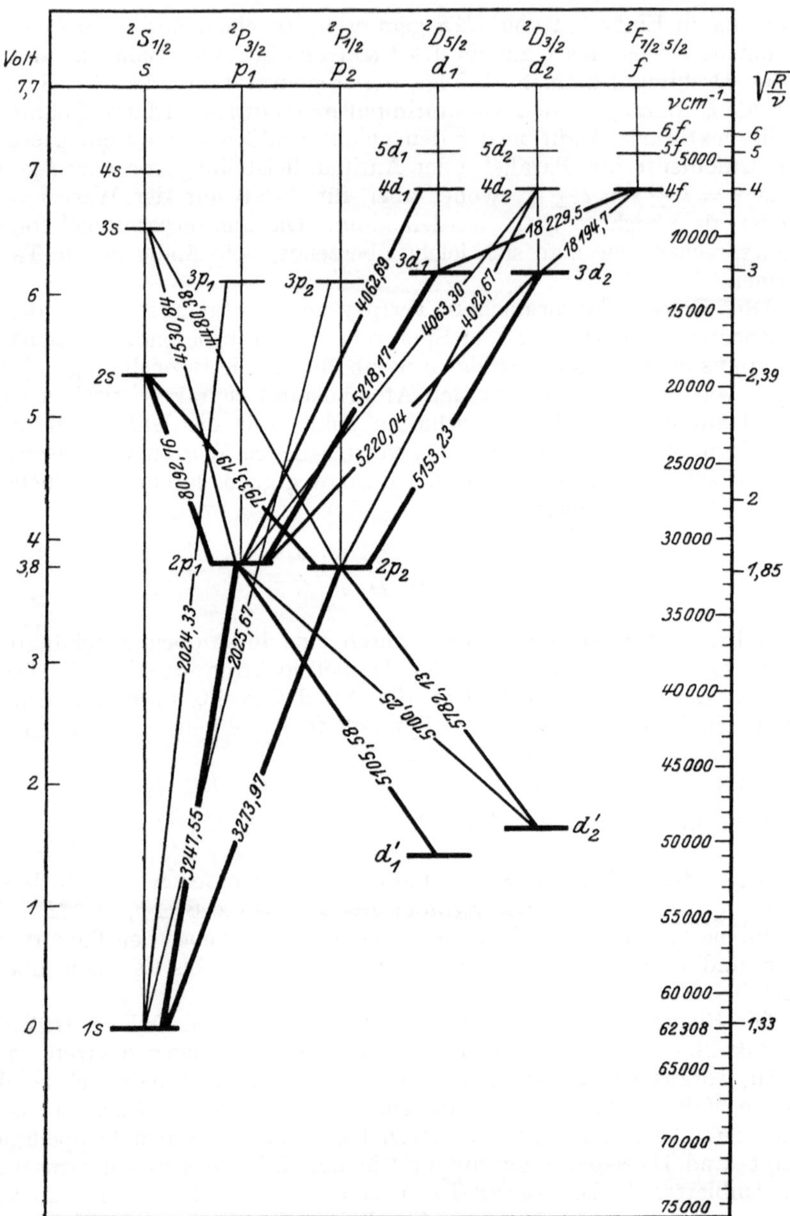

Abb. 13. Niveauschema des Kupfer I.

Tabelle 9. Terme des Kupfer-Bogenspektrums.

s-Terme	p-Terme	$\Delta\nu$	d-Terme	$\Delta\nu$	f-Terme
$1s$ 62308,0					
$2s$ 19171,1	$2p_1$ 31524,4 $2p_2$ 31772,8	248,4			
$3s$ 9459,5	$3p_1$[12925,0] $3p_2$[12957,7]	32,7	$3d_1$ 12365,9 $3d_2$ 12372,8	6,9	
$4s$ 5636,7			$4d_1$ 6917,1 $4d_2$ 6920,8	3,7	$4f$ 6880,0
			$5d_1$ 4413,4 $5d_2$ 4415,5	2,1	$5f$[4400,0]

24. Allgemeine Bemerkungen über die Funkenspektren. Spektren mit Dublettstruktur haben wir stets zu erwarten, wenn ein Elektron außerhalb einer abgeschlossenen Elektronengruppe vorhanden ist. Dieser Zustand liegt bei den soeben besprochenen Alkali- und Cu-, Ag-, Au-Atomen im neutralen Zustande vor, also dann, wenn die Zahl der an den Kern gebundenen Elektronen gleich der Kernladungszahl Z ist. Bei Atomen, die mehrere Valenzelektronen haben, läßt sich derselbe Zustand erreichen durch Abtrennung der Valenzelektronen bis auf eines. Die so entstehenden Ionen mit einem Valenzelektron müssen Spektren mit Dublettstruktur zeigen. Diese Spektren lassen sich im Laboratorium nur durch starke Bombardierung der Atome mit schnell bewegten Teilchen, insbesondere Elektronen, erzeugen, und hierzu ist der elektrische Funke besonders geeignet. Die Spektren der Ionen werden wegen dieser Erzeugungsart allgemein auch „Funkenspektren" genannt, während mit der Bezeichnung „Bogenspektrum" in der Spektroskopie stets das Spektrum eines neutralen Atoms gemeint ist, obwohl im Spektrum eines Lichtbogens natürlich auch zahlreiche Funkenlinien auftreten können. Je nachdem, ob die Linien eines Funkenspektrums zum Spektrum eines einfach, zweifach, dreifach usw. ionisierten Atoms gehören, spricht man auch von dem ersten, zweiten, dritten usw. Funkenspektrum. Noch allgemeiner hat sich aber folgende Bezeichnungsweise eingebürgert: Zur Bezeichnung des vom neutralen Atom emittierten Bogenspektrums setzt man hinter den Namen oder das chemische Symbol des betreffenden Elementes eine I, zur Bezeichnung des 1. Funkenspektrums nimmt man II, zur Bezeichnung des 2. Funkenspektrums III usw. So bedeutet also z. B. Si I das vom neutralen Si-Atom emittierte Bogenspektrum, Si II das vom einfach geladenen Si^+-Ion emittierte 1. Funkenspektrum, Si III das vom zweifach geladenen Si^{++}-Ion emittierte 2. Funkenspektrum usw. des Elementes Silizium. Diese Bezeichnungsweise werden wir weiterhin durchweg benutzen.

Alkaliähnliche Dublettspektren haben wir auf Grund der Tatsache, daß in jeder Horizontalreihe des periodischen Systems die Zahl der Valenzelektronen von links nach rechts von Element zu Element um je eine Einheit wächst, zu erwarten bei den Spektren II der Erdalkalien, den Spektren III der Erdmetalle, den Spektren IV der Elemente der vierten Vertikalreihe des periodischen Systems usw. Diese Voraussage über die Struktur der Spektren ist für die verhältnismäßig leicht zu erzeugenden Funkenspektren II der Erdalkalien schon vor längerer Zeit bestätigt worden. Bei fortschreitender Vervollkommnung der Lichtquellen ist es dann zuerst Paschen und A. Fowler gelungen, auch die Spektren III und IV von Aluminium und Silizium zu erzeugen und zu analysieren. Einen besonderen Fortschritt haben dann aber Millikan und Bowen erzielt, die im Vakuumfunken eine Lichtquelle fanden, in der nicht nur einfach, zweifach und dreifach, sondern auch vierfach, fünffach und sechsfach ionisierte Atome und deren Spektren auftreten. Die Spektren dieser vielfach ionisierten Atome, der „stripped atoms", bilden eine außerordentlich wichtige Bereicherung der spektroskopischen Daten. Die aus ihnen folgenden Gesetze sind grundlegend für die Atomphysik.

Gesetzmäßige Beziehungen erwarten und finden wir insbesondere zwischen den Spektren solcher Atome und Ionen, die dieselbe Gesamtzahl von Elektronen haben. Dies sind die Spektren I, II, III, IV usw. von solchen Elementen, die im periodischen System aufeinanderfolgen, also z. B. die Spektren Li I, Be II, B III, C IV, N V usw. Solche Spektren haben nicht nur dieselbe Struktur, sondern es bestehen auch bestimmte gesetzmäßige Beziehungen zwischen den Werten der Terme. In erster, rohester Näherung haben wir folgendes zu erwarten: Wenn wir den nach Abtrennung des Valenzelektrons übrigbleibenden

Atomrest oder Atomrumpf als punktförmige Ladung betrachten, so ist der Betrag dieser Ladung gleich $Z - p$, wo Z die Kernladungszahl und p die Zahl der in dem betreffenden Ion noch vorhandenen Elektronen bedeutet. Wir wollen diese Ladungszahl $Z - p$ mit Z_a bezeichnen und äußere Kernladungszahl nennen. Für die Bogenspektren I ist also $Z_a = 1$, für die ersten Funkenspektren II ist $Z_a = 2$, für Spektren III ist $Z_a = 3$ usw.

Lagert sich an einen solchen punktförmig gedachten Atomrumpf das Valenzelektron an, so sind die Energiewerte der Quantenzustände gleich denen eines wasserstoffähnlichen Atoms mit der Kernladung Z_a (s. Kap. 4, S. 405). Es sind also die Terme

$$T_n = \frac{R Z_a^2}{n^2}. \tag{56}$$

Die Frequenzen der Linien sind also

$$\nu = R Z_a^2 \left(\frac{1}{n_1^2} - \frac{1}{n_2^2}\right), \tag{57}$$

Termwerte und Frequenzen der Linien wachsen also proportional dem Quadrat der äußeren Kernladungszahl, sie sind für ein Spektrum II gleich dem vierfachen, für ein Spektrum III gleich dem neunfachen usw. der für das zugehörige Spektrum I gültigen Werte.

Nun ist es natürlich nicht berechtigt, die Atomrümpfe als punktförmige Ladungen zu betrachten. Wenn wir die endliche Dimension der Elektronenhülle berücksichtigen, werden wir aber für die Abweichungen der Terme von der einfachen BALMER-Form dieselben Gesetze erwarten, wie wir sie bei den Bogenspektren schon kennengelernt haben, d. h. an die Stelle der BALMER-Formel (56) treten die Formeln von RYDBERG oder RITZ nur mit dem Werte $R Z_a^2$ an Stelle der einfachen RYDBERG-Konstante R. Die RYDBERGsche Termformel für ein Funkenspektrum lautet also

$$T_m = \frac{R Z_a^2}{(m + a)^2}. \tag{58}$$

Für die verschiedenen Termfolgen s, p, d, f usw. haben wir wieder verschiedene Werte der RYDBERG-Korrektionen zu erwarten, und wir erhalten also genau dasselbe System von Serien wie bei den Bogenspektren, nur mit dem Unterschiede, daß auch in den Frequenzformeln statt der einfachen RYDBERG-Konstante der Wert $Z_a^2 R$ auftritt. Die Frequenzen einer Hauptserie sind also z. B.

$$\nu = \frac{R Z_a^2}{(1 + s)^2} - \frac{R Z_a^2}{(m + p)^2}, \qquad m = 2, 3, 4 \ldots \tag{59}$$

wofür wir unter Benutzung der PASCHENschen Symbolik wieder abgekürzt schreiben

$$\nu = 1s - mp, \qquad m = 2, 3, 4, 5 \ldots \tag{60}$$

In der symbolischen Schreibweise erhalten wir also wieder genau dieselben Formeln wie für die Bogenspektren, jedoch ist zu bedenken, daß die Termfolgen für die Funkenspektren II mit $4R$, für Spektren III mit $9R$ usw. zu berechnen sind.

Für eine Folge von Spektren I, II, III usw. von Atomen bzw. Ionen mit gleicher Zahl der Elektronen wäre in zweiter Näherung zu erwarten, daß die Werte der RYDBERG- und RITZ-Korrektionen für die einzelnen Termfolgen identisch sind. Dann würden sich die Frequenzen analoger Linien gemäß (59) in einer solchen Folge von Spektren einfach wie 1:4:9:16 verhalten. In gröbster Näherung trifft das auch tatsächlich zu, und es gilt diese einfache Regel mit großer Annäherung insbesondere für Linien, die Übergängen zwischen hohen Energieniveaus entsprechen, bei denen ja die Abweichungen von den wasserstoffähnlichen Energiewerten stets klein werden. Diese Gesetzmäßigkeit hat zur Folge, daß die den starken, ins sichtbare Spektralgebiet fallenden Linien der Bogenspektren analogen Linien der Funkenspektren um so kurzwelliger werden, je höher die Ordnung des Funkenspektrums ist. Bei den Spektren II liegen diese Linien im allgemeinen noch in dem mit Quarzoptik erreichbaren ultravioletten Spektralgebiet, aber schon bei den Spektren III und noch viel stärker bei den noch höheren Funkenspektren rücken sie in das nur noch mit den Hilfsmitteln der Vakuumspektroskopie erreichbare extreme SCHUMANN-Ultraviolett ab. Aus diesem Grunde ist die Erforschung dieser Spektren erst möglich geworden, seitdem der Vakuumspektrograph insbesondere durch die Arbeiten von SCHUMANN, LYMAN und MILLIKAN zu hoher Vollkommenheit ausgebildet worden ist. In den astrophysikalischen Lichtquellen sind natürlich infolge der Absorption der Erdatmosphäre alle diese Linien nicht beobachtbar. Viele von ihnen sind sicher in den Sternspektren vorhanden und würden, wenn man sie beobachten könnte, außerordentlich wichtige Rückschlüsse auf die Ionisation und die Anregungsbedingungen in den Sternatmosphären gestatten. Trotzdem ist die durch die Vakuumspektroskopie möglich gewordene Analyse der höheren Funkenspektren auch für die Astrophysik von großer Bedeutung, weil zusammen mit den extrem ultravioletten Linien auch solche zu diesen Spektren gehörige Linien eine Deutung erfahren, die ins sichtbare bzw. für die Sternspektroskopie zugängliche Spektralgebiet fallen.

In dieses beobachtbare Spektralgebiet fallen bei den Funkenspektren entsprechend der Vervielfachung der Frequenzen solche Linien, die bei den Bogenspektren im Ultraroten liegen und dort nur schwer oder gar nicht mehr beobachtbar sind. Dies sind insbesondere Linien, die Übergängen zwischen höheren Niveaus entsprechen. Da für diese, wie wir schon erwähnt haben, die Regel, daß sich die Frequenzen aufeinanderfolgender Bogen- und Funkenspektren wie 1:4:9:16 usw. verhalten, besonders genau gilt, so kann man für solche Linien ganz allgemein den ungefähren Spektralbereich angeben, in dem die Linien liegen müssen. Wir geben in der folgenden Tabelle 10 die ungefähren Wellenlängen (in A) an für die ersten Glieder der BERGMANN-Serie und der Serien, die Übergängen zwischen Termen mit noch größeren Werten von l entsprechen [vgl. Formel (44)].

Tabelle 10.

	I	II	III	IV	V
$3d-4f$	18800	4700	2100	1200	750
$4f-5g$	40000	10000	4500	2500	1600
$5g-6h$	75000	19000	8300	4700	3000

Für die Astrophysik besonders wichtig ist die aus dieser Tabelle ersichtliche Tatsache, daß das erste Glied der BERGMANN-Serie der Spektren II in das sichtbare Gebiet fällt. Die wichtige Heliumfunkenlinie $\lambda = 4686$ A entspricht z. B. diesem Fall.

25. Die effektive Quantenzahl n^*. Voraussetzung für die Gültigkeit der einfachen Multiplikationsregel für die Frequenzen ist, daß die Terme nahezu wasserstoffähnlich sind, oder daß die RYDBERG- und RITZ-Korrektionen für die homologen Termfolgen der Spektren I, II, III usw. wenigstens nahezu dieselben sind. In Wirklichkeit trifft das letztere für die tiefer liegenden Terme nie zu, sondern es ergeben sich Abweichungen, die um so größer sind, je tiefer der Term liegt. Zur zahlenmäßigen Angabe dieser Abweichungen bedient man sich zweckmäßig der sog. effektiven Quantenzahl n^*. Diese ist definiert durch die Gleichung

$$T_n = \frac{R Z_a^2}{n^{*2}}. \tag{61}$$

Es ist also

$$n^* = \sqrt{\frac{R Z_a^2}{T_n}}. \tag{62}$$

Wenn sich eine Termfolge durch eine RYDBERGsche Formel darstellen läßt, so haben die effektiven Quantenzahlen n^* die Eigenschaft, mit wachsender Laufzahl um je eine Einheit zuzunehmen; denn es ist dann $n^* = n +$ der RYDBERG-korrektion, und die letztere ist ja für die Termfolge konstant. In den Fällen, in denen die RYDBERGformel nicht ausreicht, wachsen die Werte von n^* nicht genau um eine Einheit, sondern zeigen außerdem mit wachsender Laufzahl einen Gang, der der RITZkorrektion entspricht. Die Abweichungen von dem Sprung um eine Einheit werden aber immer kleiner, je höher die Laufzahlen der betrachteten Terme sind.

In den Niveaufiguren ist auf der rechten Seite eine mit $\sqrt{\frac{R}{\nu}}$ bezeichnete Skala der effektiven Quantenzahlen angebracht. An dieser Skala sind erstens die ganzzahligen Werte von n^* angegeben, die also der Lage der Wasserstoffterme entsprechen. Außerdem sind jeweils für die wichtigsten Terme die Werte von n^* angegeben. Für die s-Terme des Li (Abb. 4) ist z. B. für $1s$: $n^* = 1{,}59$, für $2s$: $n^* = 2{,}6$, für $3s$: $n^* = 3{,}6$. Bei Na (Abb. 6) ist für $1s$: $n^* = 1{,}63$, für $2s$: $n^* = 2{,}64$, für $3s$: $n^* = 3{,}65$. Man sieht also, daß die Werte von n^* innerhalb einer Termfolge tatsächlich sehr nahezu um eine Einheit zunehmen.

26. Die alkaliähnlichen Funkenspektren. Wir gehen nun zur Besprechung des über die alkaliähnlichen Funkenspektren vorliegenden Materials über, stellen zunächst in Tabelle 11 die bisher analysierten Spektren zusammen und geben, soweit diese Spektren in den Tabellenwerken von FOWLER und PASCHEN-GÖTZE noch nicht enthalten sind, die diesbezüglichen Literaturangaben.

Tabelle 11.

Li I	Be II	B III	C IV	(N V)	(O VI)	
Na I	Mg II	Al III	Si IV	P V	S VI	(Cl VII)
K I	Ca II	Sc III	Ti IV	V V	(Cr VI)	(Mn VII)
Rb I	Sr II	Y III	Zr IV			
Cs I	Ba II	(La III)	(Ce IV)	(Pr V)		
Cu I	Zn II	Ga III	Ge IV	As V	Se VI	
Ag I	Cd II	In III	Sn IV	Sb V	Te VI	
Au I	Hg II	Tl III	Pb IV			

Literaturangaben für die alkaliähnlichen Funkenspektren.

Be II: J. S. BOWEN u. R. A. MILLIKAN, Phys Rev 28, S. 256 (1926).

B III: J. S. BOWEN u. R. A. MILLIKAN, Wash Nat Ac Proc 10, S. 199 (1924); R. A. SAWYER u. F. R. SMITH, J Opt Soc Amer 14, S. 287 (1927); A. ERICSON u. B. EDLÉN, Z f Phys 59, S. 656 (1930).

C IV: J. S. BOWEN u. R. A. MILLIKAN, Nature 114, S. 380 (1924).

N V und O VI: J. S. BOWEN u. R. A. MILLIKAN, Phys Rev 24, S. 209 (1924); 27, S. 144 (1926); A. ERICSON u. B. EDLÉN, Z f Phys 59, S. 656 (1930); C R 190, S. 116 (1930).

Al III: F. PASCHEN, Ann d Phys 71, S. 142 (1923); E. EKEFORS, Z f Phys 51, S. 471 (1928).

Si IV: A. FOWLER, London R S Proc A 103, S. 413 (1923).

P V, S VI und Cl VII: J. S. BOWEN u. R. A. MILLIKAN, Phys Rev 25, S. 295 (1925).

Ca II: F. A. SAUNDERS u. H. N. RUSSELL, Ap J 62, S. 1 (1925).

Sc III: R. C. GIBBS u. H. E. WHITE, Wash Nat Ac Proc 12, S. 448 u. 598 (1926); S. SMITH, ebenda 13, S. 65 (1927); s. auch H. N. RUSSELL u. R. J. LANG, Ap J 66, S. 13 (1927).

Ti IV, V V, Cr VI, Mn VII: R. C. GIBBS u. H. E. WHITE, Wash Nat Ac Proc 12, S. 448, 598 u. 675 (1926); 13, S. 525 (1927); H. N. RUSSELL u. R. J. LANG, Ap J 66, S. 13 (1927); R. J. LANG, Science 64, S. 528 (1926).

Y III und Zr IV: J. S. BOWEN u. R. A. MILLIKAN, Phys Rev 28, S. 923 (1926).
La III, Ce IV, Pr V: R. C. GIBBS u. H. E. WHITE, Wash Nat Ac Proc 12, S. 551 (1926).
Zn II u. Cd II: G. v. SALIS, Ann d Phys 76, S. 145 (1925); Y. TAKAHASHI, Ann d Phys 3, S. 27 (1929); R. J. LANG, Wash Nat Ac Proc 15, S. 414 (1929).
Ga III und Ge IV: J. A. CARROL, Phil Trans 225, S. 357, A 634 (1926); R. J. LANG, Phys Rev 30, S. 762 (1927); 34, S. 697 (1929); K. R. RAO, Proc Phys Soc 39, S. 150 (1927); S. SMITH, Nature 120, S. 728 (1927); K. R. RAO u. A. L. NARAYAN, London R S Proc A 119, S. 607 (1928).
As V und Se VI: R. A. SAWYER u. C. J. HUMPHREYS, Phys Rev 32, S. 583 (1928); P. QUENEY, C R 189, S. 158 (1929).
In III und Sn IV: J. A. CARROL, Phil Trans 225, S. 357, A 634 (1926); R. J. LANG, Wash Nat Ac Proc 13, S. 341 (1927); 15, S. 414 (1929); K. R. RAO, Proc Phys Soc 39, S. 150 u. 403 (1927); K. R. RAO, A. L. NARAYAN u. A. S. RAO, Indian J Phys 2, S. 477 (1928).
Sb V und Te VI: R. J. LANG, Wash Nat Ac Proc 13, S. 341 (1927).
Au I: V. THORSEN, Naturw 11, S. 500 (1923); J. C. MCLENNAN u. A. B. MCLAY, London R S Proc A 112, S. 95 (1926).
Hg II: J. A. CARROL, Phil Trans 225, S. 357, A 634 (1926); R. A. SAWYER, J Opt Soc Amer 13, S. 441 (1926); F. PASCHEN, Berl Sitzber S 536 (1928); S. M. NAUDÉ, Ann d Phys 3, S. 1 (1929); E. RASMUSSEN, Naturw 17, S. 389 (1929).
Tl III und Pb IV: J. A. CARROL, Phil Trans 225, S. 357, A 634 (1926); J. C. MCLENNAN, A. B. MCLAY u. M. F. CRAWFORD, London R S Proc A 125, S. 50 (1929).

Bei allen diesen Spektren darf die alkaliähnliche Dublettstruktur als gesichert gelten, obwohl die Vollständigkeit, mit der dieselben analysiert sind, sehr verschieden ist und im allgemeinen natürlich von den in der Tabelle 11 links stehenden Spektren nach den rechts stehenden abnimmt. Bei den eingeklammerten Spektren sind nur wenige Linien, im allgemeinen das erste Glied der Hauptserie, bekannt.

Die in einer horizontalen Reihe stehenden Spektren werden von Atomen und Ionen mit gleicher Elektronenzahl emittiert (isoelektronische Spektren). Wie man sieht, sind Reihen bis zu sieben Spektren erreicht. Die für die Größe wie auch für die Aufspaltung homologer Terme derartiger Spektren geltenden Gesetze werden wir erst später im Zusammenhange mit anderen Spektren behandeln.

Zur Veranschaulichung der Dublettstruktur der in Tabelle 11 enthaltenen Spektren greifen wir einige Beispiele heraus und geben für diese in den Abb. 14 bis 20 die Niveauschemata. Die Abb. 14, 15 und 16 stellen die Na I analogen Funkenspektren Mg II, Al III und Si IV aus der zweiten Horizontalreihe der Tabelle 11 dar, die beiden nächsten Abb. 17 und 18 die dem K I analogen Spektren Ca II und Sc III aus der dritten Horizontalreihe der Tabelle 11 und die Abb. 19 und 20 die Niveauschemata der Spektren Sr II und Ba II aus der 4. und 5. Horizontalreihe der Tabelle 11. Alle diese Abbildungen sind so gezeichnet, daß die Skalen der effektiven Quantenzahlen identisch sind, d. h. also, daß die Frequenzmaßstäbe sich für Spektren I, II, III usw. verhalten wie $1 : \frac{1}{4} : \frac{1}{9}$ usw. Für vollkommen wasserstoffähnliche Spektren würden bei dieser Wahl der Maßstäbe alle homologen Niveaus gleiche Höhe haben. Das trifft, wie man sieht, für die höheren Niveaus auch zu, dagegen ergeben sich um so stärkere Unterschiede, je niedriger ein Niveau liegt, und zwar im allgemeinen in dem Sinne, daß die gleichartigen Niveaus, z. B. die $1\,s$-Niveaus, in einer Folge isoelektronischer Spektren um so höher liegen, je höher die Ordnung des Funkenspektrums ist. Eine Ausnahme von dieser Regel machen die d-Terme der Spektren K I, Ca II, Sc III, bei denen die d-Terme herunterrücken. Auf die Erklärung dieser Erscheinung werden wir noch zurückkommen.

Die Dublettstruktur der Spektren tritt in allen Abbildungen deutlich hervor. Die angeschriebenen Wellenlängen lassen auch erkennen, daß die Wellenlängen homologer Linien mit wachsender Ordnungszahl immer kleiner werden und insbesondere für die stärksten Linien der Haupt- und Nebenserien sehr bald ins Ultraviolett abrücken.

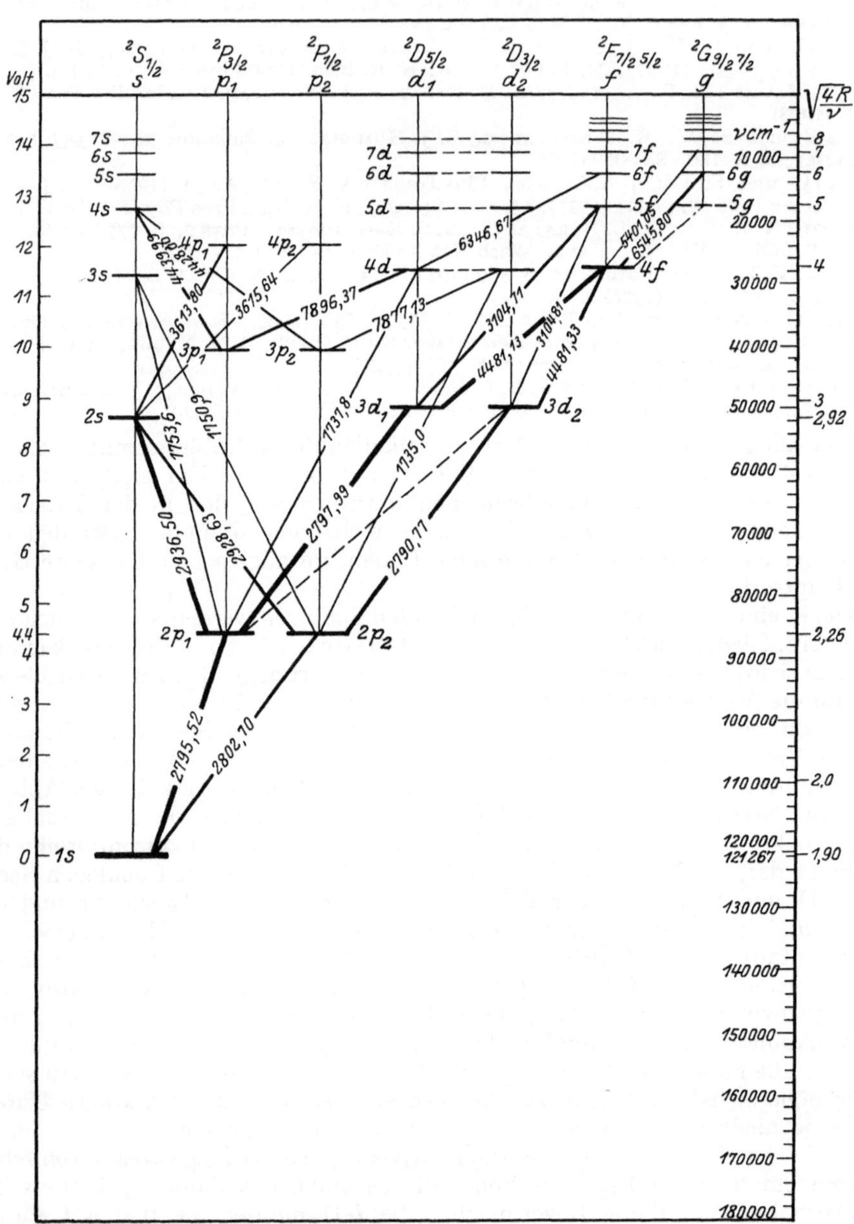

Abb. 14. Niveauschema des Magnesium II.

Siehe Tabelle 12 S. 525.

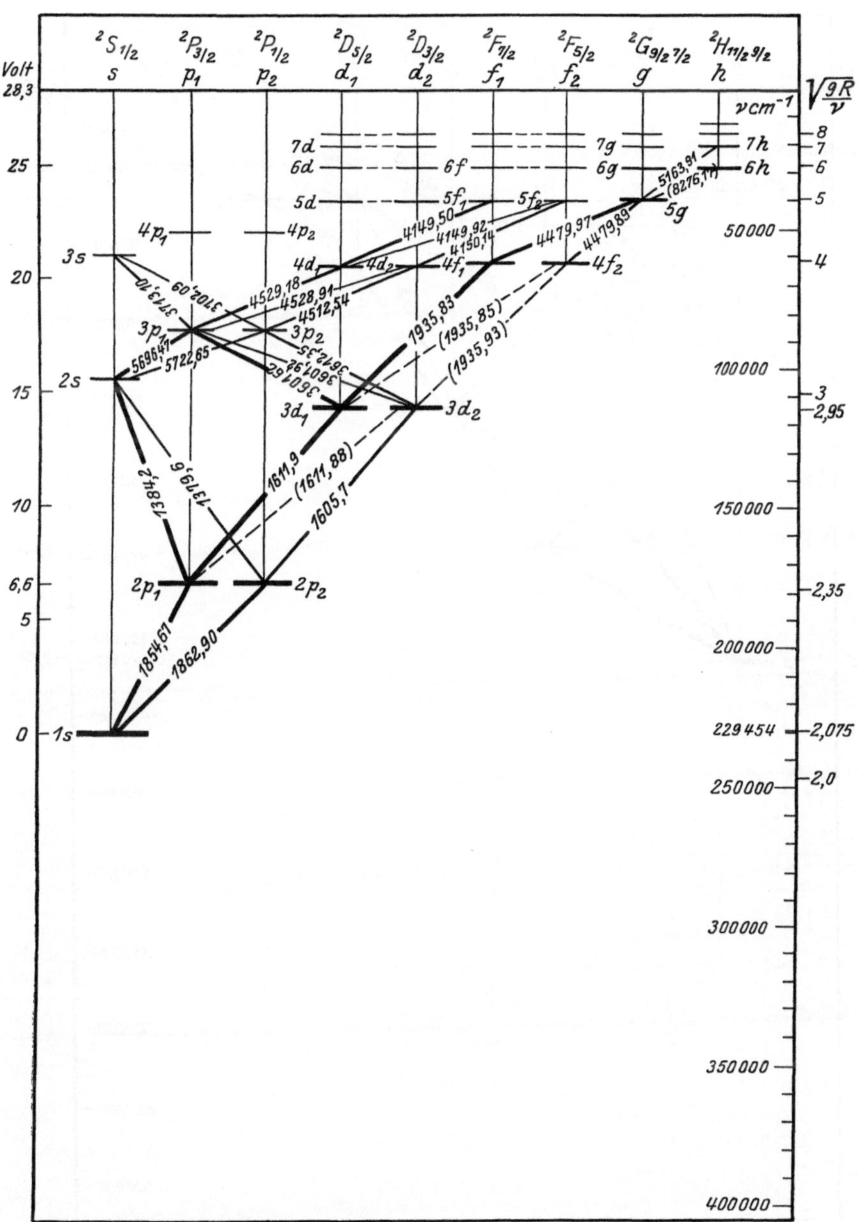

Abb. 15. Niveauschema des Aluminium III.

Siehe Tabelle 13 S. 525.

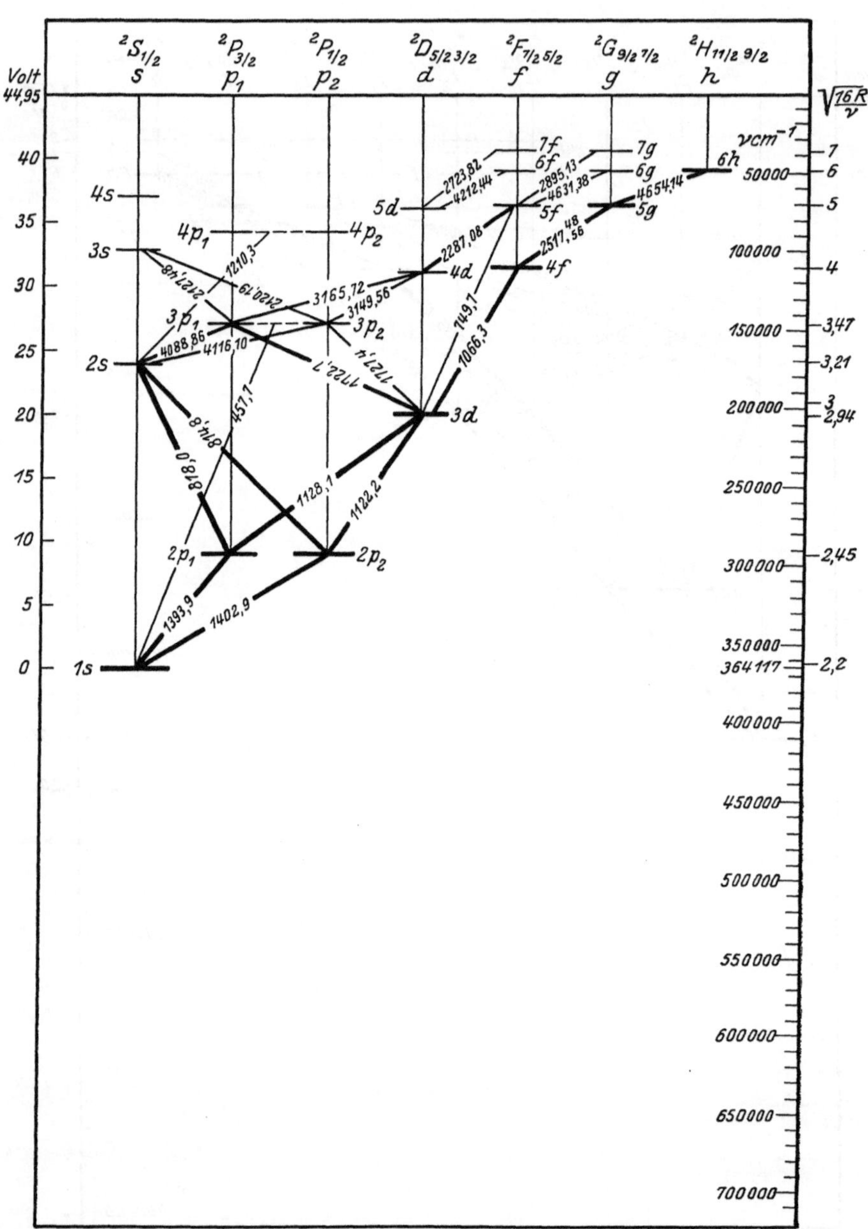

Abb. 16. Niveauschema des Silicium IV.

Siehe Tabelle 14 S. 525.

Tabelle 12. Terme des Mg II-Spektrums.

s-Terme	p-Terme	$\Delta\nu$	d-Terme	$\Delta\nu$	f-Terme	g-Terme
1s 121267 4						
2s 51462,2	$2p_1$ 85506,44 $2p_2$ 85597,99	91,55				
3s 28481,2	$3p_1$ 40616,1 $3p_2$ 40646,6	30,5	$3d_1$ 49777,0 $3d_2$ 49776,0	−1,0		
4s 18069,3	$4p_1$ 23798,4 $4p_2$ 23812,5	14,1	4d 27955,3		4f 27467,4	
5s 12482,7	$5p_1$ 15636,7 $5p_2$ 15644,3	7,6	5d 17846,3		5f 17577,2	5g —
6s 9137,6			6d 12366,5		6f 12204,8	6g 12194,6
7s 6975,2			7d 9069,4		7f 8965,6	7g 8957,6
			8d 6931,7		8f 6863,8	8g 6859,2
					9f 5422,3	9g 5419,3
					10f 4391,7	10g 4389,4
					11f 3629,1	11g 3627,3
						12g 3047,7

Tabelle 13. Terme des Al III-Spektrums.

s-Terme	p-Terme	$\Delta\nu$	d-Terme	$\Delta\nu$	f-Terme	$\Delta\nu$	g-Terme	h-Terme
229453,99								
103291,41	$2p_1$ 175536,11 $2p_2$ 175774,11	238,00						
58817,61	$3p_1$ 85741,61 $3p_2$ 85821,74	80,13	$3d_1$ 113498,96 $3d_2$ 113496,68	− 2,28				
	$4p_1$ 50984,35 $4p_2$ 51023,50	39,15	$4d_1$ 63668,73 $4d_2$ 63667,45	− 1,28	$4f_1$ 61841,56 $4f_2$ 61841,94	0,38		
			5d 40578,47		$5f_1$ 39578,53 $5f_2$ 39578,65	0,12	5g 39526,23	
			6d 28079,62		6f 27484,47		6g 27452,67	6h 27446,67
			7d 20573,62		7f 20193,01		7g 20171,82	7h 20166,47
			8d 15712,57		8f 15461,87		8g 15443,32	8h 15438,2
								9h 12198,8

Tabelle 14. Terme des Si IV-Spektrums.

s-Terme	p-Terme	$\Delta\nu$	d-Terme	f-Terme	g-Terme	h-Terme
1s 364117						
2s 170105	$2p_1$ 292377 $2p_2$ 292837	460				
3s 98666	$3p_1$ 145655 $3p_2$ 145817	162	3d 203705			
	$4p_1$ 87505 $4p_2$ 87580	76	4d 114076	4f 109923		
			5d 72594	5f 70366	5g 70213	
				6f 48862	6g 48788	6h 48733
				7f 35893	7g 35835	

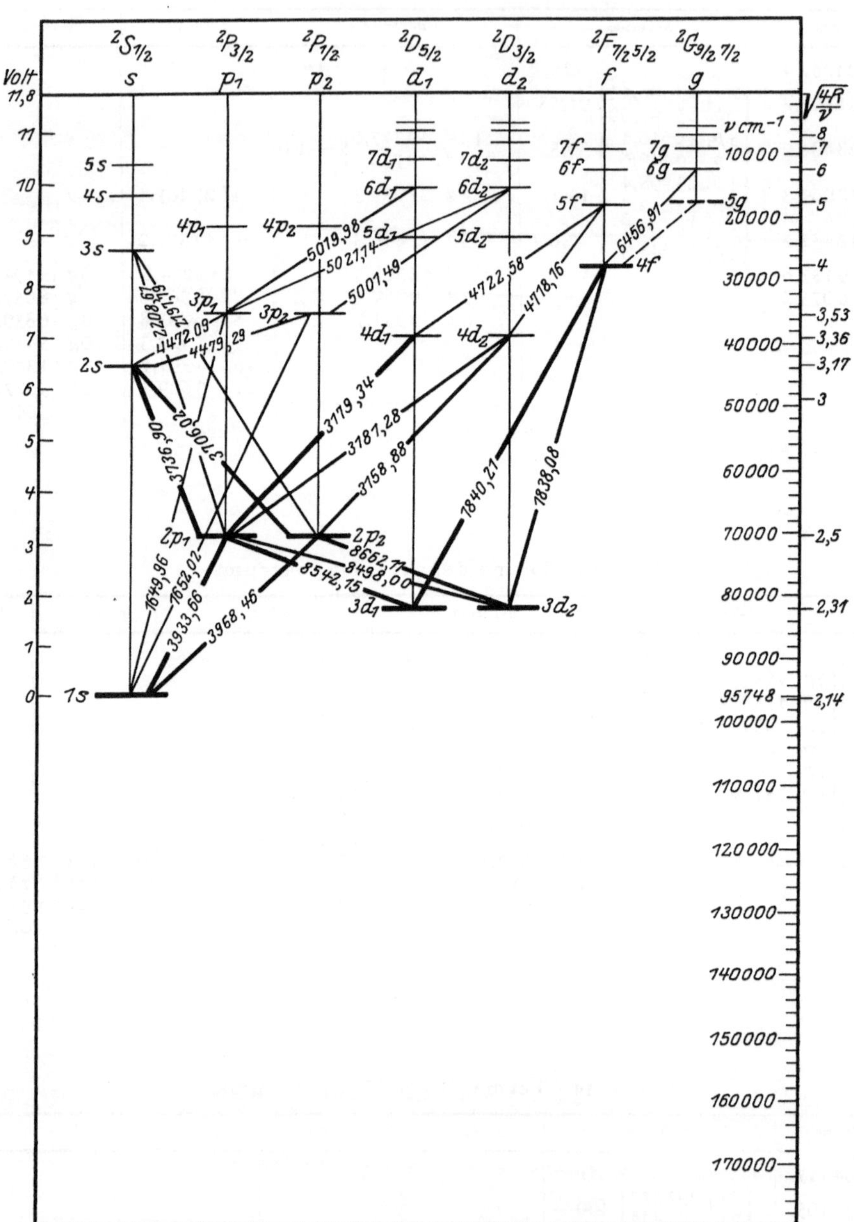

Abb. 17. Niveauschema des Calcium II.

Siehe Tabelle 15 S. 530.

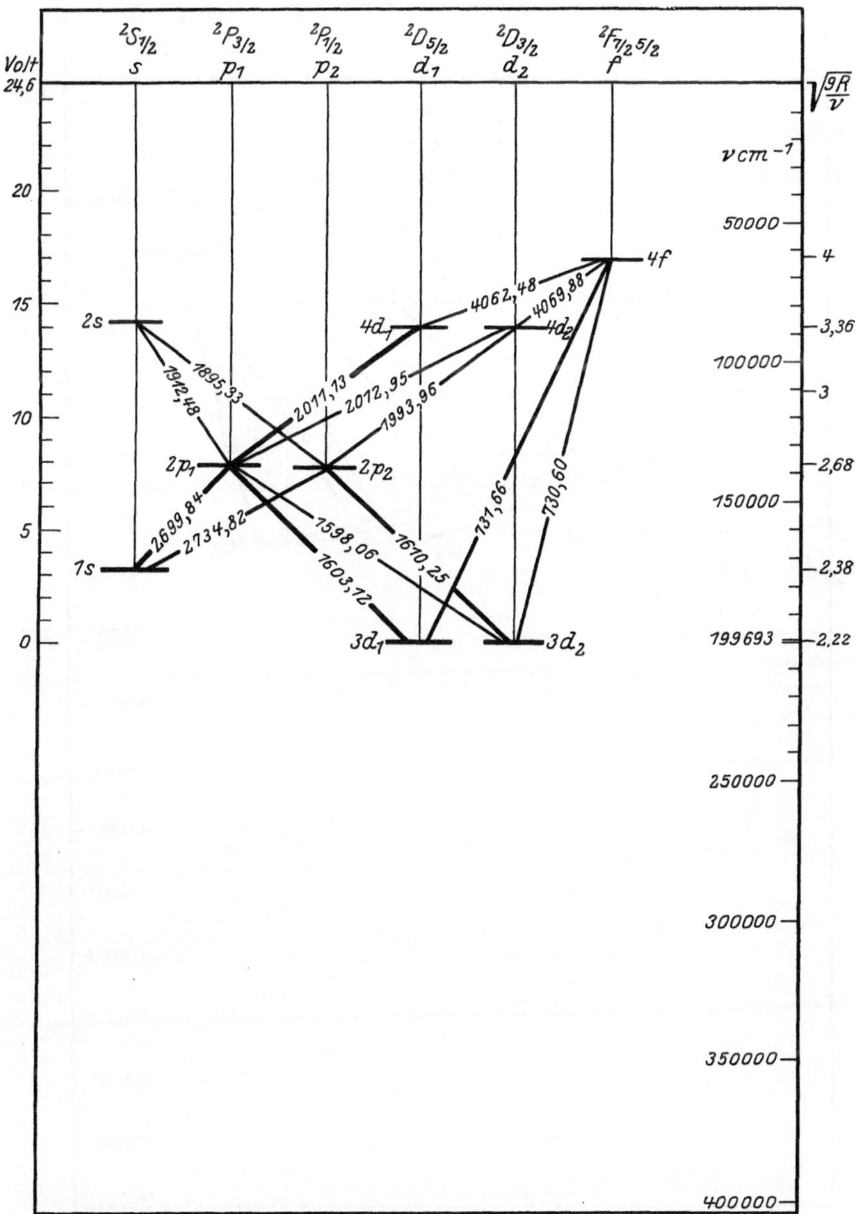

Abb. 18. Niveauschema des Scandium III. (Sämtliche Wellenlängen sind λ_{vac}.)

Siehe Tabelle 16 S. 530.

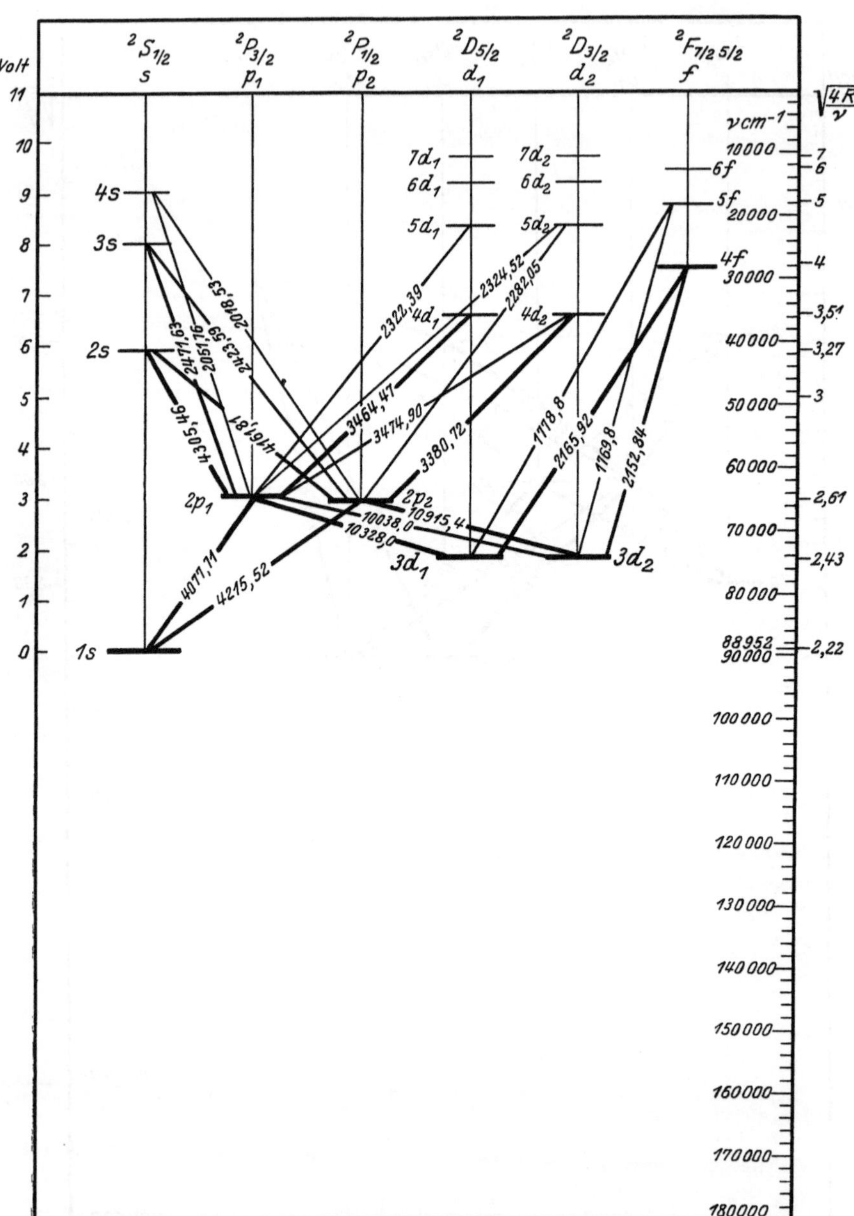

Abb. 19. Niveauschema des Strontium II.

Siehe Tabelle 17 S. 530.

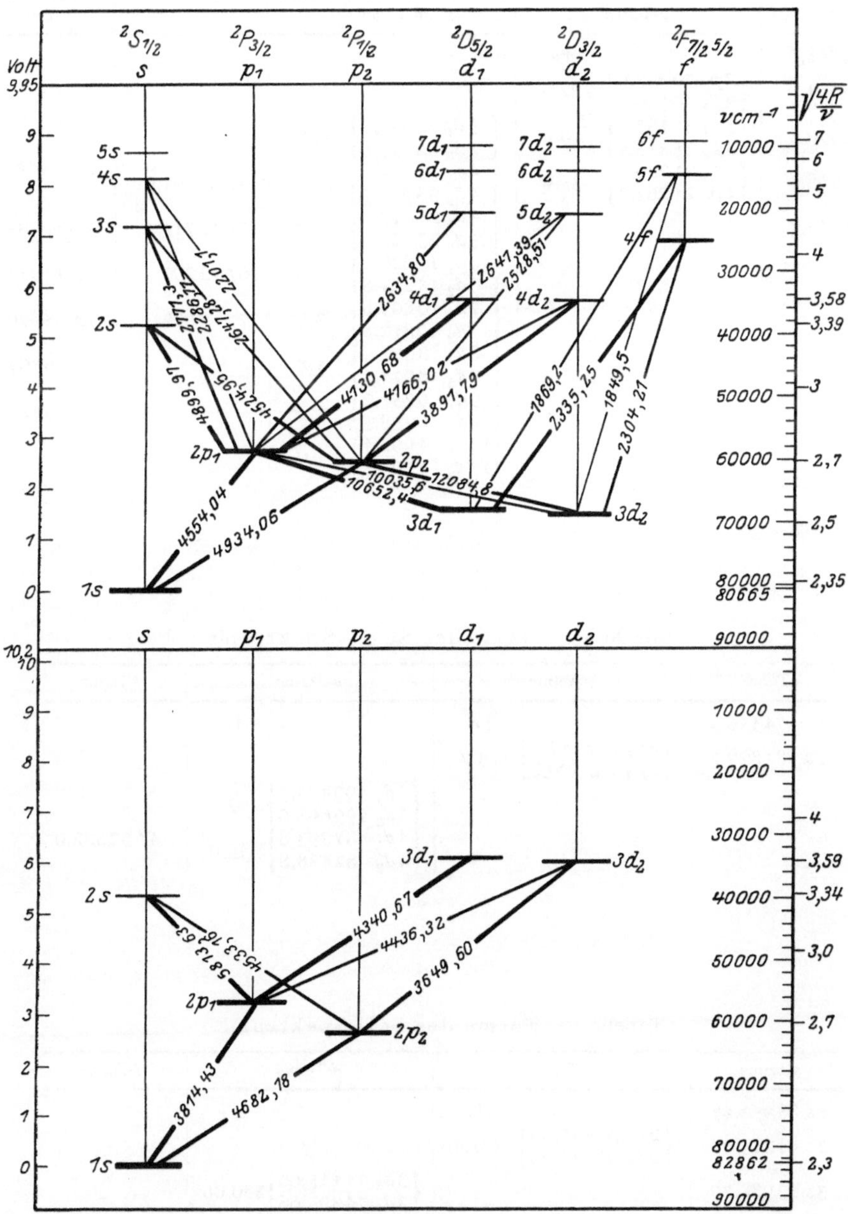

Abb. 20. Oben: Niveauschema des Barium II. Unten: Niveauschema des Radium II.

Siehe Tabelle 18 und 19 S. 531

Tabelle 15. Terme des Ca II-Spektrums.

s-Terme	p-Terme	$\Delta\nu$	d-Terme	$\Delta\nu$	f-Terme	g-Terme
1s 95748,0						
2s 43581,0	$2p_1$ 70333,6 $2p_2$ 70556,4	222,8				
3s 25070,3	$3p_1$ 35135,0 $3p_2$ 35213,4	78,4	$3d_1$ 82037,0 $3d_2$ 82097,8	60,8		
4s 16298,3	$4p_1$ 21226,3 $4p_2$ 21262,2	35,9	$4d_1$ 38889,6 $4d_2$ 38908,7	19,1	4f 27694,0	
5s 11445,7			$5d_1$ 23017,3 $5d_2$ 23026,0	8,7	5f 17714,1	5g[17585]
			$6d_1$ 15220,0 $6d_2$ 15224,8	4,8	6f 12290	6g 12211,0
			$7d_1$ 10809,8 $7d_2$ 10812,8	3,0	7f 9022	7g 8970,1
			$8d_1$ 8072,4 $8d_2$ 8074,2	1,8		8g 6867,2
			$9d_1$ 6257,2 $9d_2$ 6258,5	1,3		9g 5424,6
			$10d_1$ 4992,1 $10d_2$ 4993,1	1,0		

Tabelle 16. Terme des Sc III-Spektrums.

s-Terme	p-Terme	$\Delta\nu$	d-Terme	$\Delta\nu$	f-Terme
1s 174156,3					
2s 84829,2	$2p_1$ 137117,1 $2p_2$ 137590,8	473,7			
			$3d_1$ 199495,5 $3d_2$ 199693,0	197,5	
			$4d_1$ 87393,8 $4d_2$ 87438,8	45,0	4f 62822,0

Tabelle 17. Terme des Sr II-Spektrums.

s-Terme	p-Terme	$\Delta\nu$	d-Terme	$\Delta\nu$	f-Terme
1s 88952,47					
2s 41215,99	$2p_1$ 64435,80 $2p_2$ 65237,26	801,46			
3s 23988,79			$3d_1$ 74115,60 $3d_2$ 74395,66	280,06	
4s 15712,56			$4d_1$ 35580,59 $4d_2$ 35666,20	85,61	4f 27960,4
			$5d_1$ 21389,94 $5d_2$ 21429,98	40,04	5f 17896
			$6d_1$ 14309,5 $6d_2$ 14330,8	21,3	6f 12412
			7d 10293		7f 9096

Tabelle 18. Terme des Ba II-Spektrums.

s-Terme	p-Terme		d-Terme		f-Terme
$1s$ 80664,9		$\Delta\nu$		$\Delta\nu$	
$2s$ 38309,9	$2p_1$ 58712,5 $2p_2$ 60403,4	1690,9			
$3s$ 22639,8			$3d_1$ 68097,6 $3d_2$ 68674,3	576,7	
$4s$ 14983			$4d_1$ 34510,2 $4d_2$ 34715,5	205,3	$4f$ 25288,8
$5s$ 10714			$5d_1$ 20770,3 $5d_2$ 20865,8	95,5	$5f$ 14602
			$6d_1$ 13938 $6d_2$ 13991	53	$6f$ 9077
			$7d_1$ 10064 $7d_2$ 10109	45	

Tabelle 19. Terme des Ra II-Spektrums.

s-Terme				
$1s$ 82862,05		$\Delta\nu$		$\Delta\nu$
$2s$ 39456,98	$2p_1$ 56653,23 $2p_2$ 61510,44	4857,21		
			$3d_1$ 33621,77 $3d_2$ 34118,1	496,33

Besonders wichtig für die Astrophysik sind die Spektren Mg II, Ca II und Sr II. Im ersteren ist es das erste Glied der BERGMANN-Serie, die bekannte Mg-Funkenlinie $\lambda = 4481$, die in vielen Sternspektren eine wichtige Rolle spielt. Im Ca II-Spektrum bilden die H- und K-Linien $\lambda = 3968$ und 3933 das erste Glied der Hauptserie, und auch im Sr II-Spektrum ist es das erste Glied der Hauptserie ($\lambda = 4215$ und 4078), das in den Sternspektren, z. B. bei der Unterscheidung zwischen Riesen und Zwergen, eine wichtige Rolle spielt. In den Tabellen 12 bis 19 geben wir auch die Termwerte der Funken-Spektren.

c) Die Spektren von Atomen und Ionen mit zwei Valenzelektronen.

27. Die zwei Seriensysteme. Die spektralen Gesetzmäßigkeiten, die wir bei den Bogenspektren der Erdalkaliatome vorfinden, also den Spektren solcher Atome, bei denen wir auf Grund der Atomtheorie das Vorhandensein von zwei Valenzelektronen voraussetzen, schließen sich insofern an die vorher besprochenen Gesetzmäßigkeiten der Alkalibogenspektren an, als sich auch hier die Linien in Serien einordnen und sich diese Serien zu Seriensystemen von Haupt-, Neben- und BERGMANN-Serien zusammenfassen lassen. Der wesentliche Unterschied gegenüber den Alkalibogenspektren ist dabei folgender: Für jedes Spektrum ergeben sich zwei solche Seriensysteme, die sich, abgesehen von der verschiedenen Lage homologer Linien, dadurch unterscheiden, daß die zum ersten System gehörigen Linien einfach, die des anderen dagegen dreifach sind. Wir haben also bei diesen Spektren ein Singulett- und ein Triplettsystem.

28. Das Singulettsystem. Wir wollen die hier vorliegenden Gesetzmäßigkeiten am Beispiel des Magnesium I erläutern, dessen Spektrum in seiner Serienzerlegung aus Abb. 21 ersichtlich ist, während Abb. 22 das zugehörige Niveauschema darstellt. In Abb. 21 sehen wir in dem 2., 3. und 4. Spektralstreifen von links die mit II. N. S., H. S. und I. N. S. bezeichneten drei Serien von Einfachlinien. Diese bilden ein ganz normales System von einer Haupt- und zwei Neben-

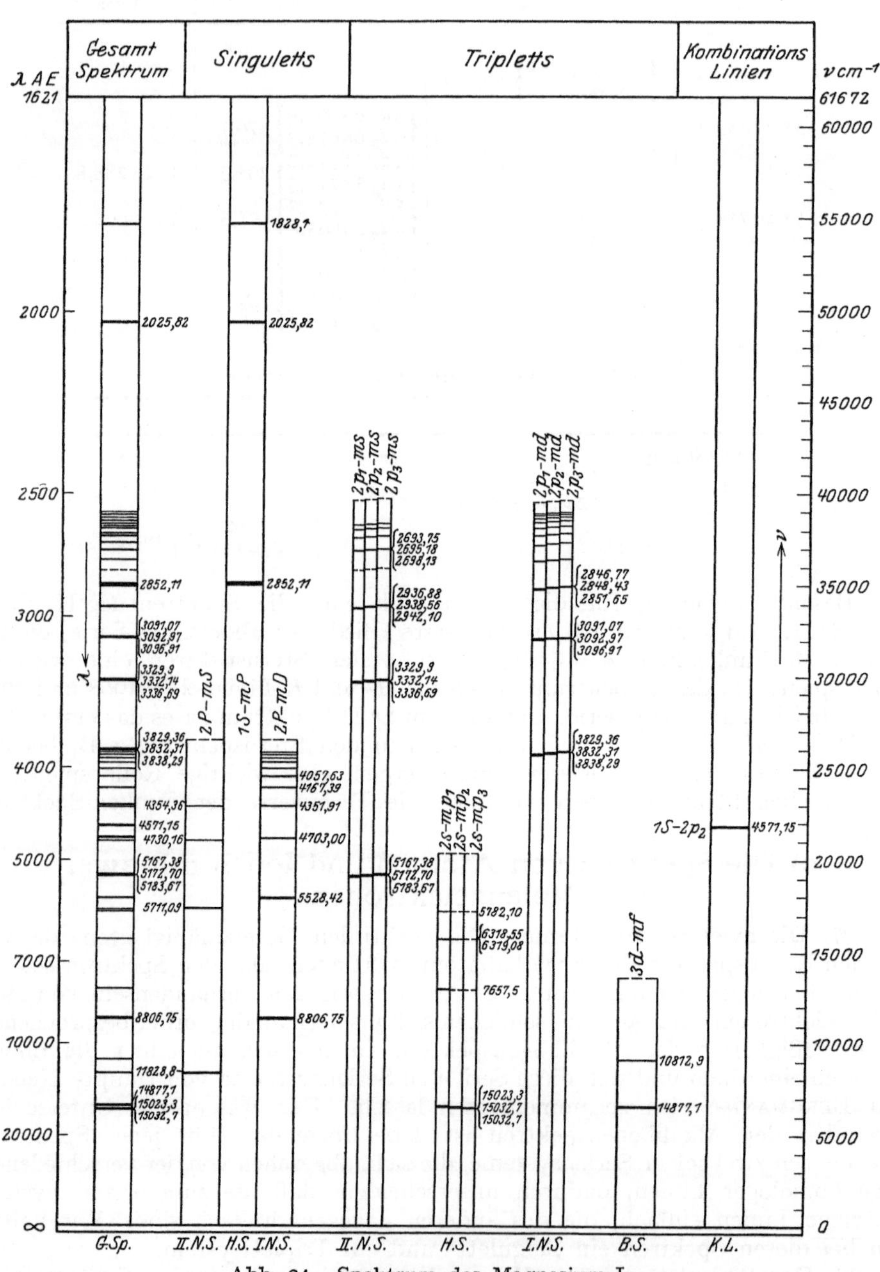

Abb. 21. Spektrum des Magnesium I.

Siehe Tabelle 20 S. 534.

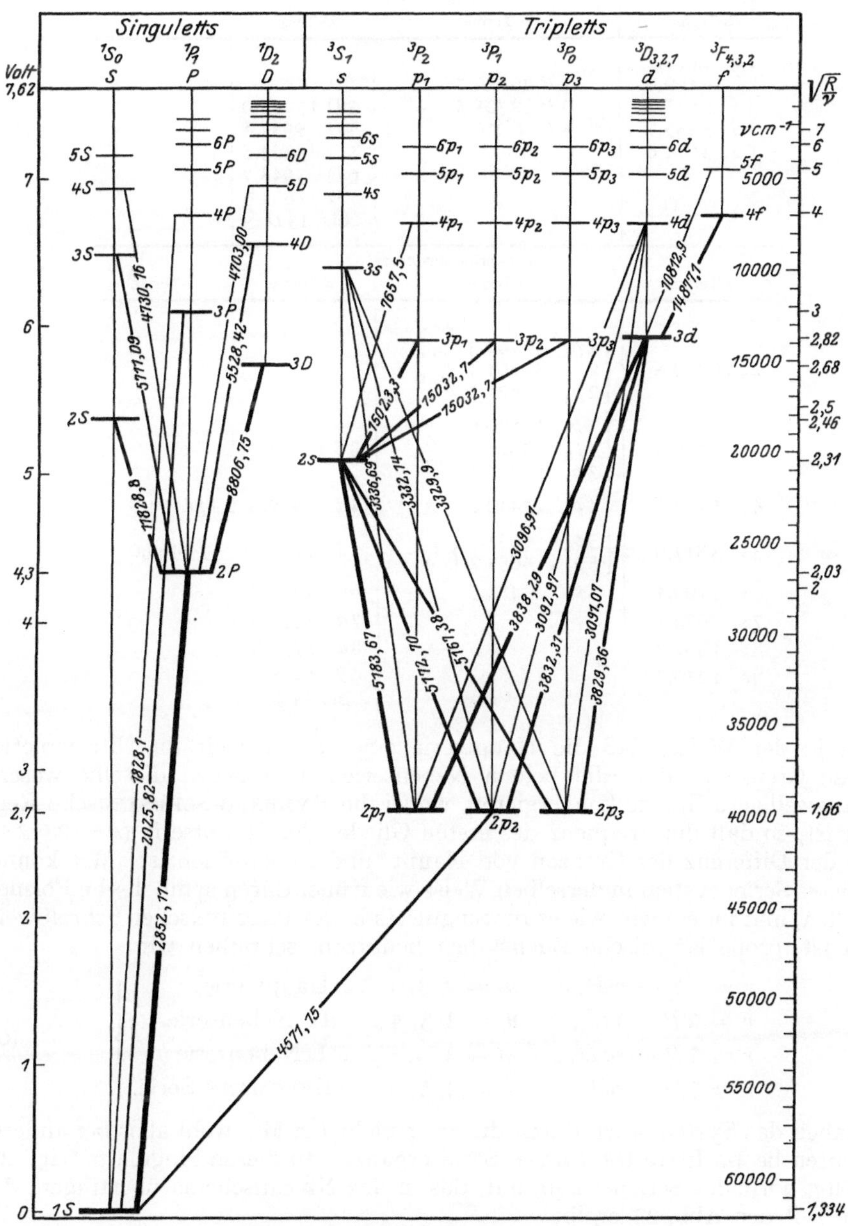

Abb. 22. Niveauschema des Magnesium I.

Siehe Tabelle 20 S. 534.

Tabelle 20. Terme des Mg I-Spektrums.

Singulettsystem			
S-Terme	P-Terme	D-Terme	
$1S$ 61672,1			
$2S$ 18169,0	$2P$ 26620,7		
$3S$ 9115,8	$3P$ 12325,5	$3D$ 15268,9	
$4S$ 5485,7	$4P$ 6970	$4D$ 8537,4	
$5S$ 3661,6		$5D$ 5363,6	
		$6D$ 3648,7	
		$7D$ 2631,6	
		bis $13D$	

Triplettsystem				
s-Terme	p-Terme	$\Delta\nu$	d-Terme	f-Terme
$2s$ 20474,5	$2p_1$ 39760,5 $2p_2$ 39801,4 $2p_3$ 39821,3	40,9 19,9		
$3s$ 9799,3	$3p_1$ 13820,0 $3p_2$ 13824,1 $3p_3$ 13824,1	4,1 0,0	$3d$ 13714,7	
$4s$ 5781,3	$4p_i$ 7419,0		$4d$ 7479,5	$4f$ 6994,8
$5s$ 3817,0	$5p_1$ 4651,9 $5p_{2,3}$ 4653,2	1,3	$5d$ 4704,1	$5f$ 4469,0
$6s$ 2709,1	$6p$ 3184,5		$6d$ 3229,3	
$7s$ 2022,1			$7d$ 2352,9	
$8s$ 1567,0			$8d$ 1790,3	
$9s$ 1250,3			$9d$ 1408,5 bis $14d$	

serien, in der Weise, daß die Hauptserie eine relativ weit im Ultravioletten liegende Grenze besitzt, die beiden Nebenserien aber gegen dieselbe wesentlich langwelligere Grenze konvergieren, wobei die RYDBERG-SCHUSTERsche Regel erfüllt ist, so daß die Frequenz des ersten Gliedes der Hauptserie ($\lambda = 2852{,}11$) gleich der Differenz der Grenzen von Haupt- und Nebenserien ist. Wir können also dieses Seriensystem in derselben Weise wie früher durch symbolische Formeln darstellen, und indem wir, wie es für Singuletts in der PASCHENschen Schreibweise üblich ist, große lateinische Buchstaben benutzen, schreiben wir

$$\left.\begin{array}{lll} \nu = 1S - mP, & m = 2, 3, 4 \ldots & \text{Hauptserie} \\ \nu = 2P - mS, & m = 2, 3, 4 \ldots & \text{II. Nebenserie} \\ \nu = 2P - mD, & m = 3, 4, 5 \ldots & \text{I. Nebenserie} \\ \nu = 3D - mF, & m = 4, 5, 6 \ldots & \text{BERGMANN-Serie.} \end{array}\right\} \quad (63)$$

Wir haben das System auch durch die zwar nicht bei Mg, wohl aber bei anderen Elementen beobachtete BERGMANN-Serie ergänzt. In diesen Singuletts tritt also ein völlig normales Seriensystem auf, das in das Niveauschema übertragen, den linken Teil der Abb. 22 ergibt.

29. Das Triplettsystem. Auch die Triplettlinien lassen sich in Haupt-, Neben- und BERGMANN-Serien einordnen, wobei sich bei Mg (s. Abb. 21) folgende Gesetzmäßigkeiten ergeben: Sämtliche Linien der Haupt- und Nebenserien sind dreifach. In der Hauptserie haben wir drei Linien, von denen die kurzwelligste die stärkste und die langwelligste die schwächste ist. Der Frequenzabstand zwischen der stärksten und der mittleren ist größer als der zwischen der mittleren und der schwächsten. Mit wachsender Laufzahl rücken die Einzellinien jedes

Tripletts näher und näher aneinander und konvergieren gegen dieselbe Grenze. Wir ersehen aber aus Abb. 21, daß im Gegensatz zu den uns bisher bekannten Fällen die Linien der Hauptserie im Ultraroten beginnen und gegen eine Grenze konvergieren, die etwa bei 5000 A liegt. Der Grenzterm dieser Hauptserie ist also wesentlich kleiner als in den bisherigen Fällen. Auch in den Nebenserien (s. Abb. 21) haben wir dreifache Linien, aber die Reihenfolge der Intensitäten ist umgekehrt wie bei der Hauptserie: die langwelligste Linie ist die stärkste und die kurzwelligste die schwächste. Es gilt aber wie bei der Hauptserie die Regel, daß der Frequenzabstand zwischen der stärksten und der mittleren größer ist als der zwischen der mittleren und der schwächsten. Mit wachsender Laufzahl bleibt der Frequenzabstand der Einzellinien eines jeden Tripletts konstant. Die drei Einzelserien konvergieren also gegen drei verschiedene Seriengrenzen. Diese Grenzen liegen bei etwa 2500 A und sind also wesentlich kurzwelliger als die der Hauptserie.

Die Linien der BERGMANN-Serie liegen normal im Ultraroten. Sie erscheinen bei Mg zunächst einfach.

Die eben geschilderten empirischen Tatsachen können wir in Analogie zu den Dublettspektren durch die Annahme erklären, daß die s-Terme und zunächst auch die d- und f-Terme einfach, dagegen die p-Terme dreifach sind. Wir wollen diese p-Terme in der PASCHENschen Symbolik unter Benutzung kleiner lateinischer Buchstaben wieder durch Indizes 1, 2, 3 unterscheiden derart, daß bei regelrechten Termen $mp_1 < mp_2 < mp_3$ ist. Ehe wir die Serienformeln hinschreiben, müssen wir noch bedenken, daß die anomal langwellige Grenze der Hauptserie und die Ungültigkeit der RYDBERG-SCHUSTERschen Regel den Verdacht nahelegen, daß die Seriengrenze der Hauptserien nicht wie üblich ein $1s$-Term, sondern ein höherer Term der Folge ist. In der Tat läßt sich zeigen, daß wir als Grenzterme der Hauptserie einen $2s$-Term annehmen müssen. Die Serienformeln lauten dann

$$\left.\begin{aligned} \nu &= 2s - mp_1 \\ \nu &= 2s - mp_2 \\ \nu &= 2s - mp_3 \end{aligned}\right\} \quad m = 3, 4, 5 \ldots, \quad \text{Hauptserie},$$

$$\left.\begin{aligned} \nu &= 2p_1 - ms \\ \nu &= 2p_2 - ms \\ \nu &= 2p_3 - ms \end{aligned}\right\} \quad m = 3, 4, 5 \ldots, \quad \text{II. Nebenserie},$$

$$\left.\begin{aligned} \nu &= 2p_1 - md \\ \nu &= 2p_2 - md \\ \nu &= 2p_3 - md \end{aligned}\right\} \quad m = 3, 4, 5 \ldots, \quad \text{I. Nebenserie},$$

$$\nu = 3d - mf \qquad m = 4, 5, 6 \ldots, \quad \text{BERGMANN-Serie}.$$

Wenn wir die aus dieser Seriendarstellung folgenden Terme in das Niveauschema übertragen, so entsteht der rechte Teil der Abb. 22. Wir übersehen dann klar, wie die dreifachen Linien in Haupt- und Nebenserien durch die dreifachen p-Terme entstehen. Wir erkennen weiterhin, daß der tiefste s-Term des Triplettsystems entsprechend seiner Lage unbedingt als ein $2s$-Term aufzufassen ist und ein dem $1s$-Term des Singulettsystems analoger Term fehlt. Auf die Erklärung dieser Erscheinung werden wir später zurückkommen.

30. Das zusammengesetzte Triplett. Das Strukturbild der Triplettspektren wird durch die beim Mg-Spektrum beobachtbaren spektralen Tatsachen noch nicht vollständig wiedergegeben. In Analogie zu den bei den Dublettspektren gemachten Erfahrungen liegt ja die Vermutung nahe, daß ebenso wie bei diesen auch bei den Triplettspektren die d-, f- und noch höheren Terme nicht einfach, sondern dreifach sein werden. Die Bestätigung hierfür ergibt sich aus der Analyse der Bogenspektren der höheren Erdalkalien, also der Spektren Ca I, Sr I, Ba I, der ihnen völlig analogen Spektren Zn I, Cd I, Hg I sowie aus der Analyse der diesen Spektren analogen Funkenspektren.

Ohne uns zunächst auf ein bestimmtes dieser Spektren zu beziehen, erläutern wir die Gesetzmäßigkeiten, die dem vollständigen Strukturbilde entsprechen. In der Hauptserie und der II. Nebenserie treten keine Änderungen gegenüber dem bei Mg I beschriebenen einfachen Triplett ein. Das deuten wir so, daß die s-Terme des Triplettsystems streng einfach sind. Dagegen tritt in der I. Nebenserie eine wesentlich kompliziertere Struktur zutage. Statt der bei Mg I beschriebenen drei Linien beobachten wir im ganzen sechs. Diese sechs Linien sind im unteren Teil der Abb. 23 schematisch dargestellt und mit den Ziffern 1 bis 6

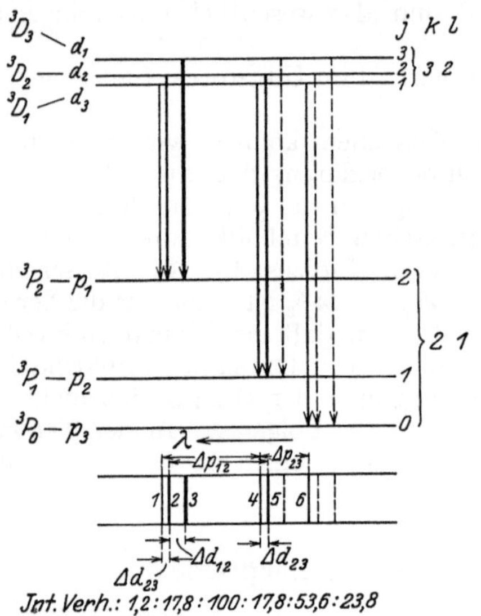

Abb. 23. Zusammengesetztes Triplett der I. Nebenserie.

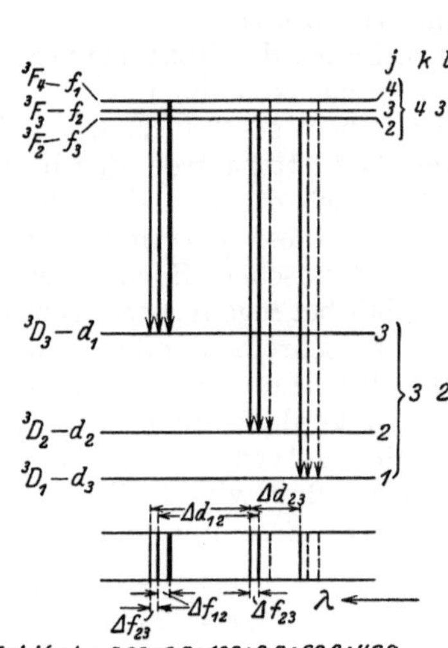

Abb. 24. Zusammengesetztes Triplett der BERGMANN-Serie.

bezeichnet. Das Strukturbild ist also so, daß die langwelligste Komponente des bei Mg I beobachtbaren Tripletts zwei Satelliten (die Linien 1 und 2), die mittlere Komponente einen Satelliten (die Linie 4) auf der langwelligen Seite aufweist. Mit wachsender Laufzahl rücken die Linien 1, 2, 3 einerseits und 4, 5 andererseits immer näher aneinander, bis sie schließlich nicht mehr zu trennen sind und das bei Mg I beobachtete einfache Triplett übrigbleibt. Die Vermessung der Linien ergibt, daß zwischen den sechs Linien die Frequenzdifferenzen Δp_{12} und Δp_{23} der tiefsten p-Terme in der Weise auftreten, wie es aus Abb. 23 ersichtlich ist. Diese Frequenzdifferenzen bleiben konstant innerhalb der Serie. Die Frequenzdifferenzen zwischen den Komponenten 1, 2 und 4, 5 sind einander gleich, nehmen aber, wie schon gesagt, mit wachsender Laufzahl ab. Ein solches Liniengebilde nennt man nach RYDBERG ein zusammengesetztes Triplett. Das Strukturbild läßt sich nun, wie der obere Teil von Abb. 23 zeigt, durch die naheliegende Annahme erklären, daß auch die d-Terme dreifach sind. Die sechs Komponenten entstehen dann durch eine Auswahl aus den neun möglichen Übergängen zwischen den je drei Niveaus. Die den gestrichelt eingezeichneten Übergängen entsprechenden Spektrallinien, die das Linienbild zu einem völlig symmetrischen ergänzen würden, treten im allgemeinen nicht auf.

Die dreifachen d-Terme werden in der PASCHENschen Symbolik wieder durch Indizes 1, 2, 3 in der üblichen Weise unterschieden, so wie es links neben den Niveaus der Abb. 23 angegeben ist, und die I. Nebenserie setzt sich nun aus folgenden sechs Einzelserien zusammen, die in der PASCHENschen Symbolik lauten

$$\left.\begin{aligned} \nu &= 2p_1 - md_1 \quad &&\text{(Komponente 3 der Abb. 23)},\\ \nu &= 2p_1 - md_2 &&\text{(Komponente 2 der Abb. 23)},\\ \nu &= 2p_1 - md_3 &&\text{(Komponente 1 der Abb. 23)},\\ \nu &= 2p_2 - md_2 &&\text{(Komponente 5 der Abb. 23)},\\ \nu &= 2p_2 - md_3 &&\text{(Komponente 4 der Abb. 23)},\\ \nu &= 2p_3 - md_3 &&\text{(Komponente 6 der Abb. 23)}. \end{aligned}\right\} \tag{64}$$

Auch in der BERGMANN-Serie der Tripletts ist bei einigen Spektren, z. B. Sr I und Ba I, bei denen die Aufspaltung der Terme genügend groß ist, ein dem eben beschriebenen völlig analoges Aufspaltungsbild beobachtet worden. Auch hier ergeben sich, wie Abb. 24 zeigt, sechs Linien, und das ganze Strukturbild, wie auch die Erklärung durch das Niveauschema des oberen Teiles der Abb. 24, ist so völlig analog zu den Beobachtungen in der I. Nebenserie, daß wir auf weitere Erläuterungen wohl verzichten können. Zur Erklärung der Struktur führt wieder die Annahme, daß auch die f-Terme dreifach sind, und indem wir auch diese durch Indizes 1, 2, 3 unterscheiden, ergeben sich für die BERGMANN-Serie sechs Einzelserien mit folgenden Symbolen

$$\left.\begin{aligned} \nu &= 3d_1 - mf_1, \qquad & \nu &= 3d_2 - mf_2,\\ \nu &= 3d_1 - mf_2, & \nu &= 3d_2 - mf_3,\\ \nu &= 3d_1 - mf_3, & \nu &= 3d_3 - mf_3. \end{aligned}\right\} \tag{65}$$

31. Die j-Werte der Terme. Es liegt nahe, ebenso wie bei den Dublettspektren das Ausfallen der in den Abb. 23 und 24 gestrichelt eingezeichneten Komponenten durch die Zuordnung von inneren Quantenzahlen j und die für diese geltende Auswahlregel zu erklären. Die Werte von j, die das leisten, sind in den Abb. 23 und 24 auf der rechten Seite unter j eingetragen. Man überzeugt sich leicht an Hand dieser Abbildungen, daß bei der gegebenen Zuordnung das Auftreten der beobachteten sechs und das Ausfallen der nichtbeobachteten drei Linien durch die Auswahlregel $\Delta j = 0$ oder ± 1 gefordert wird. Bei diesem rein empirischen Verfahren bleiben zunächst die Absolutwerte der Zahlen j wieder unbestimmt. Sie sind in den Abb. 23 und 24 so angegeben, wie es der Festlegung durch die Theorie entspricht, auf die wir sogleich noch zurückkommen werden. Im Gegensatz zu den Dublettspektren sind die j-Werte bei den Triplettspektren ganzzahlig.

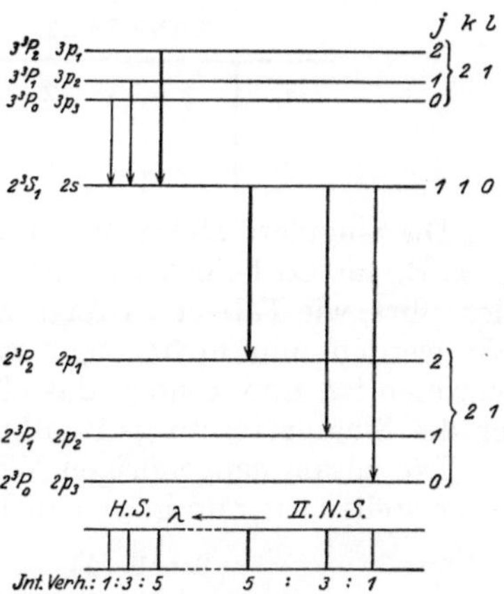

Abb. 25. Entstehung der Tripletts in der Haupt- und II. Nebenserie.

Nachdem auf Grund der Strukturbilder der zusammengesetzten Tripletts in den I. Nebenserien und BERGMANN-Serien den p-, d- und f-Termen innere Quantenzahlen zugeordnet sind, ist es insbesondere an Hand der Abb. 25 leicht einzusehen, daß das Auftreten der drei Triplettkomponenten in der Haupt- und II. Nebenserie nur durch die Annahme erklärt werden kann, daß den Triplett-s-Termen die innere Quantenzahl $j = 1$ zuzuordnen ist.

Es entsteht nun die Frage, ob eine Zuordnung von j-Werten auch für die Singuletterme aus den Beobachtungen ableitbar ist. Aus den Singulettlinien selbst ergibt sich hierfür kein Anhaltspunkt, da sämtliche Linien vorhanden sind, die wir nach der Auswahlregel für l erwarten. Es treten aber auch Linien auf, die als Kombinationen zwischen einem Singulett- und einem Tripletterm zu deuten sind. Im Auftreten einer bestimmten Auswahl dieser sog. Interkombinationslinien ist nun wieder die Wirkung der Auswahlregel für j erkennbar, und dies gibt die Möglichkeit, auch den Singulettermen j-Werte zuzuordnen.

Die Beobachtungen und ihre Deutung nach A. LANDÉ ergeben folgendes: Von den Triplett-p-Termen kombiniert nur der mittelste p_2 mit den Singulett-S-Termen. Die wichtigste dieser Kombinationslinien ist die Linie $\nu = 1S - 2p_2$ (für Mg I die Linie $\lambda = 4571{,}15$, s. Abb. 22). Die Triplett-p-Terme haben, wie wir gesehen haben, die j-Werte 2, 1, 0. Wenn wir versuchen, das Auftreten dieser einzigen Kombinationslinie durch die Zuordnung eines j-Wertes zu dem Singulett-S-Term nach der Auswahlregel $\Delta j = 0$ oder ± 1 zu erklären, so erkennen wir aus Tabelle 21, daß das nicht möglich ist.

Tabelle 21.

p_i	$j =$	2	1	0	2	1	0	2	1	0	2	1	0
			|	/	\	|	/	\	|		\		
S	$j =$		0			1			2			3	

Zu einer Entscheidung kommen wir erst, wenn wir die Auswahlregel durch das von LANDÉ eingeführte Zusatzverbot ergänzen, demzufolge solche Linien ausfallen, für die sowohl im Anfangs- wie im Endzustande $j = 0$ ist. Demzufolge fällt in dem in Tabelle 21 links stehenden Schema die Kombination $0 - 0$ aus, und es bleibt lediglich die eine Kombinationsmöglichkeit, die der tatsächlich beobachteten Linie entspricht. Wir kommen also zu dem Resultat, daß die Zuordnung $j = 0$ zu den Singulett-S-Termen die richtige ist.

Die Singulett-P-Terme kombinieren mit den beiden Triplett-d-Termen d_2 und d_3, dagegen nicht mit d_1 (s. z. B. im Zn I-Spektrum Abb. 31 die beiden Linien $\lambda = 6238{,}00$ und $6239{,}22$). Diese Tatsache läßt sich, wie Tabelle 22 zeigt, durch die Zuordnung $j = 1$ zu den Singulett-P-Termen erklären.

Tabelle 22.

d_i	$j = 3$	2	1
		|	/
P	$j =$	1	

Tabelle 23.

p_i	$j = 2$	1	0
	\	|	
D	$j =$	2	

Die Singulett-D-Terme kombinieren nur mit den Triplett-p-Termen p_1 und p_2 (s. z. B. im Cd I-Spektrum Abb. 32 die Linien $\lambda = 3649{,}59$ und $3499{,}94$), und dies führt, wie Tabelle 23 zeigt, zur Zuordnung $j = 2$ zu den Singulett-D-Termen. Wir werden nun nicht mehr zweifeln, daß den Singulett-F-Termen $j = 3$ zuzuordnen ist, und können das allgemeine Resultat in dem Satze ausdrücken, daß für die Singuletterme ganz allgemein $j = l$ ist.

Die zusammengehörigen Werte von j und l für die Singulett- und Triplettterme stellen wir nun in den zu Tabelle 8 analogen Tabellen 24 und 25 zusammen.

Tabelle 24.
Singulettsystem.

$l \diagdown j$	0	1	2	3	4
S 0	0				
P 1		1			
D 2			2		
F 3				3	
G 4					4

Tabelle 25.
Triplettsystem.

$l \diagdown j$	0	1	2	3	4	5
s 0		1				
p 1	0	1	2			
d 2		1	2	3		
f 3			2	3	4	
g 4				3	4	5

32. Die Russell-Saunderssschen Symbole. Nachdem wir die Terme nach Multiplizität und j-Werten geordnet haben, können wir von den Paschenschen Symbolen zu denen von Russell und Saunders übergehen, in denen diese Zuordnungen zum Ausdruck kommen. Multiplizität und j-Wert werden wieder in der schon besprochenen Form durch Indizes am Buchstabensymbol angebracht. Wir stellen die Symbole in den beiden Bezeichnungsweisen zusammen:

Singulett				Triplett											
S	P	D	F,	s,	p_3	p_2	p_1,	d_3	d_2	d_1,	f_3	f_2	f_1,		
$^1S_0$	$^1P_1$	$^1D_2$	$^1F_3$,	$^3S_1$,	$^3P_0$	$^3P_1$	$^3P_2$,	$^3D_1$	$^3D_2$	$^3D_3$,	$^3F_2$	$^3F_3$	$^3F_4$.		

Oben Paschen, unten Russell und Saunders.

In den Abb. 23, 24 und 25 sind die Russell-Saunderssschen Symbole links neben den Paschenschen angegeben. Auch in den Niveaufiguren befinden sich die neuen Symbole wieder in der oberen Horizontalreihe.

33. Die atomtheoretische Deutung. Die atomtheoretische Deutung für die Schemata der Tabellen 17 und 18 ist bereits in Kapitel 4, S. 426 in allgemeinerer Form gegeben. Wir fügen denselben aber die folgenden auf den vorliegenden Fall bezüglichen Erläuterungen hinzu: Charakteristisch für die Erdalkaliatome ist das Vorhandensein von zwei Valenzelektronen außerhalb der edelgasähnlichen abgeschlossenen Gruppe der inneren Elektronen. Jedem dieser beiden Elektronen müssen wir einen Spin $s = \frac{1}{2}$ zuordnen. Die beiden Spinvektoren s_1 und s_2 können sich nun, wie Abb. 26 zeigt, entweder parallel oder antiparallel zu einer Resultante $\sum s$ zusammensetzen. Wir haben also die beiden Fälle $\sum s = 0$ und $\sum s = 1$ zu unterscheiden. Dem ersten Falle entsprechen die Singulett-, dem zweiten die Triplettzustände. Die Einteilung der Terme, entsprechend den Buchstaben S, P, D, F usw., ist wieder in derselben Weise zu deuten wie bei den Dublettspektren. Die Buchstaben geben die Werte der Quantenzahl l desjenigen Elektrons an, das als letztes und eigentliches „Leuchtelektron" an das Atom gebunden ist. Alle bisher betrachteten Terme entsprechen Atomzuständen, die sich lediglich durch die Bindung dieses einen Elektrons unterscheiden. Das zweite Valenzelektron ändert für die hier betrachteten Atomzustände seinen Quantenzustand nicht, es befindet sich stets in einem Bindungszustand mit dem Werte $l = 0$ der Nebenquantenzahl. Die inneren Quantenzahlen werden wir wieder zu deuten haben als die dem Gesamtimpulsmoment des Atomes zugeordneten Quantenzahlen. Dieses setzt sich aus dem l des Leuchtelektrons und dem resultierenden Spin $\sum s$ der beiden Valenzelektronen zusammen. Hieraus folgt sofort, daß für die Singuletterme, für die $\sum s = 0$ ist, $j = l$ sein muß, wie es die Beobachtungen ergeben haben. Für die Tripletterme ist $\sum s = 1$. Für die Triplett-s-Terme muß also entsprechend dem Werte $l = 0$ des Leuchtelektrons $j = \sum s = 1$ sein. Es ergibt sich also ein einziger Triplett-s-Term mit $j = 1$, genau so, wie es den Beobachtungen entspricht. Für die Tripletterme mit $l > 0$ ergeben sich die j-Werte aus der vektoriellen Zusammensetzung von l und $\sum s$, wobei aber nur solche Konstellationen gestattet sind, für die die Resultante j ganzzahlig ist. Wie man leicht einsieht, ergeben sich dann stets drei mögliche Werte für j, nämlich $= l + \sum s = l + 1$, $j = l$ und $j = l - \sum s = l - 1$. Dies sind gerade die

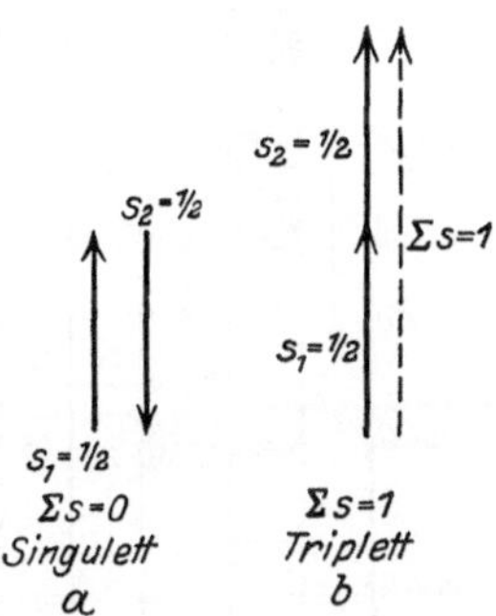

Abb. 26. Entstehung des Singulett- und Triplettsystems aus der Zusammensetzung der s-Vektoren bei zwei Valenzelektronen.

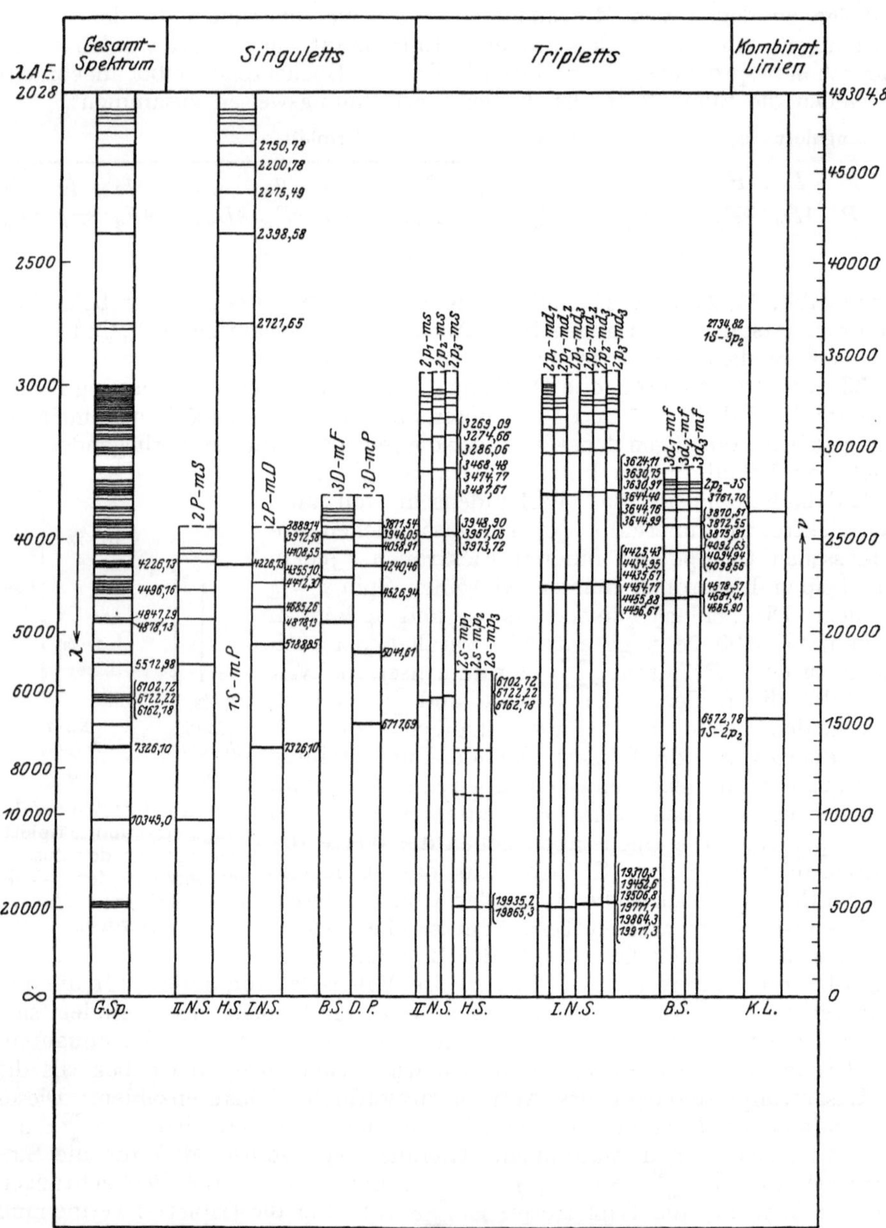

Abb. 27. Spektrum des Calcium I.

Siehe Tabelle 26 S. 547.

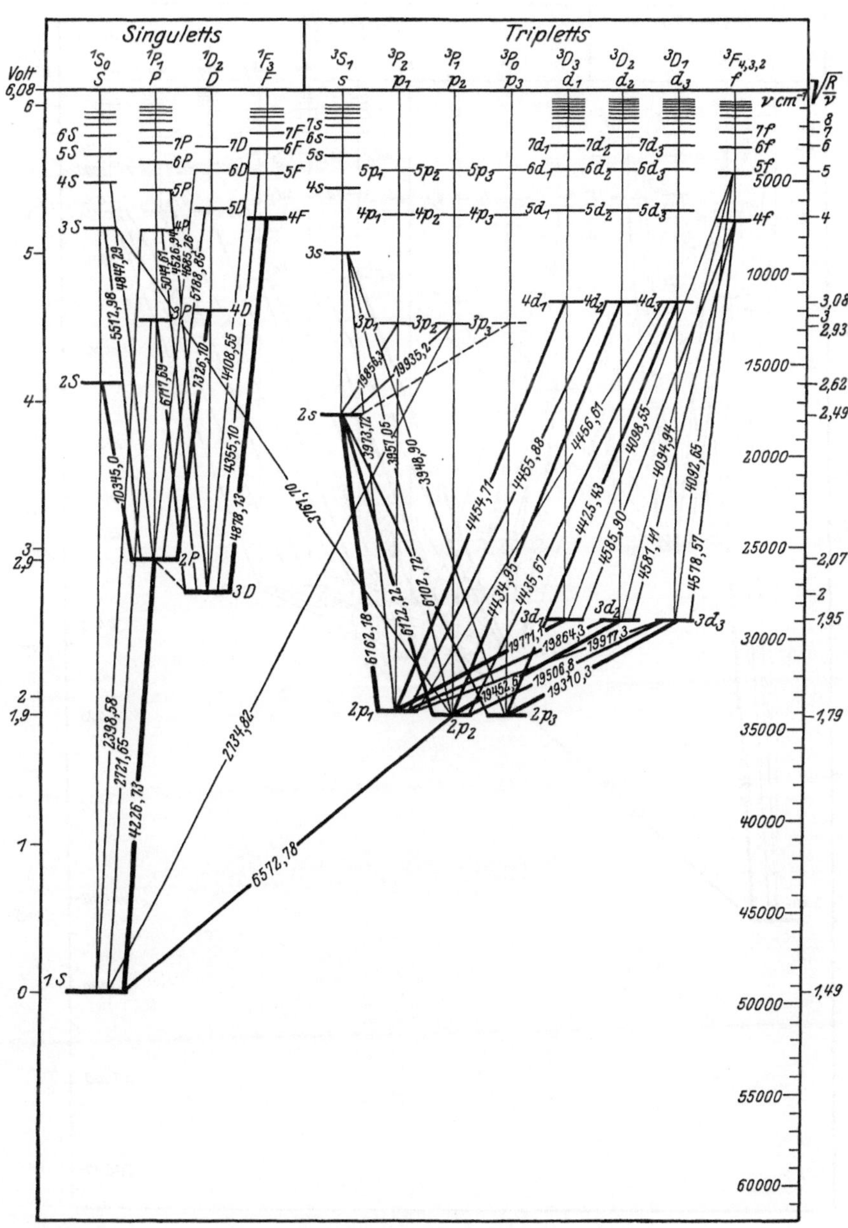

Abb. 28. Niveauschema des Calcium I.

Siehe Tabelle 26 S. 547.

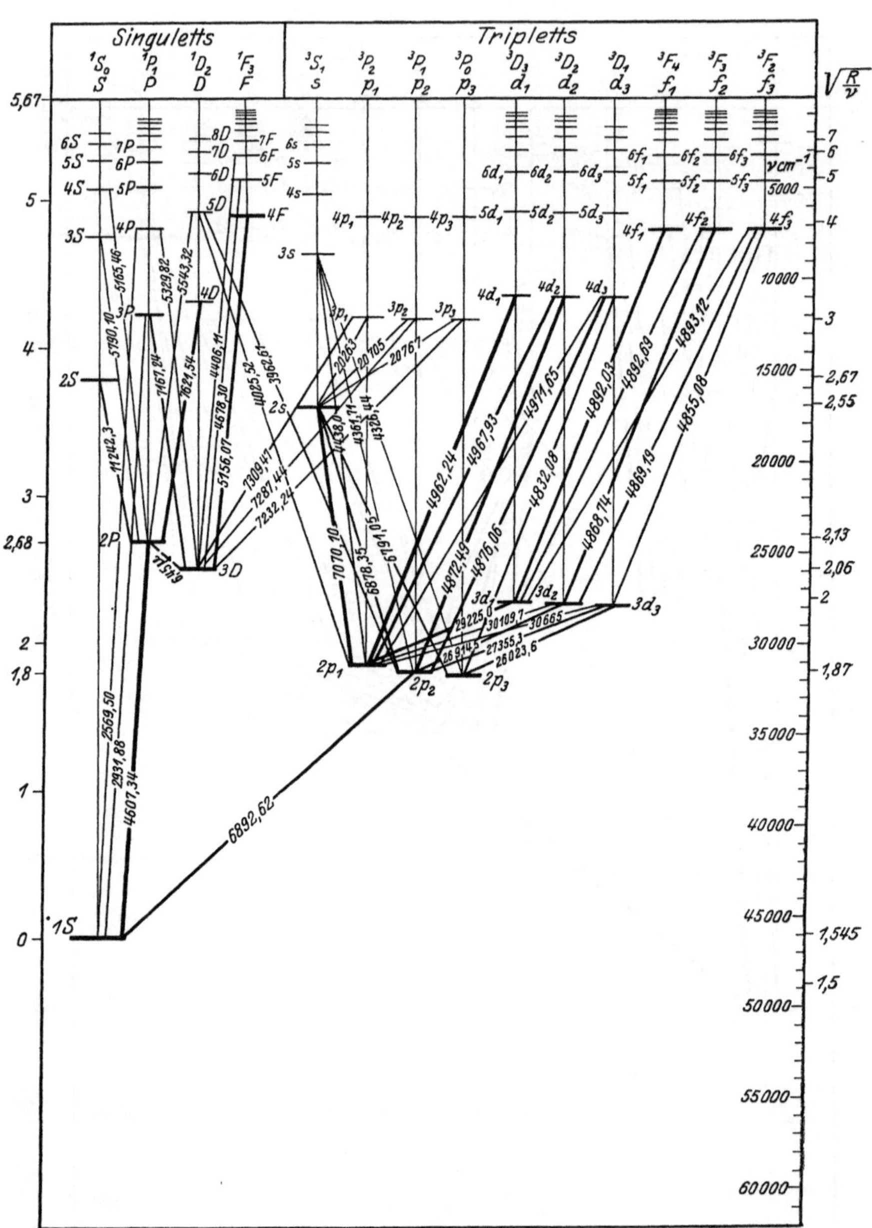

Abb. 29. Niveauschema des Strontium I.

Siehe Tabelle 27 S. 547 u. 548.

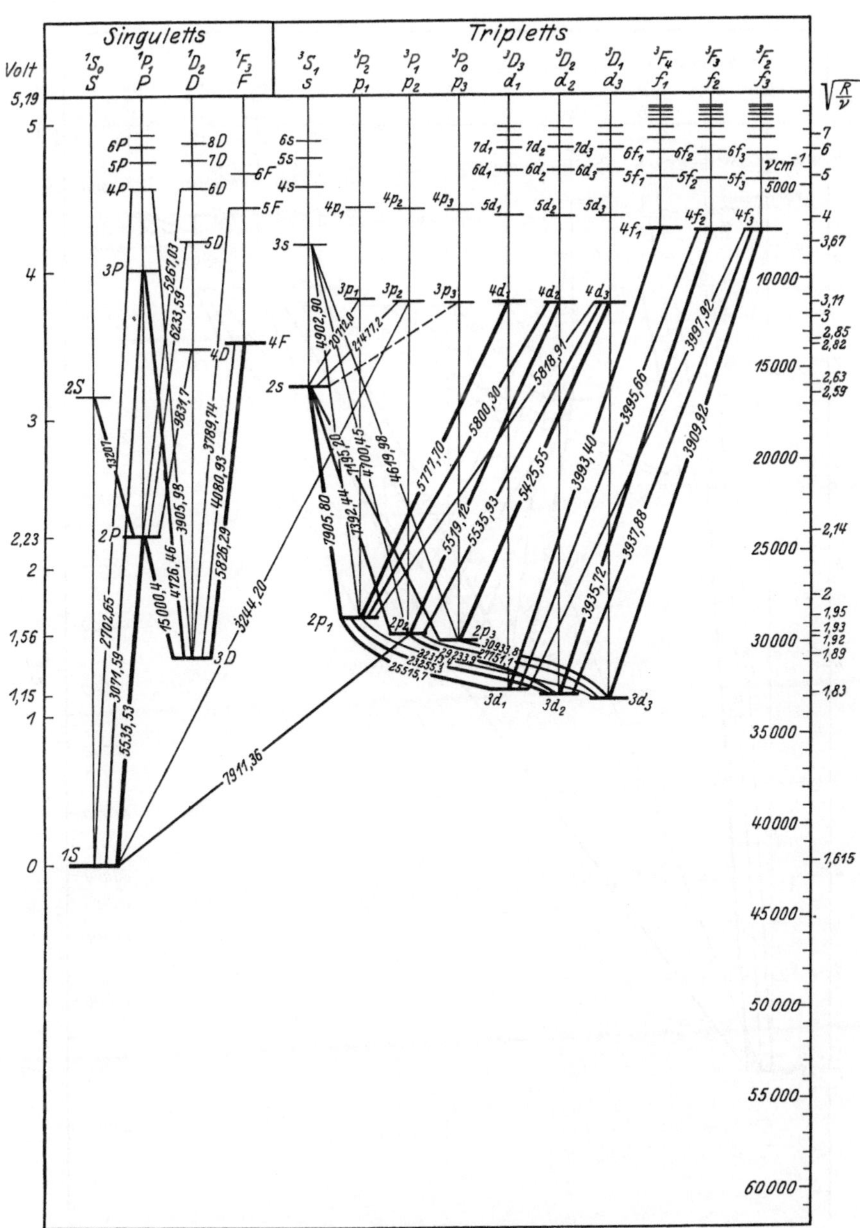

Abb. 30. Niveauschema des Barium I.

Siehe Tabelle 28 S. 548.

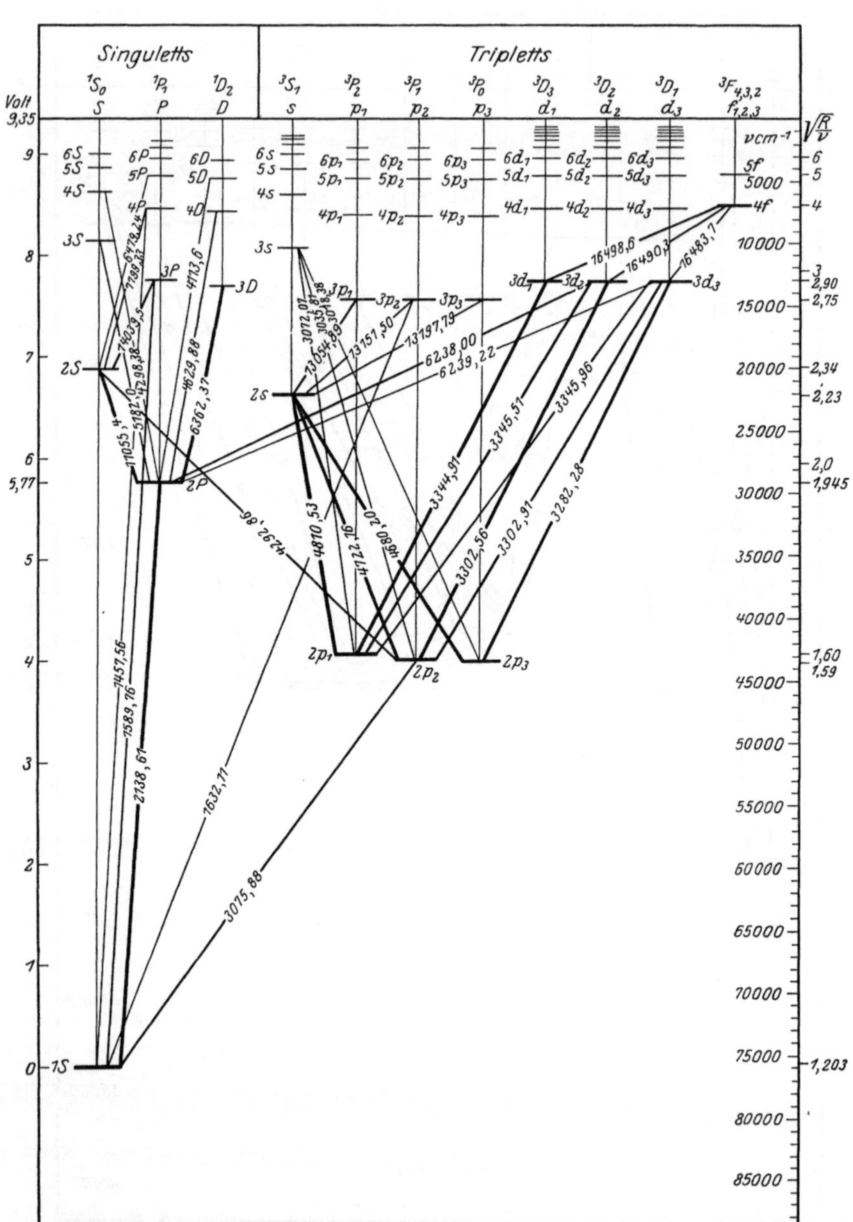

Abb. 31. Niveauschema des Zink I.

Siehe Tabelle 29 S. 549.

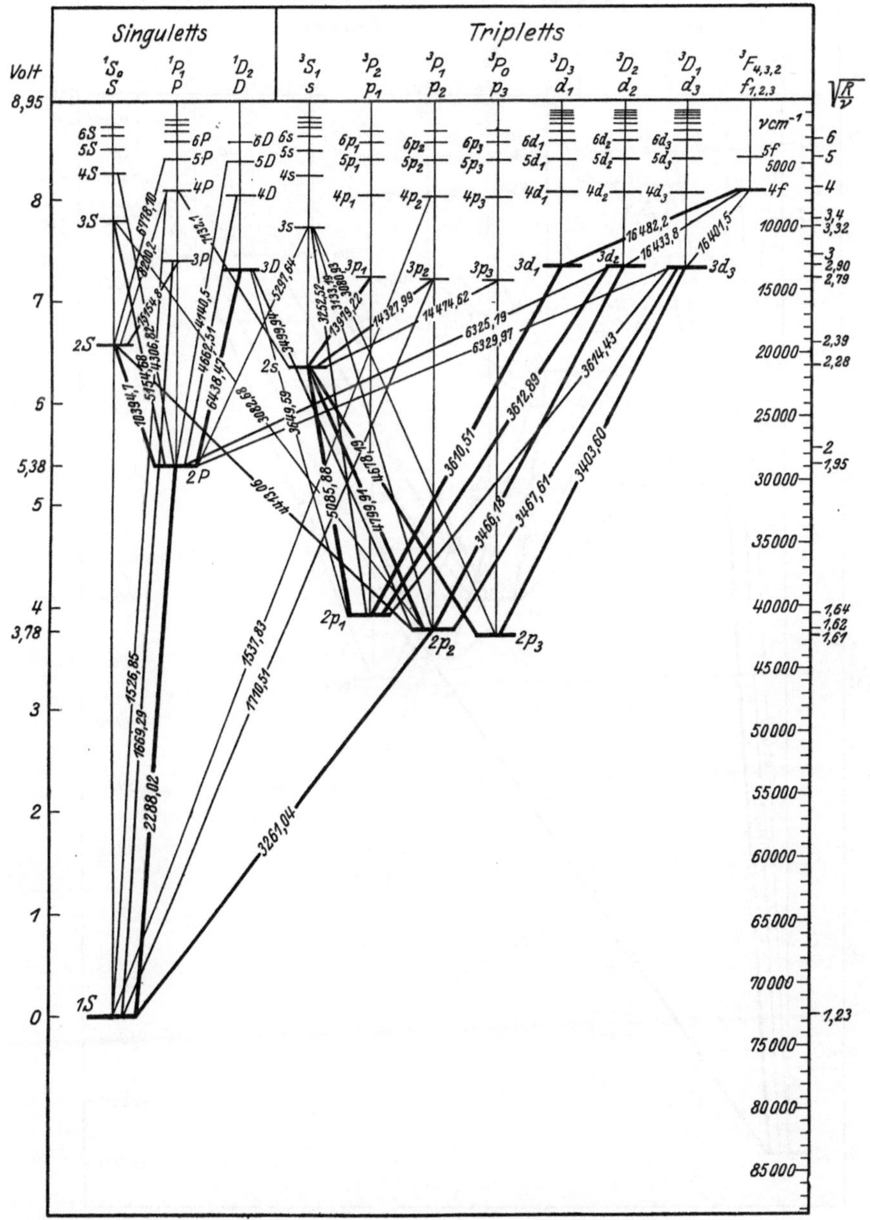

Abb. 32. Niveauschema des Cadmium I.

Siehe Tabelle 30 S. 549.

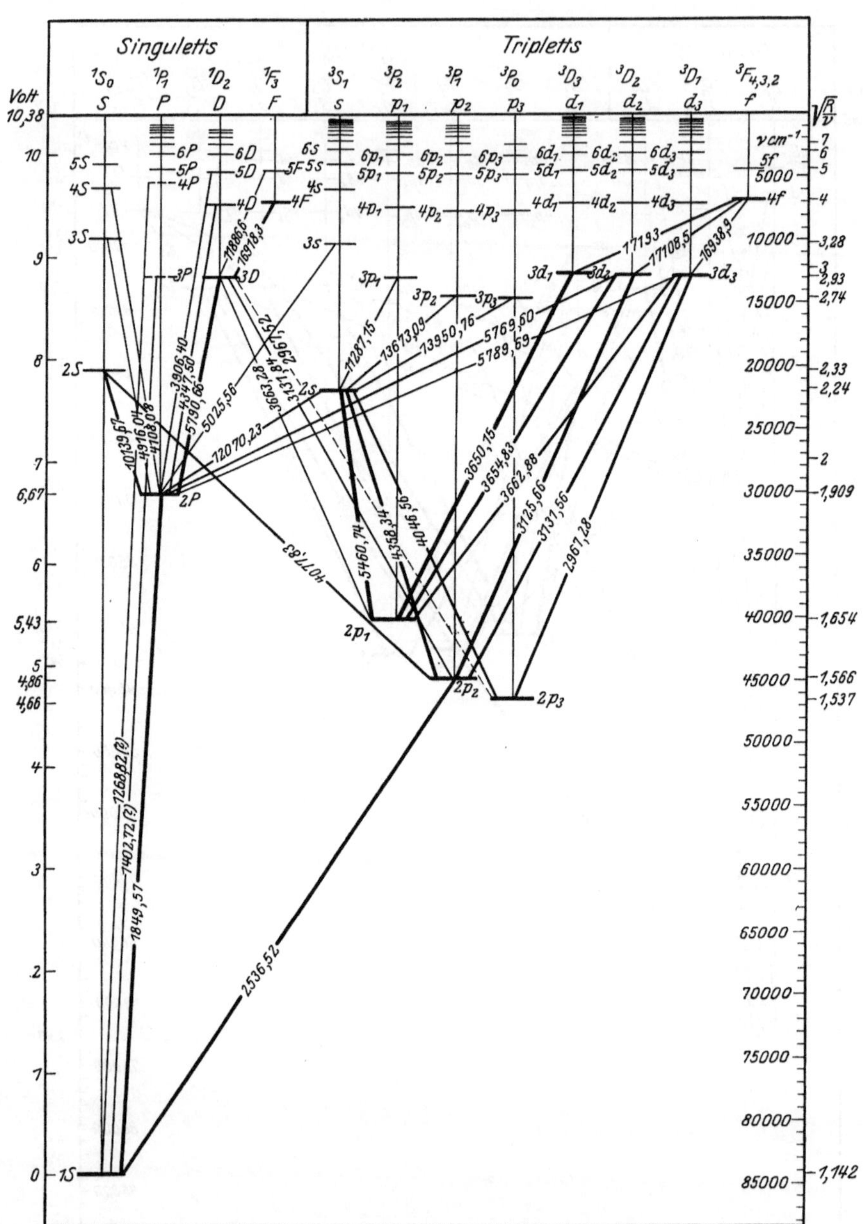

Abb. 33. Niveauschema des Quecksilber I.

Siehe Tabelle 31 S. 550.

Tabelle 26. Terme des Ca I-Spektrums.

Singulettsystem			
S-Terme	*P*-Terme	*D*-Terme	*F*-Terme
$1S$ 49304,8			
$2S$ 15988,2	$2P$ 25652,4		
$3S$ 7518,4	$3P$ 12573,1	$3D$ 27455,3	
$4S$ 5028,0	$4P$ 7625,9	$4D$ 12006,3	$4F$ 6961,3
$5S$ 3417,3	$5P$ 5371,4	$5D$ 6385,5	$5F$ 4500,0
$6S$ 2469,4	$6P$ 3879,6	$6D$ 4314,7	$6F$ 3122,6
$7S$ 1867,7	$7P$ 2824,6	$7D$ 2994,7	$7F$ 2289,7
$8S$ 1461,5	$8P$ 2120,3		$8F$ 1749,8
$9S$ 1176	$9P$ 1638,2		$9F$ 1379,8
	$10P$ 1305,9		$10F$ 1116,3
	$11P$ 1071,6		$11F$ 919,3

Triplettsystem					
s-Terme	*p*-Terme	$\Delta\nu$	*d*-Terme	$\Delta\nu$	*f*-Terme
	$2p_1$ 33988,7	105,9			
$2s$ 17765,1	$2p_2$ 34094,6	52,2			
	$2p_3$ 34146,9				
	$3p_1$ 12730,3	19,9	$3d_1$ 28933,5	21,7	
$3s$ 8830,3	$3p_2$ 12750,2		$3d_2$ 28955,2	13,9	
	$3p_3$ —		$3d_3$ 28969,1		
	$4p_1$ 6777,8	7,8	$4d_1$ 11547,0	5,6	
$4s$ 5323,8	$4p_2$ 6785,6	4,0	$4d_2$ 11552,6	3,8	$4f$ 7133,9
	$4p_3$ 6789,6		$4d_3$ 11556,4		
			$5d_1$ 6556,9	2,8	
$5s$ 3565,6	$5p_i$ 4342,7		$5d_2$ 6559,7	1,7	$5f$ 4541,5
			$5d_3$ 6561,4		
			$6d_1$ 4252,2	1,8	
$6s$ 2556,2			$6d_2$ 4254,0	1,5	$6f$ 3139,5
			$6d_3$ 4255,5		
			$7d_1$ 2998,2	2,4	
$7s$ 1922,4			$7d_2$ 3000,6	1,8	$7f$ 2298,1
			$7d_3$ 3002,4		
			$8d_1$ 2259,3	5,2	
$8s$ 1498,6			$8d_2$ 2264,5	3,7	$8f$ 1754,1
			$8d_3$ 2268,2		
			$9d_1$ 1828,8	9,9	
$9s$ 1200,3 bis $11s$			$9d_2$ 1838,7	10,2	$9f$ 1382,3 bis $13f$
			$9d_3$ 1848,9 bis $17d$		

Tabelle 27. Terme des Sr I-Spektrums[1].

Singulettsystem			
S-Terme	*P*-Terme	*D*-Terme	*F*-Terme
$1S$ 45925,6			
$2S$ 15334,5	$2P$ 24227,1		
$3S$ 7481,6	$3P$ 11827,5	$3D$ 25776,3	
$4S$ 4873,1	$4P$ 7019,0	$4D$ 11110,0	$4F$ 6387,0
$5S$ 3329,6	$5P$ 4753,5	$5D$ 6192,4	$5F$ 4406,9
$6S$ 2412,8	$6P$ 3463,4	$6D$ 4093,7	$6F$ 3086,8
$7S$ 1828,3	$7P$ 2598,8	$7D$ 2904,7	$7F$ 2269,9
	$8P$ 1989,2 bis $11P$	$8D$ 2145,0	$8F$ 1735,8 bis $13F$

[1] F. A. Saunders, Ap J 56, S. 73 (1922).

Tabelle 27. Fortsetzung.

Triplettsystem						
s-Terme	*p*-Terme	$\Delta\nu$	*d*-Terme	$\Delta\nu$	*f*-Terme	$\Delta\nu$
	$2p_1$ 31026,8					
$2s$ 16886,8	$2p_2$ 31421,1	394,3				
	$2p_3$ 31608,0	186,9				
	$3p_1$ 11952,2		$3d_1$ 27606,0			
$3s$ 8500,9	$3p_2$ 12056,9	104,7	$3d_2$ 27706,4	100,4		
	$3p_3$ 12071,5	14,6	$3d_3$ 27766,0	59,6		
	$4p_1$ 6467,8		$4d_1$ 10880,5		$4f_1$ 7170,2	
$4s$ 5163,2	$4p_2$ 6498,7	30,9	$4d_2$ 10903,3	22,8	$4f_2$ 7172,9	2,7
	$4p_3$ 6513,1	14,4	$4d_3$ 10918,3	15,0	$4f_3$ 7174,6	1,7
			$5d_1$ 6222,2		$5f_1$ 4558,7	
$5s$ 3473,4			$5d_2$ 6234,5	12,3	$5f_2$ 4559,6	0,9
			$5d_3$ 6239,4	4,9	$5f_3$ 4560,4	0,8
			$6d_1$ 4051,0			
$6s$ 2498,0			$6d_2$ 4056,5	5,5	$6f$ 3147,6	
			$6d_3$ 4061,1	4,6		
			$7d_1$ 2850,6			
$7s$ 1882,0			$7d_2$ 2855,1	4,5	$7f$ 2301,1	
			$7d_3$ 2858,7	3,6		
			$8d_1$ 2116,4			
$8s$ 1467,7			$8d_2$ 2120,5	4,1	$8f$ 1753,5	
			$8d_3$ 2123,7	2,8	bis $13f$	
			bis $15d$			

Tabelle 28. Terme des Ba I-Spektrums.

Singulettsystem			
S-Terme	*P*-Terme	*D*-Terme	*F*-Terme
$1S$ 42029,4			
$2S$ 16399,4	$2P$ 23969,2		
	$3P$ 9482,2	$3D$ 30634,1	
	$4P$ 5039,5	$4D$ 13800,4	$4F$ 13475,2
	$5P$ 3529,9	$5D$ 7931,0	$5F$ 6136,7
	$6P$ 2721	$6D$ 4987,8	$6F$ 4254,4
	$7P$ 2044	$7D$ 3472,6	
	$8P$ 1606	$8D$ 2531,7	

Triplettsystem						
s-Terme	*p*-Terme	$\Delta\nu$	*d*-Terme	$\Delta\nu$	*f*-Terme	$\Delta\nu$
	$2p_1$ 28514,8					
$2s$ 15869,3	$2p_2$ 29392,8	878,0				
	$2p_3$ 29763,3	370,5				
	$3p_1$ 11042,3		$3d_1$ 32433,0			
$3s$ 8124,3	$3p_2$ 11214,2	171,9	$3d_2$ 32814,1	381,1		
	$3p_3$ 11286,4	72,2	$3d_3$ 32995,6	181,5		
	$4p_1$ 6057,2		$4d_1$ 11211,6		$4f_1$ 7398,6	
$4s$ 4934,0	$4p_2$ 6137,3	80,1	$4d_2$ 11279,0	67,4	$4f_2$ 7412,8	14,2
	$4p_3$ 6186,9	49,6	$4d_3$ 11333,9	54,9	$4f_3$ 7426,8	14,0
			$5d_1$ 6244,2		$5f_1$ 4505,3	
$5s$ 3366,5			$5d_2$ 6267,3	23,1	$5f_2$ 4610,4	105,1
			$5d_3$ 6320,1	52,8	$5f_3$ 4634,6	24,2
			$6d_1$ 4041,0		$6f_1$ 3204,2	
$6s$ 2404,5			$6d_2$ 4055,4	14,4	$6f_2$ 3210,1	5,9
			$6d_3$ 4067,5	12,1	$6f_3$ 3213,8	3,7
			$7d_1$ 2843,8		$7f_1$ 2346,3	
			$7d_2$ 2871,4	27,6	$7f_2$ 2348,7	2,4
			$7d_3$ 2888,7	17,3	$7f_3$ 2351,2	2,5
			bis $9d$		bis $15f$	

Tabelle 29. Terme des Zn I-Spektrums.

Singulettsystem					
S-Terme	P-Terme		D-Terme		
$1S$ 75766,8					
$2S$ 19978,7	$2P$ 29021,7				
$3S$ 9729,5	$3P$ 12857,9		$3D$ 13308,6		
$4S$ 5763,7	$4P$ 7160,6		$4D$ 7428,9		
$5S$ 3812,5	$5P$ 4559,1		$5D$ 4719,2		
$6S$ 2709,4	$6P$ 3141,7		$6D$ [3276]		
Triplettsystem					
s-Terme	p-Terme	$\Delta\nu$	d-Terme	$\Delta\nu$	f-Terme
$2s$ 22094,4	$2p_1$ 42876,3	388,9			
	$2p_2$ 43265,2	189,8			
	$2p_3$ 43455,0				
$3s$ 10334,4	$3p_1$ 14436,5	56,2	$3d_1$ 12988,7	5,5	
	$3p_2$ 14492,7	26,7	$3d_2$ 12994,2	3,4	
	$3p_3$ 14519,4		$3d_3$ 12997,6		
$4s$ 6020,5	$4p_1$ 7664,9	21,1	$4d_1$ 7183,9	2,0	$4f$ 6931,3
	$4p_2$ 7686,0	9,8	$4d_2$ 7185,9	1,1	
	$4p_3$ 7695,8		$4d_3$ 7187,0		
$5s$ 3944,1	$5p_1$ 4774,2	10,3	$5d$ 4553,3		$5f$ [4442,3]
	$5p_2$ 4784,5	4,7			
	$5p_3$ 4789,2				
$6s$ 2781,2	$6p_1$ 3262,0	5,6	$6d$ 3138,7		
	$6p_2$ 3267,6	2,6			
	$6p_3$ 3270,2				
$7s$ 2068,0	$7p_1$ 2370,3	3,7	$7d$ 2295,5		
	$7p_2$ 2374,0	1,9	bis $13d$		
	$7p_3$ 2375,9				

Tabelle 30. Terme des Cd I-Spektrums.

Singulettsystem					
S-Terme	P-Terme		D-Terme		
$1S$ 72538,8					
$2S$ 19229,3	$2P$ 28846,6				
$3S$ 9452,1	$3P$ 12633,2		$3D$ 13319,2		
$4S$ 5634,1	$4P$ 7044,6		$4D$ 7404,9		
$5S$ 3739,2	$5P$ 4483,4		$5D$ 4701,7		
$6S$ 2665,7	$6P$ 3103,1		$6D$ 3246,3		
$7S$ 1995,6	$7P$ 2276,2				
Triplettsystem					
s-Terme	p-Terme	$\Delta\nu$	d-Terme	$\Delta\nu$	f-Terme
$2s$ 21054,7	$2p_1$ 40711,5	1171,1			
	$2p_2$ 41882,6	541,9			
	$2p_3$ 42424,5				
$3s$ 9975,6	$3p_1$ 13903,1	174,1	$3d_1$ 13022,5	18,2	
	$3p_2$ 14077,2	70,7	$3d_2$ 13040,7	11,7	
	$3p_3$ 14147,9		$3d_3$ 13052,4		
$4s$ 5857,3	$4p_1$ 7446,0	71,5	$4d_1$ 7171,3	8,2	$4f$ 6957,1
	$4p_2$ 7517,5	25,4	$4d_2$ 7179,5	5,8	
	$4p_3$ 7542,9		$4d_3$ 7185,3		
$5s$ 3856,6	$5p_1$ 4663,6	33,1	$5d_1$ 4541,3	5,0	$5f$ 4445,1
	$5p_2$ 4696,7	12,5	$5d_2$ 4546,3	3,6	
	$5p_3$ 4709,2		$5d_3$ 4549,9		
$6s$ 2732,9	$6p_1$ 3198,6	18,8	$6d_1$ 3134,5	4,0	
	$6p_2$ 3217,4	6,9	$6d_2$ 3138,5	1,3	
	$6p_3$ 3224,3		$6d_3$ 3139,2		
			bis $14d$		

Tabelle 31. Terme des Hg I-Spektrums.

Singulettsystem			
S-Terme	P-Terme	D-Terme	F-Terme
1 S 84178,5			
2 S 20253,1	2 P 30112,8		
3 S 9776,9	3 P 12887,9	3 D 12848,3	
4 S 5777,4	4 P 5368,3	4 D 7117,5	4 F 6939,1
5 S 3816,0	5 P 4217,3	5 D 4521,0	5 F 4437,7
	6 P 3027,0	6 D 3124,2	
	7 P 2237,7	7 D 1746,1	
	bis 12 P	bis 9 D	

Triplettsystem					
s-Terme	p-Terme	$\Delta\nu$	d-Terme	$\Delta\nu$	f-Terme
2 s 21830,8	$2p_1$ 40138,3 $2p_2$ 44768,9 $3p_3$ 46536,2	4630,6 1767,3			
3 s 10219,9	$3p_1$ 12973,5 $3p_2$ 14519,1 $3p_3$ 14664,6	1545,6 145,5	$3d_1$ 12749,9 $3d_2$ 12785,0 $3d_3$ 12845,1	35,1 60,1	
4 s 5964,7	$4p_1$ 7357,8 $4p_2$ 7714,6 $4p_3$ 7734,8	356,8 20,8	$4d_1$ 7051,7 $4d_2$ 7073,2 $4d_3$ 7096,5	21,5 23,3	4 f 6939,9
5 s 3912,8.	$5p_1$ 4604,7 $5p_2$ 4768,7 $5p_3$ 4805,8	164,0 37,1	$5d_1$ 4478,7 $5d_2$ 4491,0 $5d_3$ 4502,7	12,3 11,7	5 f 4433,6
6 s 2765,0	$6p_1$ 3158,4 $6p_2$ 3264,7 $6p_3$ 3279,6	106,3 14,9	$6d_1$ 3096,3 $6d_2$ 3104,5 $6d_3$ 3110,2	8,2 5,7	
bis 8 s	bis 18 p		bis 18 d		

Werte, die wir aus den Beobachtungen abgeleitet und in Tabelle 25 zusammengestellt haben.

Schließlich wollen wir noch kurz auf die Erklärung für das Ausfallen des $1\,^3S_1$-Zustandes eingehen, das empirisch für alle Singulett-Triplett-Spektren festgestellt ist. Die Erklärung folgt aus dem PAULI-Prinzip (s. Kap. 4, S. 417). Nach der dort gegebenen Formulierung können in einem Atome niemals Elektronen gebunden werden, denen dasselbe Quadrupel der Werte n, l, j, m zuzuordnen ist. Hier bezieht sich j (s. S. 413) auf das einzelne Elektron, und die möglichen Werte von j sind bestimmt durch die Ungleichung

$$|l - s| \leqq j \leqq l + s, \qquad \text{[Formel (237), S. 413]}$$

in der $s = \frac{1}{2}$ die dem Spin jedes Elektrons zugeordnete Quantenzahl bedeutet. m ist die magnetische Quantenzahl, und die möglichen Werte von m sind bestimmt durch

$$-j \leqq m \leqq j. \qquad \text{[Formel (235), S. 413]}$$

Für den vorliegenden Fall eines $1\,S$-Termes ist das n der beiden Valenzelektronen dasselbe, und für beide ist auch $l = 0$. Für beide Elektronen ist also gemäß (237) $j = s = \frac{1}{2}$. Nach (235) kann dann m für jedes Elektron die Werte $+\frac{1}{2}$ und $-\frac{1}{2}$ annehmen. Da für beide Elektronen drei Quantenzahlen, nämlich n, l und j, dieselben Werte haben, so ist als einziger Zustand nur der möglich, für den das eine Elektron $m_1 = +\frac{1}{2}$ und das andere $m_2 = -\frac{1}{2}$ hat. Das entspricht aber einer Antiparallelstellung der Spinvektoren und gibt den Singulettterm $1\,^1S_0$, der auch tatsächlich beobachtet ist. Ein $1\,^3S_1$-Term würde dem Fall $m_1 = m_2 = \frac{1}{2}$ entsprechen und ist also nach dem PAULIschen Prinzip ausgeschlossen. Sobald die n-Werte für beide Valenzelektronen nicht mehr übereinstimmen, sind auch solche Zustände gestattet, für die $m_1 = m_2$ ist. Infolgedessen treten die Triplett-S-Terme von $2\,^3S_1$ an auf.

34. Die einzelnen Bogenspektren. Nach den bisher im wesentlichen allgemein gehaltenen Ausführungen über die Singulett-Triplett-Spektren wollen wir nun auf die einzelnen Spektren unter besonderer Berücksichtigung der astrophysikalisch wichtigen etwas näher eingehen. Das Beobachtungsmaterial geben wir auszugsweise in den Termtabellen 20, 26, 27 und 28 für die Spektren Mg I, Ca I, Sr I und Ba I und ergänzen dieselben durch die Abb. 27 und 28 für Ca I, Abb. 29 für Sr I, Abb. 30 für Ba I, Abb. 31 für Zn I, und Abb. 32 für Cd I und Abb. 33 für Hg I. Wir weisen noch auf einige Einzelheiten hin. Die Spektren Ca I, Sr I und Ba I weisen gegenüber dem schon besprochenen Mg I-Spektrum die Eigentümlichkeit auf, daß sowohl im Singulett- wie auch im Triplettsystem die Linien der BERGMANN-Serie $\nu = 3d - mf$ nicht wie gewöhnlich im ultraroten, sondern im sichtbaren bzw. ultravioletten Spektralgebiete liegen. Aus dieser Beobachtung folgt, daß die Grenze der BERGMANN-Serie, also der $3d$-Term, wesentlich größer sein muß, als dem normalen Falle entspricht. Die Niveauabbildungen zeigen deutlich die anomale Lage sämtlicher d-Terme. So hat z. B. der Singulett-$3D$-Term bei Ca I die effektive Quantenzahl 2,07 und liegt bei allen drei Spektren tiefer als der tiefste P-Term $2P$. Die Triplett-$3d$-Niveaus liegen bei Ca I und Sr I noch höher als die $2p$-Niveaus, bei Ba I liegen aber auch die Triplett-$3d$-Niveaus tiefer als die Triplett-$2p$-Niveaus. Diese relativ tiefe Lage der $3d$-Niveaus hat zur Folge, daß bei Ca I und Sr I die ersten Glieder der diffusen Triplett-Nebenserien $\nu = 2p_i - 3d_j$ im Ultraroten liegen, bei Ba I gibt es diese ultrarote Liniengruppe nur als die umgekehrte Kombination $\nu = 3d_j - 2p_i$, die als erstes Glied einer nach der Auswahlregel erlaubten Kombinationsserie $\nu = 3d_j - mp_i$, $m = 2, 3, 4\ldots$ aufzufassen ist. Das erste Glied der I. Nebenserie ist dann $\nu = 2p_i - 4d_j$. Diese abnorm tiefe Lage sämtlicher $3d$-Niveaus in den Spektren Ca I, Sr I und Ba I hängt zusammen mit der Konkurrenz zwischen s- und d-Elektronen bei der Bindung an die Atome in den langen Horizontalreihen des periodischen Systems (s. Kap. 4, S. 422).

Bei den Spektren Zn I, Cd I und Hg I treten derartige Anomalien nicht auf. Die d-Terme haben Größen, die nur wenig von den entsprechenden Wasserstofftermen abweichen.

35. Die erdalkaliähnlichen Funkenspektren. Den Erdalkalibogenspektren ähnliche Strukturen erwarten und finden wir bei den Funkenspektren der Elemente, die auf die Erdalkalien folgen. Folgende Spektren sind bisher mit mehr oder weniger großer Vollständigkeit analysiert worden:

Be I	B II	C III	—	O V	Zn I	Ga II	Ge III	As IV	Se V
Mg I	Al II	Si III	P IV	S V	Cd I	In II	Sn III	Sb IV	Te V
Ca I	Sc II	Ti III	V IV	Cr V	Hg I	Tl II	Pb III.		
Sr I	Y II	(Zr III)	(Nb IV)						
Ba I	La II;								

Wir geben im folgenden die Literaturangaben für diese Spektren, soweit sie nicht in den Tabellenwerken von FOWLER und PASCHEN-GÖTZE enthalten sind, mit Ausnahme der den Spektren Ca I, Sr I und Ba I homologen Funkenspektren, da bei diesen Spektren Besonderheiten auftreten, die erst in einem späteren Teile dieses Bandes ihre Behandlung finden.

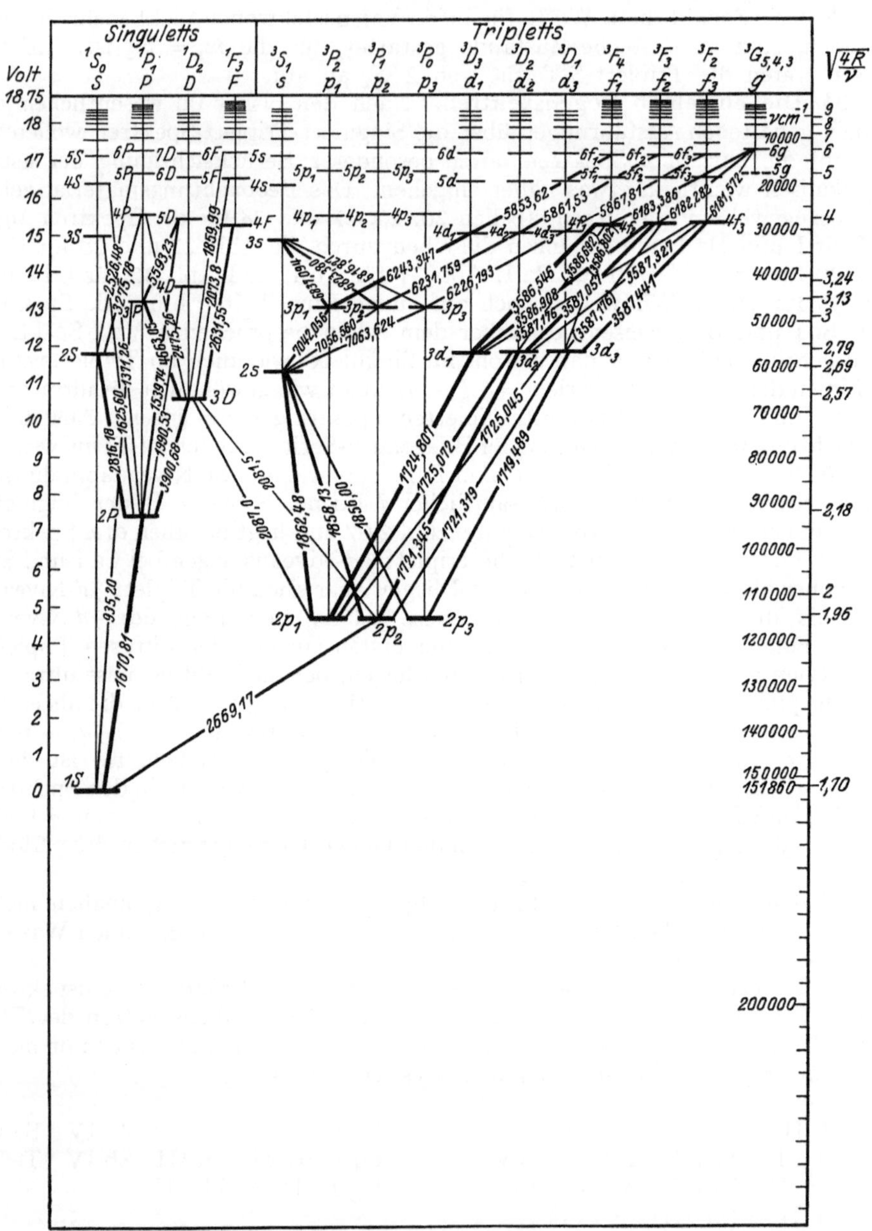

Abb. 34. Niveauschema des Aluminium II.

Siehe Tabelle 32 S. 554.

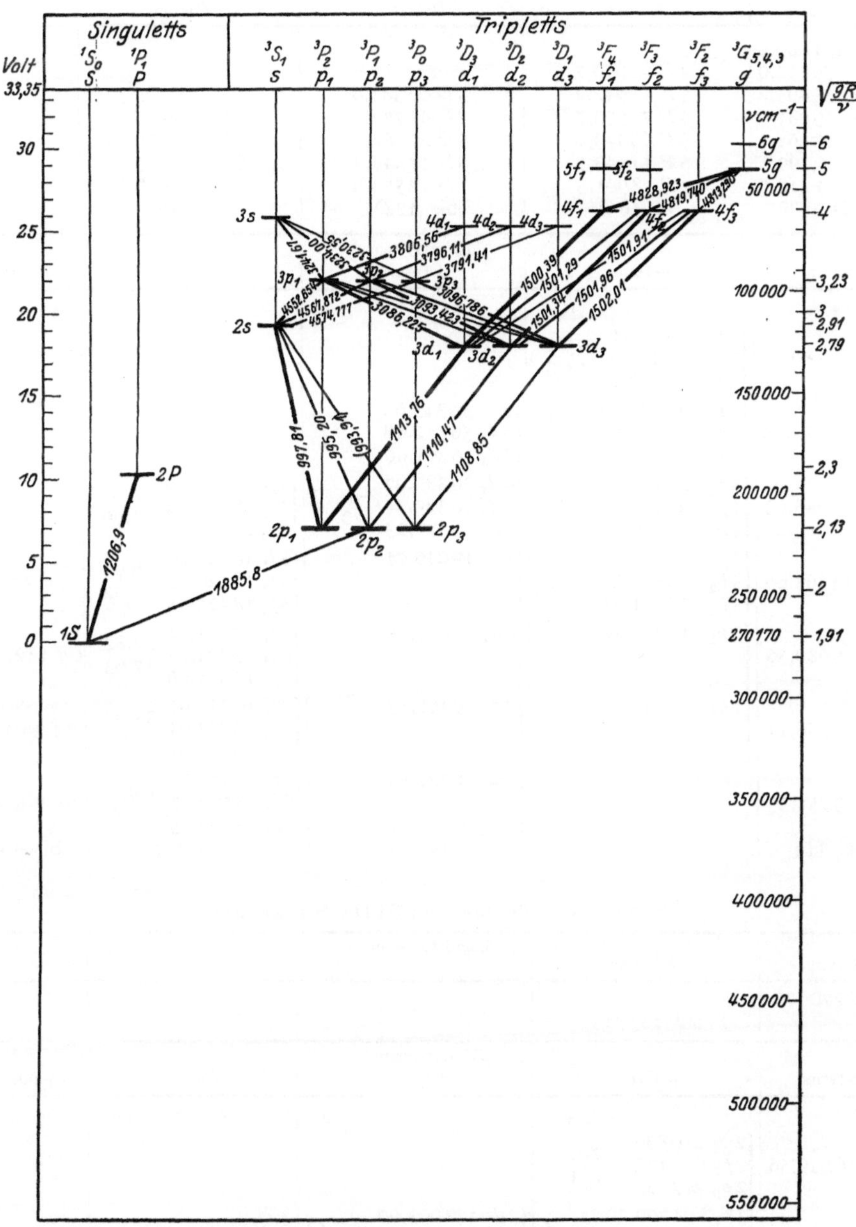

Abb. 35. Niveauschema des Silicium III.

Siehe Tabelle 33 S. 554.

Tabelle 32. Terme des Al II-Spektrums.

Singulettsystem				
S-Terme	P-Terme	D-Terme	F-Terme	
$1S$ 151860,4				
$2S$ 56512,0	$2P$ 92010,7			
$3S$ 35495,2	$3P$ 44942,2	$3D$ 66381,4		
$4S$ 19084,0	$4P$ 25993,7	$4D$ 41772,9	$4F$ 28392,3	
$5S$ 13061,1	$5P$ 16943,1	$5D$ 27068,4	$5F$ 18177,0	
$6S$ 9499,6	$6P$ 11943,7	$6D$ 17946,3	$6F$ 12617,5	
$7S$ 7218,5	$7P$ 8901,5	$7D$ 12573,6	$7F$ 9258,8	
bis $14S$	bis $16P$	bis $12D$	bis $20F$	

Triplettsystem							
s-Terme	p-Terme	$\Delta\nu$	d-Terme	$\Delta\nu$	f-Terme	$\Delta\nu$	g-Terme
	$2p_1$ 114281,1						
$2s$ 60589,20	$2p_2$ 114406,6	125,5					
	$2p_3$ 114468,2	61,8					
	$3p_1$ 46392,69		$3d_1$ 56313,63				
$3s$ 31770,58	$3p_2$ 46421,99	29,18	$3d_2$ 56312,48	−1,15			
	$3p_3$ 46436,09	14,17	$3d_3$ 56311,60	−0,88			
	$4p_1$ 26141,37		$4d_1$ 30380,07		$4f_1$ 28439,59		
$4s$ 19648,03	$4p_2$ 26154,23	12,86	$4d_2$ 30379,54	−0,53	$4f_2$ 28442,42	2,83	
	$4p_3$ 26159,93	5,70	$4d_3$ 30379,23	−0,31	$4f_3$ 28444,51	2,09	
	$5p_1$ 16841,48		$5d_1$ 19040,71		$5f_1$ 18413,06		
$5s$ 13363,66	$5p_2$ 16848,25	6,77			$5f_2$ 18420,03	6,97	$5g$(17677,8)
	$5p_3$ 16851,35	3,10			$5f_3$ 18425,35	5,32	
	$6p_1$ 11767,42		$6d_1$ 13048,46		$6f_1$ 13301,21		
$6s$ 9680,56					$6f_2$ 13324,03	22,82	$6g$ 12271,69
					$6f_3$ 13341,66	17,63	
	$7p_1$ 8680,8?		$7d_1$ 9497,55		$7f_1$ 10719,91		
$7s$ 7336,11					$7f_2$ 10752,94	33,03	$7g$ 9011,18
					$7f_3$ 10778,01	25,07	
			$8d_1$ 7221,54		$8f_1$ 8579,82		
$8s$ 5751,55					$8f_2$ 8590,57	10,75	$8g$ 6895,67
					$8f_3$ 8597,65	7,08	
bis $11s$			bis $11d$		bis $12f$		bis $13g$

Tabelle 33. Terme des Si III-Spektrums.

Singulettsystem				
S-Terme	P-Terme			
$1S$ 270170				
	$2P$ 187313			

Triplettsystem							
s-Terme	p-Terme	$\Delta\nu$	d-Terme	$\Delta\nu$	f-Terme	$\Delta\nu$	g-Terme
	$2p_1$ 216890						
$2s$ 116659,56	$2p_2$ 217139	249					
	$2p_3$ 217273	134					
	$3p_1$ 94700,39		$3d_1$ 127093,00				
$3s$ 63861,01	$3p_2$ 94773,55	73,16	$3d_2$ 127090,86	−2,14			
	$3p_3$ 94806,57	33,02	$3d_3$ 127088,85	−2,01			
			$4d$ 68,438,08		$4f_1$ 60444,00		
					$4f_2$ 60483,44	39,44	
					$4f_3$ 60511,23	27,79	
					$5f_1$ 39584?		$5g$ 39741,21
					$5f_2$ 39744?		
							$6g$ 27568,82

Be I: E. Back, Ann d Phys 70, S. 33 (1923); J. S. Bowen u. R. A. Millikan, Phys Rev 28, S. 256 (1926); R. F. Paton u. R. E. Nusbaum, ebenda 33, S. 1093 (1929).

B II: J. S. Bowen u. R. A. Millikan, Phys Rev 26, S. 310 (1925); R. A. Sawyer u. F. R. Smith, J Opt Soc Amer 14, S. 287 (1927).

C III: J. S. Bowen u. R. A. Millikan, Phys Rev 26, S. 310 (1925); C. Mihul, J de Phys et le Radium (6) 8, S. 39S—40S (1927).

O V: A. Ericson u. B. Edlén, Z f Phys 59, S. 656 (1930); C R 190, S. 116 (1930).

Al II: F. Paschen, Ann d Phys 71, S. 537 (1923); R. A. Sawyer u. F. Paschen, ebenda 84, S. 1 (1927); E. Ekefors, Z f Phys 51, 471 (1928).

Si III: A. Fowler, Phil Trans 225, S. 1, A 626 (1925); s. auch R. A. Sawyer u. F. Paschen, Ann d Phys 84, S. 8 (1927).

P IV und S V: J. S. Bowen u. R. A. Millikan, Phys Rev 25, S. 591 (1925); G. Déjardin, C R 185, S. 1453 (1927).

Ga II und Ge III: R. J. Lang, Phys Rev 30, S. 762 (1927); Wash Nat Ac Proc 14, S. 32 (1928); K. R. Rao u. A. L. Narayan, London R S Proc A 119, S. 607 (1928); R. J. Lang, Phys Rev 34, S. 697 (1929); R. A. Sawyer u. R. J. Lang, ebenda 34, S. 712 (1929).

As IV und Se V: R. A. Sawyer und C. J. Humphreys, Phys Rev 32, S. 583 (1928); K. R. Rao, Nature 123, S. 244 (1929).

As IV: P. Queney, C R 189, S. 158 (1929).

In II: R. J. Lang, Phys Rev 30, S. 762 (1927); J. B. Green u. R. J. Lang, Wash Nat Ac Proc 14, S. 706 (1928).

Sn III: J. B. Green u. L. A. Loring, Phys Rev 30, S. 574 (1927).

Sb IV: A. M. Vieweg u. R. C. Gibbs, Phys Rev 32, S. 320 (1928); J. B. Green u. R. J. Lang, Wash Nat Ac Proc 14, S. 706 (1928); Nature 122, S. 242 (1928).

Sn III, Sb IV und Te V: R. C. Gibbs u. A. Vieweg, Phys Rev 34, S. 400 (1929).

Tl II und Pb III: K. R. Rao, A. L. Narayan u. A. S. Rao, Ind J Phys 2, S. 467 (1928); S. Smith, Wash Nat Ac Proc 14, S. 878 u. 951 (1928); Nature 123, S. 566 (1929); J. C. McLennan, A. B. McLay u. M. F. Crawford, Trans R Soc Canada Sect. III (3) 22, S. 241 (1928); London R S Proc A 125, S. 570 (1929).

Von diesen Funkenspektren sind insbesondere Al II und Si III astrophysikalisch von Bedeutung. Wir geben daher in Abb. 34 und 35 deren Niveauschemata und in den Tabellen 32 und 33 die Termwerte wieder, die deutlich die den Bogenspektren analoge Singulett-Triplett-Struktur erkennen lassen.

36. Das Heliumbogenspektrum. Die stärksten Linien des Heliumbogenspektrums sind bekanntlich bereits 1868 von N. Lockyer im Spektrum der Chromosphäre gefunden worden, während es erst im Jahre 1895 Ramsay gelang, das Heliumgas auf der Erde darzustellen. Crookes hat dann an einer ihm von Ramsay zugesandten Probe des neuen Gases die Identität der gelben Linie in dessen Spektrum mit der D_3-Linie des Chromosphärenspektrums nachgewiesen[1]. Die genaue Untersuchung des Heliumbogenspektrums und die Einordnung der Linien in Serien wurde kurz darauf von Runge und Paschen[2] durchgeführt.

Wenn wir die beiden beim neutralen Heliumatom vorhandenen äußeren Elektronen als Valenzelektronen auffassen, so müssen wir, worauf zuerst Goudsmit und Uhlenbeck[3] sowie Slater[4] hingewiesen haben, für das He-Bogenspektrum dieselbe Singulett-Triplett-Struktur erwarten wie bei den Bogenspektren der Erdalkalien. Diese Erwartung schien sich bis vor kurzem nicht zu bestätigen, doch ist durch Untersuchungen aus neuester Zeit klargestellt worden, daß dieselbe doch zutrifft, aber mit einigen Modifikationen, die vom atomtheoretischen Standpunkte besonderes Interesse beanspruchen.

Die im ultraroten, sichtbaren und ultravioletten Spektralgebiet liegenden Linien des He-Bogenspektrums sind in Abb. 36 in ihrer Serienauflösung dargestellt, so wie dieselbe schon von Runge und Paschen gegeben wurde. Dieser

---

[1] Über die Entdeckungsgeschichte des Heliums s. N. Lockyer, Nature 53, S. 319 u. 342 (1896).

[2] Ap J 3, S. 4 (1896).

[3] Physica 5, S. 266 (1925).

[4] Wash Nat Ac Proc 11, S. 732 (1925).

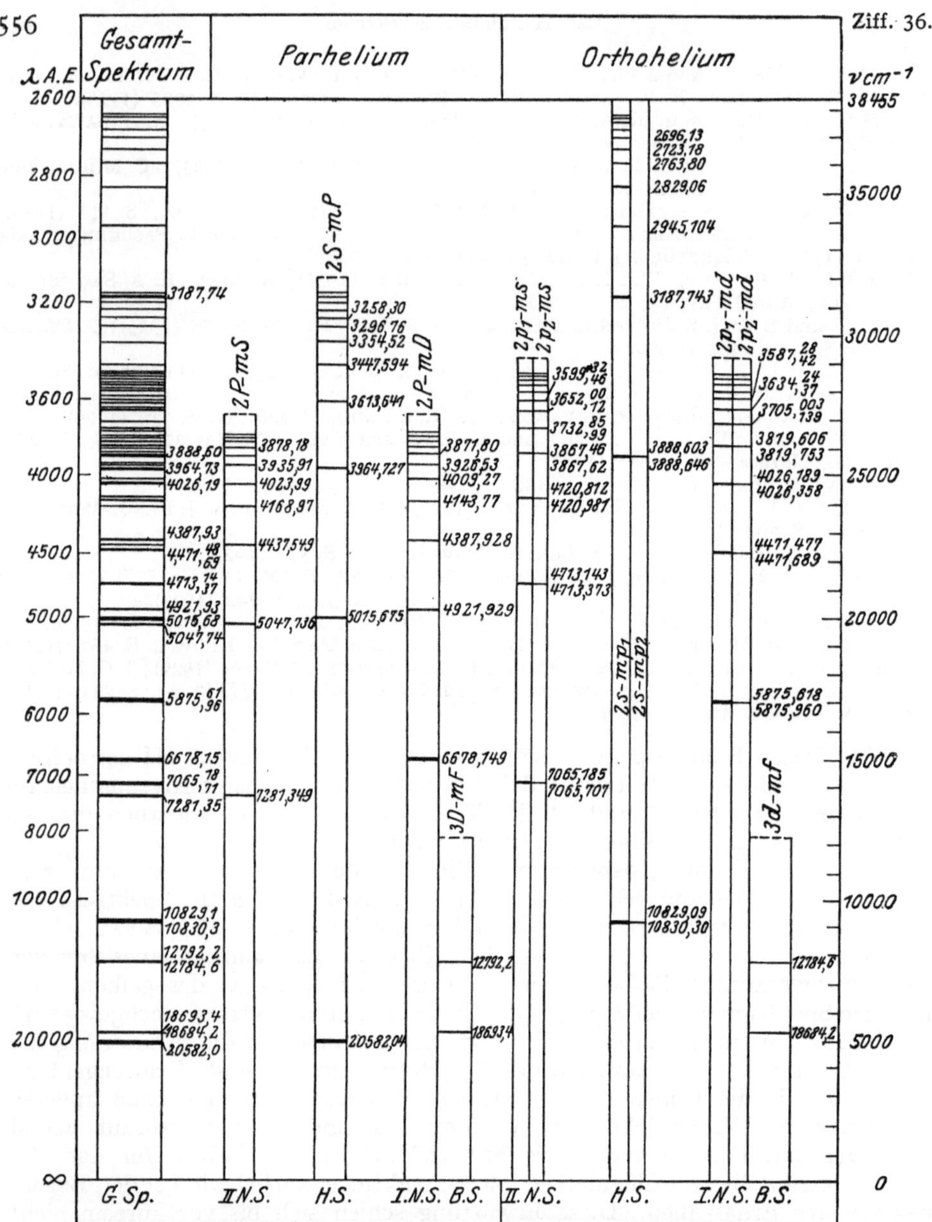

Abb. 36. Spektrum des Helium I von $\lambda = 20582$ bis $\lambda = 2600$ A.

Tabelle 34. Terme des He I-Spektrums.

Singulettsystem (Parhelium)			
S-Terme	P-Terme	D-Terme	F-Terme
1 S 198307,9			
2 S 32032,51	2 P 27175,17		
3 S 13445,23	3 P 12100,56	3 D 12205,09	
4 S 7369,82	4 P 6817,21	4 D 6863,40	4 F 6857,1
5 S 4646,52	5 P 4367,45	5 D 4391,76	5 F 4390,0
6 S 3195,17	6 P 3035,05	6 D 3049,33	
7 S 2331,21	7 P 2230,52	7 D 2240,00	
8 S 1775,25	8 P 1708,40	8 D 1714,58	
bis 13 S	bis 12 P	bis 14 D	

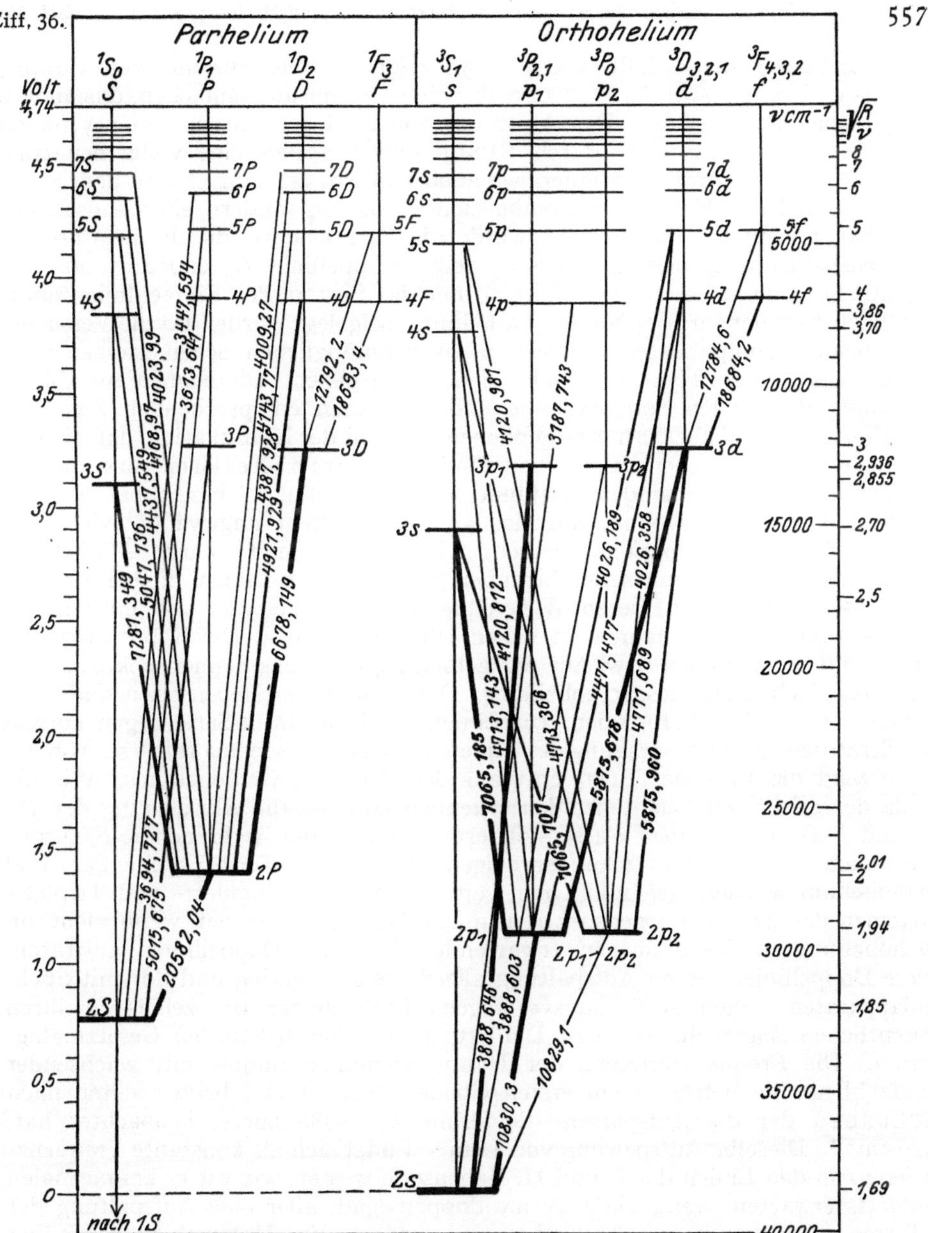

Abb. 37. Niveauschema des Helium I von den zweiquantigen Zuständen an.

Tabelle 34 (Fortsetzung).

s-Terme	Triplettsystem (Orthohelium) p-Terme	$\Delta\nu$	d-Terme	f-Terme
2s 38454,71	$2p_2$ $(2\,^3P_0)$ 29222,85 $2p_1$ $(2\,^3P_1)$ 29223,84 $(2\,^3P_2)$ 29223,92	0,99 0,08		
3s 15073,87	$3p_2$ 12745,79 $3p_1$ 12746,08	0,29	3d 12209,10	
4s 8012,53	4p 7093,59		4d 6866,16	4f 6858,39
5s 4963,63	5p 4509,96		5d 4393,49	5f 4389,21
6s 3374,42	6p 3117,66		6d 3050,57	
7s 2442,29	7p 2283,31		7d 2241,00	
8s 1849,40	8p 1743,79		8d 1715,62	
bis 15s	bis 13p		bis 19d	

Teil des Spektrums zerfällt, wie Abb. 36 zeigt, in zwei Systeme von Haupt-, Neben- und BERGMANN-Serien, wobei das eine System aus einfachen, das andere aus Doppellinien besteht. Das Auftreten von zwei getrennten Seriensystemen war bei seiner Entdeckung durch RUNGE und PASCHEN eine völlig neuartige Erscheinung und wurde von ihnen wie auch von STONEY zunächst in dem Sinne gedeutet, daß das Helium kein einheitliches Gas sei, sondern ein Gemisch aus zwei Komponenten. Von STONEY wurde die Komponente, die die im Chromosphärenspektrum besonders intensive gelbe Doppellinie D_3 emittiert, als das eigentliche Helium bezeichnet, während der das System der Einfachlinien emittierenden Komponente der Name „Parhelium" beigelegt wurde. Da die Versuche, diese beiden Komponenten zu trennen, nach anfänglichen Scheinerfolgen mißlangen, wurde diese Hypothese bald wieder aufgegeben. Die Namen zur Unterscheidung der beiden Seriensysteme und der ihnen entsprechenden Zustände des He-Atoms sind aber erhalten geblieben, nur mit der Modifikation, daß die den Doppellinien entsprechenden Atomzustände als „Orthohelium" und die den Einfachlinien entsprechenden Zustände als „Parhelium" bezeichnet werden, während der Name Helium auf das gesamte System angewandt wird.

Die beiden Seriensysteme haben, wie Abb. 36 zeigt, starke Ähnlichkeit miteinander. Beide Hauptserien beginnen mit ultraroten Linien, die bereits 1896 von PASCHEN gefunden, deren Wellenlängen aber erst später von ihm[1] genau gemessen wurden, und laufen im nahen Ultraviolett aus. Die Nebenserien beginnen mit roten Linien bzw. mit der gelben D_3-Linie des Sonnenspektrums für die diffuse Nebenserie des Orthoheliums. Die Grenzen der Nebenserien sind langwelliger als die der Hauptserien. Die Linien der BERGMANN-Serie liegen normal im Ultraroten. Die Übertragung der Linien in ein Niveauschema führt zu Abb. 37. Diese zeigt die Lage der Energieniveaus des Par- und Orthoheliums. Wie die Skala der effektiven Quantenzahlen erkennen läßt, ist die Abweichung der P-, D- und F-Terme von den Wasserstofftermen nur gering, während die S-Terme, wie üblich, stärkere Abweichungen zeigen. Die beiden Termsysteme Par- und Orthohelium würden sich nun ohne weiteres mit den Singulett- und Triplettsystemen der Erdalkalibogenspektren in Parallele stellen lassen, wenn nicht im Orthohelium an Stelle der zu erwartenden Tripletts Doppellinien aufträten. Diese Doppellinien, deren Aufspaltung allerdings sehr gering und nur mit Spektralapparaten hohen Auflösungsvermögens beobachtbar ist, zeigen in ihren wesentlichen Zügen die von den Dublettspektren her bekannten Gesetzmäßigkeiten. Die Frequenzdifferenz der Hauptserienlinien nimmt mit wachsender Laufzahl ab, sie beträgt beim ersten Gliede 1,0 cm^{-1} und beim zweiten nach McCURDY[2], der die Aufspaltung der Linie $\lambda = 3888$ zuerst beobachtet hat, 0,29 cm^{-1}. Dieselbe Aufspaltung von 1 cm^{-1} findet sich als konstante Frequenzdifferenz in den Linien der I. und II. Nebenserie wieder, wie wir es bei normalen Dubletts erwarten, wenn die p-Terme doppelt sind, aber eine Aufspaltung der d-Terme zu klein ist, um beobachtet zu werden. Ein Unterschied gegenüber den normalen Dublettspektren ergibt sich aber insofern, als die intensivere Komponente der Dubletts in der Hauptserie auf der langwelligen, bei den Nebenserien auf der kurzwelligen Seite liegt, gerade umgekehrt, wie es normalerweise bei Dublettspektren der Fall ist. Diese Beobachtung kann erklärt werden durch die Annahme, daß die p-Terme des Orthoheliums verkehrt sind, so daß also $mp_1 > mp_2$ ist.

Während diese Tatsache mit der Auffassung der Orthoheliumlinien als Dublettlinien vereinbar wäre, sprechen die folgenden Beobachtungstatsachen

[1] Ann d Phys 27, S. 537 (1908).
[2] Phil Mag 2, S. 529 (1926).

entschieden gegen diese Auffassung. Die Linien des Orthoheliums zeigen im Magnetfelde nicht den für Dubletts typischen anomalen ZEEMAN-Effekt, sondern eine andere Aufspaltung, die allerdings bisher noch nicht genau festgestellt werden konnte. Jedenfalls können aber demzufolge die Orthoheliumlinien keine normalen Dubletts sein. Charakteristisch für normale Dubletts ist weiterhin, daß das Intensitätsverhältnis der Doppellinien in den Haupt- und II. Nebenserien, wie auch in den I. Nebenserien, wenn die d-Terme nicht aufgespalten beobachtbar sind, gleich 2:1 ist. Das folgt aus den BURGER-DORGELOschen Intensitätsregeln und ist für die Alkalien insbesondere von DORGELO vielfach experimentell bestätigt worden. Für das Intensitätsverhältnis der beiden Komponenten der gelben Orthoheliumlinie D_3 ($\lambda = 5876$) fanden zunächst ORNSTEIN und H. C. BURGER[1] das Intensitätsverhältnis 6:1 und späterhin D. BURGER[2] unter verbesserten Beobachtungsbedingungen 8:1. Dieses letztere Resultat legt schon die Vermutung nahe, daß die Orthoheliumdubletts nur vorgetäuscht und in Wirklichkeit Tripletts sind. Denn nehmen wir an, daß die p_1-Terme sich nochmals in zwei Einzelterme aufspalten lassen, so daß im ganzen drei Terme entstehen, so müßte das Intensitätsverhältnis in den aufgespaltenen Linien nach den Intensitätsgesetzen 5:3:1 sein. Wenn die Aufspaltung der p_1-Terme nicht beobachtbar ist, müßte also das Intensitätsverhältnis der scheinbaren Dubletts 8:1 sein, wie es tatsächlich beobachtet ist.

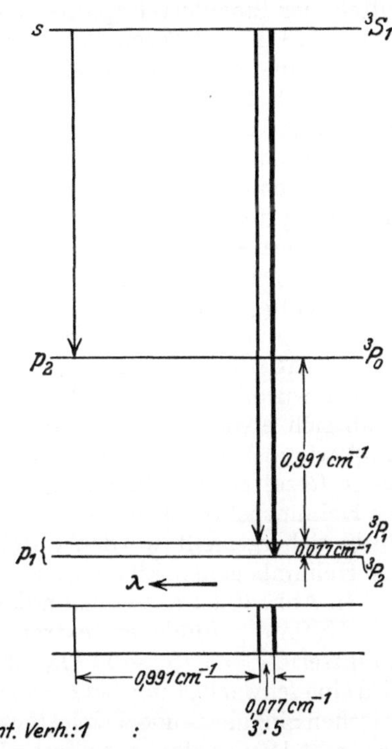

Abb. 38. Strukturbild und Niveauschema für die Linien der II. Nebenserie des Orthoheliumspektrums.

Der Beweis für die Richtigkeit dieser Auffassung ist nun neuerdings durch Beobachtungen von G. HANSEN[3] und W. HOUSTON[4] erbracht worden, denen es gelungen ist, eine nochmalige Aufspaltung bei den starken Komponenten verschiedener Orthoheliumlinien nachzuweisen. Derartige Aufspaltungen sind beobachtet von HANSEN bei den Linien $\lambda = 5876$, $\lambda = 4713$ und $\lambda = 4472$, von HOUSTON bei den Linien $\lambda = 5876$ und $\lambda = 7066$. Abb. 38 zeigt das Strukturbild und Niveauschema für Linien der II. Nebenserie, also für $\lambda = 7066$ oder $\lambda = 4713$. Die stärkere, früher nur einfach beobachtete kurzwellige Komponente spaltet in zwei Einzellinien auf. Dem entspricht eine Aufspaltung des mit p_1 bezeichneten Niveaus in zwei Teilniveaus, deren Frequenzdifferenz nach HANSEN $\Delta\nu = 0{,}077\ \mathrm{cm}^{-1}$, nach HOUSTON $\Delta\nu = 0{,}071\ \mathrm{cm}^{-1}$ ist. Das Intensitätsverhältnis der drei Komponenten ergibt sich tatsächlich nahezu zu 5:3:1, so wie es die Theorie erwarten läßt. Auch bei $\lambda = 5876$, dem ersten Glied der I. Nebenserie, ergeben sich nach HOUSTON, HANSEN und WEI[5] drei getrennt beobachtete

[1] Z f Phys 26, S. 57 (1924).
[2] Z f Phys 33, S. 437 (1926).
[3] Nature 119, S. 237 (1927); Verh d D phys Ges 3, S. 5 (1929).
[4] W. V. HOUSTON, Wash Nat Ac Proc 13, S. 91 (1927).
[5] Ap J 68, S. 246 (1928).

Komponenten. Die Frequenzdifferenzen sind aber etwas anders als in der II. Nebenserie, was von beiden Autoren auf eine dreifache Aufspaltung der d-Terme zurückgeführt wird. Allerdings weichen die Resultate der Autoren in der Deutung der Aufspaltung der d-Terme etwas voneinander ab, es darf aber als sichergestellt gelten, daß auch die d-Terme dreifach sind. Damit sind die letzten Zweifel an der Deutung der Orthoheliumterme als Triplettsystem beseitigt. Die in Abb. 37 oben und Abb. 38 rechts angegebenen RUSSELL-SAUNDERSschen Symbole entsprechen dieser Auffassung. Abweichend vom normalen Verhalten der Singulett-Triplett-Spektren bleibt die aus Abb. 38 ersichtliche Tatsache, daß die ^3P-Terme des Orthoheliums verkehrt sind (der Term $^3P_2$ liegt am tiefsten), und daß das Verhältnis der Triplettaufspaltungen $^3P_1 - {}^3P_0 : {}^3P_2 - {}^3P_1$ etwa gleich 13:1 ist, während es normalerweise sich etwa zu 2:1 ergibt. Die theoretische Erklärung für diese Anomalien ist von HEISENBERG[1] gegeben worden.

Würden wir das in Abb. 37 dargestellte Termsystem als das vollständige Niveauschema des He-Atoms auffassen, so würde gegenüber den Singulett-Triplett-Systemen der Unterschied auftreten, daß der tiefste Term nicht ein $^1S_0$-, sondern ein $^3S_1$-Term ist, aus dem sich, wie die Voltskala der Abb. 37 zeigt, für die Ionisierungsspannung der Wert von 4,74 Volt ergeben würde. Daß dies nicht richtig sein kann, zeigten die Bestimmungen der Anregungs- und Ionisierungsspannungen des He-Atomes aus Elektronenstoßversuchen, die zuerst von HORTON und DAVIS[2], COMPTON[3] sowie von FRANCK und KNIPPING[4] ausgeführt wurden. Für die kleinste Anregungsspannung des neutralen He-Atoms ergab sich etwa 20, für die Ionisierungsspannung 24 Volt. FRANCK und KNIPPING[3] wie insbesondere FRANCK und REICHE[5] haben aus der genauen Diskussion dieser Resultate den Schluß gezogen, daß noch ein sehr tief liegender $^1S_0$-Term des Heliumspektrums existieren müsse. Die Existenz dieses Terms ist dann endgültig sichergestellt worden durch LYMAN[6], der den extrem ultravioletten Teil des Heliumbogenspektrums entdeckte.

In Abb. 39 ist das vollständige Niveauschema des He-Atoms gezeichnet. Die von LYMAN gefundenen extrem ultravioletten Linien bilden eine Singulett-Hauptserie $\nu = 1\,{}^1S_0 - m\,{}^1P_1$, die bis zum 7. Gliede beobachtet ist. Außerdem wird eine schwache Linie bei $\lambda = 591{,}42$ A als Interkombinationslinie $\nu = 1\,{}^1S_0 - 2\,{}^3P_1$ zwischen Singulett- und Triplettsystem gedeutet. Durch diese Linien ist der Grundzustand $1\,{}^1S_0$ des He-Atoms festgelegt. Es ergibt sich nach PASCHEN[7] der Termwert $1\,{}^1S_0 = 198\,307{,}9\ \mathrm{cm}^{-1}$, aus dem sich die Ionisierungsspannung zu 24,4764 Volt berechnet in bester Übereinstimmung mit den bei Elektronenstoßversuchen gemessenen Werten. Auch die Berechnung der Ionisierungsspannung des He-Atoms auf Grund der Quantenmechanik ergibt Werte, die mit dem experimentell gefundenen um so genauer übereinstimmen, je weiter das Näherungsverfahren der Rechnung getrieben wird[8].

Wie der Vergleich der Abb. 39 mit dem Niveauschema eines Erdalkaliatoms, z. B. dem des Mg (Abb. 22), zeigt, bleibt außer der anomal tiefen Lage des $1\,{}^1S_0$-Terms noch der Unterschied bestehen, daß die $2\,{}^1S_0$- und $2\,{}^3S_1$-Terme

---

[1] Z f Phys 39, S. 499 (1926).
[2] London R S Proc A 95, S. 408 (1919).
[3] Phil Mag 40, S. 553 (1920).
[4] Phys Z 20, S. 481 (1919); Z f Phys 1, S. 320 (1920).
[5] Z f Phys 1, S. 320 (1920).
[6] Science 76, S. 167 (1922); Nature 110, S. 278 (1922); Ap J 60, S. 1 (1924).
[7] F. PASCHEN, Berl. Sitzber. 1929, S. 662.
[8] A. UNSÖLD, Ann d Phys 82, S. 355 (1927); G. W. KELLNER, Z f Phys 44, S. 91 (1927); J. C. SLATER, Wash Nat Ac Proc 13, S. 423 (1927); E. A. HYLLERAAS, Z f Phys 48, S. 469 (1928); 54, S. 347 (1929); Naturwiss 17, S. 982 (1929).

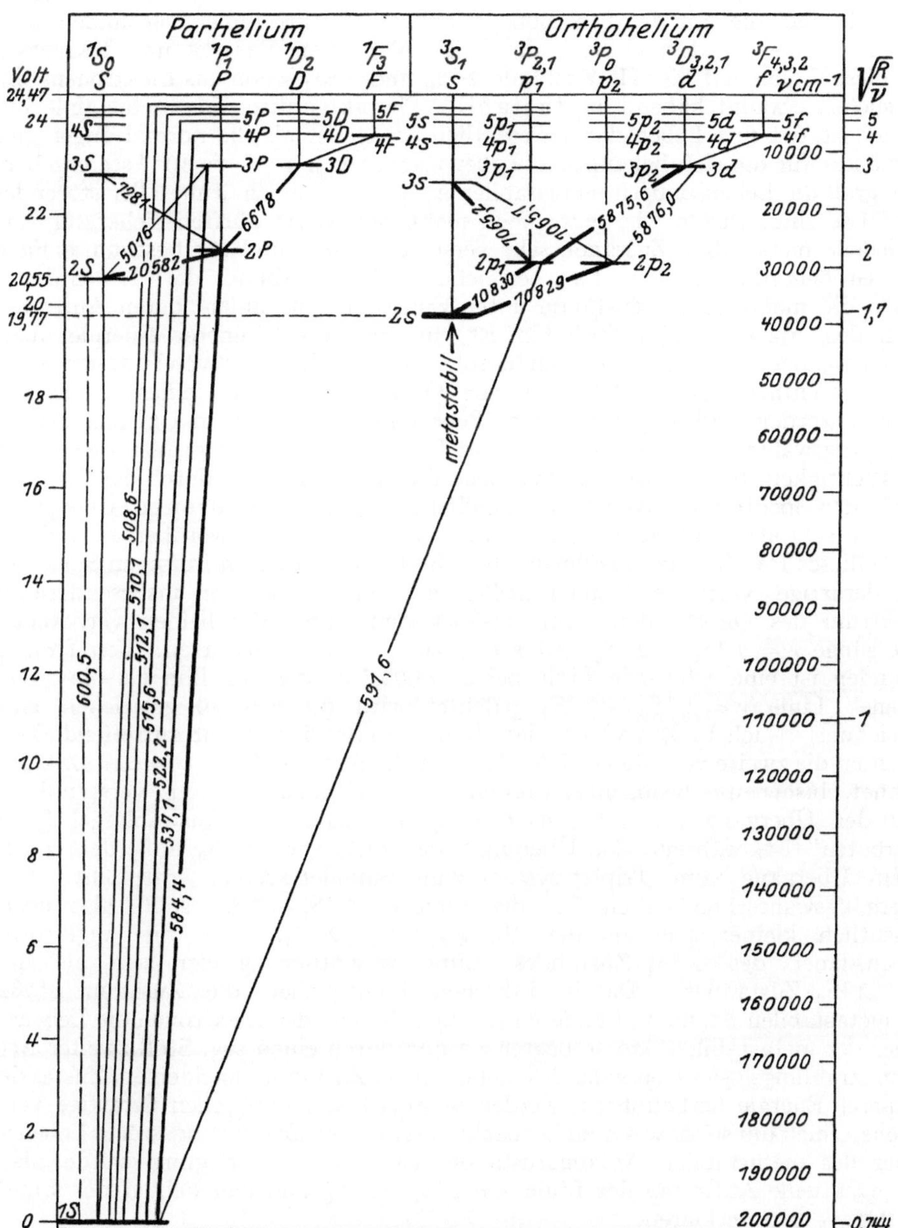

Abb. 39. Niveauschema des Helium I.

Siehe Tabelle 34 S. 556 u. 557.

tiefer liegen als die $2\,^1P_1$- und $2\,^3P_{012}$-Terme. Das hat zur Folge, daß von den $2\,^1S_0$- und $2\,^3S_1$-Termen aus keine Übergänge nach tiefer gelegenen Termen möglich sind, die mit der Emission „erlaubter" Spektrallinien verbunden sind. Solche Terme nennt man nach dem Vorschlage von FRANCK und KNIPPING, die diese Eigenschaft der He-Zustände $2\,^1S_0$ und $2\,^3S_1$ schon aus Elektronenstoßversuchen erkannt haben, „metastabil". Charakteristisch für metastabile Zustände ist, daß ihre Lebensdauer wesentlich größer ist als die normal angeregter Zustände, für die sich bekanntlich Lebensdauern von 10^{-7} bis 10^{-8} sec ergeben. Wie groß die Lebensdauern metastabiler Atome bei Ausschaltung aller störendei Einflüsse sind, wissen wir heute noch nicht genau; sie dürften sicher für verschiedene metastabile Zustände sehr verschieden sein und für bestimmte Fälle die Größenordnung von 1 sec erreichen. Nach Ablauf der Lebensdauer gehen die metastabilen Zustände unter Emission von Linien, deren Auftreten nach den Auswahlregeln verboten ist, in Zustände kleinerer Energie über. Die Übergangswahrscheinlichkeiten für solche Linien, die zuerst von PLACINTEANU[1] als quantentheoretisches Analogon zur Quadrupolstrahlung eines Atoms berechnet worden sind, ergeben sich größenordnungsmäßig 10^6 mal kleiner als die Übergangswahrscheinlichkeiten normaler Linien. Ein überzeugender Beweis für die Richtigkeit dieser Auffassung ist neuerdings von BOWEN[2] durch die Deutung der in den Spektren der Nebel auftretenden Linien als „verbotener" Übergänge von metastabilen Anfangszuständen aus erbracht worden, worüber an anderer Stelle dieses Handbuches ausführlich berichtet wird. Auch in irdischen Spektren sind derartige „verbotene" Linien mehrfach beobachtet worden, insbesondere im Spektrum des Quecksilbers. Im He-Spektrum wären die beiden verbotenen Übergänge $\nu = 1\,^1S_0 - 2\,^1S_0$ und $\nu = 1\,^1S_0 - 2\,^3S_1$ zu erwarten. Von LYMAN gefunden ist eine schwache Linie bei $\lambda = 600{,}5$ A, die von ihm als die „verbotene" Linie $\nu = 1\,^1S_0 - 2\,^1S_0$ gedeutet wird (in Abb. 39 gestrichelt eingezeichnet). Nach PASCHEN[3] ist diese Deutung allerdings nicht zutreffend. Dagegen ist die zweite verbotene Linie, deren Wellenlänge sich zu $\lambda = 625{,}57$ A berechnet, bisher nie beobachtet worden. Das ist auch durchaus verständlich, weil der Übergang von $2\,^1S_0$ nach $1\,^1S_0$ nur nach der Auswahlregel für l „verboten" ist, während der Übergang von $2\,^3S_1$ nach $1\,^1S_0$ außerdem noch einem Übergang vom Triplettsystem zum Singulettsystem entspricht. Die Übergangswahrscheinlichkeit für die Linie $\nu = 1\,^1S_0 - 2\,^3S_1$ sollte also noch wesentlich kleiner sein als die für $\nu = 1\,^1S_0 - 2\,^1S_0$, d. h. die ungestörte Lebensdauer des $2\,^3S_1$-Zustandes sollte wesentlich größer sein als die des $2\,^1S_0$-Zustandes. Da in irdischen Lichtquellen die Zusammenstöße der metastabilen Atome mit anderen Atomen, Ionen oder Elektronen die Lebensdauer der metastabilen Atome begrenzen und durch einen sog. Stoß zweiter Art einen strahlungslosen Übergang des metastabilen Zustandes nach einem Zustande kleinerer Energie herbeiführen, werden in irdischen Lichtquellen derartige verbotene Linien um so schwerer zu beobachten sein, je größer die ungestörte Lebensdauer des metastabilen Anfangszustandes ist. Diese Überlegung würde also das eventuelle Auftreten der Linie $\nu = 1\,^1S_0 - 2\,^1S_0$ und das Fehlen der Linie $\nu = 1\,^1S_0 - 2\,^3S_1$ erklären.

Wir müssen nun im Zusammenhange mit dem He-Bogenspektrum nochmals auf eine andere Gruppe von „verbotenen" Linien hinweisen, über deren Auftreten auch in anderen Spektren schon bei Besprechung des Li-Spektrums (s. S. 503) hingewiesen worden ist. Wie schon dort erwähnt wurde, entsprechen

[1] Z f Phys 39, S. 276 (1926). [2] Ap J 67, 1 (1928).

[3] F. PASCHEN, l. c. S. 560, vgl. hierzu auch L. A. SOMMER, Wash Nat Ac Proc 13, S. 213, (1927).

diese Linien Übergängen mit $\Delta l = 0$ oder 2, die Anfangszustände sind aber nicht metastabil. Verbotene Linien dieser Art sind nun in besonders großer Zahl von STARK[1] und seinen Mitarbeitern im Heliumbogenspektrum beobachtet worden, und zwar mit um so größerer Intensität, je größer die Stärke des zur Erzeugung des STARK-Effektes angelegten äußeren elektrischen Feldes war. Die letztere Beobachtung ist im Einklange mit der Theorie, die ergibt, daß die Übergangswahrscheinlichkeit für solche „verbotenen" Übergänge mit wachsender Stärke des auf das Atom wirkenden elektrischen Feldes zunimmt. STARK konnte diese „verbotenen" Linien in Serien einordnen, für die er neue Bezeichnungen eingeführt hat, die sich allerdings nicht allgemein eingebürgert haben. Wir stellen diese sowohl im Parhelium wie im Orthohelium beobachteten Serien in der folgenden Tabelle 35 unter Benutzung der PASCHENschen Symbole zusammen:

Tabelle 35.

Parhelium	Orthohelium	Bezeichnung (STARK)	Δl
$\nu = 2S - mS$	$\nu = 2s - ms$	scharfe Hauptserie	0
$\nu = 2P - mP$	$\nu = 2p - mp$	fast scharfe (III.) Nebenserie	
$\nu = 2S - mD$	$\nu = 2s - md$	diffuse Hauptserie	2
$\nu = 2P - mF$	$\nu = 2p - mf$	nahdiffuse Nebenserie	

In Abb. 40 sind in das Niveauschema des He-Atoms die meisten der beobachteten verbotenen Linien eingezeichnet. Wir ergänzen diese Abbildung noch durch Angabe der Wellenlängen der nahdiffusen Nebenserien.

Tabelle 36.

Parhelium		Orthohelium	
$\nu = 2P - 4F$	$\lambda = 4920{,}7$	$\nu = 2p - 4f$	$\lambda = 4469{,}91$
$\nu = 2P - 5F$	$\lambda = 4387{,}5$	$\nu = 2p - 5f$	$\lambda = 4025{,}65$
$\nu = 2P - 6F$	$\lambda = 4143{,}3$		

Da die F- und f-Terme von den D- und d-Termen gleicher Laufzahl nur wenig abweichen, so liegen die verbotenen Linien der letztgenannten Serien in unmittelbarer Nachbarschaft der starken Linien der I. Nebenserien.

Für die Astrophysik haben die in elektrischen Feldern auftretenden „verbotenen" Linien neuerdings eine Bedeutung gewonnen durch die Arbeiten von O. STRUVE[2], der die Verbreiterung bestimmter Linien, insbesondere der BALMER-Linien, in den Sternspektren durch das Vorhandensein intramolekularer elektrischer Felder in den Sternatmosphären zu erklären sucht. Er berechnet die vorhandenen intramolekularen Felder zu 10^3 bis 10^4 Volt/cm. Bei solchen Feldstärken müßten auch die empfindlichsten der „verbotenen" He-Linien schon auftreten, und tatsächlich hat STRUVE das Vorhandensein von $\lambda = 4470$ ($\nu = 2p - 4f$) in mehreren B-Sternen nachweisen und ELVEY[3] das Vorhandensein von $\lambda = 4920$ ($\nu = 2P - 4F$) und $\lambda = 4387$ ($\nu = 2P - 5F$) wahrscheinlich machen können. Das Auftreten dieser verbotenen Linien in den Sternspektren muß als eine wesentliche Stütze der von STRUVE aufgestellten Hypothese über das Vorhandensein intramolekularer Felder in den Sternatmosphären gewertet werden.

[1] Ann d Phys 56, S. 577 (1918); T. R. MORTON, London R S Proc A 95, S. 30 (1919); zusammenfassende Darstellung bei J. S. STARK, Handb. d. Experimentalphysik 21, S. 463ff. (1927).

[2] Ap J 69, S. 173; 70, S. 85 (1929).

[3] Ap J 69, S. 237 (1929).

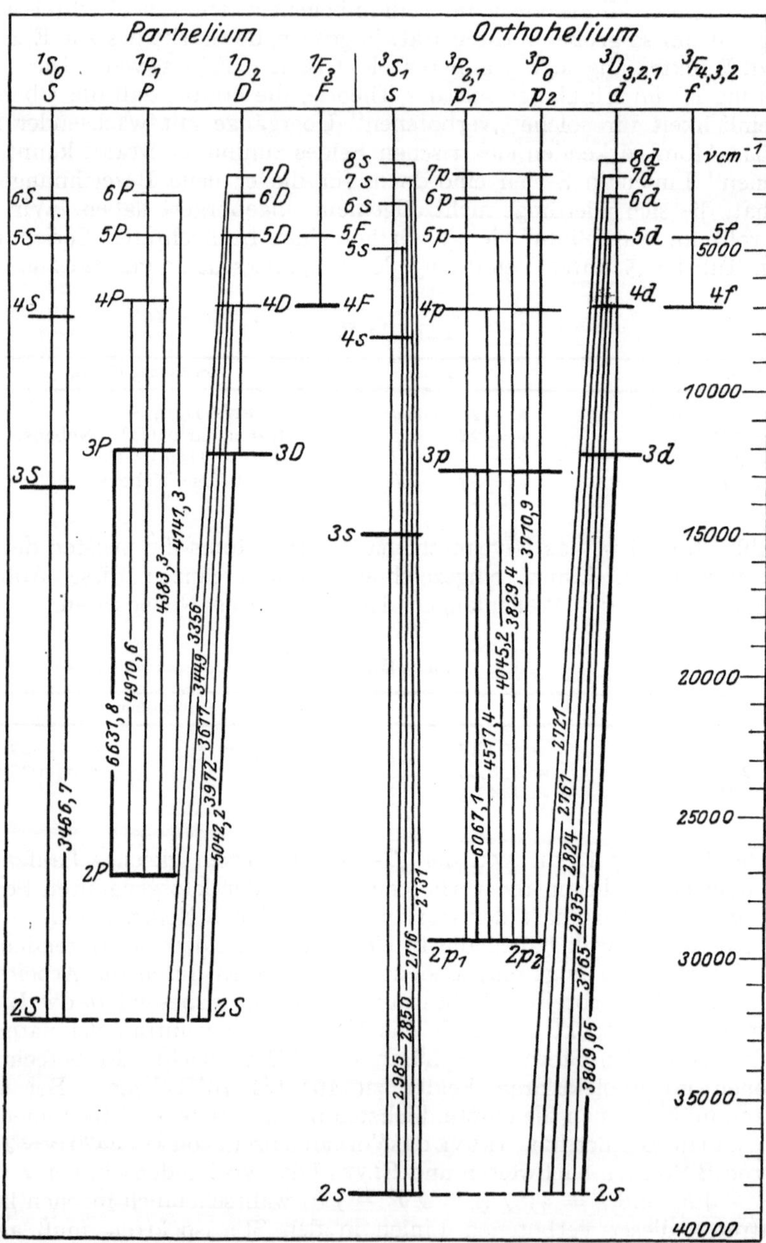

Abb. 40. Niveauschema des Helium I von den zweiquantigen Zuständen an mit Serienlinien, die im elektrischen Felde erscheinen.

Von den dem He-Bogenspektrum analogen Funkenspektren ist das Li II-Spektrum von SCHÜLER[1] und WERNER[2] analysiert worden. Dasselbe zeigt dieselbe Struktur wie das He-Bogenspektrum, insbesondere ist auch die Triplettstruktur der Ortholithiumlinien nachgewiesen worden. Die extrem ultraviolette Singulett-Hauptserie $\nu = 1\,^1S - m\,^1P$ des Li II-Spektrums ist neuerdings von A. ERICSON und B. EDLÉN[3] gefunden worden. Die drei ersten Glieder dieser Serie liegen bei $\lambda = 199{,}263$, $177{,}99$ und $171{,}54$ A. Denselben Forschern[3] ist es auch gelungen, das 1. Glied der entsprechenden Serie im Be III-Spektrum bei $\lambda = 100{,}250$ nachzuweisen. Astrophysikalisch haben diese Spektren noch keine Bedeutung gewonnen.

d) Die Spektren von Atomen und Ionen mit drei Valenzelektronen.

37. Die Bogenspektren der Erdmetalle. In der dritten Vertikalreihe des periodischen Systems treffen wir auf die Elemente, deren Atome drei Valenzelektronen außerhalb einer abgeschlossenen edelgasähnlichen Elektronenkonfiguration besitzen. Zu diesen Elementen gehören insbesondere die Erdmetalle B, Al, Ga, In und Tl, außerdem wären hinzuzurechnen die Elemente Sc, Y, La, die in den langen Perioden an dritter Stelle stehen. Hier sollen zunächst nur die Bogenspektren der erstgenannten Erdmetalle und die analogen Funkenspektren der auf sie folgenden Elemente besprochen werden, während die Bogenspektren von Sc, Y, La einer späteren Behandlung vorbehalten bleiben müssen, weil diese Spektren nicht mehr zu den einfachen Serienspektren gehören.

Die Bogenspektren von Al, Ga, In und Tl sind schon seit längerer Zeit in ihrer Serienauflösung bekannt, während bei B erst neuerdings die wichtigsten Linienzusammenhänge bekannt geworden sind. In Analogie zu den bisher betrachteten Spektren lassen sich auch die Linien der Bogenspektren der Erdmetalle in Serien zusammenfassen. Es ergibt sich ein System von Haupt-, Neben- und BERGMANN-Serien mit ausgesprochenem Dublettcharakter.

Die dabei zutage tretenden speziellen Gesetzmäßigkeiten wollen wir am Beispiel des Al I-Spektrums erläutern, das wir in Abb. 41 in der üblichen Weise darstellen. Die Hauptserie (H.S.) besteht aus einer Folge von Doppellinien, deren erstes Glied im Ultraroten und deren Konvergenzgrenze noch im Sichtbaren liegt. Dagegen beginnen die Nebenserien (II.N.S. und I. N.S.) mit ersten Gliedern im Violetten bzw. Ultravioletten und laufen gegen dieselbe weit im Ultravioletten gelegene Grenze. In der H.S. und der II. N.S. haben wir die einfachen Dubletts, wobei das Intensitätsverhältnis der Einzelkomponenten dasselbe ist wie bei den Bogenspektren der Alkalien; in der I. N.S. treten die zusammengesetzten Dubletts auf, genau so, wie wir sie von den Alkalien her kennen. Die Linien der BERGMANN-Serie liegen normal im Ultrarot. Die aus Abb. 41 ersichtlichen symbolischen Bezeichnungen sind dieselben wie bei den Alkalispektren. Der einzige Unterschied gegenüber den Alkali-Dublettspektren besteht also nur darin, daß die Seriengrenze der Hauptserie wesentlich langwelliger ist als die der Nebenserien. In dieser Hinsicht erinnert die hier bestehende Gesetzmäßigkeit an den bei den Triplettserien der Erdalkalien vorliegenden Fall und wird auch hier durch die Annahme erklärt, daß der Grenzterm der Hauptserie kein $1s$-, sondern ein $2s$-Term ist. Dies tritt deutlich in die Erscheinung, wenn wir die Linien des Al I-Spektrums in das Niveauschema der

[1] Naturw 12, S. 579 (1924); Ann d Phys 76, S. 292 (1925); Z f Phys 37, S. 568 (1926); 42, S. 487 (1927).

[2] Nature 115, S. 191 (1924); 116, S. 574 (1925).

[3] Z f Phys 59, S. 656 (1930).

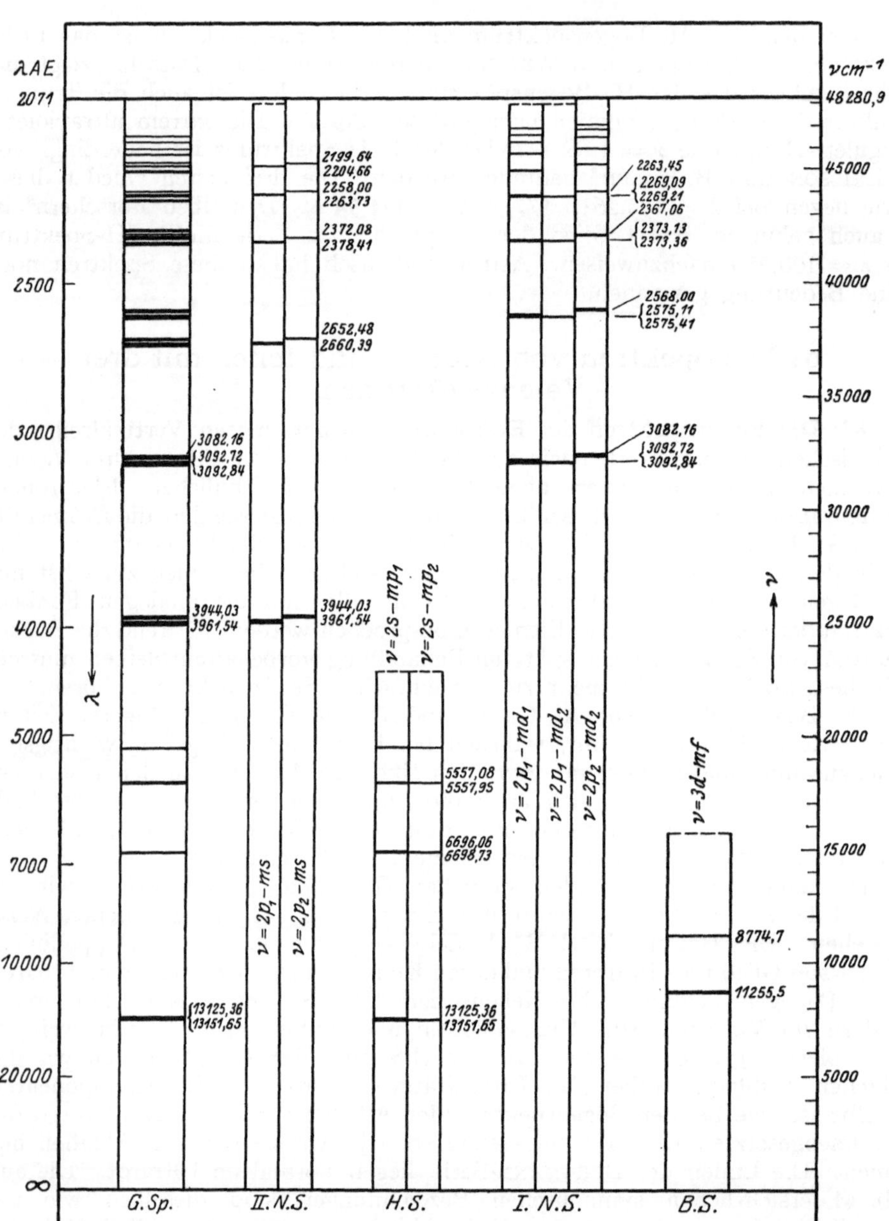

Abb. 41. Spektrum des Aluminium I.

Tabelle 37. Terme des Al I-Spektrums.

s-Terme	p-Terme	$\Delta\nu$	d-Terme	$\Delta\nu$	f-Terme
$2s$ 22933,27	$\begin{cases} 2p_1\ 48168,87 \\ 2p_2\ 48280,88 \end{cases}$	112,01			
$3s$ 10591,58	$\begin{cases} 3p_1\ 15316,48 \\ 3p_2\ 15331,70 \end{cases}$	15,22	$\begin{cases} 3d_1\ 15844,15 \\ 3d_2\ 15845,49 \end{cases}$	1,34	
$4s$ 6136,76	$\begin{cases} 4p_1\ 8003,24 \\ 4p_2\ 8009,19 \end{cases}$	5,95	$\begin{cases} 4d_1\ 9347,22 \\ 4d_2\ 9351,71 \end{cases}$	4,49	$4f$ 6962,6

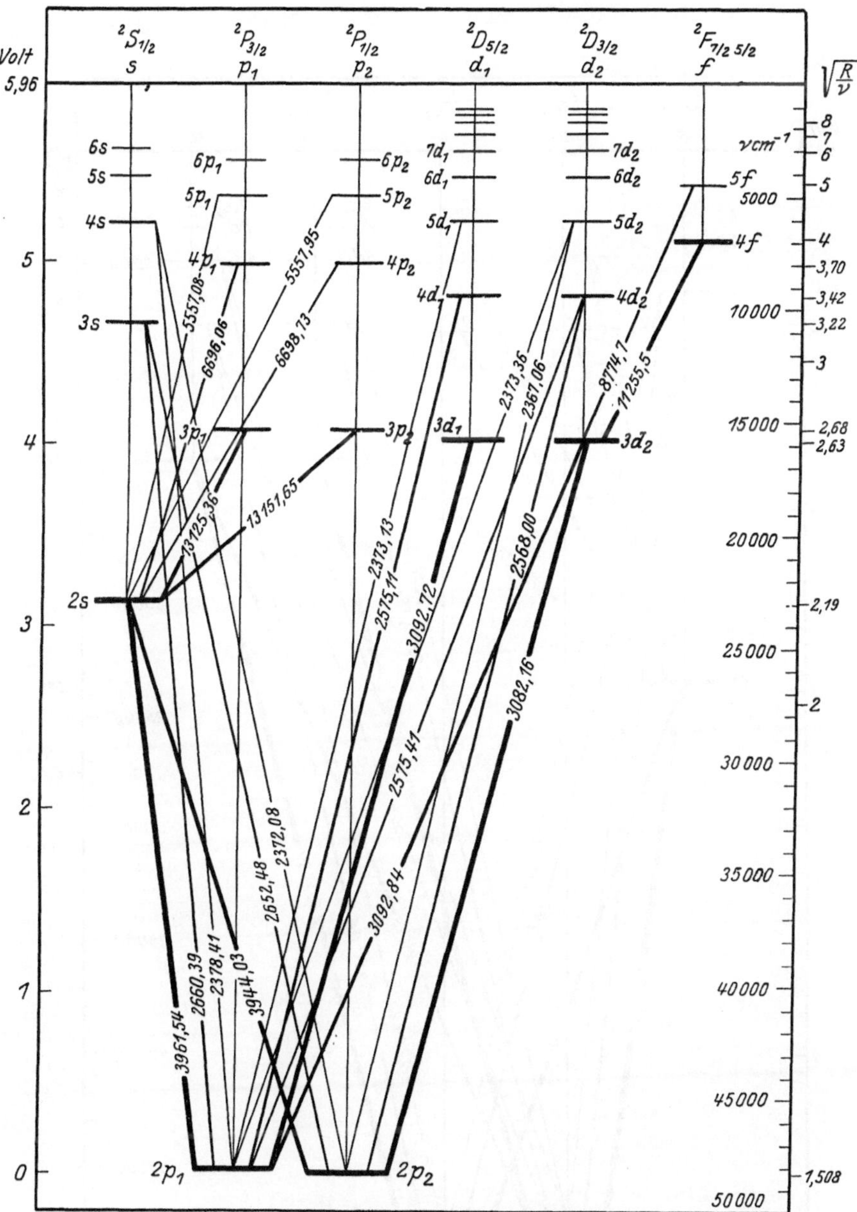

Abb. 42. Niveauschema des Aluminium I.

Tabelle 37 (Fortsetzung).

s-Terme	p-Terme	$\Delta\nu$	d-Terme	$\Delta\nu$	f-Terme
$5s$ 4007,67	$5p_1$ 4943,19 $5p_2$ 4946,01	2,82	$5d_1$ 6043,31 $5d_2$ 6047,37	4,06	$5f$ 4451,5
$6s$ 2833,2	$6p_1$ 3350,6 $6p_2$ 3352,6	2,0	$6d_1$ 4112,09 $6d_2$ 4114,33 bis $11d$	2,24	

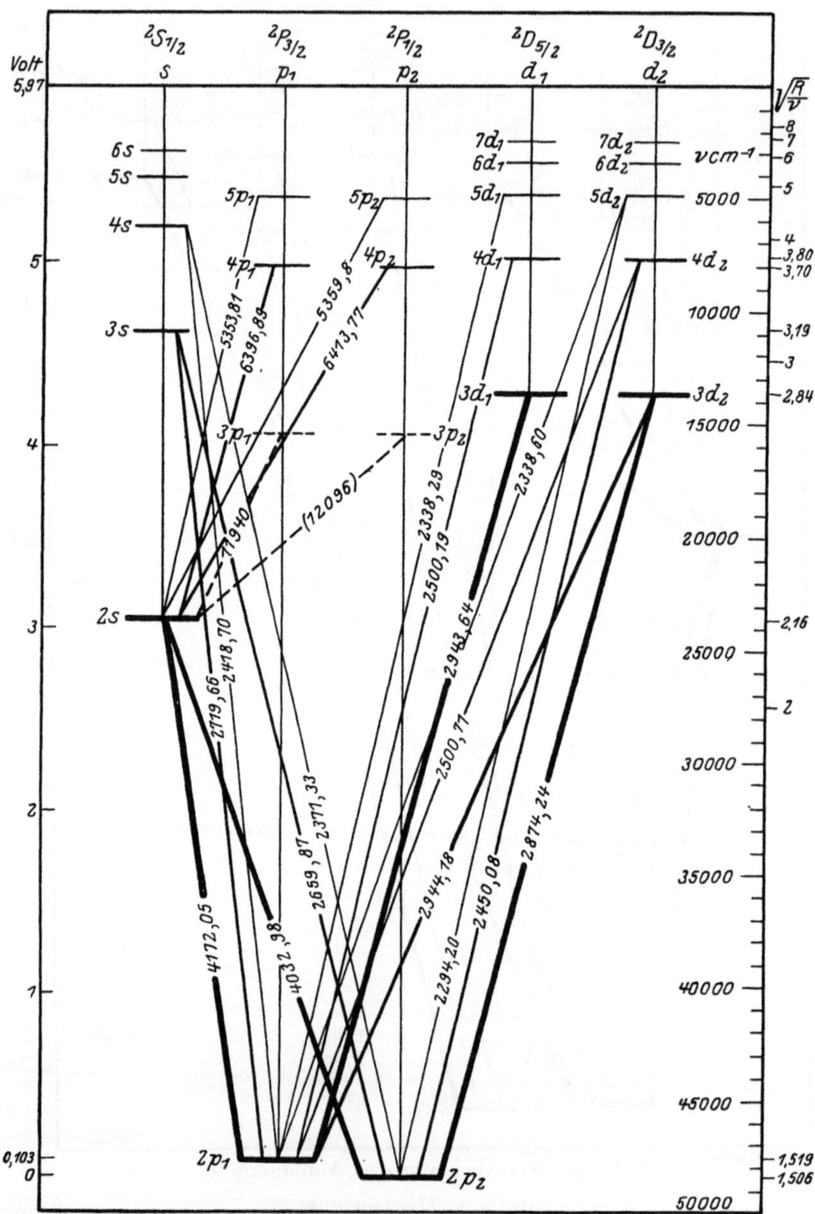

Abb. 43. Niveauschema des Gallium I.

Siehe Tabelle 38 S. 571.

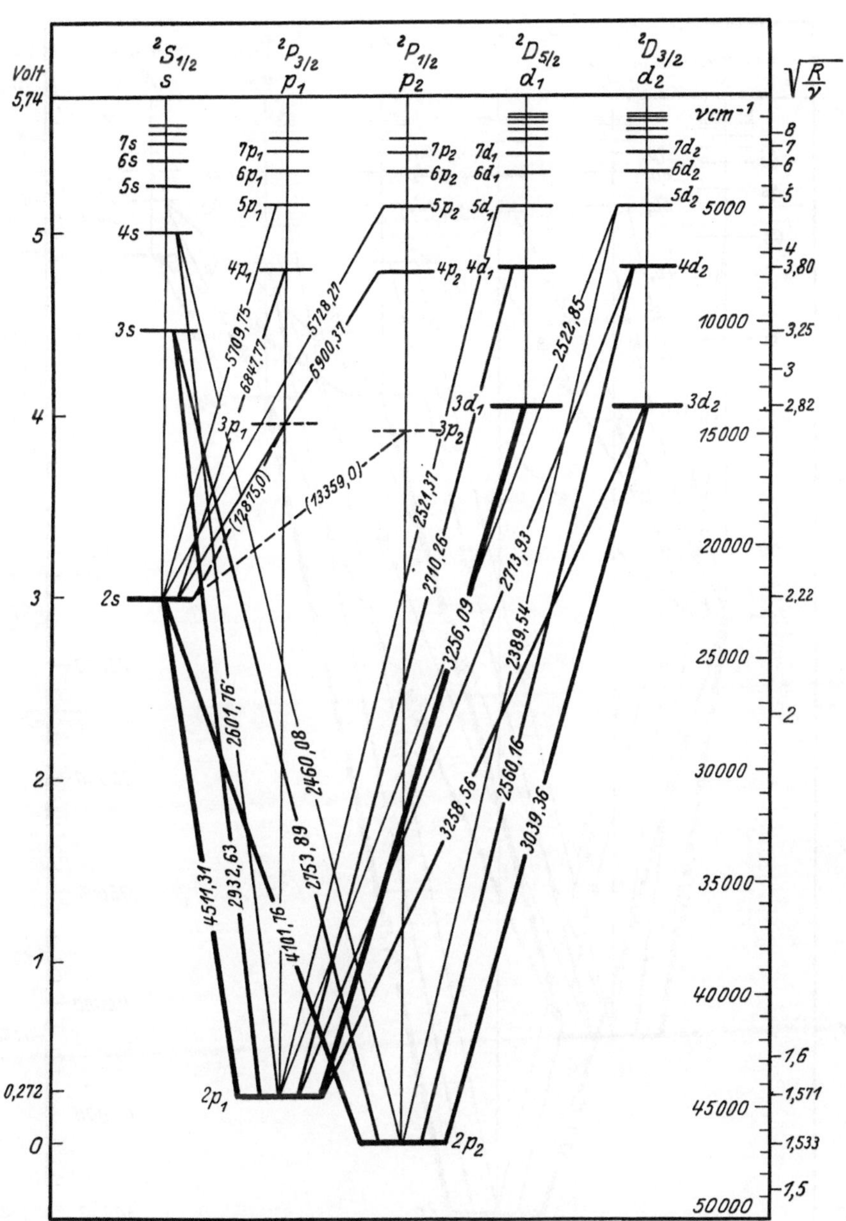

Abb. 44. Niveauschema des Indium I.

Siehe Tabelle 39 S. 571.

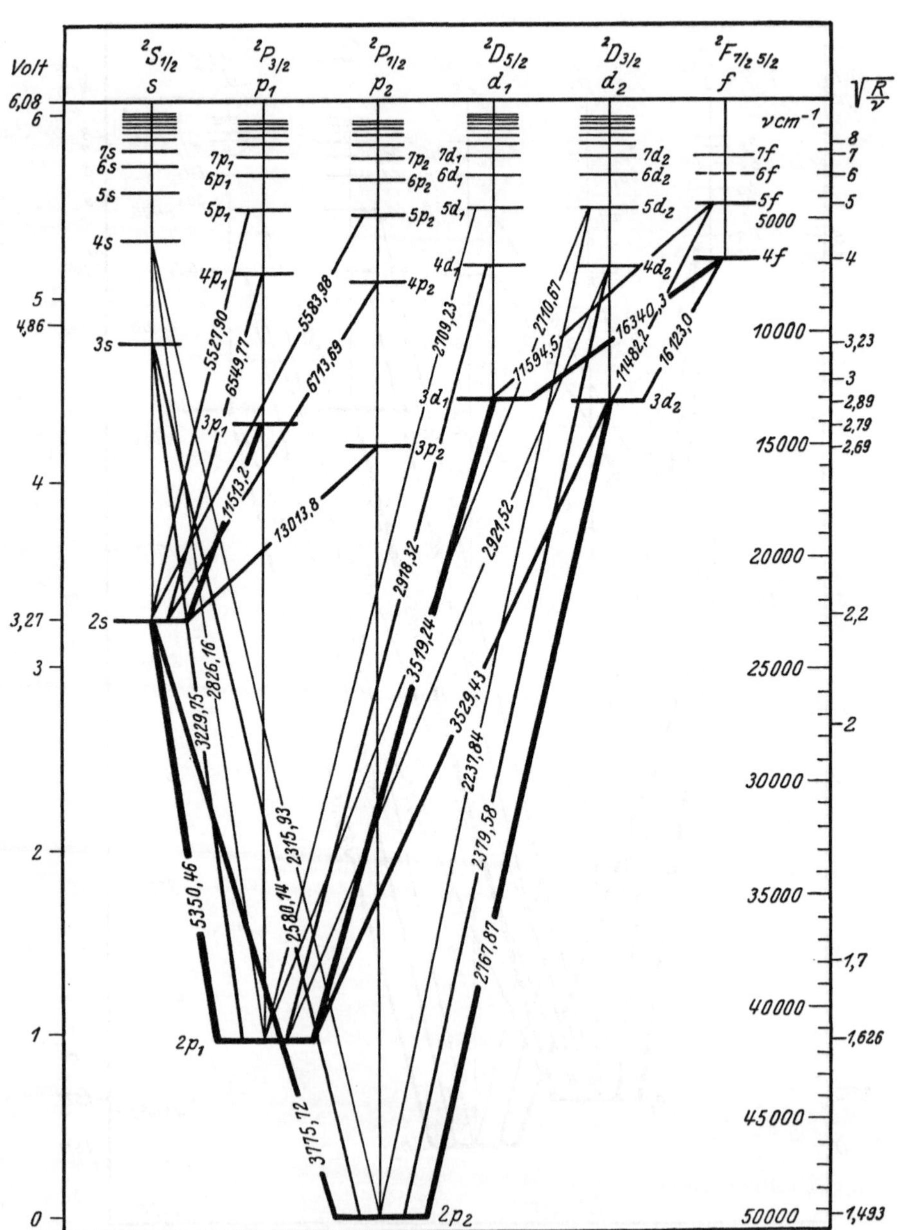

Abb. 45. Niveauschema des Thallium I.

Siehe Tabelle 40 S. 571.

Tabelle 38. Terme des Ga I-Spektrums.

s-Terme	*p*-Terme	$\Delta\nu$	*d*-Terme	$\Delta\nu$
2*s* 23591,5	2p_1 47553,8 2p_2 48379,8	826,0		
3*s* 10795,2	3p_1 [15218] 3p_2 [15326]	[108]	3d_1 13592,4 3d_2 13598,3	5,9
4*s* 6222,2	4p_1 7963,2 4p_2 8004,3	41,1	4d_1 7568,7 4d_2 7577,1	8,4
5*s* 4048,6	5p_1 4918,4 5p_2 4939,3	20,9	5*d* 4805,1	
6*s* 2849,8			6*d* 3304,4 7*d* 2352,8	

Tabelle 39. Terme des In I-Spektrums.

s-Terme	*p*-Terme	$\Delta\nu$	*d*-Terme	$\Delta\nu$
2*s* 22294,8	2p_1 44455,3 2p_2 46667,9	2212,6		
3s 10366,0	3p_1 [14519] 3p_2 [14811]	[292]	3d_1 13751,9 3d_2 13775,4	23,5
4*s* 6031,0	4p_1 7695,5 4p_2 7806,8	111,3	4d_1 7569,6 4d_2 7619,5	49,9
5*s* 3949,5	5p_1 4785,7 5p_2 4842,3	56,6	5d_1 4806,1 5d_2 4831,8	25,7
6*s* 2787,8	6p_1 3266,9 6p_2 3297,3	30,4	6d_1 3310,1 6d_2 3328,3	18,2
7*s* 2068,8 bis 9*s*	7p_1 2370,1 7p_2 2391,9	21,8	7d_1 2443,6 7d_2 2445,4 bis 12*d*	1,8

Tabelle 40. Terme des Tl I-Spektrums.

s-Terme	*p*-Terme	$\Delta\nu$	*d*-Terme	$\Delta\nu$	*f*-Terme
2*s* 22786,7	2p_1 41471,5 2p_2 49264,2	7792,7			
3*s* 10518,3	3p_1 14103,4 3p_2 15104,6	1001,2	3d_1 13064,3 3d_2 13146,2	81,9	
4*s* 6098,2	4p_1 7523,2 4p_2 7895,9	372,7	4d_1 7215,2 4d_2 7252,8	37,6	4*f* 6945,8
5*s* 3968,2	5p_1 4701,7 5p_2 4883,3	181,6	5d_1 4571,5 5d_2 4591,6	20,1	5*f* 4440,7
6*s* 2808,9	6p_1 3220,6 6p_2 3324,9	104,3	6d_1 3153,9 6d_2 3165,8	11,9	6*f* [3077,0]
7*s* 2085,0 bis 14*s*	7p_1 2347,1 7p_2 2410,4 bis 12*p*	63,3	7d_1 2306,4 7d_2 2314,7 bis 15*d*	8,3	7*f* 2244,9 (?)

Abb. 42 übertragen. Der tiefste Term der s-Termfolge zeigt dann eine Lage, die ihn als einen $2s$-Term charakterisiert. Wesentlich tiefer, und zwar anomal tief (mit einer effektiven Quantenzahl 1,5) liegen die $2p_i$-Terme. Die im Al I-Spektrum besonders intensiven ersten Glieder der Nebenserien entstehen durch Übergänge von den $2s$- und $3d_i$-Termen nach diesen tiefliegenden $2p_i$-Termen. Das Dublett der II. N.S., die Linien $\lambda = 3961$ und 3944 A, sei deshalb besonders erwähnt, weil es auch in Sternspektren in charakteristischer Weise auftritt.

Eine ganz analoge Lage der Terme finden wir auch bei den Spektren Ga I, In I und Tl II, deren Niveauschemata in den Abb. 43, 44 und 45 dargestellt sind. In allen diesen Abbildungen erkennen wir die tiefe Lage der $2p$-Terme, deren Aufspaltung mit wachsendem Atomgewicht zunimmt und bei Tl so groß wird, daß die Energiedifferenz zwischen dem am tiefsten gelegenen $2p_2$-Term und dem $2p_1$-Term etwa 1 Volt beträgt. Wenn das in diesen Abbildungen gegebene Niveauschema wirklich vollständig ist und tatsächlich kein $1s$-Term existiert, der in Analogie zu den Alkalibogenspektren erwartet werden könnte, dann muß der tiefste $2p_2$-Term dem Normalzustande der Al-, Ga-, In- und Tl-Atome entsprechen. Daß dies tatsächlich der Fall ist, geht aus Absorptionsversuchen in den Dämpfen dieser Erdmetalle hervor. Wie zuerst von GROTRIAN[1] gezeigt und von zahlreichen späteren Beobachtern bestätigt wurde, absorbieren diese Dämpfe bei Temperaturen, die so niedrig sind, daß praktisch alle Atome sich im Normalzustande befinden, die von $2p_2$ ausgehenden Linien, also bei Tl z. B. die Linien $\lambda = 3776$ und 2768 A (s. Abb. 45). Bei etwas höheren Temperaturen treten auch die von $2p_1$ ausgehenden Linien, also bei Tl die Linien $\lambda = 5350$, 3519 und 3529 A, auf. Bei den Elementen In, Ga und Al wird diese Temperaturdifferenz immer kleiner infolge der abnehmenden Termdifferenz $2p_2 - 2p_1$ und ist bei Al so klein, daß sie sich nicht mehr beobachten läßt. Aus diesen Versuchen geht unzweideutig hervor, daß der $2p_2$-Zustand der Normalzustand ist. Bei den Erdmetallen sind also die Nebenserien die Absorptionsserien, im Gegensatz zu den Alkalien und Erdalkalien, bei denen den Hauptserien diese Eigenschaft zukommt.

38. Die erdmetallähnlichen Funkenspektren. Auch die den Bogenspektren der Erdmetalle analogen Funkenspektren zeigen dieselbe Dublettstruktur mit tiefliegenden $2p_i$-Termen. Als Beispiel hierfür geben wir in Abb. 46 und 47 die Niveauschemata der Spektren C II und Si II, deren Linien teilweise auch in der Astrophysik von Bedeutung sind. Wir weisen z. B. auf das 1. Glied der BERGMANN-Serie von C II, die Linie $\lambda = 4267$ A hin, die entsprechend der Aufspaltung der $3d$-Terme als enges Dublett[2] beobachtet ist. In den Abb. 46 und 47 sind außer den normalen Serienlinien auch einige Linien eingezeichnet, die durch die Kombination anomaler Terme mit den Grundtermen entstehen. Auf die Deutung dieser Terme wird an anderer Stelle dieses Handbuchs eingegangen werden.

Insgesamt sind folgende, den Bogenspektren der Erdmetalle analogen Funkenspektren bisher analysiert worden:

B I	C II	N III	O IV		In I	Sn II	Sb III
Al I	Si II	P III	S IV	Cl V	Tl I	Pb II	Bi III
Ga I	Ge II	As III	Se IV				

Die auf diese Spektren bezüglichen Literaturangaben sind, soweit sie noch nicht in den Tabellenwerken von FOWLER und PASCHEN-GÖTZE enthalten sind, folgende:

[1] Z f Phys 12, S. 218 (1922).

[2] A. S. KING, Ap J 38, S. 315 (1913); K. L. WOLF, Z f Phys 39, S. 883 (1926).

B I: J. S. Bowen, Phys Rev 29, S. 231 (1927); R. A. Sawyer, Naturw 15, S. 575 (1927).
C II: A. Fowler, London R S Proc A 105, S. 299 (1924); J. S. Bowen, Phys Rev 29, 231 (1927); 34, S. 534 (1929); A. Fowler u. E. W. H. Selwyn, London R S Proc A 120, S. 312 (1928).
N III: J. S. Bowen, Phys Rev 29, S. 231 (1927); L. J. Freeman, London R S Proc A 121, S. 318 (1928).
O IV: C. Mihul, J de Phys et le Radium (6) 8, S. 39S—40S (1927); A. Ericson u. B. Edlén, Z f Phys 59, S. 656 (1930); C R 190, S. 116 (1930).
Si II: A. Fowler, Phil Trans 225, S. 1 A 626 (1925); J. S. Bowen, Phys Rev 31, S. 34 (1928); P. K. Kichlu, J Opt Soc Amer 14, S. 455 (1927); M. Saha, Nature 116, S. 644 (1925).
P III, S IV und Cl V: J. S. Bowen u. R. A. Millikan, Phys Rev 25, S. 600 (1925); J. S. Bowen, Phys Rev 31, S. 34 (1928); M. O. Saltmarsh, London R S Proc A 108, S. 332 (1925); G. Déjardin, C R 185, S. 1453 (1927).
Ge II: R. J. Lang, Wash Nat Ac Proc 14, S. 32 (1928); K. R. Rao u. A. L. Narayan, London R S Proc A 119, S. 607 (1928); R. J. Lang, Phys Rev 34, S. 697 (1929).
As III, Sb III und Sn IV: P. Pattabhiramayya u. A. S. Rao, Ind J Phys 3, S. 437 u. 531 (1929).
Sn II: A. L. Narayan u. K. R. Rao, Z f Phys 45, S. 350 (1927); J. B. Green u. R. A. Loring, Phys Rev 30, S. 574 (1927); 31, S. 151 (1928).
Pb II: H. Gieseler, Z f Phys 42, S. 265 (1927).
As III, Sb III, Bi III: R. J. Lang, Phys Rev 32, S. 737 (1928).

In den Tabellen 37 bis 42 geben wir die Termwerte für die Spektren Al I, Ga I, In I, Tl I, C II und Si II.

39. Die atomtheoretische Deutung. Wenn wir zum Schluß dieses Kapitels noch kurz auf die atommodellmäßige Deutung der Erdmetallbogenspektren und der ihnen analogen Funkenspektren eingehen, so haben wir insbesondere zwei Fragen zu beantworten: 1. Weswegen treten bei diesen Spektren Dublettsysteme auf? 2. Weswegen sind die tiefsten Terme p-Terme? Die Beantwortung der ersten Frage gründet sich auf folgende Überlegung: Die stationären Zustände der Erdmetallatome entstehen dadurch, daß sich an das erdalkaliähnliche Ion dieser Metalle ein Elektron anlagert. Das Ion befindet sich dabei in dem Zustande kleinster Energie entsprechend dem $^1S_0$-Term der Erdalkalispektren. In diesem Zustande ist $j = 0$, das Ion besitzt also kein resultierendes Impulsmoment. Die beiden Valenzelektronen des erdalkaliähnlichen Ions bilden, wie zuerst Stoner[1] und Main Smith[2] gezeigt haben, eine abgeschlossene Untergruppe ähnlich der, die bei den Edelgasen mit acht Elektronen erreicht wird. Lagert sich an eine solche abgeschlossene Gruppe ein weiteres Elektron an, so haben wir die Vielfachheit der Terme zu erwarten, die einem einzigen Elektron zukommt, und das ist, wie wir bei den Alkalibogenspektren gezeigt haben, das Dublettsystem.

Die zweite Frage findet ihre Erklärung auf Grund des Pauli-Prinzips. Nachdem sich bei den erdalkaliähnlichen Ionen der Erdmetalle zwei Valenzelektronen in s-Bahnen, also mit $l = 0$, angelagert haben, ist die Maximalzahl der s-Elektronen gleicher Hauptquantenzahl, die in einem Atom gebunden werden können, erreicht. Denn nach dem Paulischen Prinzip ist die Maximalzahl solcher Elektronen, die dieselbe Hauptquantenzahl n und dieselbe Nebenquantenzahl l haben, gleich $2(2l+1)$ und also für s-Elektronen gleich 2. Das dritte bei den Erdmetallen hinzukommende Valenzelektron kann also nur dann in einem Zustande mit demselben Wert der Hauptquantenzahl n wie für die beiden vorhergehenden Valenzelektronen gebunden werden, wenn seine Nebenquantenzahl $l > 0$ ist. Der nächstgrößere mögliche Wert ist also $l = 1$, und dem entspricht ein Dublett-p-Term, wie wir ihn tatsächlich bei den Erdmetallbogenspektren als tiefsten Term beobachten. s-Terme können nur entstehen, wenn das n des dritten

[1] Phil Mag 48, S. 719 (1924). [2] J Chem Ind 43, S. 323 (1924).

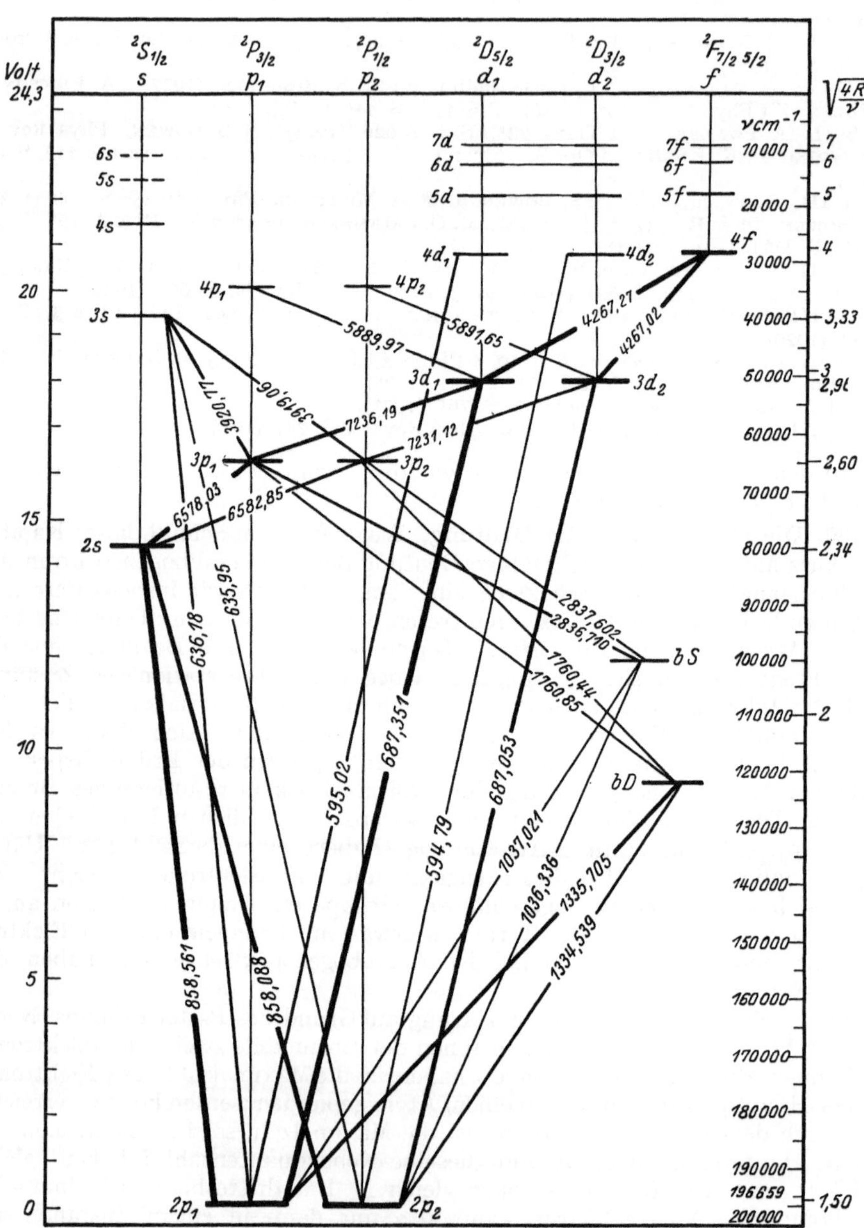

Abb. 46. Niveauschema der Kohle II.

Siehe Tabelle 41 S. 576.

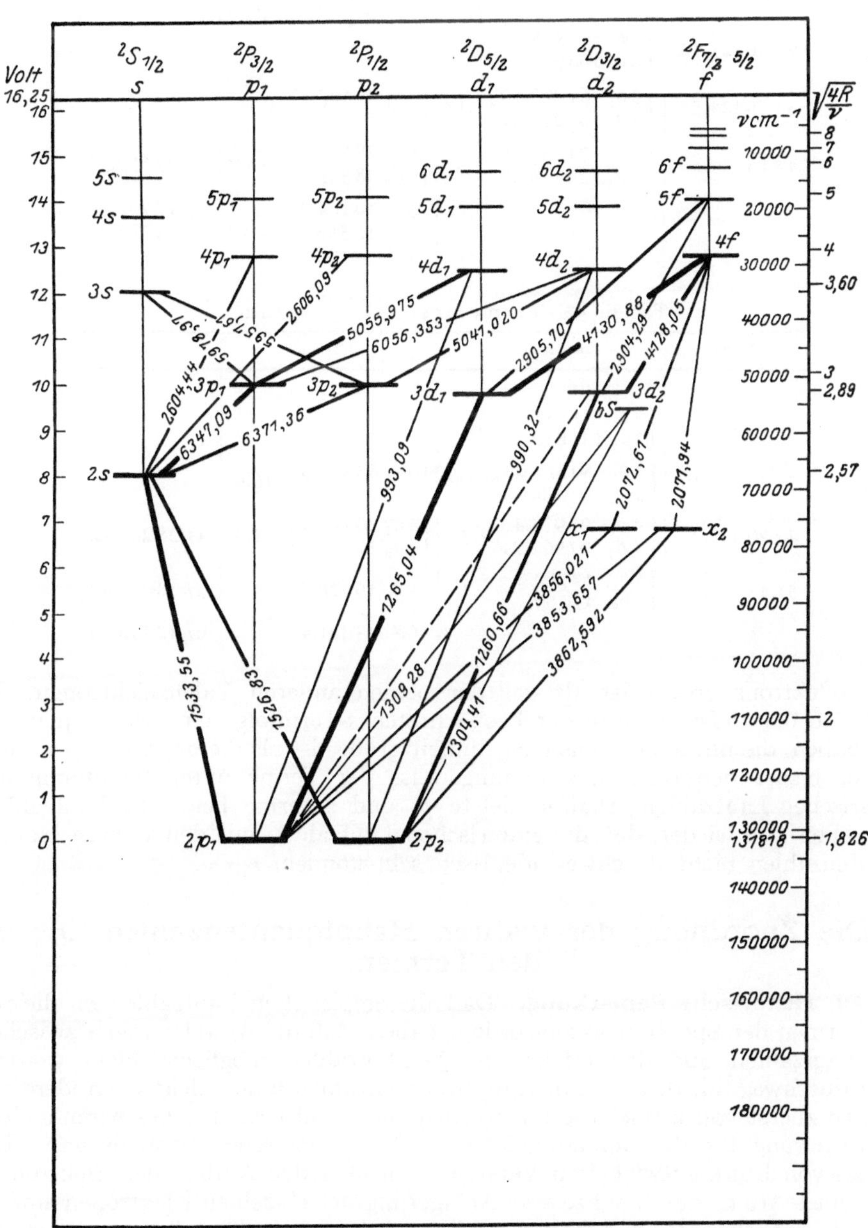

Abb. 47. Niveauschema des Silicium II.

Siehe Tabelle 42 S. 576.

Tabelle 41. Terme des C II-Spektrums.

s-Terme	p-Terme	$\Delta\nu$	d-Terme	$\Delta\nu$	f-Terme
$2s$ 80121,12	$2p_1$ 196595 $2p_2$ 196659	64,0			
$3s$ 39424,57	$3p_1$ 64923,19 $3p_2$ 64934,32	11,13	$3d_1$ 51107,56 $3d_2$ 51109,01	1,45	
$4s$ 23310,82	$4p_1$ 34134,38 $4p_2$ 34140,30	5,92	$4d_1$ 28534,67 $4d_2$ 28535,08	0,41	$4f$ 27679,95
			$5d$ 18164,2		$5f$ 17702,54
			$6d$ [12558]		$6f$ 12282,80
			$7d$ [9193]		

Tabelle 42. Terme des Si II-Spektrums.

s-Terme	p-Terme	$\Delta\nu$	d-Terme	$\Delta\nu$	f-Terme
$2s$ 66323,92	$2p_1$ 131531 $2p_2$ 131818	287			
$3s$ 33851,40	$3p_1$ 50572,02 $3p_2$ 50632,02	60,00	$3d_1$ 52466,51 $3d_2$ 52483,11	16,60	
$4s$ 20639,05	$4p_1$ 27938,40 $4p_2$ 27962,71	24,31	$4d_1$ 30799,12 $4d_2$ 30800,42	1,30	$4f$ 28265,42
$5s$ 13909,07	$5p_1$ 17760,2 $5p_2$ 17769,3	9,1	$5d$ 19428,8		$5f$ 18061,40
			$6d$ 13301,4		$6f$ 12510,43

Valenzelektrons größer ist als das der beiden anderen Valenzelektronen. Es muß also der tiefste s-Term der beobachteten s-Termfolge eine Hauptquantenzahl haben, die um mindestens eine Einheit größer ist als die der tiefen p-Terme. In der bisher benutzten Bezeichnungsweise der Terme unter Benutzung der empirischen Laufzahlen erhalten tiefste p- und s-Terme beide die Laufzahl 2. Wir sehen also wieder, daß die empirischen Laufzahlen mit den wahren Hauptquantenzahlen nicht durchweg identisch sein können.

e) Die Zuordnung der wahren Hauptquantenzahlen „n" zu den Termen.

40. Historische Bemerkung. Daß die empirischen Laufzahlen m, die wir den Termen der Spektren so zugeordnet haben, daß die Abweichungen zwischen den Laufzahlen und den effektiven Quantenzahlen möglichst klein werden, nicht durchweg mit den wahren Hauptquantenzahlen n der Elektronen identisch sind, ist zuerst von BOHR[1] erkannt worden, als er auf Grund seines Atommodells die Erklärung für die Gesetzmäßigkeiten des periodischen Systems gab. Die damals von BOHR entwickelten Vorstellungen über den Aufbau der Elektronenhülle eines Atoms durch sukzessive Anlagerung der einzelnen Elektronen sind in ihren wesentlichen Zügen erhalten geblieben, sie sind in Einzelheiten verschärft worden durch die von STONER und MAIN SMITH erkannte richtige Einteilung der Elektronen in Untergruppen, und sie sind schließlich durch das PAULI-Prinzip auf eine sichere Basis gestellt worden. In welcher Weise sich die Gesetzmäßigkeiten des periodischen Systems aus dem PAULI-Prinzip ableiten lassen, ist in

[1] Drei Aufsätze über Spektren und Atombau. Braunschweig, F. Vieweg 1922.

Bd. III/1, Kap. 4, Ziff. 32 dargelegt worden. Dabei ist auch bereits gezeigt worden, welche Hauptquantenzahlen den einzelnen Elektronen bei ihrer Bindung an das im Normalzustande befindliche Atom zuzuordnen sind. Wir werden diese Angaben im folgenden noch zu ergänzen haben durch Mitteilung entsprechender Zuordnungen zu den höheren Energieniveaus.

41. Das Symbol für die Bindung eines Elektrons. Zunächst sei eine Bemerkung vorausgeschickt über das Symbol, mit dem wir den Bindungszustand eines Elektrons an ein Atom bezeichnen wollen. Wir müssen dazu die beiden Quantenzahlen n und l angeben, wollen aber nicht das Bohrsche Symbol n_l benutzen, sondern wie in Bd. III/1, Kap. 4 die Werte $l = 0, 1, 2, 3$ usw. durch die kleinen Buchstaben s, p, d, f usw. ausdrücken. In diesem Sinne sprechen wir dann von einem s-Elektron, p-Elektron usw. Das Symbol $3p$ bedeutet dann also, daß das betreffende Elektron in einem Quantenzustande mit $n = 3$ und $l = 1$ an den Kern gebunden ist. Sind mehrere Elektronen mit gleichen Werten von n und l an das Atom gebunden, so deuten wir deren Zahl durch einen an das Buchstabensymbol rechts oben angehängten Exponenten an. So bedeutet das Symbol $5s^2$, daß zwei Elektronen mit $n = 5$ und $l = 0$ vorhanden sind. Sind mehrere Elektronen mit verschiedenen Werten von n und l vorhanden, so werden die Buchstabensymbole hintereinander geschrieben. So bedeutet $4s\,5p$, daß ein Elektron mit $n = 4$ und $l = 0$ und ein zweites mit $n = 5$ und $l = 1$ vorhanden sind.

Diese neuen Symbole dürfen mit den bisher benutzten in ihrer Bedeutung nicht verwechselt werden. Während die letzteren zur Bezeichnung eines Terms, d. h. eines Atomzustandes dienen, der evtl. durch das Zusammenwirken mehrerer Elektronen zustande kommt, beziehen sich die neuen Symbole stets auf das einzelne Elektron. Sie dienen also zur Ergänzung und Vervollständigung der bisherigen Symbole und werden dort, wo nicht nur der Zustand eines Atoms, sondern auch die Bindungszustände der einzelnen Elektronen angegeben werden sollen, miteinander kombiniert. So bedeutet z. B. das Symbol $1s^2\,{}^1S_0$, daß in einem Atom zwei Elektronen mit den Quantenzahlen $n = 0$ und $l = 0$ gebunden sind, und daß diese beiden Elektronen in ihrem Zusammenwirken einen Term ergeben, der ein Singulett-S-Term ist. Um den Zustand eines Atoms, das zahlreiche Elektronen enthält, vollständig zu charakterisieren, wäre es also nötig, für sämtliche Elektronen die Bindungssymbole anzugeben. Der Normalzustand des Calciumatoms wäre dann z. B. durch das Symbol: $1s^2\,2s^2\,2p^6\,3s^2\,3p^6\,4s^2\,{}^1S_0$ zu bezeichnen. Diese komplizierte Schreibweise läßt sich aber in den meisten praktisch vorkommenden Fällen dadurch vereinfachen, daß man die Angaben für die sämtlichen inneren Elektronen, deren Bindungszustand für alle Terme des Ca-Spektrums derselbe bleibt, wegläßt, so daß sich das Symbol auf $4s^2\,{}^1S_0$ reduziert. Es genügt also im allgemeinen, nur für die eigentlichen Valenzelektronen die Bindungssymbole anzugeben. Für die bisher behandelten Spektren vereinfacht sich das Problem noch etwas weiter dadurch, daß sämtliche Terme dieser Spektren, soweit wir sie angegeben haben, lediglich dadurch entstehen, daß ein einziges Elektron seinen Bindungszustand ändert, während alle anderen Elektronen ihren Bindungszustand beibehalten. Für die Bogenspektren der Alkalien ist das selbstverständlich, da hier ja nur ein einziges Valenzelektron außerhalb einer abgeschlossenen Schale vorhanden ist, es gilt aber auch für die Erdalkalispektren, da hier von den beiden Valenzelektronen das eine stets in dem s-Bindungszustande bleibt, während nur das zweite seinen Bindungszustand ändert; bei den Erdmetallspektren schließlich behalten die beiden inneren Valenzelektronen, die, wie wir gesehen haben, eine abgeschlossene Untergruppe bilden, ihren Zustand bei, während nur das letzte Elektron seinen Bindungszustand ändert. Für die bisher behandelten Terme genügt also die Angabe einer einzigen Hauptquantenzahl, die sich auf dieses einzelne Elektron bezieht, und in diesem Sinne sind die Hauptquantenzahlen, die wir im folgenden den Termen zuordnen werden, zu verstehen.

42. Das Prinzip für die Zuordnung der Hauptquantenzahlen. Um zu dieser Zuordnung zu kommen, erinnern wir an folgende aus dem PAULI-Prinzip sich ergebenden Gesetze: Die Maximalzahl der Elektronen einer bestimmten Hauptquantenzahl n, die in der Elektronenhülle eines Atoms an den Kern gebunden sein können, ist $Z_n = 2n^2$. Diese Elektronen zerfallen entsprechend der Zuordnung der Nebenquantenzahl l in Untergruppen. Die Maximalzahl der Elektronen mit einem bestimmten Wert von n und l ist $Z_l = 2(2l + 1)$. In Tabelle 43 sind für die verschiedenen Werte von n die Werte Z_n und außerdem die Einzelsummanden Z_l entsprechend den Werten von l angegeben.

Tabelle 43.

n \ l	0 1 2 3 4		Z_n
1	2	=	2
2	2 + 6	=	8
3	2 + 6 + 10	=	18
4	2 + 6 + 10 + 14	=	32
5	2 + 6 + 10 + 14 + 18	=	50

Das Prinzip für die Zuordnung der Hauptquantenzahlen ist nun dieses:

Wir ordnen dem tiefsten Term einer bestimmten Termfolge eines Spektrums die kleinste Hauptquantenzahl zu, die nach dem PAULI-Prinzip noch verfügbar ist. Die Hauptquantenzahlen wachsen dann von diesem für den tiefsten Term festgelegten Wert an innerhalb der Termfolge um je eine Einheit von einem Term zum nächsten. Bedenken wir noch, daß entsprechend der Bedingung $n \geqq l + 1$ der kleinste mögliche Wert von n für Terme einer bestimmten Nebenquantenzahl l gleich $l + 1$, d. h. für S-Terme gleich 1, für P-Terme gleich 2, für D-Terme gleich 3 usw. ist, so kommen wir zu einer eindeutigen Festlegung der Hauptquantenzahlen.

43. Das Resultat der Zuordnung. Das Resultat dieser Zuordnung wollen wir in den folgenden Abb. 48 bis 56 darstellen. In diesen Abbildungen sind nach dem zuerst von BOHR gegebenen Muster die Werte der Terme, die zu einer Termfolge gehören, auf vertikalen Geraden übereinander abgetragen und durch kleine Kreise markiert. Über jeder solcher Skala steht das Symbol der betreffenden Terme nach RUSSELL und SAUNDERS mit daruntergesetzten Werten der Quantenzahlen j. An der linken Seite der Abbildungen befindet sich eine Frequenzskala, an der rechten Seite eine Skala der effektiven Quantenzahlen. Die den einzelnen Werten von n^* entsprechenden Horizontalniveaus sind als gestrichelte Linien eingezeichnet, so daß man für jeden Term den ungefähren Wert von n^* ablesen kann. Die neben den kleinen Kreisen angegebenen ganzen Zahlen sind die wahren Hauptquantenzahlen n. Ehe wir uns der Besprechung der Abb. 48 zuwenden, wollen wir eine kurze Bemerkung über die Spektren von H und He vorausschicken. Daß bei H die Zahlen n, die wir in Abb. 2 den einzelnen Niveaus zugeordnet haben, die Hauptquantenzahlen des Wasserstoffelektrons sind, ist im Zusammenhange mit der Theorie selbstverständlich. Aber auch bei He stimmen die empirischen Laufzahlen, die wir gemäß Abb. 37 u. 39 den Termen zugeordnet haben, mit den wahren Hauptquantenzahlen völlig überein. Denn es liegt auf Grund des PAULI-Prinzips kein Hindernis im Wege, den tiefsten Termen sämtlicher Folgen die Hauptquantenzahl $n = l + 1$ zuzuordnen, so wie es der empirischen Zuordnung entspricht. Eine Ausnahme macht nur die ^3S-Folge des Orthoheliums, die mit $2\,^3S$ beginnt, weil der $1\,^3S$-Term, wie wir schon gezeigt haben, nach dem PAULI-Prinzip verboten ist.

Um die Bedeutung der so gewonnenen Hauptquantenzahlen nochmals zu illustrieren, wollen wir für die He-Terme die vollständigen Termsymbole angeben:

Parhelium (Singuletts):

^1S-Terme	$1s^2\,^1S_0$	$1s\,2s\,^1S_0$	$1s\,3s\,^1S_0$	$1s\,4s\,^1S_0$	$1s\,5s\,^1S_0$
^1P-Terme		$1s\,2p\,^1P_1$	$1s\,3p\,^1P_1$	$1s\,4p\,^1P_1$	$1s\,5p\,^1P_1$
^1D-Terme			$1s\,3d\,^1D_2$	$1s\,4d\,^1D_2$	$1s\,5d\,^1D_2$
^1F-Terme				$1s\,4f\,^1F_3$	$1s\,5f\,^1F_3$

Orthohelium (Tripletts):

^3S-Terme	—	$1s\,2s\,^3S_1$	$1s\,3s\,^3S_1$	$1s\,4s\,^3S_1$	$1s\,5s\,^3S_1$
^3P-Terme		$1s\,2p\,^3P_{012}$	$1s\,3p\,^3P_{012}$	$1s\,4p\,^3P_{012}$	$1s\,5p\,^3P_{012}$
^3D-Terme			$1s\,3d\,^3D_{123}$	$1s\,4d\,^3D_{123}$	$1s\,5d\,^3D_{123}$
^3F-Terme				$1s\,4f\,^3F_{234}$	$1s\,5f\,^3F_{234}$

Man erkennt, daß die Hauptquantenzahlen, die mit den empirischen Laufzahlen übereinstimmen, die Hauptquantenzahlen des zweiten Elektrons sind. Das erste Elektron bleibt für alle Terme unverändert im Bindungszustand $1s$. Da auch, wie man sieht, der kleine lateinische Buchstabe des Bindungssymbols für das zweite Elektron mit dem großen lateinischen Buchstaben des RUSSELL-SAUNDERSschen Symbols übereinstimmt, so können wir, ohne daß Zweideutigkeiten entstehen, die Bindungssymbole der beiden Elektronen bis auf die Hauptquantenzahl des zweiten Elektrons weglassen und z. B. statt $1s\,4d\,^1D_2$ einfach $4\,^1D_2$ schreiben. Bei dieser vereinfachten Schreibweise, die nur auf die bisher behandelten Spektren anwendbar ist, muß aber stets im Auge behalten werden, daß die so scheinbar einem Term zugeordnete Hauptquantenzahl sich in Wirklichkeit auf das zweite Elektron des He-Atoms bezieht.

Die beiden im Normalzustande des Heliums in $1s$-Zuständen gebundenen Elektronen bilden die K-Elektronen, durch die die Gruppe $1s^2$ der einquantigen Elektronen abgeschlossen ist. Da diese beiden Elektronen für sämtliche Atome mit Kernladungszahlen $Z > 2$ in demselben Bindungszustande wiederkehren, können nach dem PAULI-Prinzip weitere Elektronen mit $n = 1$ nicht mehr gebunden werden, und es können also auch in den Spektren von Atomen und Ionen mit mehr als 2 Elektronen Terme mit der Hauptquantenzahl $n = 1$ nicht mehr auftreten. Wenn wir nun zum Li-Bogenspektrum übergehen, so müssen wir dem tiefsten ^2S-Term die Hauptquantenzahl $n = 2$ zuordnen, während für die tiefsten P-, D-, F-Terme kein Verbot gegen die Zuordnung der mit den empirischen Laufzahlen übereinstimmenden Werte $n = 2, 3, 4$ vorliegt. Wir kommen also zu der in Abb. 48 dargestellten Zuordnung.

Auf ganz analoge Verhältnisse stoßen wir bei den anderen Alkalien. Bei Natrium sind in dem dem Edelgase Neon analogen Ion sämtliche möglichen 10 ein- und zweiquantigen Elektronen bereits gebunden, entsprechend der Konfiguration $1s^2\,2s^2\,2p^6$, das 11. Valenzelektron kann also nach dem PAULI-Prinzip nur Hauptquantenzahlen $n \geqq 3$ haben. Wir kommen also (s. Abb. 48) für die tiefsten S-, P- und D-Terme entsprechend den aufgestellten Prinzipien zu der Zuordnung $n = 3$, während der tiefste F-Term $n = 4$ hat. Bei Kalium sind in dem argonähnlichen Ion mit der Konfiguration $1s^2\,2s^2\,2p^6\,3s^2\,3p^6$ auch die dreiquantigen s- und p-Elektronen in Maximalzahl gebunden, das 19. Valenzelektron kann also für S- und P-Terme nur Werte $n \geqq 4$ haben, während für D-Terme noch $n \geqq 3$ möglich ist, da $3d$-Elektronen im Innern bisher noch nicht gebunden sind. Für die F-Terme ist wieder $n \geqq 4$, und wir kommen so zu der in Abb. 48 gegebenen Zuordnung. Im Verlaufe der dritten Horizontalreihe werden, wie bei der Besprechung der Gesetzmäßigkeiten des periodischen Systems näher ausgeführt wurde, die zehn $3d$-Elektronen gebunden, so daß im Cu-Ion die abgeschlossene Konfiguration $1s^2\,2s^2\,2p^6\,3s^2\,3p^6\,3d^{10}$ erreicht ist. Für das 29. Valenzelektron des Kupfers sind also keine Hauptquantenzahlen $n = 3$ mehr möglich und sämtliche Termfolgen beginnen, wie Abb. 49 zeigt, mit $n = 4$. Von Cu bis Kr werden die vierquantigen s- und p-Elektronen gebunden, so daß

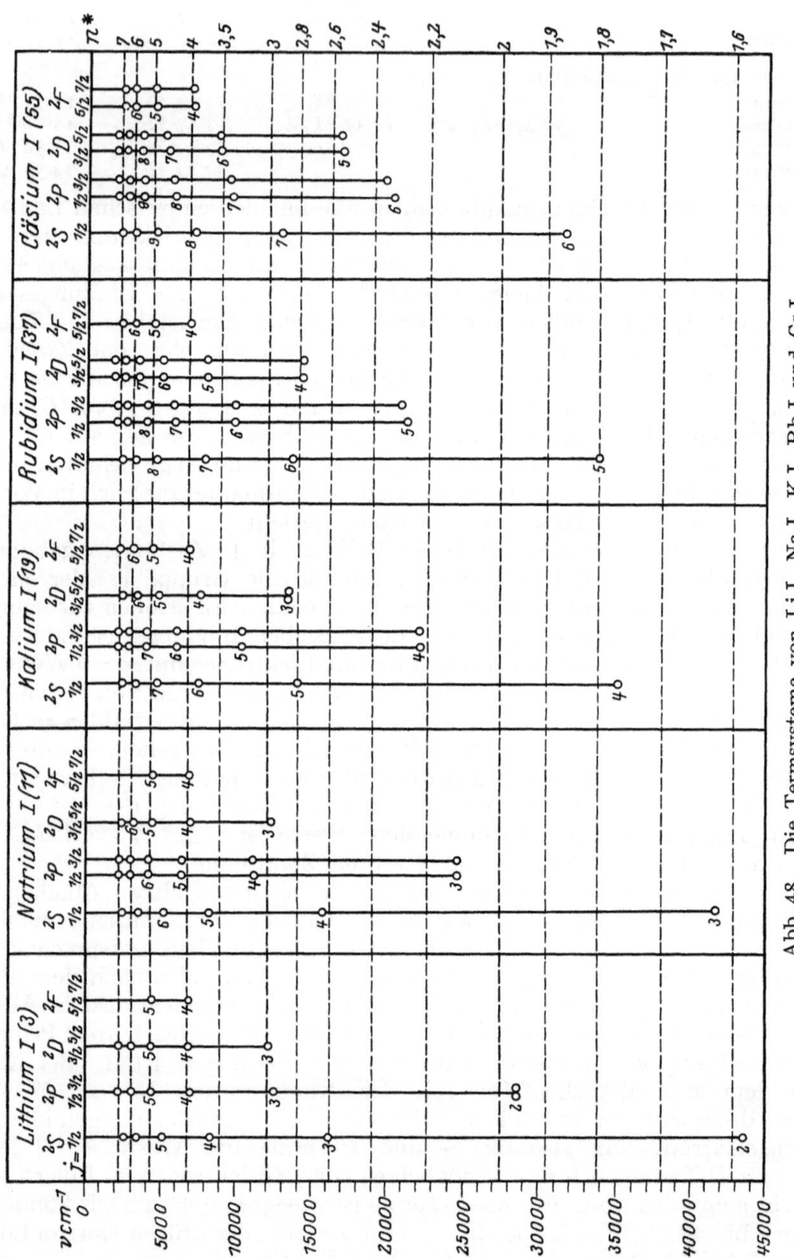

Abb. 48. Die Termsysteme von Li I, Na I, K I, Rb I und Cs I.

wir beim Ion des nächsten Alkalimetalles Rubidium die Elektronenkonfiguration $1s^2\,2s^2\,2p^6\,3s^2\,3p^6\,3d^{10}\,4s^2\,4p^6$ haben. Das 37. Valenzelektron kann also für S- und P-Terme nur $n \geqq 5$ haben, während für D- und F-Terme noch $n = 4$ zur Verfügung steht, woraus sich die in Abb. 48 dargestellte Zuordnung ergibt. Von den Elementen Rb bis Ag vollzieht sich die Anlagerung der zehn $4d$-Elektronen, so daß beim Ag-Ion die Konfiguration $1s^2\,2s^2\,2p^6\,3s^2\,3p^6\,3d^{10}\,4s^2\,4p^6\,4d^{10}$ erreicht ist und das 47. Elektron für S-, P- und D-Terme nur mit $n \geqq 5$ gebunden werden kann, während für die F-Terme immer noch $n \geqq 4$ verfügbar ist (siehe Abb. 49). Von Ag bis X werden die $5s$- und $5p$-Elektronen gebunden, so daß sich

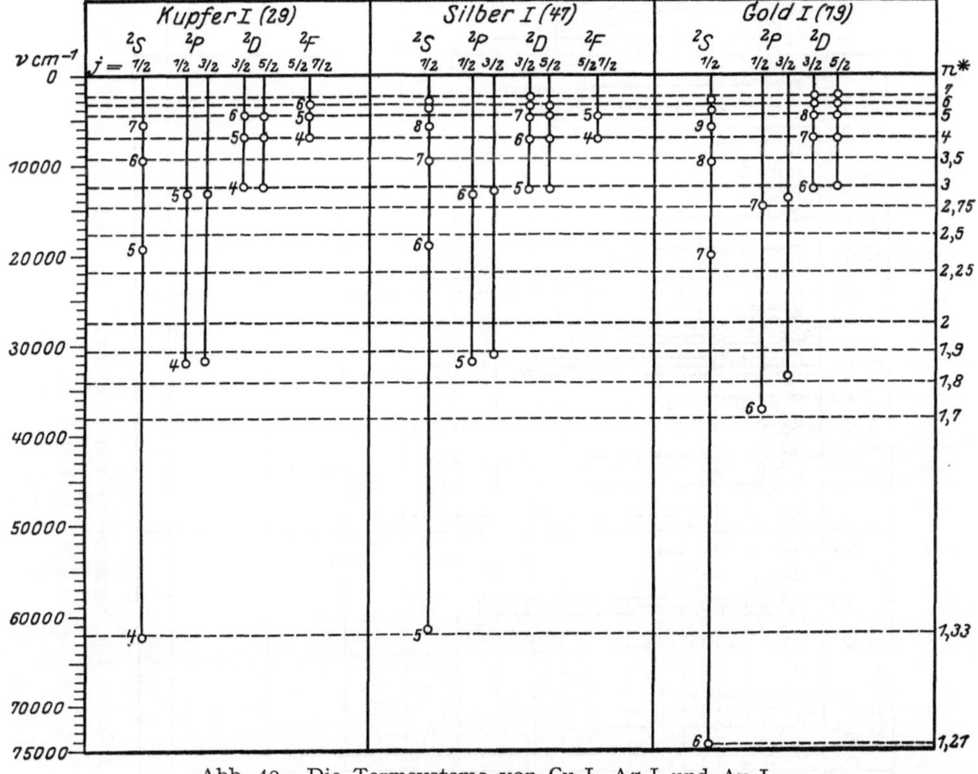

Abb. 49. Die Termsysteme von Cu I, Ag I und Au I.

an das Cs-Ion mit der Konfiguration $1s^2\,2s^2\,2p^6\,3s^2\,3p^6\,3d^{10}\,4s^2\,4p^6\,4d^{10}\,5s^2\,5p^6$ das 55. Elektron für S- und P-Terme nur mit $n \geqq 6$, für die D-Terme noch mit $n \geqq 5$, für die F-Terme mit $n \geqq 4$ anlagern kann (s. Abb. 48). Zwischen den Elementen Cs und Pt werden sowohl die noch fehlenden zehn $5d$-, wie auch in der Gruppe der seltenen Erden die vierzehn $4f$-Elektronen gebunden, so daß beim Au-Ion die Konfiguration $1s^2\,2s^2\,2p^6\,3s^2\,3p^6\,3d^{10}\,4s^2\,4p^6\,4d^{10}\,4f^{14}\,5s^2\,5p^6\,5d^{10}$ vorliegt und das 79. Elektron für S-, P- und D-Terme nur mit $n \geqq 6$ gebunden werden kann. Aber auch für die F-Terme ist die Quantenzahl $n = 4$ nun nicht mehr verfügbar, sondern die allerdings bisher nicht bekannten F-Terme würden mit $n = 5$ beginnen (s. Abb. 49).

Ganz analoge Verhältnisse liegen nun auch vor bei den auf die Alkalien und die Elemente Cu, Ag, Au im periodischen System folgenden Elementen, also den Erdalkalien sowie den Elementen Zn, Cd, Hg. Hier tritt zu dem ersten Valenz-

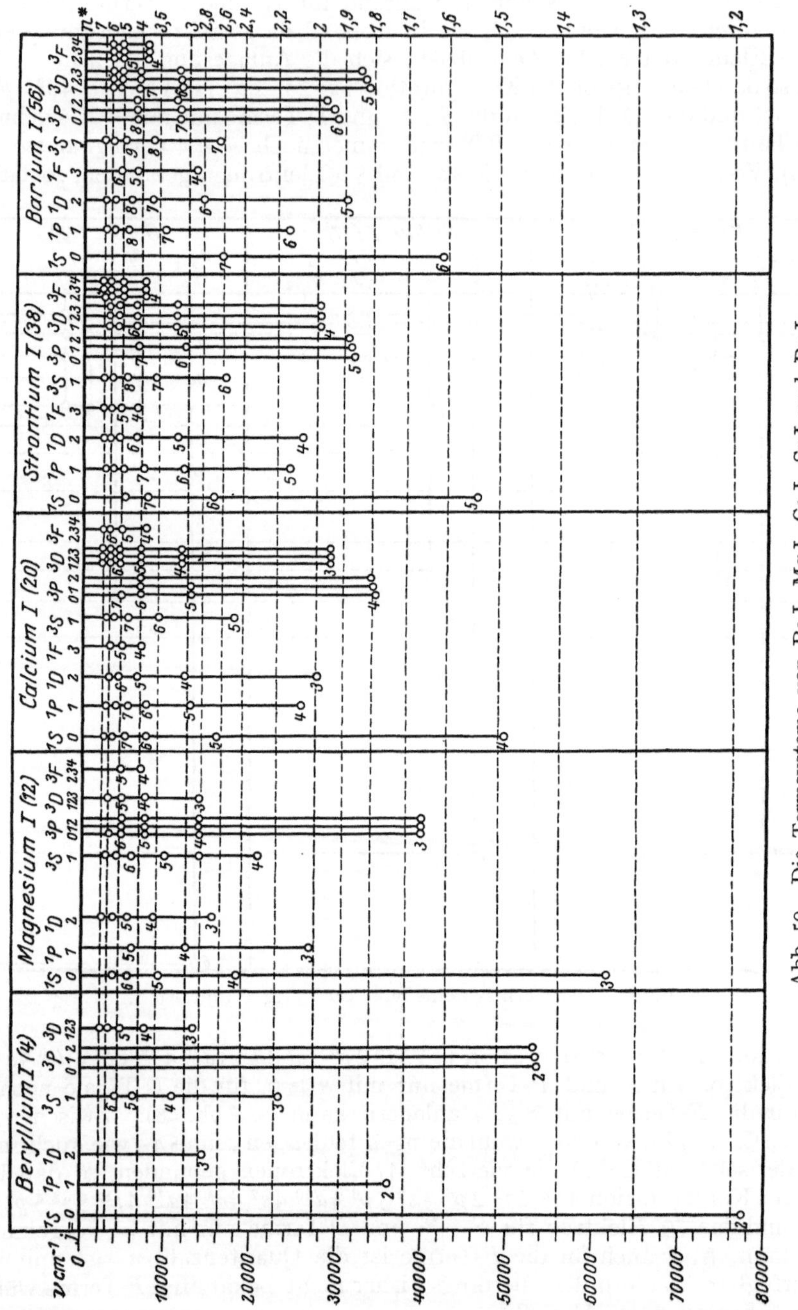

Abb. 50. Die Termsysteme von Be I, Mg I, Ca I, Sr I und Ba I.

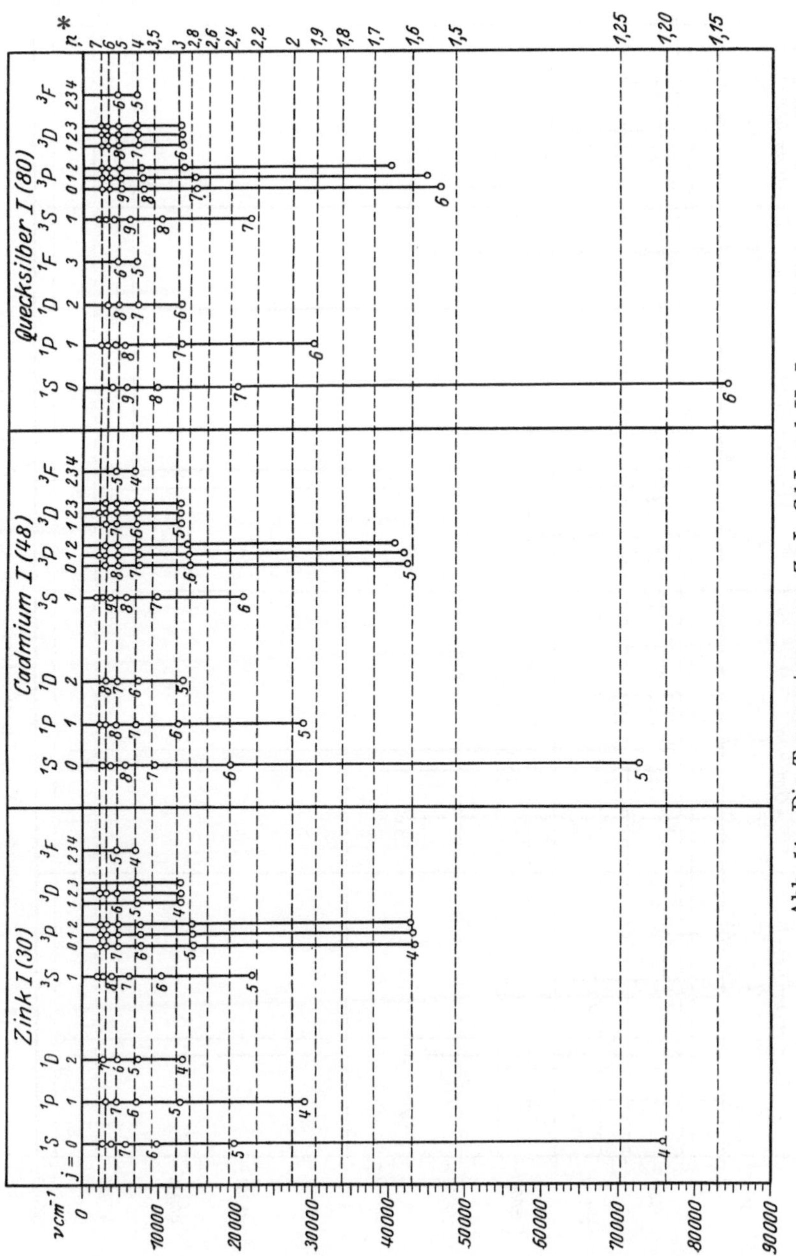

Abb. 51. Die Termsysteme von Zn I, Cd I und Hg I.

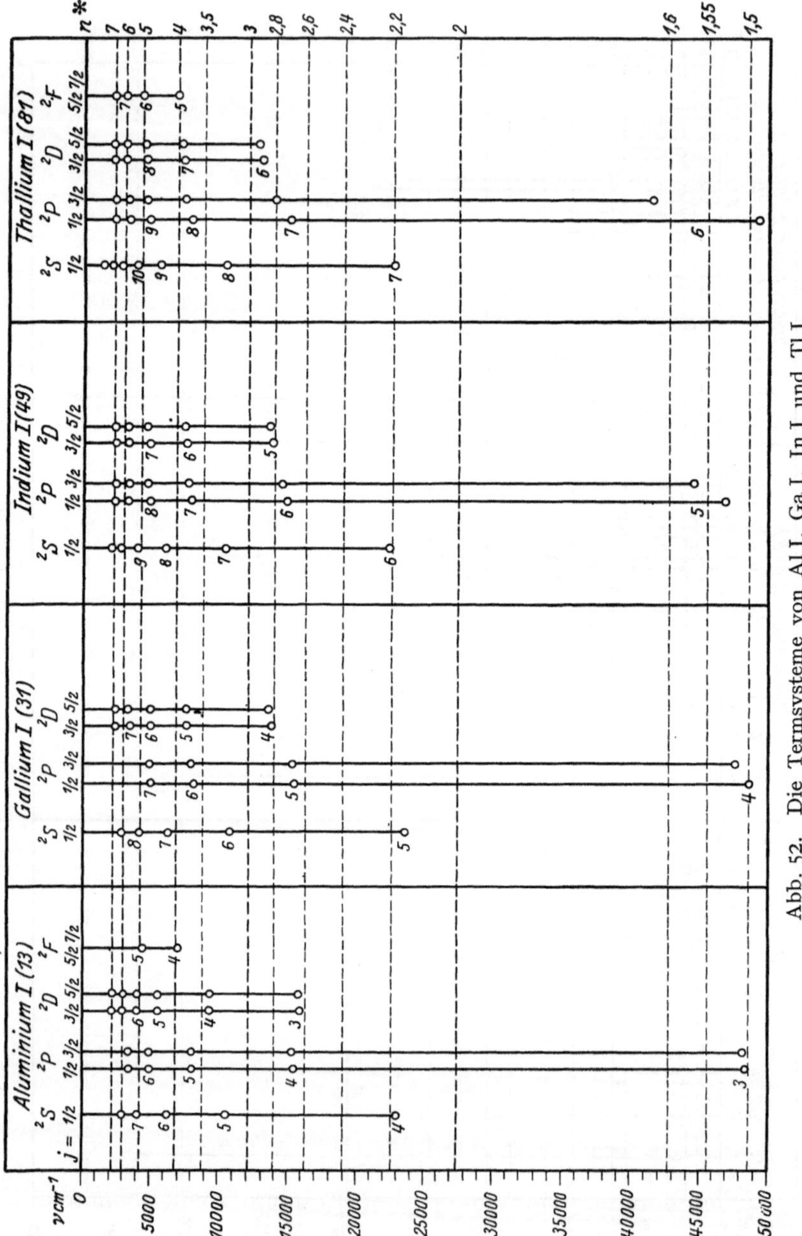

Abb. 52. Die Termsysteme von Al I, Ga I, In I und Tl I.

elektron jeweils ein zweites, und es gelten für die Bindungsmöglichkeiten desselben die gleichen Gesetze wie für das erste. Denn zu dem im Erdalkali-Ion in einer s-Bindung vorhandenen ersten Valenzelektron kann stets ein zweites Elektron in einer s-Bindung derselben Quantenzahl oder in einer p-, d-, f-Bindung der Quantenzahlen, die auch für das erste Valenzelektron nach dem PAULI-Prinzip möglich sind, hinzutreten. Wir kommen also für die Erdalkalispektren wie auch für die Spektren von Zn, Cd und Hg, und zwar sowohl im Singulett- wie im Triplettsystem, zur Zuordnung derselben Quantenzahlen wie in dem Spektrum des im periodischen System vorangehenden Elementes mit der einzigen Ausnahme, daß im Triplettsystem die ^3S-Terme mit einem um eine Einheit höheren Werte von n beginnen als die ^1S-Terme, weil, wie wir schon früher gezeigt haben, die den tiefsten ^1S-Termen analogen ^3S-Terme gleicher Hauptquantenzahl nach dem PAULI-Prinzip verboten sind. Diese Zuordnungen sind in den Abb. 50 und 51 dargestellt.

Bei den Erdmetallen tritt zu den beiden im erdalkaliähnlichen Ion vorhandenen beiden Valenzelektronen, die eine abgeschlossene Untergruppe von zwei s-Elektronen bilden, ein drittes hinzu. Dieses kann, wie wir bereits in Ziff. 39 auseinandergesetzt haben, nach dem PAULI-Prinzip mit derselben Hauptquantenzahl wie die beiden vorhergehenden Elektronen nur dann gebunden werden, wenn die Nebenquantenzahl $l \geqq 1$ ist. Die tiefen P-Terme der Erdmetallbogenspektren erhalten also dieselben Hauptquantenzahlen wie die tiefsten ^1S-Terme der im periodischen System vorangehenden Erdalkalibogenspektren. Für die D- und F-Terme liegen dieselben Möglichkeiten bzw. Beschränkungen vor wie für die entsprechenden Terme der Erdalkalibogenspektren. Für die S-Terme dagegen ist beim tiefsten Term dieselbe Hauptquantenzahl wie beim ^1S-Term des vorhergehenden Erdalkalibogenspektrums nach dem PAULI-Prinzip unzulässig. Die S-Terme beginnen also mit der um eine Einheit höheren Quantenzahl, und wir kommen so zu der in Abb. 52 dargestellten Zuordnung, die zeigt, daß die Hauptquantenzahlen der Terme der Erdmetallbogenspektren völlig übereinstimmen mit den Hauptquantenzahlen der Tripletterme im Bogenspektrum des im periodischen System vorausgehenden Elementes.

44. Die Differenzen $n - n^*$ und ihre Erklärung. Die Abb. 48 bis 52 lassen klar die aus der Deutung der Gesetzmäßigkeiten des periodischen Systems folgende Tatsache erkennen, daß die Hauptquantenzahlen entsprechender Terme um eine Einheit zunehmen, wenn wir von einem Element zum homologen in der nächsten Horizontalreihe des periodischen Systems übergehen. Diese Regel gilt durchweg für die S- und P-Terme, für die D-Terme gilt sie erst von Kalium ab, für die F-Terme von Silber ab. Mit zunehmendem Atomgewicht und entsprechend zunehmender Hauptquantenzahl nehmen, von einigen Ausnahmefällen abgesehen, im allgemeinen die Absolutwerte homologer Terme ab (vgl. z. B. die ^2S-Terme der Folge Li bis Cs in Abb. 48); diese Abnahme ist aber quantitativ viel geringer, als man nach den Werten der Hauptquantenzahlen erwarten sollte. Vergleichen wir, um ein Maß für diesen Unterschied zu bekommen, die wahren Hauptquantenzahlen mit den effektiven Quantenzahlen, deren ungefährer Wert ja aus den Abbildungen sofort ablesbar ist, so sehen wir, daß die Abweichungen, die bei Li klein sind, um so größer werden, je höher das Atomgewicht des betreffenden Elementes ist. Die Differenz $n - n^*$ kann mehrere Einheiten betragen und ist z. B. für den $6\,^1S_0$-Term des Hg I 4,85.

Die Ursache für diese Abweichungen ist vom theoretischen Standpunkte in Bd. III 1, Kap. 4, Ziff. 26 besprochen worden. Wie dort gezeigt wurde, sind zwei Effekte zur Erklärung der beobachteten Termwerte heranzuziehen: 1. die

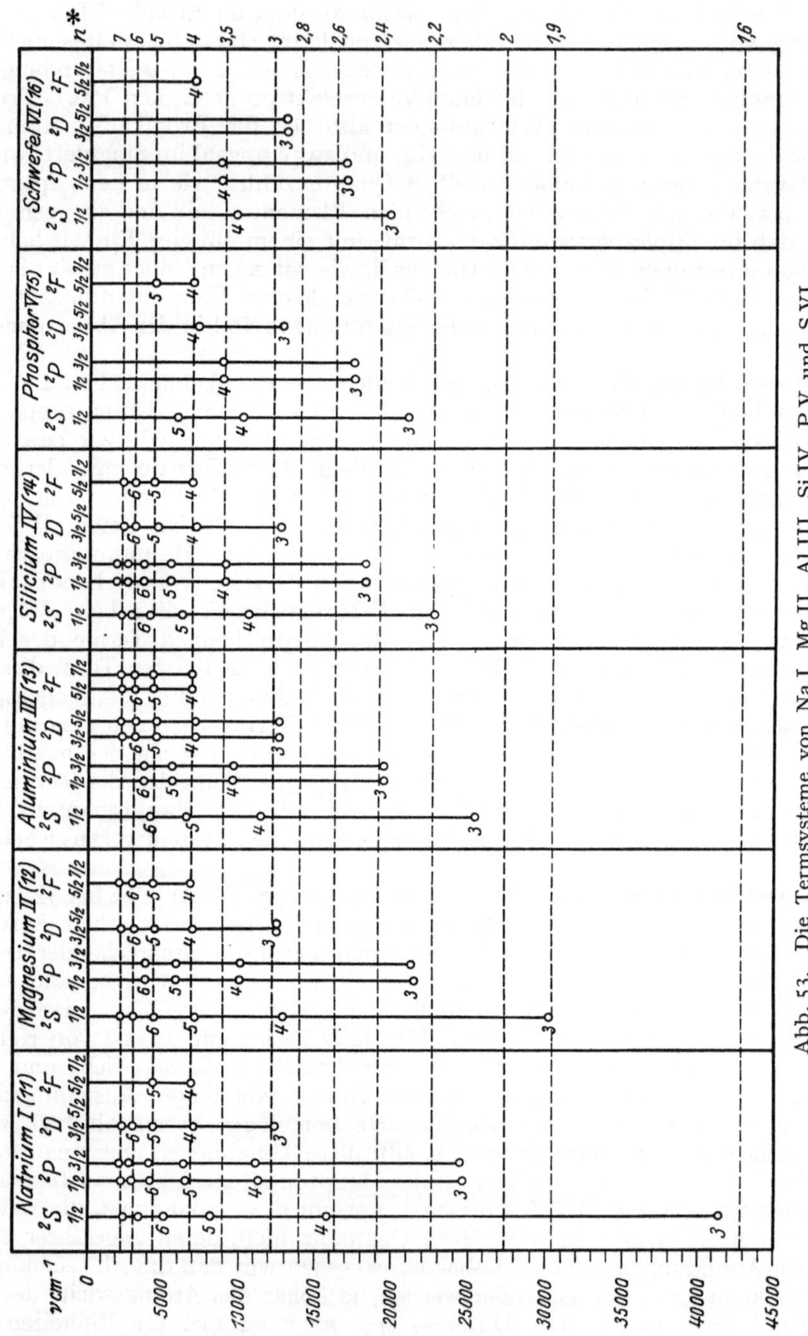

Abb. 53. Die Termsysteme von Na I, Mg II, Al III, Si IV, P V und S VI.

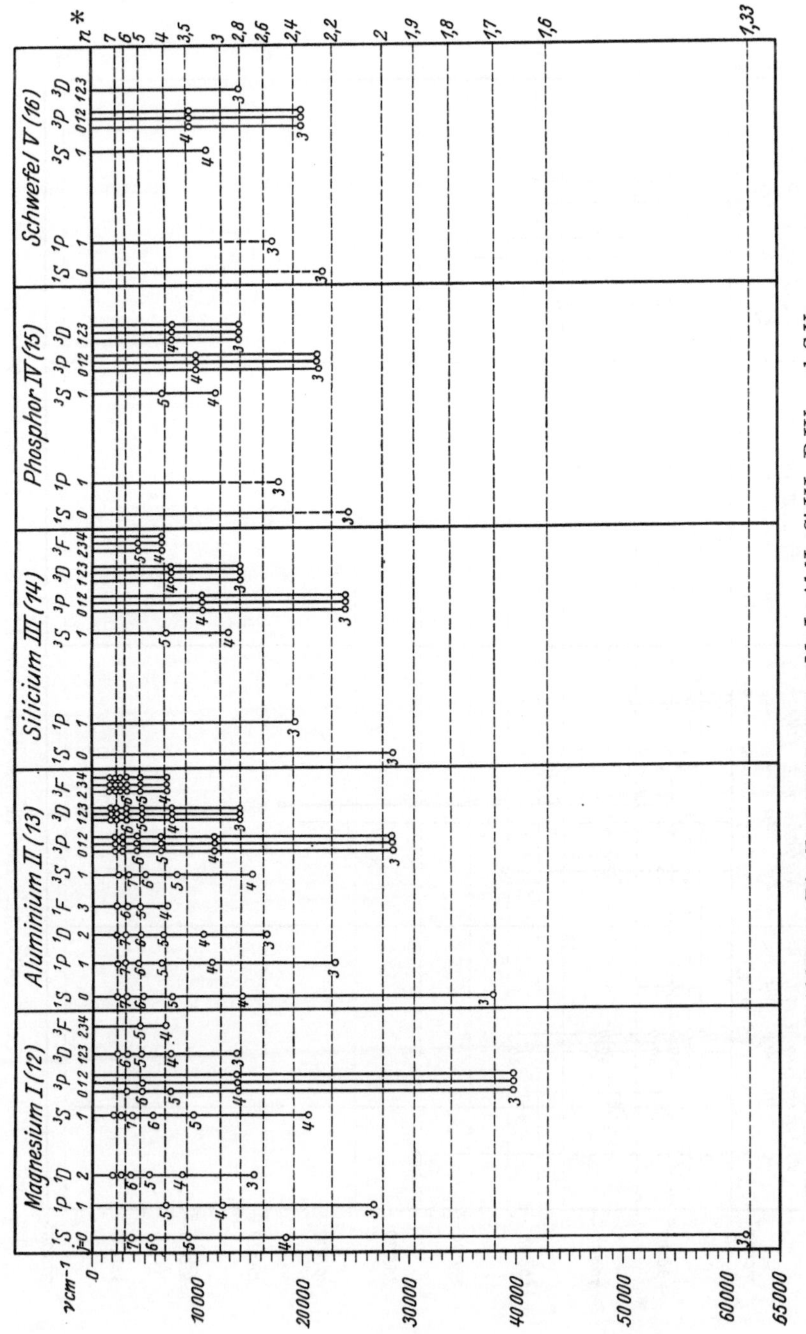

Abb. 54. Die Termsysteme von Mg I, Al II, Si III, P IV und S V.

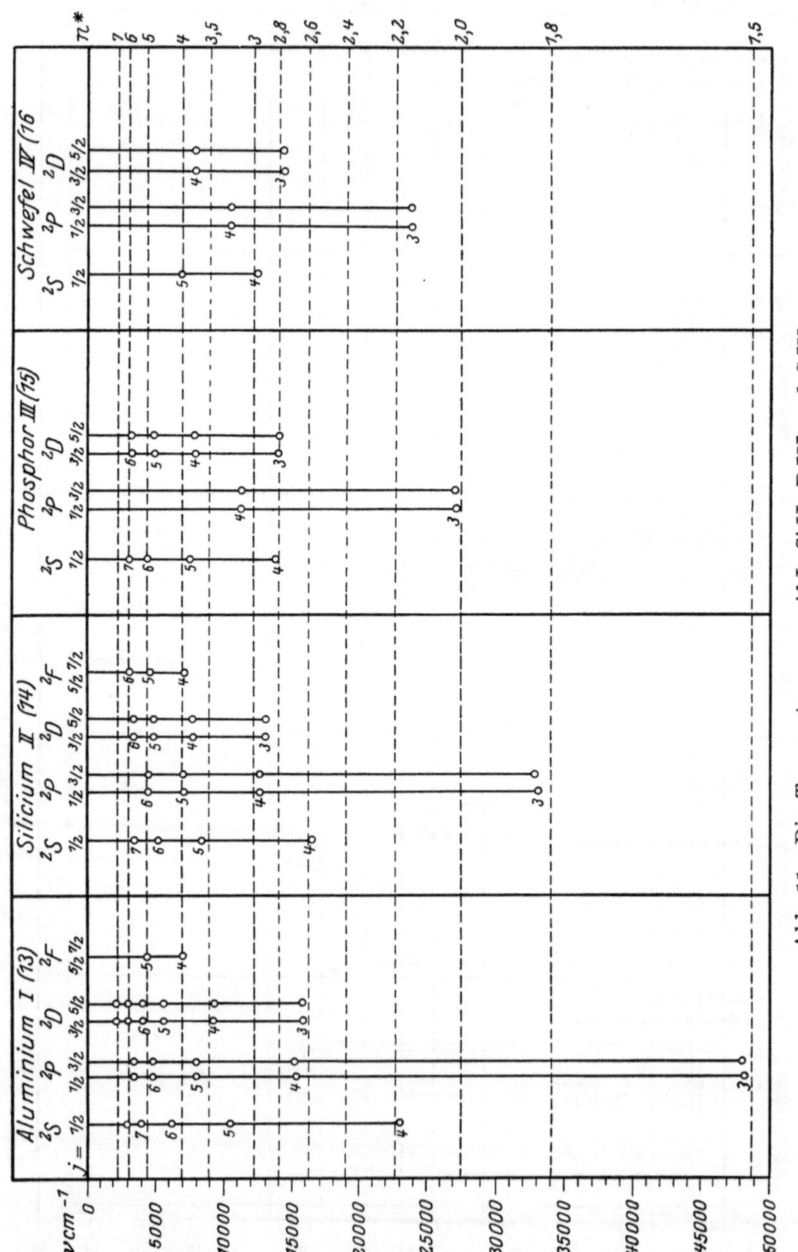

Abb. 55. Die Termsysteme von Al I, Si II, P III und S IV.

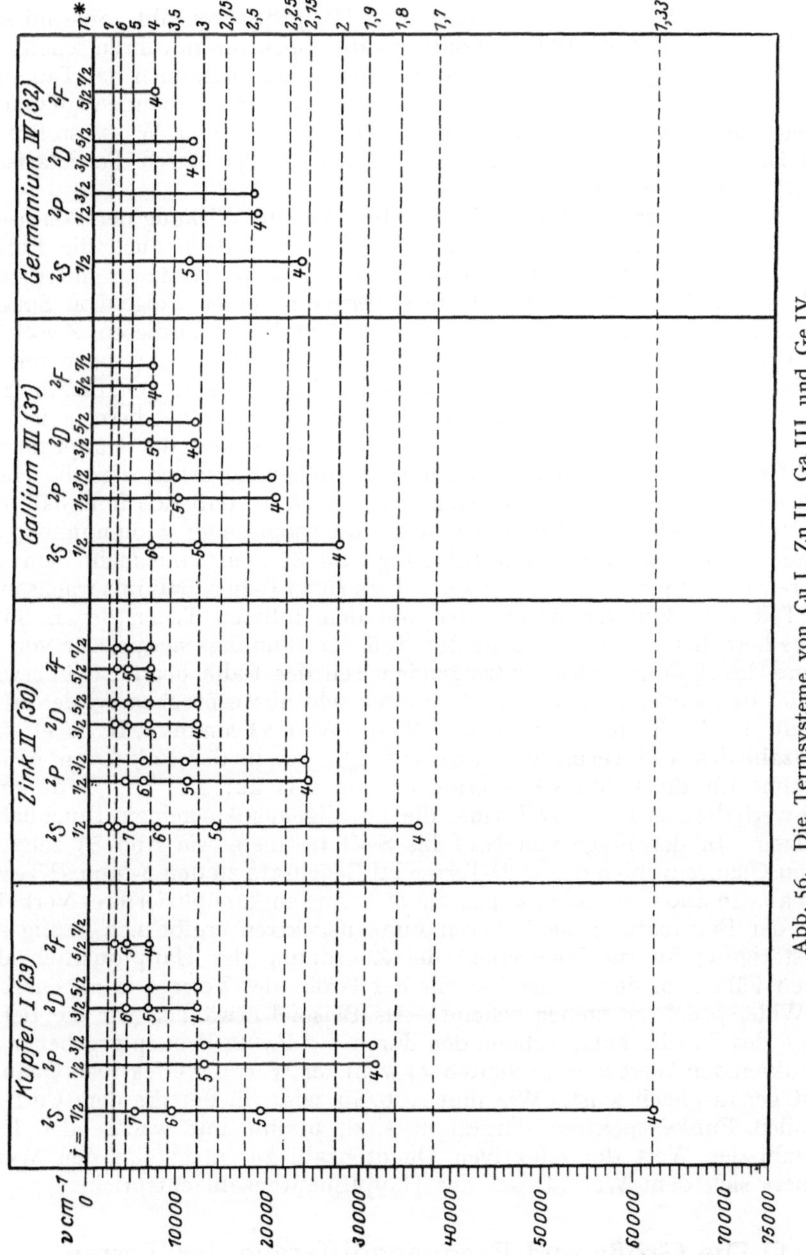

Abb. 56. Die Termsysteme von Cu I, Zn II, Ga III und Ge IV.

Polarisation des Atomrumpfes durch das äußere Elektron, 2. das Eindringen der Bahn des Elektrons in den Atomrumpf (Tauchbahn). Von diesen beiden Effekten gibt der zweite die wesentlich stärkeren Abweichungen des beobachteten Termwertes vom Wasserstoffterm derselben Hauptquantenzahl. So sind sämtliche S-Terme der in Abb. 48 bis 52 dargestellten Spektren mit ihren schon bei Li starken Abweichungen zwischen n und n^* durch das Phänomen der Tauchbahn zu erklären. Auch die P-Terme sind in vielen Fällen als Tauchbahnen aufzufassen. Die meist kleineren Abweichungen der D-Terme von den Wasserstofftermen gleicher Hauptquantenzahl sind dagegen in vielen Fällen durch die Polarisation des Atomrumpfes zu erklären.

Ein Kriterium dafür, ob eine Tauchbahn oder eine Wirkung der Polarisation vorliegt, erhalten wir, wenn wir außer den Bogenspektren auch die Funkenspektren mit in die Betrachtung einbeziehen und insbesondere untersuchen, wie sich die effektive Quantenzahl eines Terms in einer Folge von Spektren von Atomen und Ionen gleicher Elektronenzahl verhält. Zu diesem Zweck sind in den Abb. 53, 54 und 55 die Terme der Funkenspektren von Ionen mit derselben Elektronenzahl wie Na, Mg und Al in der Weise aufgetragen, daß die Skala der effektiven Quantenzahlen für alle Spektren einer Folge dieselbe ist. Die neben den Kreisen stehenden ganzen Zahlen sind wieder die Hauptquantenzahlen. Homologe Terme einer solchen Folge haben natürlich dieselbe Hauptquantenzahl. Charakteristisch für Tauchbahnen ist es, daß sich innerhalb einer solchen Folge die effektive Quantenzahl n^* mit wachsender Atomnummer bzw. wachsendem Wert der äußeren Kernladungszahl Z_a mehr und mehr dem Wert der wahren Hauptquantenzahl n nähert. Dies rührt daher, daß mit wachsendem Z_a der Teil der Bindungsenergie, der von den äußeren Teilen der Bahn des Elektrons herrührt, mehr und mehr den Teil der Bindungsenergie, der von dem ins Innere des Atomrumpfes eindringenden Teil der Bahn herrührt, überwiegt. Man findet das soeben beschriebene Verhalten sehr ausgesprochen bei den S- und P-Termen. In der Folge von Na I bis S VI der Abb. 53 nimmt z. B. die effektive Quantenzahl des $3\,^2S$-Terms von 1,63 auf 2,35 zu, in der Folge von Al I bis S IV nimmt für die tiefen $3\,^2P$-Terme n^* von 1,51 auf 2,15 zu. Ganz anders dagegen verhalten sich die D-Terme, die im allgemeinen keinen Tauchbahnen entsprechen. In der Folge von Na I bis S VI nehmen, wie Abb. 53 zeigt, die effektiven Quantenzahlen der $3\,^2D$-Terme im Gegensatz zu den S- und P-Termen langsam ab. In anderen Fällen zeigen die D-Terme ein komplizierteres Verhalten.

Aus der Betrachtung der höheren Funkenspektren ergibt sich häufig auch eine Bestätigung für die Richtigkeit der Zuordnung der Hauptquantenzahlen in solchen Fällen, in denen dieselbe mit der Größe des Termes in augenscheinlichem Widerspruch zu stehen scheint. Als Beispiel erwähnen wir die tiefsten ^2D-Terme des Cu, die entsprechend den durch das PAULI-Prinzip gegebenen Gesichtspunkten den Wert $n = 4$ erhalten, obwohl der Wert der effektiven Quantenzahl fast genau gleich 3 ist. Wie nun Abb. 56 zeigt, in der die dem Cu I entsprechenden Funkenspektren dargestellt sind, nimmt mit wachsender Kernladungszahl der Wert der effektiven Quantenzahl zu, übersteigt den Wert 3 und nähert sich dem Wert 4, der der Hauptquantenzahl entspricht.

f) Die Größe und Frequenzdifferenz der Terme.

45. Das MOSELEYsche Gesetz. Zur Darstellung der Größe der **Terme wie auch** zur Diskussion der sie bestimmenden Gesetzmäßigkeiten haben wir bisher stets die Formel (61)

$$T_n = \frac{R Z_a^2}{n^{*2}} \tag{66}$$

benutzt. Dieselbe hat sich dann als besonders zweckmäßig erwiesen, wenn es sich um die Werte einer Termfolge in einem bestimmten Spektrum handelt. Dann wächst, wie wir gesehen haben, n^* von einem Term zum nächsten nur um annähernd eine Einheit. Wie nun die Abb. 53 bis 56 zeigen, bestehen offensichtlich auch gesetzmäßige Beziehungen zwischen den Werten homologer Terme von Spektren, die von Atomen bzw. Ionen mit gleicher Zahl von Elektronen emittiert werden. Es handelt sich hier also um die Abhängigkeit des Termwertes von Z bzw. Z_a bei konstant gehaltener Zahl der Elektronen. Zur Darstellung der hier obwaltenden Gesetzmäßigkeiten die Formel (61) zu benutzen, erweist sich als unzweckmäßig, weil sich für die Abhängigkeit der n^* von Z bzw. Z_a keine einfache Gesetzmäßigkeit ergibt. Zu dem gewünschten Ziel führt indessen eine andere Darstellung der Termgrößen, auf die man für die optischen Terme durch die Analogie mit den aus den RÖNTGEN-Spektren folgenden Gesetzen für die Größe der RÖNTGEN-Terme geführt wurde.

Die RÖNTGEN-Terme sind (s. Bd. III/1, Kap. 4, Ziff. 33) ein Maß für die Abtrennungsarbeiten der inneren K-, L-, M- usw. Elektronen, und es hat sich ergeben, daß die Quadratwurzeln aus den Werten homologer RÖNTGEN-Terme (also z. B. der K-Terme) der verschiedenen Elemente lineare Funktionen der Kernladungszahl sind. Dieses Gesetz, das nach seinem Entdecker das MOSELEYsche Gesetz genannt wird, läßt sich in folgender Form schreiben. Der Wert eines RÖNTGEN-Terms, der der Abtrennungsarbeit eines Elektrons mit der Hauptquantenzahl n entspricht, ist seinem Hauptbetrage nach[1]

$$T_n = \frac{R(Z-\sigma)^2}{n^2}, \tag{67}$$

worin σ eine im wesentlichen von Z unabhängige Größe, die sog. **Abschirmungskonstante**, bedeutet. Sie gibt an, um welchen Betrag die Ladung eZ des Kerns durch die Anwesenheit der inneren Elektronen in ihrer Einwirkung auf das betreffende Elektron vermindert erscheint. Ziehen wir die Wurzel, so zeigt die Beziehung

$$\sqrt{\frac{T_n}{R}} = \frac{Z-\sigma}{n}, \tag{68}$$

daß die Quadratwurzel aus T_n/R eine lineare Funktion der Kernladungszahl ist.

Wie MILLIKAN und BOWEN gezeigt haben, gilt nun dasselbe Gesetz auch für die Abhängigkeit der Größe homologer optischer Terme von der Kernladungszahl. Zunächst weisen wir darauf hin, daß die Beziehung (67) bzw. (68) selbstverständlich gelten muß für Terme, die mit großer Annäherung wasserstoffähnlich sind. Dann ist gemäß Formel (56)

$$T_n = \frac{R Z_a^2}{n^2},$$

und da $Z_a = Z - (z-1)$ ist, wobei z die Zahl der in dem Atom bzw. Ion (einschließlich des Leuchtelektrons) enthaltenen Elektronen bedeutet, so ist

$$T_n = \frac{R(Z-(z-1))^2}{n^2}, \tag{69}$$

und der Vergleich mit (67) zeigt, daß in diesem Falle die Abschirmungskonstante $\sigma = z - 1$ ist. D. h. der Kern ist durch alle außer dem Leuchtelektron vorhandenen Elektronen in seiner Wirkung auf dieses vollkommen abgeschirmt und erscheint als punktförmige Ladung $e(Z-(z-1))$.

[1] Wegen der Erweiterung dieser Formel vgl. Ziff. 48.

Das MOSELEYsche Gesetz gilt aber für die optischen Terme nicht nur in diesem trivialen Falle, sondern auch dann, wenn die Termwerte erheblich von der Wasserstoffähnlichkeit abweichen und bei der Darstellung durch (62) effektive Quantenzahlen ergeben, die von dem zugehörigen Wert der Hauptquantenzahl stark abweichen.

46. Die MOSELEY-Diagramme. Wir illustrieren dies an einigen Abbildungen und betrachten zunächst die Abb. 57, in der das MOSELEY-Diagramm für die Terme der Spektren Li I, Be II, B III und C IV dargestellt ist. Als Ordinaten sind die Werte $\sqrt{\frac{\nu}{R}}$ der Terme und als Abszissen die Ordnungszahlen Z aufgetragen. Wie man sieht, ergeben sich mit guter Annäherung gerade Linien für homologe Terme dieser Spektren. Aber nicht nur dieses, sondern auch die Neigung dieser Geraden entspricht durchaus dem, was wir nach (68) erwarten müssen. Bezeichnen wir den Neigungswinkel der Geraden gegen die Abszissenachse mit α, so soll nach (68) $\operatorname{tg}\alpha = \frac{1}{n}$ sein. Terme mit gleicher Hauptquantenzahl n sollen also gleiche Neigung haben, und in der Tat laufen, wie Abb. 57 zeigt, die MOSELEY-Geraden für die Terme mit $n = 2$ zueinander parallel und ebenso die Geraden für die Terme mit $n = 3$. Daß die Neigung auch quantitativ den richtigen Betrag hat, erkennt man aus den gestrichelt eingezeichneten Geraden $n = 2$ und $n = 3$. Diese würden vollkommen wasserstoffähnlichen Termen mit $n = 2$ und $n = 3$ entsprechen, für die gemäß (69) die Abschirmungskonstante $\sigma = z - 1$ ist. Da z für die hier betrachteten Spektren gleich 3 ist, so schneiden diese Geraden die Abszissenachse bei $Z = \sigma = 2$. Die den tatsächlich beobachteten Termen entsprechenden MOSELEY-Geraden, die also die Bindung des 3. Elektrons an die Atome bzw. Ionen in Abhängigkeit von Z darstellen, sind gegen die gestrichelten Geraden derselben Hauptquantenzahl parallel verschoben, und zwar um so mehr, je stärker die betreffenden Terme von den Wasserstofftermen abweichen. Die Parallelverschiebung ist also, wie wir es erwarten, am stärksten bei den S-Termen, wesentlich kleiner bei den P-Termen und bei den D-Termen so gering, daß sich die Verschiebung gegen die gestrichelte Gerade $n = 3$ der vollkommen wasserstoffähnlichen Terme in der Abbildung nicht mehr darstellen läßt. Die Schnittpunkte der Geraden mit der Abszissenachse geben die Werte der Abschirmungskonstanten σ. Wie Abb. 57 zeigt, sind die Abweichungen der σ-Werte von 2 nur gering. Für die 2 ^2S-Terme mit der stärksten Abweichung von der Wasserstoffähnlichkeit ergibt sich der Wert $\sigma = 1{,}8$.

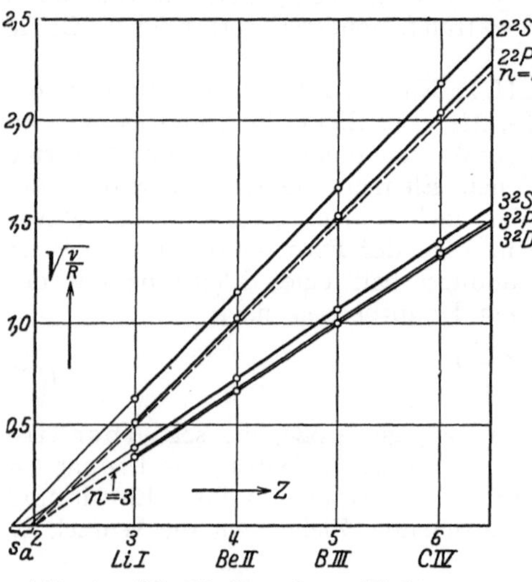

Abb. 57. Die Bindung des 3. Elektrons.

Ganz analoge Verhältnisse finden wir bei den Spektren von Atomen und Ionen mit $z = 4$ und $z = 5$ Elektronen vor. Die MOSELEY-Diagramme für die Spektren Be I, B II, C III und B I, C II, N III, O IV sind in den Abb. 58 und 59 dargestellt. Wieder ergeben sich nahezu Gerade, die den gestrichelten Geraden parallel sind. Besonders stark sind die Parallelverschiebungen gegenüber den gestrichelten Geraden bei den $2\,^1S$-Termen in Abb. 58 und den $2\,^2P$-Termen in Abb. 59. Die Werte der entsprechenden Abschirmungskonstanten sind für $2\,^1S$ $\sigma = 2{,}42$ und für $2\,^2P$ $\sigma = 3{,}5$.

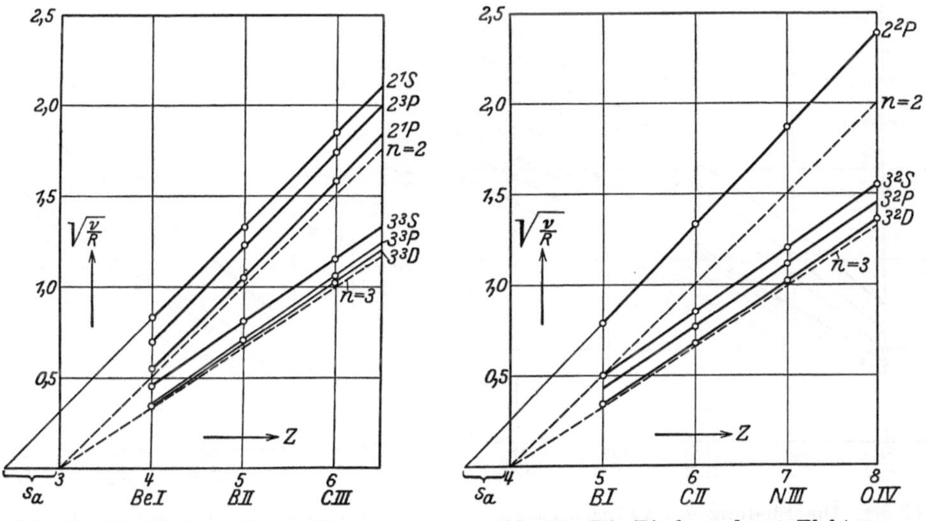

Abb. 58. Die Bindung des 4. Elektrons. Abb. 59. Die Bindung des 5. Elektrons.

Die Abb. 60, 61 und 62 geben die MOSELEY-Diagramme für die Bindung des 11., 12. und 13. Elektrons in der nächsten Horizontalreihe des periodischen Systems. In erster Näherung ergeben sich auch hier noch gerade Linien, aber es

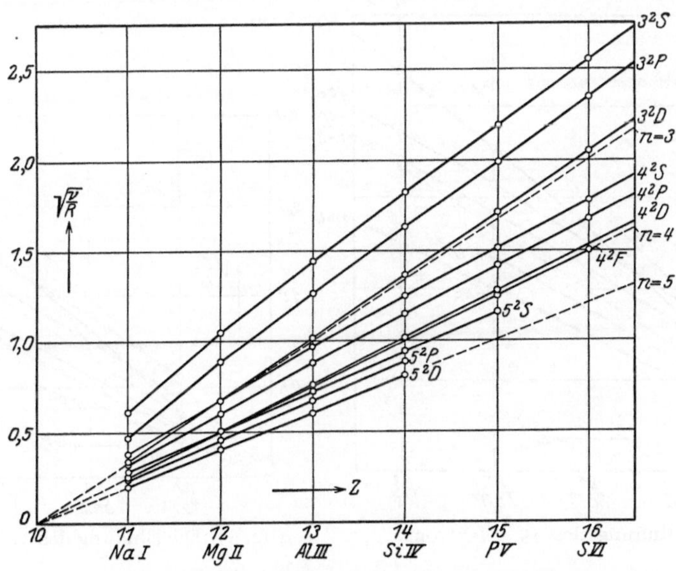

Abb. 60. Die Bindung des 11. Elektrons.

machen sich schon Abweichungen bemerkbar, und zwar 1. in der Weise, daß die Kurven nicht mehr genau geradlinig, sondern ein wenig konkav nach unten sind, und 2. in der Weise, daß die Neigung von der theoretisch geforderten Parallelität zu den gestrichelten Geraden abweicht. Erhalten bleibt aber weitgehend die Parallelität der Kurven, die Termen mit gleicher Hauptquantenzahl entsprechen.

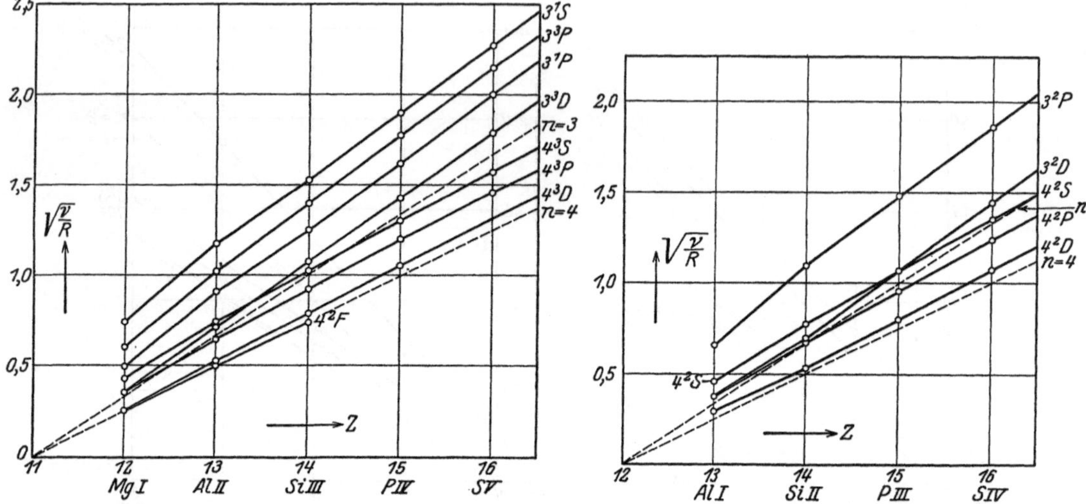

Abb. 61. Die Bindung des 12. Elektrons.

Abb. 62. Die Bindung des 13. Elektrons.

Die soeben beschriebenen Abweichungen werden noch erheblich stärker, wenn wir zur nächsten Horizontalreihe des periodischen Systems übergehen. In Abb. 63 ist das MOSELEY-Diagramm für die Terme der Spektren K I, Ca II,

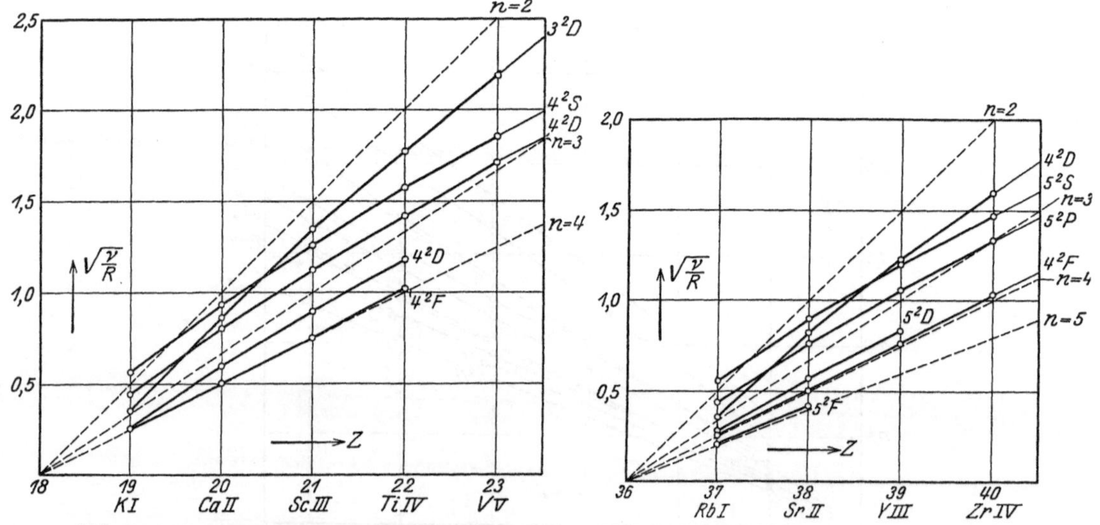

Abb. 63. Die Bindung des 19. Elektrons.

Abb. 64. Die Bindung des 37. Elektrons.

Sc III, Ti IV und V V dargestellt. Wie man erkennt, sind die Kurven nun teilweise schon so stark gekrümmt, daß man nicht mehr von Geraden sprechen kann. Die Abweichungen erfolgen in der Weise, daß bei kleinen Werten von Z die Neigung der Kurven zu steil ist und sich erst mit wachsendem Z dem von der Formel (68) geforderten Werte nähert. Man könnte diesem Sachverhalt formal dadurch gerecht werden, daß man statt der Hauptquantenzahl n im Nenner der Formel (68) eine von Z abhängige Größe $\bar{n} = n - \delta(Z)$ einführt, wobei $\delta(Z)$ eine mit wachsendem Z verschwindende Korrektionsgröße bedeuten würde. Wie aber in Kap. 6, Ziff. 14 gezeigt werden wird, ist es vom Standpunkte der Theorie richtiger, die Krümmung der MOSELEY-Geraden durch eine Abhängigkeit der Abschirmungskonstanten σ von Z zu erklären. Wie dort gezeigt wird, hat man [Formel (44a), Ziff. 14] anzusetzen

$$\sigma = \sigma(\infty) + \frac{a}{Z} + \frac{b}{Z^2} + \cdots,$$

wobei $\sigma(\infty)$ die Abschirmungskonstante für unendlich hohe Kernladungszahl bedeutet und a und b die Koeffizienten einer Entwicklung nach $1/Z$ sind, deren Glieder für kleine Z die Abweichungen von der Geradlinigkeit darstellen und für große Z verschwinden. Wie stark diese Abweichungen insbesondere für die tiefsten Terme sein können, zeigt in Abb. 63 der Verlauf der MOSELEY-Kurve für den Term $3\,{}^2D$. Für kleine Z läuft die Kurve nahezu parallel zur gestrichelten Geraden $n = z$, biegt von dieser mit wachsendem Z mehr und mehr ab und nähert sich der Parallelität zur gestrichelten Geraden $n = 3$.

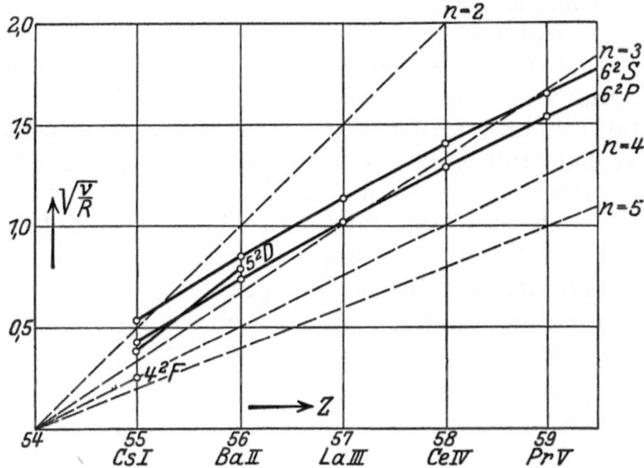

Abb. 65. Die Bindung des 55. Elektrons.

Dieser stark gekrümmte Verlauf der MOSELEY-Kurve hat zur Folge, daß für $Z = 19$ der Wert des Terms $3\,{}^2D$ kleiner ist als die Werte der vierquantigen Terme $4\,{}^2S$ und $4\,{}^2P$. Dem Normalzustande des Kaliums entspricht also die Bindung des 19. Elektrons in einer $4s$-Bahn. Infolge der stärkeren Neigung überschneidet aber die MOSELEY-Kurve für $3\,{}^2D$ zwischen $Z = 19$ und 20 zunächst die Kurve für $4\,{}^2P$ und zwischen $Z = 20$ und 21 auch die Kurve für $4\,{}^2S$, so daß nun von $Z = 21$ an die Bindung des 19. Elektrons in einer $3d$-Bahn am stärksten wird und der $3\,{}^2D$-Zustand den Normalzustand des Sc^{++}-Ions repräsentiert. Daß aus diesem Wechsel in der Bindungsstärke der verschiedenen Elektronen die Unregelmäßigkeiten des periodischen Systems ihre Erklärung finden, ist bereits in Bd. III/1, Kap. 4, S. 422 dargelegt worden.

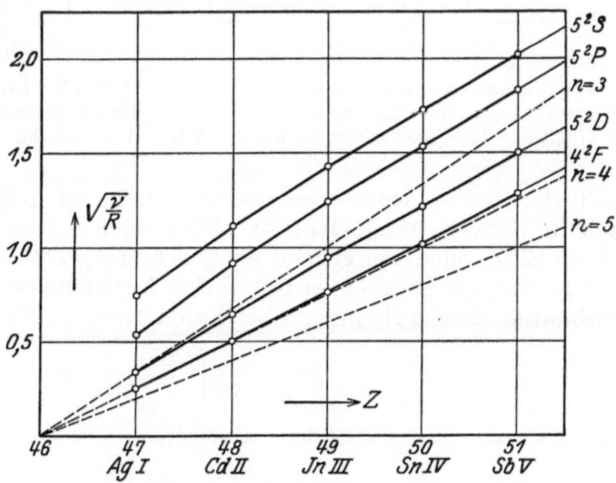

Abb. 66. Die Bindung des 47. Elektrons.

Völlig ähnliche Verhältnisse ergeben sich in den nächsten beiden Horizontalreihen des periodischen Systems. Abb. 64 und 65 stellen die MOSELEY-Diagramme für die Bindung des 37. und 55. Elektrons dar. In Abb. 64 überschneidet wieder dicht vor $Z = 39$ die Kurve für $4\,{}^2D$ die Kurve für $5\,{}^2S$, so daß von $Z = 39$ ab das 37. Elektron im Normalzustande in einer $4d$-Bahn gebunden wird. Ansätze zu einem entsprechenden Verlauf zeigt auch in Abb. 65 die Kurve für $5\,{}^2D$, doch fehlen noch die Beobachtungen, um die Kurve für $5\,{}^2D$ über den Schnittpunkt mit $6\,{}^2S$ hinaus sicherzustellen.

Als letztes Beispiel geben wir in Abb. 66 das MOSELEY-Diagramm für die Bindung des 47. Elektrons. Hier haben die tiefsten S-, P- und D-Terme dieselbe Hauptquantenzahl $n = 5$, die MOSELEY-Kurven laufen dementsprechend zueinander parallel, und es findet infolgedessen keine Überschneidung der Kurven statt.

Die aus den MOSELEY-Diagrammen ersichtlichen Gesetzmäßigkeiten bilden also auch eine Bestätigung für die Richtigkeit der in e) Ziff. 43 gegebenen Zuordnung der Hauptquantenzahlen n.

47. Das Gesetz der irregulären Dubletts. Wenn auch, wie die Abb. 57 bis 66 deutlich zeigen, mit wachsender

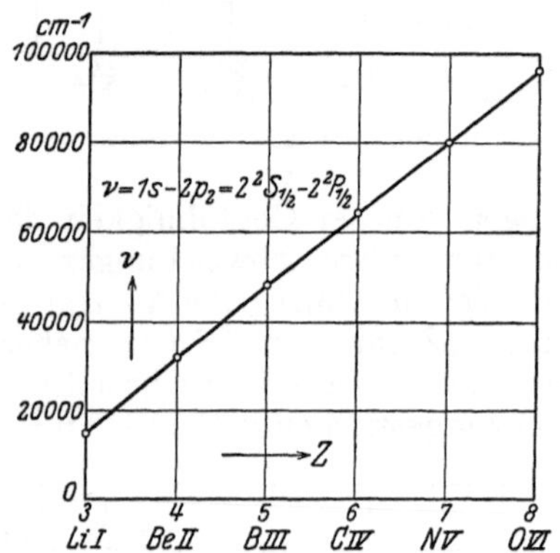

Abb. 67. Lineare Beziehung zwischen Linienfrequenz und Kernladungszahl für das 1. Glied der Hauptserie von Li I bis O VI.

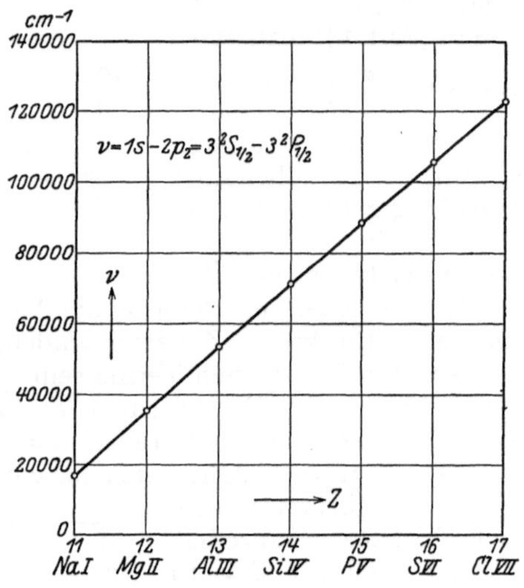

Abb. 68. Lineare Beziehung zwischen Linienfrequenz und Kernladungszahl für das 1. Glied der Hauptserie von Na I bis Cl VII.

Zahl der in den Atomen gebundenen Elektronen die MOSELEY-Geraden allmählich in Kurven übergehen, so bleibt doch selbst bei Atomen und Ionen mit vielen Elektronen weitgehend die Gesetzmäßigkeit bestehen, daß sich die Kurven für Terme mit gleichem n durch eine Parallelverschiebung in der Richtung der Ordinatenachse ineinander überführen lassen. Es ist also

$$\varDelta \sqrt{\frac{T}{R}} = \text{const}, \tag{70a}$$

und wie man aus (68) leicht ableitet,

$$\varDelta \sqrt{\frac{T}{R}} = \frac{\sigma(n, l_1) - \sigma(n, l_2)}{n}, \tag{70b}$$

wobei $\sigma(n, l_1)$ und $\sigma(n, l_2)$ die Abschirmungskonstanten sind für zwei Terme, denen dieselbe Hauptquantenzahl n, aber verschiedene Werte l_1 und l_2 der Nebenquantenzahl zuzuordnen sind. Terme, die diese Bedingung erfüllen, bilden ein irreguläres Dublett oder ein Abschirmungsdublett, eine Bezeichnung, die aus den Gesetzmäßigkeiten der RÖNTGEN-Terme für die optischen Terme übernommen worden, aber in diesem Zusammenhange nicht besonders glücklich ist. Denn Terme, die ein Abschirmungsdublett bilden, kommen nicht nur in Dublettspektren vor, sondern, wie in Kap. 6 genauer dargelegt werden wird, in Spektren beliebiger Multiplizität, z. B. also auch in den bisher von uns behandelten Singulett- und Triplettspektren.

Welche Terme ein Abschirmungsdublett bilden, ist aus den Abb. 57 bis 66 leicht zu ersehen. Bei den Dublettspektren sind die $n\,^2S$-, $n\,^2P$-, $n\,^2D$- usw. Terme derselben Hauptquantenzahl n, bei den Singulett-Triplett-Spektren die $n\,^1S$-, $n\,^1P$-, $n\,^1D$-, $n\,^3S$-, $n\,^3P$-, $n\,^3D$-Terme derselben Hauptquantenzahl.

Wichtig ist nun folgende Bemerkung: Unter den Termen, die ein Abschirmungsdublett bilden, befinden sich stets solche, die unter Emission von Linien, und zwar häufig besonders starker Linien, miteinander kombinieren. So bilden z. B. Anfangs- und Endterm der D_1-Linie des Na $\nu = 3\,^2S_{\frac{1}{2}} - 3\,^2P_{\frac{1}{2}}$ ein Abschirmungsdublett; allgemein sind es in den Alkalispektren und den analogen Funkenspektren die ersten Glieder der Hauptserien. Bei den Erdalkalispektren sind es insbesondere die 1. Glieder der Singulett-Hauptserien $\nu = n\,^1S - n\,^1P$, deren Terme ein Abschirmungsdublett bilden. Weitere Beispiele wird der Leser aus den Abb. 57 bis 66 leicht ablesen. Wir wollen nun feststellen, wie die Frequenz ν einer Linie, die als Kombination zwischen den Termen T_1 und T_2 eines Abschirmungsdubletts entsteht, von der Kernladungszahl Z abhängt. Wenn die beiden Terme miteinander kombinieren, so müssen sich ihre l-Werte um eine Einheit unterscheiden. Es ist also nach (67)

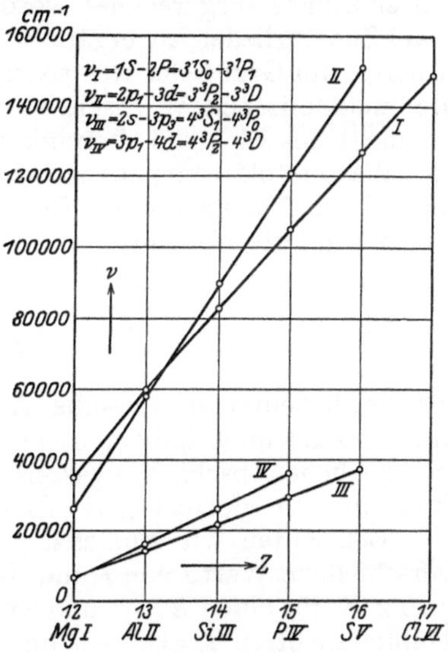

$$T_1 = \frac{R(Z - \sigma(n l))^2}{n^2},$$

$$T_2 = \frac{R(Z - \sigma(n, l \pm 1))^2}{n^2},$$

Abb. 69. Lineare Beziehung zwischen Linienfrequenz und Kernladungszahl für verschiedene Linien von Mg I bis Cl VI.

und demnach

$$\nu = T_1 - T_2 = R\,\frac{2Z[\sigma(n, l \pm 1) - \sigma(n, l)] + \sigma(n, l)^2 - \sigma(n, l \pm 1)^2}{n^2}. \tag{71}$$

Es ist also die Frequenz ν eine lineare Funktion von Z. Diese Beziehung ist von erheblicher praktischer Bedeutung für die Identifizierung der Linien der höheren Funkenspektren. Denn wenn aus der Analyse des Bogenspektrums und des ersten Funkenspektrums zweier im periodischen System aufeinanderfolgender Elemente zwei Linien bekannt sind, deren Terme ein Abschirmungsdublett bilden, so läßt sich aus der Beziehung (71) die Frequenz der entsprechenden Linien für die höheren Funkenspektren mit einiger Genauigkeit vorausberechnen, ohne daß von diesen Spektren auch nur ein Term bekannt zu sein braucht. Da die Linien, um die es sich hier handelt, im allgemeinen zu den stärksten der betreffenden Spektren gehören, so lassen sich dieselben auf Grund der ungefähren Kenntnis ihrer Frequenz und damit auch ihrer Wellenlängen auf den Spektrogrammen häufig leicht finden.

Wie weit die Beziehung (70) erfüllt ist, zeigen für einige Beispiele die Abb. 67, 68 und 69, in denen die Frequenzen der Linien als Funktion der Kernladungszahl aufgetragen sind. Um welche Linien es sich handelt, ist in den Abbildungen angegeben. Wie insbesondere Abb. 69 zeigt, gilt die Beziehung (71) sowohl für Linien des Singulettsystems wie auch des Triplettsystems. Kleine Abweichungen von dem geradlinigen Verlauf machen sich auch hier bemerkbar, doch sind dieselben wesentlich geringer als bei den MOSELEY-Kurven für die Terme.

48. Das Gesetz der regulären Dubletts. Durch Formel (67) wird nur der Hauptbetrag eines RÖNTGEN- oder optischen Terms dargestellt. Daß diese Formel nicht genau stimmen kann, ersieht man schon daraus, daß sie keine Erklärung für die beobachtete Aufspaltung der Terme in Abhängigkeit von j, also wenn wir unsere Betrachtungen zunächst auf Dublettspektren beschränken, für die eigentliche Dublettaufspaltung der Terme, z. B. $2\,^2P_{\frac{1}{2}}$ und $2\,^2P_{\frac{3}{2}}$, gibt. Wie die Theorie zeigt und wie in Kap. 4, Ziff. 29 für den Fall des Wasserstoffatoms im einzelnen ausgerechnet worden ist, ist die einfache Formel (67) noch durch zwei Zusatzglieder zu ergänzen, von denen das eine durch die Berechnung der Energie auf Grund der Relativitätstheorie, das andere durch die Berücksichtigung der magnetischen Wechselwirkungsenergie zwischen dem Bahn- und dem Spinmoment des Elektrons hereinkommt. Die Erweiterung der dort für die Energie des Wasserstoffatoms angegebenen Formel (251), S. 415 auf den Fall eines Atoms mit einem Valenzelektron führt zu folgender Formel für den Wert des Terms eines Dublettspektrums

$$T = \frac{R(Z-\sigma_1)^2}{n^2} + \frac{R\alpha^2(Z-\sigma_2)^4}{n^3}\Bigg(\underbrace{\frac{1}{l+\frac{1}{2}} - \frac{3}{4n}}_{\text{Relativität}} - \underbrace{\frac{j(j+1)-l(l+1)-s(s+1)}{2l(l+\frac{1}{2})(l+1)}}_{\text{Spin.}}\Bigg). \tag{72}$$

Hierin bedeutet σ_1 dieselbe Abschirmungskonstante, die wir in Formel (67) mit σ bezeichnet haben, σ_2 eine zweite für die Aufspaltung der Dubletterme maßgebliche Abschirmungskonstante und α die SOMMERFELDsche Feinstrukturkonstante [in Formel (251), S. 415 mit γ bezeichnet].

Betrachten wir zunächst zwei Zustände, die dasselbe n, um eine Einheit verschiedene Werte von l und dasselbe j haben, so ist für zwei solche Zustände, also z. B. für einen $n\,^2S_{\frac{1}{2}}$- und einen $n\,^2P_{\frac{1}{2}}$-Zustand, gemäß Tabelle 8, S. 514 für die Dublettspektren $l_1 = j - \frac{1}{2}$ und $l_2 = j + \frac{1}{2}$. Einsetzen dieser Werte in Formel (72) und Berücksichtigung, daß $s = \frac{1}{2}$ ist, ergibt

$$\left.\begin{aligned} T_{l_1} &= \frac{R(Z-\sigma_1(l_1))^2}{n^2} + \frac{R\alpha^2(Z-\sigma_2)^4}{n^3}\left(\frac{1}{j+\frac{1}{2}} - \frac{3}{4n}\right),\\ T_{l_2} &= \frac{R(Z-\sigma_1(l_2))^2}{n^2} + \frac{R\alpha^2(Z-\sigma_2)^4}{n^3}\left(\frac{1}{j+\frac{1}{2}} - \frac{3}{4n}\right). \end{aligned}\right\} \tag{73}$$

Die Terme unterscheiden sich also nur in den ersten Gliedern wegen der Abhängigkeit der Abschirmungskonstante σ_1 von l, während die zweiten Glieder in beiden Fällen identisch sind. Berücksichtigt man, daß die zweiten Glieder wegen des Faktors α^2 klein gegen die ersten sind, so ergibt sich in erster Näherung

$$\sqrt{\frac{T_{l_1}}{R}} - \sqrt{\frac{T_{l_2}}{R}} = \frac{\sigma_1(l_2) - \sigma_1(l_1)}{n} = \text{konst},$$

also das Gesetz der Abschirmungsdubletts, das demnach streng genommen nur zwischen solchen Termen gilt, die dasselbe j haben.

Betrachten wir andererseits zwei Terme, die denselben Wert von n und l haben und sich nur durch die Werte von j unterscheiden, also z. B. die Terme $n\,^2P_{\frac{1}{2}}$ und $n\,^2P_{\frac{3}{2}}$, und setzen die Werte $j_1 = l - \frac{1}{2}$ und $j_2 = l + \frac{1}{2}$ in Formel (72) ein, so ergibt sich für die Differenz dieser beiden Terme

$$\Delta\nu = T_{j_1} - T_{j_2} = \frac{R\alpha^2(Z-\sigma_2)^4}{n^3 l(l+1)}. \tag{74}$$

Diese Formel, die zuerst von SOMMERFELD für die RÖNTGEN-Dubletts abgeleitet und weitgehend bestätigt wurde, sagt also aus, daß auch für die Dubletts optischer

Terme die Dublettaufspaltung proportional der 4. Potenz von $(Z - \sigma_2)$ sein soll. Zwei Terme, zwischen denen diese Gesetzmäßigkeit besteht, bilden ein reguläres Dublett oder ein relativistisches Dublett. Die letztere Bezeichnung wurde von SOMMERFELD eingeführt zu Zeiten, als der Spin des Elektrons noch nicht bekannt war und die durch (74) gegebene Aufspaltung lediglich auf die Relativitätskorrektion zurückgeführt wurde. Wie aber aus der Ableitung von (74) aus (72) klar hervorgeht, ist die Aufspaltung $\Delta\nu$ lediglich auf die Unterschiede der magnetischen Wechselwirkung zwischen Bahn- und Spinmoment des Elektrons zurückzuführen, so daß die Bezeichnung „relativistisches Dublett" zweckmäßig durch „magnetisches Dublett" zu ersetzen wäre[1].

Formel (74) wird durch die Erfahrung weitgehend bestätigt. Wir illustrieren das durch die Tabellen 44 bis 47, in denen nach Formel (70) die Abschirmungskonstanten σ_2 für einige Dubletts angegeben sind.

Tabelle 44. $\Delta\nu = 2^2P_{\frac{1}{2}} - 2^2P_{\frac{3}{2}}$.

Spektrum	Li I	Be II	B III	C IV	N V	O VI
$\Delta\nu(\mathrm{cm}^{-1})$	0,338	6,61	34,1	107,4	259,1	533,8
σ_2	2,02	1,94	1,88	1,86	1,84	1,82

Tabelle 45. $\Delta\nu = 2^2P_{\frac{1}{2}} - 2^2P_{\frac{3}{2}}$.

Spektrum	B I	C II	N III	O IV
$\Delta\nu(\mathrm{cm}^{-1})$	15,5	66,76	179,3	398,4
σ_2	2,45	2,332	2,292	2,252

Tabelle 46. $\Delta\nu = 3^2P_{\frac{1}{2}} - 3^2P_{\frac{3}{2}}$.

Spektrum	Na I	Mg II	Al III	Si IV	P V	S VI	Cl VII
$\Delta\nu(\mathrm{cm}^{-1})$	17,18	91,55	234,00	461,84	794,82	1267,10	1889,5
σ_2	7,45	6,606	6,180	5,916	5,741	5,596	5,504

Tabelle 47. $\Delta\nu = 3^2P_{\frac{1}{2}} - 3^2P_{\frac{3}{2}}$.

Spektrum	Al I	Si II	P III	S IV	Cl V
$\Delta\nu(\mathrm{cm}^{-1})$	112,07	287	559,5	950,2	1500,2
σ_2	7,326	6,82	6,519	6,318	6,147

Wie man sieht, sind die Abschirmungsgrößen nicht völlig konstant, sondern zeigen eine schwache Abnahme mit wachsendem Z.

Auch für Tripletterme gilt Formel (74), wenn für $\Delta\nu$ die Gesamtaufspaltung des Tripletts eingesetzt wird. Wir illustrieren dies an den beiden folgenden Tabellen 48 und 49.

Tabelle 48. $\Delta\nu = 2^3P_0 - 2^3P_2$.

Spektrum	Be I	B II	C III	N IV	O V
$\Delta\nu(\mathrm{cm}^{-1})$	3,02	22,8	79,1	204,1	459,5
σ_2	2,30	2,19	2,16	2,14	2,04

Tabelle 49. $\Delta\nu = 3^3P_0 - 3^3P_2$.

Spektrum	Mg I	Al II	Si III	P IV	S V	Cl VI
$\Delta\nu(\mathrm{cm}^{-1})$	60,81	187,3	394	696,3	1128,1	1720,1
σ_2	7,13	6,55	6,23	6,04	5,89	5,77

[1] Vgl. hierzu jedoch die Bemerkung in Bd. III/1, Kap. 4, S. 451, über die Theorie von DIRAC.

Da in Kap. 6 ausführlich auf die Gesetzmäßigkeiten der Aufspaltungen von Termen höherer Multiplizität eingegangen werden wird, begnügen wir uns hier mit diesem kurzen Hinweis. Die praktische Bedeutung der Aufspaltungsformel (74) liegt wieder darin, daß sich die Aufspaltungen

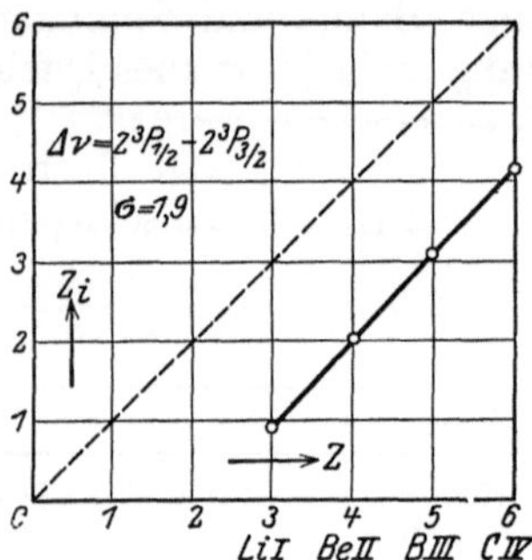

Abb. 70. Prüfung der LANDÉschen Termaufspaltungsformel für die Spektren Li I bis C IV.

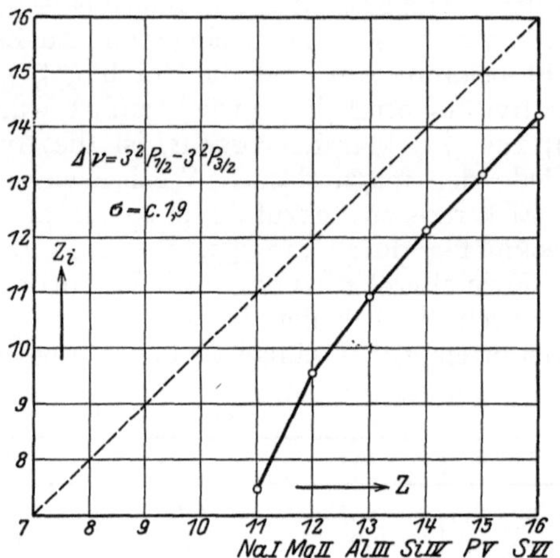

Abb. 71. Prüfung der LANDÉschen Termaufspaltungsformel für die Spektren Na I bis S VI.

der Terme höherer Funkenspektren mit einiger Genauigkeit vorausberechnen lassen, wenn der Wert der Abschirmungskonstante aus einem homologen Spektrum bekannt ist.

Neben der SOMMERFELDschen Formel (74) ist von LANDÉ eine Formel für die Aufspaltung der Terme eines regulären Dubletts angegeben worden, die insbesondere für solche Terme gelten soll, denen im Sinne des BOHRschen

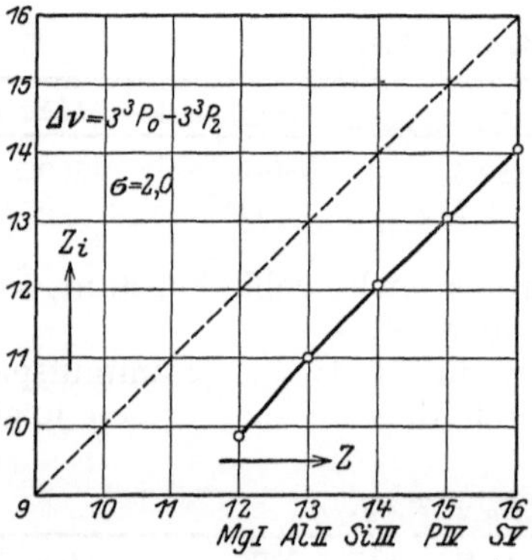

Abb. 72. Prüfung der LANDÉschen Termaufspaltungsformel für die Spektren Mg I bis S V.

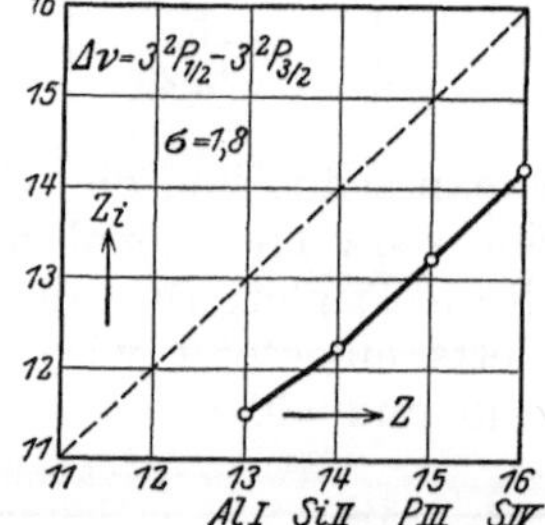

Abb. 73. Prüfung der LANDÉschen Termaufspaltungsformel für die Spektren Al I bis S IV.

Modells Tauchbahnen entsprechen. Nach LANDÉ wird der Faktor $(Z - \sigma_2)^4$ aufgespalten in $Z_i^2 \cdot Z_a^2$, wobei Z_a die äußere Kernladungszahl $Z_a = Z - (z - 1)$ bedeutet, die für den äußeren, außerhalb des Atomrumpfes verlaufenden Teil der Bahn maßgeblich ist, und $Z_i = Z - \sigma_2'$ eine innere Kernladungszahl bedeutet, die der Abschirmung des Elektrons in dem im Inneren des Atomrumpfes verlaufenden Teil der Bahn Rechnung trägt. Außerdem ist statt n

die effektive Quantenzahl n^* einzusetzen, so daß die Aufspaltungsformel lautet

$$\Delta\nu = \frac{R\alpha^2(Z-\sigma_2')^2 Z_a^2}{n^{*3}\,l(l+1)}. \tag{71}$$

Auch diese Formel stellt die Termaufspaltungen gut dar. Wir zeigen dies an den Abb. 70, 71, 72 und 73. In diesen ist

$$Z_i = Z - \sigma_2' = \sqrt{\frac{\Delta\nu n^{*3} l(l+1)}{R\alpha^2 Z_a^2}}$$

als Funktion von Z für die tiefsten P-Terme einiger Folgen von Spektren aufgetragen. Wenn σ_2' konstant ist, so müssen in diesen Abbildungen die Kurven für Z_i parallel zu der unter 45° geneigten, in den Abbildungen gestrichelt eingezeichneten Graden verlaufen. Aus der Parallelverschiebung läßt sich dann der Betrag von σ_2' entnehmen. Wie man sieht, ist σ_2' nahezu konstant in einer Folge homologer Spektren, zeigt aber z. B. in der Folge der Spektren Na I bis S VI eine Abhängigkeit von Z in dem Sinne, daß σ_2' für kleine Z zu groß ist und sich mit wachsendem Z einem konstanten Wert nähert.

Zusammenfassende Darstellungen der Seriengesetze der Linienspektren (chronologisch geordnet).

H. Kayser, Gesetzmäßigkeiten in den Spektren. Handb. der Spektroskopie **2**, Kap. VIII. Leipzig: S. Hirzel 1902.

H. Konen, Das Leuchten der Gase und Dämpfe mit besonderer Berücksichtigung der Gesetzmäßigkeiten in den Spektren, Bd. 49 der Sammlung „Wissenschaft". Braunschweig: Fr. Vieweg u. Sohn 1913.

W. M. Hicks, A Treatise on the Analysis of Spectra. Cambridge, University Press 1922.

A. Sommerfeld, Atombau und Spektrallinien, 4. Aufl., Kap. 7. Braunschweig: Fr. Vieweg u. Sohn 1924.

C. Runge, Die Seriengesetze in den Spektren der Elemente. Encyklop. d. math. Wissensch. **5** III, Kap. 26. Leipzig: Teubner 1925.

E. C. C. Baly, Spectroscopy, **3**, Chap. I. London: Longmans, Green u. Co. 1927.

F. Hund, Linienspektren und periodisches System der Elemente. Sammlung „Struktur der Materie". Berlin: Julius Springer 1927.

K. W. Meissner, Seriengesetze der Linienspektren. Handb. der physikalischen Optik, herausgeg. von E. Gehrcke, **2** I, Kap. 9. Leipzig: J. A. Barth 1927.

F. Paschen, Serienspektren. Müller-Pouillets Lehrbuch der Physik, 11. Aufl., **2** III, Kap. 31. Braunschweig: Vieweg u. Sohn 1928.

W. Grotrian, Graphische Darstellung der Spektren von Atomen und Ionen mit ein, zwei und drei Valenzelektronen. Berlin: Julius Springer 1928.

R. Frerichs, Analyse und Bau der Linienspektra. Handb. der Physik, herausgeg. von H. Geiger und K. Scheel, **21**, Kap. 5. Berlin: Julius Springer 1929.

G. Joos, Ergebnisse und Anwendungen der Spektroskopie. Handb. der Experimentalphysik, herausgeg. von W. Wien u. F. Harms, **22** II, 1. bis 3. Kap. Leipzig: Akademische Verlagsgesellschaft 1929.

L. Pauling and S. Goudsmit, The Structure of Line Spectra. London: McGraw-Hill Publishing Co. 1930.

Tabellenwerke:

F. Exner u. E. Haschek, Wellenlängentabellen für spektralanalytische Untersuchungen auf Grund der ultravioletten Funkenspektren der Elemente. Leipzig u Wien 1902.

F. Exner u. E. Haschek, Wellenlängentabellen für spektralanalytische Untersuchungen auf Grund der ultravioletten Bogenspektren der Elemente. Leipzig u. Wien 1904.

J. M. EDER u. E. VALENTA, Atlas typischer Spektren. Wien 1911.

H. KAYSER, Handb. der Spektroskopie, **5** (1910); **6** (1912); **7**, 1. Lieferung. 1924. Leipzig: S. Hirzel.

F. EXNER u. E. HASCHEK, Die Spektren der Elemente bei normalem Druck. Leipzig u. Wien 1911.

F. PASCHEN u. R. GÖTZE, Seriengesetze der Linienspektren. Berlin: Julius Springer 1922.

A. FOWLER, Report on Series in Line Spectra. London: Fleetway Press 1922.

H. KAYSER, Tabelle der Schwingungszahlen der auf das Vakuum reduzierten Wellenlängen zwischen λ 2000 A und 10000 A. Leipzig: S. Hirzel 1925.

H. KAYSER, Tabelle der Hauptlinien der Linienspektra aller Elemente nach Wellenlängen geordnet. Berlin: Julius Springer 1926.

CH. E. ST. JOHN, CH. E. MOORE, L. M. WARE, E. F. ADAMS, H. D. BABCOCK, Revision of Rowland's Preliminary Table of Solar Spectrum Wave-Lengths with an Extension to the Present Limit of the Infra-red. Publ. by Carnegie Institution of Washington 1928.

Kapitel 6.

Theorie der Multiplettspektren.

Von

O. LAPORTE-Ann Arbor, Mich.

Mit 30 Abbildungen.

a) Qualitative Struktur.

1. Einleitung. Das vorliegende Kapitel soll die Verallgemeinerung und Weiterbildung der spektroskopischen Gesetze, die sich aus dem Studium der Einelektronenspektren ergeben haben (vgl. Kapitel 5), für Spektra mit beliebig vielen Elektronen geben. Die im folgenden dargestellten Gesetze beanspruchen Gültigkeit für Spektren von Elementen in allen Teilen des periodischen Systems — nicht nur für die Bogenspektren, sondern auch für die Funkenspektren beliebig hoher Ordnung.

Das Kapitel 5 behandelt als Hauptgesetzmäßigkeit der einfacheren Spektren die Serie. Es war von jeher eine dem experimentellen Spektroskopiker bekannte Tatsache, daß im wesentlichen nur in den Spektren der ein-, zwei- und dreiwertigen Metalle, d. h. also in den drei ersten Spalten des periodischen Systems, Serien wirklich die prominenteste Gesetzmäßigkeit bilden. In den weiteren Vertikalreihen tritt die Serie als solche mehr und mehr gegenüber der immer ausgedehnter werdenden Struktur der einzelnen Glieder zurück. Wir können somit erwarten, daß diese komplizierter gebauten Spektren uns erst die volle Entfaltung der Gesetze der Feinstrukturen zeigen werden, deren erste Anfänge schon in den serienhaften Spektren der Alkalien und Erdalkalien zu sehen waren.

Das Fundament aller spektroskopischen Gesetze ist die BOHRsche Frequenzbedingung, wonach die Frequenz ν einer Spektrallinie als Differenz zweier Zahlen, Energien W/h oder Terme oder Niveaus T, darstellbar ist:

$$\nu_{12} = \frac{W_1 - W_2}{h} = T_1 - T_2 .$$

Empirisch wird sich hiernach zeigen müssen, daß in einer Gruppe von Linien, die von zwei Gruppen von Termen ($T_1, T_2, \ldots T_n$ bzw. $T'_1, T'_2, \ldots T'_m$) resultieren, zwei Sätze von exakt konstanten Frequenzdifferenzen ($T_1 - T_2$, $T_2 - T_3 \ldots$ bzw. $T'_1 - T'_2, T'_2 - T'_3 \ldots$) auftreten müssen. Im günstigsten Falle, der praktisch nie erreicht wird[1], werden also nm Spektrallinien durch $n + m$ Terme T darstellbar sein, in der Tat eine große Vereinfachung, die dabei noch Aufschlüsse über wichtige Atomkonstanten, die Termdifferenzen, gibt. In der folgenden Tabelle 1 ist eine Gruppe von 30 Linien im Bogenspektrum des Neons im Sinne der BOHRschen Frequenzbedingung als Kombination zweier Termgruppen $2s_2$ bis $2s_5$ und $2p_1$ bis $2p_{10}$ angeordnet. Die achtstellig an-

[1] Siehe Ziff. 2.

gegebenen Wellenlängen sind besonders genau interferometrisch gemessen[1]. Unter den Wellenlängen sind die reziproken Werte, die Wellenzahlen in cm^{-1} angegeben. Es ist befriedigend, zu sehen, daß die Frequenzdifferenzen, wie es

Tabelle 1.

Term		$2s_2$		$2s_3$		$2s_4$		$2s_5$
	$2s_i-2s_j$ $2p_i-2p_j$		1070.0771		359.3549		417.4478	
$2p_1$		5852.4880 17082.0264				5400.5620 18511.4588		
	1932.2832	1932.2829				1932.2836		
$2p_2$		6598.9525 15149.7435	1070.0771	6163.5944 16219.8206	359.3545	6029.9972 16579.1752	417.4481	5881.8954 16996.6232
	121.0215	(121.03)				121.0213		
$2p_3$		6652 15028.71—				6074.3377 16458.1539		
	58.9230	(58.91)				58.9226		
$2p_4$		6678.2760 14969.7990				6096.1630 16399.2313	417.4469	5944.8343 16816.6782
	86.3962	86.3960				(86.431)		86.3958
$2p_5$		6717.0427 14883.4030	(1070.0779)	6266.4950 15953.4809	(359.319)	6128 16312.800—	(417.482)	5975.5340 16730.2824
	456.2521	456.2530				(456.218)		456.2508
$2p_6$		6929.4678 14427.1500				6304.7893 15856.5824	417.4494	6143.0624 16274.0316
	194.2678	(194.265)				194.2672		194.2683
$2p_7$		7034 14232.885—	(1070.074)	6532.8827 15302.9590	359.3562	6382.9913 15662.3152	417.4481	6217.2807 16079.7633
	297.3717	(297.376)				297.3714		297.3729
$2p_8$		7173 13935.509				6506.5278 15364.9438	417.4466	6334.4280 15782.3904
	167.2782							167.1782
$2p_9$								6402.2455 15615.2122
	(1399.255)							(1399.255)
$2p_{10}$		8082 12369.09—	(1070.06)	7438 13439.149—	(359.358)	7245 13798.507—	(417.450)	7032 14215.957—

nach der BOHRschen Frequenzbedingung auch sein soll, mit derselben Genauigkeit rekurrieren, mit der die λ angegeben sind. Die Schwankung der uneingeklammerten $\Delta\nu$ beträgt etwa eine Einheit in der dritten Stelle nach dem Punkt. Am

[1] W. F. MEGGERS u. K. BURNS, Sci Pap Bur Stand Nr. 441, Bd. 18, S. 188 (1922). K. BURNS, Journ Opt Soc 11, S. 301 (1925).

Kopfe und am linken Rand der Tabelle sind die so erhaltenen Differenzen angegeben. Die Bezeichnung für beide Niveaugruppen ($2s$ und $2p$) sowie die Interpretation der ganzen Gruppe wird uns noch in Ziff. 29 beschäftigen.

Derartige Differenzgesetzmäßigkeiten sind den Spektroskopikern schon lange vor der BOHRschen Theorie, ja schon etwas vor BALMERS Entdeckung der Serien im Wasserstoff, in verschiedenen Teilen des periodischen Systems aufgefallen[1]. Die auftretenden Frequenzdifferenzen liefern, falls wir ihre absolute Konstanz postulieren, ein Kriterium für die Güte der Wellenlängenmessungen in dem betreffenden Spektrum[2]. Darüber hinaus ist es mit Hilfe der konstanten Differenzen möglich, Wellenlängen in Spektralgebieten, welche exakten Messungen kaum zugänglich sind, auf Grund von Messungen in wohlerforschten Gebieten sehr genau vorauszuberechnen und sie dann als Standardwerte zu benutzen.

Die Struktur der Spektren wird sich sowohl von der Kernladungszahl Z als auch von der Anzahl z der Elektronen im Atom als abhängig erweisen. Eine Gesetzmäßigkeit allgemeinster Art, der Verschiebungssatz von SOMMERFELD und KOSSELL[3], behauptet, daß die Struktur der Spektren, was qualitative Unterschiede anlangt, von Z unabhängig ist. Nur die relative Lage der Terme zueinander, ihr Abstand, hängt von der Kernladung ab. Verglichen hiermit, ist die Abhängigkeit der spektralen Struktur von z viel ausgeprägter und interessanter. Sie wird uns zunächst beschäftigen.

2. Vektormodell. α) Rekapitulation der Grundbegriffe im Einelektronenspektrum. Um zu wissen, wie in Atomen mit mehreren Elektronen die möglichen Zustände durch Zuordnung von Quantenzahlen zu charakterisieren sind, müssen wir erst rekapitulieren, wie viele und welche Quantenzahlen zur eindeutigen Charakterisierung eines Elektrons oder eines Spektralniveaus in einem Einelektronenspektrum nötig sind.

Die totale oder Hauptquantenzahl n unterscheidet die einzelnen Seriennglieder. Sie wird uns in dieser und den nächsten Ziffern nicht beschäftigen. Dagegen ist für uns wichtig die azimutale Quantenzahl l, welche (bis auf einen Faktor $h/2\pi$) den gequantelten Bahnimpuls darstellt. Für ein Elektron mit der Hauptquantenzahl n kann sie alle ganzzahligen Werte annehmen, die nach der Ungleichung

$$0 \leqq l \leqq n-1 \tag{1}$$

zugelassen sind[4]. Weiterhin besitzt das Elektron ein immanentes Impulsmoment, das wir durch die Quantenzahl s charakterisieren. Bemerkenswerterweise ist dieses Impulsmoment nur eines einzigen Wertes fähig, nämlich $\frac{1}{2}\frac{h}{2\pi}$; somit ist stets

$$s = \tfrac{1}{2}. \tag{2}$$

Aus formalen Gründen werden wir jedoch den Buchstaben s beibehalten.

Die befriedigendste Theorie dieser Quantenzahl s ist zweifellos die wellenmechanisch-relativistische von DIRAC[5], deren Darstellung nicht in den Rahmen dieses Berichts fällt. Außerdem ist ihre Verallgemeinerung auf Vielkörpersysteme noch unbekannt. Dagegen genügt für unsere Zwecke vollkommen die

---

[1] W. H. HARTLEY, On Homologous Spectra. J Chem Soc 43, S. 390 (1883); H. KAYSER u. C. RUNGE, Abhdl Preuß Akad 1894.

[2] W. F. MEGGERS, Ap J 60, S. 60 (1924); K. BURNS, J Opt Soc 11, S. 301 (1925).

[3] Verhandl Deutsch Phys Ges 21, S. 240 (1919).

[4] Diese Gleichung kann streng nur durch die Wellenmechanik begründet werden. „Modellmäßig" ist l mit der Exzentrizität der einem Kreise einbeschriebenen Ellipsen verknüpft; eine einfache geometrische Betrachtung liefert dann jedoch $1 \leqq l \leqq n$, abweichend von der obigen Bedingung.

[5] London R S Proc A 117, S. 610 (1928).

schöne und anschauliche Idee von GOUDSMIT und UHLENBECK[1], wonach jedem Elektron eine Eigenrotation mit dem Impulsmoment $\frac{1}{2}\frac{h}{2\pi}$, der sog. „Spin", zugeschrieben wird. Während also die Quantenzahl l der „jährlichen" Bewegung zugeordnet ist, entspricht s der „täglichen" Rotation. Diese Hypothese ist in dem ROSSELANDschen Kapitel ausführlich besprochen worden.

Bekanntlich addieren sich die beiden Quantenzahlen l und s vektoriell zu ihrer Resultanten

$$j = s + l, \tag{3}$$

der inneren Quantenzahl, zusammen. Daher die Dublettstruktur der Alkalien (vgl. Kapitel 5, S. 514). Zu einem jeden l-Wert gehören zwei Niveaus mit den j-Werten $l + \frac{1}{2}$ und $l - \frac{1}{2}$. Aber auch diese sind nicht einfach; in ihnen steckt noch eine Feinstruktur, die durch ein äußeres Magnetfeld der Beobachtung zugängig wird (ZEEMANN-Effekt; vgl. Kapitel 4, S. 429). Ein Niveau mit der inneren Quantenzahl j spaltet sich nämlich noch in

$$N_j = 2j + 1 \tag{4}$$

äquidistante Niveaus auf, die durch die magnetische Quantenzahl m unterschieden werden nach der Beziehung

$$-j \leqq m \leqq +j. \tag{5}$$

Ein Elektron wird also durch fünf Quantenzahlen charakterisiert:

$$n, l, s, j, m. \tag{6}$$

Einschränkend ist aber, wie schon oben bemerkt, daß s nur den Wert $\frac{1}{2}$ annehmen kann.

Der Vollständigkeit halber erwähnen wir noch den Fall eines so starken äußeren Magnetfeldes, daß die Koppelung zwischen l und s zersprengt wird, daß also l und s sich nicht mehr zu einer Resultante zusammensetzen, sondern einzeln räumlich gequantelt werden nach den zu (5) analogen Ungleichungen:

$$\left.\begin{aligned} -l \leqq m_l \leqq +l \\ -s \leqq m_s \leqq +s. \end{aligned}\right\} \tag{5a}$$

Das ein Elektron vollständig charakterisierende Quintupel von Quantenzahlen ist dann

$$n, l, s, m_l, m_s. \tag{6a}$$

β) Was geschieht nun im Falle mehrerer, sagen wir N Elektronen?

Eine naheliegende Verallgemeinerung ist die, auch hier vektorielle Addition der N Bahnmomente l und der N Spinmomente s anzunehmen. Nennen wir die Resultante, somit also das Gesamtimpulsmoment des Atoms J, so wird:

$$\sum_1^N s_i + \sum_1^N l_i = J, \tag{7}$$

wobei, wie nochmals betont werde, alle Summationen vektoriell zu nehmen sind. J wird die innere Quantenzahl genannt.

Ein wichtiges Ergebnis läßt sich schon hier erkennen. Da alle s_i gleich $\frac{1}{2}$ sind, wird ihre geometrische Summe bei gerader Elektronenzahl ganzzahlig,

[1] Naturwissenschaften 13, S. 953 (1925); Nature 117, S. 264 (1926).

bei ungerader halbzahlig[1]. Dasselbe gilt somit auch für J, da $\sum l$ wegen (1) immer ganzzahlig ausfällt. Wir stellen also fest:

Spektra, die von Atomen oder Ionen mit gerader Elektronenzahl emittiert werden, haben Niveaus mit ganzzahligen inneren Quantenzahlen, solche mit ungerader Elektronenzahl halbzahlige innere Quantenzahlen.

Als ein einfaches numerisches Beispiel betrachten wir ein Atom mit zwei Elektronen, eines in einer Bahn mit $l = 1$, das andere mit $l = 2$. Wir müssen demnach

$$\tfrac{1}{2} + \tfrac{1}{2} + 1 + 2,$$

vektoriell addieren und erhalten als mögliche Werte des Totalimpulsmomentes

$$J = 0, 1, 1, 1, 2, 2, 2, 2, 3, 3, 3, 4. \tag{8}$$

Bei einer größeren Anzahl von Valenzelektronen ergibt sich also eine beträchtliche Zahl von J-Werten. Dies ist eine der vielen Ursachen für die unverhältnismäßig hohe Komplexität der Energiediagramme und damit für den enormen Linienreichtum der Spektren mit mehr als einem Valenzelektron.

Andererseits werden die Kombinationsmöglichkeiten wieder etwas eingeschränkt durch Auswahlregeln, wie der Leser sie schon im Kapitel 5, S. 514, bei den einfachen Spektren kennengelernt hat. Es ist offenbar, daß für unser durch (7) als Gesamtimpuls eingeführtes J dieselbe Auswahlregel gelten muß, wonach nur Kombinationen mit nicht verschwindender Intensität vorkommen, für die

$$J \begin{matrix} \nearrow J-1 \\ \rightarrow J \\ \searrow J+1 \end{matrix} \tag{9}$$

übergeht, wobei aber der Übergang

$$0 \rightarrow 0 \tag{9a}$$

auszuschließen ist.

Als numerisches Beispiel betrachten wir die Kombinationsmöglichkeiten der Gruppe (6) mit einer durch $l_1 = 1$ und $l_2 = 1$ erzeugten, die die J-Werte

$$0, 0, 1, 1, 1, 1, 2, 2, 2, 3 \tag{10}$$

besitzt. Die Auswahlregeln beschränken also die 120 Kombinationsmöglichkeiten auf 76 — eine immer noch erhebliche Anzahl Spektrallinien.

Die Auswahlregeln sind für den Spektroskopiker immer das unmittelbarste Werkzeug zur Erkennung der inneren Quantenzahl. Die „verbotenen“ Kombinationen mit $|\Delta J| > 1$ werden in einem Differenzschema, wie dem in Ziff. 1, S. 604 beschriebenen, charakteristische Lücken hervorrufen. Wie man sich aber leicht überzeugt, genügt die Auswahlregel $\Delta J = 1, 0, -1$ zur absoluten Festlegung der Werte der inneren Quantenzahl noch nicht; erst die Zusatzregel (9a) $0 \nrightarrow 0$ leistet dies — vorausgesetzt natürlich, daß unter den kombinierenden Niveaus überhaupt zwei oder mehr Niveaus mit $J = 0$ vorkommen. Bei halbzahligen J, also in Spektren mit ungerader Elektronenzahl, ist deshalb eine absolute Fixierung der inneren Quantenzahl auf diese Weise gar nicht möglich.

Hier entscheidet immer noch der ZEEMAN-Effekt. Unter dem Einfluß eines äußeren Magnetfeldes[2] spaltet sich, genau wie im Einelektronenfall, jedes Niveau

---

[1] Wie bei allen Quantenzahlen nehmen wir hier an, daß die Differenz zwischen zwei sukzessiven Werten gleich Eins ist. Geometrisch bedeutet das für die Spinvektoren, daß alle s entweder parallel oder antiparallel zueinander liegen. Letzten Endes wird diese bedeutende Einschränkung der Zusammensetzungsmöglichkeiten erst durch die Übereinstimmung mit der spektroskopischen Erfahrung gerechtfertigt (vgl. jedoch Ziff. 7 über Hyperfeinstrukturen).

[2] Das nicht zu stark sein soll (vgl. Ziff. 21 β).

in $2J+1$ äquidistante Niveaus auf, die durch die magnetische Quantenzahl M unterschieden werden nach der Ungleichung:

$$-J \leqq M \leqq +J. \tag{5b}$$

Geometrisch ist M die Projektion des Vektors J in die Feldrichtung; natürlich ist auch sie ganzzahlig oder halbzahlig, je nach der Elektronenzahl. In Abb. 1, 2 sind die Projektionen von J für die Fälle $J=3$ und $J=\frac{1}{2}$ gezeigt.

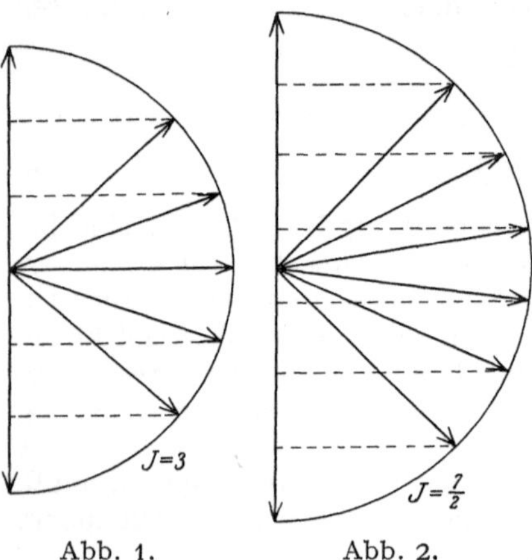

Abb. 1. Abb. 2.

Nachdem also durch den ZEEMAN-Effekt die experimentelle Bestimmung der J-Werte eines jeden Niveaus prinzipiell möglich ist, erhebt sich die tiefergehende Frage nach den individuellen Elektronenquantenzahlen s_i, l_i, deren Resultante das beobachtete J ist. Offenbar gewinnt diese Frage erst einen eindeutigen Sinn, wenn wir mehrere Niveaus ins Auge fassen, die alle die gleichen s_i- und l_i-Quantenzahlen haben[1]. Dafür ist es notwendig, daß in diesem Sinne verwandte Niveaus auch in Wirklichkeit nahe genug benachbart sind, also im Energiediagramm eine klar erkennbare Gruppe bilden und sich nicht Gruppen, die anderen s_i- und l_i-Kombinationen entsprechen, überlagern. Wir werden noch öfters ähnliche Forderungen zu stellen haben. Der tatsächliche Abstand in cm^{-1} muß die Zusammengehörigkeit von Niveaus direkt erkennbar machen, sonst kann von einer weiteren Identifikation von Quantenzahlen außer der inneren Quantenzahl J keine Rede sein.

3. Koppelungsschemata. Vorbereitendes. In vielen Spektren lassen sich nicht nur die Niveaus einer solchen Gruppe leicht isolieren, sondern auch innerhalb der Gruppe machen sich noch Untergruppen bemerkbar, die es erlauben, auf den Grad der Wechselwirkung zwischen den einzelnen Quantenvektoren, d. h. auf die Reihenfolge der Additionen in Gleichung (7), zu schließen.

Nehmen wir einmal an, daß drei Quantenvektoren zu addieren sind

$$J = q_1 + q_2 + q_3.$$

Die Wechselwirkungsenergie zwischen q_1 und q_2 sei groß gegen die Wechselwirkungsenergie zwischen q_3 sowohl mit q_1 wie mit q_2. Infolgedessen wird die durch Addition von q_1 und q_2 hervorgerufene Aufspaltung groß sein verglichen mit der Aufspaltung, die durch Addition der resultierenden Vektoren $q_1 + q_2$ mit q_3 verursacht wird.

Als Zahlenbeispiel geben wir:

$$J = \tfrac{1}{2} + \tfrac{3}{2} + 1,$$

wobei die Koppelung zwischen den beiden ersten Vektoren besonders innig sei. Wir erhalten:

$$J = \begin{Bmatrix} 2 \\ 1 \end{Bmatrix} + 1 = \begin{Bmatrix} 321 \\ 210 \end{Bmatrix}, \tag{11a}$$

wobei die Schreibweise die Zusammengehörigkeit der Niveaus andeuten soll. Wir erwarten dann die in Abb. 3 gezeigte Anordnung der Niveaus. Ist anderer-

[1] Vgl. die Zahlenbeispiele (8) und (10).

seits die Wechselwirkung zwischen $q_1 = \frac{1}{2}$ und $q_3 = 1$ überwiegend, dann erhalten wir:

$$J = \begin{Bmatrix} \frac{3}{2} \\ \frac{1}{2} \end{Bmatrix} + \tfrac{3}{2} = \begin{Bmatrix} 0\ 1\ 2\ 3 \\ 1\ 2 \end{Bmatrix}, \tag{11b}$$

welche Anordnung wir in Abb. 4 wiedergegeben haben.

Obwohl natürlich in jedem Fall die schließlich erscheinenden J-Resultanten die gleichen sind, ist der Unterschied in der Gruppierung ein wesentlicher, denn er gestattet einen Rückschluß auf die intermediären Resultanten. [In Fall (11a) 2, 1 und in Fall (11b) $\frac{3}{2}$, $\frac{1}{2}$.] Wer anschauliche Modellvorstellungen liebt, sei daran erinnert, daß klassisch die Änderung der Energie pro Quantenzahleinheit proportional der zugehörigen Präzessionsfrequenz ist: die gekoppelten Vektoren q_1 und q_2 werden also eine schnelle Präzession um ihre Resultante $q_1 + q_2$ ausführen, die ihrerseits zusammen mit q_3 langsam um die Hauptresultante J präzediert.

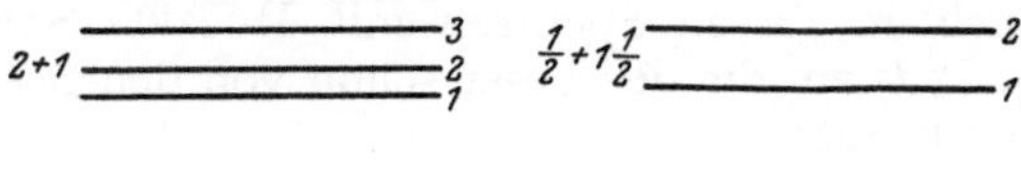

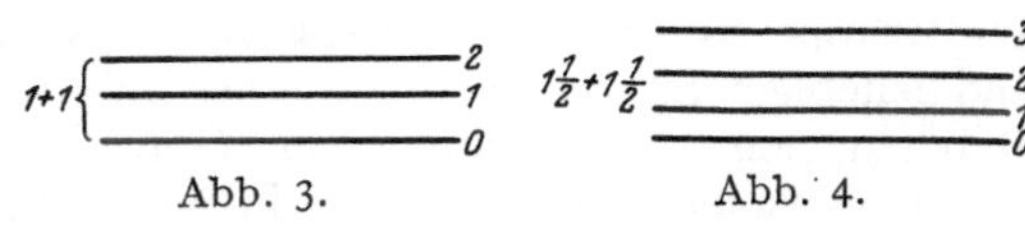

Abb. 3. Abb. 4.

Zusammenfassend können wir also sagen, daß außer der Identifikation von J die weitere Zuschreibung einer Quantenzahl s_i oder l_i zu einem Niveau nur dann möglich ist, wenn die zugehörige Wechselwirkungsenergie klein ist verglichen mit allen übrigen. Das heißt also, wenn die durch sie bewirkte Aufspaltung klein ist verglichen mit allen übrigen.

4. Das RUSSELL-SAUNDERSsche Koppelungsschema. Wir schreiten nun zur Besprechung spezieller Arten der Vektoraddition oder, wie man sie auch nennt, Koppelungsschemata. An erste Stelle kommt hier das RUSSELL-SAUNDERSsche Koppelungsschema[1], welches in vielen Spektren, besonders der leichten Elemente, realisiert ist. Hier überwiegt die Wechselwirkung der Spinvektoren s_i miteinander und der Bahnmomente l_i miteinander, so daß sich tatsächlich ein resultierender Spinvektor

$$S = \sum s_i, \tag{12}$$

und ein resultierendes Bahnmoment

$$L = \sum l_i, \tag{13}$$

bemerkbar machen, die sich ihrerseits zum Gesamtimpulsmoment

$$J = S + L \tag{7a}$$

zusammensetzen. Die durch die letzte Vektoraddition hervorgerufene Aufspaltung ist dabei klein, verglichen mit den durch (12) und (13) verursachten.

Die Beziehung $J = S + L$ ist genau analog der Beziehung (3) für das Einelektronenproblem — mit dem einzigen und wichtigen Unterschied, daß jetzt je nach der Elektronenzahl ganz- und halbzahlige Spinvektoren vorkommen können. Letztere sind wiederum durch (12) gegeben, welche Gleichung auch geschrieben werden kann, wenn wir, wie vorher, mit N die Anzahl Elektronen bezeichnen:

$$S = \sum_1^N s_i = \begin{Bmatrix} 0,\ 1,\ 2 \cdots \frac{N}{2}; & N \text{ gerade} \\ \frac{1}{2}, \frac{3}{2}, \frac{5}{2} \cdots \frac{N}{2}; & N \text{ ungerade}. \end{Bmatrix} \tag{14}$$

[1] H. N. RUSSELL u. R. F. SAUNDERS, Ap J 61, S. 38 (1925); s. insbesondere S. 60.

Wenn man sich experimentell über das Element, dessen Spektrum man zu untersuchen wünscht, im klaren ist, wenn man also seine Anzahl Valenzelektronen kennt, dann steht nach obiger Beziehung die Auswahl der S-Werte, die in dem Spektrum vorkommen werden, schon fest. Ferner sind die J-Werte nach der Auswahlregel oder durch ZEEMAN-Effekte absolut bestimmbar. Faßt man also eine Gruppe von eng beieinander liegenden Niveaus mit sukzessiven J-Werten zusammen, so wird man mit ziemlicher Sicherheit auf die Quantenzahl L, das resultierende Bahnmoment, schließen können. Den L-Werten ordnet man auch in diesen Spektren mit RUSSELL-SAUNDERS-Koppelung die Buchstaben S, P, D zu, die der Leser schon von den Spektren der Alkalien und Erdalkalien her kennt:

$$\begin{matrix} L = & 0 & 1 & 2 & 3 & 4 & 5\ldots \\ & S & P & D & F & G & H\ldots \end{matrix} \tag{15}$$

Eine Gruppe Niveaus mit sukzessiven J-Werten, die aus Addition eines vorderhand beliebigen Spinvektors und eines Bahnmomentenvektors mit $L = 2, 3, 4\ldots$ entstehen, nennt man dann einen $D, F, G\ldots$-Term.

Als Beispiel betrachten wir in einem Spektrum von drei Elektronen eine Gruppe von Niveaus mit den inneren Quantenzahlen

$$J = \tfrac{1}{2}\ \tfrac{3}{2}\ \tfrac{5}{2}.$$

Nach (14) sind in dem betreffenden Spektrum die Spinvektoren

$$S = \tfrac{1}{2}\ \tfrac{3}{2}$$

möglich. Gesucht ist L. Zunächst sieht man, daß $S = \frac{1}{2}$ ausscheidet, da bei Addition eines beliebigen L-Wertes zu $S = \frac{1}{2}$ immer nur zwei J-Werte herauskommen. Dagegen ergibt $S = \frac{3}{2}$ mit $L = 1$ kombiniert in der Tat die gewünschten J-Werte. Wir haben hier also einen P-Term. Nicht immer läßt sich die Zuweisung der L- und S-Werte so eindeutig ausführen. Betrachten wir einen Term mit den Quantenzahlen

$$J = 1, 2, 3.$$

Das Spektrum werde von einem Atom mit vier Elektronen emittiert; also sind die Spins

$$S = 0, 1, 2$$

möglich. Es zeigt sich nun, daß obiger Term sowohl als P-Term mit $S = 2$ als auch als D-Term mit $S = 1$ angesprochen werden kann. (In Spektren mit ausgeprägter RUSSELL-SAUNDERS-Koppelung läßt sich jedoch die Entscheidung leicht durch Intensitätsbeobachtungen treffen; s. hierfür Ziff. 27.)

Wir schreiben nun alle möglichen Gruppen von J-Werten, geordnet nach der Größe des Spinvektors, an (vgl. Tab. 2). In einer zu einem bestimmten S gehörigen Rubrik wird dann L von Null aufwärts variiert, und durch jeweilige Addition nach (7a) werden die J-Werte der SPD-Terme erhalten. Wie man sieht, nimmt die Vielfachheit eines Terms von dem einfachen S-Term an, für den $J = S$ ist, zunächst wie die ungeraden Zahlen zu bis zur Erreichung einer konstanten Vielfachheit, auch permanente Multiplizität genannt, die für das Termsystem typisch ist. In Tabelle 2 ist darum jedes System von SPD-Termen je nach seiner permanenten Multiplizität, Singulett-, Dublett-, Quintettsystem genannt. Nennen wir die permanente Multiplizität R, so besteht die folgende Beziehung zwischen R und dem für das Termsystem konstanten Spin S:

$$R = 2S + 1. \tag{16}$$

Tabelle 2.

	Ungerade Multiplizität								Termsymbol	Gerade Multiplizität								
L \ J	0	1	2	3	4	5	6	7		½	1½	2½	3½	4½	5½	6½	7½	J / L
0	0							Singulettsystem	S	½							Dublettsystem	0
1		1							P	½	1½							1
2			2						D		1½	2½						2
3				3					F			2½	3½					3
4					4				G				3½	4½				4
0		1						Triplettsystem	S		1½						Quartettsystem	0
1		1	2						P	½	1½	2½						1
2		1	2	3					D	½	1½	2½	3½					2
3			2	3	4				F		1½	2½	3½	4½				3
4				3	4	5			G			2½	3½	4½	5½			4
0			2					Quintettsystem	S			2½					Sextettsystem	0
1		1	2	3					P		1½	2½	3½					1
2	0	1	2	3	4				D	½	1½	2½	3½	4½				2
3		1	2	3	4	5			F	½	1½	2½	3½	4½	5½			3
4			2	3	4	5	6		G		1½	2½	3½	4½	5½	6½		4
0				3				Septettsystem	S				3½				Oktettsystem	0
1			2	3	4				P			2½	3½	4½				1
2		1	2	3	4	5			D		1½	2½	3½	4½	5½			2
3	0	1	2	3	4	5	6		F	½	1½	2½	3½	4½	5½	6½		3
4		1	2	3	4	5	6	7	G	½	1½	2½	3½	4½	5½	6½	7½	4

Wenn wir nun die so definierte Multiplizität in die Beziehung (14) einführen, kommen wir zu folgendem einfachen Satz:

In Spektren, die von Atomen oder Ionen mit $\frac{\text{ungerader}}{\text{gerader}}$ Elektronenzahl emittiert werden, treten Termsysteme $\frac{\text{gerader}}{\text{ungerader}}$ Multiplizität auf. Das System niedrigster Multiplizität ist ein $\frac{\text{Dublett-}}{\text{Singulett-}}$ System, das System höchster Multiplizität ist gleich der Anzahl Valenzelektronen vermehrt um eins oder gleich der Spaltennummer des Elements im periodischen System[1]. Dies ist wohl die allgemeinste Fassung des RYDBERGschen Wechselsatzes, der den ersten Versuch, die Feinstruktur aller Spektren gesetzmäßig zusammenzufassen, darstellt.

Wir merken noch folgende Relationen an: Die größte innere Quantenzahl $J_{\max}$ eines vielfachen Terms ist durch die algebraische Summe von l und s gegeben während die kleinste durch

$$\left.\begin{aligned} J_{\max} &= l + s, \\ J_{\min} &= |l - s| \end{aligned}\right\} \tag{17}$$

gegeben ist. Wir können somit statt (7a) in Analogie zu (5) auch schreiben, indem wir alle Quantenzahlen für den Augenblick nicht als Vektoren, sondern als reine Zahlen auffassen:

$$|L - S| \leqq J \leqq L + S. \tag{18}$$

[1] Dies ist nur bei genügend kleiner Anzahl von Elektronen, d. h. in den vorderen Spalten des periodischen Systems, korrekt. Für strenge Formulierung s. Ziff. 10.

Ferner ist die Anzahl der Niveaus eines vielfachen Terms gleich

$$\left.\begin{matrix} 2L+1 \\ 2S+1 \end{matrix}\right\} \text{ je nachdem } \left\{\begin{matrix} L < S \\ L > S \end{matrix}\right.$$

Die verschiedenen Terme mit gleichem L, aber verschiedenem S unterscheidet man durch Anhängen der durch (16) eingeführten Multiplizität R als oberen Index vor dem Symbol SPD. Den in dem Beispiel auf S. 610 besprochenen Term schreiben wir also ^4P (gelesen Quartett-P); den in demselben Abschnitt behandelten Term mit $J = 1, 2, 3$ können wir also als ^5P oder auch als ^3D auffassen. Die einzelnen Niveaus eines Terms[1] unterscheiden wir durch Anhängen der inneren Quantenzahl als unteren Index. Somit schreiben wir für das Niveau eines ^6D-Terms, welches das größte J hat, $^6D_{5\frac{1}{2}}$.

Im Gegensatz zur Betrachtung der Spinsumme, die wegen des universellen Beitrags $S = \frac{1}{2}$ sofort zu obigen einfachen und schönen Ergebnissen führte, bietet die Behandlung der Vektorsumme L und ihre Aufspaltung in individuelle $l_1, l_2, \ldots$ eine Fülle von Problemen, die von Spektrum zu Spektrum verschieden sind. Denn prinzipiell gibt es keine Beschränkungen für die Bahnmomente l_i [außer der hier nicht sehr wichtigen Beschränkung (1), S. 605], denn durch äußere Anregung stehen ja einem Elektron beliebige n- und damit l-Werte offen.

Aus der Mannigfaltigkeit der möglichen Kombinationen wählen wir als einfachste nichttriviale den Fall der zwei Elektronen

$$L = l_1 + l_2 \tag{13a}$$

und geben dem einen l_1 einmal den festen Wert 0, dann 1, dann 2 usw., während jedesmal l_2 von Null aufwärts alle Werte annimmt. Wir erhalten so die Tabelle 3. Der Leser denke sich jeden Term zweimal hingeschrieben, einmal als Singulett-, einmal als Tripletterm.

Tabelle 3.

l_2	L: 0	1	2	3	4	5	6	l_2
0	S					$l_1 = 0$		0
1		P						1
2			D					2
3				F				3
4					G			4
0		P				$l_1 = 1$		0
1	S	P	D					1
2		P	D	F				2
3			D	F	G			3
4				F	G	H		4
0			D			$l_1 = 2$		0
1		P	D	F				1
2	S	P	D	F	G			2
3		P	D	F	G	H		3
4			D	F	G	H	I	4

Die Ähnlichkeit mit den Singulett-, Triplett- und Quintettsystemen der Tabelle 2 fällt sofort ins Auge. Das Analogon des Septettsystems erhält man entsprechend aus $l_1 = 3$ bei veränderlichem l_2. Analoga zu den Systemen mit geradem R sind natürlich wegen der Ganzzahligkeit der l_i ausgeschlossen. Allgemein sind die aus l_1 und l_2 möglichen Terme aus einer zu (18) analogen Ungleichung

$$|l_1 - l_2| \leqq L \leqq l_1 + l_2 \tag{19}$$

zu erhalten.

Beispiele. Gegeben seien zwei Elektronen, wobei $l_1 = 1$ und $l_2 = 2$. Nach (19) oder Tabelle 3 erhalten wir als resultierende Bahnmomente: $L = 1, 2, 3,$

[1] Dieser wenn auch willkürlichen Unterscheidung werde auch in Zukunft gefolgt. ^3P als Ganzes nennen wir also einen Term, der sich aus drei Niveaus mit $J = 0, 1, 2$ zusammensetzt.

d. h. nach (15) P, D, F-Terme. Gleichzeitig addieren sich nach (14) die Spins zu $S = 1{,}0$ zusammen, was nach (16) $R = 3{,}1$, also Triplett- und Singuletterme ergibt. Wir erhalten so insgesamt:

$$^1P_1 \quad ^1D_2 \quad ^1F_3 \quad ^3P_{012} \quad ^3D_{123} \quad ^3F_{234}, \tag{8a}$$

wobei wir gleichzeitig die inneren Quantenzahlen als untere Indizes nach (18) oder Tabelle 2 angehängt haben. Dies sind aber gerade die J-Werte (8) des Beispiels auf S. 607, hier im Sinne der RUSSELL-SAUNDERSschen Koppelung in sechs Gruppen angeordnet.

Als zweites Beispiel nehmen wir $l_1 = 1$ und $l_2 = 1$ und erhalten wegen $L = 0, 1, 2$:

$$^1S_0 \quad ^1P_1 \quad ^1D_2 \quad ^3S_1 \quad ^3P_{012} \quad ^3D_{123}. \tag{10a}$$

Die resultierenden J-Werte haben wir bereits unabhängig von jeglichen Koppelungsbetrachtungen unter (10) in dem Beispiel auf S. 607 erhalten.

Es erscheint von unserem Standpunkt aus überflüssig hervorzuheben, ist aber im Vergleich mit Einelektronenspektren wie denen der Alkalien bemerkenswert, daß eine bestimmte Elektronenkonfiguration, wie z. B. die obige, sechs Terme hervorzurufen vermag, und daß umgekehrt aus dem L-Wert eines einzelnen solchen Terms kein Rückschluß auf die Bahnmomente der Elektronen gezogen werden darf, wie es in den Alkalispektren möglich war. In den Kindheitstagen der Spektroskopie der Mehrelektronenspektren ist dieser Fehlschluß oft gezogen worden — erst die Vektoradditionstheorie brachte hier Klarheit.

Nachdem wir somit eine — jedenfalls bei ausgeprägter RUSSELL-SAUNDERS-Koppelung anwendbare — Methode zur Bestimmung der Bahnmomente l_i einer Termgruppe gefunden haben, muß wiederum unsere Bezeichnung erweitert werden, um auch die l_i anzudeuten und so zwischen Termen mit gleichem L, aber verschiedenen l_i zu unterscheiden. Gemäß der unter den Spektroskopikern allgemein gebräuchlichen Bezeichnung[1] setzen wir ein das individuelle Elektron charakterisierendes Symbol vor das Termsymbol ^RS, ^RP, RD .... Anstatt aber die totale Quantenzahl n und die azimutale l der erzeugenden Elektronen anzugeben, wurde eine Bezeichnung gewählt, die Anklänge an die spektroskopische Bezeichnung der Terme des Einelektronenspektrums hat. Statt

$$l_i = 1, 2, 3, 4, 5 \ldots$$

wird geschrieben

$$s, p, d, f, g \ldots \tag{15a}$$

und die Hauptquantenzahl n davor gesetzt. Somit schreiben wir für die verschiedenen möglichen „Bahnen"

$$1s,\ 2s\ 2p,\ 3s\ 3p\ 3d,\ 4s\ 4p\ 4d\ 4f,\ 5s \ldots$$

Diese Symbole sollen zur näheren Charakterisierung dem Termzeichen vorausgesetzt werden. Beispielsweise schreiben wir für die Elektronenkonfiguration, die die Terme (8a) liefert, $np\ n'd$; insbesondere für den Term ^1P nunmehr:

$$np\ n'd\ ^1P,$$

und für die Linien, welche die Kombination des ^3D in (10a) mit dem ^3F in (8a) darstellen:

$$np\ n'p\ ^3D_{123} - n''p\ n'''d\ ^3F_{234}.$$

Hierin mögen n bis n''' irgendwelche Hauptquantenzahlen bedeuten. Da diese letzteren als skalare Größen nie in unsere Vektorbetrachtungen herein-

[1] Report on Spectroscopic Notation by H. N. RUSSELL, A. G. SHENSTONE and L. A. TURNER, Phys Rev 33, S. 900 (1928). Wir werden uns in diesem Kapitel durchweg der dort vorgeschlagenen Bezeichnung bedienen.

gekommen sind und darum das Resultat nicht beeinflussen, lassen wir sie hier ganz offen. Hauptquantenzahlen werden uns erst in Ziff. 10 beschäftigen.

Da der Spin s_i stets gleich $\frac{1}{2}$ ist, braucht er glücklicherweise in unsere schon ohnehin etwas umständliche Bezeichnungsweise nicht hereingenommen zu werden. Eine Linienkombination zweier vielfacher Terme nennt man ein Multiplett.

5. Zahlenbeispiel zur Russell-Saunders-Koppelung.

Tabelle 4a.

Konfiguration	Term	J	Termgröße in cm^{-1}	$\Delta\nu$	Konfiguration	Term	J	Termgröße in cm^{-1}	$\Delta\nu$
									3353.85
$2p\,3s$	^3P	0	177 336.21		$2p\,3p$	^3S	1	147 036.00	
				118.36					*787.91*
		1	177 217.85		$2p\,3p$	^1S	0	146 278.09	
				256.94					*1962.80*
		2	176 960.91		$2p\,3p$	^3P	0	144 365.29	
				5447.49					*82.10*
$2p\,3s$	^1P	1	171 513.42				1	144 283.19	
									130.54
$2p\,3p$	^1D	2	153 636.88				2	144 152.65	
				2908.64					*13360.22*
$2p\,3p$	^3D	1	150 728.24		$2p\,3p$	^1P	1	130 792.43	
				136.34					
		2	150 951.90						
				220.05					
		3	150 371.85						
				3353.85					

Tabelle 4b.

$2p\,3p$	$2p\,3s$					
	$^3P_0 = 177\,336.21$		$^3P_1 = 177\,217.85$		$^3P_2 = 176\,960.91$	$^1P_1 = 171\,513.42$
$^1D_2 = 153\,636.88$			4 239.5(00) 23 581.1			5 592.37(6) 17 876.5
$^3D_1 = 150\,728.24$	3 751.21(5) 26 607.97	*118 38*	3 774.00(6) 26 489.59	*256.90*	3 810.96(2) 26 232.69	
			136.37		*136.31*	
$^3D_2 = 150\,951.90$			3 754.67(7) 26 625.96	*256.96*	3 791.26(6) 26 369.00	
					220.06	
$^3D_3 = 150\,371.85$					3 759.87(9) 26 589.06	
$^3S_1 = 147\,036.00$	3 299.36(3) 30 300.21	*118.36*	3 312.30(5) 30 181.85	*256.94*	3 340.74(6) 29 924.91	
$^1S_0 = 146\,278.09$						3 961.59(8) 25 235.34
$^3P_0 = 144\,365.29$			3 043.02(5) 32 852.56			
			82.14			
$^3P_1 = 144\,283.19$	3 024.57(4) 33 053.02	*118.32*	3 035.43(4) 32 934.70	*256.96*	3 059.30(6) 32 677.74	
			130.50		*130.51*	
$^3P_2 = 144\,152.65$			3023.45(5) 33 065.20	*256.95*	3047.13(8) 32 808.25	
$^1P_1 = 130\,792.43$						2 454.99(8) 40 721.0

Wir wählen die Konfigurationen $2p\,3s$ und $2p\,3p$ im zweiten Funkenspektrum des Sauerstoffs O III. Erstere erzeugt wegen $L = 0 + 1 = 1$ die Terme ^1P und ^3P, letztere wegen $L = 1 + 1 = 2, 1, 0$ die Terme $^1S\ ^1P\ ^1D\ ^3S\ ^3P\ ^3D$. In der vorstehenden Tabelle 4a geben wir die absoluten Werte der einzelnen Terme in cm^{-1}, d. h. die durch hc dividierte Arbeit, die nötig ist, um das Elektron aus dem betreffenden Zustand ins Unendliche zu entfernen (s. Kap. 5, S. 481). Ferner finden sich in Tabelle 4b die Multipletts, die von der Kombination $2p\,3p \rightarrow 2p\,3s$ herrühren. Hinter die Wellenlängen sind die geschätzten Intensitäten gesetzt; schließlich finden sich unter den Wellenlängen die Wellenzahlen ν in cm^{-1}. Man bemerke, daß sog. Interkombinationen zwischen Singulett- und Tripletttermen entweder nur ganz schwach oder gar nicht auftreten (vgl. Ziff. 28).

6. Andere Arten der Koppelung. Es ist nach dem vorhergehenden klar, daß die RUSSELL-SAUNDERSsche Koppelung nur einen wichtigsten Spezialfall aus den unendlich vielen möglichen Koppelungen darstellt. Wenn immer überwiegende Wechselwirkung zwischen gewissen Gruppen von Vektoren unter den $2N$ Vektoren l_i und s_i vorkommt, werden sich demgemäß die Niveaus auch in Gruppen anordnen. Ihre Feinstruktur wiederum entspricht der Addition der Resultanten mit schwacher Wechselwirkung. Schon im Falle zweier Elektronen sind die möglichen Fälle zahlreich. Wenn wir in leicht verständlicher Symbolik die RUSSELL-SAUNDERS-Koppelung mit

$$\{(l_1 l_2)(s_1 s_2)\} = \{LS\} = J \tag{20}$$

andeuten, so bietet sich sofort als weitere symmetrische Koppelung:

$$\{(l_1 s_1)(l_2 s_2)\} = \{j_1 j_2\} = J, \tag{21}$$

worin die größere Wechselwirkung zwischen dem Bahnmoment und dem Spin eines jeden Elektrons besteht. Aber auch unsymmetrische Koppelungen wie

$$\{[(l_1 l_2) s_1] s_2\}, \tag{22a}$$

$$\{[(l_1 s_1) s_2] l_2\}, \tag{22b}$$

$$\{[(l_2 s_2) s_1] l_1\} \tag{22c}$$

sind möglich. Obwohl natürlich alle diese möglichen Koppelungen die gleichen j-Werte ergeben, ist doch die Gruppierung der Niveaus jedesmal verschieden. So gibt z. B. die Elektronenkonfiguration $np\ n'd$ bei RUSSELL-SAUNDERS-Koppelung (20) die Terme (8a), also die Gruppierung:

1, 2, 3, 012, 123, 234,

dagegen bei $\{j\,j\}$-Koppelung (21)

12, 23, 0123, 1234

und bei Koppelung (22a), (22b), (22c) resp.

01, 12, 12, 23, 23, 34
2, 123, 123, 01234
012, 123, 123, 234.

Die Frage nach der Verteilung der verschiedenen Koppelungsschemata über das periodische System der Elemente läßt sich heute noch nicht beantworten. Erfahrungsgemäß hat sich ergeben, daß das RUSSELL-SAUNDERSsche Schema in den Spektren derjenigen Elemente vorherrscht, die sowohl niedrige Atomnummern wie niedrige (positive) Valenzzahlen besitzen, also in der linken oberen Ecke des periodischen Systems. Wie wir im nächsten Abschnitt dartun werden, wachsen die Aufspaltungen der Multiplettsysteme sowohl mit wachsender Spalten-, als auch Periodennummer sehr schnell, während die Abstände zwischen Termen mit verschiedenem R oder L sich nur langsam verändern. So ist der langsame Zusammenbruch der RUSSELL-SAUNDERS-Koppelung in den rechten und unteren Gegenden der Tafel des periodischen Systems zu verstehen. Da dann die Wechselwirkungsenergien zwischen den verschiedenen l_i und s_i von gleicher Größenordnung werden, spektroskopisch gesprochen also keine Anordnung der Niveaus in Gruppen mehr erkennbar ist, ist dann auch eine Zuweisung von Gruppenquantenzahlen S, L ungerechtfertigt. Wenn dies in spektroskopischen Arbeiten mitunter doch getan wird, so liegt gewöhnlich der Grund darin, daß eine Reihe von analogen Spektren bekannt ist, in denen wegen der gleichen Anzahl Elektronen auch dieselben Terme nur in verschiedenen Abständen voneinander auftreten. Solche Reihen können entweder aus den Spektren chemisch ähnlicher Elemente (z. B. F, Cl, Br, J) oder aus sog. isoelektronischen Spektren bestehen, deren Träger bei gleicher Anzahl Elektronen variierende Kernladung haben (z. B. Ni, Cu^+, Zn^{++}, Ca^{+++} usw.).

Leider kann nicht behauptet werden, daß sich nach dem erwähnten Zusammenbruch des RUSSELL-SAUNDERSschen Koppelungsschemas bei mittleren Aufspaltungen schließlich eine andere der besprochenen Koppelungen einstellt. Dies ist nur in den wenigsten Spektren der Fall. Überhaupt sind unsere Beispiele für die anderen Koppelungsschemata nur spärlich. Die einzige nicht normale Koppelung, die mit Sicherheit in einigen Spektren schwerer Atome nachgewiesen ist, ist die $\{jj\}$-Koppelung (21).

Als numerisches Beispiel bringen wir in Tabelle 5 die Aufspaltungen $\Delta\nu$ zwischen den vier Niveaus mit $J = 0, 1, 2, 1$, die durch die Konfiguration $np\,(n+1)s$ in den Spektren der vierten Vertikalreihe hervorgerufen werden[1]. Die Konfiguration sp ergibt im RUSSELL-SAUNDERS-Schema nach Tabelle 2 die Terme ${}^3P_{012}$ und ${}^1P_1$.

In der ersten Spalte der Tabelle 5 sind die betreffenden Elemente, in der zweiten die Konfigurationen angegeben. In den drei folgenden Spalten finden sich die Abstände zwischen den vier Niveaus in cm^{-1}. In der sechsten bis achten Spalte geben wir die Aufspaltungen dividiert durch die totale Triplettaufspaltung ${}^3P_0 - {}^3P_2$. Auf diese Weise wird die Änderung der Koppelung besonders deutlich.

Tabelle 5.

Element	Konfiguration	${}^3P_0 - {}^3P_1$	${}^3P_1 - {}^3P_2$	${}^3P_2 - {}^1P_1$	$\frac{{}^3P_0 - {}^3P_1}{{}^3P_0 - {}^3P_2}$	$\frac{{}^3P_1 - {}^3P_2}{{}^3P_0 - {}^3P_2}$	$\frac{{}^3P_2 - {}^1P_1}{{}^3P_0 - {}^3P_2}$
C	$2p\,3s$	20	40	1100	0,333	0,667	18,0
Si	$3p\,4s$	77	194	1037	0,282	0,716	3,83
Ge	$4p\,5s$	250	1415	903	0,150	0,850	0,542
Sn	$5p\,6s$	274	3714	628	0,069	0,931	0,158
Pb	$6p\,7s$	327	12902	1251	0,025	0,975	0,095

In Abb. 5 sind die Aufspaltungen aufgetragen, wobei wiederum auf konstanten Abstand ${}^3P_2 - {}^3P_0$ reduziert wurde. Man sieht, wie in der Tat in den leichteren Elementen C und Si die $\Delta\nu$ des Tripletterms klein sind verglichen mit dem Abstand zum ${}^1P_1$-Niveau. Es liegt also ausgeprägte RUSSELL-SAUNDERS-Koppelung vor. In Ge sind alle Abstände von gleicher Größenordnung; man kann also von Koppelung überhaupt nicht sprechen und hätte kein Recht, die Bezeichnung P-Term des Singulett- oder Triplettsystems anzuwenden, wenn

[1] Vom spektroskopischen Standpunkt treten die Elemente C, Si, Ge usw. zweiwertig und nur in wenigen Termen dreiwertig auf. Dies wird im folgenden Abschnitt gezeigt werden.

nicht der Übergang von den leichteren Elementen so klar hervorträte. In Sn und Pb ist statt einer Gruppierung in (3 + 1) Niveaus eine solche in (2 + 2) Niveaus in ausgeprägter Weise vorhanden. Die Auswahl aus den Koppelungsschemata (21) und (22) ist unnötig, da wegen $l_2 = 0$ außer dem RUSSELL-SAUNDERSschen nur noch

$$\{(l_1 s_1) s_2\}$$

möglich ist. Nach Einsetzen der Zahlenwerte ergibt sich

$$J = \begin{Bmatrix} \frac{1}{2} \\ \frac{3}{2} \end{Bmatrix} + \tfrac{1}{2} = \begin{Bmatrix} 0 & 1 \\ 1 & 2 \end{Bmatrix},$$

in der Tat die Gruppierung, die, wie man aus Tabelle 5 oder Abb. 5 sieht, in Sn und Pb realisiert ist.

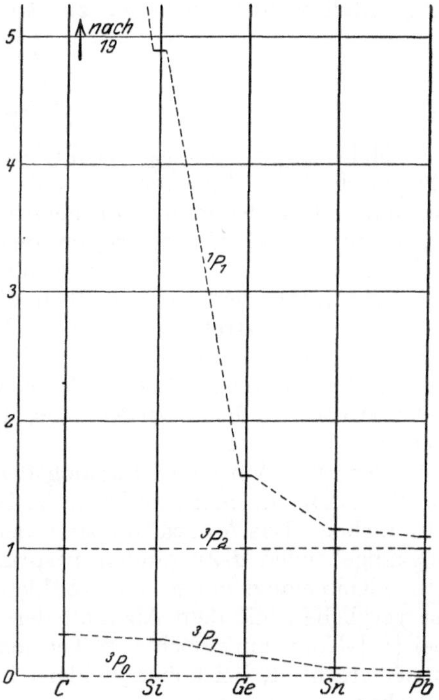

Abb. 5.

7. Einleitende Betrachtungen über den ZEEMAN-Effekt. α) In Ziff. 2 wurde darauf hingewiesen, daß ein durch n, L, S und J charakterisiertes Niveau nicht einfach ist, sondern noch in eine Anzahl eng benachbarter Niveaus aufgespalten werden kann, sobald ein äußeres Kraftfeld auf das Atom oder Ion einwirkt. Da der Einfluß eines äußeren Magnetfeldes, der ZEEMAN-Effekt, am leichtesten der Beobachtung zugänglich und daher auch am weitestgehenden erforscht ist, werden wir uns im folgenden auf diesen Fall beschränken.

Unter der Einwirkung eines Magnetfeldes spaltet sich ein Niveau in

$$N_J = 2J + 1 \tag{4a}$$

Zustände auf, die den gleichen der Feldstärke proportionalen Abstand haben. Um diese wiederum zu unterscheiden, müssen wir die magnetische Quantenzahl M einführen, die dann offenbar zwischen $-J$ und $+J$ variieren wird:

$$-J \leqq M \leqq +J. \tag{5c}$$

Dies ist ein allgemeines Resultat, das die Wellenmechanik ganz unabhängig von der sonstigen Struktur des Atoms liefert. Aber auch modellmäßig ist dies leicht verständlich. Ohne Feld ist die Richtung des Vektors J des gesamten Drehimpulses im Raume völlig unbestimmt. Mit Feld stellt sich J so ein, daß seine Projektion M in der Feldrichtung die durch (5a) zugelassenen Werte annimmt. Der Vektor J wird dann mit einer der Feldstärke proportionalen Winkelgeschwindigkeit um die Feldrichtung präzedieren, wobei er einen Kegel bestreicht, dessen Öffnungswinkel durch

$$\cos(JM) = \frac{M}{J} \tag{23}$$

gegeben ist. Man spricht dann von räumlicher Quantelung des Vektors J.

Diese einfachen Verhältnisse komplizieren sich jedoch sehr, wenn man sich erinnert, daß J selbst nach (7) die Resultante einer Vektoraddition von $2N$ Spin- und Bahnmomenten ist, und daß zu einer bestimmten Verteilung von Werten dieser Momente eine ganze Gruppe von mehr oder weniger eng benachbarten Niveaus mit verschiedenen j-Werten gehört. Es ist klar, daß bei genügend hohen Feldstärken die Wechselwirkung zwischen Feld und den s_i und l_i so groß werden kann, daß letztere sich nicht mehr zu einer gemeinsamen Resultante zusammensetzen werden, sondern — je nach ihrer gegenseitigen Wechselwirkung — das Fachwerk der l_i und s_i wird zuerst stückweise, dann gänzlich zusammenbrechen; und schließlich werden alle Vektoren individuell räumlich zum Feld gequantelt werden nach den zu (5a) analogen Beziehungen

$$\left.\begin{array}{l} -l_i \leqq m_{l_i} \leqq + l_i, \\ -s_i \leqq m_{s_i} \leqq + s_i. \end{array}\right\} \qquad (5\text{d})$$

Mehr empirisch ausgedrückt, werden sich also bei wachsender Feldstärke die durch (5c) definierten Zustände eines jeden Niveaus, welches zu einer bestimmten $(l_i\, s_i)$-Konfiguration gehört, mehr und mehr ausbreiten und einander überkreuzen, bis von einer Gruppe von ZEEMAN-Niveaus, die zu einem bestimmten J gehört, nicht mehr die Rede sein kann. Wenn die magnetischen Aufspaltungen bei sehr hohen Feldern schließlich die ursprünglichen Abstände der J-Niveaus bei weitem übertreffen, tritt eine Vereinfachung des Aufspaltungsbildes der Niveaugruppe ein, die der durch (5d) angezeigten individuellen Raumquantelung entspricht; zahlreiche ZEEMAN-Niveaus fallen zusammen, und es ergibt sich eine Gruppe von äquidistanten Niveaus, deren Mitte der Schwerpunkt des ursprünglichen Gebildes ist[1].

Der ganze Vorgang ist analog dem Übergang von einem Koppelungsschema (z. B. $\{LS\}$) zu einem anderen (z. B. $\{jj\}$), wie wir ihn in der letzten Ziffer besprachen. Das Aufspaltungsbild bei schwachen Feldern mit den ihr J-Niveau eng umgebenden M-Zuständen entspricht gewissermaßen dem RUSSELL-SAUNDERSschen Koppelungsschema mit wohldefinierten Termen, deren J-Aufspaltung klein ist verglichen mit dem Abstand der Terme selbst. Und ebensowenig wie man bei $\{jj\}$-Koppelung noch von Termen mit L- und S-Werten sprechen kann, ist man berechtigt, bei hohen Feldern für die ZEEMAN-Niveaus noch J-Werte anzugeben.

Auf einen Unterschied sei jedoch hingewiesen: Der Übergang zu anderen Koppelungsschematen erfolgt durch Änderung eines diskontinuierlich variierenden Parameters, der Atomnummer Z oder Hauptquantenzahl n, während im ZEEMAN-Falle der äußere Parameter, das Feld, stetig variabel ist.

Es ist klar, daß eine möglicherweise existierende Koppelung zwischen den l_i und s_i bei dem erwähnten Zusammenbruch ihres Vektorgerüsts noch Modifikationen hervorrufen kann. Im RUSSELL-SAUNDERS-Falle, wo die Wechselwirkung zwischen den l_i unter sich und den s_i unter sich so groß ist, wird zuerst die Vektoraddition

$$L + S = J$$

aufhören, und statt der magnetischen Quantenzahl M bei „schwachem Feld" müssen zwei solche durch

$$\left.\begin{array}{l} -S \leqq M_S \leqq +S \\ -L \leqq M_L \leqq +L \end{array}\right\} \qquad (5\text{e})$$

eingeführt werden. Trotzdem bleibt die Wechselwirkung zwischen den l_i so, daß $\sum l_i = L$, und den s_i so, daß $\sum s_i = S$, überwiegend ist. Dieser Fall des „teilweisen Zusammenbruchs des Vektorgerüsts" ist mit den im Laboratorium herstellbaren Feldern realisierbar. Man nennt ihn den PASCHEN-BACK-Effekt.

[1] Das nach dem Semikolon Gesagte ist hier eine Vorwegnahme späterer Ergebnisse, die sich aus obigem Zusammenhang noch nicht ersehen lassen.

Die Winkel, unter welchen die Vektoren l, s dann um die Feldachse präzedieren, sind

$$\left.\begin{aligned}\cos(M_l L) &= \frac{M_l}{L},\\ \cos(M_s S) &= \frac{M_s}{S}.\end{aligned}\right\} \tag{23a}$$

Dagegen lassen sich Magnetfelder, die auch die noch übrigen Vektoradditionen aufbrechen, nicht herstellen. Dies entspräche einem Super-PASCHEN-BACK-Effekt.

β) Es ist nach dem Vorhergehenden klar, daß man stets, statt zwei oder mehr Vektoren l_i, s_i direkt zu addieren, dieselben auch erst gemäß (5d) auf die Feldrichtung projizieren, die so erhaltenen $m_{l,i}$, m_{si} algebraisch addieren:

$$\sum_i m_{li} = M_L, \quad \sum_i m_{si} = M_S, \tag{24}$$

und schließlich nach (5e) die S- und L-Werte, also die Terme im RUSSELL-SAUNDERS-System erhalten kann. Analog kann man im Falle der $\{j_i j_k\}$-Koppelung (21) die j_i erst auf die Feldachse projizieren nach

$$-j_i \leqq m_i \leqq +j_i, \tag{5f}$$

dann die m_i, m_k algebraisch addieren zu

$$\sum m_i = M \tag{24a}$$

und die M-Werte in symmetrischen Zahlenfolgen arrangieren, woraus nach (5c) die J-Werte folgen.

Es scheint zuerst, als ob diese neue Methode nur eine unnötige Komplikation darstellt. Doch ist es für die folgenden Ziffern wichtig, sich auch mit dieser Methode vertraut zu machen.

Nach (5e) ordnen wir jedem magnetischen Zustand bei PASCHEN-BACK-Effekt ein bestimmtes Paar von Werten (M_L, M_S) zu; offenbar gibt es für einen Term mit den Quantenwerten L und S

$$N_{L,S} = (2L+1)(2S+1) = R(2L+1) \tag{25}$$

ZEEMAN-Niveaus und ebensoviel Wertepaare (M_L, M_S). Speziell für ein individuelles Elektron haben wir:

$$N_l = 2(2l+1). \tag{25a}$$

Von diesem neuen Standpunkt erscheint ein Term als ein zweidimensionales Schema von (M_L, M_S) Paaren. Bei skalarer Addition zweier solcher Schemata für einzelne Elektronen ($s_i = \frac{1}{2}$) erhalten wir offenbar

$$N_{l_1 l_2} = 4(2l_1+1)(2l_2+1) = N_{l_1} \cdot N_{l_2} \tag{26}$$

Wertepaare.

Als Zahlenbeispiel finde man die Terme, welche von zwei Elektronen mit $l_1 = 1$ und $l_2 = 2$, also der Konfiguration pd, herrühren. Wir haben:

p-Elektron			d-Elektron				
$1, \frac{1}{2}$	$0, \frac{1}{2}$	$-1, \frac{1}{2}$	$2, \frac{1}{2}$	$1, \frac{1}{2}$	$0, \frac{1}{2}$	$-1, \frac{1}{2}$	$-2, \frac{1}{2}$
$1, -\frac{1}{2}$	$0, -\frac{1}{2}$	$-1, -\frac{1}{2}$	$2, -\frac{1}{2}$	$1, -\frac{1}{2}$	$0, -\frac{1}{2}$	$-1. -\frac{1}{2}$	$-2, -\frac{1}{2}$.

Nach Addition und geeigneter Anordnung erhält man:

$$1)\quad \left.\begin{matrix} (3,1) & (2,1) & (1,1) & (0,1) & (\bar{1},1) & (\bar{2},1) & (\bar{3},1)\\ (3,0) & (2,0) & (1,0) & (0,0) & (\bar{1},0) & (\bar{2},0) & (\bar{3},0)\\ (3,\bar{1}) & (2,\bar{1}) & (1,\bar{1}) & (0,\bar{1}) & (\bar{1},\bar{1}) & (2,1) & (\bar{3},\bar{1}) \end{matrix}\right\} {}^3F$$

$$\left.\begin{array}{lllll} 2)\ (2,1) & (1,1) & (0,1) & (\bar{1},1) & (\bar{2},1) \\ (2,0) & (1,0) & (0,0) & (\bar{1},0) & (\bar{2},0) \\ (2,\bar{1}) & (1,\bar{1}) & (0,\bar{1}) & (\bar{1},\bar{1}) & (\bar{2},\bar{1}) \end{array}\right\}{}^3D$$

$$\left.\begin{array}{lll} 3)\ (1,1) & (0,1) & (\bar{1},1) \\ (1,0) & (0,0) & (\bar{1},0) \\ (1,\bar{1}) & (0,\bar{1}) & (\bar{1},\bar{1}) \end{array}\right\}{}^3P$$

$$4)\ (3,0)\ \ (2,0)\ \ (1,0)\ \ (0,0)\ \ (\bar{1},0)\ \ (\bar{2},0)\ \ (\bar{3},0)\ \}\,{}^1F$$

$$5)\ (2,0)\ \ (1,0)\ \ (0,0)\ \ (\bar{1},0)\ \ (\bar{2},0)\ \}\,{}^1D$$

$$6)\ (1,0)\ \ (0,0)\ \ (\bar{1},0)\ \}\,{}^1P$$

Also in der Tat das Ergebnis des Beispiels (8a) S. 613.

Die volle Bedeutung dieser Methode wird in Ziff. 10 offenbar werden.

8. Quantelung im Magnetfeld durch Grenzübergang. Die nebenstehende Abb. 6 zeigt, daß die Orientierung des Vektors L relativ zu S und J sich allmählich der Orientierung des Vektors L in einem zu S parallelen Feld nähert, wenn man S und J unter Konstanthaltung ihrer Differenz L ins Unendliche gehen läßt. Denn führt man, zunächst als Hilfsgröße, die Projektion M von L auf S durch

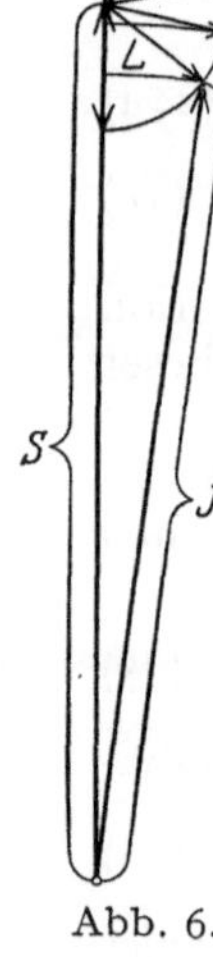

Abb. 6.

$$\cos(S, L) = \frac{M}{L} \quad \text{und} \quad \cos(S, J) = \frac{S+M}{J}$$

ein, so wird im Limes $\cos(S, J) = 1$, und

$$M = J - S,$$

also ganzzahlig. Hieraus ergibt sich eine bequeme Rechenvorschrift zur Ableitung von Gesetzmäßigkeiten (Energien, Intensitäten) als Funktionen von M aus den entsprechenden Gesetzmäßigkeiten für J. Gegeben sei z. B. eine Funktion $F(S, L, J)$, die irgendeine physikalische Eigenschaft eines Terms ausdrücken möge. Um die entsprechende Funktion für die ZEEMAN-Komponenten des Jten Niveaus zu erhalten, ersetzen wir nach obigem

$$J \text{ durch } M + S,$$
$$L \text{ durch } J$$

und gehen zur Grenze $S \to \infty$ über. Die Funktion

$$\lim_{S\to\infty} F(S, J, M+S) = f(J, M) \tag{27}$$

stellt bis auf von M unabhängige Faktoren die gesuchte Funktion dar. Von dieser Rechenvorschrift werden wir später Gebrauch machen.

9. Hyperfeinstruktur. Durch geometrische Addition der l_i und s_i aller Elektronen zu einer Resultante J sollte eigentlich jegliche Struktur eines Spektrum befriedigend erklärt werden. Es zeigt sich jedoch, daß in manchen Spektren, namentlich schwererer Elemente, die durch J charakterisierten Niveaus noch eine ganz enge Feinstruktur, Hyperfeinstruktur, aufweisen. Obwohl diese nur mit Spektralapparaten höchsten Auflösungsvermögens erkennbar ist und darum für den Astrophysiker geringeres Interesse bietet, wollen wir hier der Vollständigkeit halber kurz über dieses Phänomen und seine Erklärung berichten.

Schon vor der genaueren Interpretation der Hyperfeinstrukturen hat PAULI[1] darauf aufmerksam gemacht, daß nur ein Impulsmomentvektor des Kerns, den wir I nennen wollen, für eine weitere Aufspaltung eines durch J charakterisierten Niveaus verantwortlich sein könne. GOUDSMIT und BACK zeigten dann[2], daß ebenso wie L, S und J sich jetzt I und J vektoriell zu einer Resultanten

$$F = I + J \tag{28}$$

zusammensetzen. Nur ist in diesem Falle die Wechselwirkungsenergie zwischen Kernmoment I und Elektronenmoment J so klein, daß die so geschaffene Aufspaltung sehr eng wird. Der Beweis der Richtigkeit dieser Theorie liegt in der Tatsache, daß die Hyperfeinstrukturen der Linien durch Anwendung der BOHRschen Frequenzbedingung in Hyperfeinstrukturen der Niveaus aufgelöst werden können. Die einzelnen „Hyperniveaus" werden durch sukzessive Werte der Feinquantenzahl F unterschieden. Ferner befolgen, wenn zwei mit Hyperfeinstruktur begabte Niveaus miteinander kombinieren, die Feinquantenzahlen das Auswahlprinzip

$$F \to \begin{cases} F-1 \\ F \\ F+1 \end{cases} \tag{29}$$

Dies ist durchaus verständlich, denn für ein Atom mit nicht verschwindendem Kernmoment nimmt jetzt F die Stelle der Gesamtresultante aller Momente im Atom ein, eine Stelle, die früher J innehatte. Wir geben in der folgenden Tabelle 6 ein Beispiel eines solchen „Hypermultipletts" im Wismutspektrum[3], das, abgesehen von seiner Substruktur, einfach die Kombination $6p^3\,{}^2D_{1\frac{1}{2}} - 6p^2\,7s\,{}^4P_{\frac{1}{2}}$ (λ 4722,6520 bis 4722,3325) darstellt. Die achtstelligen Zahlenwerte sind die Frequenzen in cm^{-1}, die in Klammern eingeschlossenen Werte sind die Intensitätsschätzungen. Die Abstände der Hyperniveaus sind kursiv gedruckt.

Tabelle 6.

Terme		$6p^2\,7s\,{}^4P_{\frac{1}{2}}$		
	F	5		4
$6p^3\,{}^2D_{1\frac{1}{2}}$	6	21170.074(10)		
		0.255		
	5	21169.819(8)	*0.830*	21168.989(4)
		0.198		*0.197*
	4	21169.621(1)	*0.829*	21168.792(7)
				0.152
	3			21168.640(8)

Nachdem der Multiplettcharakter der Hyperfeinstruktur so vom empirischen Standpunkt erklärt ist, konzentriert sich das Interesse auf den Zusammenhang der J mit den F, also auf Ermittlung des Kernmoments I. Im Wismutspektrum, woraus obiges Beispiel stammt, ergab sich eindeutig $I = 4\frac{1}{2}$ für alle Niveaus, deren Struktur aufgelöst wurde. Jedoch liegen nicht in allen Spektren die Verhältnisse so einfach. Bei Cadmium[3] zeigt sich, daß zwei getrennte, nicht kombinierende Hyperfeinstrukturen superponiert sind, mit $I = 0$ und $I = \frac{1}{2}$. Die Vermutung liegt nahe, diese beiden Spins, die also verschiedenen Kernstrukturen entsprechen, den beiden Isotopengruppen des Cd (116, 114, 112, 110 und 113, 111) zuzuschreiben. Die äußerst komplex gebauten, noch nicht in Subniveaus aufgelösten Linien des Quecksilbers scheinen sogar durch Überlagerung der Hyperfeinstrukturen zahlreicher Isotopen zustande zu kommen.

Alles, was in späteren Abschnitten über Intervalle, ZEEMAN-Effekte, Intensitäten von Multipletts gesagt werden wird, läßt sich auch mutatis mutandis auf Hyperfeinstrukturen übertragen. Der Leser kann sich denken, daß besonders das

[1] Naturwissenschaften 12, S. 741 (1924). [2] Z f Phys 43, S. 321 (1927).
[3] H. SCHÜLER u. H. BRÜCK, Z f Phys 56, S. 297 und 58, S. 735 (1929).

Studium der ZEEMAN-Effekte interessant wird, da wegen der Kleinheit der Subintervalle schon bei niedrigen Feldern eine PASCHEN-BACK-Verwandlung eintreten wird, deren endgültiges Produkt schließlich der nach den gewöhnlichen Regeln zu berechnende ZEEMAN-Effekt ist. Dies ist alles in der Tat beobachtet worden.

Das Studium der Hyperfeinstrukturen ist nicht der einzige Weg zur Bestimmung von Kernmomenten. Diese können auch aus den Bandenspektren entnommen werden. Die folgende kleine Tabelle gibt eine Zusammenstellung aller bekannten Kernmomente.

Tabelle 7.

Element	Z	I	Spektrum
H	1	$\frac{1}{2}$	H_2
Li	3	$\frac{1}{2}$	Li II
N[1]	7	1	N_2^+
Mn	25	$2\frac{1}{2}$	Mn I
Cd	48	$\frac{1}{2}$, 0	Cd I
Pr	59	$2\frac{1}{2}$	Pr II
Tl	81	$\frac{1}{2}$	Tl I und II
Bi	83	$4\frac{1}{2}$	Bi I

Außerdem hat sich aus den Bandenspektren ergeben, daß für die Kerne von He, C und O I gleich Null ist.

Der Wert für Wasserstoff läßt schließen, daß beiden elektrischen Elementarteilchen, Proton wie Elektron, das mechanische Moment $\frac{1}{2}\,h/2\pi$ zu geben ist. Die nächste Aufgabe ist nun, nach spektroskopischen Regeln das Moment eines Kerns I vektoriell in die Spins der Elektronen s_- und der Protonen s_+ innerhalb des Kerns plus eventueller ganzzahliger Bahnmomente aufzuspalten. Da beide s halbzahlig sind, wäre es nach den Regeln von Ziff. 2 — gleichgültig welches Isotop eines Elements genommen wird — und es wäre das totale Kernmoment für ungerade Atomnummern halbzahlig, für gerade Atomnummern ganzzahlig zu erwarten. Das ist in der Tat für obige Elemente, mit Ausnahme desjenigen von N und Cd, erfüllt[1]. Die Hyperfeinstruktur des Cd erweckt obendrein den Eindruck, als ob das Kernmoment durch negative Teilchen und nicht durch Protonen verursacht wäre. Es scheint demnach, daß sich die für die äußeren Elektronen geltenden Gesetze doch nicht ohne weiteres auf die intranuklearen Teilchen übertragen lassen. Genügt es, zuzulassen, daß die s_+ und s_- sich auch anders als geradlinig zusammensetzen können oder müssen unsere Anschauungen über Addition von Vektoren in durchgreifenderem Maße modifiziert werden?

10. Das PAULIsche Ausschließungsprinzip. Bau des periodischen Systems. Niveaus bei zwei äquivalenten *p*-Elektronen. Bis zu diesem Punkte war der leitende Gesichtspunkt der der Vektoraddition der Größen l_i und s_i. Man sieht jedoch leicht, daß unsere Resultate noch einer wichtigen Modifikation bedürfen. Offenbar ist nach der reinen Additionstheorie jegliche Periodizität in den Eigenschaften der Spektren ausgeschlossen. Der Wasserstoff wäre das einzige Einelektronensystem, das Heliumspektrum entsprechend ein Spektrum von zwei Elektronen, Lithium ein solches mit drei Elektronen usf. Tatsächlich aber ist das Spektrum des Li ein typisches Einelektronenspektrum, das dem H-Spektrum sehr ähnlich ist; weiterhin sind wieder alle Alkalispektren (Na, K, Rb, Cs) qualitativ durchaus wie das des Li gebaut — im allgemeinen geht spektrale Ähnlichkeit mit chemischer Ähnlichkeit parallel. Wir selbst benutzten diese alte empirische Tatsache in Ziff. 6, als wir die Spektren von C, Si, Ge, Sn und Pb miteinander verglichen. Ferner müßten wir strenge genommen in der Formulierung des Wechselsatzes auf S. 611 von der gesamten Anzahl der Elektronen im Atom sprechen und nicht von der Anzahl Valenzelektronen. Es sind also Probleme, die mit der Anzahl der lose gebundenen Elektronen in einem Atom und mit dem Schalenabschluß zusammenhängen, die die bisherige Theorie zu erklären außerstande ist.

[1] Vgl. für Stickstoff: R. DE L. KRONIG, Naturwissenschaften 16, S. 335 (1928).

Alle diese Probleme werden aber geklärt, wenn wir das PAULIsche Ausschließungsprinzip mit in unsere Theorie hineinnehmen. Dieses Prinzip behauptet, daß in einem Atom oder Ion nie zwei oder mehr Elektronen mit gleichen Quantenzahlen vorkommen dürfen. In Ziff. 2, α) haben wir die Quantenzahlen, die zur vollständigen Charakterisierung eines Elektrons notwendig sind, angeschrieben. Wir fanden damals, daß hierzu entweder die Quantenzahlen

$$n,\ l,\ s,\ m_l,\ m_s \tag{6a}$$

oder

$$n,\ l,\ s,\ j,\ m \tag{6}$$

nötig sind. Nach obigem Prinzip darf also ein und nur ein Elektron ein bestimmtes Quintupel von Zahlen obiger Art haben.

Die folgenden Betrachtungen zum PAULI-Prinzip werden, je nachdem (6a) oder (6) zugrunde gelegt werden, obwohl dem Wesen nach gleich, der Form nach verschieden ausfallen, so daß wir den Rest dieser Ziffer entsprechend unterteilen.

α) Wenn wir die Quantenzahlen (6a) zugrunde legen, folgt, daß bei festem n und l die mögliche Anzahl Elektronen oder Anzahl von Niveaus im Magnetfeld nach (25a), S. 619

$$N_l = 2(2l + 1)$$

ist. Wir sahen ferner unter (26), daß bei Kombination zweier Elektronen mit Quantenzahlen l_1 und l_2 die resultierenden Terme im Magnetfeld sich in

$$4(2l_1 + 1)(2l_2 + 1)$$

Niveaus aufspalten werden. Wie es also sein muß, liefert unsere Vektoradditionsmethode im Falle zweier Elektronen, die einzeln N_{l_1} resp. N_{l_2} Niveaus geben, eine Gesamtzahl

$$N_{l_1} \cdot N_{l_2}.$$

Solange $l_1 \neq l_2$ ist, sind wir also noch nicht im Widerspruch mit dem PAULIschen Prinzip. Anders aber, wenn Elektronen mit gleichem n und l als sog. äquivalente Elektronen in einem Atom auftreten — und dieser Fall ist gerade wegen des Aufbaues der Schalen der wichtigste. Ohne PAULI-Verbot wäre die Anzahl der ZEEMANniveaus

$$N_l^2,$$

unter Berücksichtigung des PAULI-Verbots ist sie aber offenbar gleich der Anzahl „der Kombinationen zu zweien ohne Wiederholung“:

$$\binom{N_l}{2} = \frac{N_l(N_l - 1)}{1 \cdot 2}, \tag{30}$$

also gleich dem zweiten Binomialkoeffizienten.

Von hier aus läßt sich nun die Struktur des periodischen Systems und das Phänomen des Schalenabschlusses leicht verstehen. Bei drei äquivalenten Elektronen wird die Anzahl der erlaubten Niveaus gleich dem dritten Binomialkoeffizienten usf. Bekanntlich nehmen aber die Binomialkoeffizienten nur bis zum $(N_l/2)^{\text{ten}}$ zu, um nachher symmetrisch[1] wieder abzunehmen. N_l äquivalente Elektronen geben nur noch ein Niveau im Magnetfeld, liefern also einen $^1S_0$-Term. Die „Schale“ ist somit mit $N_l = 2(2l + 1)$ äquivalenten Elektronen abgeschlossen. Das periodische System erhalten wir nun, wenn wir uns die so erhaltenen Besetzungszahlen N_l der Schalen in eine Tabelle für verschiedene n- und l-Werte anschreiben. Dabei muß die Ungleichung (1), S. 605 berücksichtigt werden.

---

[1] Wegen $$\binom{N}{p} = \frac{N!}{p!\,(N-p)!} = \binom{N}{N-p}.$$

Selbst die berühmte RYDBERGsche Beziehung über die Anzahl Elemente in einer Periode findet wegen

$$\sum_{0}^{n-1} N_l = \sum_{0}^{n-1} 2(2l+1) = 2n^2 \tag{25b}$$

ihre Erklärung. Die Schalennamen $K, L, M \ldots$ sind der Kürze halber oft bequem. Sie sind historischen Ursprungs.

Tabelle 8.

$n \downarrow$ \ $l=$	0	1	2	3	$\sum N_l$	Name der Schale
1	2				$2 = 2 \cdot 1^2$	K
2	2	6			$8 = 2 \cdot 2^2$	L
3	2	6	10		$18 = 2 \cdot 3^2$	M
4	2	6	10	14	$32 = 2 \cdot 4^2$	N

Uns interessieren hier nicht nur die Anzahl der Niveaus bei äquivalenten Elektronen, sondern auch deren Quantenzahlen R, L, J, ohne Magnetfeld. Unter anderem ist für uns wichtig, wie wir Tabelle 3, auf S. 612, im Falle äquivalenter Elektronen abzuändern haben.

Bei gleichem n ist für $l = 0$, wie wir gesehen haben, die Schale schon mit zwei Elektronen abgeschlossen. Davon kann man sich auch noch speziell durch Hinschreiben der die Elektronen charakterisierenden Quintupel von Quantenzahlen (6) oder (6a) überzeugen. Wir haben für Elektron 1) und 2) nach (6)

$$\begin{array}{llll} 1) & n, 0, \tfrac{1}{2}, \tfrac{1}{2}, +\tfrac{1}{2} & \text{und} & n, 0, \tfrac{1}{2}, \tfrac{1}{2}, -\tfrac{1}{2}, \\ 2) & n, 0, \tfrac{1}{2}, \tfrac{1}{2}, +\tfrac{1}{2} & \text{und} & n, 0, \tfrac{1}{2}, \tfrac{1}{2}, -\tfrac{1}{2}. \end{array}$$

Wie man sieht, ist die einzig erlaubte Kombination eine kreuzweise; bei einer Kombination untereinander stehender Quintupel würde das PAULI-Prinzip verletzt werden. Wir erhalten somit als einzig mögliche Summe der m_i-Werte: $M = 0$, d. h. einen ^1S-Term.

Gehen wir nun zur Berechnung der bei zwei äquivalenten p-Elektronen erscheinenden Terme. Wegen $l_i = 1$ und (wie stets) $s_i = \frac{1}{2}$ haben wir $m_l = 1, 0, -1$ und $m_s = +\frac{1}{2}, -\frac{1}{2}$. In der folgenden Tabelle der möglichen Kombinationen von Quantenzahlen sind n_i, l_i und s_i weggelassen, da sie nach Voraussetzung doch bei beiden Elektronen die gleichen Werte haben. Wir erhalten folgende (m_l, m_s)-Paare:

Tabelle 9.

	m_l	m_s
1	$+1$,	$\frac{1}{2}$
2	0,	$\frac{1}{2}$
3	-1,	$\frac{1}{2}$
4	$+1$,	$-\frac{1}{2}$
5	0,	$-\frac{1}{2}$
6	-1,	$-\frac{1}{2}$

wobei wir die einzelnen Paare in willkürlicher Weise numeriert haben. Dieselbe Tabelle denke man sich nun noch einmal für das zweite Elektron hingeschrieben. Dann addiere man die einzelnen m_s- und m_l-Werte unter Beobachtung des PAULI-Prinzips am besten in der folgenden Weise:

Tabelle 10.

	$M_L M_S$		$M_L M_S$		$M_L M_S$		$M_L M_S$		$M_L M_S$
1 + 2	1, 1								
1 + 3	0, 1	2 + 3	−1, 1						
1 + 4	2, 0	2 + 4	+1, 0	3 + 4	0, 0				
1 + 5	1, 0	2 + 5	0, 0	3 + 5	−1, 0	4 + 5	+1, −1		
1 + 6	0, 0	2 + 6	−1, 0	3 + 6	−2, 0	4 + 6	0, −1	5 + 6	−1, −1

Auf diese Weise erhalten wir nur $6 \cdot 5/2$ Kombinationen. Unsere nächste Aufgabe ist nun, diese Wertepaare so anzuordnen, daß man aus der Variation der M_L- und M_S-Werte sofort den Term abliest. Das kann auf folgende Weise geschehen:

$$\begin{pmatrix} 1,+1 & 0,+1 & -1,+1 \\ 1,\ 0 & 0,\ 0 & -1,\ 0 \\ 1,-1 & 0,-1 & -1,-1 \end{pmatrix}; \quad (2,0\quad 1,0\quad 0,0\quad -1,0\quad -2,0); \quad (0,0).$$

Wie man sich leicht überzeugt, ist dies die einzige Weise, nach der man vollständige Schemata (M_l, M_s) erhält. Allerdings muß als eine im Wesen der Methode liegende Unbestimmtheit betont werden, daß nicht festgestellt werden kann, welche der mehrere Male vorkommenden Paare in einem bestimmten Schema obiger Art verwendet werden sollen; in unserem Falle z. B. können wir die drei Paare (0, 0), nämlich *1 + 6, 2 + 5, 3 + 4*, willkürlich in irgendeinem der drei Schemata benutzen. Nach dem Zahlenbeispiel auf S. 619, 620 ergeben sich als resultierende Terme:

$$n p\, n p: {}^3P_{0,1,2}\, {}^1D_2\, {}^1S_0. \tag{31}$$

Die Ungleichungen (5) liefern eigentlich zuerst die L- und S-Werte; die J-Werte erhält man dann aus (18) oder Tabelle 2. Unsere Methode α) arbeitet somit gemäß der RUSSELL-SAUNDERS-Koppelung.

β) Legen wir nun die Quantenzahlen (6) zugrunde. Da diese die innere Quantenzahl j_i des individuellen Elektrons enthalten, nehmen wir also jetzt Gültigkeit der Nicht-RUSSELL-SAUNDERS-Koppelung $\{j_1 j_2\}$ an [vgl. Ziff. (6)]. Das ist im wesentlichen der Unterschied zwischen den Methoden der Abschnitte α) und β). Entsprechend den Betrachtungen unter α) interessieren wir uns hier für die Anzahl ZEEMAN-Niveaus bei festem n, l, s und j. Wir haben dafür nach (4), S. 606:

$$N_j = 2j + 1. \tag{4}$$

Obwohl bei Anwesenheit zweier Elektronen mit verschiedenen inneren Quantenzahlen j_1 und j_2 die Anzahl der ZEEMAN-Niveaus im Spektrum gleich dem Produkt $N_{j_1} N_{j_2}$ wird, müssen wir im Falle $j_1 = j_2$ gemäß dem PAULI-Prinzip verlangen, daß die Anzahl Niveaus nun gleich $N_j(N_j - 1)/2$ wird. Wir gelangen so entsprechend dem unter α) für N_l Gesagten für einen Schalenabschluß nach N_j Schritten, also zu einer Besetzungszahl N_j. Das Analogon der Tabelle 8 wird dann:

Tabelle 11.

l	0	1		2		3		$\sum_l \sum_j N_j$	Schale
n \ j	½	½	1½	1½	2½	2½	3½		
1	2							2	*K*
2	2	2	4					8	*L*
3	2	2	4	4	6			18	*M*
4	2	2	4	4	6	6	8	32	*N*

Dies ist das berühmte Schema der Besetzungszahlen des Periodischen Systems, das zuerst von E. C. STONER[1] und MAIN-SMITH[2] auf empirischem Wege

[1] Phil Mag 48, S. 719 (1924).

[2] Chemistry and Atomic Structure, London 1924.

gefunden wurde. Verglichen mit dem Schema der Tabelle 8 hat das obige nur Berechtigung, wenn keine RUSSELL-SAUNDERS-Koppelung, sondern $\{jj\}$-Koppelung vorliegt. Es wurde schon in Ziff. 6 erwähnt, daß Nicht-RUSSELL-SAUNDERS-Koppelungen nur bei schwereren Elementen (d. h. höheren Quantenzahlen) und sehr hohen Ionisationen (wie z. B. bei den RÖNTGEN-Spektren) auftreten. Das erklärt die Wichtigkeit des obigen Schemas bei der Systematik der RÖNTGEN-Niveaus. Dasselbe ist jedoch sicher nicht gerechtfertigt bei der Systematik der chemischen Verbindungen in den drei ersten Perioden. Bekanntlich verändern chemische Prozesse nur die Oberfläche der Atome; z. B. mag ein Atom einige seiner lose gebundenen Elektronen verlieren. Für die zugehörigen Funkenspektren gilt sicher noch das RUSSELL-SAUNDERSsche Schema; folglich ist es nicht erlaubt, die Schalen gemäß dem STONERschen System nach inneren Quantenzahlen wie in Tabelle 11 aufzuteilen. Trotzdem ist dies in der Literatur öfters versucht worden[1].

Wenden wir uns nun zur Betrachtung zweier äquivalenter p-Elektronen unter Benutzung der Quantenzahlen (6), d. h. bei $\{j_1 j_2\}$-Koppelung. Wir haben also $l_i = 1$, also beide $j = \frac{1}{2}$ und $\frac{3}{2}$, d. h. $m = +\frac{1}{2}, -\frac{1}{2}$ und $= +\frac{3}{2}, +\frac{1}{2}, -\frac{1}{2}, -\frac{3}{2}$. Als mögliche Paare j, m erhalten wir:

Tabelle 12.

	j	m
1	$\frac{3}{2}$,	$\frac{3}{2}$
2	$\frac{3}{2}$,	$\frac{1}{2}$
3	$\frac{3}{2}$,	$-\frac{1}{2}$
4	$\frac{3}{2}$,	$-\frac{3}{2}$
5	$\frac{1}{2}$,	$\frac{1}{2}$
6	$\frac{1}{2}$,	$-\frac{1}{2}$

Die Gruppierung ist hier wesentlich anders, da das PAULI-Verbot nur unter den Paaren *1* bis *4* sowie *5* bis *6*, die dieselben j-Werte haben, beobachtet zu werden braucht. Wir erhalten zuerst für die Kombinationen von *1* bis *4*:

Tabelle 13. $j = \frac{3}{2}$ mit $j = \frac{3}{2}$.

	M		M		M
1 + 2	2				
1 + 3	1	*2 + 3*	0		
1 + 4	0	*2 + 4*	−1	*3 + 4*	−2

also $J = 2$ und $J = 0$.

Ebenso geben die Paare *5* und *6*

$$5 + 6 \mid \overset{M}{0},$$

also $J = 0$.

Schließlich ergeben die Kombinationen von *1* bis *4* mit *5* bis *6*, wobei das PAULI-Verbot nicht wirksam wird:

Tabelle 14. $j = \frac{3}{2}$ mit $j = \frac{1}{2}$.

	M		M		M		M
1 + 5	2	*2 + 5*	1	*3 + 5*	0	*4 + 5*	−1
1 + 6	1	*2 + 6*	0	*3 + 6*	−1	*4 + 6*	−2

also $J = 2$ und $J = 1$.

[1] R. SAMUEL und E. MARKOWICZ, Z f Phys 38, S. 22 (1926). H. LESSHEIM und R. SAMUEL, ebenda 40, S. 220 und 42, S. 614 (1927).

Letzteres Resultat hätte auch schon direkt durch die hier zulässige Vektoraddition erhalten werden können. Wir fassen zusammen:

$$\left.\begin{array}{lll} j_1 = \frac{3}{2} \text{ mit } j_2 = \frac{3}{2} & J = 2 & 0 \\ j_1 = \frac{3}{2} \text{ mit } j_2 = \frac{1}{2} & J = 2 & 1 \\ j_1 = \frac{1}{2} \text{ mit } j_2 = \frac{1}{2} & J = & 0 \end{array}\right\} \tag{31a}$$

Wie zu erwarten war, erhalten wir dieselben J-Werte wie in (31), aber keine L- und S-Werte. Unsere jetzige Methode β) gibt weniger als α), da es nach β) unmöglich ist, die J-Werte in vielfache Terme anzuordnen; andererseits liefert sie mehr als α), da sie uns über die erzeugenden inneren Quantenzahlen unterrichtet.

Die empirische Entscheidung, ob Verfahren α) oder β) unsere aus äquivalenten Elektronenkonfigurationen hervorgehenden Terme besser beschreibt, ergibt sich wie in der vorhergehenden Ziffer aus der Gruppierung. Je nachdem, ob die fünf Niveaus so:

$$0\,1\,2,\quad 2,\quad 0$$

oder so

$$0,\quad 1\,2,\quad 2\,0$$

angeordnet sind, werden die einzelnen Elektronen besser durch das Quintupel (n, l, s, m_l, m_s) bzw. durch (n, l, s, j, m) beschrieben; d.h. das Koppelungsschema

$$\{(l_1 l_2)(s_1 s_2)\} \quad \text{bezw.} \quad \{(l_1 s_1)(l_2 s_2)\}$$

liegt vor.

Eine Zuordnung vom einen zum anderen Koppelungssystem zu machen, ist, wenigstens bei dem heutigen Stande der Theorie, nur in speziellen Fällen möglich. Wir kommen darauf später noch (Ziff. 20) zurück. Nur vom $^3P_1$-Niveau kann man mit Sicherheit behaupten, daß seine erzeugenden j-Werte $j_1 = \frac{3}{2}$ und $j_2 = \frac{1}{2}$ sind.

11. Das PAULIsche Prinzip. Tabellen. Extremfälle. Da in der überwiegenden Mehrzahl der optischen Spektren das RUSSELL-SAUNDERS-Schema für die aus äquivalenten Elektronen hervorgehenden Terme mit ziemlicher Annäherung gilt, ist vorderhand die Methode α) für uns die wichtigste. Nachdem wir das Verfahren für zwei äquivalente p-Elektronen ausführlich besprochen haben, wird dem Leser die Verallgemeinerung auf d- und f-Elektronen keine prinzipiellen Schwierigkeiten mehr bereiten. Die tatsächliche Berechnung der Terme ist besonders bei d- und f-Elektronen wegen der Größe der zum Exponenten $2(2l + 1)$ gehörigen Binomialkoeffizienten recht langwierig. Natürlich braucht man nur bis zur Mitte der Schale zu gehen, da in der zweiten Hälfte sich alles symmetrisch wiederholt.

In den folgenden Tabellen 15 und 16 sind die aus äquivalenten p- bzw. d-Elektronen resultierenden Terme angegeben. In der ersten Spalte sind die Anzahl der Elektronen, in der zweiten die Terme und in der letzten die zugehörigen Binomialkoeffizienten angegeben. Diese müssen durch Addition aller Quantengewichte $2J + 1$ in einer Horizontalreihe herauskommen.

Tabelle 15.

Konfiguration		Terme	$\sum(2J+1)$
p^0	p^6	^1S	1
p^1	p^5	^2P	6
p^2	p^4	^3P ^1D ^1S	15
p^3		^4S ^2D ^2P	20

Tabelle 16.

Konfiguration		Terme	$\sum(2J+1)$
d^0	d^{10}	^1S	1
d^1	d^9	^2D	10
d^2	d^8	^3F ^3P ^1G ^1D ^1S	45
d^3	d^7	^4F ^4P ^2H ^2G ^2F ^2D ^2D ^2P	120
d^4	d^6	^5D ^3H ^3G ^3F ^3F ^3D ^3P ^3P ^1I ^1G ^1G ^1F ^1D ^1D ^1S ^1S	210
d^5		^6S ^4G ^4F ^4D ^4P ^2I ^2H ^2G ^2G ^2F ^2F ^2D ^2D ^2D ^2P ^2S	252

In entsprechender Weise geben die Tabellen 17 und 18 die Niveaugruppen, die sich aus äquivalenten d-, bzw. p-Elektronen nach der Methode β) der letzten Ziffer, also bei reiner $\{jj\}$-Koppelung ergeben.

Tabelle 17. Tabelle der Niveaus bei äquivalenten d-Elektronen im Falle von $\{jj\}$-Koppelung.

z	Verteilung auf $d_{1\frac{1}{2}}$	$d_{2\frac{1}{2}}$	J-Werte
1	1	0	$1\frac{1}{2}$
	0	1	$2\frac{1}{2}$
2	2	0	2, 0
	1	1	4 . . . 1
	0	2	4, 2, 0
3	3	0	$1\frac{1}{2}$
	2	1	$4\frac{1}{2}$ . . . $\frac{1}{2}$, $2\frac{1}{2}$
	1	2	$5\frac{1}{2}$ . . . $2\frac{1}{2}$, $3\frac{1}{2}$ . . . $\frac{1}{2}$, $1\frac{1}{2}$
	0	3	$4\frac{1}{2}$, $2\frac{1}{2}$, $1\frac{1}{2}$
4	4	0	0
	3	1	4 . . . 1
	2	2	6 . . . 2, 4 . . . 0, 4, 2, 2, 0
	1	3	6 . . . 3, 4 . . . 1, 3 . . . 0
	0	4	4, 2, 0
5	4	1	$2\frac{1}{2}$
	3.	2	$5\frac{1}{2}$ . . . $2\frac{1}{2}$, $3\frac{1}{2}$ . . . $\frac{1}{2}$, $1\frac{1}{2}$
	2	3	$6\frac{1}{2}$ . . . $2\frac{1}{2}$, $4\frac{1}{2}$ . . . $\frac{1}{2}$, $3\frac{1}{2}$ . . . $\frac{1}{2}$, $4\frac{1}{2}$, $2\frac{1}{2}$, $1\frac{1}{2}$
	1	4	$5\frac{1}{2}$ . . . $2\frac{1}{2}$, $3\frac{1}{2}$ . . . $\frac{1}{2}$, $1\frac{1}{2}$
	0	5	$2\frac{1}{2}$
6	4	2	4, 2, 0
	3	3	6 . . . 3, 4 . . . 1, 3 . . . 0
	2	4	6 . . . 2, 4 . . . 0, 4, 2, 2, 0
	1	5	4 . . . 1
	0	6	0
7	4	3	$4\frac{1}{2}$, $2\frac{1}{2}$, $1\frac{1}{2}$
	3	4	$5\frac{1}{2}$ . . . $2\frac{1}{2}$, $3\frac{1}{2}$ . . . $\frac{1}{2}$, $1\frac{1}{2}$
	2	5	$4\frac{1}{2}$ . . . $\frac{1}{2}$, $2\frac{1}{2}$
	1	6	$1\frac{1}{2}$
8	4	4	4, 2, 0
	3	5	4 . . . 1
	2	6	2, 0
9	4	5	$2\frac{1}{2}$
	3	6	$1\frac{1}{2}$
10	4	6	0

Tabelle 18. Tabelle der Niveaus bei äquivalenten p-Elektronen im Falle von $\{jj\}$-Koppelung.

z	Verteilung auf $p_{\frac{1}{2}}$	$p_{1\frac{1}{2}}$	J-Werte
1	1	0	$\frac{1}{2}$
	0	1	$1\frac{1}{2}$
2	2	0	0
	1	1	1, 2
	0	2	0, 2
3	2	1	$1\frac{1}{2}$
	1	2	$\frac{1}{2}$, $1\frac{1}{2}$, $2\frac{1}{2}$
	0	3	$1\frac{1}{2}$
4	2	2	0, 2
	1	3	1, 2
	0	4	0
5	2	3	$1\frac{1}{2}$
	1	4	$\frac{1}{2}$
6	2	4	0

Es ist möglich, ohne viel Rechnung Auskunft über einige interessante Extremfälle zu gewinnen, wie z. B. den L-Wert des Terms mit der größten oder andererseits der niedrigsten Multiplizität R.

Es ist leicht zu sehen, daß in einer Schale von $z < 2l + 1$ äquivalenten l-Elektronen die höchste Multiplizität gleich $z + 1$ ist. Schreiben wir einmal die m_l- und m_s-Werte untereinander auf:

$$\begin{array}{llllllll|ll}
1) & l, & l-1, & l-2 & \cdots\ l-z+1 & \cdots & -l+1, & -l & +\frac{1}{2}, & -\frac{1}{2} \\
2) & l, & l-1, & l-2 & \cdots\ l-z+1 & \cdots & -l+1, & -l & +\frac{1}{2}, & -\frac{1}{2} \\
\vdots & \vdots & \vdots & \vdots & \vdots & & \vdots & \vdots & \vdots & \vdots \\
z) & l, & l-1, & l-2 & \cdots\ l-z+1 & \cdots & -l+1, & -l & +\frac{1}{2}, & -\frac{1}{2}
\end{array}$$

Um den maximalen Wert der Summe der m_s zu bekommen, addieren wir selbstverständlich alle Werte $+\frac{1}{2}$ zusammen. Um aber gleichzeitig auch eine möglichst große Summe der m_l zu erhalten und doch nicht gegen das PAULI-Prinzip zu verstoßen, müssen wir offenbar die m_l-Werte entlang der in der linken oberen Ecke beginnenden Diagonale addieren. Wir erhalten so für z äquivalente Elektronen:

$$\left.\begin{array}{l}
\sum m_l = \sum\limits_{\nu=1}^{z} (l - \nu + 1) = zl - \frac{z(z-1)}{2}, \\
\sum m_s = \frac{z}{2}; \quad S = \frac{z}{2}; \quad R = z + 1.
\end{array}\right\} \tag{32}$$

Den kleinsten Wert von $\sum m_s$ erhalten wir, wenn wir abwechselnd $+\frac{1}{2}$ und $-\frac{1}{2}$ zusammennehmen. Um dann den Maximalwert von $\sum m_l$ zu bekommen, nehmen wir für das erste und zweite Elektron $m_l = l$, für das dritte und vierte $m_l = l - 1$ usf. Wir erhalten entsprechend:

$$\left.\begin{array}{l}
\sum m_l = \begin{cases} lz - \frac{z}{2}\left(\frac{z}{2} - 1\right) & z \text{ gerade} \\ lz - \left(\frac{z-1}{2}\right)^2 & z \text{ ungerade,} \end{cases} \\
\sum m_s = \begin{cases} 0 \\ \frac{1}{2} \end{cases} \quad R = \begin{cases} 1 & z \text{ gerade} \\ 2 & z \text{ ungerade.} \end{cases}
\end{array}\right\} \tag{32a}$$

In der folgenden Tabelle sind die so berechneten Terme, die das höchste L bei maximaler bzw. minimaler Multiplizität haben, für die halben p-, d- und f-Schalen angegeben[1].

Tabelle 19.

Term	p-Schale			d-Schale					f-Schale						
	1	2	3	1	2	3	4	5	1	2	3	4	5	6	7
$R_{\max L}$	^2P	^3P	^4S	^2D	^3F	^4F	^5D	^6S	^2F	^3H	^4I	^5I	^6H	^7F	^8S
$R_{\min L}$	^2P	^1D	^2D	^2D	^1G	^2H	^1I	^2I	^2F	^1I	^2L	^1N	^2O	^1Q	^2Q

Wie man sieht, liefern unsere Formeln Ergebnisse, die sich sonst nur mit ziemlicher Rechenarbeit erhalten ließen. Für die p- und d-Schalen vergleiche man mit den Tabellen 15 und 16; die entsprechende Tabelle für äquivalente f-Elektronen wurde von GIBBS, WILBER und WHITE[2] gerechnet.

b) Quantitative Termformeln.

12. Einleitende Bemerkungen über Termdarstellung. Der ganze Abschnitt a) befaßte sich nur mit Gesetzen, die die Existenz und das Auftreten gewisser Terme und Niveaus in Spektren beherrschen. Dagegen wurde nicht berührt die Frage nach dem zahlenmäßigen Abstand der verschiedenen Niveaus voneinander und nach der funktionalen Abhängigkeit dieser Abstände von der Kernladung. Letzten Endes ist doch das Ziel einer Theorie der Spektren die numerische Darstellung der Termwerte als Funktionen der universellen Konstanten e, m, h, c, der Kernladungs- und Elektronenanzahl Z, z und der Quantenzahlen n_i, l_i, s_i, $m_{l,i}$, $m_{s,i}$.

Da dergleichen Energiefragen für die uns interessierenden Mehrelektronenprobleme ebensowenig wie für die astronomischen Mehrkörperprobleme exakt gelöst werden können, sollen im folgenden nur die Resultate von Störungsrechnungen und die empirischen Formeln diskutiert werden. Bei dem Aufstellen der letzteren leitet besonders die Analogie mit dem Wasserstoff, dem einzigen Atom, das man quantitativ vollständig beherrscht. Daß sich dem Wasserstoff ähnliche Verhältnisse auch in anderen Atomen oder Ionen wiederholen werden, ist aus drei Gründen zu erwarten. Erstens kann durch äußere Einflüsse (Elektronenstoß, Lichtabsorption) ein Elektron so angeregt werden, daß, modellmäßig gesprochen, seine „Bahn" die der anderen in den Ausmaßen so übertrifft, daß es gleich einem Kometen für einen überwiegenden Teil seiner Bahn unter dem anziehenden Einfluß einer relativ konzentrierten Wolke von Teilchen, dem Atomrest, steht. Nur eine Perihelrotation der ungestörten Bahn wird die Folge der nicht vollkommenen Konzentration des Atomrestes auf einen Punkt sein. Zweitens — und hierfür fehlt das astronomische Analogon — findet nach dem PAULI-Prinzip nach je 2, 6, 10 usw. Elektronen ein Zusammenschließen der Elektronen zu einer auch energetisch besonders stabilen Schale ohne resultierendes Drehmoment statt; das nächste Elektron, auch wenn nicht stark angeregt, befindet sich dann in einem besonders „wasserstoffähnlichen" Kraftfeld. Drittens können durch Koppelungen unter den für die Elektronen charakteristischen Vektoren l_i s_i, den Bahn- und Spinmomenten, die Verhältnisse sehr vereinfacht werden.

Die Aufgabe, die wir uns gestellt haben, einen Energieausdruck für Spektren mit einer beliebigen Anzahl Elektronen zu finden, erinnert an das Problem der Zustandsgleichung realer Gase — nur ist in unserem Falle die Komplexität der

[1] Gemäß dem auf S. 613 zitierten Report wurde für den Term mit $L = 12$ das Symbol Q gewählt.

[2] Phys Rev 29, S. 790 (1927).

Verhältnisse noch größer. Ähnlich wie dort vereinfachen wir das Problem durch Einführung von zunächst empirischen Konstanten bzw. Funktionen, den Abschirmungszahlen, deren theoretische Berechnung erst später besprochen wird.

13. Besprechung der allgemeinen Energieformel. Spezialisierung für ein Elektron. Die Energieformel besteht aus zwei Hauptteilen, deren erster die Energie der durch Eindringen stark veränderten KEPLER-Ellipse und ihre Relativitätskorrektion mißt und deren zweiter die Wechselwirkung der Momentvektoren l_i, s_i darstellt. Wir schreiben somit:

$$\left.\begin{aligned} -\frac{E}{Rhc} = \frac{T}{R} = \sum_i \left(\frac{Z-\sigma_1^{(i)}}{n_i}\right)^2 + \frac{\alpha^2 (Z-\sigma_2^{(i)})^4}{n_i^3}\left(\frac{1}{l_i+\frac{1}{2}} - \frac{3}{4n_i}\right) \\ + \sum_i \gamma_i (\cos(l_i s_i)) + \sum_{ih} b_{ih}(s_i s_h) + \sum_{ih} c_{ih}(l_i l_h)\,. \end{aligned}\right\} \tag{33}$$

Hier bedeuten

E die Totalenergie des Atoms oder Ions,

T die Termgröße in cm^{-1},

$R = 2\pi^2 m e^4/h^3 c = 109737{,}424\ \mathrm{cm}^{-1}$ die RYDBERG-Konstante,

h, c, e, m die elementaren Konstanten,

Z die Kernladungszahl,

$\alpha^2 = \dfrac{2\pi e^2}{hc} = 7{,}283 \cdot 10^{-3}$ die SOMMERFELDsche Feinstrukturkonstante,

n_i, l_i, s_i die Quantenzahlen des $i$ten Elektrons,

$\sigma_1^{(i)}$, $\sigma_2^{(i)}$ noch zu behandelnde Abschirmungszahlen des $i$ten Elektrons,

$\cos(l_i s_i)$ den Kosinus des Winkels zwischen Spin- und Bahnmoment des $i$ten Elektrons,

γ, b, c noch zu behandelnde Funktionen.

Ein eventuelles Wechselwirkungsglied zwischen dem $i$ten Spin und dem $h$ten Bahnimpuls haben wir vernachlässigt. Wie wir sehen werden, hängen die $\sigma^{(i)}$ wesentlich von der Zahl der Elektronen in allen anderen Schalen als der, in welche das $i$te Elektron gehört, ab; dagegen sind die Kosinus von der Anzahl und Konfiguration der Elektronen in derselben Schale, also von den Valenzelektronen[1], abhängig; geschlossene Schalen üben keinen Einfluß auf sie aus.

Es ist hier nicht unsere Aufgabe, die obige Formel aus der Wellenmechanik abzuleiten. Es wird dort gezeigt, daß für ein Elektron mit dem Spinmoment $s = \frac{1}{2}$ unsere Formel mit $\sigma_{1,2} = 0$ herauskommt. Auch die Abhängigkeit von $\cos(l_i s_i)$ ergibt sich dann zu

$$\gamma = a\,l\,s \cdot \cos(l\,s) \tag{34}$$

mit

$$a = \frac{\alpha^2 (Z-\sigma_2)^4}{n^3 l(l+\frac{1}{2})(l+1)}\,. \tag{35}$$

Die Spinkorrektion ist also von derselben Größenordnung wie die Relativitätskorrektion. Den Kosinus berechnen wir aus dem Vektordreieck l, s, j:

$$\cos(l\,s) = \frac{j^2 - l^2 - s^2}{2ls}\,. \tag{36}$$

---

[1] Wir benutzen hier das Wort Valenzelektronen in demselben Sinne wie in Abschnitt a) und meinen damit die in der letzten noch unvollständigen Schale befindlichen Elektronen. Unsere Formeln gelten aber auch für den allgemeineren Fall, daß außer den äußeren Elektronen auch die in einer durch Ionisation unvollständig gewordenen inneren Schale befindlichen Elektronen mit ihren l_i und s_i zum Vektorgerüst des Atoms beitragen. Für solche Elektronen enthalten die σ noch den Einfluß der äußeren Schalen (vgl. Ziff. 39 über RÖNTGEN-Strahlen).

Inkonsequent ist hieran, daß, obwohl oben von der wellenmechanischen Ableitung von (34) gesprochen wurde, wir doch hier das Modell zu einer quantitativen geometrischen Betrachtung benutzt haben. Solche modellmäßigen Ausdrücke sind nur im Limes für große Quantenzahlen gültig und müssen für endliche Werte von j, l, s „quantenmechanisch verschärft" werden. Wir setzen, auch für zukünftigen Gebrauch, indem wir modellmäßig gewonnene Ausdrücke durch den Index „kl" kennzeichnen:

$$\left.\begin{aligned} j_{kl}^2 &= j(j+1), \\ l_{kl}^2 &= l(l+1), \\ s_{kl}^2 &= s(s+1). \end{aligned}\right\} \tag{37}$$

Dann wird der quantenmechanische Kosinus:

$$\cos(ls) = \frac{j(j+1) - l(l+1) - s(s+1)}{2ls}. \tag{38}$$

Wir können somit (34) auch schreiben:

$$\gamma = \tfrac{1}{2} a[j(j+1) - l(l+1) - s(s+1)]. \tag{39}$$

Die Größe a, die hier auftritt, ist eine für jedes Dublett typische Aufspaltungskonstante. Die physikalische Bedeutung von γ ergibt sich sofort, wenn man nachrechnet, daß mit dem auf S. 606 Gleichung (4) definierten Gewicht eines Niveaus

$$\sum_{j_{\min}}^{j_{\max}} N_j \gamma_j = 0 \tag{40}$$

wird. Folglich definiert γ den Schwerpunkt eines Dubletts.

Setzt man nun (39) in die für ein Elektron spezialisierte Gleichung (33) ein und subtrahiert für $j_{\max} = l + \frac{1}{2}$ und $j_{\min} = l - \frac{1}{2}$, so ergibt sich für den Abstand zweier Dublettniveaus

$$\frac{\Delta\nu(n,l)}{R} = \frac{\alpha^2 (Z - \sigma_2(n,l))^4}{n^3 l(l+1)}. \tag{41}$$

Dies ist das SOMMERFELDsche G e s e t z d e r r e l a t i v i s t i s c h e n D u b l e t t s.

Das erste Glied der rechten Seite von (33) (wiederum auf ein Elektron spezialisiert) definiert ein [wegen (1)] stets außerhalb des betreffenden Termdubletts liegendes theoretisches Niveau, von dem aus die Feinstrukturen des zweiten Gliedes gerechnet werden. Dieses Niveau sei in Zukunft ν_{red} genannt:

$$\frac{\nu_{\text{red}}}{R} = \left(\frac{Z - \sigma_1(n\,l)}{n}\right)^2. \tag{42}$$

Für hohe l und j (F, G, H-Terme) wird dieser Wert wegen Kleinheit der Feinstrukturen direkt beobachtet. Die Wurzeln der Größen ν_{red} sind, wie man sieht, lineare Funktionen der Kernladungszahl Z; trägt man also für eine Reihe nach dem Verschiebungssatz analoger Spektra korrespondierende $\sqrt{\nu_{\text{red}}/R}$-Werte gegen Z auf, so erhält man gerade Linien. Solche Diagramme werden MOSELEY-D i a g r a m m e genannt.

Man sieht leicht, daß die MOSELEY-Linien von Termen, die gleiches n und verschiedenes l haben, parallel sind. Die Größe

$$\Delta\sqrt{\frac{\nu_{\text{red}}}{R}} = \frac{\sigma_1(n, l+1) - \sigma_1(n,l)}{n} \tag{43}$$

ist also konstant, d. h. von Z unabhängig. Wo absolute Termwerte unbekannt, vielmehr nur Linienfrequenzen beobachtet sind, läßt sich aus (42) eine entsprechende Gesetzmäßigkeit ableiten. Sei

$$\nu(l, l+1) = \nu_{\text{red}}(n,l) - \nu_{\text{red}}(n, l+1)$$

die Frequenz einer Linie zwischen Termen mit gleichem n, aber verschiedenem l, dann ist:

$$\left[\frac{\nu(l,l+1)}{R}\right]_{Z+1} - \left[\frac{\nu(l,l+1)}{R}\right]_{Z} = 2\,\frac{\sigma_1(n,l+1)-\sigma_1(n,l)}{n^2} \tag{43a}$$

ebenfalls konstant. Terme, die den Beziehungen (43) und (43a) folgen, nennt man Abschirmungsdubletts.

So weit unsere Rekapitulation der Gesetze des Einelektronenspektrums. Für numerische Beispiele für (41) und (43) sei der Leser auf Kap. 5 verwiesen.

14. Beliebig viele Elektronen. Das Hauptglied. Der Ausdruck (33) stellt die Arbeit vor, die nötig ist, um ein gegebenes Atom, das sich in einem bestimmten Zustand befindet, seiner sämtlichen Elektronen zu berauben. Wir werden später sehen, inwieweit wir über diese astrophysikalisch interessante Größe Aussagen machen können (Ziff. 38). Spektroskopisch interessieren uns bekanntlich nur die Elektronen einer Schale, insoweit sie zur Komplexstruktur, d. h. zu den drei letzten Gliedern von (33), beitragen.

Experimentell werden nur Termgrößen relativ zum Normalzustand des nächst höheren Ions gemessen, d. h. es wird durch den Termwert die Energie angegeben, die zur Entfernung eines Elektrons von dem in einem bestimmten Zustand befindlichen Atom bzw. Ion nötig ist. Deshalb darf man sich, was die Hauptglieder anlangt, auf ein einziges beschränken. Nehmen wir einmal an, daß in dem betrachteten Atom oder Ion mit z Elektronen N in geschlossenen Schalen mit der uns nicht interessierenden Gesamtenergie ε_N vereinigt sind. Dann ist die spektroskopisch oder durch Elektronenstoß gemessene Energie eines bestimmten Elektrons unter Vernachlässigung der Komplexstruktur (oder Beschränkung auf die „reduzierten" Termgrößen)

$$-\frac{\varepsilon_N}{Rhc} - \sum_{N+1}^{z-1}\left(\frac{Z-\sigma_1^{(i)}}{n}\right)^2 = \left(\frac{Z-\sigma_1^{(z)}}{n}\right)^2. \tag{44}$$

Durch Ziehen der Quadratwurzel auf beiden Seiten sieht man, daß ebenso wie im Einelektronenfall die optische Termgröße eine lineare Funktion von Z wird, also das MOSELEYsche Gesetz befolgt.

Einige Bemerkungen über die Genauigkeit, mit der die Termgröße dem MOSELEY-Gesetz folgt, und über die Abschirmungszahl $\sigma_1^{(z)}$ sind hier angemessen. Wenn man sich

$$\sqrt{-\frac{\varepsilon_N}{Rhc} - \sum_{N+1}^{z-1}\left(\frac{Z-\sigma_i}{n}\right)^2}$$

als Funktion von Z aufträgt, erhält man eine schwach konkav nach unten gekrümmte Kurve, die sich jedoch bald für größere Z asymptotisch an eine Gerade anschmiegt. Daraus folgt also, daß σ_1 nicht ganz von Z unabhängig sein kann, wie man noch genauer sieht, wenn man σ_1 selbst als Funktion von Z bei konstantem z aufträgt. Man erhält eine Kurve, die zuerst stetig abnehmend sich bald einer horizontalen Asymptote $\sigma_1(\infty)$ nähert (vgl. Abb. 18 und 19, S. 699). Offenbar können wir allgemein ansetzen:

$$\sigma_1 = \sigma_1(\infty) + \frac{a}{Z} + \frac{b}{Z^2} + \cdots. \tag{44a}$$

Zur Bestimmung der Abhängigkeit der Koeffizienten von n tritt als willkommene Ergänzung die RYDBERG-RITZsche Serienformel ein, wonach die (reduzierte) Termgröße die folgende Beziehung befolgt:

$$\frac{\nu_{\text{red}}}{R} = \frac{(Z-z+1)^2}{(n-\delta)^2} \tag{45}$$

mit

$$\delta = \delta_0 - \frac{\delta_1}{n} - \frac{\delta_2}{n^2}\cdots \tag{45a}$$

δ wird der Quantendefekt genannt (vgl. Kap. 5, S. 492). Vergleichen wir (44a) mit (45a), so ergibt sich:

$$\sigma = z - 1 - \frac{\alpha}{n} + \frac{\beta}{n^2 Z} \cdots, \tag{44b}$$

wo α und β nun sowohl von n wie von Z unabhängig sind. Für wasserstoffähnliche Terme wird also $\sigma = \sigma(\infty) = z - 1$. Es ist nun ein bemerkenswertes empirisches Gesetz, daß die α und β fast gänzlich von der Anzahl Elektronen in der betrachteten (unvollständigen) Schale unabhängig sind. Elektronen in der gleichen Schale üben demnach aufeinander nur eine verschwindende Abschirmung aus.

Offenbar können wir auch das Gesetz der Abschirmungsdubletts aus dem Einelektronenfall übernehmen. Wir erhalten für die Differenz der Wurzeln zweier durch (44) definierter Terme für gleiches n, aber verschiedenes l mit (44b)

$$\Delta \sqrt{\frac{\nu_{\text{red}}}{R}} = \frac{\Delta \sigma_l(\infty)}{n} = \frac{\Delta \alpha_l}{n^2}, \tag{43b}$$

wenigstens für genügend große Z. Der Index l soll daran erinnern, daß diese Differenz noch vom Bahnmoment abhängt.

Über diese Abhängigkeit der α und β von l sind wir nicht in der Lage, etwas Bestimmtes zu sagen. Sie hängt von der Art des Eindringens der Bahn in den Atomrumpf ab und kann durch gewisse Idealisierungen des Atomrumpfes (Kugelschalen, entartetes FERMI-Gas) berechnet werden (vgl. darüber Kap. 4).

15. Beliebig viele Elektronen. Wechselwirkung zwischen l_i und s_i im Falle von RUSSELL-SAUNDERS-Koppelung. Intervallregel. In dieser Ziffer werden wir das Glied $\sum \gamma_i$ von (33), welches die Wechselwirkung des Spins eines Elektrons mit seinem Bahnmoment vorstellt, für den Fall mehrerer Elektronen betrachten. Wir schreiben in Verallgemeinerung von (34)

$$\Gamma = \sum_i \gamma_i = \sum_i a_i l_i s_i \overline{\cos(l_i s_i)} \tag{46}$$

mit

$$a_i = \frac{\alpha^2 (Z - \sigma_2^{(i)})^4}{n_i^3 l_i (l_i + \frac{1}{2})(l_i + 1)}, \tag{35a}$$

wo die Summe über alle Valenzelektronen zu erstrecken ist. Man sieht sofort, daß nur im Falle eines Elektrons der Winkel zwischen l und s wegen räumlicher Quantelung dieser beiden Vektoren zueinander konstant ist. Wir mußten deshalb oben den zeitlichen Mittelwert des Kosinus einsetzen. Zur Berechnung dieser Mittelwerte im allgemeinen Falle muß man die Existenz einer konstanten Resultante $L = \sum l_i$ aller Bahnmomente und $S = \sum s_i$ aller Spins annehmen, also Gültigkeit des RUSSELL-SAUNDERSschen Koppelungsschemas (vgl. Ziff. 4). Dann wird es möglich, die Winkel $(l_i s_i)$ auf den konstanten Winkel (LS) zurückzuführen nach dem kinematischen Satz:

$$\overline{\cos(l_i s_i)} = \overline{\cos(l_i L)}\ \overline{\cos(s_i S)} \cdot \cos(LS).$$

Dann wird mit der Abkürzung

$$A = \sum a_i \frac{l_i}{L} \frac{s_i}{S} \overline{\cos(l_i L)}\ \overline{\cos(s_i S)} \tag{47}$$

die Wechselwirkungsenergie (46)

$$\Gamma = A L S \cos(LS) = \tfrac{1}{2} A [J(J+1) - L(L+1) - S(S+1)], \tag{48}$$

wobei wir für den „quantenmechanischen“ Kosinus den Wert (38) eingesetzt haben. Gleichung (48) für einen vielfachen Term mit irgendwelchen J, L, S

gleicht durchaus (39) für einen Dubletterm mit $j = l \pm \frac{1}{2}$ und $s = \frac{1}{2}$. Auch behält Γ seine Bedeutung als Schwerpunkt; denn offenbar ist wieder:

$$\sum_{J_{\min}}^{J_{\max}} N_J \Gamma_J = 0, \tag{49}$$

wo aber jetzt allgemeiner die Grenzen der Summe nach (17) zu nehmen sind.

Durch (48) ist die uns augenblicklich am meisten interessierende Abhängigkeit der (relativen) Termgröße Γ von der inneren Quantenzahl J festgelegt: Γ ist eine lineare Funktion von $J(J+1)$. Das ist ein Resultat von größter spektroskopischer Bedeutung; bilden wir nämlich aus (48)

$$\Gamma(J+1) - \Gamma(J) = \Delta\nu_{J+1,J} = A(J+1), \tag{50}$$

so heißt das: die Intervalle eines vielfachen Terms sind proportional der größeren der zwei umrahmenden Quantenzahlen.

Dies ist die bekannte LANDÉsche Intervallregel; sie bietet somit ein erstes quantitatives Kriterium für die Gültigkeit des RUSSELL-SAUNDERSschen Koppelungsschemas.

In den folgenden Tabellen 20 und 21 bringen wir einige Beispiele für die Intervallregel, die vorwiegend den Spektren der Eisengruppe entnommen sind.

Tabelle 20. Ungerade Multiplizitäten.

Spektrum	Term	0 1	1 2	2 3	3 4	4 5	5 6
V II	$3d^2 4s\,^3P$	219,4	393,5				
	(oder $3d^3\,^3P$)	219	197				
Sc II	$3d\,4s\,^3D$		67,7	110,0			
			34	37			
Fe I	$3d^7 4s\,^3F$			407,6	584,7		
				136	146		
Fe I	$3d^7 4p\,^3G$				311,8	388,4	
					78	78	
Ti I	$3d^3 4p\,^3H$					36,15	46,25
						7,2	7,7
Cr I	$3d^4 4s\,4p\,^5P$		163,8	240,2			
			82	80			
Fe I	$3d^6 4s^2\,^5D$	90,0	184,2	288,2	416,0		
		90	92	96	104		
Fe I	$3d^7 4s\,^5F$		168,9	257,7	351,3	448,5	
			85	86	88	90	
Ti I	$3d^2 4s\,4p\,^5G$			98,4	130,5	161,4	191,2
				32,8	32,6	32,3	31,9
Cr I	$3d^5 4p\,^7P$			81,4	112,5		
				27	28		
Fe I	$3d^6 4s\,5s\,^7D$		130,4	198,9	271,3	347,5	
			65	66	68	70	
Cr I	$3d^4 4s\,4p\,^7F$	39,6	78,5	116,8	153,6	189,0	222,9
		40	40	39	38	38	37

Die absolute Größe der Intervalle eines vielfachen Terms, insbesondere die wichtige Totalaufspaltung $\Gamma(J_{\max}) - \Gamma(J_{\min})$ ist nach (48) und (50) durch

$$A(L, S, l_i, s_i, n_i, \sigma_2^{(i)}, Z, z)$$

gegeben. Die Auswertung dieser Größe gelingt nur in speziellen Fällen, deren wichtigsten, den der äquivalenten Elektronen, wir in der nächsten Ziffer behandeln wollen.

Tabelle 21. Gerade Multiplizitäten.

Spektrum	Term	½ 1½	1½ 2½	2½ 3½	3½ 4½	4½ 5½	5½ 6½
O II	$2s^2 2p^2 3s\,^4P$	105,3	158,6				
		70	63				
V I	$3d^4 4s\,^4D$	63,3	102,3	137,2			
		42	41	39			
Sc I	$3d^2 4s\,^4F$		37,5	52,6	67,1		
			15	15	15		
V I	$3d^3 4s 4p\,^4G$			122,0	157,7	192,9	
				35	35	35	
Cr II	$3d^4 4s\,^4H$				61,6	79,2	93,0
					13,7	14,4	14,3
Cr II	$3d^4 4p\,^6P$		92,2	140,9			
			37	40			
V I	$3d^4 4s\,^6D$	41,0	67,0	91,3	113,4		
		27	27	26	25		
Mn III	$3d^4 4p\,^6F$	158,0	225,8	313,1	399,8	490,3	
		105	90	90	89	89	
Mn I	$3d^5 4s 4p\,^8P$			129,18	173,71		
				37	39		

16. Permanenz der Γ-Werte. Absolute Größe der Aufspaltungen, die durch äquivalente Elektronen hervorgerufen sind. Die Betrachtung äquivalenter Elektronen bringt die Vereinfachung mit sich, daß jetzt die a_i in (47) alle gleich werden, und die Komplikation, daß unsere einfachen Additionsmethoden jetzt durch die komplizierteren Regeln der Ziff. 10 ersetzt werden müssen. Ebenso wie dort müssen wir magnetische Quantenzahlen zur Erfüllung des PAULIschen Prinzips benutzen.

Wie in Ziff. 7 dargetan wurde, bleibt in schwachen äußeren Magnetfeldern die Koppelung $S + L = J$ erhalten; J wird im Felde räumlich gequantelt. Somit ist Γ unabhängig vom Felde:

$$\Gamma = \tfrac{1}{2} A [J(J+1) - L(L+1) - S(S+1)].$$

Da in starken Feldern dagegen S und L einzeln räumlich gequantelt werden, ist der in (48) auftretende cos (L, S) nicht mehr konstant; sein zeitlicher Mittelwert dagegen wird[1]:

$$\overline{\cos(LS)} = \cos(LH)\cos(SH),$$

und nach (5e) S. 618 schreibt sich (48)

$$\Gamma = A M_L M_S. \tag{48a}$$

Es besteht nun der bemerkenswerte Satz von der „Permanenz der Intervallproportionen", der besagt, daß die Summe

$$\sum_{J_{\min}}^{J_{\max}} {}_J \Gamma_J (M_L + M_S) = \sum_{-S}^{+S} {}_{M_s} \Gamma_{M_s} (M_L + M_S), \tag{51}$$

[1] Beweis: Sei H die Achse eines Polarkoordinatensystems. Wir betrachten das sphärische Dreieck, das von den Durchstoßpunkten von H, L und S auf der Einheitskugel gebildet wird. Anwendung des Kosinussatzes und Mittelung über den Winkel an der Spitze, welcher die Differenz der Azimute von S und L ist, ergibt obiges Resultat. Der Beweis der analogen Gleichung für $\cos(l_i s_i)$ ist langwieriger, läuft aber entsprechend.

über die Niveaus eines vielfachen Terms genommen, bei festem $M = M_S + M_L$ vom Feld unabhängig ist[1]. Wir erläutern dies durch zwei Zahlenbeispiele:

1.) ^3P; $L = 1$; $S = 1$; $J = 2, 1, 0$; $M_S = M_L = 1, 0, -1$.

Für schwache Felder ist Γ nach (48)

Tabelle 22.

		$M = 2$	1	0	−1	−2
J	2	A	A	A	A	A
	1		$-A$	$-A$	$-A$	
	0			$-2A$		
$\sum \Gamma$		A	0	$-2A$	0	A

Für starke Felder haben wir das Schema der (M_L, M_S)-Wertepaare auf S. 620 unter 3) hingeschrieben. Lesen wir es entlang der von rechts oben nach links unten gehenden Diagonale, dann ist jedesmal die Summe $M_S + M_L = M$ die gleiche. Arrangieren wir die Γ-Werte (48a) entsprechend, dann ergibt sich die folgende Tabelle:

Tabelle 23.

	$M_S + M_L =$	2	1	0	−1	−2
M_S	1	A	0	$-A$		
	0		0	0	0	
	−1			$-A$	0	A
$\sum \Gamma =$		A	0	$-2A$	0	A

Die Γ-Summen stimmen in der Tat überein.

2.) ^4F; $L = 3$; $S = \frac{3}{2}$; $J = 1\frac{1}{2}, 2\frac{1}{2}, 3\frac{1}{2}, 4\frac{1}{2}$.

Tabelle 24.

	$M =$	$4\frac{1}{2}$	$3\frac{1}{2}$	$2\frac{1}{2}$	$1\frac{1}{2}$	$\frac{1}{2}$	$\frac{1}{2}$	$-1\frac{1}{2}$	$-2\frac{1}{2}$	$-3\frac{1}{2}$	$-4\frac{1}{2}$	
$J =$	$4\frac{1}{2}$	$4\frac{1}{2}$	$4\frac{1}{2}$	$4\frac{1}{2}$	$4\frac{1}{2}$	$4\frac{1}{2}$	$4\frac{1}{2}$	$4\frac{1}{2}$	$4\frac{1}{2}$	$4\frac{1}{2}$	$4\frac{1}{2}$	
	$3\frac{1}{2}$		0	0	0	0	0	0	0	0		
	$2\frac{1}{2}$			$-3\frac{1}{2}$	$-3\frac{1}{2}$	$-3\frac{1}{2}$	$-3\frac{1}{2}$	$-3\frac{1}{2}$	$-3\frac{1}{2}$			schwaches
	$1\frac{1}{2}$				-6	-6	-6	-6				Feld
$\sum \Gamma/A$		$4\frac{1}{2}$	$4\frac{1}{2}$	1	−5	−5	−5	−5	1	$4\frac{1}{2}$	$4\frac{1}{2}$	
M_S	$1\frac{1}{2}$	$4\frac{1}{2}$	3	$1\frac{1}{2}$	0	$-1\frac{1}{2}$	-3	$-4\frac{1}{2}$				starkes
	$\frac{1}{2}$		$1\frac{1}{2}$	1	$\frac{1}{2}$	0	$-\frac{1}{2}$	-1	$-1\frac{1}{2}$			Feld
	$-\frac{1}{2}$			$-1\frac{1}{2}$	-1	$-\frac{1}{2}$	0	$\frac{1}{2}$	1	$1\frac{1}{2}$		
	$-1\frac{1}{2}$				$-4\frac{1}{2}$	-3	$-1\frac{1}{2}$	0	$1\frac{1}{2}$	3	$4\frac{1}{2}$	

Wir haben bisher noch nicht die Tatsache verwendet, daß unsere L und S die Vektorsummen der l_i und s_i und unsere M_L und M_S die algebraischen Summen der m_{li} und m_{si} sind, wie in Ziff. 7, Abschnitt β) auseinandergesetzt wurde. Wir hatten dort

$$\sum m_{li} = M_L \quad \text{und} \quad \sum m_{si} = M_S$$

gesetzt und können also (46) oder (48) auch schreiben:

$$\Gamma = \sum \gamma_i = \sum a_i\, m_{li}\, m_{si}. \tag{48a}$$

Wir wollen die oben entwickelten Gesetzmäßigkeiten benutzen, um die Γ-Werte im Falle zweier äquivalenter d-Elektronen bei RUSSELL-SAUNDERS-

[1] A. LANDÉ, Z f Phys 19, S 112, 1923.

Koppelung zu bestimmen[1]. Nach den Methoden von Ziff. 10, Abschnitt α) erhalten wir (vgl. Tab. 16) die Terme:

$$^1G_4 \quad ^3F_{234} \quad ^1D_2 \quad ^3P_{012} \quad ^1S_0$$

oder auch

2 Niveaus mit $j = 0$
1 Niveau „ $j = 1$
3 Niveaus „ $j = 2$
1 Niveau „ $j = 3$
2 Niveaus „ $j = 4$

Hiervon sind drei Singuletts mit $\Gamma = 0$. Es bleiben also nur noch sechs zu bestimmen übrig. Wir wollen sie schreiben

$$\Gamma_2(^3F), \quad \Gamma_3(^3F), \quad \Gamma_4(^3F); \quad \Gamma_0(^3P), \quad \Gamma_1(^3P), \quad \Gamma_2(^3P).$$

Zwischen ihnen bestehen aber noch zwei Beziehungen, durch die die Intervallregel (50) ihren Ausdruck findet, so daß tatsächlich nur vier unabhängige Γ zu bestimmen sind. Wir verfahren nun gemäß der in Ziff. 10 unter α) für zwei äquivalente p-Elektronen benutzten Methode und schreiben neben jedes $(m_s\, m_l)$-Paar die γ_i-Werte nach

$$\gamma_i = a_i\, m_{li}\, m_{si}.$$

In Tabelle 25 ist das durchgeführt, wobei wie in Tabelle 9 die möglichen Paare in willkürlicher Weise numeriert wurden.

Tabelle 25.

Nr.	m_{li}	m_{si}	γ_i
1	2	$\frac{1}{2}$	a
2	1	$\frac{1}{2}$	$\frac{1}{2}a$
3	0	$\frac{1}{2}$	0
4	-1	$\frac{1}{2}$	$-\frac{1}{2}a$
5	-2	$\frac{1}{2}$	$-a$
6	2	$-\frac{1}{2}$	$-a$
7	1	$-\frac{1}{2}$	$-\frac{1}{2}a$
8	0	$-\frac{1}{2}$	0
9	-1	$-\frac{1}{2}$	$\frac{1}{2}a$
10	-2	$-\frac{1}{2}$	a

Für diese Werte sind in Tabelle 26 aus nun schon bekannten Gründen alle $\frac{10 \cdot 9}{2}$-Kombinationen für die beiden Elektronen aufsummiert. In der ersten Spalte sind die Nummern der betreffenden Zustände, die wir aus Tabelle 25 entnehmen, eingetragen; in der zweiten die $\sum m_{li} = M_L$, $\sum m_{si} = M_S$; in der dritten die magnetische Quantenzahl $M_L + M_S = M$; und in der vierten Spalte die $\sum \gamma = \Gamma$.

Jetzt benutzen wir das Prinzip von der Permanenz der Γ-Summen und ordnen die so erhaltenen Γ für starke Felder nach Art der Tabelle 24 an. Darunter schreiben wir die $\sum_{M_S} \Gamma$ und die individuellen Γ_J in schwachen Feldern, die wir zu erhalten wünschen. Nach unserem Prinzip müssen beide Summen gleich sein, was uns lineare Beziehungen zwischen den Γ_J geben wird. In der oberen Hälfte der Tabelle 27 sind die in Tabelle 26 berechneten Γ nach M_S in Zeilen und nach M in Kolonnen, in der unteren Hälfte die gesuchten Γ_J nach M in Kolonnen und nach J in Zeilen angeordnet.

Wir erhalten so die folgenden linearen Gleichungen:

$$\left.\begin{aligned} \Gamma_4^{(1)} + \Gamma_4^{(2)} &= \tfrac{3}{2}a \\ \Gamma_3 &= -\tfrac{1}{2}a \\ \Gamma_2^{(1)} + \Gamma_2^{(2)} + \Gamma_2^{(3)} &= -\tfrac{3}{2}a \\ \Gamma_1 &= -\tfrac{1}{2}a \\ \Gamma_0^{(1)} + \Gamma_0^{(2)} &= -a\,. \end{aligned}\right\} \qquad (52)$$

[1] S. GOUDSMIT, Phys Rev. 31, S 946, 1928.

Tabelle 26.

Komb.	M_L	M_S	M	Γ
1 + 2	3	1	4	$1\frac{1}{2}a$
1 + 3	2	1	3	a
1 + 4	1	1	2	$\frac{1}{2}a$
1 + 5	0	1	1	0
1 + 6	4	0	4	0
1 + 7	3	0	3	$\frac{1}{2}a$
1 + 8	2	0	2	a
1 + 9	1	0	1	$1\frac{1}{2}a$
1 + 10	0	0	0	$2a$
2 + 3	1	1	2	$\frac{1}{2}a$
2 + 4	0	1	1	0
2 + 5	−1	1	0	$-\frac{1}{2}a$
2 + 6	3	0	3	$-\frac{1}{2}a$
2 + 7	2	0	2	0
2 + 8	1	0	1	$\frac{1}{2}a$
2 + 9	0	0	0	a
2 + 10	−1	0	−1	$1\frac{1}{2}a$
3 + 4	−1	1	0	$-\frac{1}{2}a$
3 + 5	−2	1	−1	$-a$
3 + 6	2	0	2	$-a$
3 + 7	1	0	1	$-\frac{1}{2}a$
3 + 8	0	0	0	0
3 + 9	−1	0	−1	$\frac{1}{2}a$
3 + 10	−2	0	−2	a
4 + 5	−3	1	−2	$-1\frac{1}{2}a$
4 + 6	1	0	1	$-1\frac{1}{2}a$
4 + 7	0	0	0	$-a$
4 + 8	−1	0	−1	$-1\frac{1}{2}a$
4 + 9	−2	0	−2	0
4 + 10	−3	0	−3	$\frac{1}{2}a$
5 + 6	0	0	0	$-2a$
5 + 7	−1	0	−1	$-1\frac{1}{2}a$
5 + 8	−2	0	−2	$-a$
5 + 9	−3	0	−3	$-\frac{1}{2}a$
5 + 10	−4	0	−4	0
6 + 7	3	−1	2	$-1\frac{1}{2}a$
6 + 8	2	−1	1	$-a$
6 + 9	1	−1	0	$-\frac{1}{2}a$
6 + 10	0	−1	−1	0
7 + 8	1	−1	0	$-\frac{1}{2}a$
7 + 9	0	−1	−1	0
7 + 10	−1	−1	−2	$\frac{1}{2}a$
8 + 9	−1	−1	−2	$\frac{1}{2}a$
8 + 10	−2	−1	−3	a
9 + 10	−3	−1	−4	$1\frac{1}{2}a$

Tabelle 27.

	$M =$	4	3	2	1	0	−1	−2	−3	−4
M_S	1	$1\frac{1}{2}a$	a	$\frac{1}{2}a$	0	$-\frac{1}{2}a$	$-a$	$-1\frac{1}{2}a$		
	1			$\frac{1}{2}a$	0	$-\frac{1}{2}a$				
	0	0	$\frac{1}{2}a$	a	$1\frac{1}{2}a$	$2a$				
	0		$-\frac{1}{2}a$	0	$\frac{1}{2}a$	a	$1\frac{1}{2}a$			
	0			$-a$	$-\frac{1}{2}a$	0	$\frac{1}{2}a$	a		
	0				$-1\frac{1}{2}a$	$-a$	$-\frac{1}{2}a$	0	$\frac{1}{2}a$	
	0					$-2a$	$-1\frac{1}{2}a$	$-a$	$-\frac{1}{2}a$	0
	−1			$-1\frac{1}{2}a$	$-a$	$-\frac{1}{2}a$	0	$\frac{1}{2}a$	a	$1\frac{1}{2}a$
	−1					$-\frac{1}{2}a$	0	$\frac{1}{2}a$		
$\sum\Gamma$		$1\frac{1}{2}a$	a	$-\frac{1}{2}a$	$-a$	$-2a$	$-a$	$-\frac{1}{2}a$	a	$1\frac{1}{2}a$
J	4	$\Gamma_4^{(1)}$	$\Gamma_4^{(1)}$	$\Gamma_4^{(1)}$	$\Gamma_4^{(1)}$	$\Gamma_4^{(1)}$	$\Gamma_4^{(1)}$	$\Gamma_4^{(1)}$	$\Gamma_4^{(1)}$	$\Gamma_4^{(1)}$
	4	$\Gamma_4^{(2)}$	$\Gamma_4^{(2)}$	$\Gamma_4^{(2)}$	$\Gamma_4^{(2)}$	$\Gamma_4^{(2)}$	$\Gamma_4^{(2)}$	$\Gamma_4^{(2)}$	$\Gamma_4^{(2)}$	$\Gamma_4^{(2)}$
	3		Γ_3	Γ_3	Γ_3	Γ_3	Γ_3	Γ_3	Γ_3	
	2			$\Gamma_2^{(1)}$	$\Gamma_2^{(1)}$	$\Gamma_2^{(1)}$	$\Gamma_2^{(1)}$	$\Gamma_2^{(1)}$		
	2			$\Gamma_2^{(2)}$	$\Gamma_2^{(2)}$	$\Gamma_2^{(2)}$	$\Gamma_2^{(2)}$	$\Gamma_2^{(2)}$		
	2			$\Gamma_2^{(3)}$	$\Gamma_2^{(3)}$	$\Gamma_2^{(3)}$	$\Gamma_2^{(3)}$	$\Gamma_2^{(3)}$		
	1				Γ_1	Γ_1	Γ_1			
	0					$\Gamma_0^{(1)}$				
	0					$\Gamma_0^{(2)}$				

Diese Gleichungen sind unabhängig vom speziellen Koppelungsschema; denn alles, was wir benutzt haben, sind die J-Werte, und diese kommen heraus, gleichgültig, ob wir Methode α) oder β) von Ziff. 10 benutzen. Die Beziehungen (52) enthalten die sog. Γ-Summenregel, wonach die bei festem J genommenen Summen der Γ-Werte einer ganzen Konfiguration von der jeweiligen Koppelung unabhängig sind. Allerdings erlauben uns obige Gleichungen nicht, die individuellen Γ-Werte zu bestimmen; dafür müssen wir erst spezielle Annahmen über die Koppelung machen. Nehmen wir also RUSSELL-SAUNDERS-Koppelung an und setzen die Γ der Singuletts (sagen wir):

$$\Gamma_4^{(1)} = \Gamma_2^{(1)} = \Gamma_0^{(1)} = 0 .$$

Ferner benutzen wir die Intervallregel, die, wie wir von (50) her wissen, von den Γ bei normaler Koppelung befolgt wird:

$$3\{\Gamma_4(^3F) - \Gamma_3(^3F)\} = 4\{\Gamma_3(^3F) - \Gamma_2(^3F)\}$$
$$\Gamma_2(^3P) - \Gamma_1(^3P) = 2\{\Gamma_1(^3P) - \Gamma_0(^3P)\}.$$

Das System (52) läßt sich dann leicht lösen, und man erhält:

$$\begin{aligned} \Gamma_4(^3F) &= 1\tfrac{1}{2}\,a & \Gamma_2(^3P) &= \tfrac{1}{2}\,a \\ \Gamma_3(^3F) &= -\tfrac{1}{2}\,a & \Gamma_1(^3P) &= -\tfrac{1}{2}\,a \\ \Gamma_2(^3F) &= -2\,a & \Gamma_0(^3P) &= -\,a . \end{aligned}$$

Damit ist unsere Aufgabe gelöst. Wir merken noch an:

$$\Delta\,{}^3F_{2,4} = 3\tfrac{1}{2}\,a, \quad \Delta\,{}^3P_{0,2} = 1\tfrac{1}{2}\,a,$$

oder:

$$\Delta\,{}^3F_{4,3} : \Delta\,{}^3F_{3\,2} : \Delta\,{}^3P_{2\,1} : \Delta\,{}^3P_{1\,0} = 4:3:2:1 .$$

Unser Resultat geht also weit über die LANDÉsche Intervallregel hinaus, da es uns erlaubt, Intervalle verschiedener Terme miteinander zu vergleichen — natürlich immer unter Annahme reinster RUSSELL-SAUNDERS-Koppelung.

Folgendes einfache Beispiel, das der neun äquivalenten d-Elektronen, ist noch wichtig, da es sich ganz ohne Annahmen über die herrschende Koppelung lösen läßt. Wir hatten allgemein gefunden, daß in einer Schale von l-Elektronen die Konfiguration mit z l-Elektronen dieselben Terme ergibt wie die mit $[2(2l+1) - z]$ Elektronen. Speziell ergibt $d^9 = d^1$ einen ^2D-Term. Das Analogon der Tabelle 26 gibt in diesem Fall:

Tabelle 28.

Kombination	M_l	M_s	M	Γ
$1+2+3+4+5+6+7+8+9$	2	$\frac{1}{2}$	$2\frac{1}{2}$	$-\,a$
$+8+10$	1	$\frac{1}{2}$	$1\frac{1}{2}$	$-\frac{1}{2}\,a$
$+7+9+10$	0	$\frac{1}{2}$	$\frac{1}{2}$	0
$+6+8+9$	-1	$\frac{1}{2}$	$-\frac{1}{2}$	$\frac{1}{2}\,a$
$+5+7+8$	-2	$\frac{1}{2}$	$-1\frac{1}{2}$	a
$+4+6+7$	2	$-\frac{1}{2}$	$1\frac{1}{2}$	a
$+3+5+6$	1	$-\frac{1}{2}$	$\frac{1}{2}$	$\frac{1}{2}\,a$
$+2+4+5$	0	$-\frac{1}{2}$	$-\frac{1}{2}$	0
$1+3+4$	-1	$-\frac{1}{2}$	$-1\frac{1}{2}$	$-\frac{1}{2}\,a$
$2+3+4+5+6+7+8+9+10$	-2	$-\frac{1}{2}$	$-2\frac{1}{2}$	$-\,a$

Die Anordnung der Γ-Werte nach M- und M_S-Werten gibt:

Tabelle 29.

$M =$	$2\frac{1}{2}$	$1\frac{1}{2}$	$\frac{1}{2}$	$-\frac{1}{2}$	$-1\frac{1}{2}$	$-2\frac{1}{2}$
M_S $\frac{1}{2}$	$-a$	$-\frac{1}{2}a$	0	$\frac{1}{2}a$	a	
M_S $-\frac{1}{2}$		a	$\frac{1}{2}a$	0	$-\frac{1}{2}a$	$-a$
$\sum\Gamma$	$-a$	$\frac{1}{2}a$	$\frac{1}{2}a$	$\frac{1}{2}a$	$\frac{1}{2}a$	$-a$
J $2\frac{1}{2}$	$\Gamma_{2\frac{1}{2}}(^2D)$	$\Gamma_{2\frac{1}{2}}(^2D)$	$\Gamma_{2\frac{1}{2}}(^2D)$	$\Gamma_{2\frac{1}{2}}(^2D)$	$\Gamma_{2\frac{1}{2}}(^2D)$	$\Gamma_{2\frac{1}{2}}(^2D)$
J $1\frac{1}{2}$		$\Gamma_{1\frac{1}{2}}(^2D)$	$\Gamma_{1\frac{1}{2}}(^2D)$	$\Gamma_{1\frac{1}{2}}(^2D)$	$\Gamma_{1\frac{1}{2}}(^2D)$	

Hieraus ergibt sich, und zwar ohne jegliche Annahme über Koppelung:

$$\Gamma_{2\frac{1}{2}}(d^9\,{}^2D) = -a, \qquad \Gamma_{1\frac{1}{2}}(d^9\,{}^2D) = 1\tfrac{1}{2}a.$$

Vergleichen wir dies mit den γ-Werten, die sich für ein d-Elektron direkt aus (39) ergeben:

$$\Gamma_{2\frac{1}{2}}(d^1\,{}^2D) = +a, \quad \Gamma_{1\frac{1}{2}}(d^1\,{}^2D) = -1\tfrac{1}{2}a,$$

so ergibt sich zweierlei:

Erstens ist die totale Aufspaltung, der Abstand der zwei Dublettniveaus, der gleiche in beiden Fällen:

$$\Delta(d^1\,{}^2D) = \Delta(d^9\,{}^2D). \tag{53}$$

Dieses Resultat ist für die Theorie der RÖNTGEN-Spektren von fundamentaler Wichtigkeit. Zweitens ist die Lage der beiden Niveaus in bezug auf den Schwerpunkt $\Gamma = 0$ in einem Falle gerade die entgegengesetzte wie in dem anderen. Dies führt uns auf die experimentell bedeutungsvolle Unterscheidung zwischen regelrechten und verkehrten Termen (regular and inverted terms). Wenn wir uns daran erinnern, daß die Energien der Spektralzustände alle negativ, die sog. Termgrößen positiv gerechnet werden, dann ist für einen regelrechten Term

$$E_J < E_{J+1} < E_{J+2} \ldots$$

oder

$$T_J > T_{J+1} > T_{J+2} \ldots$$

und für einen verkehrten Term

$$E_J > E_{J+1} > E_{J+2} \ldots$$

oder

$$T_J < T_{J+1} < T_{J+2} \ldots$$

Obige Γ-Werte besagen also, daß ein d-Elektron einen regelrechten ^2D-Term, und neun d-Elektronen einen verkehrten ^2D-Term von der gleichen Aufspaltung hervorbringen.

Was hier für einen speziellen Fall gefunden wurde, läßt sich aber mit den Methoden dieser Ziffer für beliebig viele äquivalente Elektronen mit beliebigen l-Werten verallgemeinern:

In einer Schale von äquivalenten l-Elektronen ergeben sich sowohl für $[2(2l+1) - z]$ Elektronen wie für z Elektronen dieselben Terme mit den gleichen Aufspaltungen. Je nachdem $z \lessgtr 2l+1$ ist, sind die Terme $\frac{\text{regelrecht}}{\text{verkehrt}}$.

Dieses Ergebnis, welches wir hier ohne Zusatzhypothese folgern konnten, ist von der Erfahrung ohne Ausnahme bestätigt.

Die Berechnung der Totalaufspaltung, die wir oben für die Spezialfälle d^2 und d^9 durchführten, läuft im allgemeinen Falle (p^z und d^z) ganz entsprechend. Das Resultat findet sich in der folgenden Tabelle 30.

Tabelle 30.

Konfiguration	Terme (außer Singuletts)	Total-aufspaltung	Separations-faktor A
$p^1, -p^5$	^2P	$1\frac{1}{2}\,a$	a
$p^2, -p^4$	^3P	$1\frac{1}{2}\,a$	$\frac{1}{2}\,a$
$\pm p^3$	$^2D,\ ^2P$	0	0
$d^1, -d^9$	^2D	$2\frac{1}{2}\,a$	a
$d^2, -d^8$	^3F	$3\frac{1}{2}\,a$	$\frac{1}{2}\,a$
	^3P	$1\frac{1}{2}\,a$	$\frac{1}{2}\,a$
$d^3, -d^7$	^4F	$3\frac{1}{2}\,a$	$\frac{1}{3}\,a$
	^4P	$1\frac{1}{3}\,a$	$\frac{1}{3}\,a$
	^2H	$1\frac{1}{10}\,a$	$\frac{1}{5}\,a$
	^2G	$1\frac{7}{20}\,a$	$\frac{3}{10}\,a$
	^2F	$-\frac{7}{12}\,a$	$-\frac{1}{6}\,a$
	^2D, ^2D	$\frac{5}{6}\,a$	$\frac{1}{3}\,a$
	^2P	a	$\frac{2}{3}\,a$
$d^4, -d^6$	^5D	$2\frac{1}{2}\,a$	$\frac{1}{4}\,a$
	^3H	$1\frac{1}{10}\,a$	$\frac{1}{10}\,a$
	^3G	$1\frac{7}{20}\,a$	$\frac{3}{20}\,a$
	^3F, ^3F	$\frac{7}{12}\,a$	$\frac{1}{12}\,a$
	^3D	$-\frac{5}{12}\,a$	$-\frac{1}{12}\,a$
	^3P, ^3P	$1\frac{1}{2}\,a$	$\frac{1}{2}\,a$
$\pm d^5$	sämtlich	0	0

In der letzten Spalte sind dabei die durch a ausgedrückten A-Werte der Gleichung (48) eingetragen, die der Leser z. B. nach der aus (48) folgenden Beziehung:

$$\left.\begin{aligned}\text{Totalaufspaltung} &= \Gamma(J_{\max}) - \Gamma(J_{\min}) \\ &= A\,S(2L+1); \quad L > S \\ &= A\,L(2S+1); \quad L < S\end{aligned}\right\} \qquad (54)$$

berechnen möge.

Das Resultat der Betrachtungen dieser Ziffer ist nun: Nachdem unter Annahme von normaler Koppelung das Wechselwirkungsglied

$$\sum a_i s_i l_i \overline{\cos(s_i l_i)}$$

in

$$\tfrac{1}{2}A[J(J+1) - L(L+1) - S(S+1)]$$

umgeformt werden konnte (Intervallregel), gelingt es im Falle äquivalenter Elektronen ($a_i = a$), die A durch die individuellen a auszudrücken (Tabelle 30, letzte Spalte).

Außerdem ergibt sich, daß die für z Elektronen und die für $[2(2l+1) - z]$ Elektronen resultierenden Terme die gleiche Aufspaltung mit entgegengesetztem Vorzeichen haben; die Terme in der ersten Halbperiode sind regelrecht, die in der zweiten verkehrt.

Ferner gelingt es dann, die Totalaufspaltung irgendeines von äquivalenten Elektronen herrührenden Terms durch die Totalaufspaltung desjenigen Dublettterms auszudrücken, der bei nur einem Elektron der betreffenden Art erscheint (3. Spalte der Tabelle 30). Wir haben somit eine Gesetzmäßigkeit erhalten, die die Variation der Aufspaltungen quer durch das periodische System wiedergibt (in anderen Worten: die Abhängigkeit der absoluten Größe der Intervalle von der Elektronenzahl z). Nun ist aber die Abhängigkeit der Dublettaufspaltungen von Z bekannt; somit kennen wir also die Abhängigkeit irgendwelcher Intervalle (die von äquivalenten Elektronen herrühren) von z wie auch von Z.

Wir illustrieren dies für die d-Schale. Nach (41), S. 632 ist:

$$\Delta\nu(d^1\,{}^2D) = \frac{\alpha^2(Z-\sigma_2)^4}{n^3\cdot 2\cdot 3},$$

somit nach Tabelle 30, 3. Spalte:

$$\Delta\nu(d^2\,{}^3F) = \frac{7}{5}\,\frac{\alpha^2(Z-\sigma_2)^4}{n^3\cdot 2\cdot 3},$$

$$\Delta\nu(d^3\,{}^4F) = \frac{7}{5}\,\frac{\alpha^2(Z-\sigma_2)^4}{n^3\; 2\cdot 3},$$

$$\Delta\nu(d^4\,{}^5D) = \frac{\alpha^2(Z-\sigma_2)^4}{n^3\cdot 2\cdot 3},$$

$$\Delta\nu(d^5\,{}^6S) = 0,$$

$$\Delta\nu(d^6\,{}^5D) = \frac{\alpha^2(Z-\sigma_2)^4}{n^3\cdot 2\cdot 3}$$

usw. Eine allgemeine Formel für diese $\Delta\nu$ wird sogleich abgeleitet werden.

17. Die absolute Größe der Aufspaltung des Terms höchster Multiplizität, welcher durch äquivalente Elektronen entsteht. Ebenso wie in Ziff. 11 eine schnelle Methode zur Berechnung des Terms, der bei dem größten S-Wert auch das höchste L hat, gegeben wurde, sei hier an die vorhergehende Ziffer eine ähnliche Betrachtung angegliedert, die auch die Aufspaltung dieses Terms schnell zu erhalten gestattet. Wir benutzen dazu das Schema der $m_l m_s$-Werte auf S. 628 und schreiben außerdem noch die $\gamma_i = a_i m_{li}\, m_{si}$ auf:

$$\begin{array}{llllllll}
1) & \frac{1}{2}l, & \frac{1}{2}(l-1), & \frac{1}{2}(l-2) & \cdots & \frac{1}{2}(l-z+1) & \cdots & -\frac{1}{2}(l-1), & -\frac{1}{2}l,\\
2) & \frac{1}{2}l, & \frac{1}{2}(l-1), & \frac{1}{2}(l-2) & \cdots & \frac{1}{2}(l-z+1) & \cdots & -\frac{1}{2}(l-1), & -\frac{1}{2}l,\\
\vdots & \vdots & \vdots & \vdots & & \vdots & & \vdots & \vdots\\
z) & \frac{1}{2}l, & \frac{1}{2}(l-1), & \frac{1}{2}(l-2) & \cdots & \frac{1}{2}(l-z+1) & \cdots & -\frac{1}{2}(l-1), & -\frac{1}{2}l.
\end{array}$$

Wir haben dabei stets $m_{si} = +\frac{1}{2}$ gesetzt, da uns nur der Term höchster Multiplizität interessiert. Wie in Ziff. 11 addieren wir nun die γ entlang der in der linken oberen Ecke beginnenden Diagonale und erhalten:

$$\Gamma = \sum\gamma = \sum_{\nu=1}^{z}\frac{1}{2}(l-\nu+1)\,a = \frac{z}{2}\left(l+\frac{1}{2}-\frac{z}{2}\right)a.$$

Dieses Γ ist aber zugleich gegeben durch

$$\Gamma = A M_S M_L,$$

wenn wir die magnetischen Quantenzahlen des Terms mit großen Buchstaben schreiben. Also nach (32), Ziff. 11:

$$\Gamma = A\,\frac{z}{2}\left(z\,l - \frac{z(z-1)}{2}\right).$$

Die Vergleichung ergibt:

$$A = \frac{a}{z} \tag{55}$$

in Übereinstimmung mit Tabelle 30. Vorausgesetzt ist wieder, ebenso wie in Ziff. 11, daß $z < 2l + 1$ bleibt. Nachdem (55) in (54) eingeführt ist, ergibt sich:

$$\Delta\nu = a\frac{S}{z}(2L+1)$$

oder unter Berücksichtigung der Bedeutung von a nach (35) und der Bedeutung von S nach (32):

$$\frac{\Delta\nu}{R} = \frac{2L+1}{2l+1}\,\frac{\alpha^2(Z-\sigma)^4}{n^3 l(l+1)}. \tag{56}$$

18. Absolute Intervalle bei nichtäquivalenten Elektronen. Der nächste Schritt ist nun die Berechnung des Wechselwirkungsgliedes $\Sigma\gamma_i[\cos(l_i s_i)]$ in (33) im allgemeinen Falle nichtäquivalenter Elektronen, d. h. die Auswertung der Größe A im Falle mehrerer verschiedener a_i. Dies läßt sich auf Grund des Vektormodells nur für zwei Elektronen durchführen, in welchem Falle die in (47) auftretenden Kosinus zeitlich konstant sind. Wellenmechanisch ließe sich zweifellos auch der allgemeine Fall erledigen, doch ist dem Verfasser eine diesbezügliche Untersuchung nicht bekannt. Im Falle zweier Elektronen schreibt sich (47)

$$A = a_1\frac{l_1}{L}\cos(l_1 L)\frac{s_1}{S}\cos(s_1 S) + a_2\frac{l_2}{L}\cos(l_2 L)\frac{s_2}{S}\cos(s_2 S).$$

Die vier quantentheoretischen Kosinus berechnen sich analog zu (38), und es ergibt sich schließlich:

$$\left.\begin{aligned} A = {} & a_1\frac{L(L+1)+l_1(l_1+1)-l_2(l_2+1)}{2L(L+1)}\cdot\frac{S(S+1)+s_1(s_1+1)-s_2(s_2+1)}{2S(S+1)} \\ & + a_2\frac{L(L+1)-l_1(l_1+1)+l_2(l_2+1)}{2L(L+1)}\cdot\frac{S(S+1)-s_1(s_1+1)+s_2(s_2+1)}{2S(S+1)}. \end{aligned}\right\} \tag{57}$$

Setzt man hierin noch $s_1 = s_2 = \frac{1}{2}$, dann wird:

$$A = \frac{1}{2}a_1\frac{L(L+1)+l_1(l_1+1)-l_2(l_2+1)}{2L(L+1)} + \frac{1}{2}a_2\frac{L(L+1)-l_1(l_1+1)+l_2(l_2+1)}{2L(L+1)}. \tag{58}$$

Damit ist die Aufgabe schon gelöst. Aber auch die allgemeinere Formel (57) ist oft von Nutzen. Sie gibt die Aufspaltung eines von z Elektronen hervorgerufenen Terms wieder für den Fall, daß die Koppelung zwischen $z - 1$ Elektronen durch Hinzufügung des $z$ten nicht zerstört wird. Dieser Fall ist in der Praxis oft realisiert: Fassen wir einen Term ins Auge, der von $z - 1$ (äquivalenten) Elektronen und einem Elektron in einer Bahn mit verschiedenem n- und l-Wert herkommt. Die Wechselwirkung zwischen den $z - 1$ Elektronen im Ion ist natürlicherweise viel größer miteinander als mit dem $z$ten „Leuchtelektron"; somit sind wir berechtigt, die Konfiguration der $z - 1$ eng gekoppelten Elektronen durch ein einziges hypothetisches Elektron, aber jetzt mit nach den Methoden der Ziff. 7—9 zu bestimmenden L- und S-Werten zu ersetzen. Da durch äußere Einflüsse (Elektronenstoß, Absorption, thermische Anregung) fast immer nur ein Elektron angeregt wird, stellt (57) tatsächlich in vielen Fällen die Aufspaltungen der zu nichtäquivalenten Elektronen gehörigen Terme dar. Die Größen $a_1\, l_1\, s_1$ des hypothetischen Elektrons entnimmt man dabei aus dem Term des Funkenspektrums, auf dem der fragliche Bogenterm aufgebaut ist. (Wie derselbe in einzelnen Fällen zu finden ist, s. Abschnitt f).

Wir wenden (57) noch auf einige Spezialfälle an.

a) Ein Funkenterm mit beliebigem a_1, l_1, s_1 und ein s-Elektron, d. h. also:

$$l_2 = 0,\quad s_2 = \tfrac{1}{2};\quad L = l_1,\quad S = s_1 \pm \tfrac{1}{2}.$$

$$\left.\begin{aligned} &\text{Für } S = s_1 + \tfrac{1}{2}\text{:} && A = a_1 \frac{s_1}{s_1 + \frac{1}{2}}\,. \\ &\text{Für } S = s_1 - \tfrac{1}{2}\text{:} && A = a_1 \frac{s_1 + 1}{s_1 + \frac{1}{2}}\,. \end{aligned}\right\} \tag{59}$$

Hieraus ergibt sich, wenn wir noch die Multiplizitäten einführen:

$$\frac{A(r_1 + 1)}{A(r_1 - 1)} = \frac{r_1 - 1}{r_1 + 1}\,.$$

Die Aufspaltungsgrößen A verhalten sich umgekehrt wie die Multiplizitäten. Ferner werden die Totalaufspaltungen nach (54),

wenn $l_1 \geqq s_1$ und $L \geqq S$

$$\Delta\nu(r_1 + 1) = \Delta\nu(r_1)\,,$$

$$\Delta\nu(r_1 - 1) = \frac{(r_1 - 2)(r_1 + 1)}{(r_1 - 1)r_1}\,\Delta\nu(r_1)\,,$$

wenn $l_1 \leqq s_1$ und $L \leqq S$

$$\left.\begin{aligned} \Delta\nu(r_1 + 1) &= \frac{r_1^2 - 1}{r_1^2}\,\Delta\nu(r_1)\,, \\ \Delta\nu(r_1 - 1) &= \frac{r_1^2 - 1}{r_1^2}\,\Delta\nu(r_1)\,. \end{aligned}\right\} \tag{59a}$$

Bemerkenswerterweise sind alle diese Formeln von l_1 unabhängig.

In der folgenden Tabelle 31 sind einige der von den Konfigurationen $3d^z$ herkommenden Terme gemäß (56) und (59) diskutiert.

Tabelle 31.

1	2	3	4	5	6	7	8
Term	Spektrum	$\Delta\nu(r)$	$\frac{2l+1}{2L+1}\Delta\nu(r)$	Term	Spektrum	$\Delta\nu(r)$	$\frac{2l+1}{2L+1}\Delta\nu(r)$ ber. nach (59a)
$d\,^2D$	Ca II	61	61	$ds\,^3D$	Ca I	35	35
	Sc III	198	198		Sc II	178	178
	Ti IV	384	384		Ti III	362	362
$d^2\,^3F$	Sc II	185	132	$d^2s\,^4F$	Sc I	157	112
				^2F		116	124
^3P		80	133	^4P		81 ?	152
				^2P			
^3F	Ti III	422	302	^4F	Ti II	373	267
				^2F		269	288
^3P		185	308	^4P		152	285
				^2P		109	273
^3F	V IV	730	522	^4F	V III	704	503
				^2F		478	513
^3P		329	547	$^{4,2}P$			
$d^3\,^4F$	Ti II	367	262	$d^3s\,^5F$	Ti I	286	204
				^3F		245	210
^4P		154	258	^5P		124	220
				^3P		94	167
^4F	V III	683	488	^5F	V II	559	399
				^3F		458	393
^4P		258	430	^5P		230	408
$d^4\,^5D$	V II	339	339	$d^4s\,^6D$	V I	312	312
				^4D		302	337
^5D	Cr III			^6D		535	535
				^4D		523	580
$d^6\,^5D$	Mn II	635	635	$d^6s\,^6D$	Mn I	585	585
				^4D			
$d^7\,^4F$	Fe II	1246	890	$d^7s\,^5F$	Fe I	1226	875
				^3F		993	852
^4P		430	717	^5P		377	658
				^3P		213	378

Tabelle 33. Tabelle der Aufspaltungen und Abschirmungszahlen der Terme $3d^{\iota}4s^{\varkappa}$ für $\iota = 1, 2, 3, 4, 6, 7, 8, 9$ und $\varkappa = 2, 1, 0$.

Spektrum	s-Elektronen	3d Ordnung	3d $\Delta\nu$	3d σ	$3d^2$ Ordnung	$3d^2$ $\Delta\nu$	$3d^2$ σ	$3d^3$ Ordnung	$3d^3$ $\Delta\nu$	$3d^3$ σ	$3d^4$ Ordnung	$3d^4$ $\Delta\nu$	$3d^4$ σ	$3d^6$ Ordnung	$3d^6$ $\Delta\nu$	$3d^6$ σ	$3d^7$ Ordnung	$3d^7$ $\Delta\sigma$	$3d^7$ σ	$3d^8$ Ordnung	$3d^8$ $\Delta\nu$	$3d^8$ σ	$3d^9$ Ordnung	$3d^9$ $\Delta\nu$	$3d^9$ σ
K																									
	s^0	I	2,74	16,08																					
Ca	s^1	I	35,6	14,38																					
	s^0	II	60,8	13,60																					
Sc	s^2	I	168,3	12,52																					
	s^1	II	177,6	12,62	I	157,1	13,70																		
	s^0	III	197,5	12,40	II	184,8	13,24	I	142,8	13,33															
Ti	s^2	II	231,7	13,07	I	386,6	12,64																		
	s^1	III	361,7	11.98	II	393,2	12,60	I	286,2	13,32															
	s^0	IV	384,0	11,83	III	421,9	12,46	II	307,6	13,12															
V	s^2							I	553,0	12,75															
	s^1	IV	599	11,64	III	704	12,12	II	557,9	12,74	I	312,4	13,37												
	s^0				IV	730	12,02	III	583	12,62	II	339,3	13,15												
Cr	s^2										I	556,8	12,79												
	s^1	V	912	11,38				III	1017	12,09	II	534,8	12,96												
	s^0																								
Mn	s^2																								
	s^1				V	1641	11,57				III	849,6	12'61	I	585,2	13,71									
	s^0							V	1402	12,08				II	635,2	13,44									
Fe	s^2													I	978,1	13,16									
	s^1													II	977,0	13,15	I	1226,5	13,51						
	s^0																II	1245,0	13,46						
Co	s^2																I	1809,3	13,24						
	s^1																II	1854,2	13,15	I	1595,0	13,66			
	s^0																						I	1232,5	13,39

Ni	s^2							I 2216 13,52	
	s^1							II 2270 13,44	I 1508 13,69
	s^0								II 1507 13,70
Cu	s^2								I 2043 13,56
	s^1								II 2070 13,52
	s^0								
Zn	s^2								II 2719 13,42
	s^1								III 2754 13,37
	s^0								
Ga	s^2								
	s^1								IV 3575 13,25
	s^0								
Ge	s^2								
	s^1								V 4536 13,16
	s^0								

Wie man sieht, verbessert sich die Übereinstimmung mit wachsender Ionisation. Im Anschluß und in Erweiterung der obigen Tabelle bringen wir die Tabellen 32 (S. 648) und 33 (nebenstehend), die die Abhängigkeit der A von Z für die Konfigurationen np^z, nd^z bei verschiedenen Werten von n und z und bei Anwesenheit von einem oder zwei s-Elektronen gemäß den Formeln (56) und (59) wiedergeben. Die Gruppierung nach Spalten richtet sich dabei nach der Anzahl der $3p$- bzw. $3d$-Elektronen, während die zu einem bestimmten Element gehörigen Terme sich in derselben Horizontale finden. Jedes so geschaffene Feld ist in Tabelle 33 noch dreimal unterteilt, denn in das oberste Teilfeld wurden Totalaufspaltung und Abschirmungszahl der Konfiguration plus zwei s-Elektronen, in das mittlere dieselbe Konfiguration plus ein s-Elektron, in das untere ohne s-Elektron geschrieben. So entspricht z. B. 1. die Aufspaltung 553,0 ($\sigma = 12{,}75$) der Konfiguration $3d^3\,4s^2$ des Spektrums V I, 2. $\Delta\nu = 557{,}9$ ($\sigma = 12{,}74$) der Konfiguration $3d^3\,4s$ des Spektrums V II und 3. $\Delta\nu = 583$ ($\sigma = 12{,}62$) der Konfiguration $3d^3$ des Spektrums V III. Alle Abschirmungszahlen σ nehmen langsam mit Z ab (bei $z = \text{const}$) und nähern sich Grenzwerten, die für kleine z rund 11, bei großen z rund 13 betragen. Die Anfangswerte der σ für die Bogenspektren unterscheiden sich um so mehr von ihren Grenzwerten, je kleiner z ist. Wir kommen so zu dem Resultat, daß die modifizierte SOMMERFELDsche Formel (56) um so besser stimmt, je näher das betreffende Spektrum am Ende der Periode gelegen ist. Im allgemeinen ist die Tatsache, daß für eine Periode alle Aufspaltungen durch die SOMMERFELDsche Formel auf einen nur wenig variierenden Parameter σ zurückgeführt werden können, als ein bedeutendes Resultat anzusehen.

Die Berechnung der Abschirmungszahl σ ist offenbar nur unter Annahme einer bestimmten Potentialverteilung im Atomrumpf möglich. Eine solche Berechnung ist mittels des sog. Kugelschalenmodells von PAULING[1] mit großem Erfolg durchgeführt worden. PAULING erhält für das σ der $3p$-Periode 7,94, für das der $3d$-Periode 10,37, wobei der letztere Wert weit weniger genau zu sein beansprucht.

Die vielen links unterhalb der fettgedruckten Treppenlinie erscheinenden Lücken in den beiden Tabellen zeigen in drastischer Weise, wie viele Spektren noch unklassifiziert sind. Hoffentlich wird die Weiterentwicklung der Ultraviolettechnik durch ERICSON und EDLEN[2] hier Besserung schaffen.

Tabelle 32. Aufspaltungen und Abschirmungszahlen der Terme $3s^2 3p^i$ für $i = 1, 2, 4, 5$.

Spektrum	$3s^2 3p$ $\Delta\nu$	σ	$3s^2 3p^2$ $\Delta\nu$	σ	$3s^2 3p^4$ $\Delta\nu$	σ	$3s^2 3p^5$ $\Delta\nu$	σ
Al	112	7,30						
Si	287	6,82	223	7,27				
P	559	6,52	470	6,88				
S	950	6,22	835	6,62	573	7,46		
Cl	1492	6,10	1341	6,44	994	7,19	882	7,49
A							1430	7,27

b) Als zweites Beispiel für (57) wählen wir ein Spektrum, das auf einen S-Term im Funkenspektrum aufgebaut ist. Also $l_1 = 0$, s_1 beliebig. Außerdem sei l_2 beliebig, $s_2 = \frac{1}{2}$, $L = l_2$, $S = s_1 \pm \frac{1}{2}$. Wir erhalten:

$$\left.\begin{aligned} &\text{Für } S = s_1 + \tfrac{1}{2}: \\ &\quad A = \frac{a_2}{2}\frac{1}{s_1 + \frac{1}{2}}; \quad \Delta\nu(r+1) = \frac{a}{2}\, l(2s_1 + 2). \\ &\text{Für } S = s_1 - \tfrac{1}{2}: \\ &\quad A = \frac{-a_2}{2}\frac{1}{s_1 + \frac{1}{2}}; \quad \Delta\nu(r-1) = -\frac{a}{2}\, l(2s_1). \\ &\qquad \frac{\Delta\nu(r+1)}{\Delta\nu(r-1)} = -\frac{r+1}{r-1}; \quad s_1 > L. \end{aligned}\right\} \tag{60}$$

Tabelle 34.

Spektrum	Term	$\Delta\nu$
O I	$2p^3(^4S)\,3p\,^5P$	+ 6,1
	^3P	− 0,56
Cr I	$3d^5(^6S)\,4p\,^7P$	+ 193,9
	^5P	− 14,5
Mn II	$3d^5(^6S)\,4p\,^7P$	+ 440
	^5P	− 186
Mn I	$3d^5\,4s\,(^7S)4p\,^8P$	+ 302,9
	^6P	− 22,9

Die wiederum von l unabhängigen Formeln ergeben einen verkehrten Term niedriger Multiplizität. Diese „Anomalie" ist in der Tat in den wenigen Spektren, in welchen dieser Fall auftritt, beobachtet, doch kann von quantitativer Übereinstimmung mit obiger Beziehung keine Rede sein. Erst bei höheren Ionisationen wird sich das Verhältnis $(r+1)/(r-1)$ ergeben.

19. Wechselwirkung der Spinvektoren bei $\{SL\}$- und $\{jj\}$-Koppelung. Abstände der Terme innerhalb einer Konfiguration. α) Wir haben bisher nur die Aufspaltungen innerhalb der einzelnen Terme behandelt und auf die Aufspaltungen derjenigen Dubletterme zurückgeführt, die auftreten würden, wenn die einzelnen Elektronen allein an den Kern gebunden wären. Alle diese Ergebnisse entsprangen der Auswertung des von $\cos(l_i s_i)$ abhängenden Wechselwirkungsgliedes in (23). Wie lassen sich nun die Abstände der Terme mit verschiedener Multiplizität oder mit verschiedenen L-Werten darstellen?

[1] Z f Phys 40, S. 344 (1926). [2] Z f Phys 59, S. 656 (1930).

Fassen wir einen einfachen Fall ins Auge: $l_1 = 0$; $l_2 = 1$; $s_1 = s_2 = \frac{1}{2}$. Das Resultat ist im Falle normaler Koppelung: $^3P_{012}$, $^1P_1$, wobei die Aufspaltungen innerhalb des Tripletterms klein sind verglichen mit dem Abstand der beiden Terme voneinander[1]. Nun läßt es sich aber modellmäßig schwer verstehen, warum die Niveaus so angeordnet sind, in anderen Worten: warum die Wechselwirkung zwischen den einzelnen Spinvektoren so groß ist. Im allgemeinen Fall, wenn beide $l_i \neq 0$ sind, ist sie von derselben Größenordnung wie die Wechselwirkung der l_i untereinander. Für die wellenmechanische Interpretation dieser scheinbaren großen Wechselwirkung zwischen den s_i als „Austauscheffekt" verweisen wir auf Arbeiten von W. HEISENBERG[2].

Die Berechnung der Abstände der einzelnen Multipletts einer Konfiguration fällt als wellenmechanisches Störungsproblem aus dem Rahmen dieses Berichtes heraus. Wir geben im folgenden die Resultate einer Arbeit von SLATER[3], der imstande war, unter der Annahme reinster RUSSELL-SAUNDERS-Koppelung gewisse Intervallproportionen zwischen den Schwerpunkten der einzelnen Terme zu berechnen:

1. $np^2\,(^3P\,^1D\,^1S)$ und $np^4\,(^3P\,^1D\,^1S)$, Reihenfolge: $^3P > {}^1D > {}^1S$ (in Termgrößen)

$$^3P - {}^1D : {}^1D - {}^1S = 2:3,$$

Tabelle 35.

Spektrum	Konfiguration	$^3P - {}^1D$	$^1D - {}^1S$	Verhältnis
C I	$2p^2$	9705[4]	11452	2,5 :3
N II	$2p^2$	15228	17372	2,6 :3
O III	$2p^2$	20037	22913	2,7 :3
Si I	$3p^2$	6149	9096	2,03:3
O I[5]	$2p^4$	12700	20000	1,9 :3
Ge I	$4p^2$	6142	11241	1,65:3

2. $np^3\,(^4S, {}^2P, {}^2D)$,

Reihenfolge $^4S > {}^2D > {}^2P$

$$^4S - {}^2D : {}^2D - {}^2P = 3:2.$$

Tabelle 36.

Spektrum	Konfiguration	$^4S - {}^2D$	$^2D - {}^2P$	Verhältnis
N I	$2p^3$	18932	9876	3:1,6
O II	$2p^3$	27000	13650	3:1,5

Die Übereinstimmung ist im allgemeinen nicht sehr gut.

3. $nd^2\,(^3F\,^3P\,^1G\,^1D\,^1S)$ und $nd^8\,(^3F\,^3P\,^1G\,^1D\,^1S)$,

Reihenfolge $^3F > {}^1D > {}^3P > {}^1G > {}^1S$,

$$\frac{^3F - {}^1D}{67} = \frac{^3F - {}^3P}{98} = \frac{^3F - {}^1G}{113} = \frac{^3F - {}^1S}{265}.$$

[1] Man vergleiche z. B. die Abstände derselben vier Niveaus in C I nach Tabelle 5, S. 616.

[2] Z f Phys 39, S. 499 (1926).

[3] Phys Rev 34, S. 1293 (1929).

[4] Indirekt erhalten durch Serienextrapolation von A. FOWLER u. W. E. H. SELWYN, London R S Proc A 118, S. 34 (1928).

[5] Termabstände, geschätzt nach dem Niveauschema von J. C. MCLENNAN, J. H. MCLEOD u. R. RUEDY, Phil Mag 6, S. 558 (1928).

Tabelle 37.

Spektrum	Konfiguration	$^3F - {}^1D$	$^3F - {}^3P$	$^3F - {}^1G$	$^3F - {}^1S$
Sc II	$3d^2$	6061	7218	9378	
		90	74	83	
Ti III	$3d^2$	7289	10420	14215	
		109	106	126	
V IV	$3d^2$	11340	12920	18669	19673
		179	132	165	74
Ti I	$3d^2\,4s^2$	7085	8320	11950	15000
		106	85	103	57
Ni I	$3d^8\,4s^2$	12200	14400	20750	
		182	147	184	

Weitere Fälle, die eine quantitative Prüfung ermöglichen, sind von SLATER nicht berechnet worden.

β) Wir besprechen nun noch kurz die Anordnung der Niveaus bei idealer $\{jj\}$-Koppelung. Wie die Bezeichnung schon andeutet, ist jetzt die für das $\{LS\}$-Schema typische Resonanz, die anormal große Wechselwirkung zwischen den einzelnen Spinmomenten, vernachlässigbar gegenüber der Wechselwirkung des Spin- und Bahnmomentes eines einzelnen Elektrons. Aus diesem Grund können wir auch von unserem elementaren Standpunkt aus, ohne Anleihe bei der Wellenmechanik, die Anordnung der Niveaus bei $\{jj\}$-Koppelung voraussagen. Schon in Ziff. 6 hatten wir gesehen, daß bei dieser Koppelung die Niveaus in Gruppen auftreten, für deren jede die j_i der einzelnen Elektronen konstant sind. Ihrem Ursprung als Quantenzahlen der Niveaus im Einelektronenfall entsprechend, wollen wir statt j_i für den Augenblick das Symbol l_{j_i}, also in speziellen Fällen $s_{\frac12}, p_{\frac12}, p_{1\frac12}, \ldots$ einführen. Eine bestimmte Niveaugruppe ist darin durch λ Elektronen vom Typ $s_{\frac12}$, μ vom Typ $p_{\frac12}$ ... also durch $s_{\frac12}^{\lambda}, p_{\frac12}^{\mu}, p_{1\frac12}^{\nu}, \ldots$ charakterisiert. Es ist nun offenbar, daß bei vollständiger $\{jj\}$-Koppelung der Abstand zweier Niveaugruppen gleich dem Abstand derjenigen Elektronen wird, um welche sich die Gruppen unterscheiden. Die Niveaugruppen $p_{\frac12}^{\varkappa} p_{1\frac12}^{\lambda} d_{1\frac12}^{\mu} d_{2\frac12}^{\nu} \ldots$ und $p_{\frac12}^{\varkappa} p_{1\frac12}^{\lambda} d_{1\frac12}^{\mu-1} d_{2\frac12}^{\nu+1}$ z. B. werden einfach im Abstand $d_{1\frac12} - d_{2\frac12}$ eines einzelnen d-Elektrons, die Gruppen $p_{\frac12}^{\varkappa} p_{1\frac12}^{\lambda} \ldots$ und $p_{\frac12}^{\varkappa+1} p_{1\frac12}^{\lambda-1} \ldots$ im Abstand $p_{1\frac12} - p_{\frac12}$ voneinander liegen. Da dieser Abstand aber schon durch die Aufspaltungsgröße a_i [vgl. (35) Ziff. 15] gegeben ist, haben wir die Aufgabe, die wir uns gestellt hatten, schon gelöst.

Als Beispiel sei die Termanordnung der Konfiguration pd bei $\{jj\}$-Koppelung behandelt. In Ziff. 6 sahen wir, daß vier Niveaugruppen resultieren, mit den J-Werten: 12, 23, 0123, 1234. Und zwar ist in unserer jetzigen Bezeichnung:

$$
\begin{aligned}
J &= 1, 2 && \text{durch } p_{\frac12} d_{1\frac12} \\
J &= 2, 3 && \text{,,} \quad p_{\frac12} d_{2\frac12} \\
J &= 0, 1, 2, 3 && \text{,,} \quad p_{1\frac12} d_{1\frac12} \\
J &= 1, 2, 3, 4 && \text{,,} \quad p_{1\frac12} d_{2\frac12}.
\end{aligned}
$$

Somit stehen die erste und zweite sowie die dritte und vierte Niveaugruppe im Abstand

$$\Delta\nu(d) = \frac{\alpha^2 (Z - \sigma_d)^4}{n^3 \cdot 2 \cdot 3},$$

und entsprechend zeigen die erste und dritte sowie die zweite und vierte Niveaugruppe den Abstand der beiden Niveaus eines p-Elektrons:

$$\Delta\nu(p) = \frac{\alpha^2 (Z - \sigma_p)^4}{n'^3 \cdot 1 \cdot 2}.$$

Ein etwas singulärer Fall liegt bei äquivalenten Elektronen vor, weil die beteiligten Elektronen sämtlich das gleiche a haben. Es treten dann ebensoviele im Abstand des relativistischen Dubletts der erzeugenden Elektronen befindliche Termgruppen auf, wie die einer bestimmten Konfiguration in Tabelle 17 und 18 gewidmeten Zeilen angeben; wir erhalten z. B. für p^4 drei äquidistante Gruppen mit den inneren Quantenzahlen 0,2; 1,2; 0.

Es sei noch hervorgehoben, daß bei idealer $\{jj\}$-Koppelung, die natürlich praktisch nie erreicht wird, die einzelnen Niveaus einer Gruppe exakt zusammenfallen. Falls das nicht genau der Fall ist, liegt eben schon eine kleine Abweichung von der ausgeprägten $\{jj\}$-Koppelung vor. Solche Übergänge zwischen Koppelungsschemata werden wir in der nächsten Ziffer in einzelnen Fällen behandeln.

20. Diskussion des Übergangs von $\{LS\}$- zu $\{jj\}$-Koppelung in einigen speziellen Fällen. Im allgemeinen Falle ist die Berechnung der Termenergien unter dem Einfluß der verschiedenen Koppelungsenergien ein Problem der Störungstheorie. Auf diesem Wege erhielt W. V. HOUSTON[1] Formeln, die den Koppelungsübergang für die Konfigurationen ps und ds beschreiben. LAPORTE und INGLIS[2] wandten sodann ähnliche Formeln auf die Fälle $p^5 s$, $d^9 s$ an. Von GOUDSMIT[3] wurde aber hervorgehoben, daß man von der Störungsrechnung nur zu wissen braucht, daß die Energien als Wurzeln von Säkulardeterminanten auftreten, die sich als algebraische Gleichungen mit in den Störungsparametern homogenen Koeffizienten schreiben lassen. Um die Ideen zu fixieren, betrachten wir den Fall zweier Elektronen. Kommt unter den inneren Quantenzahlen ein bestimmter J-Wert $q$mal vor, dann sind die Energien dieser Niveaus durch eine Gleichung vom $q$ten Grade gegeben:

$$E^q + c_1 E^{q-1} + c_2 E^{q-2} + \cdots = 0\,.$$

Je nach dem Grade der Koppelung hängen diese E-Werte von verschiedenen Wechselwirkungsenergien ab, z. B. der Wechselwirkung zwischen s_1 und l_1 sowie s_2 und l_2, und wie man sich dem $\{jj\}$-Grenzfall nähert, Wechselwirkung zwischen s_1 und s_2 sowie l_1 und l_2. Diese Wechselwirkungsenergien, die wir X nennen wollen, treten nun in den Koeffizienten c homogen auf, und zwar ist c_1 eine lineare Form in den X, c_2 eine quadratische usw. Diese einfachen Aussagen über die Struktur der obigen Gleichungen, zusammen mit den in den vorhergehenden Ziffern erworbenen Kenntnissen über die Anordnung der Niveaus in den beiden Grenzfällen, genügen schon, um die Übergangsformeln für die Konfigurationen ps, $p^5 s$, ds, $d^9 s$, p^2, p^4 abzuleiten. In einigen anderen Fällen, wie p^3, gelingt es nicht, alle Konstanten zu bestimmen; man erhält dann wenigstens Relationen zwischen den einzelnen Wurzeln einer Gleichung.

Zur Erläuterung des Verfahrens leiten wir die Formeln für die Konfigurationen sp, sd ab, also für $l_1 = 0$, $l_2 = l$, beliebig. Wir haben folgende Niveaus:

ein Niveau mit $J = l + 1$

ein Niveau mit $J = l - 1$

zwei Niveaus mit $J = l$

und zwei Parameter X, nämlich die Koppelungsenergie und die Wechselwirkungsenergie zwischen l_2 und s_2. Erstere Größe wollen wir X nennen; die letztere haben wir schon in früheren Ziffern mit a_2 bezeichnet. Nach (59) ist die Aufspaltungsgröße A des Tripletterms gleich $\frac{1}{2}a_2$. Anwendung von (48) ergibt die

[1] Phys Rev 33, S. 297 (1929).
[2] Phys Rev 35, S. 1337 (1930).
[3] Phys Rev 35, S. 1325 (1930).

folgenden Energiewerte für die Niveaus des Tripletterms bei vollkommener $\{LS\}$-Koppelung:

$$\text{Für } J = l + 1 \quad \dots\dots \quad \Gamma = A\,l$$
$$\text{Für } J = l \quad \dots\dots\dots \quad \Gamma_1 = -A$$
$$\text{Für } J = l - 1 \quad \dots\dots \quad \Gamma = -A\,(l + 1)\,.$$

Dazu kommt noch der Energiewert des Singulettniveaus, den wir proportional der Koppelungsenergie X setzten:

$$\text{Für } J = l \quad \dots\dots\dots \quad \Gamma_2 = X\,.$$

Andererseits haben wir im Grenzfall ausgesprochener $\{jj\}$-Koppelung nach den Ausführungen der Ziffer 19β)

$$\text{für } J = l, l + 1 \quad \dots\dots \quad \Gamma = A\,l$$
$$\text{für } J = l, l - 1 \quad \dots\dots \quad \Gamma = -A\,(l + 1)\,.$$

Der Abstand $\Gamma(l + 1) - \Gamma(l - 1)$ ist während des Koppelungsüberganges nur von A abhängig und interessiert uns deshalb augenblicklich nicht. Vielmehr ist es unsere Aufgabe, die quadratische Gleichung für die Γ der zwei Niveaus mit $J = l$ aufzustellen, deren Wurzeln im Grenzfall $X \gg A$ und $X = 0$ obige Werte haben, in anderen Worten, die Koeffizienten in

$$\Gamma^2 + (\alpha A + \beta X)\Gamma + \lambda A^2 + \mu A X + \nu X^2 = 0$$

zu bestimmen.

Erstens ist für $X \gg A$: $\Gamma_1 = -A$ und $\Gamma_2 = X$, also der Koeffizient des linearen Gliedes $-(\Gamma_1 + \Gamma_2) = A - X$ und das absolute Glied $\Gamma_1\Gamma_2 = -AX$.

Zweitens ist für $X = 0$: $\Gamma_1 = -A\,(l + 1)$ und $\Gamma_2 = A\,l$, also $-(\Gamma_1 + \Gamma_2) = A$ und $\Gamma_1\Gamma_2 = -A^2 l(l + 1)$.

Also ergibt sich: $\alpha = 1$, $\beta = -1$; und $\lambda = -l(l + 1)$, $\mu = -1$, $\nu = 0$. Die quadratische Gleichung für die Niveaus mit $J = l$ wird also:

$$\Gamma^2 + (A - X)\Gamma - l(l + 1)A^2 - AX = 0\,. \tag{61}$$

Diese Gleichung ist der HOUSTONschen Form äquivalent.

Die analoge Gleichung für die Konfigurationen p^5s, d^9s, $f^{13}s$ usw. ergibt sich nach der gleichen Methode wie oben. Man erhält sie auch direkt durch Umkehrung des Vorzeichens von A zu:

$$\Gamma^2 - (A + X)\Gamma - l(l + 1)A^2 + AX = 0. \tag{62}$$

Abb. 7 und 8 zeigen die Abhängigkeit der Wurzeln $\Gamma_1(J)$, $\Gamma_2(J)$ von X im Falle p^5s bzw. d^9s.

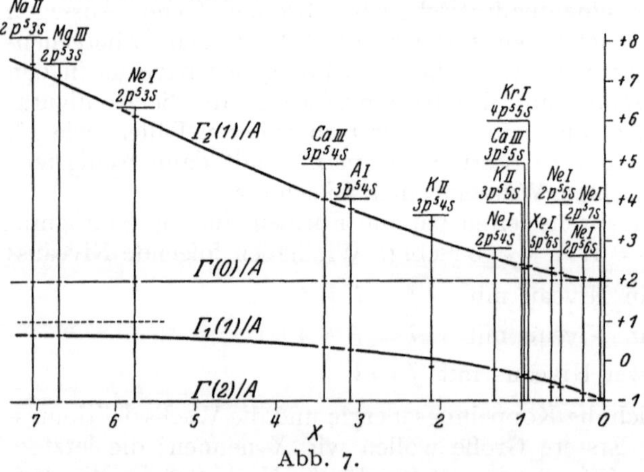

Abb. 7.

Nach demselben Verfahren gelingt es, den Koppelungsübergang für die Konfigurationen p^2 und p^4 quantitativ zu verfolgen. Die J-Werte sind hier 0, 0, 1, 2, 2, so daß man in jedem Falle zwei quadratische Gleichungen hat. Das Niveau $J = 1$ wird man am besten als Nullpunkt der Energieskala[1] benutzen.

[1] Nur die auf den Schwerpunkt bezogenen Energien nennen wir Γ. Im allgemeinen schreiben wir E.

Es ergibt sich für p^2:

$$\left.\begin{aligned} J &= 1:\ E(1) = 0, \\ J &= 0:\ E^2(0) - 5XE(0) - 5XA - 9A^2 = 0, \\ J &= 2:\ E^2(2) - (2X + 3A)E(2) + 4XA = 0 \end{aligned}\right\} \tag{63}$$

und für p^4:

$$\left.\begin{aligned} J &= 1:\ E(1) = 0, \\ J &= 0:\ E^2(0) - 5XE(0) + 5XA - 9A^2 = 0, \\ J &= 2:\ E^2(2) - (2X - 3A)E(2) - 4XA = 0. \end{aligned}\right\} \tag{64}$$

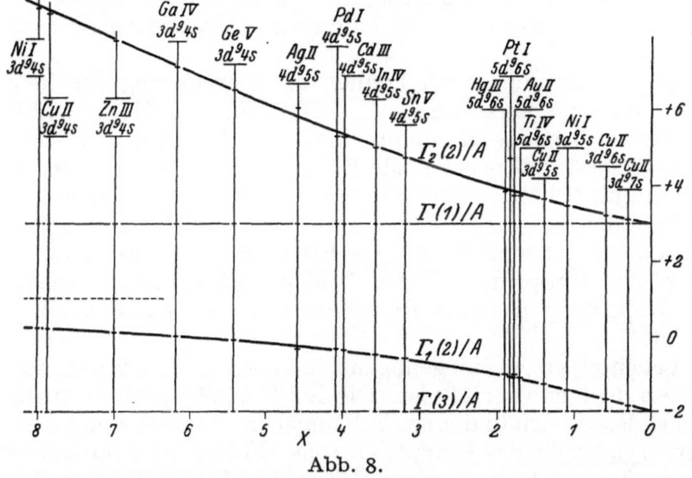

Abb. 8.

Die Abb. 9 und 10 zeigen die Anordnung der Niveaus in Abhängigkeit von X für p^2 bzw. p^4. Man überzeugt sich leicht, daß obige Gleichungen wirklich in den beiden Grenzfällen die geforderten Aufspaltungen haben.

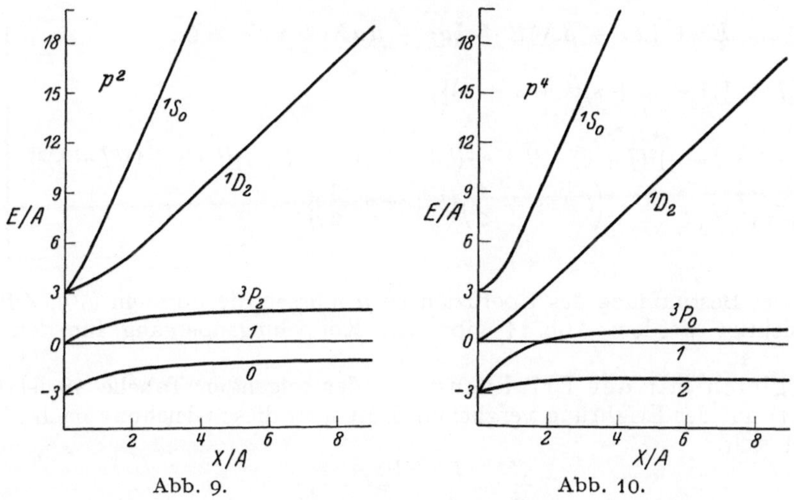

Abb. 9. Abb. 10.

In komplizierteren Fällen verliert unsere Methode an Brauchbarkeit, einmal, weil wir den Abstand der Terme bei ausgeprägter $\{LS\}$-Koppelung nicht mehr genau kennen[1] und dann, weil bei höheren als quadratischen Gleichungen die Zahl der „Grenzbedingungen" nicht mehr hinreicht, um alle Koeffizienten der Formen zu bestimmen. So ergibt sich für die Konfiguration p^3:

$$\left.\begin{array}{l} J = 2\tfrac{1}{2}:\ E(2\tfrac{1}{2}) = 0\,, \\ J = \tfrac{1}{2}:\ \ E(\tfrac{1}{2}) = 2X\,, \\ J = 1\tfrac{1}{2}:\ E^3(1\tfrac{1}{2}) + XE^2(1\tfrac{1}{2}) - (6X^2 + 9A^2)E(1\tfrac{1}{2}) + hXA^2 = 0\,. \end{array}\right\} \quad (65)$$

Die Konstante h läßt sich nicht gewinnen. Immerhin enthalten die obigen Gleichungen das Resultat, daß die Summe der Distanzen der drei Niveaus mit $J = 1\frac{1}{2}$ von dem Niveau mit $J = 2\frac{1}{2}$ halb so groß ist wie der Abstand zwischen $J = \frac{1}{2}$ und $J = 2\frac{1}{2}$.

Die bisherigen Betrachtungen können als Erweiterung der in Ziff. 16 gegebenen Resultate angesehen werden. Analog zu den Methoden der Ziff. 18 können wir aber noch einige Konfigurationen nichtäquivalenter Elektronen behandeln, vorausgesetzt, daß wieder alle Elektronen bis auf eines in ein hypothetisches Elektron (mit beliebigem s) zusammengefaßt werden können. Anwendung der obigen Methoden auf dieses hypothetische Rumpfelektron und das eigentliche Leuchtelektron ist nur dann gerechtfertigt, wenn bei dem Koppelungsübergang nur die Koppelung dieser beiden „Elektronen" beeinflußt wird, während die Koppelung der das Rumpfelektron konstituierenden Elektronen konstant bleibt.

Ist das Leuchtelektron ein genügend angeregtes s-Elektron, so kann man hoffen, daß diese Bedingung erfüllt ist. Die den Koppelungsübergang beschreibenden Gleichungen lassen sich in diesem Fall angeben. Seien l, s und a die Quantenzahlen und Intervallgröße des Rumpfelektrons. Ferner sei J die innere Quantenzahl der Terme. Jedes J kommt zweimal vor; nur $J_{\max} = l + s + \frac{1}{2}$ kommt einmal vor, weshalb es zum Nullpunkt der Energieskale gewählt werde. Bei vollkommener $\{S\,L\}$-Koppelung sei der Abstand derjenigen Niveaus der beiden Terme, die das größte J haben (nämlich $l + s + \frac{1}{2}$ und $l + s - \frac{1}{2}$) gleich X. Dann ist die quadratische Gleichung für das Jte Niveaupaar:

$$\left.\begin{array}{l} \qquad E^2 + (\alpha a + \beta X)E + \lambda a^2 + \mu a X + \nu X^2 = 0\,, \\ \text{wo:} \\ \alpha = -\{(J + \tfrac{1}{2})^2 - (l + s)(l + s + 1)\}\,, \\ \beta = -1\,, \\ \lambda = \tfrac{1}{4}\{(J - \tfrac{1}{2})(J + \tfrac{1}{2})^2(J + \tfrac{3}{2}) + (l + s)^2(l + s + 1)^2 - 2(l + s)(l + s + 1)(J + \tfrac{1}{2})^2\}\,, \\ \mu = \dfrac{s}{2s + 1}\left\{J(J + 1) - \left(l + s + \dfrac{1}{2}\right)\left(l + s + \dfrac{3}{2}\right)\right\}, \\ \nu = 0\,. \end{array}\right\} \quad (66)$$

Bei der Bestimmung des Koeffizienten μ müssen die Formeln (59), Ziff. 18 (berücksichtigt werden. Abb. 11 gibt den Koppelungsübergang für den Fall $s = 1$, $l = 1$.

Vergleich mit der Erfahrung. In der folgenden Tabelle 38 ist Gleichung (61) mit der Erfahrung verglichen. Löst man diese Gleichung nach X auf, so ergibt sich:

$$\frac{X}{A} = \frac{\Gamma}{A} - \frac{l(l + 1)}{\dfrac{\Gamma}{A} + 1}\,, \qquad (61\text{a})$$

[1] J. C. SLATER, Phys Rev 34, S. 1293 (1929).

eine Gleichung, der beide Wurzelwerte genügen müssen. Mittels dieser Formel wurden die Werte des Parameters X aus den experimentellen Werten von Γ_1 und Γ_2 berechnet. Wie in Tabelle 5 auf S. 616 wurde die Konfiguration $np(n+1)s$ in der vierten Spalte des periodischen Systems zur Prüfung der Theorie benutzt. In der ersten Spalte der folgenden Tabelle 38 ist das fragliche Spektrum, in der zweiten die erzeugende Konfiguration eingetragen. In der dritten Spalte findet sich die Totalaufspaltung des ^3P-Terms (die Summe der dritten und vierten Spalte der Tabelle 5). In der vierten sind die Abstände Γ_1 und Γ_2, vom Schwerpunkt gerechnet, angegeben. Wie man sieht, ist die Übereinstimmung der X-Werte für obige fünf Bogenspektren ausgezeichnet. Ganz anormal ist die starke Variation der X-Werte in der Reihe isoelektronischer C I, N II, O III, wo sich ergibt > 56; 3; 40. Der erste und dritte Wert ist vernünftig; dagegen liegt bei N II eine noch unerklärte Störung vor. Eine derartige Störung ist um so befremdlicher, als andere isoelektronische Frequenzdifferenzen durchaus regelmäßig laufende Abschirmungszahlen geben (vgl. Tabelle 32 und 33).

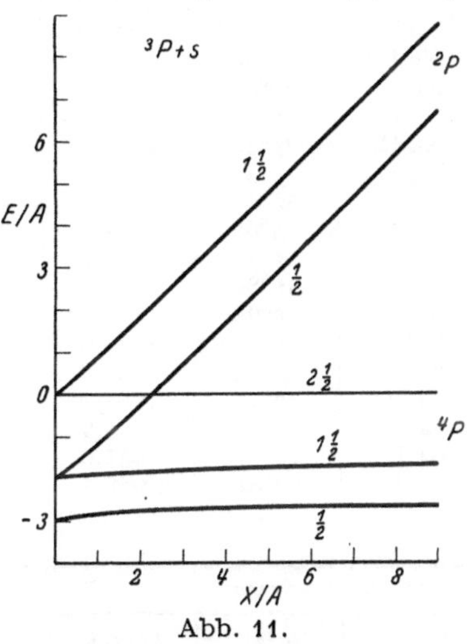

Abb. 11.

Weiterhin wird in den folgenden Tabellen 39 und 40 die Gleichung (62) für p^5s und d^9s mit den gemessenen Werten verglichen. Die erste und

Tabelle 38.

Spektrum	Konfiguration	$^3P_0 - {}^3P_2 = 3A$	Γ_1	Γ_2	X_1/A	X_2/A
C I	$2p\,3s$	60	1120	−20	56	∞
Si I	$3p\,4s$	271	1127	−103	12,3	12,6
Ge I	$4p\,5s$	1665	1458	−860	2,07	2,09
Sn I	$5p\,6s$	3988	1957	−2384	0,66	0,74
Pb I	$6p\,7s$	13229	5661	−8493	0,40	0,22
N II	$2p\,3s$	168	166	−80	2,47	3,22
O III	$2p\,3s$	375	5571	−132	44,4	35,3

zweite Spalte enthalten die Symbole für die betreffenden Spektren und Konfigurationen. In der dritten, vierten und fünften Spalte werden die Separationen der vier Niveaus in cm^{-1} gegeben. Die sechste Spalte enthält die Werte des Intervallfaktors A. Die siebente und achte Spalte geben schließlich die Werte von X_1/A und X_2/A, die durch Auflösen von (62) und Einsetzen der Zahlwerte erhalten werden.

Die Übereinstimmung ist gut, ausgenommen für Pt I, K II und die Konfigurationen $3p^56s$ bis $3p^59s$ von A I. Es scheint bis jetzt nicht möglich, einen Grund für die mangelnde Übereinstimmung in gerade diesen Fällen zu geben. In manchen Fällen sind Abweichungen von den theoretischen Formeln dadurch zu erklären, daß diese letzteren nur das Resultat einer Rechnung in erster Näherung darstellen. Höhere Näherungen würden die Übereinstimmung verbessern.

In den Abb. 7 und 8 sind außer den aus (62) resultierenden Kurven auch die gemessenen Aufspaltungswerte nach den Tabellen 39 und 40 eingetragen.

Tabelle 39.

Spektrum	Konfiguration	$^1P_1-{}^3P_0$	$^3P_0-{}^3P_1$	$^3P_1-{}^3P_2$	A	X_1/A	X_2/A
Ne I[1]	$2d^5 3s$	1070,1	359,3	417,4	258,9	5,75	5,78
Ne I	$2p^5 4s$	153,7	584,0	194,8	259,6	1,33	1,35
Ne I	$2p^5 5s$	50,1	693,6	84,6	259,1	0,53	0,53
Ne I	$2p^5 6s$	21,7	738,6	42,7	260,4	0,24	0,25
Ne I	$2p^5 11s$	3,28	775,5	4,70	260,1	0,04	0,03
Na II	$2p^5 3s$	2481,0	592,0	765,5	452,8	7,17	7,14
Mg III	$2p^5 3s$	3688	977	1216	731	6,86	6,60
A I	$3p^5 4s$	846,2	803,1	606,8	470,0	3,09	3,11
A I	$3p^5 6s$	64,7	1236,5	77,1	471,2	1,56	0,25
A I	$3p^5 7s$	9,23	1393,7	48,3	477,7	0,05	0,12
A I	$3p^5 8s$	18,5	1452,5	−21,0	473,0	0,13	−0,07
A I	$3p^5 9s$	8,61	1420,2	11,1	473,1	0,03	0,08
K II	$3p^5 4s$	1312,0	1912,5	730,0	880,8	2,69	1,54
K II	$3p^5 5s$	291,8	1734,1	417,4	716,8	0,99	0,99
Ca III	$3p^5 4s$	1985,0	1681,4	1383,5	1021,7	3,38	3,45
Ca III	$3p^5 5s$	355,9	2462,3	563,4	1041,9	0,85	1,10
Kr I	$4p^5 5s$	655,0	4274,9	945,0	1740,0	0,920	0,915
Xe I	$5p^5 6s$	988,3	8141,6	977,6	3043,1	0,80	0,51

Tabelle 40.

Spektrum	Konfiguration	$^1D_2-{}^3D_1$	$^3D_1-{}^3D_2$	$^3D_2-{}^3D_3$	A	X_1/A	X_2/A
Ni I	$3d^9 4s$	1696,8	833,3	675,0	301,66	7,90	8,12
Ni I	$3d^9 5s$	150,4	1322,2	184,1	301,26	1,06	1,11
Cu II	$3d^9 4s$	2266,0	1151,2	918,5	413,94	7,73	8,02
Cu II	$3d^9 5s$	281,7	1748,7	320,9	413,9	1,44	1,38
Cu II	$3d^9 6s$	95,7	1935,7	133,9	413,9	0,54	0,57
Cu II	$3d^9 7s$	51,1	2001,6	69,6	414,2	0,29	0,29
Zn III	$3d^9 4s$	2650	1576	1178	551	6,93	7,09
Ga IV	$3d^9 4s$	2937	2120	1455	715	6,14	6,26
Ge V	$3d^9 4s$	3180	2796	1740	907	5,42	5,46
Pd I	$4d^9 5s$	1627,8	2338,9	1191,0	706	3,92	4,26
Ag II	$4d^9 5s$	2306,5	3017,7	1557,1	915	4,89	4,32
Cd III	$4d^9 5s$	2652,4	3866,0	1900,1	1153,2	3,91	4,08
In IV	$4d^9 5s$	2871	4912	2196	1422	3,51	3,67
Sn IV	$4d^9 5s$	3025	6142	2478	1724	3,15	3,27
Pt I	$5d^9 6s$	3364,3	9356,1	775,9	2026	2,96	0,73
Au II	$5d^9 6s$	1855,3	10125,2	2601,5	2545,3	1,53	2,05
Hg III	$5d^9 6s$	2679	12377	3179	3111	1,76	2,05
Tl IV	$5d^9 6s$	2916	15277	3588	3773	1,56	1,87

c) ZEEMAN-Effekt.

21. RUSSELL-SAUNDERS-Koppelung. Permanenz der g-Werte. Wir sind jetzt genügend vorbereitet, die Betrachtungen der Ziff. 7 quantitativ zu vertiefen. Die folgenden Betrachtungen über die magnetische Energie laufen parallel den Betrachtungen des Abschnitts b) über die Aufspaltungen ohne Feld.

Wie schon in Ziff. 7 erwähnt, beschreibt der Vektor J, die Totalresultante aller Spin- und Bahnmomente im Atom, eine Präzession um die Feldrichtung unter dem Winkel

$$\cos(HJ) = \frac{M}{J}.$$

Hierin liegt die Definition der magnetischen Quantenzahl. Die Frage nach der Energie E_{magn} reduziert sich also auf die Frage nach dem magnetischen Moment $\mathfrak{M}$ des Atoms, denn es ist ja

$$E_{\text{magn}} = \cos(H\mathfrak{M})\,\mathfrak{M}H = \frac{M}{J}\,\mathfrak{M}H, \tag{67}$$

[1] Es sind dies dieselben Neonterme, die am Kopf der Tabelle 1 angeschrieben sind.

da das magnetische Moment offenbar die Richtung des mechanischen Momentes hat[1]. Hier taucht nun eine berühmte Schwierigkeit auf, die von dem unmechanischen Charakter der Rotation des Elektrons herrührt. Im Falle: Spin gleich Null (z. B. bei Singuletts mit $S = 0$) besteht die bekannte klassische Beziehung zwischen magnetischem und mechanischem Moment:

$$\mathfrak{M}_{\text{magn}} = \frac{e}{2mc}\mathfrak{M}_{\text{mech}},$$

die wegen

$$\mathfrak{M}_{\text{mech}} = \frac{h}{2\pi}L$$

auf

$$\mathfrak{M}_{\text{magn}} = \frac{eh}{4\pi mc}L = \mu_B L \tag{68}$$

führt. μ_B ist das sog. BOHRsche Magneton. Einsetzen in (67) ergibt, da jetzt $J = L$,

$$E_{\text{magn}} = M\mu_B H = M\omega_0 h, \tag{69}$$

die Energie des sog. normalen ZEEMAN-Effekts. Dabei wurde gesetzt:

$$\omega_0 = \mu_B H = \frac{e}{m}\frac{H}{4\pi c},$$

ω_0 ist die LARMOR-Frequenz.

Wie der Spin der Elektronen sich magnetisch bemerkbar macht, läßt sich am besten an S-Termen (also $L = 0$) ersehen. Es hat sich dabei gezeigt, daß das Elektron, obwohl es das mechanische Moment $\frac{1}{2}$ hat (in Einheiten von $h/2\pi$), trotzdem ein ganzes BOHRsches Magneton besitzt. Für die theoretische Erklärung dieses Phänomens, der sog. magneto-mechanischen Anomalie, sei auf Kap. 4 verwiesen. Wir schreiben somit für S-Terme an Stelle von (69), da jetzt $J = S$ wird:

$$E_{\text{magn}} = 2M\mu_B H. \tag{70}$$

α) Schwache Felder. Wir stellen uns nun die Aufgabe, die allgemeine Energieformel zu finden

$$E_{\text{magn}} = Mg(L,S,J)\mu_B H, \tag{71}$$

wo g für Singuletts gleich 1 und für S-Terme gleich 2 wird.

Betrachten wir zu dem Zwecke wieder das Vektordreieck JSL. Die Beiträge $L\cos(LJ)$ und $S\cos(SJ)$, die L und S zum magnetischen Moment und somit zur Energie geben, sind also nicht genug; wir müssen nach obigem den Beitrag des Vektors S doppelt nehmen:

$$\left.\begin{aligned}\mathfrak{M}_{\text{magn}} &= \mu_B\{L\cos(LJ) + 2S\cos(SJ)\}\\ &= \mu_B J\left\{1 + \frac{S}{J}\cos(SJ)\right\} = \mu_B J g.\end{aligned}\right\} \tag{72}$$

Analog zu früheren Betrachtungen (vgl. Ziff. 13) über den quantenmechanischen Wert des cos $(L\,S)$ haben wir jetzt:

$$\frac{S}{J}\cos(SJ) = \frac{J(J+1) + S(S+1) - L(L+1)}{2J(J+1)}$$

und somit

$$g = 1 + \frac{1}{2}\,\frac{J(J+1) + S(S+1) - L(L+1)}{J(J+1)}. \tag{73}$$

Diese zuerst von LANDÉ empirisch aufgestellte g-Formel ist von der Erfahrung glänzend bestätigt. (71) und (73) lösen das Problem der anomalen

[1] Die Proportionalität von E_{magn} mit M läßt sich natürlich auch sofort aus (48) durch den Grenzübergang (27) ableiten.

ZEEMAN-Effekte bei normaler Koppelung vollständig (vgl. Ziff. 25). Die Tabellen 41 und 42 enthalten die Aufspaltungsfaktoren g für die wichtigsten Termsysteme. Dabei wurde das Singulettsystem ausgelassen, da ja alle Terme desselben $g = 1$ haben.

Wir machen noch auf folgende interessante Beziehungen aufmerksam:

Tabelle 41. g-Werte ungerader Termsysteme.

L \ J	0	1	2	3	4	5	6	7	8
								Triplettsystem	
0		2 2,000							
1	$\frac{0}{0}$	$\frac{3}{2}$ 1,500	$\frac{3}{2}$ 1,500						
2		$\frac{1}{2}$ 0,500	$\frac{7}{6}$ 1,167	$\frac{4}{3}$ 1,333					
3			$\frac{2}{3}$ 0,667	$\frac{13}{12}$ 1,083	$\frac{5}{4}$ 1,250				
4				$\frac{3}{4}$ 0,750	$\frac{21}{20}$ 1,050	$\frac{6}{5}$ 1,200			
5					$\frac{4}{5}$ 0,800	$\frac{31}{30}$ 1,033	$\frac{7}{6}$ 1,167		
								Quintettsystem	
0			2 2,000						
1		$\frac{5}{2}$ 2,500	$\frac{11}{6}$ 1,833	$\frac{5}{3}$ 1,667					
2	$\frac{0}{0}$	$\frac{3}{2}$ 1,500	$\frac{3}{2}$ 1,500	$\frac{3}{2}$ 1,500	$\frac{3}{2}$ 1,500				
3		0 0,000	1 1,000	$\frac{5}{4}$ 1,250	$\frac{27}{20}$ 1,350	$\frac{7}{5}$ 1,400			
4			$\frac{1}{3}$ 0,333	$\frac{11}{12}$ 0,917	$\frac{23}{20}$ 1,150	$\frac{19}{15}$ 1,267	$\frac{4}{3}$ 1,333		
5				$\frac{1}{2}$ 0,500	$\frac{9}{10}$ 0,900	$\frac{11}{10}$ 1,100	$\frac{17}{14}$ 1,214	$\frac{9}{7}$ 1,286	
								Sextettsystem	
0				2 2,000					
1			$\frac{7}{3}$ 2,333	$\frac{23}{12}$ 1,917	$\frac{7}{4}$ 1,750				
2		3 3,000	2 2,000	$\frac{7}{4}$ 1,750	$\frac{33}{20}$ 1,650	$\frac{8}{5}$ 1,600			
3	$\frac{0}{0}$	$\frac{3}{2}$ 1,500	$\frac{3}{2}$ 1,500	$\frac{3}{2}$ 1,500	$\frac{3}{2}$ 1,500	$\frac{3}{2}$ 1,500	$\frac{3}{2}$ 1,500		
4		$-\frac{1}{2}$ −0,500	$\frac{5}{6}$ 0,833	$\frac{7}{6}$ 1,167	$\frac{13}{10}$ 1,300	$\frac{41}{30}$ 1,367	$\frac{59}{42}$ 1,450	$\frac{10}{7}$ 1,429	
5			0 0,000	$\frac{3}{4}$ 0,750	$\frac{21}{20}$ 1,050	$\frac{6}{5}$ 1,200	$\frac{9}{7}$ 1,286	$\frac{75}{56}$ 1,339	$\frac{11}{8}$ 1,375

$\alpha\alpha$) Der Mittelwert der g für einen Term ergibt sich aus

$$\sum_J g = \begin{cases} 2(2L+1) & \text{für} \quad L < S \\ 2S+1 & \text{für} \quad L > S \end{cases} \tag{73a}$$

Tabelle 42. g-Werte gerader Termsysteme.

L \ J	$\frac{1}{2}$	$1\frac{1}{2}$	$2\frac{1}{2}$	$3\frac{1}{2}$	$4\frac{1}{2}$	$5\frac{1}{2}$	$6\frac{1}{2}$	$7\frac{1}{2}$
							Dublettsystem	
0	2 2,000							
1	$\frac{2}{3}$ 0,667	$\frac{4}{3}$ 1,333						
2		$\frac{4}{5}$ 0,800	$\frac{6}{5}$ 1,200					
3			$\frac{6}{7}$ 0,857	$\frac{8}{7}$ 1,143				
4				$\frac{8}{9}$ 0,889	$\frac{10}{9}$ 1,111			
5					$\frac{10}{11}$ 0,909	$\frac{12}{11}$ 1,091		
							Quartettsystem	
0		2 2,000						
1	$\frac{8}{3}$ 2,667	$\frac{26}{15}$ 1,733	$\frac{8}{5}$ 1,600					
2	0 0,000	$\frac{6}{5}$ 1,200	$\frac{48}{35}$ 1,371	$\frac{10}{7}$ 1,429				
3		$\frac{2}{5}$ 0,400	$\frac{36}{35}$ 1,029	$\frac{26}{21}$ 1,238	$\frac{4}{3}$ 1,333			
4			$\frac{4}{7}$ 0,571	$\frac{62}{63}$ 0,984	$\frac{116}{99}$ 1,172	$\frac{14}{11}$ 1,273		
5				$\frac{2}{3}$ 0,667	$\frac{32}{33}$ 0,970	$\frac{162}{143}$ 1,133	$\frac{16}{13}$ 1,231	
							Sextettsystem	
0			2 2,000					
1		$\frac{12}{5}$ 2,400	$\frac{66}{35}$ 1,886	$\frac{12}{7}$ 1,714				
2	$\frac{10}{3}$ 3,333	$\frac{28}{15}$ 1,867	$\frac{58}{35}$ 1,657	$\frac{100}{63}$ 1,587	$\frac{14}{9}$ 1,556			
3	$-\frac{2}{3}$ −0,667	$\frac{16}{15}$ 1,067	$\frac{46}{35}$ 1,314	$\frac{88}{63}$ 1,397	$\frac{142}{99}$ 1,434	$\frac{16}{11}$ 1,455		
4		0 0,000	$\frac{6}{7}$ 0,857	$\frac{8}{7}$ 1,143	$\frac{14}{11}$ 1,273	$\frac{192}{143}$ 1,343	$\frac{18}{13}$ 1,385	
5			$\frac{2}{7}$ 0,286	$\frac{52}{63}$ 0,825	$\frac{106}{99}$ 1,071	$\frac{172}{143}$ 1,203	$\frac{50}{39}$ 1,282	$\frac{4}{3}$ 1,333

zu 2, wenn die permanente Multiplizität noch nicht erreicht ist, und zu 1 nach Erreichung der permanenten Multiplizität. Die physikalische Bedeutung dieser Gesetzmäßigkeit ist nach dem oben Gesagten offenbar.

$\beta\beta$) Der g-Wert des Niveaus mit der höchsten Quantenzahl $J_{\max} = L + S$ innerhalb eines Terms ergibt sich zu

$$g(J_{\max}) = \frac{L + 2S}{L + S}, \tag{73b}$$

ein Resultat, das sich auch direkt erhalten läßt, wenn man bedenkt, daß das Vektordreieck LSJ zu einer Linie degeneriert.

β) Starke Felder. PASCHEN-BACK-Effekt. In Ziff. 7 wurde dargetan, wie in starken Feldern die Koppelung zwischen L und S zersprengt wird und beide Vektoren im Felde räumlich gequantelt werden nach den bekannten Gleichungen:

$$\cos(HL) = \frac{M_L}{L}, \quad \cos(H, S) = \frac{M_S}{S}.$$

Hieraus ergibt sich sofort die Energieformel durch Anwendung der Betrachtungen des normalen ZEEMAN-Effekts (62) bis (64) auf die Vektoren L und S einzeln und Verdoppelung des S-Momentes:

$$E_{\text{magn}} = (M_L + 2M_S)\mu_B H. \tag{74}$$

Aus dieser Formel ist das J des individuellen Niveaus eines vielfachen Terms verschwunden. Es tritt für einen solchen Term nur ein Aufspaltungsbild auf, dessen einzelne Niveaus den Abstand $\mu_B H = \omega_0 h$ haben. Da M_L stets ganzzahlig, M_S je nach dem Werte von S ganz- oder halbzahlig, $2M_S$ also stets ganzzahlig ist, wird das Aufspaltungsbild wie das des normalen ZEEMAN-Effekts, nur sind manche Niveaus mehrfach.

Wir erläutern dies beispielsweise an einem ^3P; $L = 1$, $S = 1$. Das Schema der $(2M_S + M_L)$-Werte ist:

Tabelle 43.

$M_S \backslash M_L$	1	0	−1
1	3	2	1
0	1	0	−1
−1	−1	−2	−3

Es gibt also je zwei Niveaus, die im Abstand $\pm\mu_B H$ vom Schwerpunkt des Multipletterms liegen.

Es ist interessant, unsere Formeln (66) und (68) für den ZEEMAN-Effekt in schwachen Feldern mit (48) der Wechselwirkungsenergie Γ in schwachen Feldern und ebenso den ZEEMAN-Effekt in starken Feldern (69) mit der entsprechenden Formel für Γ (48a) zu vergleichen. So weitgehend ist die Ähnlichkeit unseres jetzigen Problems mit dem der Wechselwirkung zwischen L und S, daß das Bestehen eines ähnlichen Permanenzgesetzes wie das in Ziff. 16 zu erwarten ist. Es zeigt sich, daß für einen ganzen Term, bei festem $M = M_S + M_L$

$$\sum E_{\text{magn}}\,(\text{schwach}) = \sum E_{\text{magn}}\,(\text{stark})$$

ist, d. h.:

$$\sum_{J_{\min}}^{J_{\max}} M g(J, L, S) = \sum_{M_S} (2M_S + M_L). \tag{75}$$

Dies wichtige Permanenzgesetz[1] wird durch zwei Zahlenbeispiele dem Leser sofort klar werden:

$\alpha\alpha$) ^3P; $L = S = 1$; $J = 0$, $g = \frac{0}{0}$; $J = 1$, $g = \frac{3}{2}$; $J = 2$, $g = \frac{3}{2}$.

[1] W. PAULI jr., Z f Phys 16, S. 155 (1923).

Tabelle 44.

	$M =$	2	1	0	−1	−2
$J =$	2	3	$1\frac{1}{2}$	0	$-1\frac{1}{2}$	−3
	1		$1\frac{1}{2}$	0	$-1\frac{1}{2}$	
	0			0	schwaches Feld	
$\sum Mg$		3	3	0	−3	−3
M_S	1	3	2	1	starkes Feld	
	0		1	0	−1	
	−1			−1	−2	−3

Dabei wurden in den unteren Teil der Tabelle die Energiewerte aus Tabelle 43 geschrieben, geordnet nach der Größe des zugehörigen M.

$\beta\beta$) ^4F; $L = 3$; $S = \frac{3}{2}$; $j = 4\frac{1}{2}$, $g = \frac{4}{3}$; $j = 3\frac{1}{2}$, $g = \frac{26}{21}$;
$j = 2\frac{1}{2}$, $g = \frac{36}{35}$; $j = 1\frac{1}{2}$, $g = \frac{2}{5}$.

Tabelle 45.

	$M =$	$4\frac{1}{2}$	$3\frac{1}{2}$	$2\frac{1}{2}$	$1\frac{1}{2}$	$\frac{1}{2}$	$-\frac{1}{2}$	$-1\frac{1}{2}$	$-2\frac{1}{2}$	$-3\frac{1}{2}$	$-4\frac{1}{2}$
$J =$	$4\frac{1}{2}$	$\frac{630}{105}$	$\frac{490}{105}$	$\frac{350}{105}$	$\frac{210}{105}$	$\frac{70}{105}$	$-\frac{70}{105}$	$-\frac{210}{105}$	$-\frac{350}{105}$	$-\frac{490}{105}$	$-\frac{630}{105}$
	$3\frac{1}{2}$		$\frac{455}{105}$	$\frac{325}{105}$	$\frac{195}{105}$	$\frac{65}{105}$	$-\frac{65}{105}$	$-\frac{195}{105}$	$-\frac{325}{105}$	$-\frac{455}{105}$	
	$2\frac{1}{2}$			$\frac{270}{105}$	$\frac{162}{105}$	$\frac{54}{105}$	$-\frac{54}{105}$	$-\frac{162}{105}$	$-\frac{270}{105}$		
	$1\frac{1}{2}$				$\frac{63}{105}$	$\frac{21}{105}$	$-\frac{21}{106}$	$-\frac{63}{105}$	schwaches Feld		
$\sum Mg$		6	9	9	6	2	−2	−6	−9	−9	−6
M_S	$\frac{3}{2}$	6	5	4	3	2	1	0	starkes Feld		
	$\frac{1}{2}$		4	3	2	1	0	−1	−2		
	$-\frac{1}{2}$			2	1	0	−1	−2	−3	−4	
	$-\frac{3}{2}$				0	−1	−2	−3	−4	−5	−6

In höherer Näherung muß auch noch die Energie der Wechselwirkung zwischen L und S berücksichtigt werden. Diese ist nach (48a), Ziff. 16 für hohe Feldstärken gleich $A M_L M_S$, so daß sich schließlich für die Gesamtenergie, nämlich die magnetische plus der Wechselwirkungsenergie in großem Felde ergibt:

$$\frac{E_{\text{magn}}}{hc} + \Gamma = (M_L + 2M_S)\frac{\mu_B H}{hc} + M_L M_S A, \tag{76}$$

wobei noch durch hc dividiert werden muß, da A gewöhnlich in cm^{-1} gemessen wird. Es sei noch einmal hervorgehoben, daß für beide Terme der obigen Energieformel Permanenzgesetze gelten; für die zu H proportionalen gilt das Gesetz (75), für die zu A proportionalen das Gesetz (51) der Ziff. 16.

Das experimentelle Kriterium zur Anwendung der Formel (69) des PASCHEN-BACK-Effektes an Stelle von (66) und (68) ist das Verhältnis des äußeren zum inneren Felde. Ist die durch das äußere Feld hervorgerufene Aufspaltung, die ja stets von der Größenordnung $\omega_0 = \mu_B H$ ist, groß, verglichen mit der natürlichen, durch die Wechselwirkung (L, S) hervorgerufenen, in anderer Ausdrucksweise, ist

$$\mu_B H g \gg \Gamma,$$

dann liegt vollständig ausgebildeter PASCHEN-BACK-Effekt vor. Die Betrachtungen der Ziff. 16—18 ermöglichen aber, genau vorauszusagen, wo wir genügend kleine J-Aufspaltungen zu erwarten haben. Da die Aufspaltungsgrößen a und A mit der vierten Potenz der Kernladungszahl zunehmen, werden wir nur bei den allerleichtesten Elementen kleine Aufspaltungen als Regel finden. Ausnahmen finden sich jedoch noch in manchen Teilen des periodischen Systems. Nach Tabelle 15 und 16 (S. 627) treten immer in der Mitte einer Schale (also np^3, nd^5, $4f^7$) außer dem S-Term andere Terme auf, die nach unserer angenäherten Rechnung die Aufspaltung Null, in Wirklichkeit unverhältnismäßig kleine $\Delta\nu$ (wegen höherer Näherungen) besitzen. Terme, die auf solche Zustände durch Anlagerung anderer Elektronen aufgebaut sind, werden, wenigstens in Spektren leichterer Elemente durchaus kleine Aufspaltungen zeigen. Dies ist der Grund, weshalb das Bogenspektrum des Sauerstoffs lange auf die Erklärung seiner Multiplizitäten (Triplett und Quintett) warten mußte. Ferner werden Terme, die durch Anlagerung von s-Elektronen aus den oben besprochenen Konfigurationen entstehen, wie z. B. $np^3\,(^2D)\,s\,^3D$ oder $nd^5\,(^4D)\,s\,^5D$, auch in Spektren schwerer Atome kleine Aufspaltungen besitzen.

γ) Mittlere Felder. Es steht zu vermuten, daß nach Behandlung der Grenzfälle $\mu_B H \ll \Gamma$ und $\mu_B H \gg \Gamma$ die Energiewerte bei mittleren Feldern nach der Methode der Ziff. 20 erhalten werden können, indem man statt der Koppelungsgröße X jetzt die magnetische Feldstärke als Störungsgröße einführt. Statt der Gleichungen für $E(J)$ erhält man jetzt Gleichungen für $E(M)$, deren Grad gleich der Anzahl ist, mit der M in dem Term vorkommt. Nun tritt ein bestimmter M-Wert in dem M-Schema eines Terms höchstens ebenso viele Male auf, wie der Term Niveaus hat (vgl. Tabellen 44 und 45). Die Energiewerte $E(M)$ werden also z. B. bei Triplettermen durch kubische, bei Quartettermen durch Gleichungen vierten Grades bestimmt sein. Leider ist aber, wie man leicht sieht, in allen Fällen, außer dem quadratischen und dem kubischen Falle, die Anzahl der in den Koeffizienten der Gleichungen vorkommenden Parameter zu groß, um sie aus den Grenzfällen großer oder kleiner Felder zu bestimmen. (Ein analoger Befund ergab sich schon in Ziff. 20.) Unsere elementare Methode bewährt sich also nur 1. für Terme des Dublettsystems mit $S=\frac{1}{2}$, 2. für Terme des Triplettsystems mit $S=1$, 3 für beliebige P-Terme $L=1$.

Wir wollen hier die Übergangsformeln für Dubletterme kurz ableiten. Sei $S=\frac{1}{2}$; $J=L\pm\frac{1}{2}$. Aus der LANDÉschen g-Formel (73) erhält man so:

$$g\left(J+\frac{1}{2}\right)=2\,\frac{L+1}{2L+1}\,;\qquad g\left(J-\frac{1}{2}\right)=2\,\frac{L}{2L+1}\,.$$

Es folgt also für die Energiewerte bei schwachen und starken Feldern, mit Berücksichtigung von (48), (71), (73) und (76):

schwaches Feld	starkes Feld
$E_1(M)=\frac{1}{2}AL+2\,\frac{L+1}{2L+1}M\mathfrak{H}$	$E_1(M)=(M+\frac{1}{2})\,\mathfrak{H}+\frac{1}{2}(M-\frac{1}{2})A$
$E_2(M)=-\frac{1}{2}A(L+1)+2\,\frac{L}{2L+1}M\mathfrak{H}$	$E_2(M)=(M-\frac{1}{2})\,\mathfrak{H}-\frac{1}{2}(M+\frac{1}{2})A$

Hierin ist $\mathfrak{H}=\mu_B H$ gesetzt. Wie in Ziff. 20 bilden wir zur Koeffizientenbestimmung Summe und Produkt der Wurzeln und erhalten:

$E_1+E_2=-\frac{A}{2}+2\,M\mathfrak{H}$	$E_1+E_2=2M\mathfrak{H}-\frac{A}{2}$
$E_1E_2=-\frac{A^2}{4}L(L+1)-MA\mathfrak{H}$	$E_1E_2=\left(M^2-\frac{1}{4}\right)\mathfrak{H}^2-MA\mathfrak{H}\,.$

Die Übereinstimmung der Wurzelsumme für schwache und starke Felder ist nur ein spezielles Beispiel für die g- und Γ-Permanenzgesetze. Es ist ebenfalls befriedigend, daß in dem Produkt sich der Faktor des $A\mathfrak{H}$-Gliedes „permanent" verhält[1]. Die quadratische Gleichung für die Energiewerte wird:

$$E^2(M) + (\tfrac{1}{2}A - 2M\mathfrak{H})\,E(M) - \tfrac{1}{4}\,L(L+1)\,A^2 - MA\mathfrak{H} + (M^2 - \tfrac{1}{4})\,\mathfrak{H}^2 = 0. \quad (77)$$

Damit sind wir schon fertig, denn Auflösung nach $E(M)$ ergibt die sog. VOIGTschen Formeln für mittlere Felder, und zwar in der SOMMERFELDschen[2] Form:

$$E(M) = -\frac{1}{2}\left(\frac{A}{2} - 2M\mathfrak{H}\right) \pm \frac{1}{2}\sqrt{\left(L+\frac{1}{2}\right)^2 A^2 + 2M\left(L+\frac{1}{2}\right)A\mathfrak{H} + \mathfrak{H}^2}. \quad (77\text{a})$$

Es ist von unserem Standpunkt aus klar, warum VOIGT schon Jahre vor der Quantenmechanik die richtigen Übergangsformeln erhalten konnte: Er arbeitete mit einer Säkulardeterminante.

Die anderen Fälle, die wir, wie schon erwähnt, nach derselben Methode behandeln können, sind die Terme des Triplettsystems ($S = 1$) und beliebige P-Terme ($L = 1$). Es ergibt sich:

$$E^3 + pE^2 + qE + r = 0,$$

wo für

$$\left.\begin{array}{l|l}
S = 1 & L = 1 \\
p = 2A - 3M\mathfrak{H} & p = 2A - 6M\mathfrak{H} \\
q = -(L^2 + L - 1)A^2 - 6MA\mathfrak{H} & q = -(S^2 + S - 1)A^2 - 6MA\mathfrak{H} \\
\qquad + (3M^2 - 1)\mathfrak{H}^2 & \qquad + (12M^2 - 1)\mathfrak{H}^2 \\
r = -L(L+1)A^3 & r = -S(S+1)A^3 \\
\qquad + M(L^2 + L - 2)A^2\mathfrak{H} & \qquad + M(2S^2 + 2S - 1)A^2\mathfrak{H} \\
\qquad + 4M^2A\mathfrak{H}^2 & \qquad + 4M^2A\mathfrak{H}^2 \\
\qquad - M(M^2 - 1)\mathfrak{H}^3 & \qquad - 2M(4M^2 - 1)\mathfrak{H}^3
\end{array}\right\} \quad (78)$$

Eine allgemeine Formel für beliebige S- und L-Werte wurde von C. G. DARWIN[3] aus der Wellenmechanik erhalten. Diese allgemeine Formel wurde dann von K. DARWIN[4] auf einige Dubletts und Tripletts spezialisiert. Dies sind aber gerade die von uns hier abgeleiteten Formeln.

22. Beliebige Koppelung. g-Summenregel. Die Betrachtungen der letzten Ziffer zeigen aufs eindringlichste, daß — wenigstens für schwache Felder — der ZEEMAN-Effekt das zwangsläufigste Kriterium zur Erkennung der J-, L- und S-Werte sowohl des Anfangs- wie des Endniveaus einer Linie darstellt. Bedingung ist jedoch, da der g-Wert eine Funktion der Quantenzahlen L und S ist, daß diese sekundären Resultanten im komplizierten Vektorgerüst des Atoms überhaupt definiert sind, kurz, daß vollkommene RUSSELL-SAUNDERS-Koppelung vorliegt. Nehmen wir z. B. die schon diskutierte Konfiguration $6p\,7s$ des Bleiatomes, die bei normaler Koppelung ($X = \infty$) die Terme ${}^3P_{0,1,2}$ und ${}^1P_1$ geben sollte, tatsächlich aber zwei Paare von Niveaus liefert, deren $\Delta\nu$ in Tabelle 5 (S. 616) angegeben sind ($X = 0, 3$). Offenbar ist es ungerechtfertigt, für drei dieser Niveaus $S = 1$ in die g-Formel einzusetzen und für eines $S = 0$ anzunehmen. Wie können wir im allgemeinen Falle etwas über die g-Werte aussagen?

[1] Die „Permanenz" der mit A, $\mathfrak{H}$ und $A\mathfrak{H}$ proportionalen Glieder ist nur ein spezieller Fall des allgemeinen Theorems der spektroskopischen Stabilität. J. H. VAN VLECK, Phys Rev 29, S. 727 (1927), siehe besonders S. 740ff.

[2] Z f Phys 8, S. 257 (1922) Gleichung (42), S. 271. Obige Gleichung (77) stimmt der Form nach überein mit HEISENBERG und JORDANS Gleichung (19) in ihrer Arbeit Z f Phys 37, S. 263 (1926).

[3] London R S Proc 115, S. 1 (1928).

[4] London R S Proc 118, S. 264 (1928).

Wiederum leitet uns die Analogie mit den Gesetzmäßigkeiten der Γ-Faktoren, die wir in Ziff. 16 ableiteten. Wir können nämlich das Gesetz (75) von der Konstanz der Summen $\Sigma E_{\text{magn}}(m)$ auf eine ganze Konfiguration anwenden[1]. Denn nach den uns wohlbekannten Beziehungen (24) von S. 619: $\sum_i m_{li} = M_L$ und $\sum_i m_{si} = M_S$ haben wir:

$$\sum_{M_s}\sum_i (2m_{si} + m_{li}) = \text{konst.} = \sum_J M g \tag{79}$$

Wir erhalten dann zwar nicht die g-Werte selbst, sondern gewisse g-Summen, die indessen von dem speziellen Koppelungssystem unabhängig sind.

Zuerst leiten wir die von der Koppelung unabhängigen g-Summen für die Konfiguration sp ab, welche unabhängig von der Art der Koppelung die J-Werte 2, 1, 1, 0 liefert. Zu dem Ende schreiben wir uns die Werte $2m_s + m_l$ an, die von den s- und p-Elektronen herrühren. Die Anordnung ist dabei die gleiche wie in der unteren Hälfte der Tabellen 44 und 45.

Tabelle 46a. s-Elektron.

	$m_1 =$	$\frac{1}{2}$	$-\frac{1}{2}$
m_s	$\frac{1}{2}$	1	
	$-\frac{1}{2}$		-1

Tabelle 46b. p-Elektron.

	$m_2 =$	$1\frac{1}{2}$	$\frac{1}{2}$	$-\frac{1}{2}$	$-1\frac{1}{2}$
m_s	$\frac{1}{2}$	2	1	0	
	$-\frac{1}{2}$		0	-1	-2

Dann addieren wir nach den Methoden von Ziff. 7 alle m_1- zu allen m_2-Werten und nach obiger Beziehung alle $2m_{s1} + m_{l1}$ zu allen $2m_{s2} + m_{l2}$. (Da $l_1 \neq l_2$, braucht das PAULI-Prinzip nicht beobachtet zu werden.) Das Arrangement der folgenden Tabelle entspricht genau dem der Tabelle 27 auf S. 639, indem wir auch hier in der unteren Hälfte die zu erwartenden g-Werte der Niveaus 2, 1, 1, 0 angeschrieben haben.

Tabelle 47.

	$M =$	2	1	0	-1	-2
M_s	1	3	2	1		
	0		1	0	-1	
	0		1	0	-1	
	-1			-1	-2	-3
	ΣMg	3	4	0	-4	-3
J	2	$2g_2$	g_2	0	g_2	$2g_2$
	1		$g_1^{(1)}$	0	$g_1^{(1)}$	
	1		$g_1^{(2)}$	0	$g_1^{(2)}$	
	0			0		

Wir erhalten das Resultat:

$$g_2 = \tfrac{3}{2}, \qquad g_1^{(1)} + g_1^{(2)} = \tfrac{5}{2}, \qquad g_0 = \tfrac{0}{0}. \tag{80}$$

Bekanntlich liefert die Konfiguration sp bei normaler Koppelung die Terme $^3P_{2,1,0}$ und $^1P_1$. Wir sehen somit, daß die g-Werte der Niveaus mit inneren Quantenzahlen, die nur einmal vorkommen, vom Koppelungssystem unabhängig sind. Die g-Werte der Niveaus mit mehrmals vorkommenden J lassen sich nicht mehr trennen. Je nach dem Grad der Koppelung verteilt sich die Summe $\frac{5}{2}$ auf die betreffenden Niveaus. Im Falle normaler Koppelung hätten wir $g(^3P_1) = \frac{3}{2}$; $g(^1P_1) = 1$. Alle diese Resultate sind ganz analog denjenigen, die wir in Ziff. 16 über die Γ-Werte ableiteten.

[1] A. LANDÉ, Ann d Phys 76, S. 273 (1925.) W. PAULI jr., Z f Phys 31, S. 765 (1925).

Aus den Tabellen 41 und 42 für die g-Werte bei RUSSELL-SAUNDERS-Koppelung folgen alle anderen invarianten g-Summen durch Addition. Das Resultat für d^2 sei noch angeschrieben:

$$\left.\begin{aligned} g_4^{(1)} + g_4^{(2)} &= \tfrac{9}{4}, \\ g_3 &= \tfrac{13}{12}, \\ g_2^{(1)} + g_2^{(2)} + g_2^{(3)} &= \tfrac{19}{6}, \\ g_1 &= \tfrac{3}{2}, \\ g_0^{(1)} + g_0^{(2)} &= \tfrac{0}{0}. \end{aligned}\right\} \tag{81}$$

Diese Beziehungen haben die gleiche Form wie (52) für die von d^2 herrührenden Γ-Werte.

Ferner wollen wir, wie in Ziff. 16 die Γ-Werte, so hier die g-Werte der Terme ableiten, die aus einer bis auf ein Elektron geschlossenen Schale hervorgehen, d. h. die g-Werte der Konfigurationen p^5, d^9, f^{13} ... Bei normaler Koppelung geben diese bekanntlich die Terme ${}^2P_{\frac{1}{2}, 1\frac{1}{2}}$ bzw. ${}^2D_{1\frac{1}{2}, 2\frac{1}{2}}$ bzw. ${}^2F_{2\frac{1}{2}, 3\frac{1}{2}}$. Ein einzelner J-Wert kommt also nur einmal vor, und die g-Summen genügen zur Bestimmung der einzelnen g-Werte ohne Annahme über Koppelung. Es ergibt sich somit das bemerkenswerte Resultat:

Die g-Werte der Terme $p^5\,{}^2P$, $d^9\,{}^2D$, $f^{13}\,{}^2F$ ... sind vom Koppelungssystem unabhängig — ein Resultat, das sich würdig dem früher erhaltenen über ihre Aufspaltung anreiht.

Die g-Summenregel ist das einzige allgemeine Ergebnis, das über die Änderung der magnetischen Aufspaltung mit der Koppelung im Falle beliebig vieler Elektronen vorliegt.

23. Allgemeine g-Formel bei zwei Elektronen[1]. Die folgenden Betrachtungen sind gewissermaßen denjenigen der Ziff. 18 an die Seite zu stellen. Die in Ziff. 6 besprochenen Koppelungsschemata enthalten jedesmal zwei Vektorresultanten, sagen wir X und Y, zwischen welchen die Wechselwirkung kleiner ist als zwischen irgendwelchen anderen Vektoren im Atom. Wir nehmen im folgenden an, daß diese letztere Wechselwirkung $\{XY\}$ noch groß sei verglichen mit der Störungsenergie des äußeren Magnetfeldes. Spektroskopisch gesprochen, soll also die durch das äußere Feld bewirkte ZEEMAN-Aufspaltung noch klein sein gegenüber der kleinsten ohne Feld vorhandenen Niveaudistanz. In diesem Falle eines „schwachen Feldes" können wir einen allgemeinen Ausdruck für das magnetische Moment sofort hinschreiben, was auch immer der Ursprung der Vektoren X und Y sein möge. Es ist nämlich im Vektordreieck $X + Y = J$:

$$\mathfrak{M}_{\text{magn}} = \mu_B \{g(X)\,X\cos(XJ) + g(Y)\,Y\cos(YJ)\}.$$

Somit wird der g-Faktor:

$$g = g(X)\,\frac{X}{J}\cos(XJ) + g(Y)\,\frac{Y}{J}\cos(YJ),$$

oder nach nunmehr wohlbekannter Schlußweise

$$g = g(X)\,\frac{J(J+1)+X(X+1)-Y(Y+1)}{2J(J+1)} + g(Y)\,\frac{J(J+1)+Y(Y+1)-X(X+1)}{2J(J+1)}. \tag{82}$$

Das Problem reduziert sich also auf die Berechnung der für jedes Koppelungssystem verschiedenen $g(X)$ und $g(Y)$ — je nach der Bedeutung von X und Y. $g(X)$ und $g(Y)$ stellen diejenigen g-Werte vor, die beobachtet würden, wenn nur X bzw. nur Y vorhanden wäre. Sie können ihrerseits wiederum aus ihren Vektordreiecken erhalten werden.

[1] S. GOUDSMIT u. G. E. UHLENBECK, Z f Phys 35, S. 618 (1925).

Wir besprechen nun kurz einige der früher (auf S. 615) erwähnten Koppelungsschemata und die Berechnung ihrer g-Werte.

α) Normale Koppelung:

$$\{(l_1 l_2)(s_1 s_2)\} = \{LS\} = J,$$

$$X = l_1 + l_2, \quad Y = s_1 + s_2,$$

$$g(X) = \frac{L(L+1)+l_1(l_1+1)-l_2(l_2+1)}{2L(L+1)}\cdot 1 + \frac{L(L+1)+l_2(l_2+1)-l_1(l_1+1)}{2L(L+1)}\cdot 1 = 1,$$

$$g(Y) = \frac{S(S+1)+s_1(s_1+1)-s_2(s_2+1)}{2S(S+1)}\cdot 2 + \frac{S(S+1)+s_2(s_2+1)-s_1(s_1+1)}{2S(S+1)}\cdot 2 = 2.$$

Beide Resultate liegen auf der Hand. Ein Vektorgerüst aus nur Bahnvektoren gibt normalen ZEEMAN-Effekt (Singuletts), ein Vektorgerüst aus nur Spinvektoren hat $g = 2$ (jeder ${}^R S$-Term). Einsetzen in (74) liefert:

$$g(J) = \frac{J(J+1)+L(L+1)-S(S+1)}{2J(J+1)} + 2\,\frac{J(J+1)-L(L+1)+S(S+1)}{2J(J+1)}$$
$$= \frac{3J(J+1)+S(S+1)-L(L+1)}{2J(J+1)}.$$

Somit haben wir hier die LANDÉsche g-Formel (73) gewissermaßen von einem höheren Standpunkte aus wiedergewonnen.

β) $\{(l_1 s_1)(l_2 s_2)\} = \{j_1 j_2\} = J,$

$$X = l_1 + s_1 = j_1; \quad Y = j_2.$$

$$\left.\begin{aligned} g(X) &= \frac{j_1(j_1+1)+l_1(l_1+1)-s_1(s_1+1)}{2j_1(j_1+1)}\cdot 1 + \frac{j_1(j_1+1)+s_1(s_1+1)-l_1(l_1+1)}{2j_1(j_1+1)}\cdot 2 \\ &= \frac{3j_1(j_1+1)+s_1(s_1+1)-l_1(l_1+1)}{2j_1(j_1+1)}. \end{aligned}\right\} \quad (83\,\text{a})$$

Wie zu erwarten war, erscheint eine g-Formel vom LANDÉ-Typus nunmehr in den kleingeschriebenen Quantenzahlen. Entsprechend für $g(Y)$:

$$g(Y) = \frac{3j_2(j_2+1)+s_2(s_2+1)-l_2(l_2+1)}{2j_2(j_2+1)}. \quad (83\,\text{b})$$

Diese g-Werte der beiden Unterdreiecke sind einzusetzen in (82)

$$g(J) = g(X)\frac{J(J+1)+j_1(j_1+1)-j_2(j_2+1)}{2J(J+1)} + g(Y)\frac{J(J+1)-j_1(j_1+1)+j_2(j_2+1)}{2J(J+1)}. \quad (83\,\text{c})$$

Zum Vergleich mit der g-Summenregel der vorhergehenden Ziffer wenden wir obige Formeln auf die Konfigurationen sp und d^2 an.

αα) $l_1 = 0;\quad l_2 = 1;\quad s_1 = s_2 = \frac{1}{2}.\quad j_1 = \frac{1}{2};\quad j_2 = \frac{1}{2}, 1\frac{1}{2}.$

$$g(X) = 2,\quad g(Y = \tfrac{1}{2}) = \tfrac{2}{3},\quad g(Y = 1\tfrac{1}{2}) = \tfrac{4}{3}.$$

Für $j_1 = \frac{1}{2},\quad j_2 = \frac{1}{2},$

$$J = 0 : g(0) = \tfrac{0}{0},\qquad J = 1 : g^{(1)}(1) = \tfrac{4}{3}.$$

Für $j_1 = \frac{1}{2},\quad j_2 = \frac{3}{2},$

$$J = 1 : g^{(2)}(1) = \tfrac{7}{6},\quad J = 2 : g(2) = \tfrac{3}{2}.$$

In der folgenden Tabelle stellen wir nun die g-Werte dieser Konfiguration[1] bei $\{SL\}$- und bei $\{j_1 j_2\}$-Koppelung sowie nach der Summenregel zusammen.

[1] Die nach dem auf S. 665 bewiesenen Satz auch für die Konfiguration $p^5 s$ gelten.

$\beta\beta$) $l_1 = l_2 = 2$. $s_1 = s_2 = \frac{1}{2}$; $j_1 = 1\frac{1}{2}, 2\frac{1}{2}$; $j_2 = 1\frac{1}{2}, 2\frac{1}{2}$. $g(X, Y = 1\frac{1}{2}) = \frac{4}{5}$; $g(X, Y = 2\frac{1}{2}) = \frac{6}{5}$. Zuerst müssen die J-Werte, welche von den j_i-Werten unter Beobachtung des PAULI-Prinzips erzeugt werden, nach Methode β) von Ziff. 10 berechnet werden; d. h. wir müssen uns zuerst eine Tabelle nach Art von (31a) entwerfen. Dann ergibt sich:

Tabelle 48.

J	$\{SL\}$		$\{j_1 j_2\}$			g-Summe nach (80)
	R_L	g	j_1	j_2	g	
0	$^3P_0$	$\frac{0}{0}$	$\frac{1}{2}$	$\frac{1}{2}$	$\frac{0}{0}$	$\frac{0}{0}$
1	$^3P_1$	$\frac{3}{2}$	$\frac{1}{2}$	$\frac{1}{2}$	$\frac{4}{3}$	} $\frac{5}{2}$
1	$^1P_1$	1	$\frac{1}{2}$	$1\frac{1}{2}$	$\frac{7}{6}$	
2	$^3P_2$	$\frac{3}{2}$	$\frac{1}{2}$	$1\frac{1}{2}$	$\frac{3}{2}$	$\frac{3}{2}$

$$
\begin{aligned}
&j_1 = 1\tfrac{1}{2}, \quad j_2 = 1\tfrac{1}{2}; \qquad && J = 0, \quad g(0) = \tfrac{0}{0}, \\
& && J = 2, \quad g^{(1)}(2) = \tfrac{4}{5}. \\
&j_1 = 1\tfrac{1}{2}, \quad j_2 = 2\tfrac{1}{2}; \qquad && J = 1, \quad g(1) = \tfrac{3}{2}, \\
& && J = 2, \quad g^{(2)}(2) = \tfrac{7}{6}, \\
& && J = 3, \quad g(3) = \tfrac{13}{12}, \\
& && J = 4, \quad g^{(1)}(4) = \tfrac{21}{20}. \\
&j_1 = 2\tfrac{1}{2}, \quad j_2 = 2\tfrac{1}{2}; \qquad && J = 0, \quad g(0) = \tfrac{0}{0}, \\
& && J = 2, \quad g^{(3)}(2) = \tfrac{6}{5}, \\
& && J = 4, \quad g^{(2)}(4) = \tfrac{6}{5}.
\end{aligned}
$$

Die erhaltenen g-Werte sind in der folgenden Tabelle mit den aus der LANDÉschen Formel folgenden Werten und mit der g-Summenregel nach (81) verglichen.

Tabelle 49.

J	$\{SL\}$		$\{j_1 j_2\}$			g-Summe nach (81)
	R_L	g	j_1	j_2	g	
0	$^1S_0$	$\frac{0}{0}$	$\frac{3}{2}$	$\frac{3}{2}$	$\frac{0}{0}$	} $\frac{0}{0}$
0	$^3P_0$	$\frac{0}{0}$	$\frac{5}{2}$	$\frac{5}{2}$	$\frac{0}{0}$	
1	$^3P_1$	$\frac{3}{2}$	$1\frac{1}{2}$	$2\frac{1}{2}$	$\frac{3}{2}$	$\frac{3}{2}$
2	$^3P_2$	$\frac{3}{2}$	$1\frac{1}{2}$	$1\frac{1}{2}$	$\frac{4}{5}$	
2	$^1D_2$	1	$1\frac{1}{2}$	$2\frac{1}{2}$	$\frac{7}{6}$	} $\frac{19}{6}$
2	$^3F_2$	$\frac{2}{3}$	$2\frac{1}{2}$	$2\frac{1}{2}$	$\frac{6}{5}$	
3	$^3F_3$	$\frac{13}{12}$	$1\frac{1}{2}$	$2\frac{1}{2}$	$\frac{13}{12}$	$\frac{13}{12}$
4	$^3F_4$	$\frac{5}{4}$	$1\frac{1}{2}$	$2\frac{1}{2}$	$\frac{21}{20}$	} $\frac{9}{4}$
4	$^1G_4$	1	$2\frac{1}{2}$	$2\frac{1}{2}$	$\frac{6}{5}$	

Bemerkt sei noch, daß die in Tabelle 49 gewählte Zuordnung der Niveaus mit gleichem J durch nichts gerechtfertigt ist. Wie schon mehrfach erwähnt, ist die Theorie bis jetzt noch nicht imstande, für d^2 die korrekte Zuordnung von einem Koppelungsschema zum anderen zu geben. In Tabelle 48 wurde die aus (62) für $p^5 s$ resultierende Zuordnung angenommen.

γ) Wir betrachten noch als ein Beispiel eines unsymmetrischen Koppelungsschemas das schon früher erwähnte Schema (22b):

$$
\{[(l_1 s_1) s_2] l_2\} = \{[j_1 s_2] l_2\} = \{j^1 l_2\},
$$

$$
X = j_1 + s_2 = j^1; \qquad Y = l_2.
$$

$$
g(X) = \frac{j^1(j^1+1) + j_1(j_1+1) - s_2(s_2+1)}{2j^1(j^1+1)}\, g(j_1) + \frac{j^1(j^1+1) + s_2(s_2+1) - j_1(j_1+1)}{2j^1(j^1+1)} \cdot 2. \tag{84a}
$$

Hierin ist wiederum

$$
g(j_1) = \frac{3j_1(j_1+1) + s_1(s_1+1) - l_1(l_1+1)}{2j_1(j_1+1)}. \tag{84b}
$$

Außerdem ist selbstverständlich:

$$
g(Y) = 1.
$$

Nach Einsetzen in (82) kommt:

$$g(J) = g(X)\frac{J(J+1)+j^1(j^1+1)-l_2(l_2+1)}{2J(J+1)} + 1\cdot\frac{J(J+1)-j^1(j^1+1)+l_2(l_2+1)}{2J(J+1}. \quad (84\text{c})$$

Auf entsprechende Weise möge sich der Leser die g-Formeln in allen übrigen Kombinationen von Wechselwirkungen ableiten. Es sei hier noch einmal betont, daß alle unsere Formeln nur in den Fällen gültig zu sein brauchen, wo die betreffende Art der Koppelung vollständig ausgeprägt ist — also kein Übergangsgebiet zwischen zwei Arten der Koppelung vorliegt. Spektren dieser Art sind aber nur für den RUSSELL-SAUNDERS-Fall $\{(l_1 l_2)(s_1 s_2)\}$ und selten (vgl. Tabelle 38 bis 40) im Falle $\{(l_1 s_1)(l_2 s_2)\}$ bekannt; mithin haben die g-Formeln unsymmetrischer Koppelungen bis jetzt nur theoretisches Interesse.

Ebenso wie in Ziff. 18 kann man die obigen für den Fall zweier Elektronen abgeleiteten Formeln auf beliebig viele Elektronen anwenden, wenn die Annahme zutrifft, daß die Koppelung der Elektronen im Ion durch Anlagerung des letzten Elektrons nicht gestört wird. Man ersetzt dann wie damals alle Serienelektronen bis auf das letzte durch ein hypothetisches Elektron, das nun die s- und l-Werte hat, die der erzeugende Funkenterm[1] besitzt. Aus diesem Grunde ließen wir die Werte s_1 und s_2 offen, die eigentlich im Falle zweier Elektronen die festen Werte $s_1 = s_2 = \frac{1}{2}$ haben müßten.

24. g-Werte beim Übergang von der $\{LS\}$- zur $\{j_1 j_2\}$-Koppelung für den Fall $l_1 = 0$. Durch eine Kombination der Methoden der Ziff. 20 und 21 γ) gelingt es, die g-Werte bei schwachem äußeren Feld als Funktionen des Koppelungsparameters X in allen denjenigen Fällen zu erhalten, die sich schon in Ziff. 20 vollständig behandeln ließen. Da ein Vergleich mit der Erfahrung nur für die Konfigurationen sp und sp^5 möglich ist, beschränken wir uns im folgenden auf diese Konfigurationen. Die g-Werte für p^2 und p^4 möge der Leser bei GOUDSMIT (l. c. Seite 651) nachsehen. Das Resultat für die Konfigurationen sp, sd, sf usw. ist, wenn wir $l_1 = 0$, l_2 beliebig annehmen:

$$\left.\begin{aligned}
g^{(1)}(l_2) &= 1 + \frac{1}{2l_2(l_2+1)} - \frac{X+1}{2l_2(l_2+1)\sqrt{(X+1)^2+4l_2(l_2+1)}}\\
g(l_2+1) &= \frac{l_2+2}{l_2+1}\\
g^{(2)}(l_2) &= 1 + \frac{1}{2l_2(l_2+1)} + \frac{X+1}{2l_2(l_2+1)\sqrt{(X+1)^2+4l_2(l_2+1)}}\\
g(l_2-1) &= \frac{l_2-1}{l_2}.
\end{aligned}\right\} \quad (85)$$

Die g-Werte für sp^5, sd^9, sf^{13} erhalten wir hieraus durch Umkehrung des Vorzeichens von X. Die g-Werte der nur einmal vorkommenden inneren Quanten $J = l_2 \pm 1$ stimmen natürlich mit den aus den verschiedenen g-Formeln früherer Betrachtungen überein, denn sie sind ja von der speziellen Art der Koppelung unabhängig. Man vergleiche sie mit den Formeln von Ziff. 21, $\beta\beta$) (S. 660). Ferner müssen wir verlangen, daß die g-Summenregel gilt, daß also $g^{(1)}(l_2) + g^{(2)}(l_2)$ von X unabhängig ist. In der Tat ergeben die obigen Formeln

$$g^{(1)}(l_2) + g^{(2)}(l_2) = 2 + \frac{1}{l_2(l_2+1)},$$

welches Ergebnis man leicht aus den g-Formeln (68) oder (75) für ausgeprägte $\{LS\}$- oder $\{j_1 j_2\}$-Koppelung ableitet. Für den speziellen Fall $l_2 = 1$, also $g^{(1)} + g^{(2)} = \frac{5}{2}$, hatten wir dies Ergebnis schon in Tabelle 48 benutzt.

[1] Über den Begriff des erzeugenden Terms im Funkenspektrum s. Abschnitt f.

Der Leser wird sich erinnern, daß für $X \gg A$ RUSSELL-SAUNDERS-, für $X = 0$ dagegen $\{j_1 j_2\}$-Koppelung herrscht (vgl. Tab. 38, S. 655). Für beliebiges X ergibt sich, daß die g-Werte nicht mehr rationale Zahlen, sondern irrational sind. Somit ist die sog. RUNGEsche Regel, die die Rationalität (in Einheiten $\mu_B H$) aller ZEEMAN-Aufspaltungen behauptet, nur in dem Falle gültig, daß irgendeine Art der Koppelung vollständig entwickelt ist.

Wir betrachten nun die beiden oben erwähnten Grenzfälle. Zuerst wird für $X \gg l$:

$$g^{(1)}(l_2) = 1\,, \quad g^{(2)}(l_2) = 1 + \frac{1}{l_2(l_2+1)}\,.$$

Das obere Niveau bekommt also die normale Aufspaltung des Singuletterms, das untere die des Niveaus ${}^3L_{l_2}$. Von dem letzteren Ergebnis überzeugt man sich leicht, wenn man in der LANDÉschen g-Formel (73) $S = 1$ und $J = L = l_2$ setzt. Zweitens betrachten wir den Grenzfall $X \ll 1$. Es folgt:

$$g^{(1)}(l_2) = 1 + \frac{1}{(l_2+1)(2l_2+1)}\,; \qquad g^{(2)}(l_2) = 1 + \frac{1}{l_2(2l_2+1)}\,.$$

Diese beiden Formeln lassen sich nach ein paar arithmetischen Umformungen einfachster Art aus (83a bis c) gewinnen, wenn man setzt $s_1 = s_2 = \frac{1}{2}$; $l_1 = 0$; l_2 beliebig; $J = L = l_2$. Insbesondere erhalten wir für $l_2 = 1$: $g^{(1)} = \frac{7}{6}$ und $g^{(2)} = \frac{4}{3}$, welche Werte mit denjenigen von Tabelle 48, übereinstimmen.

Das experimentelle Material zur Prüfung der Formeln (85) entnehmen wir für ps einer Arbeit von GOUDSMIT und BACK[1], für $p^5 s$ der schon erwähnten Arbeit von LAPORTE und INGLIS (l. c. S. 651). Es handelt sich um die Konfigurationen $5p6s$ im Spektrum des Sn, $6p7s$ in dem des Pb und $2p^5 3s$ in dem des Ne. Wir entnehmen den Tabellen 38 und 39 die aus den Aufspaltungen mittels (61) und (62) berechneten mittleren X-Werte und setzen in (85) ein. In der folgenden Tabelle 50 sind die Resultate zusammengestellt.

Tabelle 50.

Spektrum	Konfiguration	X aus Tabelle 38 und 39	berechnet		beobachtet	
			$g^{(1)}$	$g^{(2)}$	$g^{(1)}$	$g^{(2)}$
Sn	$5p6s$	0,7	1,12	1,38	1,125	1,375
Pb	$6p7s$	0,3	1,145	1,355	1,150	1,350
Ne	$2p^5 3s$	5,77	1,036	1,464	1,034	1,464

Die Übereinstimmung ist für Ne ausgezeichnet, für Sn und Pb gilt (85) mit derselben Genauigkeit wie die Gleichung (61) für die Energiewerte ohne Feld.

25. Bemerkungen über die numerische Berechnung und Interpretation von ZEEMAN-Aufspaltungen. Während wir uns bisher nur mit der Aufspaltung der Niveaus im Magnetfeld beschäftigt haben, wollen wir jetzt noch einige Bemerkungen über die Berechnung der Aufspaltungsbilder von Spektrallinien einschalten. Wie wir sahen, wird aus beiden Niveaus (mit, sagen wir, inneren Quantenzahlen J_1 und J_2) je eine Gruppe von $2J_1 + 1$ bzw. $2J_2 + 1$ Subniveaus im Abstand g_1 bzw. g_2. Die Kombinationsmöglichkeiten zwischen diesen sind natürlich wieder durch ein Auswahlprinzip beschränkt, das hier lautet:

$$M \begin{matrix} \nearrow M-1 \\ \rightarrow M \\ \searrow M+1 \end{matrix}\,, \qquad \begin{matrix} \Delta M \neq 0\,, \text{ wenn gleichzeitig} \\ \Delta J = 0\,. \end{matrix}$$

[1] Z f Phys 40, S. 530 (1927).

Die schöne wellenmechanische Bedeutung dieser Auswahlregeln ist in Kap. 4 hervorgehoben. Dort ist ferner gezeigt, daß bei transversaler Beobachtung die Komponenten mit

$$\Delta M = 0 \qquad \text{parallel } (\pi),$$
$$\Delta M = \pm 1 \qquad \text{senkrecht } (\sigma)$$

zu den Kraftlinien polarisiert sind[1]. Ein paar Beispiele werden diese Regeln am besten erläutern:

α) ${}^4D_{3\frac{1}{2}} - {}^4P_{2\frac{1}{2}}$. Nach Tabelle 42 ist:

$$g({}^4D_{3\frac{1}{2}}) = \tfrac{10}{7}; \quad g({}^4P_{2\frac{1}{2}}) = \tfrac{8}{5}.$$

Die Mg-Werte sind also (wir beschränken uns auf die positiven):

$$Mg({}^4P_{2\frac{1}{2}}) = \pm \frac{28}{35} \qquad \frac{84}{35} \qquad \frac{140}{35}$$

$$Mg({}^4D_{3\frac{1}{2}}) = \pm \frac{25}{35} \qquad \frac{75}{35} \qquad \frac{125}{35} \qquad \frac{175}{35}$$

Subtraktion in vertikaler Richtung liefert die π-, Subtraktion längs der schrägen Pfeile die σ-Komponenten. Wir erhalten somit als Aufspaltung:

$$\pm \frac{(3)\ (9)\ (15)\ 35\ 41\ 47\ 53\ 59\ 65}{35},$$

wobei wir die π-Komponenten eingeklammert haben. Es ergeben sich also sechs π- und zwölf σ-Komponenten. Obige Aufspaltungen sind natürlich in Einheiten der normalen Aufspaltung $\omega_0 = \mu_B H$ ausgedrückt. Wir berechnen weiterhin die Aufspaltung der Linie ${}^4D_{2\frac{1}{2}} - {}^4P_{2\frac{1}{2}}$ mit $g({}^4D_{2\frac{1}{2}}) = \frac{48}{35}$.

$$Mg({}^4P_{2\frac{1}{2}}) = \pm \frac{28}{35} \qquad \frac{84}{35} \qquad \frac{140}{35}$$

$$Mg({}^4D_{2\frac{1}{2}}) = \pm \frac{24}{35} \qquad \frac{72}{35} \qquad \frac{120}{35}$$

$$\pm \frac{(4)\ (12)\ (20)\ 36\ 44\ 52\ 60\ 68}{35}$$

Schließlich: ${}^4D_{1\frac{1}{2}} - {}^4P_{2\frac{1}{2}}$ mit $g({}^4D_{1\frac{1}{2}}) = \frac{6}{5}$

$$Mg({}^4P_{2\frac{1}{2}}) = \pm \frac{4}{5} \qquad \frac{12}{5} \qquad \frac{20}{5}$$

$$Mg({}^4D_{1\frac{1}{2}}) = \pm \frac{3}{5} \qquad \frac{9}{5}$$

$$\pm \frac{(1)\ (3)\ 5\ 7\ 9\ 11}{5}.$$

Im Bogenspektrum des Mangan kommen diese Linien als Teil der Kombination $3d^6\,4s\,{}^4D - 3d^6\,4p\,{}^2P$ vor. Die ausgezeichneten Beobachtungen von E. BACK[2] ermöglichen uns die berechneten ZEEMAN-Effekte obiger drei Linien mit der Erfahrung zu vergleichen.

[1] Bei longitudinaler Beobachtung sind die Komponenten mit $\Delta M = \pm 1$ rechts bzw. links zirkular polarisiert, die π-Komponenten haben die Intensität Null.

[2] Z f Phys 15, S. 206 (1923).

In der folgenden Tabelle sind die Wellenlängen der beobachteten und der berechneten Aufspaltungen in Einheiten $\mu_B H$ gegeben. Durch Fettdruck sind die stärksten Komponenten markiert.

Tabelle 51.

A	Kombination	π-Komponenten		σ-Komponenten	
		beobachtet	berechnet	beobachtet	berechnet
4235.306	$^4D_{3\frac{1}{2}} - {}^4P_{2\frac{1}{2}}$	**0,0865**	0,0857	**0,995**	1,000
		0,2595	0,257	1,168	1,171
		0,4325	0,429	1,341	1,343
				1,514	1,514
				—	1,686
				—	1,857
4281.097	$^4D_{2\frac{1}{2}} - {}^4P_{2\frac{1}{2}}$	0,1113	0,1143	1,030	1,092
		0,3375	0,3429	1,256	1,257
		0,5637	0,5715	**1,482**	1,486
				1,709	1,714
				1,935	1,943
4312.564	$^4D_{1\frac{1}{2}} - {}^4P_{2\frac{1}{2}}$	**0,206**	0,200	—	1,000
		0,618	0,600	1,385	1,400
				1,797	1,800
				2,209	2,200

Die Übereinstimmung ist ausgezeichnet und der Schluß gerechtfertigt, daß beide beteiligten Terme durch ausgesprochene RUSSELL-SAUNDERS-Koppelung entstehen. Das zeigt sich auch durch die gute Übereinstimmung mit der Intervallregel (48):

$$^4P: \quad 253,4 : 5 = 50,7; \quad 144,8 : 3 = 48,3.$$

$$^4D: \quad 252,5 : 7 = 36,1; \quad 170,4 : 5 = 34,1; \quad 99,3 : 3 = 33,1.$$

BACK beobachtete die ZEEMAN-Effekte aller Linien dieses Multipletts; wir beschränken uns hier auf diese drei.

β) Als zweites Beispiel nehmen wir einige Linien des Multipletts

$$3d^6\,4s\,4p\;{}^7D - 3d^6\,4s\,5s\;{}^7D,$$

das sich im Spektrum des Eisenbogens von 4187 bis 4299 A erstreckt. Die ZEEMAN-Effekte wurden von H. D. BABCOCK beobachtet[1]. Mit den g-Werten von Tabelle 41 ergibt sich für das Aufspaltungsbild von $^7D_1 - {}^7D_2$:

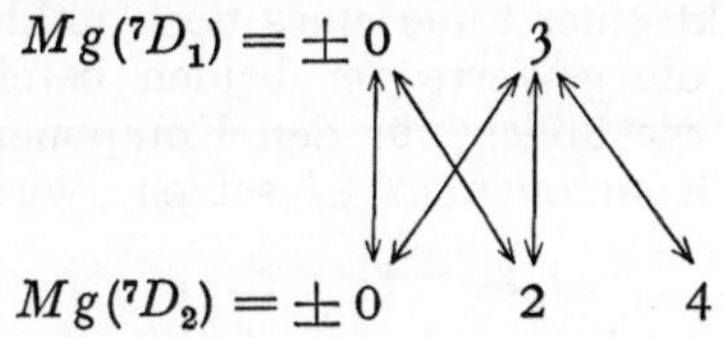

$$Mg({}^7D_1) = \pm 0 \qquad 3$$

$$Mg({}^7D_2) = \pm 0 \qquad 2 \qquad 4$$

d. h. $\pm$ (0) (1) 1 2 3, natürlich immer in Einheiten $\mu_B H$. Außerdem für $^7D_3 - {}^7D_3$:

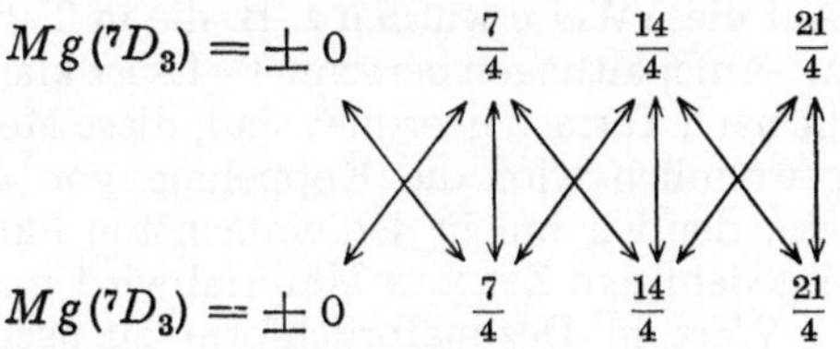

$$Mg({}^7D_3) = \pm 0 \qquad \frac{7}{4} \qquad \frac{14}{4} \qquad \frac{21}{4}$$

$$Mg({}^7D_3) = \pm 0 \qquad \frac{7}{4} \qquad \frac{14}{4} \qquad \frac{21}{4}$$

d. h. (0) $\frac{7}{4}$.

[1] Publiziert in der Arbeit: O. LAPORTE, Z f Phys 26, S. 1 (1924).

Ähnlich ergibt sich für alle Diagonallinien dieses Multipletts ein Triplett (0), g. In der folgenden Tabelle sind die beobachteten Aufspaltungen mit den berechneten verglichen. Die Termbezeichnung in der zweiten Spalte ist durch Weglassen von $3d^6\,4s$, welche Konfiguration in beiden Termen dieselbe ist, vereinfacht. Auch diesmal sind diejenigen π- und σ-Komponenten, die nach der Beobachtung am stärksten sind, durch Fettdruck hervorgehoben.

Tabelle 52.

A	Kombination	π-Komponenten		σ-Komponenten	
		beobachtet	berechnet	beobachtet	berechnet
4191.446	$4p\,^7D_2 - 5s\,^7D_1$	**0** 1,00	0 1,00	0,99 2,01 2,97	1,00 2,00 3,00
4222.225	$4p\,^7D_3 - 5s\,^7D_3$	0	0	1,76	1,75
4233.614	$4p\,^7D_1 - 5s\,^7D_2$	**0** 1,01	0 1,00	1,01 2,01 3,00	1,00 2,00 3,00
4235.953	$4p\,^7D_4 - 5s\,^7D_4$	0	0	1,64	1,65
4260.489	$4p\,^7D_5 - 5s\,^7D_5$	0	0	1,62	1,60

Die Übereinstimmung ist bei der etwas niedrigeren allgemeinen Genauigkeit der BABCOCKschen Messungen befriedigend.

Wir müssen hier noch eine Regel über die Intensitäten der ZEEMAN-Komponenten vorwegnehmen; die quantitative Rechtfertigung folgt erst in Ziff. 30. Wir behaupten: 1. In dem Aufspaltungsbild einer Linie mit $|\Delta J| = 1$ sind die durch Kombination der $\frac{\text{kleinsten}}{\text{größten}}$ M-Werte entstehenden $\frac{\pi}{\sigma}$-Komponenten die stärksten. — 2. In dem Aufspaltungsbild einer Linie mit $\Delta J = 0$ sind die durch Kombination der $\frac{\text{größten}}{\text{kleinsten}}$ M-Werte entstehenden $\frac{\pi}{\sigma}$-Komponenten die stärksten.

Wie man sich leicht überlegt, gibt diese Regel in der Tat die Lage der stärksten Komponenten richtig wieder, die in den Tabellen 51 und 52 durch Fettdruck markiert wurden.

Die Bedeutung dieser Regel liegt darin, daß sie es möglich macht, aus einem unbekannten ZEEMAN-Effekt einer Linie eines noch unklassifizierten Spektrums mit beliebiger Koppelung die g-Werte der beiden beteiligten Niveaus zu berechnen. Denn wenn wir, wie üblich, für den Komponentenabstand e, für den Abstand der stärksten σ-Komponenten $2f$ setzen, wird im Falle $\Delta J = \pm 1$

$$g_1 - g_2 = \pm e,$$

$$J_1 g_1 - J_2 g_2 = \pm f.$$

Ähnlich für $\Delta J = 0$. Auf diese Weise wurden z. B. die in Tabelle 50 angegebenen g-Werte aus den ZEEMAN-Aufspaltungen berechnet. Es ist klar, daß in den meisten Spektren, die noch nicht nach Termen geordnet sind, diese Methode eingeschlagen werden muß; denn gewöhnlich wird die Koppelung von dem unangenehmen Übergangscharakter sein, den wir nur in den einfachsten Fällen quantitativ verfolgen können. Bei ausgedehntem ZEEMAN-Material wird man so imstande sein, jedem Niveau seinen g-Wert in Dezimalbruchform zuzuschreiben. Die Interpretation dieser letzteren hat dann im Sinne der Formeln der Ziff. 23 oder mittels der Summenregel zu geschehen.

d) Intensitäten und Auswahlregeln.

26. Summenregeln. Intensitätsformeln bei normaler Koppelung. Die drei vorhergehenden Abschnitte handelten im wesentlichen von Eigenschaften der Energiezustände im Atom, deren Differenzen die Linienfrequenzen sind. Die für die Spektroskopie wichtigste Größe, welche von zwei Zuständen in nichtlinearer Weise abhängt, ist die Intensität einer Spektrallinie. Wegen der prinzipiellen Problemstellung verweisen wir auf Kap. 4. Wichtig ist nur für das folgende, daß die experimentell festgestellte Strahlung sich aus mehreren Teilen zusammensetzt, deren bei weitem größter die Strahlung des schwingenden Dipolmomentes ist, und deren weitere Anteile von den höheren Momenten, z. B. dem Quadrupolmoment, herrühren. Wir werden im folgenden unter Intensität stillschweigend die Intensität des Dipolmomentes verstehen, denn nur in wenigen, besonders zu betonenden Fällen wird die Intensität der Quadrupolstrahlung merklich. Weiterhin machen wir eine Annahme über die Art der Anregung der uns interessierenden Spektralliniengruppe. Wir wollen nämlich gewisse künstliche Anregungsbedingungen, die z. B. bei Einstrahlung mit Licht, das von der gleichen Atomart herrührt, erzeugt werden können, ausschließen (Resonanz)[1]. Ebenso schließen wir aus die Anregung durch Elektronen oder Ionen mit scharf definierter Maximalenergie, die kleiner als die Ionisierungsspannung ist[2]. Die in diesen Fällen vorliegende spezielle Intensitätsverteilung läßt sich zwar qualitativ leicht interpretieren, ist aber quantitativ noch wenig erforscht.

Als normale Anregung sehen wir diejenige an, bei der die Anzahl von Atomen in solchen nicht entarteten Zuständen, die sich bei gleichen n_i, l_i, s_i, J durch verschiedene M unterscheiden, einander gleich sind. Es folgt daraus, daß die Intensitäten der Linien, die von einer Gruppe von solchen Niveaus ausgehen, die gleichen sind. Offenbar folgt hieraus durch Verallgemeinerung, daß die Intensitäten von Linien, die von nichtentarteten Zuständen, die sich durch äußere Felder in N Niveaus aufspalten, ausgehen, sich wie diese Quantengewichte N verhalten. Im speziellen Fall von RUSSELL-SAUNDERS-Koppelung besitzen die Linien, welche der Kombination eines einfachen Niveaus (J) mit drei Niveaus eines vielfachen Terms ($J-1, J, J+1$) entsprechen, das Intensitätsverhältnis:

$$2(J-1)+1:2J+1:2(J+1)+1 = 2J-1:2J+1:2J+3\,.$$

Diese sog. Summenregel gilt aber auch für Kombination eines natürlicherweise nichtaufgespaltenen Terms mit einem aufgespaltenen Term. Z. B. kombiniere ein wasserstoffähnlicher unaufgespaltener ^5P-Term mit einem weiten $^5D_{0,1,2,3,4}$-Term. Die entsprechenden fünf Linien stehen wiederum im Verhältnis $2J+1$, hier $1:3:5:7:9$. Offenbar muß im allgemeinen Falle einer Kombination zweier weit aufgespaltener Terme verlangt werden, daß die Intensitätssummen aller auf einem Niveau entspringenden Linien dem Gewicht $2J+1$ dieses Niveaus proportional sein sollen.

Soviel läßt sich ohne Rechnung einsehen. Es sei hier gleich gesagt, daß die Summenregel in allen solchen Multipletts, die von Termen mit dem aus der Intervallregel folgenden $\Delta\nu$, genauer: mit normaler Koppelung herkommen, von der Erfahrung gut bestätigt ist. Für die vollständige Ableitung der Intensitätsformeln bedarf man noch korrespondenzmäßiger oder wellenmechanischer Betrachtungen, für die auf Kap. 4 verwiesen sei. Wir geben hier das Resultat in der folgenden auf SOMMERFELD und HÖNL[3] zurückgehenden Schreibweise:

[1] R. W. WOODS „Orbital Transfer", vgl. London R S Proc A 106, S. 679 (1924).

[2] Vgl. die PASCHENsche Methode zur Anregung von Funkenlinien. R. S. SAWYER, Phys Rev 36, S. 44 (1930).

[3] Berl Sitzber S. 141 (1925).

Wir führen die Abkürzungen

$$\left.\begin{aligned} P(J) &= (J+L)(J+L+1) - S(S+1) = (-S+J+L)(S+1+J+L) \\ Q(J) &= S(S+1) - (J-L)(J-L+1) = (S-J+L)(S+1+J-L) \\ R(J) &= J(J+1) + L(L+1) - S(S+1) \end{aligned}\right\} \quad (86)$$

ein. Bezeichnen wir mit $I^{L,J}_{L',J'}$ die Intensität einer Linie, die dem Übergang von einem Niveau mit den Quantenzahlen L und J zu einem Niveau mit L' und J' entspricht, so wird:

α) $L \to L \pm 1, \quad J \to J-1, J, J+1$:

$$\left.\begin{aligned} I^{L,J}_{L-1,J-1} &= \frac{2S+1}{4L}\,\frac{1}{J}\,P(J)\,P(J-1) \\ I^{L,J}_{L-1,J} &= \frac{2S+1}{4L}\,\frac{2J+1}{J(J+1)}\,P(J)\,Q(J) \\ I^{L,J}_{L-1,J+1} &= \frac{2S+1}{4L}\,\frac{J+1}{1}\,Q(J+1)\,Q(J). \end{aligned}\right\} \quad (87\text{a})$$

β) $L \to L, \quad J \to J-1, J, J+1$:

$$\left.\begin{aligned} I^{L,J}_{L,J-1} &= \frac{2S+1}{4}\,\frac{2L+1}{L(L+1)}\,\frac{1}{J}\,P(J)\,Q(J-1) \\ I^{L,J}_{L,J} &= \frac{2S+1}{4}\,\frac{2L+1}{L(L+1)}\,\frac{2J+1}{J(J+1)}\,R^2(J) \\ I^{L,J}_{L,J+1} &= \frac{2S+1}{4}\,\frac{2L+1}{L(L+1)}\,\frac{1}{J+1}\,P(J+1)\,Q(J). \end{aligned}\right\} \quad (87\text{b})$$

Man rechnet leicht nach, daß die Summe der drei ersten sowie der drei letzten Formeln proportional $2J+1$ ist; die Summenregel ist also erfüllt. Ferner sei noch hervorgehoben, daß $I^{L,J}_{L,J-1} = I^{L,J-1}_{L,J}$ ist; die Intensitäten von Multipletts der Form ${}^RP - {}^RP$, ${}^RD - {}^RD$ usw. sollen also symmetrisch zur Diagonale ($\Delta J = 0$) sein. Die von J nicht abhängigen Faktoren sind in gewisser Weise willkürlich; wir schlossen uns oben der Normierung von HÖNL[1] an[2].

27. Vergleich mit der Erfahrung. Einer Arbeit von FRERICHS[3] entnehmen wir einige Messungen, an denen obige Formeln geprüft werden können.

α) Als erstes Beispiel nehmen wir das Multiplett $3d^6\,4s\,{}^4D - 3d^6\,4p\,{}^4P$ des Mn I-Spektrums, dessen ZEEMAN-Effekte wir in Ziff. 25 unter α) berechneten. In der folgenden Tabelle sind seine Wellenlängen (in A) und seine Frequenzen (in cm^{-1}) angegeben.

Tabelle 53.

J		${}^4D$ $3\frac{1}{2}$		$2\frac{1}{2}$		$1\frac{1}{2}$		$\frac{1}{2}$
${}^4P$	$2\frac{1}{2}$	4235.306 23604.41	*252.46*	4281.097 23351.95 *253.58*	*170.29*	4312.546 23181.66 *263.37*		
	$1\frac{1}{2}$			4235.125 23605.43	*170.40*	4265.920 23435.03 *144.80*	*99.35*	4284.084 23335.68 *144.85*
	$\frac{1}{2}$					4239.723 23579.83	*99.30*	4257.653 23480.53

[1] Ann d Phys 79, S. 273 (1926).

[2] Die entsprechenden Formeln für ausgesprochene $\{jj\}$-Koppelung wurden kürzlich von J. H. BARTLETT, Phys Rev 35, S. 229 (1930), gegeben.

[3] Ann d Phys 81, S. 807 (1926).

In der folgenden Tabelle 54 sind nun die Intensitäten der Linien in der gleichen Anordnung wie in der vorhergehenden Tabelle angegeben, und zwar zuerst die beobachteten und darunter die berechneten Werte. Am Rande des Schemas sind außerdem die horizontalen und vertikalen Intensitätssummen mit den berechneten verglichen. Die Übereinstimmung ist befriedigend.

Tabelle 54.

konst. $(2J+1)$		^4D			
		120 120	104,5 90	72 60	36,5 30
^4P	168,5 150	120 120	41,5 27	8 3	
	110,5 100		63 63	39 32	8,5 5
	53 50			25 25	28 25

β) Ferner wollen wir die Intensitäten des Multipletts

$$3d^6 4s\, 4p\, {}^7D - 3d^6 4s\, 5s\, {}^7D$$

im Bogenspektrum des Eisens berechnen. Es ist dies dieselbe Gruppe, deren ZEEMAN-Effekte wir in Tabelle 52 ausrechneten und mit der Erfahrung verglichen. Das λ, ν-Schema dieses Multipletts findet sich in der folgenden Tabelle.

Tabelle 55.

	J	$5s\,^7D$: 1	2	3	4	5
$4p\,^7D$	1	4210.362 23744.26 *130.41*	4233.614 23613.85			
		107.16	*107.14*			
	2	4191.446 23851.42 *130.43*	nicht beob. 23720.99 *198.92*	4250.134 23522.07		
			155.45	*155.47*		
	3		4187.052 23876.44 *198.90*	4222.225 23677.54 *271.32*	4271.171 23406.22	
				194.57	*194.59*	
	4			4187.812 23872.11 *271.30*	4235.953 23600.81 *347.48*	4299.254 23253.33
					211.58	*211.57*
	5				4198.314 23812.39 *347.49*	4260.489 23464.90

Die Linie $^7D_2 - {}^7D_2$ ist nicht beobachtet, sondern aus den $\Delta\nu$ berechnet. Zwar kommt es öfters vor, daß in Multiplettschemata theoretisch schwache Satelliten nicht beobachtet sind; hier jedoch ist der Grund ein tieferer. Die in $I_{L,J}^{L,J}$ vorkommende Größe $R(J)$ hat nämlich hier eine Wurzel; in der Tat ist: $2\cdot 3 + 2\cdot 3 - 3\cdot 4 = 0$, so daß unsere Formeln hier die Intensität Null verlangen[1]. Die folgende Tabelle zeigt den Vergleich unserer Formeln mit den FRERICHSschen Messungen, wobei wieder die berechneten Werte unter den be-

[1] Eine weitere Wurzel ist: $5\cdot 6 + 3\cdot 4 - 6\cdot 7 = 0$, was den Niveaus $^{13}F_5$ und $^{13}H_3$ entspricht.

obachteten stehen. Die Anordnung der Linien ist wie in Tabelle 55. Auch hier ist die Übereinstimmung gut.

Tabelle 56.

	konst. $(2J+1)$	$5s\,^7D$ 362 / 360	613 / 600	835 / 840	1043 / 1080	1296 / 1320
$4p\,^1D$	380	132	248			
	360	120	240			
	585	230	0	355		
	600	240	0	360		
	822		365	112	345	
	840		360	105	375	
	1058			368	450	240
	1080			375	441	264
	1304				248	1056
	1320				264	1056

Es sei nichtsdestoweniger hervorgehoben, daß die Erfahrung die Intensitätsformeln nicht in dem Maße bestätigt, wie z. B. die LANDÉsche g-Formel (73) der ZEEMAN-Effekte. Vielmehr kommen — und zwar auch in Spektren mit ausgeprägter RUSSELL-SAUNDERS-Koppelung — Abweichungen vor, die von derselben Größenordnung sind wie gelegentliche Abweichungen von der Intervallregel.

γ) Wir vergleichen, um auch ein Beispiel solcher Abweichungen zu haben, die theoretischen und experimentellen Intensitäten des Multipletts $3d^7\,4s\,^3F - 3d^7\,4p\,^3F$ des Eisenspektrums, dessen λ, ν-Schema in folgender Tabelle gegeben ist:

Tabelle 57.

	J	$4s\,^3F$: 2		3		4
$4p\,^3F$	2	4071.784		4005.250		
		24552.57	407.63	24960.20		
		358.38		358.42		
	3	4132.064		4063.604		3969.263
		24194.19	407.56	24601.78	584.70	25186.48
				476.57		476.57
	4			4143.874		4045.822
				24125.21	584.70	24709.91

Die Intensitätsmessungen ergeben:

Tabelle 58.

	konst. $(2J+1)$	$4s\,^3F$ 711 / 720	1074 / 1008	1417 / 1296
$4p\,^3F$	694	560	134	
	720	640	80	
	1070	151	717	202
	1008	80	847	81
	1438		223	1215
	1296		81	1215

Hier kann also von Übereinstimmung der einzelnen Intensitäten mit den Formeln (87) keine Rede sein. Die Abweichungen gehen fast bis 200%. Trotzdem stehen die Intensitätssummen, welche an den Rand der Tabelle geschrieben wurden, angenähert im Verhältnis der Quantengewichte. Der Grund für das Versagen der Intensitätsformeln ist offenbar in der Tatsache zu suchen, daß wegen der großen Aufspaltungen nicht mehr ideale RUSSELL-SAUNDERS-Koppelung herrscht. Es ist ein plausibles Resultat, daß in solchen Fällen die Gültigkeit der Summenregel sich noch etwas länger erhält als die der vollständigen Intensitätsformeln.

Zum Schluß noch eine qualitative Bemerkung über die Intensitätsverteilung in Multipletts. Wegen der Schwierigkeit der Intensitätsmessungen muß man sich bei der Aufsuchung von Termgesetzmäßigkeiten oft mit sehr qualitativen Intensitäts-, d. h. Schwärzungsschätzungen, zufrieden geben. Jedoch liest man aus den Formeln (87) leicht eine qualitative Intensitätsregel ab, die sich stets als sehr nützlich erweist. Wir können sie so aussprechen:

Die Intensitäten der Linien mit demselben $\Delta J = -1$, 0 oder $+1$ nehmen mit wachsendem J zu.

Vergleicht man die Intensitäten der Linien, die zu den Übergängen $\Delta J = -1$, 0 und $+1$ gehören, miteinander, so sind diejenigen die stärksten, für welche J sich in derselben Richtung ändert wie L. Dies ist um so ausgeprägter, je größer J ist.

Diese Regel können wir der qualitativen Intensitätsregel für die ZEEMAN-Aufspaltungen (Ziff. 25, S. 672) an die Seite stellen. Ein Blick auf die Tabellen 4b, 54, 56 und 58 zeigt in der Tat Übereinstimmung mit obiger Regel.

28. Intensitätsvergleich in verschiedenen Multipletts bei normaler Koppelung. Mit den Betrachtungen der vorhergehenden Ziffern erledigt sich das Intensitätsproblem für das einzelne Multiplett, das einer Kombination $(S, L, J) \to (S, L', J')$ entspricht. Es erhebt sich nun die Frage nach den relativen Intensitäten in verschiedenen Multipletts, als Funktion ihrer L und S. Dieses Problem wollen wir im folgenden besprechen — und zwar unter Voraussetzung idealer RUSSELL-SAUNDERS-Koppelung.

Von der Betrachtung der relativen Intensitäten der Linien innerhalb eines Multipletts wollen wir also übergehen zur Betrachtung der relativen Intensitäten der Multipletts zweier kombinierender Konfigurationen $l_i s_i$. Dies führt uns zuerst dazu, zu fragen, unter welchen Bedingungen verschiedene Terme L, S überhaupt miteinander kombinieren, also Linien mit von Null verschiedener Intensität ergeben. Allgemeine Betrachtungen, die auf die Theorie des Spin-Elektrons aufgebaut sind und deren mathematischer Charakter eine Behandlung im Rahmen dieses Berichtes verbietet, ergeben, daß die Auswahlprinzipien für die Bahnmomente bzw. Spinmomente sind:

$$L \begin{matrix} \nearrow L-1 \\ \to L \\ \searrow L+1 \end{matrix}, \qquad S \to S. \tag{88}$$

Also L gehorcht demselben Auswahlprinzip wie J, während S überhaupt keiner Änderung fähig ist — bei reiner RUSSELL-SAUNDERS-Koppelung. „Interkombinationen" zwischen Termen mit verschiedenen S-Werten sind also verboten.

Wir illustrieren diese Regeln an dem Beispiel der Konfigurationen $3d\,4p$ und $3d\,4d$, wobei erlaubte Kombinationen durch Pfeile verbunden werden.

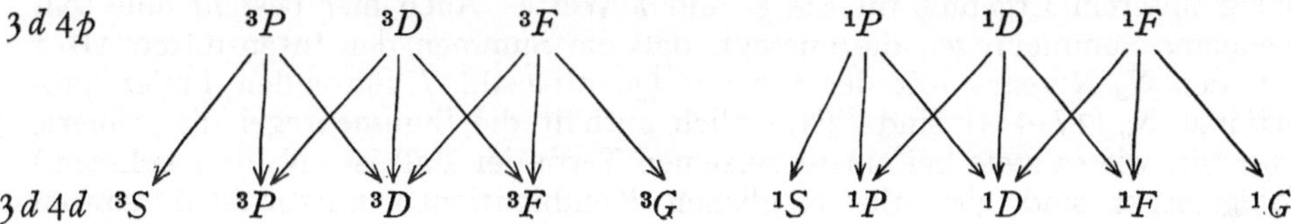

Die Regel $S \rightarrow S$ besagt also, daß die Linien jeglicher Kombinationen eines Triplett- mit einem Singuletterm die Intensität Null haben. Daß diese Beschränkung zu weit geht, wird durch die Feststellung klar, daß es, soweit der Verfasser weiß, auch nicht ein einziges Spektrum gibt, indem diese Auswahlregel nicht wenigstens einmal verletzt wäre. Dies ist begreiflich; RUSSELL-SAUNDERS-Koppelung ist eben nur ein Grenzfall, und das Auftreten einer Interkombinationslinie, wie z. B. $^1S - {}^3P$, bedeutet eine wenn auch kleine Abweichung von diesem Grenzfall. Andererseits gibt es unter den Spektren der leichteren Elemente viele, wo Interkombinationen nur äußerst selten auftreten.

Es ist naheliegend, die quantitativen Intensitätsgesetze und die Summenregeln von Ziff. 26 auf diesen Fall zu übertragen. Was vorher für das Vektordreieck $L + S = J$ gesagt wurde, gilt auch für das Dreieck $l_1 + l_2 = L$. In dem obigen Beispiel wären also die Gesamtintensitätsverhältnisse der beiden Multiplettgruppen dieselben wie nach (79) in einem Multiplett $^5P - {}^5D$. Ebenso stehen die Multipletts

$$\begin{array}{ccc} 3d4s & {}^3D & {}^1D \\ & \swarrow\downarrow\searrow & \swarrow\downarrow\searrow \\ 3d4p & {}^3P\,{}^3D\,{}^3F & {}^1P\,{}^1D\,{}^1F \end{array}$$

in demselben Intensitätsverhältnis wie die einzelnen Linien der Gruppe $^5S - {}^5P$, also $3:5:7$. Letztere Werte folgen einfach aus der Summenregel.

Es ist klar, daß diese Verallgemeinerung der Intensitätsformeln ein Kriterium für die Identifikation der Elektronenquantenwerte l_i liefert. Darin liegt ihre Hauptbedeutung. Auch die qualitative Intensitätsregel von Ziff. 26 kann auf unseren Fall verallgemeinert werden. Wir formulieren sie:

Unter den Übergängen $\Delta L = -1, 0,$ und $+1$ sind diejenigen Multipletts am stärksten, für welche das springende l_i sich in derselben Richtung ändert wie L. Dies ist um so ausgeprägter, je größer L ist. Diese Regel ist von der Erfahrung durchweg bestätigt. Wenn quantitative Intensitätsmessungen nicht vorliegen, ist sie von großem Nutzen bei der Ermittlung der einer Termgruppe zugrunde liegenden l_i-Werte.

In dem oben besprochenen Beispiel der Kombination $3d\,4s \rightarrow 3d\,4p$ sind also die Liniengruppen $^3D - {}^3F$ bzw. die Linie $^1D - {}^1F$ die stärksten.

Noch nicht behandelt wurde die naheliegende Frage nach dem Intensitätsverhältnis zwischen den Triplett- und Singulettkombinationen. Es wird sich dies in der folgenden Ziffer in einfacher Weise erledigen.

29. Einfluß der Koppelung auf die Intensitäten. Interkombinationen. Eine Abweichung von der normalen Koppelung macht sich zuerst im Auftreten von Multipletts bemerkbar, die die in der vorhergehenden Ziffer besprochenen Auswahlprinzipien $\Delta L = 0, \pm 1$ und $\Delta S = 0$ durchbrechen. Es ist leicht verständlich, daß die auf das Bestehen dieser Auswahlregeln basierten Intensitätsformeln und Summenregeln dann nicht mehr korrekt sind. Unsere bei der Besprechung der Intervalle und ZEEMAN-Effekte bei nicht normaler Koppelung gemachten Erfahrungen geben uns aber glücklicherweise einen Fingerzeig für die quantitative Beschreibung dieser Erscheinung. Offenbar wird nur die Intensität derjenigen Linien beeinflußt, die von Termen mit einer mehr als einmal in der Konfiguration auftretenden inneren Quantenzahl herrühren. Dies ist analog unserem Ergebnis für die g- und Γ-Werte. Auch hier besteht eine sehr allgemeine Summenregel, die aussagt, daß die Summen der Intensitäten aller nach den N_J Niveaus mit der inneren Quantenzahl J führenden Linien proportional $N_J\,(2J+1)$ sind. (Natürlich enthält die Summenregel die frühere, wenn wir, wie es stets bei einem einzelnen Term der Fall ist, $N_J = 1$ nehmen.) Wohlgemerkt sind hier alle möglichen Kombinationen mitzuzählen, sowohl solche zwischen Termen der verschiedenen Multiplizitäten als auch die Interkombinationen — die einzige Beschränkung bildet das Auswahlprinzip für J. Um die Ideen zu fixieren, betrachten wir in der folgenden Tabelle 59 das Intensitätsschema für die Kombination $p \rightarrow d$ (die n seien beliebig wählbare Hauptquantenzahlen). Es sei ein Zwischenstadium beim Übergang von der normalen Koppelung $\{(l_1 l_1)\,(s_1 s_2)\}$ zu $\{(l_1 s_1)\,(l_2 s_2)\}$ ins Auge gefaßt. Die Abweichung von der ersteren sei jedoch relativ klein, so daß noch eine gewisse Berechtigung besteht, die Terme mit ^3P, ^1P bzw. ^3D, ^1D zu bezeichnen. Die fettgedruckten Buchstaben bezeichnen dabei die neu hinzugenommenen Interkombinationen. Ähnlich wie die g- und Γ-Werte beim Koppelungsübergang (vgl. Ziff. 22 und 16) bleiben gewisse Intensitäten, deren Summe nur aus einem Glied besteht, konstant; in unserem Beispiel $I(^3P_0\,^3D_1) = 10$; $I(^3P_2\,^3D_3) = 42$. Die anderen ändern ihre individuellen Werte, während nur ihre Summe konstant bleibt. Diese individuellen Intensitäten hängen jetzt von den den Übergang nach $\{j_1 j_2\}$ — also die Abweichung von $\{L\,S\}$ — beschreibenden Parametern ab, wie z. B. den Koppelungsgrößen X der Ziffer 20. Nur nähern sich die Intensitäten der fettgedruckten Linien dem Wert Null, wenn diese Parameter gegen Unendlich konvergieren, während die der übrigen in die durch die Formeln (87) von Ziff. 26 gegebenen übergehen.

Tabelle 59.

RL_J		$^3P_0$	$^3P_1 + {}^1P_1$	$^3P_2$
	$N_J(2J+1)$	10	60	50
$^3D_1$	18	$^3P_0\,^3D_1$	$^3P_1\,^3D_1$, $\mathbf{^1P_1\,^3D_1}$	$^3P_2\,^3D_1$
$^3D_2$ + $^1D_2$	60		$^3P_1\,^3D_2$, $\mathbf{^1P_1\,^3D_2}$ $\mathbf{^3P_1\,^1D_2}$, $^1P_1\,^1D_2$	$^3P_2\,^3D_2$ $\mathbf{^3P_2\,^1D_2}$
$^3D_3$	42			$^3P_2\,^3D_3$

Gerade diese Rückkehr zu reiner RUSSELL-SAUNDERS-Koppelung ist von Interesse. Nach (87) nähern sich dann die Intensitäten der Triplett-Triplettkombinationen dem Verhältnis (in gleicher Anordnung wie vorher)

$$\begin{matrix} 10 & 7\frac{1}{2} & \frac{1}{2} \\ & 22\frac{1}{2} & 7\frac{1}{2} \\ & & 42 \end{matrix}$$

Da die Interkombinationen jetzt Null sind, wird die Intensität der einzigen Singulett-Singulettlinie bestimmbar: sie wird (in unserem Maßstab) $I(^1P_1\,^1D_2) = 30$. Dies Resultat läßt sich natürlich sofort verallgemeinern und wir erhalten so den in der letzten Ziffer versprochenen Satz:

Bei normaler Koppelung sind die Intensitäten der Singulett-Singulettlinien gleich der auf das mittlere Niveau des zugehörigen Triplettermes entfallenden Intensitätssumme der Triplett-Triplettlinien.

Oder noch allgemeiner:

Die Intensitätssummen von Kombinationen verschiedener Multiplizität $r_1, r_2 \ldots$ verhalten sich wie $r_1 : r_2 \ldots$

In den Beispielen der Ziff. 28, z. B. $3d\,4p \rightarrow 3d\,4d$, stehen irgendeine Singulettlinie und die korrespondierende Linie der Triplettgruppe im Intensitätsverhältnis 1:3. Messungen scheinen dieses sehr weitgehende Gesetz in der Tat zu bestätigen; wesentlich ist dabei, das Verhältnis $I(r_1):I(r_2)$, wegen des oft großen Abstands solcher Terme, mit der vierten Potenz der Frequenz der zugehörigen Linien zu korrigieren (vgl. Kap. 4).

Kehren wir zur allgemeinen Summenregel bei nicht normaler Koppelung zurück. Messungen von DORGELO[1] an der Liniengruppe des Neonspektrums $2p^5\,3s - 2p^5\,3p$ ermöglichen einen Vergleich zwischen Theorie und Erfahrung. Die Wellenlängen und Frequenzen dieses Liniengebildes haben wir in Tabelle 1, Ziff. 1 als Beispiel einer Kombination zweier allgemeiner Niveaugruppen angeschrieben. Zuerst noch eine Bemerkung über die Konfigurationen $2p^5\,3s$ und $2p^5\,3p$. In Ziff. 16 haben wir bewiesen, daß die Konfiguration $2p^5$ mit all ihren g- und Γ-Werten von der Koppelung unabhängig ist und wie ein einziges $2p$-Elektron (mit negativem a!) behandelt werden darf. Die Koppelung dieses letzteren mit den Elektronen $3s$ und $3p$ würde also bei normaler Koppelung ^3P, ^1P bzw. ^3S, ^3P, ^3D, ^1S, ^1P, ^1D ergeben. Im Ne ist diese Koppelung nichts weniger als normal; die vier Niveaus $2p^5\,3s$ finden sich in ungefähr gleichen Abständen voneinander[2] und die zehn Niveaus $2p^5\,3p$ liegen ganz kunterbunt durcheinander, so daß sich nicht einmal eine eindeutige Korrespondenz mit den bei normaler Koppelung zu erwartenden Termen herstellen läßt (vgl. Tab. 1). Die Bezeichnung der beiden Sätze von Niveaus ist aus der folgenden Tabelle 60 zu ersehen.

Tabelle 60.

Konfiguration	Terme bei RUSSELL-SAUNDERS-Koppelung	Erweiterte PASCHENsche Bezeichnung
$2p^5\,3s$	$^3P_{210}\,{}^1P_1$	$s_5(2)s_4(1)s_3(0)s_2(1)$
$2p^5\,3p$	$^3S_1\,{}^1S_0$ $^3P_{210}\,{}^1P_1$ $^3D_{321}\,{}^1D_2$	$p_{10}(1)p_9(3)p_8(2)$ $p_7(1)p_6(2)p_5(1)$ $p_4(2)p_3(0)p_2(1)p_1(0)$

In der dritten Spalte ist die PASCHENsche Bezeichnung dieser Terme angegeben; offenbar bezieht sie sich auf das angeregte Elektron. Die Indizes sind keine Quantenzahlen, sie numerieren die Niveaus ihrer Größe nach. Wir haben hier die PASCHENsche Bezeichnung noch durch Angabe der inneren Quantenzahl in Klammern vervollständigt. Da bis jetzt noch keine Theorie zur Berechnung der individuellen Intensitäten vorliegt, geben wir in der folgenden Tabelle 61 nur die Summen im Sinne unserer erweiterten Summenregel. Die Übereinstimmung ist in der Tat befriedigend.

Tabelle 61.

$\sum I/N_j(2j+1)$	42,5	42,4	45,5	
$\sum I$	42,5	142,5 + 112,0	227,5	
Endniveaus	$s_3(0)$	$s_2(1)\,s_4(1)$	$s_5(2)$	
Anfangsniveaus	$p_1(0)\,p_3(0)$	$p_2(1)\,p_5(1)$ $p_7(1)\,p_{10}(1)$	$p_4(2)\,p_6(2)$ $p_8(2)$	$p_9(3)$
$\sum I$	15 + 15	40,5 + 38,5 + 59,5 + 43,0	69,5 + 70,5 78,5	1,00
$\sum I/N_j(2j+1)$	15	11,5	14,6	14,3

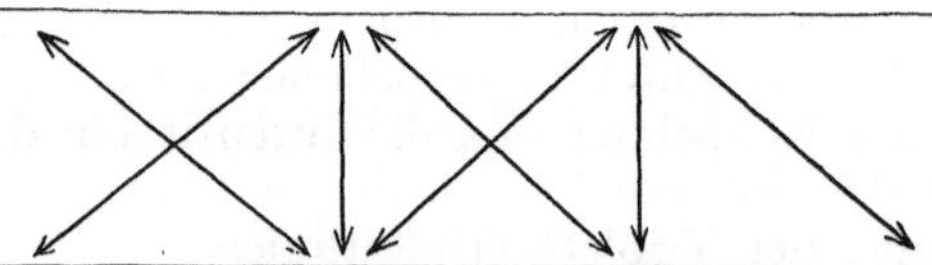

[1] Physica 5, S. 90 (1925).

[2] Vgl. auch die quantitative Diskussion der Aufspaltungen in Tabelle 39.

30. Intensitätsformeln für ZEEMAN-Komponenten in schwachem Feld. Ein ZEEMAN-Aufspaltungsbild ist ein kleines Multiplett, das leicht in Form von Tabelle 43 oder 45 geschrieben werden könnte, nur laufen seine Quantenzahlen symmetrisch von $-J$ bis $+J$; seine „Intervallregel" besagt einfach, daß alle Niveaus äquidistant sind. Ferner hat man jedem ZEEMAN-Niveau, das nicht weiter aufgespalten werden kann, also keine weitere Entartung mehr in sich birgt, das Quantengewicht 1 zu geben.

Aus diesen Tatsachen können wir für die Intensitäten folgern: 1. Die Intensitäten werden symmetrisch zum Orte der unverschobenen Linie sein. 2. Bei Kombination eines Niveaus M mit drei $M-1$, M, $M+1$ des Endniveaus sind die Intensitäten unabhängig von M. Dies ist die Summenregel der ZEEMAN-Effekt-Intensitäten. Schließlich sei daran erinnert (Ziff. 25, S. 669), daß diejenigen Komponenten, die einem Übergang mit $\Delta M = \pm 1$ entsprechen, senkrecht, diejenigen mit $\Delta M = 0$ parallel zur Feldrichtung polarisiert sind. Wir müssen natürlich verlangen, daß die vor Einschalten des Feldes unpolarisierte Linie auch weiterhin als Ganzes unpolarisiert ist und kommen somit zu der Forderung, daß 3. die Summe $\sum I_\pi$ gleich der Summe $\sum I_\sigma$ aller parallelen bzw. senkrechten Komponenten ist.

Die vollständigen Intensitätsformeln leiten sich nun leicht nach Ziff. 8 durch Grenzübergang aus den Formeln (87a, b) für die Multipletts ab. Wenn wir das Zeichen „lim" im Sinne von (27) verstehen, so wird:

$$\lim \frac{1}{2S} P = J + M, \quad \lim \frac{1}{2S} Q = J - M, \quad \lim \frac{1}{2S} R = M,$$

und es ergibt sich bei Unterdrückung gemeinsamer, von M unabhängiger Faktoren:

$$\alpha)\ J \to J \pm 1; \quad M \to M-1,\ M,\ M+1.$$

$$\left.\begin{aligned} I^{J,M}_{J-1,M-1} &= \tfrac{1}{2}(J+M)(J+M-1) \\ I^{J,M}_{J-1,M} &= (J+M)(J-M) \\ I^{J,M}_{J-1,M+1} &= \tfrac{1}{2}(J-M)(J-M-1). \end{aligned}\right\} \tag{89a}$$

$$\beta)\ J \to J; \quad M \to M-1,\ M,\ M+1.$$

$$\left.\begin{aligned} I^{J,M}_{J,M-1} &= \tfrac{1}{2}(J+M)(J-M+1) \\ I^{J,M}_{J,M} &= M^2 \\ I^{J,M}_{J,M+1} &= \tfrac{1}{2}(J-M)(J+M+1). \end{aligned}\right\} \tag{89b}$$

Wie zu erwarten war, ist analog zu den Multiplettintensitäten, $I^{J,M}_{J,M-1} = I^{J,M-1}_{J,M}$. Ferner verifiziert man leicht die oben besprochenen Bedingungen, die die Intensitäten erfüllen müssen:

$$1) \qquad I^M_M = I^{-M}_{-M}, \quad I^M_{M\pm 1} = I^{-M}_{-M\mp 1},$$

$$2) \quad I^{J,M}_{J-1,M-1} + I^{J,M}_{J-1,M} + I^{J,M}_{J-1,M+1} = J(2J-1),$$

$$I^{J,M}_{J,M-1} + I^{J,M}_{J,M} + I^{J,M}_{J,M+1} = J(J+1),$$

also in der Tat von M unabhängig.

$$3) \quad \sum_{-(J-1)}^{+(J-1)}{}_M\, I^{J,M}_{J-1,M} = \sum_{-J+2}^{J}{}_M\, I^{J,M}_{J-1,M-1} = \sum_{-J}^{J-2}{}_M\, I^{J,M}_{J-1,M+1},$$

$$\sum_{-J}^{+J}{}_M\, I^{J,M}_{J,M} = \sum_{-J+1}^{J}{}_M\, I^{J,M}_{J,M-1} = \sum_{-J}^{J-1}{}_M\, I^{J,M}_{J,M+1}.$$

Die Formeln (81) erfüllen somit alle von uns gestellten Bedingungen. Daß auch die qualitative Intensitätsregel der Ziff. 25 (S. 672) herauskommt, sieht man ohne weiteres. Denn $I^{J,M}_{J-1,M}$ hat sein Maximum für $M = 0$, und $I^{J,M}_{J-1,M\pm 1}$ für $M = \pm J$. Ebenso liegt das Maximum von $I^{J,M}_{J,M\mp 1}$ bei $M = \pm \frac{1}{2}$, und die Maxima von $I^{J,M}_{J,M}$ bei $M = \pm J$.

Es ist behauptet worden, daß die Formeln für die Intensitäten der ZEEMAN-Linien einfacher seien als die für die Frequenzen, d. h. Energien, da letztere außer von M und J auch noch durch den g-Faktor von L und S abhängen, erstere dagegen nur von M und J. Dem ist indessen nicht so; denn auch die Energien hängen nur von M und wegen (5c) auch von J ab — so lange man sich nur für das Aufspaltungsbild *einer* Linie interessiert. Erst beim Vergleich der ZEEMAN-Effekte zweier Linien kommt der Aufspaltungsfaktor $g(J, L, S)$ in Betracht — aber ebenso erscheinen beim Vergleich[1] der Intensitäten zweier verschiedener ZEEMAN-Effekte Multiplikatoren, die von L und S abhängen, und die wir in unserem Grenzübergang unterdrückten.

Wichtig ist jedoch, daß die Intensitätsformeln ebenso wie Energieformeln des ZEEMAN-Effekts ($E_{\text{magn}} = \text{konst.}\, M$) von der Koppelung der l_i und s_i unabhängig sind.

Für Formeln über die Intensitäten im PASCHEN-BACK-Effekt verweisen wir auf eine Arbeit von R. DE L. KRONIG[2].

31. Vergleich mit der Erfahrung. In einer Arbeit von VAN GEEL[3] werden die Intensitäten zahlreicher ZEEMAN-Effekte angegeben und mit den Formeln der vorhergehenden Ziffer verglichen. Wir wählen als Musterbeispiel die Linie λ 4852 des Manganbogenspektrums, die als Kombination $3d^5\,4s\,4p\;{}^8P_{4\frac{1}{2}} - 3d^5\,4s\,5s\;{}^8S_{3\frac{1}{2}}$ nach (73b) die g-Werte $g({}^8P_{4\frac{1}{2}}) = \frac{16}{9}$ und $g({}^8S_{3\frac{1}{2}}) = 2$ hat. Der ${}^8P$-Term ist dem Leser übrigens schon aus Tabelle 21 (S. 636) bekannt, wo wir seine Intervalle nach der LANDÉschen Regel untersuchten. Nach den Rechenvorschriften von Ziff. 25 ergibt sich für die Linie ${}^8P_{4\frac{1}{2}} - {}^8S_{3\frac{1}{2}}$ das folgende Aufspaltungsbild (π-Komponenten eingeklammert):

$$\pm\frac{(\mathbf{1})\ (3)\ (5)\ (7)\ \mathbf{9}\ 11\ 13\ 15\ 17\ 19\ 21\ 23}{9},$$

wobei bereits nach der qualitativen Regel die jeweils stärksten π- und σ-Komponenten durch Fettdruck hervorgehoben sind. Eine Photometerkurve dieses ZEEMAN-Effekts ist bei A. SOMMERFELD, Atombau und Spektrallinien, 4. Aufl., 8. Kap., S. 627 abgebildet. Messung und Theorie ergeben für die π-Komponenten:

beob.:	41	36	27,5	15,
ber.:	40	36	28	16,

also ausgezeichnete Übereinstimmung. Die σ-Komponenten sind von VAN GEEL nicht gemessen worden. Das Verhältnis: σ/π-Komponenten, das gemessen wurde, scheint aber wegen Gitterpolarisation um rund 50% falsch herauszukommen.

Wir vergleichen ebenso die Linie ${}^8P_{2\frac{1}{2}} - {}^8S_{3\frac{1}{2}}$, welche den ZEEMAN-Effekt

$$\pm\frac{(\mathbf{1})\ (3)\ (5)\ \mathbf{9}\ 11\ 13\ 15\ 17\ 19}{7}$$

---

[1] Man kann dies auch so aussprechen, daß erst bei Messung der absoluten Größe von Aufspaltungen oder Intensitäten die Abhängigkeit von L und S hereinkommt.

[2] Z f Phys 33, S. 261 (1925).

[3] Z f Phys 33, S. 836 (1925).

hat. Das beobachtete und berechnete Intensitätsverhältnis ist für die π-Komponenten:

beob.:	57	46	27
ber.:	54	45	25

und für die σ-Komponenten

beob.:	70	56	37	22	12	?
ber.:	73,5	52,5	35	21	10,5	3,5.

Die Übereinstimmung ist befriedigend.

32. Beeinflussung der Intensitäten der ZEEMAN-Komponenten im beginnenden PASCHEN-BACK-Effekt. Wie in Ziff. 21 besprochen wurde, hört bei starken Feldern die Energieformel $mg\omega$ auf, die Aufspaltungen zu beschreiben. Aber auch ein Intensitätseffekt stellt sich ein. Denn ebenso wie Abweichungen vom Idealzustand der RUSSELL-SAUNDERS-Koppelung sich experimentell als Durchbrechungen der Regeln $\Delta S = 0$, $\Delta L = \pm 1, 0$ bemerkbar machen (vgl. Ziff. 29), so werden sich auch bei Abweichungen vom Idealzustand „schwacher Felder" Verletzungen der Regel $\Delta J = \pm 1, 0$ zeigen[1]. Verliert doch bei beginnendem PASCHEN-BACK-Effekt J seine physikalische Bedeutung als Gesamtmoment. Der dies Phänomen charakterisierende Parameter ist, wie schon in Ziff. 21 erwähnt, das Verhältnis der ZEEMAN-Aufspaltung $\omega_0 = \frac{e}{4\pi m c} H$ zu der Größenordnung des Abstandes konsekutiver Niveaus in dem fraglichen Term; hierfür bietet sich die Größe A [vgl. (50) Ziff. 14]. Wir wollen diesen Parameter $\omega_0/A = \varrho$ setzen. Je kleiner A, desto günstiger die Verhältnisse für Kombinationen mit $|\Delta J| > 1$. Wie schon in Ziff. 21, β) betont, kommen dafür Terme in Frage, die entweder auf geschlossene Schalen oder s-Elektronen aufgebaut sind oder die — und das ist in Komplexspektren der wichtigere Fall — von den Konfigurationen np^3, nd^5 herrühren. Das Bogenspektrum des Sauerstoffs scheint dem Verfasser das geeignetste Spektrum zur Prüfung der im folgenden präsentierten Gesetzmäßigkeiten.

Bei nur beginnendem PASCHEN-BACK-Effekt wird man, solange man noch von J-Werten sprechen kann, für die Gesamtintensitäten der Linien innerhalb eines Multipletts die Summenregel ($\sum I_{J\,\text{fest}} = 2J + 1$) beibehalten dürfen; die (ohne Feld) verbotenen Kombinationen vergrößern ihre Intensität auf Kosten der erlaubten (für die $|\Delta J| = 1, 0$ ist). Und zwar wird die Intensitätsverminderung der erlaubten Linien proportional ϱ^2. Die Intensität derjenigen verbotenen Linien, für die $|\Delta J| = 2$ ist, wird auch mit ϱ^2 anwachsen, während diejenigen, für welche ΔJ sogar noch größer ist, mit entsprechend höheren Potenzen von ϱ gehen werden.

Natürlich sind diese Betrachtungen über Gesamtintensitäten von ZEEMAN-Aufspaltungsbildern nur so lange gültig, als noch von der getrennten Existenz eines solchen die Rede sein kann. Exakter ist wohl die Betrachtung der Intensitäten der einzelnen ZEEMAN-Komponenten. Die für diese geltende Summenregel behauptet, daß für beliebige Werte der Feldstärke die Summe aller von einem ZEEMAN-Niveau $(J_1 M)$ ausgehenden oder in ein solches einmündenden Komponenten des ganzen Multipletts gleich und von J und M unabhängig sind.

Bei nur beginnendem PASCHEN-BACK-Effekt läßt sich für die Komponenten der „erlaubten" Linien eine schon in ϱ lineare Intensitätsänderung voraussagen.

[1] Zuerst beobachtet von PASCHEN und BACK, Physica 1, S. 261 (1921).

Die Intensitäten der „verbotenen" Komponenten werden indessen wie ϱ^2 und höher anwachsen[1].

Zum Schluß sei noch betont, daß, wenn wir in dieser Ziffer vom PASCHEN-BACK-Effekt sprechen, stets die magnetische Verwandlung durch Zusammenbruch der $\{LS\}$-Koppelung gemeint ist. Vom Aufstellen analoger Betrachtungen für den Über-PASCHEN-BACK-Effekt, der dem weiteren Zerstören der L- und S-Fachwerke in die elektronischen Vektoren l und s entspricht, wurde abgesehen, da auch die stärksten Felder gegenüber diesen Wechselwirkungsenergien noch „schwach" sind.

33. Auswahlprinzip für l_i. Wir haben uns bisher nur mit Übergängen und den damit verknüpften Intensitäten der Quantenresultanten M, J, L, S abgegeben. All diese Quantensprünge müssen aber letzten Endes durch Quantensprünge der Elektronenmomente l verursacht werden, und diesen wollen wir uns jetzt zuwenden. Außer den häufigsten Übergängen, bei welchen nur ein Elektron sein l ändert, und für welche bekanntlich das Auswahlprinzip

$$l \begin{matrix} \nearrow l-1 \\ \searrow l+1 \end{matrix}$$

gilt (vgl. Kap. 5, S. 502), kommen in den Komplexspektren noch Kombinationen vor, bei denen zwei Elektronen gleichzeitig ihren l-Wert ändern. Allgemein formulieren wir, daß von einem Zustand $l_1, l_2, \ldots l_i, \ldots l_k, \ldots$ aus Übergänge nach den Zuständen

$$\left.\begin{matrix} l_k \begin{matrix} \nearrow l_k-2 \\ \rightarrow l_k \\ \searrow l_k+2, \end{matrix} \\ l_i \begin{matrix} \nearrow l_i-1 \\ \searrow l_i+1 \end{matrix} \\ \text{alle anderen } l \rightarrow l \end{matrix}\right\} \tag{90}$$

möglich sind. Dieses Auswahlprinzip schafft eine Einteilung aller Terme in „gerade" und „ungerade", je nachdem die algebraische Summe $\sum l_i$ gerade oder ungerade ist. Man kann dann die Kombinationsregel auch so aussprechen, daß stets ein „ungerader" Term mit „geraden" Termen kombinieren kann, und umgekehrt. Natürlich heißt das nicht, daß jeder gerade Term mit jedem ungeraden kombinieren kann. Die Kombinationsmöglichkeiten sind in der nebenstehenden Abb. 12 erläutert. Die beiden springenden l_i und l_k sind als rechtwinklige Koordinaten aufgetragen. Eine jede Konfiguration ist dann durch einen Punkt oder ein Kreuz repräsentiert, je nachdem ihr $l_i + l_k$ gerade oder ungerade ist. Kombinationen sind also nur möglich von einem Punkt zu einem Kreuz und umgekehrt. Von einem Punkt aus sind im allgemeinen

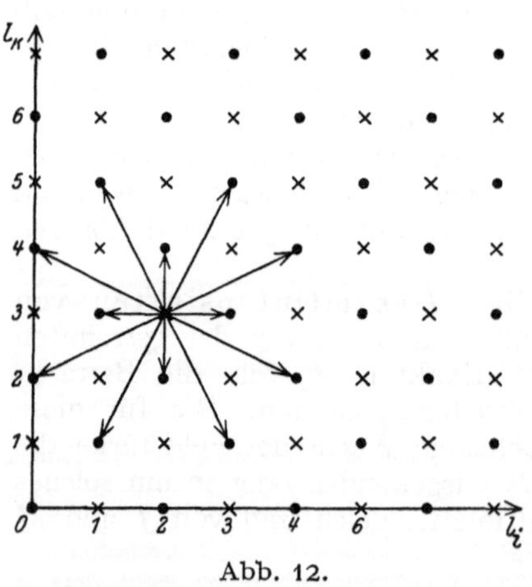

Abb. 12.

[1] Für den Fall zweier Elektronen wurden hierfür interessante Formeln abgeleitet von A. ZWAAN, Z f Phys. 51, S. 62 (1928); vgl. auch Messungen an PD-Kombinationen des Zn-Spektrums durch W. C. VAN GEEL, ebenda 51, S. 51 (1928).

zwölf Übergänge zum anderen Punktgitter möglich, wie die Abbildung zeigt. Doch kann die Zahl der Möglichkeiten kleiner sein, wenn wegen der Unmöglichkeit negativer l gewisse Übergänge ausfallen. Der Ausgangspunkt kann zu nahe an den Achsen liegen, um den "Kombinationsstern" zu voller Entfaltung kommen zu lassen.

Auf einen eigentümlichen Fall sei noch aufmerksam gemacht. Einer der Pfeile in Abb. 12 entspricht dem Übergang $32 \rightarrow 02$, also in symbolischer Bezeichnung $pf \rightarrow ps$; dies sieht auf den ersten Blick wie eine Durchbrechung des Auswahlprinzips aus, denn Δl scheint ja gleich 3 zu sein. In der Tat können so manche vermeintliche Verletzungen des Auswahlprinzips der l aufgeklärt werden, so z. B. eine kräftige Serie $2p^5\,3s - 2p^5\,nf$ im Neonspektrum[1]. Offenbar sind derartige scheinbare Widersprüche immer dann möglich, wenn $|l_i - l_k| = 1$ oder 2 ist.

Als Beispiel für die Regel (90) mögen alle Konfigurationen, mit denen der tiefste Term des Eisenspektrums $d^6\,s^2\,{}^5D$ kombinieren kann, aufgeschrieben werden:

1. von $d^6 s^2$: $d^6 sp$, $d^7 p$.
2. von $d^5 s \cdot sd$: $d^5 s^2 p$, $d^6 sp$, $d^6 sf$, $d^5 spg$, $d^5 s^2 f$.

In der Tat eine große Zahl!

Wir wenden uns jetzt einer Erscheinung zu, die auch durch unser allgemeines Auswahlprinzip erklärt wird, und zwar durch die besondere Forderung, daß Übergänge, bei welchen für alle Elektronen $\Delta l_i = 0$ ist, nicht vorkommen sollen. Nun haben wir aber in Abschnitt a) gesehen, daß jede Konfiguration von mehr als einem Elektron, wenn sie nicht gerade eine geschlossene Schale p^6, d^{10} ... repräsentiert, mehrere Spektralterme liefert. Kombinationen zwischen Termen oder Niveaus derselben Konfiguration sind also auszuschließen. Welche Folge hat das aber für die Terme derjenigen Konfiguration, welche unter allen in einem Atom oder Ion möglichen die kleinste Energie hat? Nur ein Term derselben kann der tiefste, stabilste Energiezustand sein, auch der Grundterm oder Normalzustand genannt, weil das Atom, wenn es sich in einem angeregten Zustande befindet, unter Emission in ihn zurückkehren wird. Wenn das angeregte Atom unter Abgabe von Licht in einen solchen Zustand gelangt ist, dessen Konfiguration, wie gesagt, zwar den Grundterm des Atoms enthält, der aber nicht selbst der Grundterm ist, dann kann es nach unserem Auswahlprinzip nicht unter Lichtemission in den Normalzustand übergehen. Es kann aus dieser Sackgasse erst wieder heraus, wenn es durch äußere Anregung (Stoß oder Absorption) in einen höheren Zustand gelangt, von dem aus Übergänge in den Grundterm möglich sind. Wir kommen so auf den Begriff der Metastabilität eines Terms, die sozusagen ein relatives Minimum der potentiellen Energie darstellt. Der Leser kennt metastabile Terme schon von der Spektroskopie der einfachen Spektren; das Niveau $6s\,6p\,{}^3P_0$ des Hg oder der Term $3d\,{}^2D$ des Ca^+ wurden im Kap. 5 als metastabil erkannt. Unser hier abgeleitetes Resultat ist, daß jedes Spektrum mit mehreren Valenzelektronen, dessen Normalzustand nicht gerade einer geschlossenen Schale entspricht, zahlreiche metastabile Niveaus enthält[2].

Betrachten wir als Beispiel z. B. das Sauerstoffatom, dessen stabilste Konfiguration $2p^3$ ist. Diese liefert die Terme ${}^3P\,{}^1D\,{}^1S$ (in der Reihenfolge ihrer Lage). Von diesen ist ${}^3P$ der Normalzustand, während ${}^1D$ und ${}^1S$ nach den obigen Betrachtungen metastabil sind.

---

[1] Hierauf wurde zuerst von J. E. MACK aufmerksam gemacht.

[2] O. LAPORTE, Z f Phys 26, S. 1 (1924).

Zwar würden die nach unserer Auffassung verbotenen Kombinationen zwischen Termen derselben Konfiguration meistens ins Ultrarot fallen, doch gibt es zahlreiche Fälle, in denen der Abstand (in cm^{-1}) des Grundterms eines Spektrums von seinen metastabilen Nachbarn groß genug ist, um die fraglichen Kombinationen ins sichtbare Gebiet fallen zu lassen. Verfasser hat in so gründlich erforschten Spektren wie Eisen und Titan zahlreiche derartige Linien berechnet, doch sind sie in keiner noch so vollständigen Wellenlängenliste dieser Elemente als beobachtet angegeben.

34. „Verbotene" Linien in Spektren von Himmelskörpern. Wenn auch im Laboratorium günstige Bedingungen für die Erzeugung dieser Linien nicht hergestellt werden können, so scheinen diese Bedingungen doch in gewissen Himmelskörpern zu herrschen, in deren Spektra solche Linien mit Erfolg identifiziert worden sind[1, 2].

Bekanntlich wurden bis vor kurzem gewisse prominente Linien in den Spektren der Gasnebel wegen der Unmöglichkeit, sie mit irgendeiner von irdischen Lichtquellen emittierten Linie zu identifizieren, einem noch unbekannten Element niedrigen Atomgewichts zugeschrieben. Da natürlich die Annahme der Existenz eines noch unentdeckten Elements etwa zwischen $Z = 1$ und 10 in krassestem Widerspruch mit der Theorie des periodischen Systems der Elemente steht (vgl. Ziff. 10, Tab. 8 und 11), mußte erwartet werden, daß die fraglichen Linien irgendwelche im Laboratorium nicht erzeugbare Kombinationen bekannter Spektralterme in bekannten Spektren vorstellen. BOWEN zeigte nun, daß fast alle diese mysteriösen Linien Kombinationen mit $\Delta l_i = 0$ innerhalb der stabilsten Konfiguration der Ionen N^+, O^+ und O^{++} sind. Wir geben hier nur die wichtigsten Identifikationen und verweisen für die vollständige Liste der Nebellinien auf die zitierte BOWENsche Arbeit.

Tabelle 62.

λ	Ursprung	Identifikation
3726,12	O^+	$2p^3\,{}^4S_{1\frac{1}{2}} - 2p^3\,{}^2D_{1\frac{1}{2}}$
3728,91	O^+	$2p^3\,{}^4S_{1\frac{1}{2}} - 2p^3\,{}^2D_{2\frac{1}{2}}$
4363,21	O^{++}	$2p^2\,{}^1D_2 - 2p^2\,{}^1S_0$
4958,91	O^{++}	$2p^2\,{}^3P_1 - 2p^2\,{}^1D_2$
5006,84	O^{++}	$2p^2\,{}^3P_2 - 2p^2\,{}^1D_2$
5874	N^+	$2p^2\,{}^1D_2 - 2p^2\,{}^1S_0$
6548,1	N^+	$2p^2\,{}^3P_1 - 2p^2\,{}^1D_2$
6583,6	N^+	$2p^2\,{}^3P_2 - 2p^2\,{}^1D_2$
6730	S^+	$3p^3\,{}^4S_{1\frac{1}{2}} - 3p^3\,{}^2D_{1\frac{1}{2}}$
7325	O^+	$2p^3\,{}^2D_{1\frac{1}{2},\,2\frac{1}{2}} - 2p^3\,{}^2P_{\frac{1}{2},\,1\frac{1}{2}}$

Interessant ist noch, daß die Linien λ 4363 und 5874 außer $\Delta l = 0$ auch $\Delta J = 2$ haben, also auch das Auswahlprinzip der inneren Quantenzahl verletzen. Wir möchten dies einstweilen auch auf die Verletzung der l_i-Regel schieben; was dem einen Auswahlprinzip recht ist, ist dem anderen billig. Für die Erklärungsversuche s. unten.

Ebenso wie $\Delta l_i = 0$ mit der „irdischen" Auswahlregel der letzten Ziffer unverträglich ist, so auch der Übergang: $\Delta l_1 = 2$, alle übrigen $\Delta l = 0$. Doch wurden etwa 30 Linien im Spektrum von η Carinae und 15 Linien im Spektrum von H.D.45677, die beiden Arten verbotener Übergänge im Spektrum von Fe^+ entsprechen, von MERRILL entdeckt. Aus der Fülle dieser Linien führen wir nur eine hochinteressante Gruppe an, die einem Übergang des metastabilen Terms ${}^6S$ der Konfiguration $3d^5\,4s^2$ nach dem Grundterm des ionisierten Eisenspektrums $3d^6\,4s\,{}^6D$ entspricht. Es ist hier also $\Delta l = 2$; $\Delta L = 2$ und, wie die folgende Tabelle zeigt, in manchen Linien auch $\Delta J = 2$. In der Tabelle 63 sind an den Rändern die kombinierenden Terme angegeben, in der Mitte die Linien, und zwar zuerst die beobachtete Wellenlänge, dahinter die geschätzte

[1] I. S. BOWEN, Ap J 67, S. 1 (1928).
[2] P. W. MERRILL, Ap J 67, S. 391 u. S. 405 (1928).

Intensität, darunter die aus der allgemeinen Klassifikation des Fe^+-Spektrums berechneten Wellenzahlen in cm^{-1}. Die Kursivzahlen bedeuten die Aufspaltungen des ^6D-Terms. Übrigens ist diese Gruppe sowohl im Spektrum von η Carinae als auch von H.D.45677 beobachtet.

Tabelle 63.

		$3d^5 4s^2 {}^6S_{2\frac{1}{2}}$
$3d^6 4s$	$^6D_{4\frac{1}{2}}$	4287,40 (10) 23317,61 *384,80*
	$^6D_{3\frac{1}{2}}$	4359,34 (10—) 22932,81 *282,85*
	$^6D_{2\frac{1}{2}}$	4413,79 (8) 22649,96 *194,90*
	$^6D_{1\frac{1}{2}}$	4452,09 (5) 22455,06 *114,41*
	$^6D_{\frac{1}{2}}$	4447,90 (3) 22340,65

Obwohl bekanntlich das Auswahlprinzip der l_i durch starke elektrische Felder oder hohe Stromdichte durchbrochen werden kann, muß hier eine andere Erklärung gesucht werden. Interessant ist, daß sich die Nebel sowohl wie die erwähnten Sterne durch besonders niedrige Dichte auszeichnen, so niedrig, daß die Zeit, die zwischen zwei Zusammenstößen verstreicht, von der Größenordnung von mehreren Tagen ist, verglichen mit $^1/_{1000}$ Sekunde in irdischen Lichtquellen. Somit bietet sich als naheliegender Ausweg zur Erklärung für das Auftreten der „verbotenen“ Linien die Strahlung des Quadrupolmomentes, die wir schon in der Einleitung zu diesem Abschnitt erwähnten. Für diese verhältnismäßig unwahrscheinlichere Ausstrahlung sind derartig niedrige Dichten wesentlich. Rechnungen von Rubinowicz[1] an Wasserstoff zeigen, daß bei Berücksichtigung der höheren Momente Übergänge mit $\Delta l > 1$ vorkommen. Für das Intensitätsverhältnis der Linien $\Delta l = 1$ zu $\Delta l = 2$ mit gemeinsamem Endterm ergibt sich rund $2 \cdot 10^{-4}$. Dies ist in der Tat kein ungünstiges Resultat, wenn man sich überlegt, daß die von den Nebeln sicher emittierten, aber in der Erdatmosphäre absorbierten, erlaubten Linien (wie z. B. $2p^3 - 2p^2\,3s$), die im äußersten Ultraviolett liegen, enorm intensive Linien sein müssen (wie etwa H und K). Ein Zehntausendstel der Intensität einer solchen Linie sollte noch beobachtbar sein.

Zum Schluß sei noch erwähnt, daß die berühmte grüne Nordlichtlinie mit ziemlicher Wahrscheinlichkeit die Kombination $2p^4\,{}^1D_2 - 2p^4\,{}^1S_0$ des Sauerstoffbogenspektrums darstellt[2,3,4]. Da jedoch das Singulettsystem des O nicht vollständig festgestellt ist, steht der definitive Beweis noch aus. — Hoffen wir, daß das Rätsel der unidentifizierten Koronalinien sich auch auf so befriedigende Weise klären wird wie das der Nebellinien.

e) Serien in Komplexspektren.

35. Verschobene Serien; Zusammenhang mit dem Funkenspektrum. Unter einer Termserie versteht man bekanntlich eine Folge von Spektraltermen, die bei gleichen Quantenzahlen l_i, s_i, L, S, J sukzessive Werte der Hauptquantenzahl n_i eines der beteiligten Elektronen besitzen. Die Abhängigkeit der Termgröße von der Hauptquantenzahl — so fundamental in den einfachen Spektren, den Serienspektren, — tritt in den Spektren von Atomen mit vielen Valenzelektronen wegen der großen Mannigfaltigkeit der durch verschiedene Kombination der Momentvektoren erzeugten Energiezustände an Wichtigkeit zurück. Die große Bedeutung der Serie besteht indessen darin, daß sie uns ermöglicht, die Termgrößen in einem Spektrum absolut zu bestimmen. Denn nach der

[1] Phys Z 29, S. 817 (1928). — J. H. Bartlett, Phys Rev 34, S. 1247 (1929).
[2] J. C. MacLennan, London R S Proc A 120, S. 327 (1928).
[3] R. Frerichs Phys Rev 34, S. 1239 (1929).
[4] F. Paschen, Naturwiss. 18, S. 752 (1930).

schon früher erwähnten RYDBERG-RITZschen Formel, wonach ein Term T durch

$$T = \frac{RZ^2}{\left(n - a + \frac{b}{n} + \frac{c}{n^2}\right)^2}$$

gegeben ist, brauchen wir nur einige wenige „Glieder" der Serie, d. h. Terme für sukzessive n-Werte, zu kennen, um sofort die absolute Termskala bestimmen zu können. Wir verweisen dafür auf Kap. 5.

Modellmäßig gesprochen, wachsen die Bahndimensionen mit wachsendem n; somit stellt nach obiger Formel der Energiezustand $n = \infty$ oder $T = 0$ den Energiezustand dar, in dem das Atom zurückbleibt, wenn das Serienelektron sehr weit entfernt ist. Da für $n = \infty$ also ein Zustand der nächst höheren Ionisationsstufe erreicht ist, kommen wir nach der Serienformel zu der zuerst merkwürdig anmutenden Auffassung, daß ein Term eines Funkenspektrums mit den Häufungsstellen der Terme des vorhergehenden Funken- oder Bogenspektrums zusammenfällt. Eine Serie fixiert also die Termskale eines bestimmten Spektrums relativ zur Termskale des vorhergehenden Funkenspektrums. Eine solche Energiedifferenz (ausgedrückt in Volt, durch Multiplikation mit e/h) wollen wir eine Ionisierungsspannung allgemeinster Art nennen. Die Summe aller Ionisierungspotentiale, d. h. also die Arbeit, die nötig ist, um alle Elektronen von einem Atom zu entfernen, diese wichtige astrophysikalische Größe sei das Totalionisierungspotential genannt.

Es darf nicht übersehen werden, daß ein Atom oder Ion auf mehr als eine Weise ionisiert werden kann, denn aus den unendlich vielen Zuständen eines Bogenspektrums kann im Prinzip ein Atom in jedweden der unendlich vielen Zustände des Funkenspektrums übergeführt werden. Nehmen wir zunächst der Einfachheit halber an, daß jede Konfiguration nur einen Term hervorruft. Ein Atom sei im Zustand $l_1^{z_1} l_2^{z_2} \ldots$ gegeben (d. h. z_1 Elektronen mögen das Moment l_1, z_2 das Moment l_2 haben usf.) Offenbar ist der zugehörige Term das Anfangsglied für ebenso viele Serien, wie Elektronensorten vertreten sind. Diese Serien haben die Funkenterme $l_1^{z_1-1} l_2^{z_2} \ldots$ und $l_1^{z_1} l_2^{z_2-1} \ldots$ als Grenzen. Als Beispiel nehmen wir die Konfiguration $3d\,4s$, die im Ca-Spektrum die Terme ^3D und ^1D hervorbringt. Von diesen Termen gehen zwei Serien aus, die durch das folgende Schema gegeben sind:

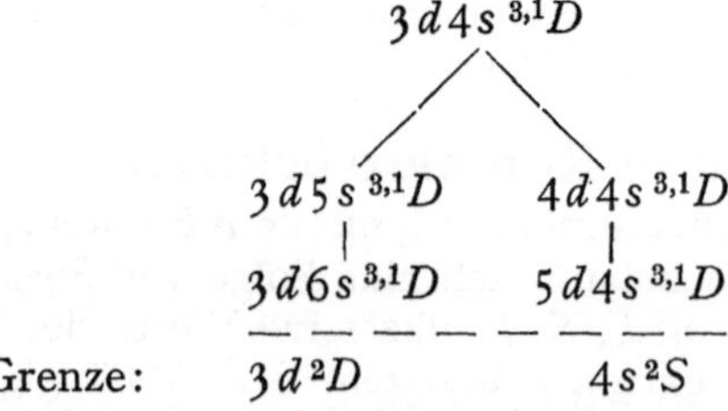

Wenn man Serienformeln auf die Terme des linken oder rechten Astes anwendet, so erhält man das zuerst etwas paradox anmutende Resultat, daß die Entfernung des Terms $3d\,4s\ ^{3,1}D$ von seiner Grenze in den beiden Serien verschieden ist; der Widerspruch verschwindet aber, da nach unserer Auffassung ein Term zu mehreren Seriengrenzen gehören kann. Der Abstand der so bestimmten Seriengrenzen muß mit dem im Funkenspektrum direkt gemessenen Abstand $^2S - {}^2D$ übereinstimmen.

Es ist oft bequem, die Terme eines Spektrums auf diese Weise nach ihrer Zugehörigkeit zu einem Term des nächsten Funkenspektrums zu klassifizieren.

Man sagt in diesem Sinne, daß ein Term auf einen bestimmten Zustand im Funkenspektrum „aufgebaut“ ist.

Die nebenstehende Abb. 13 erläutert dies deutlicher. Wie man sieht, kann also ein Atom bisweilen mehr Energie aufnehmen, als zu seiner Ionisation (auf dem kürzesten Wege) erforderlich wäre. Denn gewisse Terme, die höhere Glieder der nach dem ferneren Funkenterm (^2D) zielenden Serie sind, können jenseits der ersten Seriengrenze, d. h. jenseits des stabilsten Zustandes des Ions, liegen. Die verschiedene Anordnung der Elektronen im Rumpf (in unserem Fall in *s*- oder *d*-Bahnen) macht das möglich. Solche Terme erscheinen, wenn man die Termgröße, wie das früher oft getan wurde, von der tiefsten Seriengrenze (hier $s^2\,S$) aus zählt, als negativ[1]. Natürlich verschwindet dieses Paradoxon sofort, wenn man Terme auf die Seriengrenze bezieht, zu der sie gehören (mit anderen Worten auf den Funkenterm bezieht, auf dem sie aufgebaut sind). Da aber oft diese höheren Seriengrenzen nicht genau genug bekannt sind, ist es am zweckmäßigsten, alle Termgrößen von dem tiefsten Term des Spektrums, dem Normalzustande, aus zu messen; dieser Gebrauch hat sich heutzutage allgemein eingebürgert.

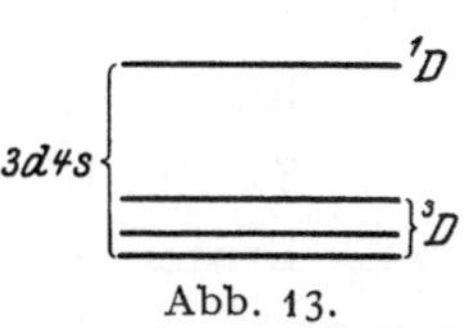

Abb. 13.

Das Schema auf S. 688 könnten wir noch erweitern durch Serien, die z. B. von dem Zustand $3d\,5s$ ausgehen und im Funkenterm $5s\,^2S$ enden, der also einer Ionisation des $3d$-Elektrons unter Beibehaltung des $5s$-Elektrons entspricht. Ebenso könnte man von einer Serie sprechen, die von $4d\,4s$ ausgehend die Glieder $4d\,5s$, $4d\,6s$ ... hat und schließlich im Funkenterm $4d\,^2D$ mündet. Doch sind erfahrungsgemäß die Spektrallinien, die Kombinationen mit solchen Termen entsprechen, sehr schwach; der Intensitätsabfall ist in diesen Serien also so rasch, daß oft nur das erste Glied beobachtet ist. Unser Schema gibt also alle praktisch auftretenden Serien.

Bekanntlich hängt der Intensitätsabfall in einer Serie von Spektrallinien in erster Linie von der Verweilzeit des Atoms in dem Anfangszustand ab. Offenbar wird man den normalen Intensitätsabfall, wie bei den Alkalispektren, nur bei solchen Serien erwarten dürfen, deren Anfangsterme auf den Normalzustand des nächst höheren Ions aufgebaut sind. Denn ist noch ein zweites Elektron angeregt, sind also die Terme der Serie auf einen höheren Zustand des Ions aufgebaut, so wird sich die Wahrscheinlichkeit eines solchen Überganges entsprechend der Verweilzeit des Ions in diesem Zustand entsprechend verringern. Diese letztere hängt aber, wie wir in Ziff. 33 sahen, sehr davon ab, ob ein Übergang in einen tieferen Zustand nach den Auswahlprinzipien der Quantenzahlen l_i erlaubt ist, ob also der Zustand metastabil ist oder nicht. Tatsächlich zeigt sich nun, daß außer Serien, die auf den Normalzustand des Ions aufgebaut sind, nur solche Serien mit einiger Vollständigkeit auftreten, die auf einen metastabilen Term im Spektrum des Ions aufgebaut sind. Auch hier muß noch die einschränkende Bedingung gemacht werden, daß der Abstand des metastabilen Terms vom Grundterm nicht zu groß sein darf, wenn mehr als das erste Glied der Serie auftreten soll. Von Serien, deren Terme auf Zustände des Funkenspektrums aufgebaut sind, die selbst nur eine Lebensdauer von $\sim 10^{-8}$ sec haben,

[1] Und ihre Energie als positiv, was einem ejektierten Elektron entspräche.

ist manchmal das erste Glied bekannt. So treten z. B. in den Spektren der Alkalierden Terme auf, die von der Konfiguration np^2 herrühren[1], obwohl in den zugehörigen Funkenspektren der Term $p\ {}^2P$ nicht einmal metastabil ist. Höhere Glieder $np\,n'p$ scheinen aber nicht gefunden worden zu sein. Aus dem gleichen Grunde treten auch Kombinationen mit Termen wie dem obenerwähnten $4d\,5s$ nicht auf.

36. Fortsetzung. Einfluß der Komplexstruktur. Unsere Betrachtungen müssen noch in zwei Richtungen verallgemeinert werden. Wir entwickelten in der letzten Ziffer die verschiedenen Serienmöglichkeiten, als ob eine bestimmte Konfiguration im Funkenspektrum auch nur einem einzigen Term entspräche. Dies ist in der Tat bei den Funkenspektren der Alkalierden der Fall; der allgemeine Fall ist jedoch komplizierter. Nehmen wir beispielsweise als Konfiguration, von der ausgegangen werden soll, $2p^3$. Nach den Überlegungen der letzten Ziffer kann das Atom nur durch Wegnahme eines $2p$-Elektrons ionisiert werden; dann bleibt ein Ion im Zustand $2p^2$ zurück. Der Zustand $2p^2$ besteht aber, wie man aus Tabelle 15, S. 627 ersieht, aus drei Termen: ${}^3P\ {}^1D\ {}^1S$, welche gewöhnlich weit voneinander entfernt sind (vgl. Tab. 35). Wir sehen also, daß auch hier von den Termen des Zustandes $2p^3$ mehrere („verschobene") Serien ausgehen, die nach verschiedenen Grenzen (${}^3P$, ${}^1D$, ${}^1S$) konvergieren, je nach den statthabenden Orientierungen der l_i und s_i im Atomrest. Schreiben wir uns einmal die einzelnen Serienglieder auf:

Erstes Glied $2p^3$:	${}^4S\ {}^2D\ {}^2P$,			
Zweites Glied $2p^2\,3p$:	${}^{4,2}(SPD)$	${}^2(PDF)$	${}^2P$,	
Drittes Glied $2p^2\,4p$:	${}^{4,2}(SPD)$	${}^2(PDF)$	${}^2P$,	
.	.	.	.	
.	.	.	.	
.	.	.	.	
Seriengrenzen $2p^2$:	${}^3P$	${}^1D$	${}^1S$.	

Wichtig ist, daß sich eine Zuordnung der Terme der Serienglieder zu den Grenztermen nur für die Glieder von $2p^2\,3p$ ab durchführen läßt. Man erhält sie durch einfache Vektoraddition eines p-Elektrons ($l = 1$, $s = \frac{1}{2}$) zu den Quantenzahlen $l_i\ s_i$ der Terme ${}^3P\ {}^1D\ {}^1S$ (vgl. Ziff. 4); diese Zuordnung ist in obigem Schema angegeben. Für das erste Glied, welches wegen des PAULI-Prinzips sozusagen nur unvollkommen ausgebildet ist, existiert indessen eine solche Zuordnung nicht. Den Termserien ${}^4P$, ${}^4D$, ${}^2S$, ${}^2F$ fehlt also das erste Glied, während die ersten Glieder von den drei Serien ${}^2P$- und von zwei Serien von ${}^2D$-Termen zusammenfallen[2]. Dieses letztere Resultat ist bis jetzt nur empirisch bestätigt; es bedarf wohl noch eines richtigen theoretischen Beweises.

Offenbar hat die Konvergenz der Terme $2p^2\,np$ für höhere n eine Trennung je nach dem Funkenterm, auf den sie hinstreben, zur Folge. Alle in der vorigen Ziffer gezogenen Schlüsse über scheinbar negative Terme lassen sich auch hier ziehen. Ebenso wird man erwarten, daß — besonders bei großer Entfernung ${}^3P - {}^1D$ und ${}^3P - {}^1S$ — die nach ${}^1D$ und ${}^1S$ konvergierenden Serien einen stärkeren Intensitätsabfall zeigen werden als die nach ${}^3P$ konvergierenden. Denn obwohl die Zustände ${}^1D$ und ${}^1S$ (wenigstens für Dipolstrahlung) metastabil sind, hat doch ein Ion in diesen Zuständen eine merkliche Tendenz, strahlungslos in seinen Normalzustand zurückzukehren.

---

[1] wo $n = 2$ für Be, $n = 3$ für Mg usw. ist.

[2] Eine Ausnahme bildet natürlich der Term $2p^3\,{}^4S$, der seiner Multiplizität halber nur von $2p^2\,{}^3P$ herkommen kann.

Die zweite Erweiterung oder besser Verfeinerung betrifft die durch J charakterisierte Komplexstruktur. Die Seriengrenzen sind, als tiefe Terme des Funkenspektrums, im allgemeinen selbst vielfach. Schon in dem einfachen Fall, der in dem Schema auf S. 688 behandelt wurde, macht sich die Duplizität des ^2D-Terms bemerkbar. Während sich die nach ^2S hinstrebenden Niveaus bei wachsendem n rasch einander nähern, ordnen sich die vier nach ^2D konvergierenden Niveaus der Terme ^3D und ^1D mit wachsendem n in zwei Gruppen an, die den mittleren Abstand $^2D_{1\frac{1}{2}} - {}^2D_{2\frac{1}{2}}$ haben.

Die Frage der Zuordnung der J-Niveaus eines solchen Superseriengliedes zu den Niveaus seines erzeugenden Funkenterms ist identisch mit der Frage der Zuordnung der einzelnen Niveaus unter verschiedenen Koppelungsbedingungen. Denn während die früheren Serienglieder durch das normale Koppelungsschema

$$\{(l_{\text{Ion}}\, l_{\text{El}})\,(s_{\text{Ion}}\, s_{\text{El}})\} = \{L\, S\}$$

beschrieben werden, gilt für die späteren, nahe den Grenzen befindlichen Glieder

$$\{(l_{\text{Ion}}\, s_{\text{Ion}}),\, l_{\text{El}},\, s_{\text{El}}\} = \{j_{\text{Ion}},\, l_{\text{El}},\, s_{\text{El}}\},$$

wobei ein Komma zwischen zwei Momenten andeutet, daß ihre Wechselwirkung vernachlässigbar ist. Eine analoge Koppelungsänderung ist uns ja auch schon bei Isoelektronspektren begegnet, wo anfänglich normale Koppelung sich bei wachsender Kernladung in

$$\{(l_{\text{Ion}}\, s_{\text{Ion}})\,(l_{\text{El}}\, s_{\text{El}})\} = \{j_{\text{Ion}}\, j_{\text{El}}\}$$

verwandelt. Der Unterschied ist nur die im letzteren Fall nicht zu vernachlässigende Wechselwirkung des Elektrons mit dem Ion.

Wie namentlich aus den Betrachtungen der Ziff. 20 hervorgeht, läßt sich dieses Zuordnungsproblem allgemein für eine beliebige Konfiguration noch nicht lösen. Nur für diejenigen inneren Quantenzahlen, die in der Konfiguration nur einmal vorkommen, ergibt sich die Zuordnung direkt durch Vektoraddition. Für den speziellen Fall der Ablösung eines s-Elektrons ist die Zuordnung durch die Formeln (61), (62) und (66) von Ziff. 20 durchgeführt. Wie schon früher einmal erwähnt wurde, wird eine gewisse Schwierigkeit bei allen solchen Zuordnungsbetrachtungen dadurch verursacht, daß die den Übergang beschreibenden Parameter (n, Z) nur diskontinuierlich variieren.

37. Ablösungsarbeiten. Es gibt zwei Methoden, um Termgrößen absolut zu bestimmen: erstens, indem man einen Term in verschiedenen ähnlichen Spektren in einem Moseley-Diagramm für verschiedene Werte von Z verfolgt oder zweitens in einem einzigen Spektrum den gleichen Term für verschiedene Werte von n durch eine Serienformel darstellt (Ziff. 14 bzw. 35). Obwohl die Diskussion der Ionisierungsspannungen einzelner Spektren für den nächsten Abschnitt vorbehalten werde, ist doch hier der Ort, auf eine allgemeine Gesetzmäßigkeit hinzuweisen, die die Abtrennungsarbeit eines Elektrons aus einem Verbande äquivalenter Elektronen mit der Anzahl N dieser Elektronen verknüpft.

Zunächst ist es verständlich, daß die Abtrennungsarbeit gegen das Ende der Schale $[N = 2(2l+1)]$ hin ansteigt; dieser Anstieg hat ja überhaupt zur Entdeckung der Schalen geführt. So ist bekannt, daß die Edelgase, die für $n > 1$ die Schalen mit $l = 1$ abschließen, einer besonders hohen Arbeit zur Ablösung eines Elektrons aus dem $^1S_0$-Verband bedürfen. Dasselbe zeigt die Entwirrung der Spektren sowie die Untersuchung chemischer Valenzen auch für das Ende der Zehnerschalen mit $l = 2$ Elektronen (Stabilität von Cu^+, Pd, Ag^+, Au^+). Bemerkenswerterweise zeigt sich aber, daß auch für das genau in der Mitte einer Periode stehende Element (also $z = 2l + 1$) ein — wenn auch weniger ausgeprägtes — Maximum der Ablösungsarbeit existiert. Die folgende Tabelle 64 und Abb. 14 zeigen dies für die p-Schale (B bis Ne) und Tabelle 65 und Abb. 15 für die d-Schale (Ca^+ bis Cu^+)[1].

Der Sprung der Ablösungsarbeiten beträgt in der $2p$-Schale ein Volt, in der $3d$-Schale fast drei Volt. Für höhere Werte der Hauptquantenzahl wird die Erscheinung unbedeutender und verwischt sich bei den schwersten Elementen schließlich ganz. Was ist nun der Grund für den „edelgasähnlichen" Charakter der Konfigurationen von nur $2l+1$ äquivalenten Elektronen? Wir wenden uns zum Aufschluß an die Tabellen 15 und 16 von Ziff. 11. Offenbar müssen wir den Grund zu dieser erhöhten Stabilität in dem Auftreten eines ${}^{2(l+1)}S$-Termes suchen, denn das Auftreten eines ${}^1S_0$-Terms am Ende der ganzen Periode ruft ja bekanntlich die hohe Stabilität (Edelgascharakter) der dort befindlichen Atome hervor. Die Konfigurationen in der Mitte und am Ende der Periode haben also gemeinsam, daß für sie der resultierende Bahnimpuls $L=0$ ist; die Konfiguration am Ende der Periode aber verdankt ihre überwiegende Stabilität der Tatsache, daß für sie gleichzeitig noch das resultierende Spinmoment $S=0$ ist.

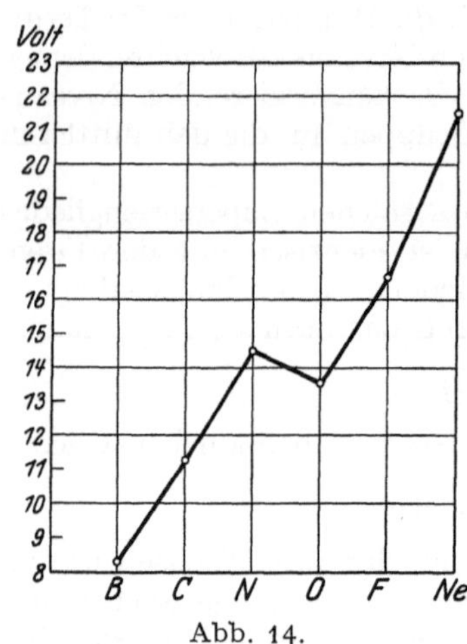

Abb. 14.

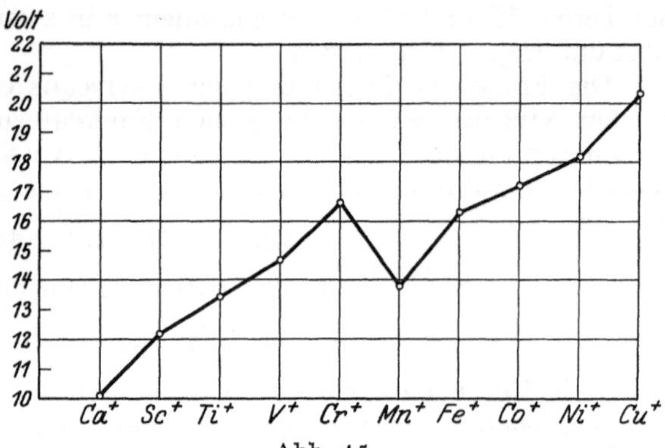

Abb. 15.

Tabelle 64.

n	Atom	Ablösungsarbeit $2p^z \to 2p^{z-1}$ in Volt
1	B	8,28
2	C	11,24
3	N	14,49
4	O	13,56
5	F	16,7
6	Ne	21,47

Tabelle 65.

n	Ion[1]	Ablösungsarbeit $d^z \to d^{z-1}$ in Volt
1	Ca^+	10,13
2	Sc^+	12,19
3	Ti^+	13,45
4	V^+	14,7
5	Cr^+	16,6
6	Mn^+	13,80
7	Fe^+	16,3
8	Co^+	17,2
9	Ni^+	18,2
10	Cu^+	20,34

Die Tatsache, daß bei dieser Formulierung die Quantenzahlen L und S benutzt wurden, läßt nun sofort schließen, daß die charakteristische Form der obigen Kurven (Abb. 14 und 15) wesentlich vom Bestehen der RUSSELL-SAUNDERSschen Koppelung abhängt. Bei $\{jj\}$-Koppelung dagegen wird die Kurve der Ablösungsarbeiten zwar auch ein Maximum am Ende der Schale aufweisen, doch wird das andere Maximum gemäß den Betrachtungen der Ziff. 10, β)

[1] Im nächsten Abschnitt wird erklärt werden, warum hier die einfach ionisierten Elemente der Eisengruppe genommen werden müssen.

am Ende der durch (4) und Tabelle 11 definierten j-Schale auftreten. Es wird sich dann also eine Aufteilung in Subperioden gemäß dem STONERschen Schema des periodischen Systems einstellen: bei der p-Schale in $2 + 4$, bei der d-Schale in $4 + 6$ Elemente. In Übereinstimmung mit diesen Betrachtungen zeigt sich ein Abnehmen des für Normalkoppelung typischen Maximums in der Schalenmitte, wenn man zu schwereren Elementen übergeht, doch sind die Daten zu unvollständig, um die für $\{jj\}$-Koppelung typische Verschiebung des Maximums um eine Einheit nach kleineren Z-Werten wahrnehmen zu lassen.

Soviel über die Variation der Ablösungsenergien mit der Elektronenzahl. Leider läßt sich über den quantitativen Verlauf der Kurven in Abb. 14 und 15 noch nichts aussagen. Die Abhängigkeit der Ionisierungsspannungen leichter Elemente von der Kernladungszahl wurde von PEIERLS[1] sowie von YOUNG und dem Verfasser[2] behandelt. Bezeichnet man die Ablösungsarbeit eines Elektrons mit der Hauptquantenzahl n von einer Konfiguration $(Z - z)$ äquivalenter n_l-Elektronen bei der Kernladung Z mit $V_Z^{(z)+}$, dann ist in erster Annäherung:

$$\frac{V_Z^{(z)+}}{Z} - \frac{V_{Z+1}^{(z+1)+}}{Z-1} = \frac{R}{n^2}. \tag{91}$$

Die folgende Tabelle 66 prüft diese Formel an den experimentellen Daten. Unter dem Symbol eines Ions sind die Ablösungsarbeiten dividiert durch R/n^2 gegeben. Ihre Differenzen, welche nach obiger Relation gleich Eins sein sollen, sind kursiv gedruckt. Diejenigen Differenzen, welche aus theoretisch bestimmten Ionisierungsspannungen[3,4] erhalten wurden, sind eingeklammert. Einige wenige Werte, die durch Extrapolation erhalten wurden, sind mit einem Stern versehen. Die Übereinstimmung wird, wie nach der Rechnung zu erwarten war, besser, je höher der Grad der Ionisation ist.

Tabelle 66.

H	He	Li	Be	B	C	N	O	F	Ne
1,000	0,904	0,528	0,685	0,492	0,525	0,516	0,500	0,611	0,634
_1,000_	_(0,920)_	_0,811_	_0,732_	_0,703_	_0,678_	_0,657_	_0,633_	_0,594_	_0,629_
He II	Li II	Be II	B II	C II	N II	O II	F II	Ne II	Na II
2,000	1,824	1,339	1,417	1,195	1,203	1,173	1,133	1,205	1,263
_1,000_	_(0,983)_	_0,892_	_0,864_	_0,805_	_0,779_	_0,732_			
Li III	Be III	B III	C III	N III	O III	F III			
3,000	2,807	2,231	2,281	2,000	1,982	*1,905			
_1,000_	_(0,974)_	_0,931_	_0,850_	_0,844_	_0,805_				
Be IV	B IV	C IV	N IV	O IV	F IV				
4,000	3,781	3,162	3,171	2,844	*2,787				
_1,000_	_(0,995)_	_(0,948)_	_0,913_	_0,866_					
B V	C V	N V	O V	F V					
5,000	4,776	4,110	*4,084	*3,710					
_1,000_	_0,994_	_(0,962)_	_0,935_						
C VI	N VI	O VI	F VI						
6,000	*5,770	5,072	*5,019						
_1,000_	_0,996_	_(0,970)_							
N VII	O VII	F VII							
7,000	*6,766	6,042							
_1,000_	_0,998_								
O VIII	F VIII								
8,000	*7,764								
_1,000_									
F IX									
9,000									

[1] Z f Phys 55, S. 738 (1929). [2] Phys Rev 34, S. 1225 (1929).
[3] G. W. KELLNER, Z f Phys 44, S. 91 und 110 (1927).
[4] R. A. MILLIKAN und I. S. BOWEN, Phys Rev 27, S. 144 (1926).

Für einige Elemente hat HARTREE[1] nach der Methode der sog. self consistent fields nach erheblicher numerischer Arbeit alle sukzessiven Ionisierungsspannungen bestimmt. In Abb. 16 repräsentieren die Kreise seine Werte für Eisen. Wie man sieht, zeigt sich in der Tat ein plötzlicher Anstieg der Ablösungsarbeit beim erstmaligen Angriff einer neuen Schale. Die glatte Kurve, welche durch HARTREES Werte hindurchgeht, ist von BAKER[2] in Erweiterung der geistvollen statistischen Theorie komplizierter Atome, die von THOMAS[3] und FERMI[4] stammt, berechnet worden. Eine statistische Theorie kann natürlich die Feinheiten des Schalenaufbaus, wie z. B. die Diskontinuitäten bei zwei und zehn Elektronen, nicht wiedergeben; abgesehen davon aber ist die Übereinstimmung befriedigend. Für Einzelheiten über diese auf ausgedehnte numerische Rechnungen basierten Kurven und deren Resultate für andere Atome muß auf die Originalabhandlungen verwiesen werden.

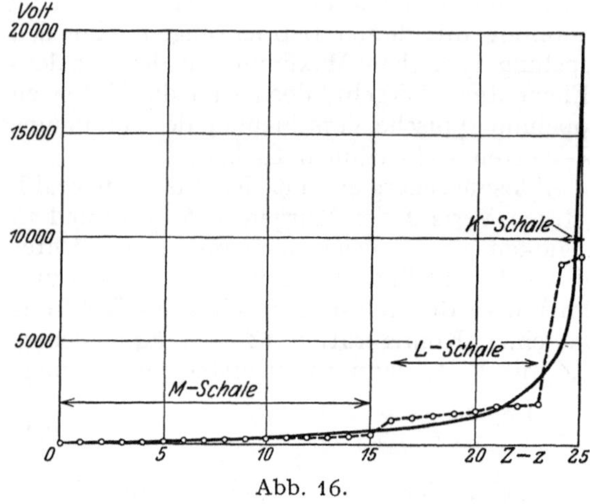

Abb. 16.

38. Totale Ionisierungsspannung. Die Energie, die nötig ist, um sämtliche Elektronen eines neutralen Atoms von seinem Kerne zu entfernen, wollen wir die totale Ionisierungsspannung (TIS.) nennen. Obwohl keine Methode vorzuliegen scheint, um diese Größe direkt im Laboratorium zu messen, ist sie dennoch von größter Wichtigkeit in der Astrophysik. Bekanntlich sind die Atome im Innern eines Sterns wegen der enorm hohen Temperaturen und Drucke der meisten ihrer Elektronen beraubt. Z. B. haben im Innern der Sonne die Atome der ersten zehn Elemente alle Elektronen verloren. Ca behält wohl die zwei K-Elektronen, Fe vielleicht noch ein L-Elektron.

Von vornherein ist klar, daß die TIS. außer von universellen Konstanten nur von der Kernladung Z abhängen kann. Es ist nun sehr überraschend, daß zwei ganz wesensverschiedene Überlegungen zum gleichen einfachen Resultat führen: die TIS. ist proportional $Z^{\frac{7}{3}}$. Zunächst sei hier eine größenordnungsmäßige Betrachtung gegeben, die der Verfasser Herrn GOUDSMIT verdankt. Zunächst ist:

$$\text{TIS.} = \sum_{1}^{n_Z} {}_n N_n \frac{(Z - \sigma_n)^2}{n^2} R$$

d. h. gleich der Summe der Produkte der Besetzungszahl N_n mal der Energie eines Elektrons in der $n$ten Schale, die nach Art von (42) Ziff. 13 geschrieben wird. Nach (25b) Ziff. 10 ist $N_n = 2n^2$. Außerdem ist die Abschirmungszahl σ_n gleich der Anzahl Elektronen in allen Schalen von 1 bis $n - 1$. Dies ist natürlich nur eine ganz rohe Schätzung für σ_n. Es ergibt sich so:

$$\sigma_n = \sum_{1}^{n-1} 2n^2 \cong \tfrac{2}{3}(n-1)^3 .$$

[1] Proc Camb Phil Soc 21, S. 625 (1925).
[2] Phys Rev 36, S. 630 (1930).
[3] Proc Camb Phil Soc 23, S. 542 (1927).
[4] Z f Phys 48, S. 73 (1928).

Schließlich ist die obere Grenze n_Z die Hauptquantenzahl der letzten Schale, die sich aus

$$Z = \sum_1^{n_Z} 2n^2 \cong \tfrac{2}{3} n_Z^3$$

bestimmt. Es wird also mit Berücksichtigung der Werte von σ_n und n_Z:

$$\text{TIS.} \cong 2\left(\tfrac{3}{2}\right)^{\frac{1}{3}}\left(1 - \tfrac{1}{2} + \tfrac{1}{7}\right) Z^{\frac{7}{3}} R = 1{,}47 Z^{\frac{7}{3}} R = 20 Z^{\frac{7}{3}} \text{ Volt}. \tag{92}$$

Außerdem ist von Milne[1] sowie von Baker[2] die TIS. aus der früher erwähnten Thomas-Fermischen statistischen Theorie der Atome berechnet worden. Das Resultat der beiden Verfasser differiert wegen der ausgedehnten numerischen Rechnungen im Zahlenfaktor. Nach Milne ist

$$\text{TIS.} = 1{,}23 Z^{\frac{7}{3}} R = 17 Z^{\frac{7}{3}} \text{ Volt}, \tag{92a}$$

nach Baker dagegen:

$$= 20{,}83\, Z^{\frac{7}{3}} \text{ Volt}. \tag{92b}$$

Für die Elemente bis Neon ($Z < 10$) wurde der Vergleich mit der Erfahrung von Young[3] durchgeführt. Durch Summation der einzelnen Ionisierungsspannungen der Tabelle 66 erhielt Young Werte für die TIS., die sich durch

$$1{,}153 Z^{\frac{7}{3}} R = 15{,}6 Z^{\frac{7}{3}} \text{ Volt} \tag{92c}$$

befriedigend wiedergeben ließen. Die folgende Tabelle 67 zeigt die Übereinstimmung zwischen beobachteten[4] und berechneten Werten.

Tabelle 67.

Z	Element	$E_{\text{beob.}}$	$E_{\text{ber.}}$
1	H	1,000	1,153
2	He	5,807	5,811
3	Li	14,87	14,97
4	Be	29,25	29,29
5	B	49,08	49,30
6	C	74,91	75,43
7	N	108,65	108,09
8	O	149,85	147,61
9	F	198,6	194,3

Für schwerere Elemente mögen die im Innern eines Sterns herrschenden Temperaturen und Drucke nicht genügen, um sämtliche Elektronen vom Kerne abzustreifen. Es ist für solche Fälle nützlich, eine Abschätzungsformel für die totale Energie eines Ions zu kennen, welches bei einer Kernladung Z nur z Elektronen besitzt. Es ergibt sich entsprechend, wenn jetzt n_z aus

$$z = \sum_1^{n_z} 2n^2 \cong \tfrac{2}{3} n_z^3$$

bestimmt wird, und bei Weglassung der Abschirmungsglieder, die bei hoher Ionisation sicher gerechtfertigt ist:

$$12^{\frac{1}{3}} z^{\frac{1}{3}} Z^2 R = 31 z^{\frac{1}{3}} Z^2 \text{ Volt}. \tag{93}$$

Bei der Berechnung der Energie, die nötig ist, um ein Atom aller Elektronen bis auf wenige zu berauben, müssen die Werte der beiden Formeln (93) und (92) voneinander subtrahiert werden. Es handelt sich also um die Differenz zweier großer Zahlen, die selbst nur bis auf etwa 20% bekannt sind. Somit kann das Resultat unter Umständen mit einem großen Fehler behaftet sein. Z. B. ergibt

[1] Proc Camb Phil Soc 23, S. 794 (1927).
[2] l. c. S. 694. [3] Phys Rev 34, S. 1226 (1929).
[4] Besser: aus beobachteten spektroskopischen Serien berechneten.

sich für die Energie, die nötig ist, um das Ca-Atom bis auf die K-Schale zu ionisieren, nach (92c) und (93) 2000 Volt, nach (92b) und (93) 6000 Volt.

39. Die RÖNTGEN-Spektren und ihr Zusammenhang mit den optischen Spektren. Es ist hier der Ort, die RÖNTGEN-Spektren kurz zu besprechen, die durch die EDDINGTONsche Theorie auch für die Astrophysik wichtig geworden sind. Wir betrachten das Spektrum eines Edelgases, beispielsweise des Kryptons ($Z = 36$) und bestimmen nach den Regeln der Ziff. 35 die verschiedenen Seriengrenzen, nach welchen die optischen Terme konvergieren können. Die äußeren sechs Elektronen sind normalerweise in der Konfiguration $4p^6$, die einen $^1S_0$-Term gibt. Ionisation durch Wegnahme eines $4p$-Elektrons führt dann (vgl. Tab. 15) zum Zustand $4p^5\ ^2P_{1\frac{1}{2},\frac{1}{2}}$, dem tiefsten Term des Ions. Für normale optische Zwecke genügt diese Überlegung vollständig. Erinnern wir uns aber, daß das Kryptonatom nach Ziff. 10 und Tabelle 8 im Normalzustand sich in der Konfiguration

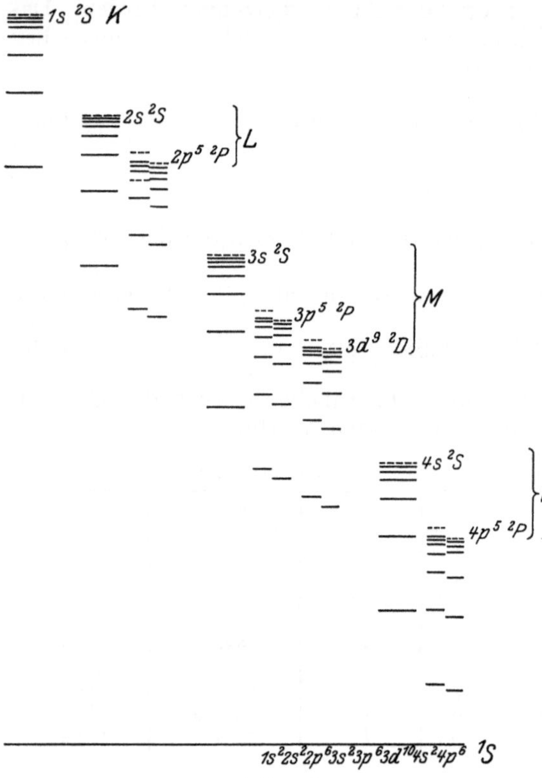

$$1s^2\,2s^2\,2p^6\,3s^2\,3p^6\,3d^{10}\,4s^2\,4p^6$$

befindet, dann ist der eben besprochene Ionisationsvorgang nur einer von vielen möglichen. Denn auch ein Zustand $1s^2 \ldots 4s\,4p^6\ ^2S$ des Ions kann als Seriengrenze von „verschobenen Termen“ wie z. B.

$$1s^2 \ldots 4s\,4p^6\,5s\ ^{3,1}S,$$
$$1s^2 \ldots 4s\,4p^6\,5p\ ^{3,1}P$$

auftreten. Dies kann natürlich auch auf die Elektronen mit kleineren Hauptquantenzahlen ausgedehnt werden, nur ist bei Wegnahme z. B. des $3d$-Elektrons die zugehörige Seriengrenze $1s^2 \ldots 3d^9\,4s^2\,4p^6\ ^2D_{2\frac{1}{2},1\frac{1}{2}}$ sehr weit jenseits der ersten optischen Grenze $1s^2 \ldots 4p^5\ ^2P$ gelegen (vgl. Abb. 17). Verallgemeinernd können wir sagen, daß bei Wegnahme irgendeines Elektrons aus seiner geschlossenen Schale sich ein Zustand des Ions ergibt, der einem Dubletterm entspricht mit einem L-Wert, welcher gleich dem l des Elektrons ist. Diese Zustände des Kr^+-Ions sind nun die RÖNTGEN-Terme des Kryptons; sie ergeben sich von unserem optischen Standpunkt als Seriengrenzen des Kryptonbogenspektrums. Es gibt, wenn man die Bezeichnung $K, L, M \ldots$ für Ionisation in der Schale mit $n = 1, 2, 3 \ldots$ einführt, ein K-Niveau, drei L-Niveaus, fünf M-Niveaus usw., wie die Erfahrung auch bestätigt. Natürlich hängt die Anzahl möglicher RÖNTGEN-terme von der Ausbildung der Schalen ab, in schwereren Elementen gibt es sieben N-Niveaus, fünf O-Niveaus, drei P-Niveaus. Gemäß der klassischen KOSSELschen Idee werden Übergänge in diesem RÖNTGEN-Spektrum hervorgerufen

Abb. 17.

durch Ionisation des Kr-Atoms in einer im Innern befindlichen Schale, z. B. $2p^6$ mittels schneller Elektronen. Es entsteht $2p^5\,{}^2P$. Natürlich wird das so entstandene Ion versuchen, unter Emission von Strahlung in einen energieärmeren Zustand überzugehen. Nach den Auswahlregeln der Ziff. 33 können nur die Zustände $1s^2\,2s^2\,2p^6\,3s\,3p^6\,3d^{10}\,4s^2\,{}^2S$ und $1s^2\,2s^2\,2p^6\,3s^2\,3p^6\,3d^9\,4s^2\,{}^2D$ (und die entsprechenden mit höheren Hauptquantenzahlen) mit dem Anfangsterm $1s^2\,2s^2\,2p^5\ldots{}^2P$ kombinieren; die entsprechenden Linien ${}^2P - {}^2S$ und ${}^2P - {}^2D$ sind gewisse Linien der L-Serie. Der Vergleich zwischen unserer optischen Bezeichnung und der in der RÖNTGEN-Spektroskopie üblichen ist in der folgenden Tabelle für einige Terme mehr im einzelnen durchgeführt. Die optische Bezeichnung ist dadurch noch etwas abgekürzt, daß vor dem Termsymbol die geschlossenen Schalen, welche nicht angegriffen werden, weggelassen sind.

Tabelle 68.

Optische Bezeichnung					Röntgenmäßige Bezeichnung				
$1s\,{}^2S_{\frac{1}{2}}$					K_I				
$2s\,{}^2S_{\frac{1}{2}}$	$2p^5\,{}^2P_{\frac{1}{2}}$	$2p^5\,{}^2P_{1\frac{1}{2}}$			L_I	L_{II}	L_{III}		
$3s\,{}^2S_{\frac{1}{2}}$	$3p^5\,{}^2P_{\frac{1}{2}}$	$3p^5\,{}^2P_{1\frac{1}{2}}$	$3d^9\,{}^2D_{1\frac{1}{2}}$	$3d^9\,{}^2D_{2\frac{1}{2}}$	M_I	M_{II}	M_{III}	M_{IV}	M_V

Das RÖNTGEN-Spektrum sieht gewissermaßen wie ein auf den Kopf gestelltes Alkalispektrum aus, von dem jeder Term aber durch eine bis auf ein Elektron vervollständigte Schale hervorgerufen ist. Gerade diese Terme, welche von $[2(2l+1)-1]$ äquivalenten l-Elektronen erzeugt sind, haben wir aber schon in Ziff. 16 studiert. Dort wurde das Resultat abgeleitet, daß die Aufspaltung eines solchen Dubletterms von der jeweiligen Koppelung ganz unabhängig, und zwar entgegengesetzt gleich der desjenigen Terms ist, welcher durch ein Elektron derselben Art hervorgerufen würde. Diese ist[1]

$$|\Delta\nu| = \frac{\alpha^2 (Z - \sigma(n,l))^4}{n^3 l(l+1)}. \tag{41}$$

Als historisches Kuriosum sei hier erwähnt, daß diese berühmte SOMMERFELDsche Formel gerade zuerst auf die RÖNTGEN-Spektren erfolgreich angewandt wurde, obwohl die Ableitung nur für den Einelektronenfall vorlag. Erst die GOUDSMITsche Arbeit (vgl. Zitat S. 638) erbrachte den Beweis, daß die RÖNTGEN-Terme die gleiche Aufspaltung haben wie die Alkaliterme mit demselben l-Wert.

Erwähnt sei noch, daß die SOMMERFELDsche Formel, die im optischen Gebiet schwach abnehmende Abschirmungszahlen σ ergibt, im RÖNTGEN-Gebiet ganz konstante Werte liefert. Z. B. variiert σ zwischen $Z = 92$ und $Z = 10$ für das L-Dublett $(2p^5\,{}^2P_{\frac{1}{2}} - 2p^5\,{}^2P_{1\frac{1}{2}})$ unregelmäßig zwischen 3,42 und 3,56, während die Aufspaltung selbst von $3{,}06 \cdot 10^7\,\mathrm{cm}^{-1}$ bis $780\,\mathrm{cm}^{-1}$ geht. Die folgende Tabelle gibt eine Zusammenstellung der σ-Werte, die sich für die verschiedenen relativistischen Dubletts im RÖNTGEN-Gebiet ergeben haben. Wie man sieht, stimmen die RÖNTGEN-Abschirmungszahlen mit den optischen (Tab. 32 und 33) gut überein.

Tabelle 69.

		np^5	nd^9	nf^{13}	
n	2	3,5			K
	3	8,5	13,0		L
	4	17,0	24,4	34	M

[1] Für größere Werte von Z muß diese Formel noch durch höhere Glieder in α und Z vervollständigt werden. Vgl. SOMMERFELDS Atombau und Spektrallinien, Kap. 6 der 4. Auflage.

Die Formel für die Aufspaltung eines relativistischen oder Spindubletts zeigt, daß sich die beiden Komponenten (z. B. L_{II} und L_{III}) mit wachsendem Z rasch voneinander entfernen. Wie steht es dagegen mit dem Abstand zweier Niveaus, die sich bei gleichem n und J durch den L-Wert unterscheiden, wie z. B. L_I und L_{II}? Der Übergang $L_I \to L_{II}$ oder optisch geschrieben $2s\,2p^6 \to 2s^2\,2p^5$ entspricht nach Ziff. 16 einem Abschirmungsdublett, da sich die Hauptquantenzahl nicht ändert. Es ist also

$$\sqrt{L_I} - \sqrt{L_{II}} = \text{const},$$

d. h. in einem MOSELEY-Diagramm[1] laufen die zu L_I und L_{II} gehörigen Linien parallel, während die von L_{II} und L_{III} wegen des Z^4-Gesetzes stark divergieren. Für große Z liegen also L_I und L_{II} relativ viel näher beieinander als L_{II} und L_{III}. Analog sind M_I und M_{II} sowie M_{III} und M_{IV} verhältnismäßig enge Niveaupaare, während der Abstand $M_{II}\,M_{III}$ sowie $M_{IV}\,M_V$ viel größer ist. Bei der Formulierung des Gesetzes der Abschirmungsdubletts muß beachtet werden, daß die RÖNTGEN-Termgrößen auf den Grundterm des neutralen Atoms (in unserem Fall $^1S_0$) bezogen sind. Wenn also in Tabellen, z. B. das K-Niveau des Ba zu $2756{,}4\;\nu/R$-Einheiten angegeben wird, so bedeutet das, daß in einem Niveauschema nach Art der Abb. 17 die Seriengrenze $1s\;^2S_{\frac{1}{2}}$ $2756{,}4 \cdot R\,\text{cm}^{-1}$ von dem Grundterm $1s^2 \ldots 6s^2\;^1S_0$ entfernt ist. Um dem Leser einen Begriff von den Größenordnungen der RÖNTGEN-Niveaus und von der obenerwähnten Abhängigkeit der relativistischen und Abschirmungsdubletts von Z zu geben, sind in der folgenden Tabelle einige Termwerte in Einheiten von R für verschiedene Elemente aufgeschrieben.

Tabelle 70.

Element	K	L_I	L_{II}	L_{III}	M_I	M_{II}	M_{III}	M_{IV}	M_V
	$1s\;^2S_{\frac{1}{2}}$	$2s\;^2S_{\frac{1}{2}}$	$2p^5\;^2P_{\frac{1}{2}}$	$2p^5\;^2P_{1\frac{1}{2}}$	$3s\;^2S_{\frac{1}{2}}$	$3p^5\;^2P_{\frac{1}{2}}$	$3p^5\;^2P_{1\frac{1}{2}}$	$3d^9\;^2D_{1\frac{1}{2}}$	$3d^9\;^2D_{2\frac{1}{2}}$
92 U	8477,0	1603,5	1543,1	1264,3	408,9	382,1	317,2	274,0	261,0
67 Ho	4115,9	693,2	657,1	594,7	157,1	142,7	129,3	102,7	99,8
56 Ba	2756,4	441,9	414,3	386,7	95,4	84,6	79,0	58,8	57,6
29 Cu	661,1		70,3	68,8	8,8	5,2		0,75	

Die so stark variierende Größenordnung der RÖNTGEN-Terme ist im wesentlichen durch das Hauptglied

$$\frac{(Z - \sigma_1)^2}{n^2}$$

der Termentwicklung bestimmt, das indessen hier wesentlich andere Eigenschaften zeigt als im optischen Gebiet, so wie wir es in Ziff. 14 diskutierten. Offenbar ist die Arbeit, um ein Uranatom auf dem RÖNTGEN-Wege in der $2p^2$-Schale zu ionisieren, wegen der Anwesenheit der Elektronen mit höheren Hauptquantenzahlen 3 bis 7 kleiner als der den optischen Spektren entsprechende Prozeß, bei dem erst alle äußeren Elektronen mit $n = 3$ bis 7 und dann noch ein $2p$-Elektron zu entfernen sind. Zwar wird beide Male ein ^2P-Term herauskommen, doch ist die Anregungsarbeit für den letzteren bedeutend größer. Dem entspricht es, daß sich im RÖNTGEN-Gebiet die Abschirmungszahl σ_1 in zwei Teile zerspalten läßt, deren einer, die „innere", mit der optischen Abschirmungszahl der Ziff. 13 identisch ist, und deren zweiter Teil, die „äußere" Abschirmungszahl, mit der Anzahl der äußeren Elektronen (stufenweise) linear

[1] In Ziff. 13 und 14 wurden solche Diagramme für die optischen Spektren eingeführt; wie der Name MOSELEY aber andeutet, wurde die Wurzel der Termgröße zuerst in den RÖNTGEN-Spektren gegen Z aufgetragen und als annähernd gerade Linie gefunden.

anwächst. Die nebenstehenden Abbildungen, die einer Arbeit des Verfassers[1] entnommen sind, illustrieren dies für die Niveaus $M_{IV,V}$ (Abb. 18) und $N_{IV,V}$ (Abb. 19). Wie man sieht, ist σ_1 gegen Z aufgetragen. Die ansteigende Linie repräsentiert die aus RÖNTGEN-Daten berechneten σ_1-Werte. Sie hat ihren Anfang für $Z = 28$ bzw. 46 (Co bzw. Rh), wo keine äußeren Elektronen vorhanden sind. Hier beginnt auch die absteigende Kurve der aus optischen isoelektronischen Spektren gerechneten σ_1-Werte ohne äußere Elektronen. Die horizontale Asymptote dieser Kurven (etwa 23,5 für M, 40 für N) mißt die konstante innere Abschirmung, der Abstand der ansteigenden Linie von der Asymptote die linear wachsende äußere Abschirmung. Nach WENTZEL[2] ist übrigens die innere Abschirmungszahl eines Terms n, l bis auf eine Konstante gleich

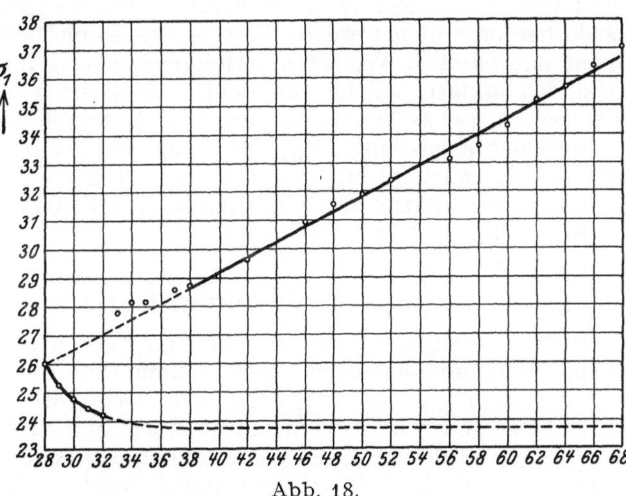

Abb. 18.

$$0{,}85\,\frac{n}{2}\,l(l+1)\,. \qquad (94)$$

Dieses Gesetz wurde von MACK und SAWYER[3] auch auf optische Spektren angewandt.

Streng genommen haben die RÖNTGEN-Terme nur dann die reine Dublett struktur, wenn die an der Atomoberfläche sitzenden „optischen" Elektronen zu dem durch Ionisation im Innern geschaffenen Impulsmoment J nichts beitragen, also z. B. für Edelgase oder Erdalkalien. Anderenfalls wird sich das J der Valenzelektronen zu dem J der inneren Schale addieren und eine Komplikation hervorrufen. Tatsächlich aber ist, wie man aus der überwiegenden Größe der RÖNTGEN-Feinstruktur ersieht (vgl. obige Tabelle), die Wechselwirkung zwischen dem inneren J und dem J der Valenzelektronen so gering, daß statt eines RÖNTGEN-Terms mehrere sehr eng beieinander liegende Niveaus auftreten, die sich der Beobachtung — wenigstens bei nicht zu kleinem Termwert — entziehen[4]. Erst mit dieser geringfügigen Vernachlässigung sind die RÖNTGEN-Spektren aller Elemente von der gleichen Struktur. In dieser engen Gruppierung der durch das äußere

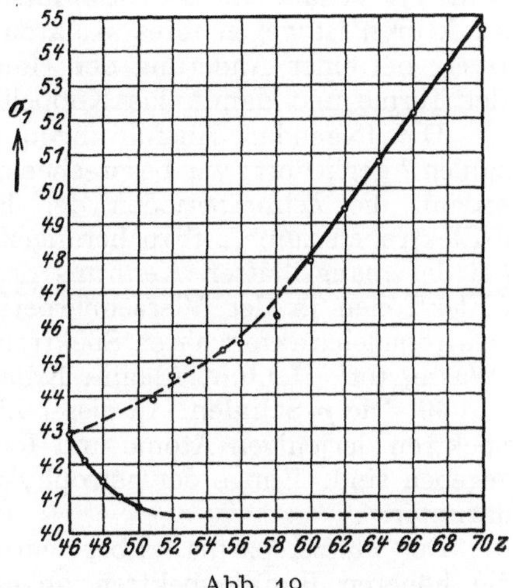

Abb. 19.

[1] SOMMERFELD-Festschrift, S. 128. Leipzig 1928.
[2] Z f Phys 16, S. 46 (1923).
[3] Phys Rev 35, S. 299 (1930).
[4] Das Kernmoment (vgl. Ziff. 9) scheint dagegen in einigen Fällen eine vielleicht beobachtbare Aufspaltung des K-Niveaus hervorzurufen.

Moment hervorgerufenen Subniveaus um einen RÖNTGEN-Term zeigt sich ein gutes Beispiel für $\{jj\}$-Koppelung. Aber auch noch einen schönen RÖNTGEN-mäßigen Nachweis gibt es für die $\{jj\}$-Koppelung, die im Atominnern herrscht. Obwohl, wie schon betont, die durch einmalige Ionisation entstehenden Dubletts ihrer Struktur nach von der herrschenden Koppelung unbeeinflußt sind, macht sich letztere sehr deutlich bemerkbar in der Feinstruktur derjenigen RÖNTGEN-Terme, die durch zweifache Ionisation einer vollständigen Schale hervorgerufen werden. Gewisse ins Dublettschema nicht einzuordnende Linien hat nämlich WENTZEL[1] erfolgreich als Kombination zwischen solchen Zuständen erklärt, welche von doppelt ionisierten Schalen, wie z. B. $1s^0\ldots$, $1s\,2s\,2p^6\ldots$, $1s^2\,2s\,2p^5\ldots$ herrühren. Z. B. ist die Termstruktur von $1s^2\,2s\,2p^5$ bei normaler Koppelung ${}^3P_{012}$, ${}^1P_1$, während bei $\{jj\}$-Koppelung nach Ziff. 6 sich zwei Niveaupaare mit $J = 0, 1$ sowie 1, 2 ergeben. In der Tat bestätigen Messungen von COSTER und von COSTER und DRUYVESTEYN[2] das Vorliegen von $\{jj\}$-Koppelung im RÖNTGEN-Gebiet.

f) Betrachtung der einzelnen Perioden und ihrer Spektra.

In den vorangegangenen Abschnitten wurden die spektralen Gesetzmäßigkeiten, welche unabhängig von der Stellung des emittierenden Atoms oder Ions im periodischen System sind, behandelt. Gelegentliche Zahlenbeispiele wurden den Spektren gewisser Elemente entnommen, ohne daß ein überzeugender Grund für die Auswahl der Spektren gerade dieser Elemente gegeben wurde. Dies soll im folgenden nachgeholt werden; dabei werden sich allgemeine Richtlinien ergeben, die gestatten, das Spektrum eines beliebigen Atoms oder Ions in allen Einzelheiten vorauszusagen.

Die Verteilung der Hauptquantenzahlen auf die einzelnen Perioden wurde bereits in Kap. 5 Ziff. 43 wie auch in diesem Beitrag vom Standpunkt des PAULIschen Ausschließungsprinzips (Ziff. 10) und der RÖNTGEN-Spektren (Ziff. 39) behandelt. Der Einfluß der Hauptquantenzahl n auf die Komplexstrukturen ist wegen ihres skalaren Charakters nur ein indirekter und quantitativer; bei einer Änderung der Hauptquantenzahl ändert sich die Aufspaltung der Terme und damit das Koppelungssystem.

Die folgenden Ausführungen sind vielmehr nach azimutalen Quantenzahlen l gegliedert; wir besprechen zuerst die Sechserperioden der p-Elektronen, sodann die Zehnerperioden der Eisen-, Palladium- und Platingruppen, wo d-Elektronen zum Aufbau herangezogen werden, und schließlich — soweit dies bei der mangelhaften Kenntnis der Spektren möglich ist — den Einbau der f-Elektronen in der Vierzehnerperiode der seltenen Erden. Wegen des Einelektronencharakters ihrer Spektren wurde die Zweierperiode der s-Elektronen (Wasserstoff, Helium, Alkali-, Erdalkalimetalle) in Kap. 5 behandelt.

40. Die p-Schalen. In dieser Ziffer handelt es sich um die Betrachtung der Spektren derjenigen Atome und Ionen, welche in der folgenden Tabelle 71 angegeben sind. Einige der astrophysikalisch wichtigsten Elemente befinden sich darunter.

Der Platzersparnis halber wurden nur für die erste Periode ($n = 2$) auch die höheren Funkenspektren angeschrieben. Der spektroskopische Verschiebungssatz (Ziff. 1) ergibt ja leicht die Stellung eines Ions in der nachfolgenden Tabelle. So z. B. wird das Spektrum des Ba^{+++} unter 53 J zu setzen sein.

[1] Ann d Phys 66, S. 437 (1921) und 73, S. 647 (1924). Vgl. auch die Darstellung in A. SOMMERFELDS Atombau und Spektrallinien, 4. Aufl., S. 391. Braunschweig 1924.

[2] Z f Phys 40, S. 765 (1927) und 43, S. 707 (1927).

Tabelle 71.

Haupt-quanten-zahl n	Anzahl z der p-Elektronen 1	2	3	4	5	6
2	5 B 6 C⁺ 7 N⁺⁺	6 C 7 N⁺ 8 O⁺⁺	7 N 8 O⁺ 9 F⁺⁺	8 O 9 F⁺ 10 Ne⁺⁺	9 F 10 Ne⁺ 11 Na⁺⁺	10 Ne 11 Na⁺ 12 Ca⁺⁺
3	13 Al	14 Si	15 P	16 S	17 Cl	18 A
4	31 Ga	32 Ge	33 As	34 Se	35 Br	36 Kr
5	49 In	50 Sn	51 Sb	52 Te	53 J	54 X
6	81 Tl	82 Pb	83 Bi	84 Po	85 —	86 Nt

Die Grundterme aller obigen Spektra werden von der Konfiguration np^z geliefert, deren Terme als Funktion von z in Tabelle 15 der Ziff. 11 zu finden sind. Die Konfiguration, welche die nächst höheren Terme liefert, ist offenbar $np^{z-1}(n+1)s$. Dann folgen $np^{z-1}(n+1)p$ und $np^{z-1}nd$ und weitere Serienglieder mit höheren n-Werten. Alle diese Konfigurationen kommen von der Addition eines Elektrons zur stabilsten Konfiguration np^{z-1} des nächst höheren Ions her; infolgedessen konvergieren die Serien $np^{z-1}n's$, $np^{z-1}n'p$ usw. sämtlich gegen die Terme np^{z-1} des Funkenspektrums. Da letztere aber gewöhnlich aus mehreren ziemlich weit voneinander entfernten Niveaus bestehen, werden sich jene Serienglieder für größere n' in ebenso viele Gruppen zerspalten, die getrennt ihrer Grenze zustreben.

Die Terme selbst ergeben sich einfach durch Addition der Vektoren der angelagerten Elektronen zu den Quantenzahlen der Terme des Grundzustandes p^{z-1} des nächst höheren Ions nach den Regeln der Ziff. 4 und 6. Für den in den meisten Spektren der leichten Elemente realisierten Fall der normalen Koppelung finden sich diese Terme I. Art in Tabelle 72. Es ist interessant, Tabelle 72 mit einem einfachen Spektrum, sagen wir Natrium, zu vergleichen: läßt man die verschiedenen Grundterme np^{z-1} des Ions zusammenfallen, dann ist die ungefähre Lage einer Konfiguration mit der eines einzelnen Natriumterms in Parallele

Tabelle 72.

z	Ionen- Konfiguration[1]	Term	Grundterm $ns^2\,np^z$	Leuchtelektron $(n+1, 2, 3\ldots)s$	$(n+1, 2\ldots)p$	$(n+1, 2\ldots)d$
1	(ns^2)	^1S	^2P	^2S	^2P	^2D
2	$(ns^2)\,np$	^2P	$^3P\ ^1D\ ^1S$	$^{3,1}P$	$^{3,1}(SPD)$	$^{3,1}(PDF)$
3	$(ns^2)\,np^2$	^3P ^1D ^1S	$^4S\ ^2D\ ^2P$	$^{4,2}P$ ^2D ^2S	$^{4,2}(SPD)$ $^2(PDF)$ ^2P	$^{4,2}(PDF)$ $^2(SPDFG)$ ^2D
4	$(ns^2)\,np^3$	^4S ^2D ^2P	$^3P\ ^1D\ ^1S$	$^{5,3}S$ $^{3,1}D$ $^{3,1}P$	$^{5,3}P$ $^{3,1}(PDF)$ $^{3,1}(SPD)$	$^{5,3}D$ $^{3,1}(SPDFG)$ $^{3,1}(PDF)$
5	$(ns^2)\,np^4$	^3P ^1D ^1S	^2D	$^{4,2}P$ ^2D ^2S	$^{4,2}(SPD)$ $^2(PDF)$ ^2P	$^{4,2}(PDF)$ $^2(SPDFG)$ ^2D
6	$(ns^2)\,np^5$	^2P	^1S	$^{3,1}P$	$^{3,1}(SPD)$	$^{3,1}(PDF)$

zu setzen, vorausgesetzt, daß von dem Grundterm abgesehen wird. Im Gegensatz zu den Alkalien liefert aber eine Konfiguration nicht einen Term, sondern, wie obige Tabelle zeigt, eine ganze Reihe. Daher die Komplexität der Spektren.

[1] Das Symbol (ns^2) bezieht sich auf die vorhergehende Schale von zwei s-Elektronen.

Der Name: Terme I. Art für die in Tabelle 72 angeführten Terme deutet bereits an, daß noch Terme II., III. Art zu erwarten sind. Typisch für die bis jetzt behandelten Terme war, daß sie sämtlich auf den Grundterm des Ions np^{z-1} aufgebaut waren. Andere Zustände des Ions, wie z. B. $np^{z-2}(n+1)s$ liegen aber zu hoch, als daß Terme des Bogenspektrums darauf aufgebaut sein könnten. Wo finden sich nun weitere mögliche Konfigurationen?

Um solche zu erhalten, müssen, und das ist charakteristisch für Komplexspektra, die Elektronen der vorhergehenden Schale in Mitleidenschaft gezogen werden. Es ist ja auch für die relativ schwachen chemischen Kräfte möglich, die vorher angelagerten Elektronen abzureißen; man denke nur an dreiwertiges Al, vierwertigen Kohlenstoff usw. Wir haben oben die Zweierschale der ns-Elektronen nur kurz erwähnt. Nach dem in Ziff. 39 über die RÖNTGEN-Spektren Gesagten sind nun neben den Konfigurationen I. Art $ns^2\,np^{z-1}(np, (n+1)s\ldots)$ auch Konfigurationen II. Art möglich vom Typus[1]

$$ns\,np^{z+1}, \quad np^{z+2}.$$

Zuerst wird es dem Leser vorkommen, als ob solche Konfigurationen so instabil seien, daß die davon herrührenden Terme sicher jenseits der Seriengrenzen $ns^2\,np^{z-1}$ liegen, also „negativ" sein müßten, wie z. B. die Mehrheit der Energieniveaus in Abb. 10. Der Einwand ist indessen nur in manchen Fällen berechtigt, in anderen dagegen gilt er nicht. Denn es zeigt sich, daß der nach den Auswahlregeln von Ziff. 33 erlaubte Übergang

$$ns^2\,np^z \rightarrow ns\,np^{z+1}$$

ein Abschirmungsdublett bildet, daß also

$$\sqrt{ns^2\,np^z} - \sqrt{ns\,np^{z+1}} = \text{const}$$

ist. Wenn also auch im Bogenspektrum solche Terme II. Art $ns\,np^{z+1}$ negativ sein werden, so wird doch bei den höheren isoelektronischen Spektren (mit derselben Elektronenzahl) ihre Stabilität rasch anwachsen und schließlich auch die des Terms $ns^2\,np^{z-1}(n+1)s$ überholen. Während also die Resonanzlinie des neutralen Atoms dem Übergang

$$ns^2\,np^z \rightarrow ns^2\,np^{z-1}(n+1)s$$

entspricht, wird schließlich für höhere Ionisation der Übergang

$$ns^2\,np^z \rightarrow ns\,np^{z+1},$$

die Resonanzlinie liefern. In den astrophysikalisch interessanten höheren Funkenspektren der leichteren Elemente (C^+, C^{++}, N^+, N^{++}, O^+, O^{++} usw.) sind also Terme zweiter Art wesentlich. — Alle diese Betrachtungen gelten auch für np^{z+2}, welche Konfiguration (im MOSELEY-Diagramm) mit $ns\,np^{z+1}$ parallel läuft und daher auch bei höheren Funkenspektren, wenn auch etwas später als $ns\,np^{z+1}$, wesentlich wird. Die nebenstehende Tabelle unterrichtet über die von diesen beiden Konfigurationen II. Art zu erwartenden Terme.

Tabelle 73.

z	Konfiguration II. Art	Terme		
1	$ns\,np^2$	$^{4,2}P$	^2D	^2S
	np^3	^4S	^2D	^2P
2	$ns\,np^3$	$^{5,3}S$	$^{3,1}D$	$^{3,1}P$
	np^4	^3P	^1D	^1S
3	$ns\,np^4$	$^{4,2}P$	^2D	^2S
	np^5	^2P		
4	$ns\,np^5$	$^{3,1}P$		
	np^6	^1S		
5	$ns\,np^6$	^2S		

[1] Auf das Vorkommen dieser Terme wurde zuerst von I. S. BOWEN hingewiesen in Phys Rev 29, S. 231 (1927).

Es ist wichtig, die Bedingungen zu untersuchen, unter welchen ein Spektrum außer den Termen I. Art (Tab. 72) auch solche II. Art (Tab. 73) aufweisen kann. Es wurde betont, daß der Übergang $ns^2\,np^z \to ns\,np^{z+1}$ ein Abschirmungsdublett darstellt, aber in bezug auf den Funkenterm $ns\,np^z$. Leider können wir in einem auf $ns\,np^z$ bezogenen MOSELEY-Diagramm nicht darstellen, wie der Term I. Art $ns^2\,np^{z-1}(n+1)s$ mit fortschreitender Ionisation (z. B. C, N^+, O^{++}) allmählich von dem Term II. Art $ns\,np^{z+1}$ überholt wird, da der Term $ns^2\,np^{z-1}(n+1)s$ den Term $ns\,np^z$ nicht zur Seriengrenze besitzt. Betrachten wir indessen statt der Terme selbst die Linienfrequenzen $\nu_2 = ns^2\,np^z - ns\,np^{z+1}$ und $\nu_1 = ns^2\,np^z - ns^2\,np^{z-1}(n+1)s$. Nach den Betrachtungen der Ziff. 14 ist der erstere Übergang eine lineare Funktion von Z, der letztere eine quadratische. Wenn also auch für niedrige Ionisation $\nu_1 < \nu_2$ ist, wird für höhere Funkenspektren bald $\nu_1 > \nu_2$ werden. Dann liegt also der Term II. Art $ns\,np^{z+1}$ tiefer als $ns^2\,np^{z-1}(n+1)s$. (Vgl. Abb. 20, die die ν-Werte für die Reihe B, C^+, N^{2+} ... wiedergibt.) Alles oben Gesagte überträgt sich auf die (übrigens als Linienfrequenz verbotene) Termdifferenz $\nu_2' = ns^2\,np^z - np^{z+2}$; doch liegt der Schnittpunkt der ν_2'-Geraden und der ν_1-Parabel erst bei höheren Z-Werten.

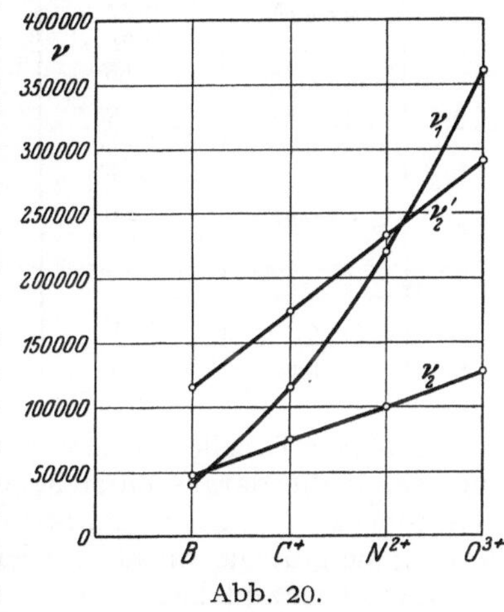

Abb. 20.

In der nebenstehenden Tabelle 74 sind die Werte ν_1, ν_2 und ν_2', soweit bekannt, für die Spektren der ersten Periode ($n = 2$) angegeben.

Tabelle 74.

Kombination	B	C	N	O	F
$2s^2\,2p\,^2P - 2s^2\,3s\,^2S$	40030	116500	221200	—	—
$2s^2\,2p\,^2P - 2s\,2p^2\,^2D$	47850	74900	101100	126750	—
$2s^2\,2p\,^2P - 2p^3\,^2P$	—	—	230500	288800	—
$2s^2\,2p^2\,^3P - 2s^2\,2p\,3s\,^3P$		60350	148900	∾250000	—
$2s^2\,2p^2\,^3P - 2s\,2p^3\,^3D$		64050	92100	119700	147200
$2s^2\,2p^3\,^4S - 2s^2\,2p^2\,3s\,^4P$			83300	185000	—
$2s^2\,2p^3\,^4S - 2s\,2p^4\,^4P$			88150	120000	152000

MACK und SAWYER[1] haben die Abhängigkeit der Differenz $\nu_2 = 2s^2\,2p^z - 2s\,2p^{z+1}$ von Z und z und ihren Zusammenhang mit der in Ziff. 39 erwähnten WENTZELschen Gesetzmäßigkeit (94) untersucht. Für $z = 5$ (Ne^+, Na^{++}, Mg^{3+},...) finden sie gute Übereinstimmung.

Schließlich gibt es noch eine letzte Gruppe von möglichen Termen, die aber statt auf $ns^2\,np^{z-1}$ auf die Konfiguration II. Art $ns\,np^z$ des Ions aufgebaut sind. Voraussetzung ist dafür, wie schon in Ziff. 35 allgemein erörtert wurde, daß der erzeugende Term $ns\,np^z$ nahe bei dem Grundzustand des Ions gelegen ist. Das beschränkt das Auftreten dieser Terme III. Art ausschließlich auf höhere Ionen. In der nächsten Tabelle 75 sind die zu erwartenden Terme angeschrieben.

[1] Phys Rev 35, S. 299 (1930).

Tabelle 75.

z	Ionen- Konfiguration	Ionen- Term	Leuchtelektron $(n+1, 2, 3\ldots)s$	Leuchtelektron $(n+1, 2\ldots)p$	Leuchtelektron $(n+1, 2\ldots)d$
1	$ns\,np$	$^{3,1}P$	$^{4,2,2}P$	$^{4,2,2}(SPD)$	$^{4,2,2}(PDF)$
2	$ns\,np^2$	$^{4,2}P$ ^2D ^2S	$^{5,3,3,1}P$ $^{3,1}D$ $^{3,1}S$	$^{5,3,3,1}(SPD)$ $^{3,1}(PDF)$ $^{3,1}P$	$^{5,3,3,1}(PDF)$ $^{3,1}(SPDFG)$ $^{3,1}D$
3	$ns\,np^3$	$^{5,3}S$ $^{3,1}D$ $^{3,1}P$	$^{6,4,4,2}S$ $^{4,2,2}D$ $^{4,2,2}P$	$^{6,4,4,2}P$ $^{4,2,2}(PDF)$ $^{4,2,2}(SPD)$	$^{6,4,4,2}D$ $^{4,2,2}(SPDFG)$ $^{4,2,2}(PDF)$
4	$ns\,np^4$	$^{4,2}P$ ^2D ^2S	$^{5,3,3,1}P$ $^{3,1}D$ $^{3,1}S$	$^{5,3,3,1}(SPD)$ $^{3,1}(PDF)$ $^{3,1}P$	$^{5,3,3,1}(PDF)$ $^{3,1}(SPDFG)$ $^{3,1}D$
5	$ns\,np^5$	$^{3,1}P$	$^{4,2,2}P$	$^{4,2,2}(SPD)$	$^{4,2,2}(PDF)$
6	$ns\,np^6$	^2S	$^{8,1}S$	$^{3,1}P$	$^{3,1}D$

In obiger Tabelle wurde von der Addition eines „äquivalenten“ np-Elektrons abgesehen; die daraus entstehenden Terme sind in Tabelle 73 angegeben. Die Elektronenzahl z der ersten Spalte ist dieselbe wie in den früheren Tabellen 71 und 72; sie gibt die Anzahl p-Elektronen an, die das betreffende Atom oder Ion im Normalzustand hat.

Was sind nun die Bedingungen für das Auftreten von Kombinationen zwischen solchen Termen III. Art? Offenbar stehen die Konfigurationen $ns^2\,np^z$ und $ns^2\,np^{z-1}(n+1)s, p, d\ldots$ im gleichen Verhältnis zu $ns^2\,np^{z-1}$ des nächst höheren Ions wie $ns\,np^{z+1}$ und $ns\,np^z\,(n+1)s, p, d\ldots$ zu $ns\,np^z$. Nun gelten aber für die erzeugenden Terme $ns^2\,np^{z-1}$ und $ns\,np^z$ des nächst höheren Ions analoge Betrachtungen wie für $ns^2\,np^z$ und $ns\,np^{z+1}$. In höheren Funkenspektren wird also, wie wir aus Abb. 20 sehen, $ns\,np^z$ die zweittiefste Termgruppe, auf der sehr wohl Terme III. Art aufgebaut sein können. Abb. 21 gibt ein schematisiertes Energiestufendiagramm, in welchem links die auf $ns^2\,np^{z-1}$, rechts die auf $ns\,np^z$ aufgebauten Terme eingetragen sind. Vergleicht man also solche Niveauschemata für verschiedene Ionisationsstufen, dann erscheint die rechte Hälfte der Terme mehr und mehr nach unten verschoben. Die Pfeile bedeuten die nach der Auswahlregel für l (Ziff. 33) möglichen Kombinationen.

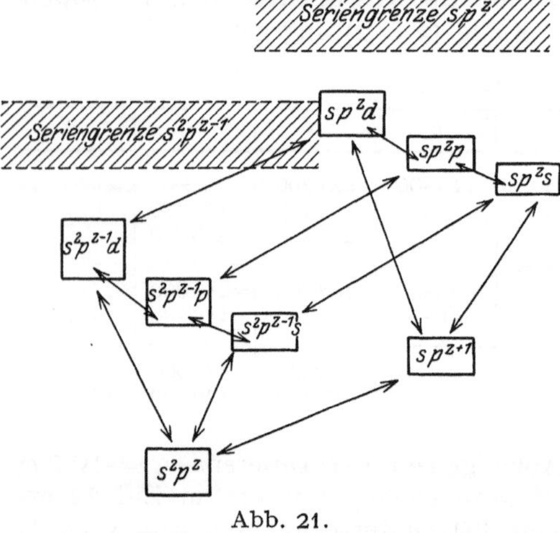

Abb. 21.

Die Tabellen 72, 73 und 75 enthalten nun in der Tat alle Terme, die nach dem augenblicklichen Stand der experimentellen Methoden erwartet werden können. Natürlich finden sich dort alle Terme, die je in irgendeinem Spektrum eines in Tabelle 71 aufgeführten Atoms oder Ions gefunden worden sind — und noch viele mehr. Noch weitere — unwahrscheinlichere — Zustände wird man erhalten durch Addition von noch höherquantigen Leuchtelektronen [$(n+1)f$,

$(n+1)g\ldots]$ zu den Zuständen $ns^2\,np^{z-1}$, $ns\,np^z$ oder durch Addition von $(n+1)s$, $(n+1)p\ldots$ zu weiteren noch höher gelegenen Funkentermen (wie z. B. $ns^2\,np^{z-1}(n+1)s$ oder np^{z+1}). Die entsprechenden Terme ergeben sich nach den uns geläufigen Regeln.

In Ziff. 4 haben wir die Regel ausgesprochen, daß die höchste in einem Spektrum auftretende Multiplizität $R = 2S + 1$ um eine Einheit größer ist als die Anzahl der Valenzelektronen. Für die Spektren der hier betrachteten Atome und Ionen ist diese Anzahl gleich der Anzahl der n-quantigen s- und p-Elektronen $(= z + 2)$. Bis in die fünfte Spalte des periodischen Systems ($z = 3$; Spektren N, O^+, P, S^+ usw.) liefert in der Tat die Konfiguration $ns\,np^3(n+1)s$ Terme von der verlangten Höchstmultiplizität. Später werden diese aber durch das PAULI-Prinzip unterdrückt.

Von Figuren, die spezielle Niveauschemata von Spektren mit 1, 2, 3 ... np-Elektronen darstellen, wurde hier abgesehen. Dergleichen Abbildungen idealisieren die Lage einzelner Terme einer Konfiguration zueinander zu stark. Die schematische Abb. 21, zusammen mit den Tabellen 72—75 geben alles, was sich allgemein sagen läßt. Die einzelnen Spektren selbst (Literatur siehe Ende des Kapitels) geben eine Fülle von Beispielen für die in den allgemeinen Abschnitten a—e behandelten Gesetzmäßigkeiten. Einzelne Terme und Niveaus wurden schon in den Tabellen 1, 4, 32, 35, 38 und 39 diskutiert.

Zum Abschluß dieser die p-Schalen betreffenden Ziffer geben wir noch eine Tabelle der Ionisationsspannungen der hierher gehörigen Atome und Ionen[1]. Es sei noch einmal wiederholt, daß unter Ionisierungsspannung schlechtweg die Entfernung in Volt vom tiefsten Term des betrachteten Ions $ns^2\,np^z$ zum tiefsten Term des nächsthöheren Ions $ns^2\,np^{z-1}$ verstanden ist. Da in den Spektren fast aller oben aufgeführten Atome und Ionen, deren Ionisierungsspannungen bis jetzt noch nicht ermittelt werden konnten, Gesetzmäßigkeiten gefunden worden sind, wurden diese doch in die Tabelle aufgenommen, damit der Leser dieselbe selbst vervollständigen kann.

Tabelle 76.

$z=$	1		2		3		4		5		6	
$n=2$	B	8,28	C	11,24	N	14,49	O	13,56	F	16,7	Ne	21,47
	C^+	24,27	N^+	29,50	O^+	34,96	F^+	$34,5 \pm 0,3$	Ne^+	40,9	Na^+	47,0
	N^{2+}	47,2	O^{2+}	54,87	F^{2+}		Ne^{2+}		Na^{2+}		Mg^{2+}	
	O^{3+}	76,99	F^{3+}		Ne^{3+}		Na^{3+}		Mg^{3+}		Si^{3+}	
$n=3$	Al	5,96	Si	8,19	P		S	10,31	Cl	12,96	A	15,51
	Si^+	16,27	P^+	19,83	S^+	23,3	Cl^+		A^+	27,6	K^+	31,7
	P^{2+}	30,4	S^{2+}	34,9	Cl^{2+}	39,8	A^{2+}		K^{2+}		Ca^{2+}	51,0
$n=4$	Ga	5,97	Ge	7,85	As	10 ± 1	Se		Br		Kr	13,94
	Ge^+	15,6	As^+		Se^+		Br^+		Kr^+	26,4	Rb^+	
	As^{2+}	28,0	Se^{2+}		Br^{2+}		Kr^{2+}		Rb^{2+}		Sr^{2+}	
$n=5$	In	5,76	Sn	7,37	Sb	8,35	Te		J		X	12,08
	Sn^+	14,5	Sb^+		Te^+		J^+		X^+		Cs^+	
	Sb^{2+}	24,7	Te^{2+}		J^{2+}		X^{2+}		Cs^{2+}		Ba^{2+}	
$n=6$	Tl	6,07	Pb	7,39	Bi	7,25	Po		—		Rn	
	Pb^+	14,97	Bi^+		Po^+		—		Rn^+		—	
	Bi^{2+}	$29,5 \pm 0,3$	Po^{2+}		—		Rn^{2+}		—		Ra^{2+}	

41. Die d-Schalen. Es handelt sich hier um die vom spektroskopischen Standpunkt interessantesten und auch zugänglichsten Spektren, nämlich um die der Elemente von Sc bis Cu, von Y bis Ag und von La bis Au. Zugänglich —

[1] Vgl. die nützliche Zusammenstellung von L. A. TURNER, Phys Rev 32, S. 727 (1928).

weil hier die stärksten Linien der Bogenspektren im Sichtbaren oder nahen Ultraviolett liegen, — daher auch ihre astrophysikalische Bedeutung — während sich für die Spektren der Elemente der p-Schalen die intensivsten Linien im SCHUMANN-Gebiet oder für die leichten Elemente sogar im äußersten Ultraviolett befinden. In zwei der hier zu besprechenden Spektren, Mn und Cr, wurden im Jahre 1922 fast gleichzeitig von CATALÁN[1] und von GIESELER[2] die ersten „Multipletts", Kombinationen vielfacher Terme bei reiner RUSSELL-SAUNDERS-Koppelung, entdeckt, eine Entdeckung, welche den Anstoß gab zu der neuen raschen Entwicklung der Spektroskopie der Atome und Ionen und das Arbeitsgebiet des Spektroskopikers, der sich vorher nur auf die einfachen wasserstoffähnlichen Spektren beschränkt hatte, auf alle Teile des periodischen Systems ausdehnte.

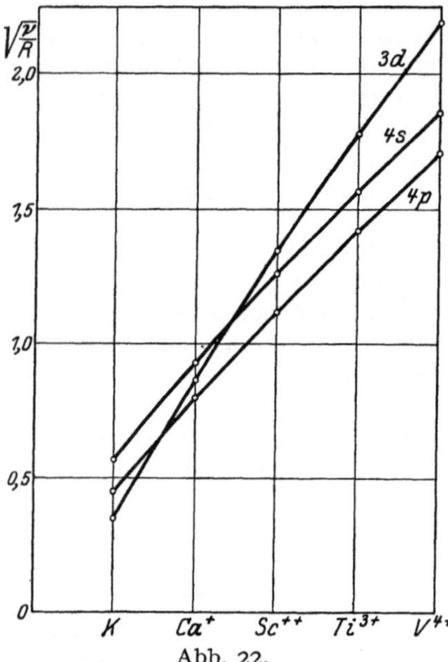

Abb. 22.

Ebenso wie die erstmalige Benutzung der p-Elektronen zum Aufbau des Atomrumpfs die Zweierperiode Li-Be um die sechs Elemente B-Ne verlängerte, so erweitert sich die Achterperiode nach Abschluß der $3p$-Schale mit Argon durch Inangriffnahme der $3d$-Bahnen noch um weitere zehn Elemente, die sog. Eisengruppe. Das entsprechende Phänomen bei $4d$- bzw. $5d$-Elektronen hat das Auftreten der Palladium- bzw. Platinmetalle zur Folge. Alle diese Schlüsse lassen sich natürlich leicht aus Tabelle 8, S. 624 ablesen.

α) Konfigurationen und Terme. Wettbewerb der d- und s-Elektronen. Eine für die d-Perioden charakteristische Schwierigkeit ist jedoch, daß sich ihr Anfang und Ende nicht genau markieren läßt. Wohl kennen wir ihre Länge. Die Frage ist aber: erstreckt sich die $3d$-Periode der Eisenmetalle von 19 K bis 28 Ni oder von 21 Sc bis 30 Zn? Die allgemeine Systematik (Abschluß der $3p$-Gruppe mit 18 A) spricht für die erstere Alternative; die ausgesprochene chemische Ähnlichkeit von 19 K und 20 Ca mit 11 Na bzw. 12 Mg spricht dagegen für die zweite Alternative und zwingt dazu, K und Ca ebenso wie ihren leichteren Homologen s-Elektronen, und zwar $4s$-Elektronen, zuzuerteilen. Glücklicherweise beseitigt eine Betrachtung der Spektra dieser kritischen Elemente 19 K, 20 Ca, 21 Sc die Schwierigkeit. Denn betrachten wir in Abb. 22 das MOSELEY-Diagramm der isoelektronischen Reihe K, Ca^+, Sc^{2+}, Ti^{3+}..., in welchem die Wurzeln der Ablösearbeiten der $3d$-, $4s$-, $4p$-Elektronen von dem argonähnlichen Rumpf $1s^2...3p^6$ aufgetragen sind. Es zeigt sich dann, daß für genügend hohe Ionisation (Sc^{2+}, Ti^{3+} usw.) der Normalzustand, unserer Systematik entsprechend, ein $3d\,{}^2D$-Term wird; nur die mit Elektronen gesättigten oder nahezu gesättigten neutralen Atome oder einwertigen Ionen ziehen es vor, den Normalzustand mittels eines $4s$-Elektrons zu bilden. Vor dem Kreuzungspunkt der $\sqrt{3d}$- und $\sqrt{4s}$-Linien haben wir also die besprochene Anomalie, die den Alkalicharakter von K und Ca, welche eigentlich schwer schmelzbare Metalle wie Sc, Ti, Cr sein sollten, verursacht; nach dem Kreuzungspunkt verläuft der Bindungsprozeß normal.

---

[1] Phil Trans A 223, S. 127 (1922). [2] Ann d Phys 69, S. 147 (1922).

Es sei betont, daß das Überschneiden der $\sqrt{3d}$- und $\sqrt{4s}$-Linien auch ohne Kenntnis der höheren Funkenspektren aus dem Bogenspektrum vorausgesagt werden könnte; obwohl im K-Spektrum $4s\,{}^2S > 3d\,{}^2D$ ist, muß, da nach (42) der Ziff. 13 die Tangenten an die MOSELEY-Linien sich für höhere Ionisationen den Werten $\frac{1}{4}$ bzw. $\frac{1}{3}$ nähern, später einmal $3d\,{}^2D < 4s\,{}^2S$ werden.

Dieser Wettstreit zwischen $4s$- und $3d$-Elektronen wiederholt sich durch die ganze Periode, unabhängig von der Konfiguration, auf die beide Elektronen aufgebaut sind. Demgemäß liegt für Bogenspektren $3d^{z-1}\,4s$ tiefer als $3d^z$, für hohe Ionisation dagegen umgekehrt. Das gleiche gilt für $3d^{z-2}\,4s^2$ und $3d^{z-1}\,4s$. Wir illustrieren in Abb. 23 dies an einem MOSELEY-Diagramm, das die

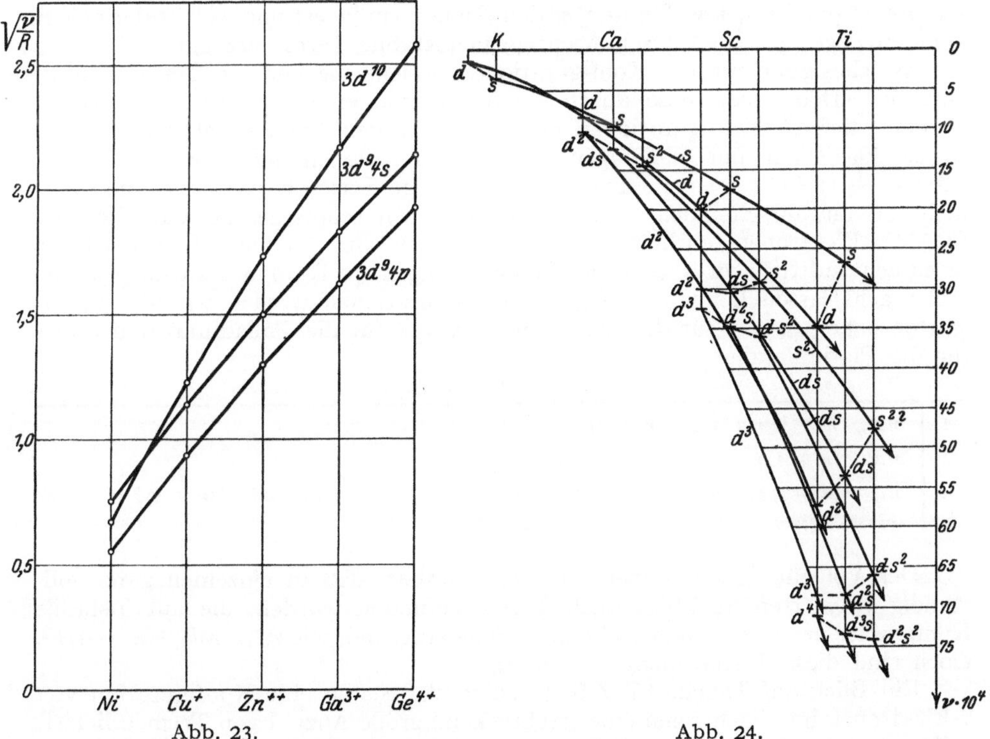

Abb. 23. Abb. 24.

auf $3d^9$ aufgebauten Konfigurationen $3d^9\,4s$, $3d^9\,4p$ und $3d^{10}$ der Spektren Ni, Cu^+, Zn^{++} usw. enthält. Man bemerke die große qualitative Ähnlichkeit dieser Abbildung mit der vorhergehenden.

Wenn sich auch die gegenseitige Stabilitätsänderung von $3d^{z-1}\,4s$ und $3d^z$ in einem auf $3d^{z-1}$ bezogenen MOSELEY-Diagramm gut überblicken läßt, sind wir doch nicht imstande, diese beiden Konfigurationen zusammen mit der dritten wichtigen, nämlich $3d^{z-1}\,4s^2$, zu vergleichen, da die letztere nicht durch einfache Ionisation in $3d^{z-1}$ übergeführt werden kann. Eine ähnliche Schwierigkeit trat uns schon in den p-Perioden entgegen, wenn wir die wechselseitige Stabilität der Konfigurationen $2s^2\,2p^z$, $2s^2\,2p^{z-1}\,3s$ und $2s\,2p^{z+1}$ vergleichen wollten. Auch hier müssen wir auf die so anschauliche Linearität des MOSELEY-Diagramms verzichten und die Termwerte selbst auftragen; ein jeder Term wird dann in seiner Abhängigkeit von Z durch eine Parabel mit vertikaler Achse gegeben. Die obenstehende Abb. 24 enthält die uns interessierenden Parabeln der Konfigurationen $3d^z$, $3d^{z-1}4s$, $3d^{z-2}4s^2$ für alle Ionisationsstufen von K, Ca, Sc, Ti und faßt von einem verschiedenen Standpunkt das in den Abb. 22—23 Ausgedrückte zusammen. Die Abbildung zeigt für jedes einzelne Element drei vertikale Gerade, auf welchen die Termgrößen (in cm^{-1}) des jeweils tiefsten Niveaus der Konfigurationen d^z, $d^{z-1}s$ und $d^{z-2}s^2$ abgetragen und durch gestrichelte Linien verbunden sind. Weiterhin sind durch homologe Konfigurationen isoelektronischer Spektren Parabeln gezeichnet, die die Abhängigkeit von Z zeigen. Man sieht, wie mit wachsendem Z und abnehmendem z die Konfigurationen ohne s-Elektronen an Stabilität gewinnen.

Wir haben uns somit überzeugt, daß es bei gegebener Elektronenzahl z durchaus von dem Grad der Ionisation abhängt, welche von den Konfigurationen nd^z, $nd^{z-1}(n+1)s$, $nd^{z-2}(n+1)s^2$ den Grundterm liefert und welche der beiden anderen noch spektroskopisch wichtige metastabile Terme erzeugt.

Welches sind nun die Konfigurationen, welche die höheren Terme liefern? Offenbar erhält man diese durch Vektoraddition eines $4p$-, $4d$-, $5s$-Elektrons zu den „tiefen" Konfigurationen des nächsthöheren Funkenspektrums. Denn es ist klar, daß nur diejenigen der Konfigurationen nd^{z-1}, $nd^{z-2}(n+1)s$, $nd^{z-3}(n+1)s^2$ des Ions spektroskopisch wichtige Terme hervorrufen, die selbst nicht zu unwahrscheinlich sind. Es wurde oben schon gesagt, daß die zwei $(n+1)s$-Elektronen enthaltende Konfiguration nur in den Bogenspektren prominent auftritt; wir werden sie also als erzeugenden Term im Funkenspektrum außer acht lassen können. Folgende Konfigurationen werden wir also zu erwarten haben ($n=3$ für die Eisengruppe, $n=4$ für die Palladium- und $n=5$ für die Platinmetalle):

Tabelle 77.

1	nd^z, $nd^{z-1}(n+1)s$, $nd^{z-2}(n+1)s^2$,
2	$nd^{z-1}(n+1)p$, $nd^{z-2}(n+1)s(n+1)p$,
3	$nd^{z-1}(n+2)s$, $nd^{z-1}(n+1)d$, $nd^{z-2}(n+1)s(n+2)s$, $nd^{z-2}(n+1)s(n+1)d$.
4	Terme mit $(n+2)p$, $(n+3)s$, $(n+2)d$ usw.

Der Vollständigkeit halber sei noch erwähnt, daß in einzelnen ganz vollständig entwirrten Spektren auch Terme gefunden wurden, die auf instabile Konfigurationen des Funkenspektrums aufgebaut sind, wie z. B. $nd^{z-2}(n+1)p^2$. Doch sind diese Terme nicht sehr häufig.

Ein Blick auf Tabelle 16, Ziff. 11 zeigt, daß schon eine Konfiguration von d-Elektronen im allgemeinen eine erschreckend große Anzahl von Termen liefert. nd^4 gibt sechszehn Terme, $nd^3(n+1)s(n+1)p$ zweiunddreißig, $nd^2(n+1)s^2$ gibt fünf Terme[1], in der Tat so viele, daß nur in Spektren mit wenigen Elektronen alle Terme einer Konfiguration beobachtet sind. Im allgemeinen erstreckt sich der ganze Bereich, der in einem Niveauschema von einer Konfiguration eingenommen wird, über mehrere Volt und überlagert sich gewöhnlich dem Bereich einer benachbarten Konfiguration. In einer der Abb. 21 der letzten Ziffer analogen Abbildung müßten also den Rechtecken, die die einzelnen Konfigurationen repräsentieren, viel größere Vertikalausmaße gegeben werden. Die Konfiguration $nd^{z-1}(n+1)s$ ist eben oft noch nicht zu Ende, wenn die Konfiguration $nd^{z-1}(n+1)p$ schon anfängt (vgl. Abb. 25). Diese enorme Komplexität hat zur Folge, daß man die Tausende von Linien, welche der Eisen- oder Titanbogen unter normalen Umständen emittiert, schon fast vollständig als Kombinationen von Termen der Konfigurationen 1, 2 und 3 der Tabelle untereinander

[1] Addition der geschlossenen Schale s^2 hat auf die Terme und Aufspaltungen, wie wir ja wissen, keinen Einfluß.

interpretieren kann. Für die Hervorrufung höherer Seienglieder bedarf es besonderer Anregungsmethoden. Wir werden uns deshalb in der Zukunft auf die Diskussion dieser Konfigurationen 1, 2, 3 beschränken.

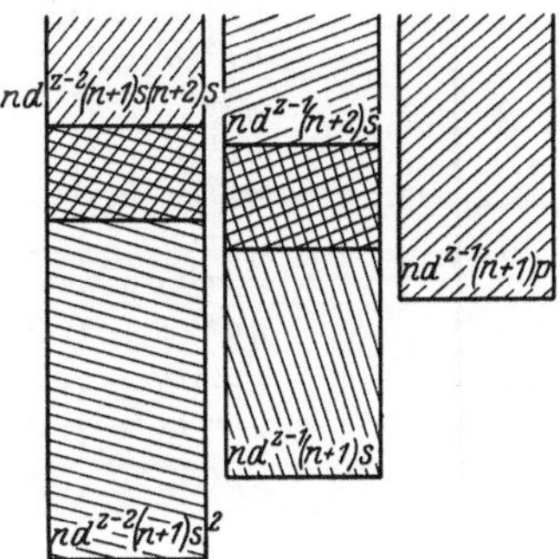

Abb. 25.

Von den zahlreichen Termen einer Konfiguration wird der Spektroskopiker zuerst die tiefsten und energieärmsten wahrnehmen. Glücklicherweise sind dies diejenigen Terme, welche für die Identifikation einer Konfiguration am wichtigsten sind, also diejenigen mit der größten Spinsumme S und Impulssumme L. Allgemein sprechen wir den Satz aus: In einer Konfiguration äquivalenter Elektronen liegt derjenige Term, der die größten S- und L-Werte hat, am tiefsten; seine Kombinationen sind spektroskopisch am leichtesten wahrnehmbar. Gerade diesen Term haben wir in Ziff. 11 nach einem abgekürzten Verfahren ausgerechnet und in Ziff. 17 seine Aufspaltung bestimmt.

Abgesehen von diesem einen Term läßt sich keine allgemeine Regel für die Reihenfolge der Terme einer Konfiguration geben; sie ändert sich von Fall zu Fall. In der Regel sind indessen Terme mit höheren S-Werten tiefer und vor allen Dingen spektroskopisch leichter festzustellen als solche mit niedrigerem S. Denn erstens ist ihre Zahl geringer (z. B. gibt d^4 einen Quintett-, sieben Triplett- und acht Singuletterme), ihre L-Werte sind daher charakteristischer für die Konfiguration, zweitens sind ihre Kombinationen, die Multipletts, viel linienreicher und bieten daher zahlreichere $\Delta\nu$-Kontrollen bei ihrer Identifikation. Wir werden deshalb in den folgenden Tabellen die Terme höherer Multiplizität bevorzugen. Es ergeben sich dann für die unter 1 in Tabelle 49 aufgeführten Konfigurationen die folgenden tiefen Terme eines Spektrums, das von einem Atom oder Ion mit z Elektronen emittiert wird:

Tabelle 78.

z	Konfiguration	Terme
1	nd	^2D
	$(n+1)s$	^2S
2	nd^2	$^3F\ ^1D\ ^3P\ ^1G\ ^1S$
	$nd\ (n+1)s$	$^{3,1}D$
	$(n+1)s^2$	^1S
3	nd^3	$^4F\ ^4P\ ^2H\ ^2G\ ^2F\ ^2D\ ^2D\ ^2P$
	$nd^2(n+1)s$	$^{4,2}F\ ^2D\ ^{4,2}P\ ^2G\ ^2S$
	$nd\ (n+1)s^2$	^2D
4	nd^4	$^5D\ ^3H\ ^3G\ ^3F\ ^3F\ ^3D\ ^3P\ ^3P$ und Singuletts
	$nd^3(n+1)s$	$^{5,3}F\ ^{5,3}P\ ^3H\ ^3G\ ^3F\ ^3D\ ^3D\ ^3P$ und Singuletts
	$nd^2(n+1)s^2$	$^3F\ ^1D\ ^3P\ ^1G\ ^1S$
5	nd^5	$^6S\ ^4G\ ^4F\ ^4D\ ^4P$ und Dubletts
	$nd^4(n+1)s$	$^{6,4}D\ ^4H\ ^4G\ ^4F\ ^4F\ ^4D\ ^4P\ ^4P$ und Dubletts
	$nd^3(n+1)s^2$	$^4F\ ^4P\ ^2H\ ^2G\ ^2F\ ^2D\ ^2D\ ^2P$
6	nd^6	$^5D\ ^3H\ ^3G\ ^3F\ ^3F\ ^3D\ ^3P\ ^3P$ und Singuletts
	$nd^5(n+1)s$	$^{7,5}S\ ^{5,3}G\ ^{5,3}F\ ^{5,3}D\ ^{5,3}P$ und weitere Tripletts und Singuletts
	$nd^4(n+1)s^2$	$^5D\ ^3H\ ^3G\ ^3F\ ^3F\ ^3D\ ^3P\ ^3P$ und Singuletts
7	nd^7	$^4F\ ^4P\ ^2H\ ^2G\ ^2F\ ^2D\ ^2D\ ^2P$
	$nd^6(n+1)s$	$^{6,4}D\ ^4H\ ^4G\ ^4F\ ^4F\ ^4D\ ^4P\ ^4P$ und Dubletts
	$nd^5(n+1)s^2$	$^6S\ ^4G\ ^4F\ ^4D\ ^4P$ und Dubletts

Tabelle 78. (Fortsetzung.)

z	Konfiguration	Terme
8	nd^8	^3F ^1D ^3P ^1G ^1S
	$nd^7(n+1)s$	$^{5,3}F$ $^{5,3}P$ ^3H ^3G ^3F ^3D ^3D ^3P und Singuletts
	$nd^6(n+1)s^2$	^5D ^3H ^3G ^3F ^3F ^3D ^3P ^3P und Singuletts
9	nd^9	^2D
	$nd^8(n+1)s$	$^{4,2}F$ ^2D $^{4,2}P$ ^2G ^2S
	$nd^7(n+1)s^2$	^4F ^4P ^2H ^2G ^2F ^2D ^2D ^2P
10	nd^{10}	^1S
	$nd^9\,(n+1)s$	$^{3,1}D$
	$nd^8\,(n+1)s^2$	^3F ^1D ^3P ^1G ^1S
11	$nd^{10}(n+1)s$	^2S
	$nd^9\,(n+1)s^2$	^2D
12	$nd^{10}(n+1)s^2$	^1S

In der ersten Spalte bedeutet z die Anzahl der Elektronen, die das Atom außerhalb der Argon- bzw. Krypton- bzw. Xenonschale ($n = 3, 4, 5$ bzw.) besitzt. In der zweiten Spalte finden sich die bei z Elektronen möglichen Konfigurationen von nd- und $(n+1)s$-Elektronen und in der dritten Spalte die zugehörigen Terme bei normaler Koppelung. Obwohl diese Terme leicht aus der früheren Tabelle 16 (Ziff. 11) abgeleitet werden können, wurden sie doch hier nochmals in dem jetzigen Bedarf angemessener Anordnung gegeben, einerseits, um dem Leser die Möglichkeit zu geben, alle in einem Spektrum mit z Elektronen zu erwartenden tiefen Terme übersehen zu können, andererseits um die interessante Symmetrie hervortreten zu lassen, die die Terme um die Stelle $z = 6$ zeigen. Der Platzersparnis halber wurden, falls eine Konfiguration Terme mit mehr als zwei Multiplizitäten hervorbringt, die weniger interessanten Dubletts und Singuletts weggelassen. Schließlich sei noch hervorgehoben, daß, da es sich hier nur um s- und d-Elektronen handelt, die Summe $\sum l_i$ stets gerade ist; Kombinationen der Terme von Tabelle 50 untereinander sind also nach der verallgemeinerten Auswahlregel für l_i (Ziff. 33) ausgeschlossen.

Es wurde oben schon erwähnt, daß für neutrale Atome die Konfigurationen mit zwei s-Elektronen tiefer sind, für Ionen dagegen solche ganz ohne s-Elektronen. Diese Veränderung in der relativen Stabilität der Konfigurationen soll jetzt numerisch etwas genauer verfolgt werden.

Von vornherein läßt sich nichts über das gegenseitige Stabilitätsverhältnis der drei konkurrierenden Konfigurationen $d^{z-2}s^2$, $d^{z-1}s$ und d^z und die relative Prominenz ihrer Terme aussagen; es ist dies ein kompliziertes Phänomen, das in noch unbekannter Weise von Z und z abhängt. Schauen wir uns darum besser die tatsächlichen Abstände an, die die jeweils tiefsten Terme der strittigen Konfigurationen voneinander haben. Diese „Abstände" (in cm^{-1}) sind in der folgenden Tabelle 79 für die Spektren der Eisengruppe angegeben. Sie sind auf den jeweiligen Grundterm bezogen, der somit durch „0" gekennzeichnet ist. Für die Elektronenzahlen $z = 1$ bis 4 sind die Termabstände auch in der früheren Abb. 24 dargestellt.

Zwar rückt unserer Behauptung gemäß der durch „0" charakterisierte Grundterm bei gleichbleibendem z stets von den rechten Spalten in die linke Spalte (d^z ohne s), doch scheint dieser Übergang zunächst keinem einfachen Gesetz zu gehorchen. Die Bogenspektren von Chrom und Kupfer bilden eine deutliche Ausnahme von allen anderen, da bei ihnen schon im Bogenspektrum die Konfiguration $d^{z-1}s$ am stabilsten ist. Doch ist dies kein plötzliches Überspringen; vielmehr bereitet sich dieser Konfigurationswechsel langsam vor, wie man aus dem stetigen Abnehmen der Differenz $d^{z-2}s^2 - d^{z-1}s$ in den Bogenspektren Sc bis Cr einerseits und Mn bis Cu andererseits sieht. Plötzlich ist nur der Übergang von Cr nach Mn, mit einem Sprung der obigen Differenz von -7751 nach $+17052$. Entsprechend liegen die Verhältnisse beim Vergleich der ersten Funkenspektren. Hier nimmt die Differenz $d^{z-1}s - d^z$ stetig von $+13650$ (Ca^+) bis -11963 (Cr^+) ab, springt bei dem nächsten Spektrum Mn^+ auf $+14324$, um dann wieder allmählich auf -21925 zurückzugehen. In zweiten und höheren Funkenspektren ist der Grundterm ausnahmslos vom Typus d^z.

Betrachten wir, um dieses merkwürdige Verhalten verstehen zu können, folgenden Bindungsprozeß[1]. Zu der erzeugenden Konfiguration d^{z-1} eines Funkenspektrums mögen ein s-Elektron und ein d-Elektron hinzugefügt werden. Offenbar wird beim Anlagern eines s-Elektrons die freiwerdende Energie nur wenig und in stetiger Weise von $z-1$, der Anzahl der Rumpfelektronen, abhängen. Tatsächlich ergibt sich, daß diese Energie, die wir auch symbolisch $d^{z-1}s - d^{z-1}$ schreiben können, als Funktion von z betrachtet, langsam mit z ansteigt (z. B. ist sie 12 Volt bei Ca^+, 18 Volt bei Zn^+). Die bei Anlagerung eines äquivalenten d-Elektrons gewonnene Arbeit haben wir aber schon in Ziff. 37 behandelt; sie hängt durchaus unstetig von z ab, da sie[2]

Tabelle 79.

z	Spektrum	d^{z-1}	$d^{z-1}s$	$d^{z-1}s^2$
1		$^2D_{1\frac{1}{2}}$	$^2S_{\frac{1}{2}}$	—
	K	21535	0	
	Ca^+	13650	0	
	Sc^{++}	0	25537	
	Ti^{+++}	0	80379	
2		$^3F_2$	$^3D_1$	$^1S_0$
	Ca	~ 48000	20336	0
	Sc^+	4803	0	11736
	Ti^{++}	0	38063	—
	V^{+++}	0	96196	—
3		$^4F_{1\frac{1}{2}}$	$^4F_{1\frac{1}{2}}$	$^2D_{1\frac{1}{2}}$
	Sc	33764	11520	0
	Ti^+	908	0	24961
	V^{++}	0	43941	—
4		$^5D_0$	$^5F_1$	$^3F_2$
	Ti	~ 28500	6557	0
	V^+	0	2605	—
	Cr^{++}	0	—	—
5		$^6S_{2\frac{1}{2}}$	$^6D_{\frac{1}{2}}$	$^4F_{1\frac{1}{2}}$
	V	—	2113	0
	Cr^+	0	11963	—
	Mn^{++}	0	—	—
6		$^5D_4$	$^7S_3$	$^5D_0$
	Cr	—	0	7751
	Mn^+	14324	0	—
	Fe^{2+}	0	—	—
7		$^4F_{4\frac{1}{2}}$	$^6D_{4\frac{1}{2}}$	$^6S_{2\frac{1}{2}}$
	Mn	—	17052	0
	Fe^+	1873	0	23318
	Co^{2+}	0	—	—
8		$^3F_4$	$^5F_5$	$^5D_4$
	Fe	—	6928	0
	Co^+	0?	~ 2500	—
9		$^2D_{2\frac{1}{2}}$	$^4F_{4\frac{1}{2}}$	$^4F_{4\frac{1}{2}}$
	Co	21920	3483	0
	Ni^+	0	8381	—
10		$^1S_0$	$^3D_3$	$^3F_4$
	Ni	14729	205	0
	Cu^+	0	21925	—
	Zn^{2+}	0	78105	—
	Ga^{3+}	0	149298	—
11		—	$^2S_{\frac{1}{2}}$	$^2D_{2\frac{1}{2}}$
	Cu		0	11203
	Zn^+		0	62721
	Ga^{2+}		0	—
	Ge^{3+}		0	—

[1] Die folgenden Gedankengänge sind ähnlich denen einer Arbeit von H. N. RUSSELL, Ap J 66, S. 233 (1927). Doch gehen wir in mancher Hinsicht beträchtlich über RUSSELL hinaus.

[2] Wenigstens bei der hier vorliegenden RUSSELL-SAUNDERS-Koppelung.

zuerst bis zur Schalenmitte ($z = 2l + 1$) steil ansteigt, dann plötzlich abnimmt, um dann wieder bis zum Schalenende ($z = 2(2l + 1)$) stark zuzunehmen (Abb. 14 und 15). So auch hier bei der Bindung eines äquivalenten d-Elektrons. Der Grundtermwechsel in Tabelle 79 ist aber dann verständlich: wir brauchen nur die Bindungsenergie $d^{z-1}s - d^{z-1}$ als schwach geneigte Gerade ebenfalls in Abb. 15 einzutragen. Bei hoher Ionisation liegt sie durchweg unterhalb der Stufenkurve $d^z - d^{z-1}$; bei Anlagerung an ein zweites Ion schneidet die Gerade $d^{z-1}s - d^{z-1}$ die Stufenlinie $d^z - d^{z-1}$ dreimal, so daß für $z = 1, 2, 3$ sowie 6, 7 jetzt $d^{z-1}s - d^z$ oberhalb $d^z - d^{z-1}$ verläuft; schließlich liegt bei Bindung durch ein erstes Ion die Gerade $d^{z-1}s - d^{z-1}$ für alle Werte von z oberhalb der Stufenlinie $d^z - d^{z-1}$. Die Differenz der beiden Linien ist in der Tat so groß, daß in manchen Bogenspektren von d^z herrührende Terme gar nicht mehr beobachtet sind; nur in der Nähe des letzten Maximums kann man das Auftreten solcher Terme mit genügender Stabilität erwarten. Tabelle 79 zeigt dies für Co und Ni ($z = 9$ und 10), in welchen Spektren in der Tat die Differenz $d^{z-1}s - d^z$ am kleinsten ist.

Auf ganz analogem Wege kann man nun die relative Stabilität von $d^{z-2}s^2$ und $d^{z-1}s$ durch Anlagerung eines s- bzw. eines d-Elektrons an die Rumpfkonfiguration $d^{z-2}s$ verstehen. Wiederum hängt die Bindungsenergie eines s-Elektrons $d^{z-2}s^2 - d^{z-2}s$ schwach ansteigend von z ab, während die Bindungsenergie eines d-Elektrons an $d^{z-2}s : d^{z-1}s - d^{z-2}s$ den typischen steilen Anstieg in jeder Halbperiode und die Unstetigkeit in der Mitte der Periode zeigt. Als Gegenstück zu Tabelle 65 (S. 692) geben wir in Tabelle 80 und Abb. 26 die Bindungsenergie (in Volt) $3d^{z-1}4s - 3d^{z-2}4s$ als Funktion von z in den Bogen-

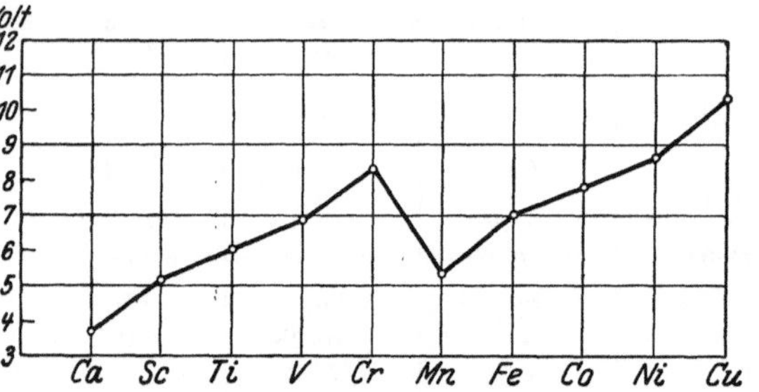

Abb. 26.

Tabelle 80.

z	Atom	Ablösungsarbeit $d^{z-1}s - d^{z-2}s$ in Volt
2	Ca	3,71
3	Sc	5,15
4	Ti	5,98
5	V	6,78
6	Cr	8,24
7	Mn	5,28
8	Fe	6,97
9	Co	7,82
10	Ni	8,64
11	Cu	10,34

spektren der ersten großen Periode. Da es sich hier um Ablösungsarbeiten im Bogenspektrum handelt, sind die nebenstehenden Werte natürlich viel kleiner als die der Tabelle 65. Ferner muß beachtet werden, daß bei dem hier gewählten z die beiden Maxima für $z = 6$ und $= 11$ auftreten.

Die Entscheidung zwischen den Grundtermen $d^{z-2}s^2$ und $d^{z-1}s$ ist nun leicht zu treffen, indem man wieder eine schwach nach oben geneigte Gerade für $d^{z-2}s^2 - d^{z-2}s$ durch die durch obige Werte gegebene Stufenkurve $d^{z-1}s - d^{z-2}s$ hindurchlegt. Für Ionen (jetzt auch einfache Ionen) liegt die Gerade ganz unterhalb der Stufenlinie. Für neutrale Atome schneidet erstere die letztere dreimal, so daß an den Maxima die Stufenkurve eben noch über die Gerade hervorragt. Daher ist bei allen neutralen Atomen der Grundzustand vom Typus $d^{z-2}s^2$, nur nicht für Cr und Cu, wo er durch $d^{z-1}s$ repräsentiert ist. Gäbe es negative Ionen in dieser Periode, so wäre der Grundzustand durchweg vom Typus $d^{z-2}s^2$, weil dann die Gerade für alle Werte von z oberhalb der Stufenkurve liegen würde.

Wir geben in der folgenden Tabelle eine Zusammenstellung der sog. Hauptionisierungspotentiale, d. h. der Abstände (in Volt) vom tiefsten Term des Bogen- zum tiefsten Term des Funkenspektrums bzw. für Ionen vom tiefsten Term des betreffenden Funkenspektrums zu dem des nächst höheren Funkenspektrums. Wir beschränken uns dabei auf die Eisengruppe, da in den nächsten Perioden ($n = 4,5$) zwar zahlreiche Multiplettgesetzmäßigkeiten gefunden, aber meistens keine absoluten Termwerte bekannt sind.

Tabelle 81.

Element	Bogenspektrum		Erstes Funkenspektrum	
	Terme	Hauptionisierungsspannung	Terme	Hauptionisierungsspannung
K	$s\ {}^2S\ - p^6\ {}^1S$	4,32	$p^6\ {}^1S\ - p^5\ {}^2P$	31,7[1]
Ca	$s^2\ {}^1S\ - s\ {}^2S$	6,09	$s\ {}^2S\ - p^6\ {}^1S$	11,82
Sc	$d s^2\ {}^2D\ - d s\ {}^3D$	6,57	$d s\ {}^3D\ - d\ {}^2D$	12,80
Ti	$d^2 s^2\ {}^3F\ - d^2 s\ {}^4F$	6,80	$d^2 s\ {}^4F\ - d^2\ {}^3F$	13,60
V	$d^3 s^2\ {}^4F\ - d^4\ {}^5D$	6,76	$d^4\ {}^5D\ - d^3\ {}^4F$	14,7
Cr	$d^5 s\ {}^7S\ - d^5\ {}^6S$	6,74	$d^5\ {}^6S\ - d^4\ {}^5D$	16,6
Mn	$d^5 s^2\ {}^6S\ - d^5 s\ {}^7S$	7,40	$d^5 s\ {}^7S\ - d^5\ {}^6S$	15,70
Fe	$d^6 s^2\ {}^5D\ - d^6 s\ {}^6D$	7,83	$d^6 s\ {}^6D\ - d^6\ {}^5D$	16,5
Co	$d^7 s^2\ {}^4F\ - d^8\ {}^3F$	7,81	$d^8\ {}^3F\ - d^7\ {}^4F$	17,2
Ni	$d^8 s^2\ {}^3F\ - d^9\ {}^2D$	7,64	$d^9\ {}^2D\ - d^8\ {}^3F$	18,2
Cu	$d^{10} s\ {}^2S\ - d^{10}\ {}^1S$	7,69	$d^{10}\ {}^1S\ - d^9\ {}^2D$	20,34
Zn	$d^{10} s^2\ {}^1S - d^{10} s\ {}^2S$	9,36	$d^{10} s\ {}^2S - d^{10}\ {}^1S$	17,89

Bemerkung über die Spektren der Palladiummetalle. Die vorangegangenen Ausführungen lassen sich natürlich auch auf das Studium der Konfigurationen $4d^z$, $4d^{z-1}\,5s$ und $4d^{z-2}\,5s^2$ und ihrer relativen Stabilität in der Palladiumreihe Sr—Ag anwenden. Verglichen mit der Eisenreihe zeigt sich im allgemeinen eine erhöhte Stabilität der $4d$-Elektronen gegenüber den $5s$-Elektronen. Demgemäß hat man eine höhere Anzahl Bogenspektren, deren Grundterm von $d^{z-1}s$ gebildet wird, als in der Eisenreihe (wo ja nur Cr und Cu diese Ausnahmestellung einnehmen). Die folgende Tabelle zeigt die Verteilung der Grundterme über die in Frage kommenden Konfigurationen:

Tabelle 82.

Spektrum	Konfiguration	Sr	Y	Zr	Nb	Mo	Ma	Ru	Rh	Pd	Ag	Cd
Bogen	$d^{z-2}\,s^2$	^1S	^2D	^3F			^6S?					^1S
	$d^{z-1}\,s$					^7S		^5F	^4F		^2S	
	d^z									^1S		
1. Funken	$d^{z-3}\,s^2$		^1S									
	$d^{z-2}\,s$	^2S		^4F			^7S?					^2S
	d^{z-1}				^5D	^6S		^4F	^3F	^2D	^1S	

Über die überraschende Ausnahme im Funkenspektrum des Yttrium sei auf die Originalarbeit von MEGGERS und RUSSELL[2] verwiesen.

Die Kenntnis der Spektren der Platinreihe ist wegen des Zusammenbruches der normalen Koppelung noch sehr gering. Verschiedene Anzeichen in den Spektren von 71 Lu, 74 W, 78 Pt deuten aber darauf hin, daß, wenigstens nach Einbau der seltenen Erden, die $6s$- den $5d$-Elektronen bedeutend an Stabilität überlegen sind.

Wir sind am Ende der Betrachtungen über den Wettbewerb der nd- und $(n+1)\,s$-Elektronen angelangt. Es bleibt noch eine Diskussion der in Tabelle 77

[1] Siehe Tabelle 76. [2] Bureau of Standards J Res 2, S. 733 (1929).

unter 2 angeführten, ein angeregtes p-Elektron enthaltenden Konfigurationen. Die Anzahl der sich so ergebenden Terme ist enorm, da aus einem Funkenterm ${}^{R}L$ sechs Terme hervorgehen mit Multiplizitäten $R \pm 1$ und den Bahnmomenten $L-1$, L, $L+1$. Gewöhnlich (doch gibt es zahlreiche Ausnahmen) liegen die drei Terme, welche bei gleicher Multiplizität die Quantenzahlen $L-1$, L, $L+1$ haben, relativ nahe beieinander (vgl. Beispiel Ziff. 5). Für eine derartige Termgruppe, die dann bei Kombination mit einem Term einer anderen Konfiguration drei im selben Spektralgebiet liegende Multipletts liefert, hat sich der Name Triade eingebürgert. Die Triade bildet wohl das eindringlichste Kennzeichen aller ein angeregtes p-Elektron involvierenden Termgruppen. Aus einem Triadenpaar mit benachbarten Multiplizitäten kann man sofort auf den erzeugenden Funkenterm schließen.

Zum Abschluß dieses Abschnitts noch eine Bemerkung über die Möglichkeit solcher Konfigurationen, die die früher abgeschlossenen Schalen in Mitleidenschaft ziehen. Wir sahen in Ziff. 40, daß in den p-Perioden neben den Grundtermen s^2p^z die Konfigurationen sp^{z+1} am niedrigsten sind — wenigstens bei genügend hoher Ionisation. In den d-Perioden jedoch sind entsprechende Terme noch nicht beobachtet worden. Beschränken wir uns auf Funkenspektren höherer Ordnung, so sind, wie wir gesehen haben, die wesentlichen tiefen Termkonfigurationen p^6d^z und $p^6d^{z-1}s$; sie kombinieren mit $p^6d^{z-1}p$. Das Analogon der Konfiguration sp^{z+1} in den p-Perioden ist hier p^5d^{z+1} und p^5d^zs. Da diese Konfigurationen offenbar Abschirmungsdubletts mit p^6d^z bzw. $p^6d^{z-1}s$ bilden, werden, bei genügend hoher Ionisation wenigstens, die entsprechenden Terme immer tiefer rücken; insbesondere wird p^5d^{z+1} sogar tiefer als $p^6d^{z-1}p$ liegen, so daß die „Resonanzlinien" des betreffenden Funkenspektrums dem Übergang $p^6d^z - p^5d^{z+1}$ entsprechen werden. Verfasser beabsichtigt, in den Funkenspektren der Eisengruppe nach diesen Linien zu suchen.

β) Das Bogenspektrum des Eisens als Beispiel. Gemäß den vorhergegangenen Betrachtungen haben wir im Bogenspektrum des Eisens die folgenden Konfigurationen und Terme zu erwarten (s. Tab. 78):

1. $3d^6\,4s^2$: ${}^5D$ ${}^3H$ ${}^3G$ usw.

Ferner aufgebaut auf die Terme

$3d^7$: ${}^4F$ ${}^4P$ usw. des Fe^+-Spektrums;

/\ /\

$3d^7\,4s$: ${}^5F$ ${}^3F$ ${}^5P$ ${}^3P$ und andere Tripletterme.

2. Aufgebaut auf

$3d^6\,4s$: ${}^6D$ ${}^4D$ usw.

/|\ /|\

$3d^6\,4s\,4p$: ${}^{7,5}(P^0D^0F^0)$ ${}^{5,3}(P^0D^0F^0)$ usw.

Ferner aufgebaut auf

$3d^7$: ${}^4F$ ${}^4P$

/|\ /|\

$3d^7\,4p$: ${}^{5,3}(D^0F^0G^0)$ ${}^{5,3}(S^0P^0D^0)$.

3. Aufgebaut auf

$3d^6\,4s$: ${}^6D$ ${}^4D$

/\ /\

$3d^6\,4s\,5s$: ${}^7D$ ${}^5D$ ${}^5D$ ${}^3D$.

Ferner aufgebaut auf

$3d^7$: ${}^4F$ ${}^4P$

/\ /\

$3d^7\,5s$: ${}^5F$ ${}^3F$ ${}^5P$ ${}^3P$.

Die Anordnung nach 1, 2, 3 ist dabei ganz wie in Tabelle 77 (S. 708). Wie man sieht, wurde nur eine kleine Auswahl aller von einer Konfiguration gelieferten Zustände gemacht. Der leitende Gesichtspunkt war, daß nur Terme mit maximaler Vielfachheit oder von Funkentermen maximaler Vielfachheit erzeugte Terme aufgenommen wurden. Ferner wurden, einem häufigen Gebrauch entsprechend, Terme, deren $\sum_i l_i$ ungerade ist, durch eine rechts oben an das Termsymbol angebrachte „0" unterschieden (vgl. Ziff. 33).

Betrachten wir nun Abb. 27, das Niveauschema des Eisens. Auf vertikalen Linien sind die Terme S, S^0, P, P^0, D, D^0 usw. der Größe nach eingetragen. Der Nullpunkt der am linken Rand befindlichen Skala (cm^{-1}) ist dem üblichen Gebrauch gemäß in den tiefsten Term gelegt. Ist also ein Term in Höhe 20000 cm^{-1}, so bedeutet das, daß die der Frequenzdifferenz 20000 entsprechende Energie aufgewendet werden muß, um das Atom in diesen Zustand zu bringen. Die Terme selbst sind durch Rechtecke wiedergegeben, deren Vertikalausdehnung ihre Aufspaltungen in Subniveaus angibt. Terme verschiedener Multiplizität sind durch ihre Lage auf der vertikalen Linie unterschieden, derart, daß Septetterme an die rechte Seite der Linie, Triplett- an die linke Seite und Quintetterme auf die Linie gezeichnet sind.

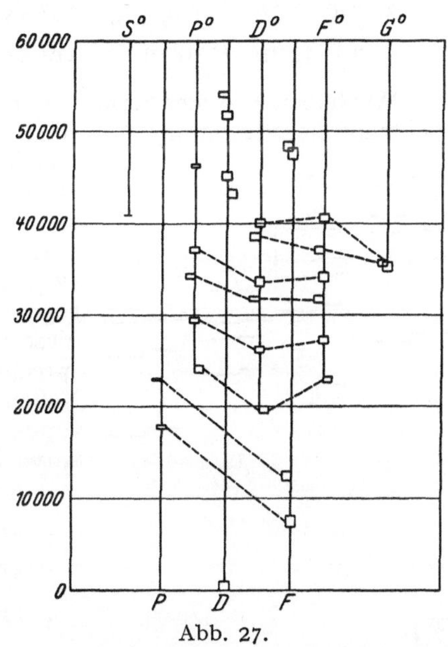

Abb. 27.

Die Identifikation der Terme nach ihren Konfigurationen hat jetzt keine Schwierigkeiten. Betrachten wir zuerst die tiefen Terme (1). Der Grundterm des Spektrums ist $3d^6\,4s^2\,{}^5D$ — zugleich auch der einzig prominente Term seiner Konfiguration. Andere Tripletterme wie ${}^3H$ usw., sind, wie mir Herr F. M. Walters mitteilte, zwar gefunden, sie liegen aber erst bei etwa 20000 cm^{-1}. Weiterhin identifiziert man sofort als zu $3d^7\,4s$ gehörig ${}^{5,3}F$, ${}^{5,3}P$ (8000 bis 23000 cm^{-1}). In der Abbildung deuten die punktierten Verbindungslinien ihre Zusammengehörigkeit an. Die Tatsache, daß diese Terme in Paaren mit benachbarter Multiplizität auftreten, läßt sofort auf eine Konfiguration mit einem s-Elektron schließen.

Die ungeraden Terme sollen nach obigem in Termtriaden auftreten. Dies ist, wie ein Blick auf die Abbildung zeigt, in der Tat der Fall; die einzelnen Terme sind durch punktierte Linien verbunden. Wir erkennen zuerst: ${}^{7,5}(P^0 D^0 F^0)$, also ${}^6D + p$; dann ${}^{3,5}(P^0 D^0 F^0)$, d. h. ${}^4D + p$, und schließlich: ${}^{3,5}(D^0 F^0 G^0)$, d. h. ${}^4F + p$; alle diese Identifikationen sind in bester Übereinstimmung mit der Zusammenstellung am Anfang dieses Abschnittes. Es bleiben noch ein ${}^5S^0$- und ein ${}^5P^0$-Term, die sicher zu der auf $3d^7\,{}^4P$ aufgebauten Triade ${}^5(S^0 P^0 D^0)$ gehören.

Auch die hochliegenden geraden Terme sind mit den unter (3) aufgeführten leicht identifizierbar. Die vier Terme ${}^{7,5,5,3}D$ (43000 bis 54000 cm^{-1}) sind durch $3d^6\,4s\,5s$, die restlichen einander überlagerten Terme ${}^{5,3}F$ (35000 cm^{-1}) sind durch $3d^7\,5s$ erklärt. Die Terme $3d^7\,5s\,{}^{5,3}P$ sind noch nicht gefunden. Durch die in der Abbildung eingezeichneten Terme sind schon an 700 Linien des Bogenspektrums erklärt, darunter alle starken und temperaturbeständigen Linien.

Die behandelten Terme des Eisenspektrums bieten nun eine interessante Anwendung der Betrachtungen des vorigen Abschnitts e) über Serien in Komplexspektren[1]. Offenbar bilden diejenigen der „geraden" Terme, die gleiches S und L haben, Serien. Wenn wir für den Augenblick die Lage eines Terms im Niveauschema durch seinen in Klammern hinter das Termsymbol gesetzten Abstand vom Grundterm kennzeichnen, dann haben wir die folgenden Serien zur Bestimmung der Ionisierungsspannung:

1. $3d^6\,4s^2\,{}^5D$ (0) und $3d^6\,4s\,5s\,{}^5D$ (45000); konvergiert nach $3d^6\,4s\,{}^6D$,
2. $3d^6\,4s^2\,{}^5D$ (0) „ $3d^6\,4s\,5s\,{}^5D$ (52000); „ „ $3d^6\,4s\,{}^4D$,
3. $3d^7\,4s\,{}^5F$ (8000) „ $3d^7\,5s\,{}^5F$ (48000); „ „ $3d^7\,{}^4F$,
4. $3d^7\,4s\,{}^3F$ (12000) „ $3d^7\,5s\,{}^3F$ (49000); „ „ $3d^7\,{}^4F$.

Wir haben also vier Serien, die nach drei verschiedenen Grenzen im Funkenspektrum konvergieren. Allerdings bestehen unsere Serien nur aus je zwei Gliedern, was die Anwendung einer zweikonstantigen RITZ-Formel unmöglich macht. Nebenstehende Abb. 28 illustriert, wie die obigen vier Serien und zwei weitere nach ${}^4P$ zielende Serien (von denen nur die ersten Glieder bekannt sind) gegen die Terme von Fe^+ konvergieren. Da diese Serien der Anregung eines s-Elektrons entsprechen, gehören sie alle dem Typus der „zweiten Nebenserie" an (vgl. Kap. 5, S. 493). Dieser Serientypus ist in Komplexspektren immer am besten entwickelt.

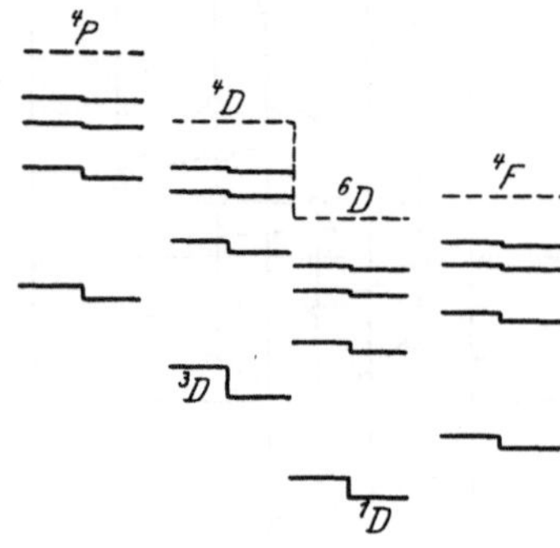

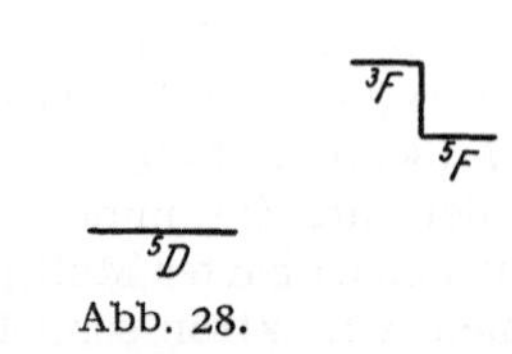

Abb. 28.

Anwendung der RYDBERG-Formel ergibt:

1. ${}^5D - {}^6D = 65500$, ${}^5D - {}^6D = 65500$,
2. ${}^5D - {}^4D = 73600$, ${}^5D - {}^6D = 65600$,
3. ${}^5F - {}^4F = 59900$, ${}^5D - {}^6D = 64900$,
4. ${}^3F - {}^4F = 54800$, ${}^5D - {}^6D = 64900$.

Die Werte von ${}^5D - {}^6D$ sind dabei durch Addition bzw. Subtraktion bekannter Differenzen des Bogen- bzw. Funkenspektrums erhalten. Als Mittel ergibt sich 65200. Dieser Wert wurde von RUSSELL[2] noch durch Schätzung der RITZ-Korrektion obiger Serien auf $63400\ \text{cm}^{-1} = 7{,}83$ Volt verbessert. Dies dürfte wohl bis auf $\pm 1000\ \text{cm}^{-1}$ korrekt sein.

γ) Paramagnetismus in der Eisengruppe. Durch Messung der Suszeptibilität magnetischer Substanzen ist es bekanntlich möglich, das magnetische Moment der Atome oder Ionen $\mathfrak{M} = Jg\,\mu_B$ direkt zu messen. Wegen der beschränkten Anwendungsmöglichkeit haben wir die Besprechung dieses Effektes bis auf jetzt aufgespart. Denn zur Messung brauchte man Atome oder Ionen im Gaszustand unter möglichst hoher Dichte. Diese Versuchsbedingungen lassen sich jedoch nicht herstellen, da entweder die fraglichen Substanzen, wenn gasförmig, kein magnetisches Moment besitzen (Ne, A) oder zur Molekülbildung geneigt sind (N, O, J, Br, Bi) oder erst bei sehr hohen Temperaturen verdampfen

[1] O. LAPORTE, Wash Nat Ac Proc 12, S. 496 (1926).
[2] Ap J 66, S. 233 (1927).

(Sc, Ti, Mo, Pt). Doch wird der Effekt gewöhnlich an festen oder gelösten Salzen der Eisen-, Palladium- und Platingruppen gemessen, die im gelösten Zustand fast gänzlich dissoziiert zu sein scheinen. Allerdings muß man sich, da es sich dann um ein Ion unter dem Einfluß der Anionen und der Moleküle des Lösungsmittels handelt, auf manche Abweichungen von dem Verhalten im Gaszustand gefaßt machen. Die Ionen der Elemente der p-Perioden scheiden bei dieser Methode ganz aus, da sie in Salzen ihre Elektronen immer bis auf die nächste geschlossene Schale mit $J = 0$ abbauen und somit ihren Paramagnetismus verlieren. Damit ist in Übereinstimmung, daß die Salze der Elemente der kurzen Perioden stets ungefärbt sind, also wegen des stabilen Charakters der Edelgasschale ihre Absorption im tiefen Ultraviolett besitzen, während die paramagnetischen Ionen, deren Außenschalen einige, in einer nicht abgeschlossenen Anordnung befindliche, d-Elektronen aufweisen, gefärbte Salze bilden[1]. Besonders drastisch zeigt sich dies bei Kupfer. Das Cupro-Ion hat einen $d^{10}\,{}^1S_0$-Term zum Normalzustand und ist farblos, während das Cupri-Ion mit $d^9\,{}^2D$ gefärbte Salze bildet. Schon hier sei indessen auf die folgende Schwierigkeit hingewiesen: Obwohl die Absorptionslinien der paramagnetischen Ionen im Gaszustand nicht im LYMAN- oder MILLIKAN-Gebiet liegen, so finden sich diese doch keineswegs im Sichtbaren, wie man nach der chemischen Analogie erwarten sollte, sondern im nahen Ultraviolett (3000 bis 1700 A). Diese Schwierigkeit können wir nur rein qualitativ durch Annahme einer Kontraktion des ganzen Niveauschemas im flüssigen Zustande plausibel machen. Wir kommen hierauf noch später zurück.

Nun zur Theorie der Erscheinung. Die Energie eines Ions im Magnetfeld ist:

$$\varepsilon_M = M g \mu_B H, \tag{71}$$

wo

$$\mu_B = \frac{e h}{4 \pi m c}.$$

Wir berechnen den Mittelwert pro Ion:

$$\frac{\bar{\varepsilon}}{N} = \frac{\sum\limits_M \varepsilon_M e^{-\frac{\varepsilon_M}{kT}}}{\sum\limits_M e^{-\frac{\varepsilon_M}{kT}}}, \tag{94}$$

wobei die Summen von $M = -J$ bis $M = +J$ laufen. Wegen der Kleinheit vom $\varepsilon_M/\varkappa T$ entwickeln wir die e-Funktionen. Wegen

$$\sum_M \varepsilon_M = 0 \tag{95}$$

verschwindet der Mittelwert $\bar{\varepsilon}$ in erster Näherung; in zweiter Näherung ergibt sich aber, da

$$\sum_M \varepsilon_M^2 = \tfrac{1}{3} J(J+1)(2J+1) g^2 \mu_B^2 H^2$$

ist:

$$\frac{\varepsilon}{N} = \frac{1}{3} \frac{J(J+1) g^2}{kT} \mu_B^2 H^2.$$

Also wird, da die Energie gleich Feld mal Magnetisierung, diese aber gleich Suszeptibilität χ mal Feld ist:

$$\chi = \frac{N \mu_{\text{eff}}^2}{3kT}, \qquad \mu_{\text{eff}} = g \sqrt{J(J+1)}\, \mu_B. \tag{96}$$

[1] Auf diesen Zusammenhang machte zuerst R. LADENBURG aufmerksam.

In der Ableitung dieser Formel stecken aber zwei Inkonsequenzen, auf welche VAN VLECK[1] einerseits und SOMMERFELD und der Verfasser[2] andererseits aufmerksam machten. Denn **erstens** haben wir gerechnet, als ob (95) wegen der Proportionalität von ε_M mit H streng erfüllt wäre, und sind dann bis zu Gliedern zweiter Ordnung gegangen. Das ist aber nur für S-Terme oder Singuletterme richtig, für die der ZEEMAN-Effekt bei schwachen und starken Feldern durch (71) gegeben ist. **Zweitens** haben wir gerechnet, als ob unser Grundterm nur aus einem einzigen Niveau J bestünde, während im allgemeinen ein Term aus mehreren nahe beieinanderliegenden Niveaus mit verschiedenen J- und g-Werten besteht, über die gemittelt werden muß. Streng genommen hat (96) nur einen Sinn, wenn $g = 1$ (Singuletts) oder $g = 2$ (S-Term) gesetzt wird. Die Vielfachheit des Terms muß also sowohl durch in H quadratische Glieder als auch durch Mittelung über die $\Delta\nu$ in Rechnung gezogen werden. Es ist also jetzt:

$$\frac{\bar{\varepsilon}}{N} = \frac{\sum\limits_J \sum\limits_M \varepsilon_M e^{-\frac{\varepsilon_J + \varepsilon_M}{kT}}}{\sum\limits_J \sum\limits_M e^{-\frac{\varepsilon_J + \varepsilon_M}{kT}}}.$$

Wir setzen jetzt:

$$\varepsilon_M = M g \mu_B H + a(M, J)\mu_B^2 H^2, \qquad \sum_M a(M, J) = \alpha(J)(2J + 1),$$

wo

$$a = \frac{1}{16hc}\left\{\frac{F(J, M)}{\Delta\nu_J - \Delta\nu_{J-1}} + \frac{F(J+1, M)}{\Delta\nu_J - \Delta\nu_{J+1}}\right\},$$

$$F(J, M) = \frac{[(S+L+1)^2 - J^2][J^2 - (L-S)^2][J^2 - M^2]}{J^2(J^2 - \frac{1}{4})},$$

sowie

$$\varepsilon_J = hc\Delta\nu_J.$$

Die Ausrechnung ergibt:

$$\left.\begin{aligned} \chi &= \frac{N\mu_{\text{eff}}^2}{3kT} \\ \text{mit} \quad \mu_{\text{eff}}^2 &= \mu_B^2 \frac{\sum\limits_J \{3kT\alpha(J) + J(J+1)g^2\}(2J+1)e^{-\frac{hc\Delta\nu_J}{kT}}}{\sum\limits_J (2J+1)e^{-\frac{hc\Delta\nu_J}{kT}}}. \end{aligned}\right\} \qquad (97)$$

Da $hc/k = 1{,}42$ cm · Grad ist, werden bei einer Temperatur von 300° und Aufspaltungen von einigen hundert cm^{-1} die BOLTZMANN-Faktoren sehr wesentlich.

Interessant ist, daß wegen der von (96) verschiedenen Temperaturabhängigkeit nunmehr die CURIEsche Konstante eine Funktion der Temperatur wird — was empirisch in der Tat oft der Fall ist.

Für die Auswertung ist die Kenntnis der Grundterme und $\Delta\nu$ der zweiten und dritten Ionen in der Eisengruppe nötig. Erstere entnehmen wir aus der dritten Spalte der Tabelle 79, letztere aus Tabelle 33, S. 646. Einige $\Delta\nu$, die nicht beobachtet sind, lassen sich durch Extrapolation der σ des verallgemeinerten SOMMERFELDschen Dublettgesetzes (56) leicht berechnen[3]. Die Temperatur ist durchweg zu $T = 300°$ angenommen. Für $z = 5$ ergibt Tabelle 79

[1] Phys Rev 29, S. 727 (1927).

[2] Z f Phys 40, S. 333 (1926); O. LAPORTE, ebenda 47, S. 761 (1928).

[3] O. LAPORTE, Z f Phys 47, S. 761 (1928).

einen ^6S-Term, so daß wir für die Berechnung der CURIE-Konstante von Mn^{2+} und Fe^{3+} auf die einfachere Formel (96) zurückgreifen können. Gerade für diesen Punkt ist die Übereinstimmung ausgezeichnet. Für alle anderen Werte kann jedoch keine Übereinstimmung erzielt werden. Wir entnehmen einer Notiz von VAN VLECK und FRANK[1] die mittels (97) berechneten μ_{eff}-Werte in sog. WEISS-Einheiten[2]. Die folgende Tabelle vergleicht diese berechneten Werte mit den beobachteten, welche dem STONERschen Buche[3] entnommen wurden.

Tabelle 83.

Konfiguration	Term	Ion	μ_{eff} [4] nach (96)	μ_{eff} nach (97)	μ_{eff} gemessen
d^3	^4F	Cr^{3+}	3,9	15,2	18,2—19,1
		Mn^{4+}	3,9	12,5	12,5
d^4	^5D	Cr^{2+}	0	21,3	23,8
		Mn^{3+}	0	19,0	25
d^5	^6S	Mn^{2+}	29,6	29,6	29,4
		Fe^{3+}	29,6	29,6	29,0
d^6	^5D	Fe^{2+}	33,6	32,3	26—26,5
d^7	^4F	Co^{2+}	33,2	32,8	24—25
d^8	^3F	Ni^{2+}	28,0	27,8	16—17
d^9	^2D	Cu^{2+}	17,7	17,6	9—10
d^{10}	^1S	Cu^+	0	0	0

Zwar bringt (97) die berechneten Werte den beobachteten näher als (96), aber von einer numerischen Übereinstimmung kann, besonders für $z > 5$, keine Rede sein.

Wie man sieht, liegen in der ersten Halbperiode die beobachteten Werte höher als die berechneten, in der zweiten dagegen tiefer. Verfasser hat vermutet, daß diese mangelnde Übereinstimmung durch Benutzung falscher $\Delta\nu$-Werte verursacht wird; wahrscheinlich sind die Termaufspaltungen im flüssigen Zustand kleiner als im gasförmigen. Alsdann würden sich in der linken Hälfte der Abbildung die berechneten Werte nach oben, in der rechten nach unten verschieben.

Eine ganz abweichende Anschauung vertritt dagegen G. JOOS[5]. Hiernach sollen die gemessenen μ_{eff}-Werte wegen Komplexbildung in Lösung gar nicht die magnetischen Momente der freien Ionen darstellen, sondern diejenigen komplizierter Moleküle, die aus dem Kation, dem Anion und den Molekülen des Lösungsmittels bestehen. Gegen diesen Standpunkt ist aber einzuwenden, daß die gemessenen Werte in weitem Maße von dem Lösungsmittel und dem Aggregatzustand unabhängig sind, und daß ferner auch für diejenigen Substanzen keine Übereinstimmung zwischen Theorie und Beobachtung erzielt werden kann, deren Ionen sicher keine Komplexbildung zeigen.

Zusammenfassend darf man wohl feststellen, daß der Paramagnetismus in der Eisengruppe noch seiner endgültigen quantitativen Interpretation harrt[6].

[1] Phys Rev 34, S. 1494 (1929).

[2] Das WEISSsche „Magneton", eine rein empirische Einheit, ist gleich 4,97 μ_B.

[3] E. C. STONER, Magnetism and Atomic Structure. London 1926.

[4] Es muß hier betont werden, daß nach Ziff. 16 die Terme für $z < 5$ regelrecht, für $z > 5$ verkehrt sind; dies ruft trotz Symmetrie der L-Werte die Asymmetrie der Werte in der vierten Spalte hervor. Auch bei Berechnung mittels (97) muß dies bei der Summation nach J und in den Werten von $\Delta\nu_J$ beachtet werden.

[5] Ann d Phys 81, S. 1076 (1926).

[6] (Anmerkung bei der Korrektur.) Einen wesentlichen Fortschritt enthalten Arbeiten von STONER [Phil Mag 8, S. 250 (1929)] und von BRUNETTI [Rend Acad Linc 9, S. 754 (1929)], in welchen gezeigt wird, daß die Ionen der Elemente der Eisengruppe — im Gegensatz

42. Die seltenen Erden. Obwohl in dieser Periode, in welcher vierzehn $4f$-Elektronen eingebaut werden, eine besonders üppige Entfaltung der Multiplettstruktur zu erwarten steht, ist noch kein einziges ihrer Spektren entwirrt worden, da diese, wie es scheint, zu dem unangenehmen Typus der mittleren Koppelung gehören, die weder dem normalen Koppelungsschema noch irgendeinem anderen ausgeprägten Typus nahestehen. Doch kann man erwarten, daß in den meisten seltenen Erden die Hyperfeinstruktur, welche ja wegen der geringen Wechselwirkung zwischen Kernspin und J stets RUSSELL-SAUNDERS-Koppelung aufweist, die Termanalyse sehr erleichtern wird. Ein Anfang ist hier im Funkenspektrum des Praseodymiums gemacht[1]. Eine interessante Untersuchung von MEGGERS[2] über die Spektren des Lutetiums, Lu I, Lu II, Lu III, ist dagegen mehr als ein Beitrag zur Kenntnis der relativen Stabilität der $6s$- und $5d$-Elektronen aufzufassen; in diesen Spektren bleibt die Konfiguration $4f^{14}$ offenbar ganz ungestört.

α) Die wesentlichen Konfigurationen. Bei der Betrachtung des Anfanges der Gruppe der seltenen Erden begegnen wir einer ähnlichen Schwierigkeit wie in der Eisengruppe. Das Studium der Spektren von Pd und Ag^+ hat eindeutig gezeigt, daß mit dem ^1S-Term dieser Spektren der Einbau von zehn $4d$-Elektronen vollendet ist. Wir sollten somit bei 47 Ag den Beginn der Gruppe der seltenen Erden erwarten, während diese doch erst mit 58 Ce anfängt, also elf Elemente zu spät! Der Grund ist natürlich ein energetischer, ebenso wie die Bevorzugung der $4s$-Elektronen gegenüber den $3d$-Elektronen bei K und Ca; bei genügend hohen Ionisationen wird natürlich das 47. Elektron in einer $4f$-Bahn angelagert. Dies ersieht man auch aus einem MOSELEY-Diagramm aller RÖNTGEN-Terme[3] (BOHR-COSTER-Diagramm): für Z-Werte, die nur wenig größer sind als 47, liegen die N_{VI}- und N_{VII}-Niveaus bedeutend unterhalb des O_I-Niveaus, während für $Z > 80$ das Umgekehrte der Fall ist.

Doch interessieren uns derartige hohe Funkenspektren von unserem optischen Standpunkt aus nur wenig. Wichtiger ist der sich im Bereich der Bogenspektren und optisch erreichbaren Funkenspektren abspielende Wettstreit der Elektronen $6s$, $5d$ und $4f$, der in einem gewissen Grade dem früher behandelten Wettstreit der Elektronen $4s$ und $3d$ entspricht. Ein wesentlicher Beitrag wurde hier von MEGGERS[4] gegeben, der zeigen konnte, daß im Gegensatz zum Bogenspektrum des Bariums, wo $4f$-Elektronen noch ziemlich wasserstoffähnliche Terme liefern, im Funkenspektrum des Lanthan die Konfigurationen $5d\,4f$ und $6s\,4f$ an Stabilität den Konfigurationen $5d\,6p$ und $6s\,6p$ gleichkommen.

Abgesehen von diesen Anfängen können wir bis jetzt nur mit Vermutungen aufwarten. Es ist bekannt, daß das neutrale Atom einer seltenen Erde außer einer typischen Anzahl $4f$-Elektronen noch drei Elektronen vom Typus $6s$ und

zu denjenigen der seltenen Erden — im festen und flüssigen Zustand stark durch die Umgebung gestört sind. Diese Störung macht sich durch eine mehr oder weniger starke Verminderung des Bahnimpulsmomentes L bemerkbar. Bei unendlich stark gestörten Zuständen gleicht das magnetische Verhalten eines Ions dem eines freien Ions in einem S-Term. Die Suszeptibilität χ berechnet sich dann nach (96) mit $g = 2$ und $J = S$. Die beobachteten μ_{eff}-Werte liegen jetzt befriedigenderweise zwischen den nach dieser Theorie und den nach der unmodifizierten Formel (96) berechneten Werten. Obwohl sich so eine vernünftige obere und untere Grenze für die Magnetonenzahlen ergibt, steht die tatsächliche Berechnung derselben noch aus. Für den ganzen Fragenkomplex siehe: Magnetismus und Spektroskopie, Rapport A. SOMMERFELD, SOLVAYkongreß 1930.

[1] H. E. WHITE, Phys Rev 34, S. 1397 (1929).

[2] Bureau of Stand J of Res im Druck.

[3] Vgl. z. B. PAULI, Quantentheorie, im GEIGER-SCHEELschen Handb. der Physik 23, S. 207.

[4] J Opt Soc Am 14, S. 191 (1927).

$5d$ aufweist. Die Tatsache, daß alle seltenen Erden durchweg mit der Valenz 3 auftreten[1], weist darauf hin, daß diese drei Außenelektronen leichter abgetrennt werden als ein oder mehrere $4f$-Elektronen. In dieser Hinsicht betragen sich die seltenen Erden also ganz verschieden von der Eisengruppe. Ein analoges Verhalten der letzteren würde bedeuten, daß alle Elemente von Sc bis Zn nur zweiwertig auftreten mit Ausnahme von Cr und Cu, welche nur einwertig sein dürften — ein Resultat, das den chemischen Tatsachen nicht im geringsten entspricht.

Wir haben also Grund, anzunehmen, daß in dem Bogenspektrum einer seltenen Erde von der Atomnummer $Z = 57 + z$ die tiefen Terme und insbesondere der Normalzustand von den Konfigurationen

$$4f^z 5d\, 6s^2 \quad \text{und} \quad 4f^z 5d^2\, 6s$$

geliefert werden, d. h. das Niveauschema wird aussehen wie ein auf einen Term der $4f^z$-Konfiguration aufgebautes Sc-, Y- oder La-Spektrum. (Ähnlich werden die tiefen Terme des ersten Funkenspektrums durch $4f^z\, 5d\, 6s$, $4f^z\, 5d^2$, und $4f^z\, 6s^2$ geliefert werden.) Konfigurationen, die die f-Elektronen in Mitleidenschaft ziehen, wie

$$4f^{z+1}\, 5d\, 6s, \quad 4f^{z+2}\, 5d, \quad 4f^{z+3}$$

oder

$$4f^{z-1}\, 5d^2 6s^2 \text{ usw.}$$

sind natürlich auch möglich, doch glauben wir, daß sie in neutralen Atomen nur hohe metastabile Terme geben werden (trotzdem scheint ihr Auftreten a priori gerechtfertigter als z. B. in der $2p$-Schale [B bis Ne] das Auftreten von $s p^{z+1}$-Termen neben $s^2 p^z$-Termen). Das Studium der relativen Stabilität dieser Konfigurationen ist eines der wesentlichsten Ziele der Entwirrung der Spektren der seltenen Erden.

Betrachten wir nun die wechselseitige Stabilität obiger Konfigurationen in einer isoelektronischen Reihe (z. B. Nd, Ill^+, Sm^{2+}, Eu^{3+}) vom Standpunkt eines auf $4f^z\, 5d$ bezogenen Moseley-Diagramms. Wir zeichnen die $\sqrt{\nu/R}$-Linien ein. Zunächst zeigt sich der schon früher in den d-Perioden beschriebene Wettstreit zwischen $5d$- und $6s$-Elektronen: im Anfang ist $5d > 6s$, dann kreuzen sich die betreffenden Moseley-Kurven, später wird dauernd $5d < 6s$. Aber auch das am Anfang so instabile $4f$-Elektron gewinnt Stabilität mit wachsendem Z, und zwar aus zwei Gründen: erstens wissen wir, daß für höhere Ionen die tiefen Terme vom Typus $4f^z$, $4f^{z-1}\, 5d$ bevorzugt sind, zweitens hat das $4f$-Elektron wegen seiner kleinsten Hauptquantenzahl den steilen Anstieg $\left(\frac{\Delta\sqrt{\nu/R}}{\Delta Z} = \frac{1}{4}\right)$. Das folgende zweidimensionale Schema der Grundterme, in welchem Z von links nach rechts, z von unten nach oben anwächst, erläutert dies für die ersten fünf seltenen Erden. (Die Konfiguration $f^z\, ds^2$ ist, nur um die Ideen zu fixieren, herausgegriffen; ebenso verhält es sich mit dem Ionisationsprozeß [vertikal], es könnte durchaus vorkommen, daß nach $f^5\, ds^2$ im Funkenspektrum $f^5 d^2$ den Grundterm liefert.) Jedenfalls ersieht man, daß innerhalb einer Reihe isoelektronischer (in der Tabelle horizontal) Spektren die Anzahl f-Elektronen rasch anwächst. Z. B. wird in einem auf $4f^3$ bezogenen Moseley-Diagramm für

Tabelle 84.

z	58 Ce	59 Pr	60 Nd	61 Ill	62 Sm
5					$f^5\, ds^2$
4				$f^4\, ds^2$	$f^5\, ds$
3			$f^3\, ds^2$	$f^4\, ds$	$f^5\, d$
2		$f^2\, ds^2$	$f^3\, ds$	$f^4\, d$	f^5
1	$f\, ds^2$	$f^2\, ds$	$f^3\, d$	f^4	f^4

[1] Mit Ausnahme von Ce, das eine leicht erklärliche Ausnahme darstellt.

$Z > 60$ die $\sqrt{4f}$-Kurve oberhalb der $\sqrt{5d}$-Kurve verlaufen; beide werden zwischen Nd^{2+} und Ill^{3+} einander überschneiden (vgl. die schematische Abb. 29). Im jetzigen Fall ist aber diese Überkreuzung zweier MOSELEY-Linien insofern von der schon in der Eisengruppe stattfindenden verschieden (vgl. Abb. 22 und 23), als hier ein Übergang $4f \longleftrightarrow 5d$ erlaubt, dort aber der Übergang $3d \longleftrightarrow 4s$ wegen $\Delta l = 2$ verboten ist. In Abb. 29 wurden die Kombinationsmöglichkeiten durch Pfeile angedeutet. Wir kommen somit zu dem merkwürdigen Ergebnis, daß in den seltenen Erden zahlreiche zweite und dritte Funkenspektren im Roten oder gar Ultraroten gelegene Resonanzlinien aufweisen müssen[1]. Es ist nicht unwahrscheinlich, daß die scharfen Absorptionslinien, welche die Salze der seltenen Erden im sichtbaren Gebiet aufweisen, diesem Übergang $4f \longleftrightarrow 5d$ zuzuordnen sind.

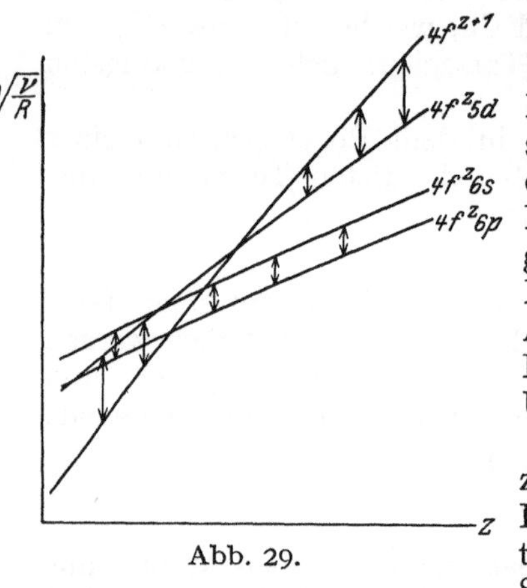

Abb. 29.

β) Paramagnetismus. Wir kommen nun zu einem schönen Erfolg der Theorie, nämlich zur Berechnung der paramagnetischen Suszeptibilitäten der seltenen Erden durch HUND[2]. Die Salze der dreiwertigen Ionen der seltenen Erden zeigen in Lösung oder im festen Zustand starken Paramagnetismus, was ja zu erwarten war, da sie außen eine unabgeschlossene Schale von f-Elektronen besitzen. Nach Tabelle 84 ist das dreiwertige Ion der z ten seltenen Erde normalerweise im Zustand $4f^z$. Von den vielen Termen, die diese Konfiguration erzeugt, interessiert uns nur der tiefste, d. h. der mit maximalen S- und L-Werten. Die anderen Terme tragen wegen ihrer kleinen BOLTZMANN-Faktoren, $\exp.(-hc\Delta\nu_J/kT)$, nur in verschwindendem Maße zum Magnetismus bei. In Tabelle 19, Ziff. 11 haben wir die Quantenzahlen als Funktion von z berechnet. Wenn wir uns erinnern, daß nach einem auf S. 641, Ziff. 16 abgeleiteten Satz die Terme der ersten Halbperiode ($z < 7$) regelrecht sind und die der zweiten Halbperiode $7 < z < 14$ verkehrt, dann brauchen wir nur noch J- und g-Wert des jeweiligen Normalzustandes nach (18) bzw. (13) zu berechnen und in (96) einzutragen. Denn mit einer einzigen gleich zu besprechenden Ausnahme sind wegen der hohen Atomnummer die Aufspaltungen der Terme so groß, daß die Verfeinerungen der Gleichung (97) unwesentlich werden. Die folgende Tabelle 85 vergleicht die so berechneten μ_{eff}-Werte mit den gemessenen Werten[3] (in WEISSschen Einheiten). Die Übereinstimmung ist im allgemeinen ausgezeichnet (vgl. Abb. 30). Die starken Abweichungen bei Sm^{3+} und Eu^{3+} lassen sich durch Benutzung der erweiterten Formel (97) beseitigen. Verfasser bemerkte zuerst, daß mittels einer Formel vom Typus (97), aber mit $\alpha = 0$, der Wert von μ_{eff} für Eu^{3+} auf 8,51 WEISS-Einheiten erhöht werden kann. Schließlich zeigte VAN VLECK (l. c.), daß durch zusätzliche Berücksichtigung des quadratischen ZEEMAN-Effekts sich der Wert von μ_{eff} auf 17,7 vergrößert, was mit der Beobachtung gut übereinstimmt. Jedoch ist dieser Verfeinerung kein allzu großer Wert beizulegen, da die Messungen gerade bei Eu an sehr unreinem Material, das bis zu 20% Gd enthielt, ausgeführt worden sind. Schon die Berücksichtigung dieses Umstandes würde die Übereinstimmung

[1] O. LAPORTE, Phys Rev 35, S. 30 (1930).
[2] Z f Phys 33, S. 855 (1925).
[3] B. CABRERA, C R 180, S. 668 (1925); ST. MEYER, Phys Z 26, S. 1 (1925); 26 S. 478 (1925); H. DECKER, Ann d Phys 79, S. 324 (1926).

Tabelle 85.

Ion	Konfiguration	Grundniveau	μ_{eff} ber. nach (96)	μ_{eff} beob. nach CABRERA	St. MEYER	DECKER
57 La^{3+}	$5p^6$	$^1S_0$	0	0	0	0
58 Ce^{3+}	$4f$	$^2F_{2\frac{1}{2}}$	12,6	11,4	13,8	10,43
59 Pr^{3+}	$4f^2$	$^3H_4$	17,8	17,8	17,3	16,91
60 Nd^{3+}	$4f^3$	$^4I_{4\frac{1}{2}}$	18,0	18,0	17,5	17,10
61 Ill^{3+}	$4f^4$	$^5I_4$	13,3	—	—	—
62 Sm^{3+}	$4f^5$	$^6H_{2\frac{1}{2}}$	4,2	8,0	7,0	8,06
63 Eu^{3+}	$4f^6$	$^7F_0$	0	17,9	18,0	19,64
64 Gd^{3+}	$4f^7$	$^8S_{3\frac{1}{2}}$	39,2	40,0	40,2	39,00
65 Tb^{3+}	$4f^8$	$^7F_6$	48,2	47,1	44,8	48,41
66 Dy^{3+}	$4f^9$	$^6H_{7\frac{1}{2}}$	52,7	52,2	53,0	53,83
67 Ho^{3+}	$4f^{10}$	$^5I_8$	52,7	52,0	51,9	51,52
68 Er^{3+}	$4f^{11}$	$^4I_{7\frac{1}{2}}$	47,7	47,0	46,7	47,32
69 Tu^{3+}	$4f^{12}$	$^3H_6$	37,3	35,6	37,5	—
70 Yb^{3+}	$4f^{13}$	$^2F_{3\frac{1}{2}}$	22,4	21,9	22,5	22,31
71 Lu^{3+}	$4f^{14}$	$^1S_0$	0	0	0	6,07

zwischen Beobachtung und Theorie wiederherstellen. Man muß diese Berechnung der Suszeptibilitäten als einen besonderen Erfolg der Theorie ansehen, um so

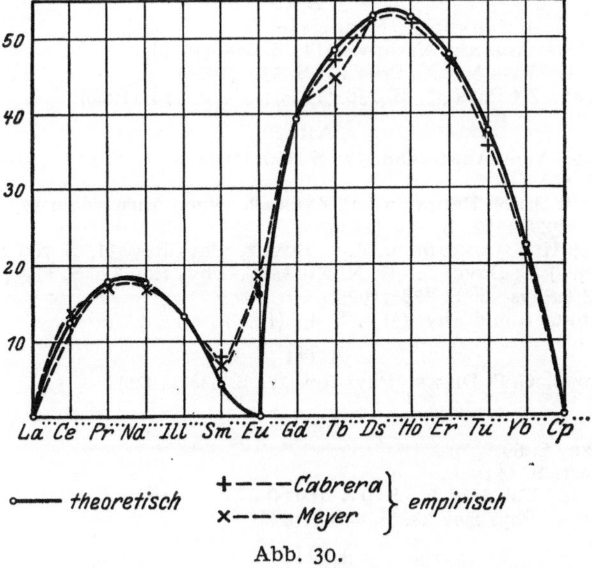

Abb. 30.

mehr, als bisher noch keiner der in Spalte 3 befindlichen Terme spektroskopisch festgestellt worden ist.

g) Literatur über Termordnung in Spektren.

Die im folgenden gegebene Übersicht über die modernere spektroskopische Literatur ist nach dem gleichen Gesichtspunkt geordnet wie die die einzelnen Elemente betreffenden Kapitel des KAYSERschen Handbuches der Spektroskopie, nämlich in alphabetischer Anordnung der chemischen Symbole. Die hinter dem Symbol befindliche römische Ziffer gibt die „Ordnungszahl“ des

Spektrums an: I ist das Spektrum des neutralen, II das des einfach ionisierten Atoms usw. Die rechts von dem Symbol des Spektrums befindliche, kursiv gedruckte Zahl gibt die Anzahl spektroskopisch beteiligter Elektronen an. Die folgende Tabelle orientiert über die Stellung eines neutralen Atoms im periodischen System; nach dem Verschiebungssatz (Ziff. 1) ist das Funkenspektrum römisch $q$ter Ordnung mit dem Bogenspektrum des $(q - 1)$ Schritte weiter links befindlichen Atoms zu vergleichen.

Tabelle 86.

$n \backslash z$	1	2	3	4	5	6	7	8	9	10	11	12
2	3 Li	4 Be	5 B	6 C	7 N	8 O	9 F	10 Ne				
3	11 Na	12 Mg	13 Al	14 Si	15 P	16 S	17 Cl	18 A				
3	19 K	20 Ca	21 Sc	22 Ti	23 V	24 Cr	25 Mn	26 Fe	27 Co	28 Ni	(29 Cu)	(30 Zn)
4	(29 Cu)	(30 Zn)	31 Ga	32 Ge	33 As	34 Se	35 Br	36 Kr				
4	37 Rb	38 Sr	39 Y	40 Zr	41 Nb	42 Mo	43 Ma	44 Ru	45 Rh	46 Pd	(47 Ag)	(48 Cd)
5	(47 Ag)	(48 Cd)	49 In	50 Sn	51 Sb	52 Te	53 J	54 X				
5	55 Cs	56 Ba	57 La ▯	72 Hf	73 Ta	74 W	75 Re	76 Os	77 Ir	78 Pt	(79 Au)	(80 Hg)
6	(79 Au)	(80 Hg)	81 Tl	82 Pb	83 Bi	84 Po	85 —	86 Rn				
6	87 —	88 Ra	89 Ac	90 Th	91 Pa	92 U						

A I. *(8)*

TH. LYMAN u. F. A. SAUNDERS, Nature 116, S. 358 (1925).
G. HERTZ u. I. H. ABBINK, Naturwiss 14, S. 648 (1926).
F. A. SAUNDERS, Wash Nat Ac Proc 12, S. 556 (1926).
K. W. MEISSNER, Z f Phys 37, S. 238 (1926); 39, S. 172 (1926).

A II. *(7)*

T. L. DE BRUIN, Versl Amsterdam 37, S. 340 (1928); 37, S. 553 (1928); Z f Phys 48, S. 62 (1928); 51, S. 108 (1928).
C. J. BAKKER, T. L. DE BRUIN u. P. ZEEMAN, Versl Amsterdam 37, S. 562 (1928); Z f Phys 51, S. 114 (1928); 52, S. 299 (1928).
H. N. RUSSELL, K. T. COMPTON u. J. C. BOYCE, Phys Rev 31, S. 709 (1928).
K. T. COMPTON, J. C. BOYCE u. H. N. RUSSELL, Phys Rev 32, S. 179 (1928).
B. SCHULZE, Z f Phys 56, S. 378 (1929).
A. H. ROSENTHAL, Ann d Phys (5) 4, S. 49 (1930).

A III. *(6)*

J. J. HOPFIELD u. G. S. DIEKE, Phys Rev 27, S. 638 (1926).

Ag I. *(11)*

PASCHEN-GÖTZE, S. 69.
FOWLERS Report, S. 111.
A. G. SHENSTONE, Phil Mag 49, S. 951 (1925).
A. G. SHENSTONE, Phys Rev 28, S. 449 (1926).

Ag II. *(10)*

A. G. SHENSTONE, Phys Rev 31, S. 707 (1928); 31, S. 317 (1928).
J. C. MCLENNAN u. A. B. MCLAY, Proc R Soc Canada 22, S. 1 (1928).
K. MAJUMDAR, Ind J Phys 2, S. 257 (1928).

Ag III. *(9)*

R. C. GIBBS u. H. E. WHITE, Phys Rev 32, S. 318 (1928).

Al I. *(3)*

PASCHEN-GÖTZE, S. 124; FOWLERS Report 156.
W. GROTRIAN, Z f Phys 12, S. 218 (1922); 18, S. 169 (1923).
I. S. BOWEN u. R. A. MILLIKAN, Phys Rev 26, S. 150 (1925).
N. K. SUR u. K. MAJUMDAR, Phil Mag 1, S. 451 (1926).
J. G. FRAYNE u. A. W. SMITH, Phys Rev 27, S. 23 (1926).

R. F. Paton u. W. D. Lansing, Phys Rev 33, S. 1099 (1929) abs.
W. D. Lansing, Phys Rev 34, S. 597 (1929).

Al II. (*2*)

F. Paschen, Ann d Phys 71, S. 537 (1923).
R. A. Sawyer u. F. Paschen, Ann d Phys 84, S. 1 (1927).
R. A. Millikan u. I. S. Bowen, Phys Rev 26, S. 150 (1925).

Al III. (*1*)

F. Paschen, Ann d Phys 71, S. 142 (1923).

Al IV, Al V, Al VI. (*8, 7, 6*)

A. Ericson u. B. Edlen, C R 190, S. 116 (1930); 190, S. 173 (1930).

As I. (*5*)

A. E. Ruark, F. L. Mohler, P. D. Foote u. R. L. Chenault, Bur of Stand Sci Papers 19, S. 463 (1924).
K. R. Rao, London R S Proc A 125, S. 238 (1929).
W. F. Meggers u. T. L. de Bruin: Bur of Stand J of Res 3, S. 116 (1929).

As II. (*4*)

C. W. Gartlein, Phys Rev 32, S. 320 (1928).

As III. (*3*)

R. J. Lang, Phys Rev 32, S. 737 (1928).
A. S. Rao u. A. L. Narayan, Nature 124, S. 229 (1929).
A. S. Rao u. A. L. Narayan, Z f Phys 57, S. 865 (1929).

As IV. (*2*)

R. A. Sawyer u. C. J. Humphreys, Phys Rev 32, S. 583 (1928).

As V. (*1*)

R. A. Sawyer u. C. J. Humphreys, Phys Rev 32, S. 583 (1928).

Au I. (*1*) bzw. (*11*)

V. Thorsen, Naturwiss 11, S. 500 (1923).
J. C. McLennan u. A. B. Mc Lay, London R S Proc A 112, S. 95 (1926).

Au II. (*10*)

J. C. McLennan u. A. B. McLay, Proc R Soc Canada 22, S. 103 (1928).
J. E. Mack, Phys Rev 34, S. 17 (1929).

B I. (*3*)

R. A. Millikan u. I. S. Bowen, Phys Rev 24, S. 209 (1924).
R. A. Sawyer, Naturwiss 15, S. 765 (1927).
I. S. Bowen, Phys Rev 29, S. 231 (1927).

B II. (*2*)

I. S. Bowen u. R. A. Millikan, Phys Rev 24, S. 209 (1924); 25, S. 884 (1925); 26, S. 150, 282 u. 310 (1925).

Ba I. (*2*)

H. N. Russell u. F. A. Saunders, Ap J 61, S. 38 (1925).

Ba II. (*1*)

Fowlers Report, S. 137.
R. C. Gibbs u. H. E. White, Wash Nat Ac Proc 17, S. 448 (1926).

Be I. (*2*)

R. A. Millikan u. I. S. Bowen, Phys Rev 26, S. 150 (1925).
R. A. Millikan u. I. S. Bowen, Phys Rev 28, S. 256 (1926).
A. Oreton, Trans R Soc Can 21, S. 127 (1927).
R. F. Paton u. G. M. Rassweiley, Phys Rev 33, S. 16 (1929).
R. F. Paton u. R. F. Nusbaum, Phys Rev 33, S. 1093 (1929) abs.

Be II. (*1*)

I. S. Bowen u. R. A. Millikan, Phys Rev 28, S. 256 (1926).

Bi I. (5)

A. E. RUARK, F. L. MOHLER, P. D. FOOTE u. R. L. CHENAULT, Bur of Stand Sci Papers 19, S. 463 (1924).
V. THORSEN, Z f Phys 40, S. 642 (1926).
G. R. TOSHNIVAL, Phil Mag 4, S. 774 (1927).
E. BACK u. S. GOUDSMIT, Z f Phys 47, S. 147 (1928).

Bi III. (3)

R. J. LANG, Phys Rev 32, S. 737 (1928).

Br I. (7)

L. A. TURNER, Phys Rev 27, S. 397 (1926).

Br II. (6)

S. C. DEB, London R S Proc A 127, S. 197 (1930).

Br III, Br IV, Br V. (5, 4, 3)

S. C. DEB, Nature 123, S. 244 (1929).
S. C. DEB, London R S Proc A 127, S. 197 (1930).

C I. (1)

I. S. BOWEN, Phys Rev 29, S. 231 (1927).
A. FOWLER u. SELWYN, London R S Proc A 118, S. 34 (1928).
S. B. INGRAM, Phys Rev 33, S. 1092 (1929); 34, S. 421 (1929).
D. S. JOG, Nature 123, S. 318 (1929).
J. J. HOPFIELD, Phys Rev 35, S. 1586 (1930).

C II. (3)

A. FOWLER, London R S Proc A 105, S. 299 (1924).
R. A. MILLIKAN u. I. S. BOWEN, Phys Rev 26, S. 150 (1925).
I. S. BOWEN, Phys Rev 29, S. 231 (1927).
A. FOWLER u. SELWYN, London R S Proc A 120, S. 312 (1928).
I. S. BOWEN, Phys Rev 34, S. 534 (1929).

C III. (2)

I. S. BOWEN u. R. A. MILLIKAN, Phys Rev 26, S. 150 u. 310 (1925).

Ca I. (2)

H. N. RUSSELL u. F. A. SAUNDERS, Ap J 61, S. 38 (1925).
E. BACK, Z f Phys 33, S. 579 (1925).
H. E. WHITE, Phys Rev 33, S. 538 (1929).

Ca II. (1)

PASCHEN-GÖTZE, S. 12.
A. FOWLERS Report S. 126.
H. N. RUSSELL u. F. A. SAUNDERS, Ap J 62, S. 1 (1925).

Ca III. (8)

I. S. BOWEN, Phys Rev 31, S. 497 (1928).

Cd I. (2)

PASCHEN-GÖTZE, S. 110.
FOWLERS Report, S. 142.
A. E. RUARK, J Opt Soc Am 11, 199 (1925).

Cd II. (1) bzw. (11)

G. v. SALIS, Ann d Phys 76, S. 145 (1925).
Y. TAKAHASHI, Ann d Phys (5) 3, S. 27 (1929).

Cd III. (10)

R. C. GIBBS u. H. E. WHITE, Phys Rev 31, S. 776 (1928).
J. C. McLENNAN, A. B. McLAY u. F. M. CRAWFORD, Trans R Soc Canada 22, S. 45 (1928).

Cl I. (7)

L. A. TURNER, Phys Rev 27, S. 397 (1926).
T. L. DE BRUIN, Amst Proc 30, S. 20 (1927).
O. LAPORTE, Nature 121, S. 1021 (1928).

T. L. de Bruin u. C. C. Kiess, Science 68, S. 356 (1928).
C. C. Kiess u. T. L. de Bruin, Bur Stand J of Res 2, S. 1117 (1929).
K. Majumdar, Nature 124, S. 131 (1929).
K. Majumdar, London R S Proc A 125, S. 60 (1929).

Cl II. (6)

F. Paschen, Ann d Phys 71, S. 559 (1923).
J. J. Hopfield, Phys Rev 26, S. 282 (1925).
J. J. Hopfield u. G. S. Dieke, Phys Rev 27, S. 638 (1926).
I. S. Bowen, Phys Rev 31, S. 34 (1928).

Cl III. (5)

I. S. Bowen, Phys Rev 31, S. 34 (1928).
S. C. Deb, Nature 124, S. 513 (1929).

Cl IV. (4)

I. S. Bowen, Phys Rev 31, S. 34 (1928).

Cl V. (3)

R. A. Millikan u. I. S. Bowen, Phys Rev 26, S. 150 (1925).
I. S. Bowen, Phys Rev 31, S. 34 (1928).

Cl VI. (2)

R. A. Millikan u. I. S. Bowen, Phys Rev 25, S. 591 (1925); 26, S. 150 (1925).

Cl VII. (1)

R. A. Millikan u. I. S. Bowen, Phys Rev 25, S. 295 (1925).

Co I. (9)

F. M. Walters, J Wash Ac Sci 14, S. 407 (1924).
M. A. Catalán u. K. Bechert, Z f Phys 32, S. 336 (1925).
H. N. Russell, Ap J 66, S. 233 (1927).
M. A. Catalán, Z f Phys 47, S. 89 (1928).

Co II. (8)

W. F. Meggers, J Wash Ac Sci 18, S. 325 (1928).

Cr I. (6)

H. Gieseler, Ann d Phys 69, S. 147 (1922).
C. C. Kiess u. H. K. Kiess, Science 56, S. 666 (1922).
M. A. Catalán, Anales Soc Españ Fis y Quim 21, S. 84 (1923).
H. Gieseler, Z f Phys 22, S. 228 (1924).
H. Gieseler u. W. Grotrian, Z f Phys 22, S. 245 (1924).
C. C. Kiess u. O. Laporte, Science 63, S. 234 (1926).

Cr II. (5)

W. F. Meggers, C. C. Kiess u. F. M. Walters jr., J Opt Soc Am 9, S. 355 (1924).
C. C. Kiess u. O. Laporte, Science 63, S. 234 (1926).
Th. Dunham u. C. E. Moore, Ap J 68, S. 37 (1928).
E. Krömer, Z f Phys 52, S. 531 (1928).

Cr III. (4)

R. C. Gibbs u. H. E. White, Wash Nat Ac Proc 13, S. 525 (1927).
H. E. White, Phys Rev 33, S. 914 (1929).

Cr IV. (3)

H. E. White, Phys Rev 32, S. 318 (1928).
H. E. White, Phys Rev 33, S. 672 (1929).

Cr V. (2)

H. E. White u. R. C. Gibbs, Phys Rev 29, S. 426 (1927).
H. E. White, Phys Rev 33, S. 538 (1929).

Cr VI. (1)

R. C. Gibbs u. H. E. White, Phys Rev 33, S. 157 (1929).

Cu I. (11)

A. G. Shenstone, Phys Rev 28, S. 449 (1926).
C. S. Beals, London R S Proc A 111, S. 168 (1926).

P. K. KICHLU, Z f Phys 39, S. 572 (1926).
O. S. DUFFENDACK u. J. G. BLACK, Phys Rev 34, S. 35 (1929).
A. G. SHENSTONE, Phys Rev 34, S. 1623 (1929).

Cu II. (*10*)

A. G. SHENSTONE, Phys Rev 29, S. 380 (1927).
R. J. LANG, Phys Rev 31, S. 773 (1928).
A. C. MENZIES, London R S Proc 119, S. 249 (1928).
O. S. DUFFENDACK u. J. G. BLACK, Phys Rev 34, S. 35 (1929).
G. KRUGER, Phys Rev 34, S. 1122 (1929).

Cu III. (*9*)

R. C. GIBBS u. A. M. VIEWEG, Phys Rev 33, S. 1092 (1929).

F I. (*7*)

T. L. DE BRUIN, Amst Proc 35, S. 751 (1926).
I. S. BOWEN, Phys Rev 29, S. 231 (1927).
H. DINGLE, London R S Proc A 113, S. 323 (1926); 117, S. 407 (1928).

F II. (*6*)

I. S. BOWEN, Phys Rev 29, S. 231 (1927).
B. EDLEN u. A. ERICSON, C R 190, S. 173 (1930).

F III. (*5*)

I. S. BOWEN, Phys Rev 29, S. 231 (1927).
H. DINGLE, London R S Proc A 122, S. 144 (1929).

F IV. (*4*)

I. S. BOWEN, Phys Rev 29, S. 231 (1927).

Fe I. (*8*)

F. M. WALTERS, J Opt Soc Am 8, S. 245 (1924).
O. LAPORTE, Z f Phys 23, S. 135 (1924); 26, S. 1 (1924).
W. F. MEGGERS, Ap J 60, S. 60 (1924).
O. LAPORTE, Wash Nat Ac Proc 12, S. 496 (1926).
C. E. MOORE u. H. N. RUSSELL, Ap J 68, S. 151 (1928).

Fe II. (*7*)

W. F. MEGGERS, C. C. KIESS u. F. M. WALTERS JR., J Opt Soc Am 9, S. 355 (1924).
H. N. RUSSELL, Ap J 64, S. 194 (1926).
P. W. MERRILL, Ap J 67, S. 391 (1928).

Fe III. (*6*)

R. C. GIBBS u. H. E. WHITE, Bull Am Phys Soc (1927).

Fe V. (*4*)

H. E. WHITE, Phys Rev 33, S. 914 (1929).

Ga I. (*3*)

PASCHEN-GÖTZE, S. 129.
FOWLERS Report, S. 157.
W. D. LANSING, Phys Rev 34, S. 597 (1929).
R. A. SAWYER u. R. J. LANG, Phys Rev 34, S. 712 (1929).

Ga II. (*2*)

R. J. LANG, Phys Rev 30, S. 762 (1927).
A. S. RAO, Phys Soc London Proc 39, S. 161 (1927).
R. A. SAWYER u. R. J. LANG, Phys Rev 34, S. 712 (1929).

Ga III. (*11*)

R. J. LANG, Phys Rev 30, S. 762 (1927).

Ga IV. (*10*)

J. E. MACK, O. LAPORTE u. R. J. LANG, Phys Rev 31, S. 748 (1928).

Ge I. (*4*)

J. C. MCLENNAN u. A. B. MCLAY, Trans R Soc Can 20, S. 355 (1926).
C. W. GARTLEIN, Phys Rev 31, S. 782 (1928).
K. R. RAO, London R S Proc A 124, S. 465 (1929).

Ge II. *(3)*

R. J. LANG, Wash Nat Ac Proc 14, S. 32 (1928).
K. R. RAO u. A. L. NARAYAN, London R S Proc A 119, 607 (1928).
R. J. LANG, Phys Rev 34, S. 697 (1929).

Ge III. *(2)*

K. R. RAO u. A. L. NARAYAN, London R S Proc A 119, S. 607 (1928).
R. J. LANG, Phys Rev 34, S. 697 (1929); 33, S. 1097 (1929) abs.

Ge IV. *(1)*

S. SMITH, Nature 120, S. 728 (1927).
R. J. LANG, Phys Rev 30, S. 762 (1927).
K. R. RAO u. A. L. NARAYAN, London R S Proc A 119, S. 607 (1928).
R. J. LANG, Phys Rev 34, S. 697 (1929).

Ge V. *(10)*

J. E. MACK, O. LAPORTE u. R. J. LANG, Phys Rev 31, S. 748 (1928).

Hf II. *(3)* bzw. *(17)*

W. F. MEGGERS u. B. F. SCRIBNER, J Opt Soc Am 17, S. 83 (1928).

Hg I. *(2)*

FOWLERS Report, S. 146.
PASCHEN-GÖTZE, S. 116.
R. A. SAWYER, J Opt Soc Am 13, S. 431 (1926).

Hg II. *(1)* bzw. *(11)*

F. PASCHEN, Berliner Akademie Sitzber 32, S. 536 (1928).
E. RASMUSSEN, Naturwiss 17, S. 389 (1929).
S. M. NAUDÉ, Ann d Phys (5) 3, S. 1 (1929).
G. DEJARDIN u. R. RICARD, CR 190, S. 634 (1930).

Hg III. *(10)*

J. C. MCLENNAN, A. B. MCLAY u. F. M. CRAWFORD, Trans R Soc Canada (3) 22, S. 247 (1928).
J. E. MACK, Phys Rev 34, S. 17 (1929).

J I. *(7)*

L. A. TURNER, Phys Rev 27, S. 397 (1926).

In I. *(3)*

PASCHEN-GÖTZE, S. 130.
W. D. LANSING, Phys Rev 34, S. 597 (1929).
R. A. SAWYER u. R. J. LANG, Phys Rev 34, S. 712 (1929).
FOWLERS Report, S. 158.

In II. *(2)*

R. J. LANG, Phys Rev 30, S. 762 (1927).
R. J. LANG u. R. A. SAWYER, Phys Rev 35, S. 126 (1930).

In III. *(1)*

R. J. LANG, Wash Nat Ac Proc 13, S. 341 (1927).
K. R. RAO, A. L. NARAYAN u. A. S. RAO, Ind J Phys 2, S. 477 (1928).

In IV. *(10)*

R. C. GIBBS u. H. E. WHITE, Phys Rev 31, S. 776 (1928).

Ir I. *(9)*

W. F. MEGGERS u. O. LAPORTE, Phys Rev 28, S. 642 (1926).

K I. *(1)*

PASCHEN-GÖTZE, S. 59.
FOWLERS Report, S. 101.

K II. *(8)*

T. L. DE BRUIN, Versl Amsterdam 35, S. 311 (1928); Z f Phys 38, S. 94 (1926); Arch Néerl 11, S. 70 (1928).

K III. *(7)*

T. L. DE BRUIN, Z f Phys 53, S. 658 (1929).

K IV. (6)

J. J. HOPFIELD u. G. S. DIEKE, Phys Rev 27, S. 638 (1926).

Kr I. (8)

G. HERTZ u. J. H. ABBINK, Naturwiss 14, S. 648 (1926).
I. H. ABBINK u. H. B. DORGELO, Z f Phys 47, S. 221 (1928).
W. F. MEGGERS, T. L. DE BRUIN u. C. J. HUMPHREYS, Bur of Stand J of Res 3, S. 129 (1929).
W. GREMMER, Z f Phys 50, S. 716 (1928); 54, S. 215 (1929).

Kr II. (7)

P. K. KICHLU, London R S Proc A 120, 643 (1928).
D. P. ACHARYA, Nature 123, S. 244 (1929).

Kr III. (6)

D. P. ACHARYA, Nature 123, S. 244 (1929).

Kr IV. (5)

D. P. ACHARYA, Nature 125, S. 204 (1930).

La I. (3)

W. F. MEGGERS, J Wash Ac Sci 17, S. 25 (1927).
W. F. MEGGERS u. K. BURNS, J Opt Soc Am 14, S. 449 (1927).

La II. (2)

W. F. MEGGERS, J Opt Soc Am 14, S. 191 (1927).
W. F. MEGGERS u. K. BURNS, J Opt Soc Am 14, S. 449 (1927).

La III. (3)

R. C. GIBBS u. H. E. WHITE, Phys Rev 33, S. 157 (1929).

Mg I. (2)

PASCHEN-GÖTZE, S. 99.
FOWLERS Report, S. 115.
R. A. MILLIKAN u. I. S. BOWEN, Phys Rev 26, S. 150 (1925).

Mg II. (1)

FOWLERS Report, S. 118.
PASCHEN-GÖTZE, S. 103.

Mg III. (8)

J. E. MACK u. R. A. SAWYER, Science 68, S. 1761 (1928).
B. EDLEN u. A. ERICSON, C R 190, S. 116 (1930).

Mg IV. (7)

B. EDLEN u. A. ERICSON, C R 190, S. 173 (1930).

Mg V. (6)

B. EDLEN u. A. ERICSON, C R 190, S. 173 (1930).

Mn I. (7)

M. A. CATALÁN, Phil Trans A 223, S. 127 (1922).
E. BACK, Z f Phys 15, S. 206 (1923).
R. A. SAWYER, Nature 117, S. 155 (1925).
J. C. MCLENNAN u. A. B. MCLAY, Trans R Soc Canada 20, Serie III, S. 89 (1926).
H. N. RUSSELL, Ap J 66, S. 233 (1927).

Mn II. (6)

M. A. CATALÁN, Phil Trans A 223, S. 127 (1922).
E. BACK, Z f Phys 15, S. 206 (1923).
W. F. MEGGERS, C. C. KIESS u. F. M. WALTERS JR., J Opt Soc Am 9, S. 355 (1924).
H. N. RUSSELL, Ap J 66, S. 233 (1927).
O. S. DUFFENDACK u. J. G. BLACK, Phys Rev 34, S. 35 (1929).

Mn III. (5)

R. C. GIBBS u. H. E. WHITE, Wash Nat Ac Proc 13, S. 525 (1927).

Mn IV. (4)

H. E. WHITE, Phys Rev 33, S. 914 (1929).

Mn V. (3)

H. E. White, Phys Rev 33, S. 672 (1929).

Mo I. (6)

C. C. Kiess, Bur of Stand Sci Papers 19, Nr. 474 (1923).
M. A. Catalán, Anales Soc Españ Fis y Quim 21, S. 213 (1923).
W. F. Meggers u. C. C. Kiess, J Opt Soc Am 12, 417 (1926).

Mo II. (5)

W. F. Meggers u. C. C. Kiess, J Opt Soc Am 12, S. 417 (1926).

N I. (3)

C. C. Kiess, J Opt Soc Am 11, S. 1 (1925).
J. J. Hopfield, Phys Rev 27, S. 801 (1926).
I. S. Bowen, Phys Rev 29, S. 231 (1927).
J. W. Ryde, London R S Proc A 117, S. 164 (1927).
O. S. Duffendack u. R. A. Wolfe, Phys Rev 29, S. 209 (1927).
O. S. Duffendack u. R. A. Wolfe, Phys Rev 34, S. 409 (1929).
S. B. Ingram, Phys Rev 34, S. 421 (1929); 33, S. 1092 (1929) abs.
K. T. Compton u. J. C. Boyce, Phys Rev 33, S. 145 (1929).

N II. (4)

A. Fowler, London R S Proc A 107, S. 31 (1924).
I. S. Bowen, Phys Rev 29, S. 231 (1927).
A. Fowler u. L. J. Freeman, London R S Proc A 114, S. 662 (1927).
I. S. Bowen, Ap J 67, S. 1 (1928).
L. J. Freeman, London R S Proc A 124, S. 654 (1929).
I. S. Bowen, Phys Rev 34, S. 534 (1929).

N III. (3)

R. A. Millikan u. I. S. Bowen, Phys Rev 26, S. 150 (1925).
I. S. Bowen, Phys Rev 29, S. 231 (1927).
L. I. Freeman, London R S Proc 121, S. 318 (1928).

N IV. (2)

R. A. Millikan u. I. S. Bowen, Phys Rev 26, S. 150 (1925).

Na I. (1)

Paschen-Götze, S. 55.
Fowlers Report, S. 98.

Na II. (10)

O. Laporte, Nature 121, S. 941 (1928).
I.. S. Bowen, Phys Rev 31, S. 967 (1928).
S. Frisch, Z f Phys 49, S. 52 (1928).
K. Majumdar, Ind J Phys 2, S. 345 (1928).

Na III. (9)

B. Edlen u. A. Ericson, C R 190, S. 173 (1930).

Na IV. (8)

B. Edlen u. A. Ericson, C R 190, S. 173 (1930).

Nb I (Cb I). (5)

W. F. Meggers, J Wash Ac Sci 14, S. 442 (1924).
W. F. Meggers, J Opt Soc Am 12, S. 417 (1926).

Nb II. (4)

W. F. Meggers u. C. C. Kiess, J Opt Soc Am 12, S. 417 (1926).

Nb III. (3)

R. C. Gibbs u. H. E. White, Phys Rev 31, S. 520 (1928).

Nb IV. (2)

R. C. Gibbs u. H. E. White, Phys Rev 31, S. 520 (1928).

Ne I. (8)

F. Paschen, Ann d Phys 60, S. 405 (1919); 63, S. 201 (1920).
Th. Lyman u. F. A. Saunders, Phys Rev 25, S. 886 (1925).

K. W. MEISSNER, Ann d Phys 76, S. 317 (1925).
E. BACK, Ann d Phys 76, S. 317 (1925).

Ne II. (7)

H. N. RUSSELL, K. T. COMPTON u. J. C. BOYCE, Wash Nat Ac Proc 14, S. 280 (1928).

Ne III. (6)

J. C. BOYCE u. K. T. COMPTON, Wash Nat Ac Proc 15, S. 656 (1929).
B. EDLEN u. A. ERICSON, C R 190, S. 173 (1930).

Ni I. (10)

F. M. WALTERS, J Wash Ac Sci 15, S. 88 (1925).
K. BECHERT u. L. A. SOMMER, Ann d Phys 77, S. 351 (1925).
K. BECHERT, Ann d Phys 77, S. 538 (1925).
W. F. MEGGERS u. F. M. WALTERS, Sci Papers Bur Stand 22, S. 205 (1927).
A. C. MENZIES, Phil Mag 6, S. 1210 (1928).
H. N. RUSSELL, Phys Rev 34, S. 821 (1929).

Ni II. (9)

A. G. SHENSTONE, Phys Rev 30, S. 255 (1927).
R. J. LANG, Phys Rev 33, S. 547 (1929); 31, S. 773 (1928).
A. C. MENZIES, London R S Proc A 122, S. 134 (1929).
R. J. LANG, Phys Rev 33, S. 638 (1929).

O I. (6)

PASCHEN-GÖTZE, S. 136.
FOWLERS Report, S. 166.
J. J. HOPFIELD, Ap J 59, S. 114 (1924).
O. LAPORTE, Naturwiss 12, S. 598 (1924).
E. BUNGARTZ, Ann d Phys 76, S. 709 (1925).
R. FRERICHS, Phys Rev 34, S. 1239 (1929).

O II. (5)

A. FOWLER, London R S Proc A 110, 476 (1926).
R. H. FOWLER u. D. R. HARTREE, London R S Proc A 111, S. 83 (1926).
C. MIHUL, C R 184, S. 874 (1927); 185, S. 937 (1927).
I. S. BOWEN, Phys Rev 29, S. 231 (1927).
F. CROZE u. C. MIHUL, C R 185, S. 702 (1927).
H. N. RUSSELL, Phys Rev 31, S. 27 (1928).

O III. (4)

C. MIHUL, C R 183, S. 1035 (1926); 184, S. 89 (1927).
I. S. BOWEN, Phys Rev 29, S. 231 (1927).
I. S. BOWEN, Nature 120, S. 473 (1927).
A. FOWLER, London R S Proc A 117, S. 317 (1928).

O IV. (3)

R. A. MILLIKAN u. I. S. BOWEN, Phys Rev 26, S. 150 (1925).
I. S. BOWEN, Phys Rev 29, S. 231 (1927).

O V. (2)

I. S. BOWEN u. R. A. MILLIKAN, Phys Rev 26, S. 150 (1925); 27, S. 144 (1926).
A. ERICSON u. B. EDLEN, C R 190, S. 116 (1930).

O VI. (1)

I. S. BOWEN u. R. A. MILLIKAN, Phys Rev 27, S. 144 (1926).
A. ERICSON u. B. EDLEN, C R 190, S. 116 (1930).

OS I. (8)

W. F. MEGGERS u. O. LAPORTE, Phys Rev 28, S. 642 (1926).

P I. (5)

M. O. SALTMARSH, Phil Mag 47, S. 874 (1924).
N. K. SUR, Nature 116, S. 592 (1925).
J. C. MCLENNAN u. A. B. MC LAY, Trans R Soc Canada 21, S. 63 (1927).
D. G. DHAVALE, Nature 123, S. 799 (1929).

P II. *(4)*

I. S. Bowen, Phys Rev 29, S. 510 (1927).

P III. *(3)*

R. A. Millikan u. I. S. Bowen, Phys Rev 26, S. 150 (1925).
M. O. Saltmarsh, London R S Proc A 108, S. 332 (1925).
I. S. Bowen, Phys Rev 31, S. 34 (1928).

P IV. *(2)*

R. A. Millikan u. I. S. Bowen, Phys Rev 24, S. 209 (1924); 25, S. 591 (1925); 26, S. 150 (1925).
M. O. Saltmarsh, London R S Proc A 108, S. 332 (1925).

P V. *(1)*

R. A. Millikan u. I. S. Bowen, Phys Rev 23, S. 1 (1924); 24, S. 209 (1924); 25, S. 295 (1925).

Pb I. *(4)*

V. Thorsen, Naturwiss 11, S. 78 (1923).
W. Grotrian, Z f Phys 18, S. 169 (1923).
J. C. McLennan, J. F. T. Young u. A. B. McLay, Proc R Soc Canada 18, S. 77 (1924).
H. Gieseler u. W. Grotrian, Z f Phys 34, S. 374 (1925).

Pb II. *(3)*

H. Gieseler, Z f Phys 42, S. 276 (1927).

Pb III. *(2)*

S. Smith, Wash Nat Ac Proc 14, S. 818 (1928).
S. Smith, Phys Rev 34, S. 393 (1929).
A. S. Rao u. A. L. Narayan, Indian J Phys 2, S. 467 (1928).
A. S. Rao u. A. L. Narayan, Z f Phys 59, S. 687 (1929).
A. S. Rao u. A. L. Narayan, Nature 124, S. 794 (1929).

Pb IV. *(1)* bzw. *(11)*

J. A. Caroll, Phil Trans A 225, S. 357 (1926).

Pb V. *(10)*

J. E. Mack, Phys Rev 34, S. 17 (1929).

Pd I. *(10)*

K. Bechert u. M. A. Catalán, Z f Phys 35, S. 449 (1925).
C. S. Beals, London R S Proc 109, S. 369 (1925).
A. G. Shenstone, Phys Rev 36, S. 669 (1930).

Pd II. *(9)*

A. G. Shenstone, Phys Rev 32, S. 30 (1928).

Pr II. *(4)*

H. E. White, Phys Rev 34, S. 1397 (1929).

Pt I. *(10)*

W. F. Meggers u. O. Laporte, Phys Rev 28, S. 642 (1926).
J. C. McLennan u. A. B. McLay, Trans R Soc Canada 20, S. 3 (1926).
A. C. Hausmann, Ap J 66, S. 333 (1927).
A. C. Hausmann, Phys Rev 31, S. 152 (1928).
P. J. Ovrebo, Phys Rev 33, S. 1098 (1929); 31, S. 1123 (1928).
J. J. Livingood, Phys Rev 34, S. 185 (1929).
J. E. Mack, Phys Rev 34, S. 17 (1929).

Rh I. *(9)*

L. A. Sommer, Z f Phys 45, S. 147 (1927).
W. F. Meggers u. C. C. Kiess, J Opt Soc Am 12, S. 417 (1926).
W. F. Meggers u. O. Laporte, Phys Rev 28, S. 642 (1926).

Ru I. *(8)*

W. F. Meggers u. O. Laporte, Science 61, S. 635 (1925); J Wash Ac Sci 16, S. 143 (1926).
L. A. Sommer, Z f Phys 37, S. 1 (1926).
W. F. Meggers u. C. C. Kiess, J Opt Soc Am 12, S. 417 (1926).

S I. *(6)*

PASCHEN-GÖTZE, S. 138.
FOWLERS Report, S. 169.
J. J. HOPFIELD, Nature 112, S. 437 (1923) u. S. 790 (1923).
E. BUNGARTZ, Ann d Phys 76, S. 709 (1925).
J. J. HOPFIELD u. G. H. DIEKE, Phys Rev 27, S. 638 (1926).

S II. *(5)*

S. B. INGRAM, Phys Rev 32, S. 173 (1928).
J. GILLES, C R 186, S. 1109 u. 1354 (1928).
D. K. BHATTACHARYA, London R S Proc A 122, S. 416 (1929).
L. u. E. BLOCH, C R 188, S. 160 (1929).
L. u. E. BLOCH, Ann de Phys 12, S. 5 (1929).
I. S. BOWEN, Nature 123, S. 450 (1929).

S III. *(4)*

S. B. INGRAM, Phys Rev 33, S. 907 (1929).
J. GILLES, C R 188, S. 63 (1929).
J. GILLES, C R 188, S. 320 (1929).
L. u. E. BLOCH, Ann de Phys 12, S. 5 (1929).

S IV. *(3)*

R. A. MILLIKAN u. I. S. BOWEN, Phys Rev 26, S. 150 (1925).
I. S. BOWEN, Phys Rev 31, S. 34 (1928).

S V. *(2)*

R. A. MILLIKAN u. I. S. BOWEN, Phys Rev 25, S. 591 (1925); 26, S. 150 (1925).

S VI. *(1)*

R. A. MILLIKAN u. I. S. BOWEN, Phys Rev 25, S. 295 (1925).

Sb I. *(5)*

A. E. RUARK, F. L. MOHLER, P. D. FOOTE u. R. L. CHENAULT, Bur of Stand Sci Papers 19, S. 463 (1924).
J. C. McLENNAN u. A. B. McLAY, Trans R Soc Can 21, S. 63 (1927).
J. B. GREEN u. R. A. LORING, Phys Rev 31, S. 707 (1928).
S. L. MALURKAR, Camb Phil Soc 24, S. 85 (1928).
H. LÖWENTHAL, Z f Phys 57, S. 828 (1929).

Sb III. *(3)*

R. J. LANG, Phys Rev 32, S. 737 (1928); 35, S. 445 (1930).

Sb IV. *(2)*

J. B. GREEN u. R. J. LANG, Wash Nat Ac Proc 14, S. 707 (1928).
R. C. GIBBS u. A. M. VIEWEG, Phys Rev 34, S. 400 (1929).

Sb V. *(1)*

R. J. LANG, Wash Nat Ac Proc 13, S. 341 (1927).

Sc I. *(3)*

M. A. CATALÁN, Anales Soc Esp Fis y Quim 21, S. 464 (1923).
W. F. MEGGERS, J Wash Ac Sci 14, S. 419 (1924).
W. F. MEGGERS, Bur Stand Sci Papers 22, Nr. 549 (1927).
H. N. RUSSELL u. W. F. MEGGERS, Bur of Stand Sci Papers 22, S. 329 (1927).
H. E. WHITE, Phys Rev 33, S. 672 (1929).

Sc II. *(2)*

M. A. CATALÁN, Anales Soc Esp Fis y Quim 20, S. 606 (1922).
W. F. MEGGERS, J Wash Ac Sci 14, S. 419 (1924).
W. F. MEGGERS, C. C. KIESS u. F. M. WALTERS JR. J Opt Soc Am 9, S. 355 (1924).
H. N. RUSSELL u. W. F. MEGGERS, Bur of Stand Sci Papers 22, S. 329, Nr. 558 (1927).
H. E. WHITE Phys Rev 33, S. 538 (1929).

Sc III. *(1)*

R. C. GIBBS u. H. E. WHITE, Wash Nat Ac Proc 12, S. 598 (1926).
H. N. RUSSELL u. R. J. LANG, Ap J 66, S. 13 (1927).

Se I. *(6)*

PASCHEN-GÖTZE, S. 140.
FOWLERS Report, S. 171.
J. J. HOPFIELD, Nature 112, S. 437 (1923).
J. C. MCLENNAN, A. B. MCLAY u. J. H. MCLEOD, Phil Mag 4, S. 486 (1927).

Se III. *(4)*

A. S. RAO, Z f Phys 58, S. 251 (1929).
D. K. BHATTACHARYA, Nature 124, S. 229 (1929).

Se V. *(2)*

R. A. SAWYER u. C. J. HUMPHREYS, Phys Rev 32, S. 583 (1928).

Se VI. *(1)*

R. A. SAWYER u. C. J. HUMPHREYS, Phys Rev 32, S. 583 (1928).

Si I. *(4)*

A. FOWLER, Phil Trans A 225, S. 1 (1925).
A. FOWLER, London R S Proc A 123, S. 422 (1929).

Si II. *(3)*

A. FOWLER, Phil Trans A 225, S. 1 (1925).
R. A. MILLIKAN u. I. S. BOWEN, Phys Rev 26, S. 150 (1925).
I. S. BOWEN, Phys Rev 31, S. 34 (1928).

Si III. *(2)*

A. FOWLER, Phil Trans A 225, S. 1 (1925).
R. A. MILLIKAN u. I. S. BOWEN, Phys Rev 26, S. 150 (1925).

Si IV. *(1)*

A. FOWLER, Phil Trans A 225, S. 1 (1925).

Si V. *(8)*

B. EDLEN u. A. ERICSON, C R 190, S. 116 (1930).

Sn I. *(4)*

E. BACK, Z f Phys 43, S. 309 (1927).
J. B. GREEN u. R. A. LORING, Phys Rev 30, S. 574 (1927).

Sn II. *(3)*

J. B. GREEN u. R. A. LORING, Phys Rev 30, S. 574 (1927).
R. J. LANG, Phys Rev 35, S. 445 (1930).

Sn III. *(2)*

J. B. GREEN u. R. A. LORING, Phys Rev 30, S. 574 (1927).
K. R. RAO, Proc Phys Soc of London 39, S. 161 (1927).
R. C. GIBBS u. A. M. VIEWEG, Phys Rev 34, S. 400 (1929).

Sn IV. *(1)*

R. J. LANG, Wash Nat Ac Proc 13, S. 341 (1927).

Sn V. *(10)*

R. C. GIBBS u. H. E. WHITE, Phys Rev 31, S. 1124 (1928).
R. C. GIBBS u. H. E. WHITE, Wash Nat Ac Proc 14, S. 143 (1928).

Sr I. *(2)*

H. N. RUSSELL u. J. A. SAUNDERS, Ap J 61, S. 39 (1925).

Sr II. *(1)*

PASCHEN-GÖTZE, S. 89.
FOWLERS Report, S. 131.

Ta I. *(5)*

J. C. MCLENNAN u. A. M. J. A. W. DURNFORD, London R S Proc A 120, S. 502 (1928).

Te I. *(6)*

J. J. HOPFIELD, Nature 112, S. 437 (1923).
J. C. MCLENNAN, A. B. MCLAY u. J. H. MCLEOD, Phil Mag 4, S. 486 (1927).

Te V. *(2)*

R. C. GIBBS u. A. M. VIEWEG, Phys Rev 34, S. 400 (1929).

Te VI. *(1)*

R. J. LANG, Wash Nat Ac Proc 13, S. 341 (1927).

Ti I. *(4)*

C. C. KIESS u. H. K. KIESS, J Opt Soc Am 8, S. 607 (1924).
H. N. RUSSELL, Ap J 66, S. 347 (1927).
H. E. WHITE, Phys Rev 33, S. 914 (1929).

Ti II. *(3)*

W. F. MEGGERS, C. C. KIESS u. F. M. WALTERS JR., J Opt Soc Am 9, S. 355 (1924).
H. N. RUSSELL, Ap J 66, S. 283 (1927).
H. E. WHITE, Phys Rev 33, S. 672 (1929).

Ti III. *(2)*

H. N. RUSSELL u. R. J. LANG, Ap J 66, S. 13 (1927).
H. E. WHITE, Phys Rev 33, S. 538 (1929).

Ti IV. *(1)*

H. N. RUSSELL u. R. J. LANG, Ap J 66, S. 13 (1927).

Tl I. *(3)*

FOWLERS Report, S. 160.
PASCHEN-GÖTZE, S. 132.
W. GROTRIAN, Z f Phys 12, S. 218 (1922).

Tl II. *(2)*

J. C. MCLENNAN, A. B. MCLAY u. M. F. CRAWFORD, Trans R Soc Canada 22, S. 241 (1928).
S. SMITH, Wash Nat Ac Proc 14, S. 951 (1928).
S. SMITH, Phys Rev 34, S. 393 (1929).
S. SMITH, Phys Rev 35, S. 235 (1930).

Tl III. *(1)*

J. A. CAROLL, Phil Trans A 225, S. 357 (1926).
J. C. MCLENNAN, A. B. MCLAY u. M. F. CRAWFORD, London R S Proc A 125, S. 50 (1929).

Tl IV. *(10)*

J. E. MACK, Phys Rev 34, S. 17 (1929).

V I. *(5)*

O. LAPORTE, Phys Z 24, S. 510 (1923).
O. LAPORTE, Naturwiss 11, S. 779 (1923).
W. F. MEGGERS, J Wash Ac Sci 13, S. 317 (1923).
W. F. MEGGERS, C. C. KIESS u. F. M. WALTERS JR., J Opt Soc Am 9, S. 355 (1924).
W. F. MEGGERS, J Wash Ac Sci 14, S. 151 (1924).
K. BECHERT u. L. A. SOMMER, Z f Phys 31, S. 145 (1925).
H. N. RUSSELL, Ap J 66, S. 233 (1927).

V II. *(4)*

W. F. MEGGERS, Z f Phys 33, S. 509 (1925); 39, S. 114 (1926).
H. E. WHITE, Phys Rev 33, S. 914 (1929).

V III. *(3)*

R. C. GIBBS u. H. E. WHITE, Phys Rev 29, S. 655 (1927).
H. E. WHITE, Phys Rev 32, S. 318 (1928).
H. E. WHITE, Phys Rev 33, S. 672 (1929).

V IV. *(2)*

H. E. WHITE, Phys Rev 33, S. 538 (1929).

V V. *(1)*

R. C. GIBBS u. H. E. WHITE, Phys Rev 33, S. 157 (1929).

W I. *(6)*

O. LAPORTE, Naturwiss 13, S. 627 (1925).

X I. *(8)*

H. B. DORGELO u. I. H. ABBINK, Z f Phys 47, S. 221 (1928).
W. F. MEGGERS, T. L. DE BRUIN u. C. J. HUMPHREYS, Bur of Stand J of Res 3, S. 731 (1929).
W. GREMMER, Z f Phys 59, S. 154 (1930).

Y I. *(3)*

W. F. MEGGERS u. B. E. MOORE, J Wash Ac Sci 15, S. 207 (1925).
W. F. MEGGERS u. C. C. KIESS, J Opt Soc Am 12, 417 (1926).
W. F. MEGGERS, Bur of Stand J of Res 1, 319 (1928).
W. F. MEGGERS u. H. N. RUSSELL, Bur of Stand J of Res 2, S. 733 (1929).

Y II. *(2)*

W. F. MEGGERS u. C. C. KIESS, J Opt Soc Am 12, S. 417 (1926).
W. F. MEGGERS, Bur of Stand J of Res 1, S. 319 (1928).
W. F. MEGGERS u. H. N. RUSSELL, Bur of Stand J of Res 2, S. 733 (1929).

Y III. *(1)*

R. A. MILLIKAN u. I. S. BOWEN, Phys Rev 28, S. 924 (1926).

Zn I. *(2)*

PASCHEN-GÖTZE, S. 106.
FOWLERS Report, S. 139.
R. A. SAWYER, J Opt Soc Am 13, S. 431 (1926).

Zn II. *(11)*

G. VON SALIS, Ann d Phys 76, S. 145 (1925).
Y. TAKAHASHI, Ann d Phys (5) 3, S. 27 (1929).

Zn III. *(10)*

O. LAPORTE u. R. J. LANG, Phys Rev 30, S. 378 (1927).

Zr I. *(4)*

W. F. MEGGERS u. C. C. KIESS, J Opt Soc Am 12, S. 417 (1926).

Zr II. *(3)*

W. F. MEGGERS u. C. C. KIESS, J Opt Soc Am 12, S. 417 (1926).

Zr IV. *(2)*

R. A. MILLIKAN u. I. S. BOWEN, Phys Rev 28, S. 924 (1926).

Kapitel 7.

Bandenspektra.

Von

K. WURM-Potsdam.

Mit 28 Abbildungen.

a) Bandensystem und Bandenstruktur.

1. Allgemeines. Die Molekül- oder Bandenspektra zeichnen sich zunächst rein äußerlich dadurch aus, daß sie bei geringer Dispersion als etwas verwaschene, breite Bänder erscheinen, mit einer mehr oder weniger scharfen Kante an einer Seite, von der aus die Intensität nach der entgegengesetzten Seite kontinuierlich abnimmt. Meist tritt eine Reihe solcher Bänder in Gruppen oder Zügen nebeneinander auf. Diese liegen dann stets in einem relativ engen Spektralbereich und werden in ihrer Gesamtheit als Bandensystem bezeichnet. Ein Molekül kann allgemein eine ganze Anzahl solcher Bandensysteme besitzen; vom neutralen CO-Molekül sind beispielsweise bis heute mindestens 16 verschiedene Bandensysteme bekannt, beim He_2 ist diese Zahl noch größer. Liegt die Bande auf der violetten Seite der Kante, so nennt man die Bande nach Violett abschattiert, im andern Falle nach Rot. Alle Banden eines Systems zeigen dieselbe Abschattierung. Man findet beide Fälle der Abschattierung etwa gleich häufig[1]. Den Grund dafür, warum Rot- oder Violettabschattierung vorliegt, werden wir später erfahren (vgl. Ziff. 2 und 3). Was die Zahl der zu einem Bandensystem gehörigen Teil- oder Einzelbanden betrifft, so ist diese sehr schwankend. Das Bandensystem des Sauerstoffs, zu dem die bekannten atmosphärischen Absorptionsbanden gehören, weist nur einige wenige Teilbanden auf, wohingegen das im Sichtbaren gelegene Absorptionsbandenspektrum des Jods mehr als hundert besitzt. In fast allen Fällen schrumpft die Zahl der zu einem System gehörenden Banden dadurch stark zusammen, daß eine Menge von Banden wegen zu geringer Intensität nicht beobachtbar wird. Es liefern weiterhin Absorptions- und Emissionsaufnahmen desselben Spektrums ganz verschiedene Intensitätsverteilung innerhalb des Systems, und Banden, die in einem Falle kaum beobachtbar sind, können im andern Falle sehr stark hervortreten. Das äußere Bild, soweit es die Zahl der Teilbanden und die Intensitätsverhältnisse betrifft, ist also weitgehend von den Anregungsbedingungen abhängig.

Die zu Anfang betonte Eigenschaft der Bandenspektra, die Ausprägung einer ausgesprochenen Kante, ist nun nicht stets verwirklicht, obwohl die ersteren Fälle bei weitem überwiegen. Es gibt eine Reihe von Molekülspektren, bei denen die Lage der Kanten nur noch durch mehr oder weniger verwaschene Intensitäts-

[1] Es ist allerdings auch möglich, daß in einem Bandensystem rot- und violettabschattierte Banden gleichzeitig auftreten, wie es bei den violetten Cyanbanden [vgl. F. A. JENKINS, Phys Rev 31, S. 539 (1928)] der Fall ist.

maxima angedeutet ist und die man zur Unterscheidung gegenüber den Kantenspektren auch wohl häufig als Pseudokantenspektra[1] bezeichnet.

Bei Verwendung großer Dispersion und großem Auflösungsvermögen lösen sich die Banden in eine Menge feiner Einzellinien auf, die besonders in der Nähe der Kante dicht gelagert sind und in vielen Fällen hier nur dann aufgelöst werden können, wenn die verwendete Dispersion sehr beträchtlich ist[2]. Die Anordnung der Linien ist innerhalb eines Bandensystems, von kleineren Verschiebungen abgesehen, für alle Teilbanden dieselbe, von System zu System aber verschieden. Aus Abb. 1 sind die Strukturen einiger Banden zu ersehen. Von einer bestimmten Stelle in der Nähe der Kante ausgehend, lassen sich in allen Fällen mehrere Linienserien verfolgen, bei denen der Abstand aufeinanderfolgender Linien gesetzmäßig zunimmt. Diese Linienserien werden Zweige genannt. Die Zahl der Zweige kann für verschiedene Systeme sehr verschieden sein. Da die Abstände in der Nähe der Kante am geringsten sind, ist, wie schon oben erwähnt, hier die Liniendichte am größten, die noch dadurch erhöht wird, daß der Zweig, der bis zur Kante läuft, dort umkehrt. Die anderen Zweige erstrecken sich vom Ursprung der Bande in der Richtung nach größerem Abstand von der Kante. Als Normalfall ist etwa der anzusehen, bei welchem drei Zweige auftreten. Es kann aber in vielen Fällen jeder Zweig mehrfach sein, wodurch dann die Struktur der Bande sehr kompliziert wird (vgl. Ziff. 5).

Die Bandenspektra können bei den verschiedensten Leuchtvorgängen auftreten. Man findet sie in Flammen, im Bogen und Funken, in Glimmentladungen und als Fluoreszenzspektra. Sehr viele Banden erscheinen in Absorption, von denen eine Reihe in den Spektren der Fixsterne späteren Typus (G — M, S, R — N) auftreten. Der G-Typus ist der früheste, welcher Bandenabsorption aufweist. Im Sonnenspektrum sind OH-, NH-, CH- und CN-Banden beobachtet, in den Flecken außerdem noch CaH-, MgH- und TiO-Banden. In der Reihe der K- und M-Sterne treten überwiegend TiO-Banden auf, während in der R- und N-Reihe Banden von Kohleverbindungen (CN, CH) beobachtet sind.

2. Serienformeln und Molekelterme. Da jede Linie eines Bandenspektrums genau wie die Linie eines Atomspektrums eine monochromatische Frequenz darstellt, so gilt auch hier für jede Linie die BOHRsche Frequenzbedingung

$$h\bar{\nu} = \Delta E = E' - E'', \tag{1}$$

welche die Frequenz einer Linie mit der Differenz zweier Energiewerte des emittierenden Teilchens verknüpft.

Was die mathematische Darstellung der Energiewerte E in Gleichung (1) betrifft, so zeigte schon die empirische Serienforschung, daß bei der Molekel ganz andere Formeln in Frage kommen als beim Atom, und daß auch dementsprechend die den theoretischen Betrachtungen zugrunde zu legenden Vorstellungen über die Emissionsvorgänge gegenüber denen beim Atom eine grundsätzliche Erweiterung aufweisen müssen. Im Falle der Linienspektra kam man auf Formeln vom Typus der BALMERschen

$$\nu = R\left(\frac{1}{n'^2} - \frac{1}{n''^2}\right),$$

[1] H. KONEN, Leuchten der Gase und Dämpfe. Braunschweig, Vieweg 1913.

[2] Um Bandenspektra genügend in Einzellinien auflösen zu können, ist in den meisten Fällen eine Dispersion von 2 bis 3 A pro mm oder größer notwendig. Man findet eine Dispersion von dieser Größe in den ersten Ordnungen der großen Plan- und Konkavgitter. Das Auflösungsvermögen, welches durch $\frac{\lambda}{\delta\lambda}$ definiert wird ($\delta\lambda$ gibt die Wellenlängendifferenz zweier nebeneinanderliegender Linien an, die gerade noch getrennt erscheinen), bewegt sich bei den großen Gitterspektrographen in erster Ordnung in der Höhe von 100000.

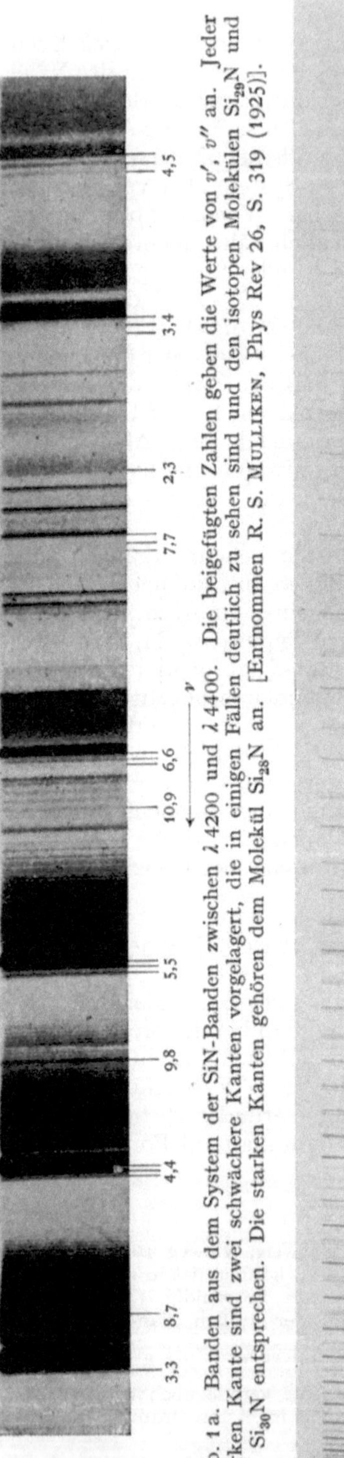

Abb. 1a. Banden aus dem System der SiN-Banden zwischen λ 4200 und λ 4400. Die beigefügten Zahlen geben die Werte von v', v'' an. Jeder starken Kante sind zwei schwächere Kanten vorgelagert, die in einigen Fällen deutlich zu sehen sind und den isotopen Molekülen $Si_{29}N$ und $Si_{30}N$ entsprechen. Die starken Kanten gehören dem Molekül $Si_{28}N$ an. [Entnommen R. S. MULLIKEN, Phys Rev 26, S. 319 (1925)].

Abb. 1b. Stickstoffbande bei λ 3800 (N_2).

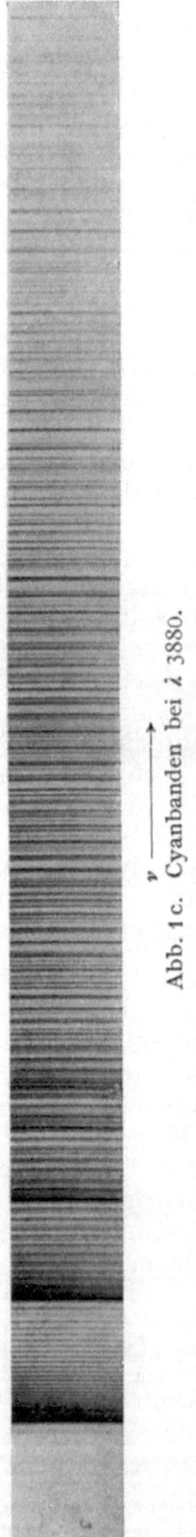

Abb. 1c. Cyanbanden bei λ 3880.

Abb. 1d. Die Banden bei λ 7600 (links) und λ 6800 des atmosph. Sauerstoffs aus dem Absorptionsspektrum der Sonne. Bei der Bande λ 7600 sind deutlich an einigen Stellen zwischen den starken Dubletts schwache Linienpaare zu sehen. Dieselben rühren von dem isotopen Molekül O_{16}—O_{18} her.

während für die Bandenspektra DESLANDRES[1] die Serienformel

$$\nu = A + 2Bm + Cm^2 - Dn' + En'^2 + Fn'' - Gn''^2$$

entwickelte[2]. Letztere wird allgemein als DESLANDRESsches Linien- und Kantengesetz bezeichnet[3].

Ein wesentlicher Zug der quantentheoretischen Behandlung der Bandenspektra ist die Aufteilung der Energiedifferenz ΔE in Gleichung (1) in drei Teile, die von drei verschiedenen, aber gleichzeitig erfolgenden Quantensprüngen herrühren. Auf diese Dreiteilung der Molekelenergie weist schon die DESLANDRESsche Formel hin[4]. Dementsprechend zeigt sich diese Dreiteilung auch im äußeren Bilde der Bandenspektra. Eine Anzahl von Linien bildet eine Einzelbande, eine Reihe von Einzelbanden ein Bandensystem, und schließlich können mehrere Bandensysteme zu einer Systemserie zusammentreten.

Diese Aufteilung der Molekülenergie bestimmt naturgemäß auch die Hauptzüge des Bildes, das man sich heute von einer Molekel macht. Das Molekülmodell, speziell das eines zweiatomigen Moleküls, ist im wesentlichen wie folgt gekennzeichnet. Die beiden Atome treten bis auf eine Entfernung ihrer Kerne von der Größenordnung von 10^{-8} cm aneinander heran, und die Kerne führen um eine durch die Stärke der Bindungskräfte bestimmte Gleichgewichtslage Schwingungen gegeneinander aus[5]. Um die Kerne ordnen sich die Elektronen in Schalen. Die Bewegung der Elektronen erfolgt genau wie beim Atom in bestimmten Quantenbahnen. Die ganze Molekel (Kerne plus Elektronen) kann wie ein starrer Körper um eine zur Kernverbindung senkrechte Achse rotieren. Nach diesen Vorstellungen kommen so zu der Elektronenbewegung, die hier gegenüber der Elektronenbewegung im Atom wegen der zwei anziehenden Zentren als stark abgeändert zu betrachten ist, zwei neue Bewegungsarten, Oszillation der Kerne längs ihrer Verbindungslinie und die Molekülrotation, welche ebenso wie die Elektronenbewegung gequantelt sind. Man spricht von der Elektronen-, Oszillations- und Rotationsenergie eines Molekelzustandes, desgleichen auch von der Elektronen-, Oszillations- und Rotationsfrequenz eines Quantensprunges (vgl. Gl. 2 und 3). Größenordnungsgemäß überwiegt bei einem Übergang bei weitem der vom Elektronensprung herrührende Anteil, der stets positiv[6] ist und die Lage des Bandensystems im Spektralbezirk festlegt. Die Beiträge des Oszillations- und des Rotationssprunges können positiv oder negativ

[1] H. DESLANDRES, C R 100, S. 854 (1885); 103, S. 375 (1886); 104, S. 972 (1887); 106, S. 842 (1888). Zusammenfassung in J de Phys (2) 10, S. 276 (1891).

[2] Vorstehende Formel ist die Zusammenfassung der beiden DESLANDRESschen Gesetze

$$\nu_K = A_0 - n'D + n'^2E + n''F - n''^2G, \quad n' = 0, 1, 2 \ldots, \quad n'' = 0, 1, 2$$

und

$$\nu_m = A_1 + 2mB + m^2 C. \quad m = 0, 1, 2 \ldots$$

Das erste Gesetz stellt den Zusammenhang der Kanten dar, das zweite bezieht sich auf die Anordnung der Linien innerhalb einer Bande. Die Darstellung bei DESLANDRES weicht von der vorherstehenden etwas ab.

[3] Über die historische Entwicklung vgl. insbesondere A. KRATZER, Die Gesetzmäßigkeiten in den Bandenspektren. Encyklop. der math. Wissensch. V, S. 3.

[4] Man hat noch zu beachten, daß verschiedene Werte von A verschiedenen Bandensystemen entsprechen, die demselben Molekül angehören; gleichzeitig ändert sich der Wert der Konstanten $B, C \ldots G$ etwas ab.

[5] Man unterscheidet zwischen polarer und nichtpolarer Bindung. Eine Bindung der ersten Art liegt vor, wenn die beiden Teile als entgegengesetzt geladen anzusehen sind, die Bindungskräfte also elektrostatischer Natur sind, z. B. bei NaCl. Bei der nichtpolaren Bindung werden, wie die Wellen- bzw. Quantenmechanik ergibt [vgl. W. HEITLER u. F. LONDON, Z f Phys 44, S. 458 (1927)], die neutralen Atome dadurch zusammengehalten, daß Elektronen gegenseitig ihre Plätze austauschen können.

[6] Alle Betrachtungen sind, wenn nicht besonders vermerkt, auf den Fall der Emission bezogen.

sein, je nachdem die Oszillations- bzw. Rotationsenergie der Molekel während der Emission ab- oder zunimmt. Bei demselben Elektronensprung und konstant gehaltener Rotationsenergie geben die verschiedenen Oszillationssprünge die Lagen der verschiedenen Einzelbanden, für einen bestimmten Oszillationssprung die verschiedenen Rotationssprünge die Mannigfaltigkeit der Linien einer Bande.

Die Gesamtenergie eines stationären Zustandes eines Moleküls läßt sich also in der Form

$$E = E_{\mathrm{el}} + E_{\mathrm{osc}} + E_{\mathrm{rot}} \tag{2}$$

schreiben[1], und Gleichung (1) ergibt dementsprechend bei Division durch hc

$$\nu = \frac{E' - E''}{hc} = \frac{\Delta E_{\mathrm{el}} + \Delta E_{\mathrm{osc}} + \Delta E_{\mathrm{rot}}}{hc} = \nu_{\mathrm{el}} + \nu_{\mathrm{osc}} + \nu_{\mathrm{rot}}\,. \tag{3}$$

Die Größen E/hc bezeichnet man allgemein als Spektralterme oder kurz als Terme. ν_{el} in Gleichung (3) hat für alle Linien eines Bandensystems einen konstanten Wert[2]. Danach ist ein Bandensystem definiert als die Gesamtheit der Banden mit gemeinschaftlichem Elektronensprung. Die Stelle im Spektrum, die durch die Frequenz ν_{el} bestimmt ist, wird als Ursprung des Bandensystems bezeichnet. Es ist dies eine Stelle im Spektrum, der in Wirklichkeit keine Linie des Bandensystems entspricht, da ein reiner Elektronensprung niemals auftritt. Ist $\Delta E_{\mathrm{el}} = 0$, so haben wir die Systeme der ultraroten Banden vor uns und zwar die reinen Rotationsspektren, wenn auch noch $\Delta E_{\mathrm{osc}} = 0$ ist, mit $\Delta E_{\mathrm{osc}} > 0$ die Rotationsschwingungsspektren. Im reinen Rotationsspektrum kann ΔE_{rot} nur positiv, bei den Rotationsschwingungsspektren, genau wie bei den Banden mit $\Delta E_{\mathrm{el}} > 0$, auch negativ sein. Uns werden im folgenden in der Hauptsache nur solche Banden interessieren, für die $\Delta E_{\mathrm{el}} > 0$ ist, die wegen des Auftretens eines Elektronensprunges auch als Elektronenbanden bezeichnet werden.

Bevor wir weiter auf die Struktur der Banden eingehen, wird es sich darum handeln, entsprechend Gleichung (2), soweit dies bis heute gelungen ist, die Ausdrücke für die Molekülenergie zu gewinnen.

a) Die Elektronenenergie. In der DESLANDRESschen Formel steckt die Elektronensprungfrequenz in der Konstanten A, die für verschiedene Bandensysteme eines Moleküls verschieden ist. Man ist auch heute noch von einer mathematischen Darstellung der Elektronenenergie in Abhängigkeit von den Elektronenquantenzahlen weit entfernt. Gerade dieses Problem, die Gewinnung der Molekel-Elektronenterme, bietet große Schwierigkeiten und ist besonders erst in der letzten Zeit, nachdem die Fragen betreffend Oszillation und Rotation weitgehend geklärt sind, stärker in Angriff genommen worden. Die bis vor kurzem geltende Annahme, daß sich die Elektronenterme durch einen BALMER-Term, ähnlich dem des entsprechenden[3] Atoms, darstellen lassen, ist sehr unwahrscheinlich geworden. Es zeigt sich, daß die Zahl der Terme und deren Anordnung häufig ganz anders ist als in dem entsprechenden Atom. Wir halten daher an dem Ausdruck E_{el} zur Bezeichnung der Elektronenenergie (bzw. ν_{el} zur Be-

[1] Wegen des Auftretens von Wechselwirkungen sind die drei einzelnen Energiebestandteile nicht von der einen entsprechenden Quantenzahl (Elektronen-, Oszillations- oder Rotationsquantenzahl) allein abhängig; obige Dreiteilung enthält also eine gewisse Willkür (vgl. die weiter unten stehenden Termformeln).

[2] Es ist von der Feinstruktur der Banden zunächst abgesehen. ν bedeutet stets die spektroskopische Frequenz (in cm^{-1}).

[3] Unter „entsprechendem Atom" versteht man das Atom, welches in der Elektronenzahl mit der Anzahl der Elektronen in der äußeren Elektronenhülle des Moleküls übereinstimmt (vgl. Ziff. 6).

zeichnung der Elektronenfreqenz) zunächst weiterhin fest und gehen auf die Ergebnisse der Erforschung der Elektronenterme erst später ein.

b) Rotationsenergie und Rotationsfrequenz. Wir betrachten nun zunächst die reine Rotation des Moleküls, sehen von der Oszillation der Kerne ab und denken uns die beiden Atome als Massenpunkte in einem festen Abstande r. Das ganze Gebilde möge um eine zur Kernverbindungslinie senkrechte Achse rotieren. Da die potentielle Energie gleich Null ist, so ergibt sich bei Benutzung ebener Polarkoordinaten für die Rotationsenergie der Ausdruck

$$E_{\text{rot}} = \tfrac{1}{2} I \dot{\varphi}^2 = \tfrac{1}{2} \mu r^2 \dot{\varphi}^2 . \tag{4}$$

I bedeutet das Trägheitsmoment des Moleküls und $\mu = \frac{m_1 m_2}{m_1 + m_2}$ die sog. reduzierte Masse. Die HAMILTONsche Funktion $H = \sum_k H_k(q_k, p_k)$, d. h. die Gesamtenergie als Funktion der Koordinaten q_k und der Impulse p_k, lautet also[1]

$$H(q, p) = \frac{p_\varphi^2}{2I}, \tag{5}$$

wo $p_\varphi = I\dot{\varphi}$ den zum Drehwinkel φ konjugierten Impuls darstellt. Die kanonischen Differentialgleichungen $\left(\dot{q}_k = \frac{\partial H}{\partial p_k},\ \dot{p}_k = -\frac{\partial H}{\partial q_k}\right)$ nehmen in diesem Falle die Gestalt an

$$\dot{\varphi} = \frac{\partial H}{\partial p_\varphi} = \frac{p_\varphi}{I} \qquad \text{und} \qquad \dot{p}_\varphi = -\frac{\partial H}{\partial \varphi} = 0 ,$$

somit ist

$$p_\varphi = \text{konst} .$$

Nach der Quantenbedingung $J = \oint p\,dq = Kh$, $K = 1, 2, 3, \ldots$ (das Integral ist über eine volle Periode von q zu erstrecken), erhalten wir

$$J = \oint p_\varphi\,d\varphi = 2\pi p_\varphi = Kh , \qquad K = 1, 2, 3 \ldots$$

und bei Benutzung dieses Ergebnisses erhalten wir Gleichung (4) bzw. Gleichung (5) in der Form[2]

$$E_{\text{rot}} = H = \frac{h^2}{8\pi^2 I} K^2 . \tag{6}$$

Gehen wir von der Energie zum Term über, indem wir durch hc dividieren, so ergibt sich als reiner Rotationsterm

$$F_{\text{rot}} = \frac{h}{8\pi^2 c I} K^2 = BK^2 . \tag{7}$$

$h/8\pi^2 c$ hat den Wert $27{,}7 \cdot 10^{-40}$. K ist die Rotationsquantenzahl.

Wenn wir aus der Differenz zweier Terme die Frequenz ν_{rot} berechnen, so haben wir zu beachten, daß wegen der mit dem Rotationssprung stets parallel verlaufenden Elektronenumlagerung das Trägheitsmoment im Endzustand sich von dem im Anfangszustand unterscheiden wird. Bezeichnen wir dementsprechend die Trägheitsmomente im Anfangs- und Endzustand resp. mit I' und I'', desgleichen die Quantenzahlen resp. mit K' und K'', so ergibt sich für ν_{rot} der Ausdruck

$$\nu_{\text{rot}} = \frac{h}{8\pi^2 c I'} K'^2 - \frac{h}{8\pi^2 c I''} K''^2 = B'K'^2 - B''K''^2 . \tag{8}$$

---

[1] Wegen ausführlicher Darstellung der folgenden Abschnitte vgl. beispielsweise M. BORN, Atommechanik Bd. I.

[2] Wegen der durch die Wellen- bzw. Quantenmechanik geforderten Ersetzung von K^2 durch $K(K+1)$ vergleiche weiter unten.

Für einen Übergang $K' \to K''$ gilt nun die Auswahlregel[1] $K'' = K' \pm 1$, unter deren Berücksichtigung Gleichung (8) übergeht in

$$\left.\begin{aligned} \nu_{\text{rot}} &= \frac{h}{8\pi^2 c I'} K^2 - \frac{h}{8\pi^2 c I''} K^2 \pm \frac{2h}{8\pi^2 c I''} K - \frac{h}{8\pi^2 c I''} \\ &= (B' - B'') K^2 \pm 2B'' K - B'' \\ &= -B'' \pm 2B'' K + C K^2 . \end{aligned}\right\} \tag{8a}$$

Vergrößert man Gleichung (8a) noch um eine Konstante $(A + B'')$, so zeigt ein Vergleich mit der zweiten Formel in Anm. 2 auf S. 741, daß Gleichung (8a) dann mit dem DESLANDRESschen Seriengesetz identisch wird.

c) Koppelung von Rotation und Schwingung bei anharmonischer Bindung. Die im vorigen Abschnitt gemachte Annahme der starren Verbindung der Atome im Molekül liefert nur eine grobe Annäherung an die bestehenden Verhältnisse. In Wirklichkeit führen die Kerne kleine Schwingungen gegeneinander aus. Diese werden im wesentlichen durch die Kraft bestimmt, mit der die Atome aufeinander wirken. Es zeigt sich, daß man eine richtige Annäherung an das wirkliche Verhalten erlangt, wenn man die Atome als Kraftzentren auffaßt, die mit einer nur von der gegenseitigen Entfernung abhängigen Kraft sich beeinflussen.

Für ein Molekül, welches gleichzeitig rotiert und schwingt, ergibt sich für die kinetische Energie der Ausdruck

$$E_{\text{kin}} = \frac{m_1 \dot{r}_1^2}{2} + \frac{m_1 r_1^2 \dot{\varphi}_1^2}{2} + \frac{m_2 \dot{r}_2^2}{2} + \frac{m_2 r_2^2 \dot{\varphi}_2^2}{2} = \frac{\mu}{2} (\dot{r}^2 + r^2 \dot{\varphi}^2) . \tag{9}$$

Bezeichnen wir mit $V(r)$ die potentielle Energie, in der die Bindungskräfte enthalten sind, so wird die HAMILTONsche Funktion gleich

$$H = \frac{\mu}{2} (\dot{r}^2 + r^2 \dot{\varphi}^2) + V(r) . \tag{10}$$

[1] Die Auswahlregel ergibt sich nach dem Korrespondenzprinzip wie folgt. Nach der klassischen Theorie ist die Gesamtausstrahlung durch die Oberfläche einer das emittierende System umschließenden Kugel durch $S = \frac{2}{3} \frac{\overline{\ddot{\mathfrak{p}}^2}}{c^3}$ gegeben, wo $\mathfrak{p} = \sum e_k r_k$ das elektrische Moment des Systems der geladenen Teilchen ist. Man kann nun die Komponenten des elektrischen Momentes $\mathfrak{p}$, das die Grundfrequenz ν haben möge, in eine FOURIER-Reihe der Form

$$\mathfrak{p}_x = \sum_{\tau = -\infty}^{+\infty} C_\tau \, e^{2\pi i \tau (\nu t + \delta)} = \sum C_\tau \, e^{2\pi i \tau \omega} \qquad \omega = \nu t + \delta$$

entwickeln. Danach läßt sich die zeitliche Schwankung des elektrischen Momentes als eine Übereinanderlagerung von harmonischen Schwingungen mit den Frequenzen $\tau\omega$ auffassen. Im vorliegenden Falle sind nun unter der Voraussetzung, daß das Molekül ein elektrisches Moment hat (wie z. B. HCl mit den Ionen H^+ und Cl^-), die Komponenten des elektrischen Momentes durch

$$\mathfrak{p}_x = e(x_2 - x_1) = e r \cos\varphi = e r \cos 2\pi\omega ,$$
$$\mathfrak{p}_y = e(y_2 - y_1) = e r \sin(\pm 2\pi\omega)$$

gegeben, wobei die beiden Vorzeichen den beiden Möglichkeiten des Drehungssinnes entsprechen (vgl. Abb. 2). Ein Vergleich mit obiger allgemeiner Form der FOURIER-Reihe zeigt, daß wir hier nur je ein Glied der FOURIER-Entwicklung vor uns haben ($\tau = 1$ oder $\tau = -1$). Da nun die klassische τte Partialschwingung mit dem Übergang $\tau = \Delta K$ „korrespondiert", so ergibt sich somit für die Änderung der Rotationsquantenzahl die Regel $\Delta K = \pm 1$.

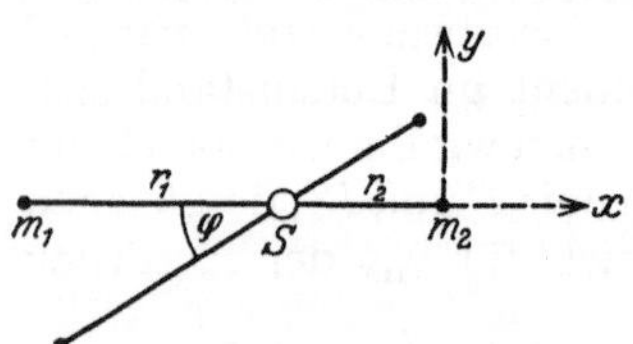

Abb. 2. Modell einer zweiatomigen Molekel.

Um für $V(r)$ einen passenden Ansatz zu machen, sind bestimmte Annahmen über die Natur der Bindungskräfte notwendig. KRATZER[1] setzt $V(r)$ elektrostatisch an in einer Reihe nach Potenzen von $1/r$

$$V(r) = -\frac{e^2}{r}\left(1 + \frac{c}{r} + \frac{c_2}{r^2} + \cdots\right). \tag{11}$$

Für große r geht vorstehendes Kraftgesetz asymptotisch in das COULOMBsche über. Die Stabilität des Moleküls verlangt die Existenz einer Gleichgewichtslage für einen Wert $r = r_0$, für den

$$\left(\frac{dV}{dr}\right)_{r=r_0} = 0 \quad \text{und} \quad \left(\frac{d^2V}{dr^2}\right)_{r=r_0} > 0$$

sein muß. Führt man an Stelle von r die dimensionslose Größe $\varrho = r/r_0$ ein und setzt weiterhin $\xi = \varrho - 1$, so kann man Gleichung (11) in der Nähe der Gleichgewichtslage folgendermaßen schreiben:

$$V = -a\left(\alpha + \frac{1}{\varrho} - \frac{1}{2\varrho^2} + b\xi^3 + c\xi^4 + \cdots\right). \tag{11a}$$

Vorstehende Entwicklung erlaubt, daß für kleine Schwingungen ein möglichst großer Betrag von V in die ersten Glieder bis einschließlich $1/2\varrho^2$ aufgenommen wird, die später bei der Quantelung exakt berücksichtigt werden können. Die zwischen den Kernen wirkende Kraft

$$P = -\frac{a}{r_0}\left(\frac{\xi}{\varrho^3} - 3b\xi^2 - 4c\xi^3 + \cdots\right) \tag{12}$$

besteht zur Hauptsache aus zwei Bestandteilen, von denen der eine Teil proportional $1/r^2$ die anziehenden und der andere proportional $1/r^3$ die abstoßenden Kräfte darstellt. Da in Gleichung (12) alle Potenzen von ξ auftreten, so kann diese als allgemeinster Ansatz für das Kraftgesetz des anharmonischen Oszillators gelten.

Der Ausdruck für die kinetische Energie des rotierenden und schwingenden Moleküls geht nun wegen $\varrho = \frac{r}{r_0}$ über in

$$E_{\text{kin}} = \frac{I}{2}(\dot{\varrho}^2 + \varrho^2\dot{\varphi}^2); \tag{13}$$

$I = \mu r_0^2$ bedeutet das Trägheitsmoment in der Gleichgewichtslage. Führen wir weiterhin die zu ϱ und φ konjugierten Impulse

$$p_\varrho = I\dot{\varrho} \quad \text{und} \quad p_\varphi = I\varrho^2\dot{\varphi}$$

ein, so bekommt die HAMILTONsche Funktion die Form

$$H = \frac{1}{2I}p_\varrho^2 + \frac{p_\varphi^2}{\varrho^2 2I} + V. \tag{14}$$

Die Quantenbedingungen lauten:

$$\oint p_\varphi\, d\varphi = 2\pi p = Kh \tag{15}$$

und

$$\oint p_\varrho\, d\varrho = \oint\sqrt{2IH - 2IV - \frac{p^2}{\varrho^2}}\, d\varrho = vh, \tag{16}$$

wo v die Oszillationsquantenzahl bedeutet.

Setzen wir für V den Wert aus Gleichung (11a) an, so erhalten wir

$$\oint\sqrt{2I(H + a\alpha) + \frac{2Ia}{\varrho} - \frac{1}{\varrho^2}(aI + p^2) + 2c_3\xi^3 + \cdots}\, d\varrho = vh.$$

[1] A. KRATZER, Z f Phys 3, S. 289 (1920).

Durch näherungsweise Integration (vgl. beispielsweise A. SOMMERFELD, Atombau und Spektrallinien, 4. Aufl., Zusatz 6) erhält man schließlich folgende Formel

$$H = vh\overline{\omega}_0(1 - xv) + K^2\left(\frac{h^2}{8\pi^2 I_0}\right)(1 - u^2K^2) - K^2 v\overline{\alpha}h, \tag{17}$$

wobei

$$\left.\begin{aligned} x &= \left(\tfrac{3}{2} + \tfrac{15}{2}b + \tfrac{3}{2}c + \tfrac{15}{4}b^2\right)u, \\ \overline{\alpha} &= \tfrac{3}{2}\overline{\omega}_0 u^2(1 + 2b + \cdots), \\ u &= \frac{h}{4\pi^2 I_0\overline{\omega}_0} \quad \text{und} \quad \overline{\omega}_0 = \frac{1}{2\pi}\sqrt{\frac{a}{I_0}}. \end{aligned}\right\} \tag{18}$$

und weiterhin

$\overline{\omega}_0$ ist die Schwingungszahl bei unendlich kleiner Amplitude (Grundschwingungsfrequenz) und läßt sich direkt aus Gleichung (11) nach der Gleichung

$$(2\pi\overline{\omega}_0)^2 = \frac{1}{\mu}\left(\frac{d^2V}{dr^2}\right)_{r=r_0} = \frac{a}{\mu r_0^2} \tag{19}$$

bestimmen.

Die neuere Quantentheorie verlangt nun insofern eine Abänderung der Energieformel des rotierenden Oszillators, als die Oszillationsquantenzahl v durch $v + \frac{1}{2}$ (v ganzzahlig) und die Rotationsquantenzahl K durch $\sqrt{K(K+1)}$ zu ersetzen sind. In allen anderen Punkten sind die Resultate der obigen Ableitung von KRATZER nach der BOHRschen Theorie mit den nach der Wellen- bzw. Quantenmechanik durchgeführten Rechnungen identisch[1].

Gehen wir nun vom Energieausdruck zum Term über, indem wir noch $\overline{\omega}_0 = c\omega_0$ und $\overline{\alpha} = c\alpha$ setzen, so erhalten wir mit $B = h/8\pi^2 c I_0$ unter Berücksichtigung der vorhin erwähnten Abänderung der Quantenzahlen

$$\left.\begin{aligned} \frac{H}{hc} = F_{\text{osc}} + F_{\text{rot}} &= \left(v + \frac{1}{2}\right)\omega_0\left(1 - x\left(v + \frac{1}{2}\right)\right)\cdots \\ &+ B[K(K+1) - u^2K^2(K+1)^2] - \alpha\left(v + \frac{1}{2}\right)K(K+1)\cdots. \end{aligned}\right\} \tag{20}$$

Der reine Oszillationsterm ist durch

$$F_{\text{osc}} = (v + \tfrac{1}{2})\,\omega_0(1 - x(v + \tfrac{1}{2})) \tag{21}$$

gegeben. Die kleine Größe x mißt die Abweichung von der harmonischen Bindung. Die Oszillationsfrequenzen finden wir durch Differenzbildung zweier Oszillationsterme:

$$\nu_{\text{osc}} = (v' + \tfrac{1}{2})\,\omega_0'(1 - x'(v' + \tfrac{1}{2})) - (v'' + \tfrac{1}{2})\,\omega_0''(1 - x''(v'' + \tfrac{1}{2})). \tag{22}$$

Addiert man auf beiden Seiten die konstante Elektronenfrequenz ν_{el}, so hat man in

$$\left.\begin{aligned} \nu &= \nu_{\text{el}} + (v' + \tfrac{1}{2})\,\omega_0'(1 - x'(v' + \tfrac{1}{2})) - (v'' + \tfrac{1}{2})\,\omega_0''(1 - x''(v'' + \tfrac{1}{2})) \\ &= \nu_{\text{el}} + (a'(v' + \tfrac{1}{2}) - b'(v' + \tfrac{1}{2})^2) - (a''(v'' + \tfrac{1}{2}) - b''(v'' + \tfrac{1}{2})^2) \end{aligned}\right\} \tag{23}$$

das sog. Kantengesetz. Für den Übergang von $v' \to v''$ kommen alle möglichen Werte in Frage[2] ($v = 0, 1, 2, \ldots$), und die Reihe der Bandkanten

[1] E. FUES, Ann d Phys 80, S. 367 (1926); 81, S. 281 (1926); W. MENSING, Z f Phys 36, S. 814 (1926); vgl. auch die Darstellung von S. ROSSELAND in ds. Handb. III/1, Kap. 4.

[2] Findet die Rotation in der x, y-Ebene statt, so ist die mit der Oszillation gekoppelte Bewegung durch

$$\mathfrak{p}_x + i\mathfrak{p}_y = e^{i\omega t}\sum_{-\infty}^{+\infty} C_\tau e^{2\pi i\tau\nu_0 t}, \quad \mathfrak{p}_z = 0,$$

dargestellt, wobei sich also der erste Faktor auf die Rotation, der zweite auf die Oszillation bezieht. Wir können daraus ablesen, daß $\Delta v = \pm\tau$ (τ beliebig), $\Delta K = \pm 1$.

eines Systems wird durch die Mannigfaltigkeit der Wertepaare (v', v'') dargestellt. Genau gilt obiges Gesetz für die Nullinien. Da dieselben aber meist ganz in die Nähe der Kanten fallen, so sind die Abweichungen nur klein, wenn man statt der Frequenzen der Nullinien die Kantenfrequenzen wählt.

Um die Linienserien der Bande (Zweige) formelmäßig darstellen zu können, führen wir noch folgende Bezeichnungen ein. Den Rotationsterm in Gleichung (20) schreiben wir in der Form

$$F_{\mathrm{rot}} = B_v K(K+1) + D_v K^2(K+1)^2 + \cdots. \tag{24}$$

Der Index v soll angeben, daß sich die Größen auf den $v$ten Schwingungszustand beziehen. Wie leicht folgt, ist

$$\left.\begin{aligned} B_v &= (B_0 - \alpha(v+\tfrac{1}{2}))\,, \\ D_v &= (D_0 - \beta(v+\tfrac{1}{2}))\,, \qquad D_0 = B_0 u^2, \qquad \beta \ll D\,. \end{aligned}\right\} \tag{25}$$

Für u gilt die Beziehung

$$u = \frac{2B}{\omega}. \tag{26}$$

Bezeichnen wir mit $\nu_0 = \nu_{\mathrm{el}} + \nu_{\mathrm{osc}}$ die Summe von Elektronen- und Oszillationsfrequenz, so sind die Frequenzen der Bandenlinie durch

$$\left.\begin{aligned} \nu = \nu_0 + F'_{\mathrm{rot}} - F''_{\mathrm{rot}} = \nu_0 &+ B_{v'}K'(K'+1) + D_{v'}K'^2(K'+1)^2 \\ &- B_{v''}K''(K''+1) - D_{v''}K''^2(K''+1)^2 \end{aligned}\right\} \tag{27}$$

dargestellt. Unter Berücksichtigung der Auswahlregel $\Delta K = K' - K'' = \pm 1$ geht diese Gleichung über in die beiden, den zwei Vorzeichen von ΔK entsprechenden Gleichungen

$$\left.\begin{aligned} \nu = \nu_0 &+ (B_{v'} + B_{v''})(K''+1) + (B_{v'} - B_{v''} + D_{v'} - D_{v''})(K''+1)^2 \\ &+ 2(D_{v'} + D_{v''})(K''+1)^3 + (D_{v'} - D_{v''})(K''+1)^4 \qquad (\Delta K = +1) \end{aligned}\right\} \tag{28}$$

und

$$\left.\begin{aligned} \nu = \nu_0 &- (B_{v'} + B_{v''})K'' + (B_{v'} - B_{v''} + D_{v'} - D_{v''})K''^2 \\ &- 2(D_{v'} + D_{v''})K''^3 + (D_{v'} - D_{v''})K''^4, \qquad (\Delta K = -1) \end{aligned}\right\} \tag{28a}$$

von denen die erste den R- oder positiven Zweig, die andere den P- oder negativen Zweig einer Bande darstellt. Unter bestimmten Bedingungen kann noch der Quantensprung $\Delta K = 0$ auftreten. Für diese Linienserie, die als Q- oder Nullzweig bezeichnet wird, gilt dann also die Darstellung

$$\nu = \nu_0 + (B_{v'} - B_{v''})K''(K''+1) + (D_{v'} - D_{v''})K^2(K+1)^2. \tag{28b}$$

3. Kernschwingungsstruktur. Der Ausgangspunkt für die Analyse eines Bandenspektrums ist in den meisten Fällen die Einordnung der Banden in ein zweidimensionales Schema (Matrix), worin jede Einzelbande durch die Frequenz ihrer Kante dargestellt ist. Die Stellung einer bestimmten Bande innerhalb dieses Kantenschemas ist durch die Werte ihrer Oszillationsquantenzahlen v' und v'' festgelegt. Die Abszisse (vgl. Tab. 1) gibt die Quantenzahl des Endzustandes, die Ordinate die des Anfangszustandes an. Es folgt somit, daß alle Banden einer Horizontalreihe (Längsserie) einen gemeinschaftlichen Anfangszustand, alle Banden einer Vertikalreihe (Querserie) einen gemeinschaftlichen Endzustand besitzen. Da das Kantenschema ein Abbild des Kantengesetzes darstellt und die Konstanten desselben daraus gewonnen werden, so lassen sich die weiteren Eigenschaften des Kantenschemas aus der Kantenformel ersehen. Setzt man in

$$\nu = \nu_{\mathrm{el}} + (a'(v'+\tfrac{1}{2}) - b'(v'+\tfrac{1}{2})^2) - (a''(v''+\tfrac{1}{2}) - b''(v''+\tfrac{1}{2})^2)$$

Tabelle 1. Kantenschema des AlO.

v' \ v''	0		1		2		3		4		5		6		7
0	20646	*964*	19682	*950*	18732	*929*	17803								
	862		*862*		*862*		*857*								
1	21508	*964*	20544	*950*	19594	*934*	18660	*948*	17742						
	855		*854*		*857*		*853*		*851*						
2	22363	*965*	21398	*947*	20451	*938*	19513	*920*	18593	*904*	17689				
	845		*848*		*844*		*850*		*840*		*845*				
3	32208	*962*	22246	*951*	21295	*932*	20363	*924*	19439	*905*	18534	*890*	17644		
	832		*840*		*841*		*838*				*837*		*837*		
4	24040	*954*	23086	*950*	22136	*935*	21201				19371	*890*	18481	*873*	17608
			825		*833*		*831*						*829*		*828*
5			23911	*942*	22969	*937*	22032	*921*	21111				19310	*874*	18436
					821		*826*		*825*						*820*
6					23790	*932*	22858	*922*	21936	*908*	21028				19256
							818		*817*		*818*				
7							23676	*923*	22753	*907*	21846	*894*	20952		
									811		*811*		*810*		
8									23564	*907*	22657	*895*	21762	*883*	20879
											803		*804*		*807*
9											23460	*894*	22566	*880*	21686

$v'' =$ konst., so werden mit wachsendem v' die Frequenzwerte ν kleiner bzw. die Wellenlängen λ größer; wird $v' =$ konst. gesetzt, so werden mit zunehmendem v'' die Frequenzwerte ν größer; d. h. innerhalb einer Horizontalreihe erstrecken sich die Banden mit wachsender Quantenzahl nach Rot, innerhalb einer Vertikalreihe entsprechend nach kurzen Wellen. Weiterhin ergibt sich aus der Kantenformel, daß die Frequenzdifferenzen aufeinanderfolgender Glieder innerhalb einer Horizontal- oder Vertikalreihe eine abnehmende arithmetische Reihe bilden. Es existiert demnach für jede Reihe eine Konvergenzstelle. Diese wird jedoch in den seltensten Fällen beobachtet. Hat man aus der notwendigen Anzahl von Bandkantenfrequenzen die Kantenformel bestimmt und stellt dann fest, wie genau sich die übrigen Bandkanten durch die Kantenformel darstellen lassen, so wird sich in den meisten Fällen zeigen, daß die Übereinstimmung nicht immer sehr gut ist. Dies rührt nun daher, daß obige Formel eigentlich auf die Nullinien der Banden zu beziehen ist, deren Bestimmung jedoch eine genaue Analyse jeder einzelnen Bande voraussetzt. Man begnügt sich daher meist mit der Darstellung der Kernschwingungsformel in bezug auf die Bandenköpfe.

Das wichtigste Kriterium für die richtige Anordnung der Banden ergibt sich aus der Forderung, daß die Frequenzdifferenz zweier aufeinanderfolgender Glieder einer Horizontal- bzw. Vertikalreihe mit den entsprechenden Differenzen zwischen den Gliedern der zugehörigen Vertikal- bzw. Horizontalreihen übereinstimmen muß. Dies läßt sich leicht an Hand des Niveauschemas in Abb. 3 erkennen. Die oberen Horizontalen bedeuten die einzelnen Energieniveaus der Oszillation im Anfangszustand, die unteren beziehen sich entsprechend auf den Endzustand. Die Vertikalen geben die zwischen den Niveaus vor sich gehenden Quantensprünge an, deren Länge ein rohes Maß für die emittierte Frequenz ist. Es sei darauf hingewiesen, daß die Rotationsenergie der Molekel unberücksichtigt bleibt, die Molekel also den Rotationszustand mit einer bestimmten Rotationsquantenzahl $K = 0$ stets beibehält. Der Betrag der Elektronenenergie ist annähernd durch den Übergang $v' = v'' = 0$ dargestellt, da für diesen Fall der Oszillationszustand[1] erhalten bleibt. Es entsprechen nun die Gruppen a aufeinanderfolgenden Horizontalreihen, die Gruppen b aufeinanderfolgenden Vertikalreihen des Kantenschemas. Man sieht, daß die Differenz zwischen den Übergängen (0, 0) und (1, 0) zwischen entsprechenden Gliedern der Gruppe a_0 und a_1

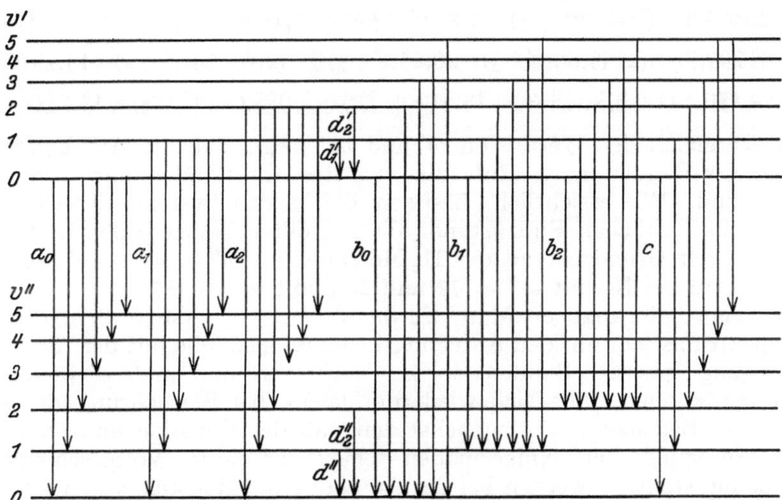

Abb. 3. Kernschwingungsschema.

immer wiederkehren muß, desgleichen die Differenz (1, 0) — (2, 1) bei entsprechenden Übergängen in a_1 und a_2 usw. Dasselbe gilt, wie ersichtlich, auch für die Aufspaltungen des Endniveaus. Die Gruppe c entspricht einer Diagonale, und zwar der Hauptdiagonale im Kantenschema, und die im Spektrum in Gruppen zusammentretenden Banden sind im Niveauschema solchen Übergangsfolgen, im Kantenschema also Diagonalen, zuzuordnen.

Die Größe von ω ist von dem Werte der Konstanten a der Potentialfunktion und dem Betrage von μr^2 abhängig. Großes ω bedingt entweder großes a oder kleines μr^2 (vgl. Ziff. 2c). Jeder Elektronenzustand besitzt eine bestimmte Potentialfunktion, da durch die Entfernung oder Annäherung eines äußeren Elektrons in bezug auf die Kernverbindung sich die Stärke der Bindung ändert, womit auch stets eine Änderung des Kernabstandes eintritt[2]. Die Schwingungsfrequenzen ω in den Gleichgewichtslagen und die zugehörigen Kernabstände r der verschiedenen Elektronenzustände eines Moleküls sind durch die empirische Formel

$$\omega r^2 = \text{konst.} \tag{29}$$

miteinander verbunden[3]. Höhere Schwingungsfrequenz bedeutet also kleineren Kernabstand und darum kleineres Trägheitsmoment. Die Aufspaltungen der Energieniveaus sind durchweg im Anfangs- und Endzustand verschieden, und zwar ist allgemein, wenn wir mit ω die Aufspaltung der ersten Niveaus bezeichnen, $\omega' < \omega''$ für nach Rot abschattierte Banden und $\omega'' < \omega'$ für die entgegengesetzte Abschattierung. Ist $\omega' < \omega''$ $(\omega' > \omega'')$, so muß nach Gleichung (29)

[1] Die Elektronenenergie bzw. die Elektronenfrequenz ist durch diesen Übergang nicht genau wiedergegeben, da die Oszillationsenergien im Anfangs- und Endzustand voneinander verschieden sind.

[2] Über die verschiedenen Bindungstypen vergleiche Ziff. 19.

[3] Eine theoretische Begründung dieser Formel existiert nicht.

$r'^2 > r''^2$ $(r'^2 < r''^2)$ sein, woraus $B' < B''$ $(B' > B'')$ folgt. Das Vorzeichen der Differenz $(B' - B'')$ bestimmt aber (vgl. nächste Ziffer) die Richtung der Abschattierung, $B' - B'' < 0$ ergibt Rot-, $B' - B'' > 0$ Violettabschattierung. Als Beispiele sind nachstehend die Kantenformeln für die AlO- und für zwei Systeme der CN-Banden aufgeführt:

$$\text{AlO}\ \nu = 20635{,}3 + (864{,}4(v'+\tfrac{1}{2}) - 3{,}75(v'+\tfrac{1}{2})^2) - (970{,}0(v''+\tfrac{1}{2}) - 7{,}0(v''+\tfrac{1}{2})^2),$$

$$\text{CN}\ \nu = 25799{,}77 + (2143{,}88(v'+\tfrac{1}{2}) - 20{,}25(v'+\tfrac{1}{2})^2) - (2055{,}64(v''+\tfrac{1}{2}) - 13{,}75(v''+\tfrac{1}{2})^2),$$

$$\text{CN}\ \nu = 14{,}430 + (1728{,}5(v'+\tfrac{1}{2}) - 13{,}5(v'+\tfrac{1}{2})^2) - (2055{,}64(v''+\tfrac{1}{2}) - 13{,}75(v''+\tfrac{1}{2})^2).$$

Ein Vergleich der Werte von ω' und ω'' zeigt, daß die AlO-Banden und die roten CN-Banden nach Rot, die violetten CN-Banden nach Violett abschattiert sind. Wie ersichtlich, besitzen die beiden Systeme der CN-Banden einen gemeinschaftlichen Endzustand. Den größten bisher beobachteten Wert von ω weist der Grundzustand des H_2-Moleküls mit $\omega'' = 4370$ auf; sehr klein sind die Werte bei K_2 mit $\omega'' = 92$ und Na_2 mit $\omega'' = 157$.

Wie schon eingangs erwähnt wurde, ändert sich das äußere Bild eines Bandenspektrums sehr mit den Anregungsbedingungen. Wie mit der Abänderung der Anregung gewisse Banden stärker auftreten und andere wieder ganz zurücktreten können, läßt sich wiederum leicht bei Betrachtung der Abb. 3 überschauen. Betrachten wir zunächst den Fall der Emission und nehmen an, daß zur Anregung eine einigermaßen scharf definierte Voltgeschwindigkeit zur Verfügung steht, so werden bei der Anregung die Moleküle vorzugsweise auf ein bestimmtes Schwingungsniveau, etwa $v' = 2$, gehoben. Von diesem aus können bei der nun folgenden Emission die Moleküle auf alle Niveaus des tieferen Energiezustandes herabfallen. Es resultiert also ein Bandenzug, der in diesem Falle durch die Gruppe a_2 in Abb. 3 dargestellt wird. Da im allgemeinen die Voltgeschwindigkeit der Anregung einen größeren Bereich umfaßt, werden auch noch andere Oszillationsstufen erreicht, wir werden aber das ganze System nach den Gruppen a ausgebildet finden. Im Absorptionsspektrum dagegen erscheinen Bandenzüge, wie sie unter b dargestellt sind. Ist die Temperatur des absorbierenden Dampfes niedrig gehalten, so befindet sich die weitaus größte Zahl der Moleküle im Schwingungszustand $v'' = 0$, woraus folgt, daß aus dem durchfallenden Licht hauptsächlich nur die Schwingungsfrequenzen der Gruppe b_0 absorbiert werden. Dieser Fall wird besonders scharf ausgeprägt sein können, wenn die Kernschwingungsfrequenzen groß sind (CN, O_2) und die Oszillationsstufen $v'' > 0$ überhaupt nicht von einer merkbaren Anzahl von Molekülen erreicht werden können. Allgemein werden bei Steigerung der Temperatur auch die Stufen $v'' > 0$ erreicht, so daß also dann ebenfalls die Gruppen $b_2, b_3 \ldots$ stärker hervortreten.

Einen besonders interessanten Fall der Intensitätsverteilung liefern die Resonanzspektra. Strahlt man Licht in einen aus zweiatomigen Molekülen bestehenden Dampf ein, so wird dieser zur Emission von Bandenfrequenzen angeregt, wenn die Frequenzen des eingestrahlten Lichtes mit den Bandenfrequenzen der Moleküle koinzidieren, es tritt sog. Bandenfluoreszenz auf. Besonders einfach und übersichtlich ist nun die Erscheinung, wenn monochromatisch, d. h. mit einer einzigen koinzidierenden Frequenz belichtet wird. Durch Absorption werden Moleküle mit den bestimmten Quantenzahlen (v_i'', K'') des tieferen Zustandes in einen bestimmten Quantenzustand (v_r', K') des höheren Elektronenzustandes gehoben. Die Oszillations- und Rotationsquantenzahlen v und K sind eben die, welche den Übergang der koinzidierenden Frequenz charakterisieren. Aus dem Zustand (v_r', K') kann bei der nachfolgenden Emission das Molekül in irgendeinen Zustand (v'', K'') zurückfallen[1]. Sehen wir von der wegen $\Delta K = \pm 1$ auftretenden Dublettstruktur ab, so resultiert eine Linienserie (Resonanzserie), wie sie in Abb. 3 durch eine Gruppe *a* dargestellt wird. Jede Bande ist also durch eine Linie vertreten.

4. Rotationsstruktur. Wir gehen nun dazu über, die Struktur einer Einzelbande näher zu betrachten, wie sie durch die Rotation der Molekel bestimmt wird. Wie schon oben erwähnt, ist der Serienverlauf innerhalb einer Bande durch die DESLANDRESsche Formel

$$\nu = A + 2BK + CK^2 \tag{30}$$

darstellbar; letztere konnte aus Gleichung (8a) durch Zufügung einer Konstanten gewonnen werden. In dieser Konstanten steckt der Beitrag sowohl der Elektronenenergie wie auch der Kernschwingung, die also für alle Linien einer bestimmten Bande konstant sind.

Wie wir im vorigen Abschnitt sahen, konnte bei einem Oszillationsquantensprung die Quantenzahl v sich um beliebige positive oder negative Werte ändern. Für die Rotationsquantenzahl K war dies durchaus nicht der Fall, sondern es galt hier die Auswahlregel $\Delta K = \pm 1, 0$. Durch dieses Gesetz ist die Zahl der möglichen Rotationsübergänge stark eingeschränkt. In Abb. 4 sind analog wie in Abb. 3 für die Kernschwingung schematisch die Rotationsniveaus für zwei Molekelzustände wiedergegeben. Da die Rotationsenergie in erster Näherung durch den Ausdruck BK^2 wiedergegeben wird, so folgt, daß die Aufspaltungen der Rotationsniveaus mit wachsendem K (d. h. für wachsende Rotation) zunehmen.

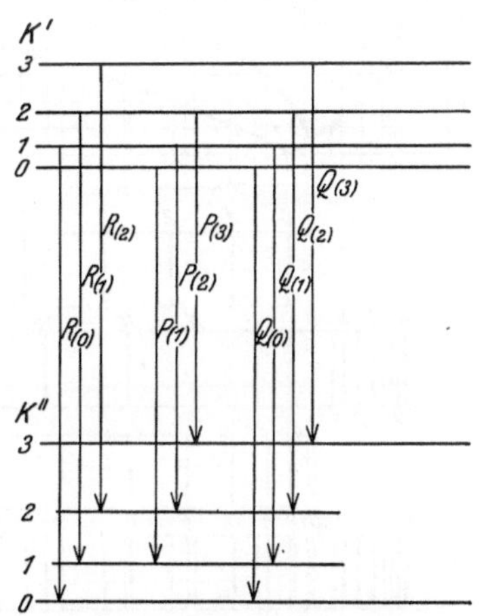

Abb. 4. Schema der Rotationsniveaus zweier Elektronenzustände.

Entsprechend den drei möglichen Übergängen $\Delta K = \pm 1, 0$ haben wir drei verschiedene Linienserien zu erwarten, die resp. als R- ($\Delta K = +1$), P- ($\Delta K = -1$) und Q-Zweig ($\Delta K = 0$) oder auch als positiver, negativer und Null-Zweig bezeichnet wurden. In Abb. 4 sind die ersten Glieder eines jeden Zweiges eingetragen. Die einzelnen Linien eines Zweiges werden durch Angabe der Quantenzahl des Endniveaus voneinander unterschieden. Ersichtlich existiert nach dieser Bezeichnung keine Linie $P(0)$. Benutzt man obige DESLANDRESsche Formel zur Darstellung der drei Linienserien, so sind für R- und P-Zweig die Konstanten A, B und C identisch, positive Werte von K liefern den R-Zweig, negative K den P-Zweig. Für den Q-Zweig weist B den Wert von C auf, A und C behalten ihre Beträge. Es ist allgemein üblich, die Serienformeln der drei Zweige entsprechend den drei Gleichungen (28), (28a) und (28b) getrennt zu schreiben. Danach erhalten wir bei Vernachlässigung der kleinen Konstanten D für die Frequenzen der drei Zweige:

$$\left.\begin{array}{lll} \text{a)}\ R(K) = A + 2B(K+1) + C(K+1)^2, & K = 0, 1, 2, \ldots, \\ \text{b)}\ P(K) = A - 2BK \qquad\quad + CK^2 \quad, & K = 1, 2, 3, \ldots, \\ \text{c)}\ Q(K) = A + CK \qquad\quad\ + CK^2 \quad, & K = 0, 1, 2, \ldots \end{array}\right\} \tag{31}$$

Es ist $A = \nu_{\text{el}} + \nu_{\text{osc}}$, $B = \frac{B' + B''}{2}$ und $C = B' - B''$.

[1] Die Änderung der K ist stets der Auswahlregel $\Delta K = \pm 1, 0$ unterworfen.

Die Werte von K beziehen sich auf den Endzustand. Da die Linie $P(0)$ ausfällt, so klafft zwischen P- und R-Zweig eine Lücke; der Abstand zwischen der ersten R-Linie und der ersten P-Linie beträgt (bei Vernachlässigung des für kleine K verschwindenden quadratischen Gliedes) $R(0) - P(1) = 4B$, während die anderen Linien ersichtlich im Abstande $2B$ aufeinander folgen.

Die Trennung der Linien innerhalb der Zweige ist in erster Linie von der Größe von B abhängig und variiert stark von Molekül zu Molekül, desgleichen von System zu System und in geringem Maße auch noch innerhalb eines Systems. Für großes B sind die Aufspaltungen sehr weit (kleines Trägheitsmoment), das Umgekehrte ist der Fall für kleines B (großes Trägheitsmoment). Den kleinsten bisher gefundenen B-Wert hat ein angeregter Zustand des Jodmoleküls mit $B = 0{,}03$ (Trägheitsmoment $\mathrm{I} = 952 \cdot 10^{-40}$); für den Grundzustand der Cyanbanden ist $B = 1{,}89$ ($\mathrm{I} = 14{,}6 \cdot 10^{-40}$), der Grundzustand der AlO-Banden hat $B = 0{,}64$ ($\mathrm{I} = 43{,}4 \cdot 10^{-40}$). Sehr große B-Werte finden wir bei den Banden des H_2-Moleküls, der Grundzustand ergibt $B = 59{,}0$ ($\mathrm{I} = 0{,}470 \cdot 10^{-40}$).

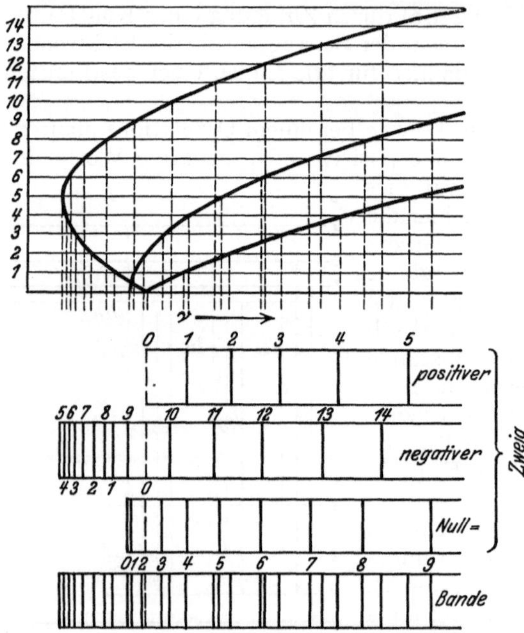

Abb. 5. FORTRAT-Diagramm der Bandenzweige.

Ein gutes Bild von dem Bau einer Bande erhält man an Hand einer graphischen Darstellung, die von FORTRAT herrührt und in Abb. 5 gezeigt ist (FORTRAT-Diagramm). Die drei Parabelbögen sind die im ersten positiven Quadranten gelegenen Teile der durch die Gleichungen (31) dargestellten Parabeln. Die Abszisse gibt die Wellenzahlen, die Ordinate die Rotationsquantenzahlen K an. Die den Strichen in den unterhalb liegenden Streifen entsprechenden Frequenzen ergeben sich durch Projektion der Parabelpunkte mit ganzzahligem K. Man sieht, daß das unterste Strichsystem eine Linienanordnung gibt, wie man sie in den Banden wiederfindet. Für $K = 0$ erhalten wir $\nu = A$, den Ursprung der Bande, die Nullinie. Da letztere, wie schon oben erwähnt, im Serienverlauf fehlt, ist sie gestrichelt eingezeichnet. Auf die Darstellung der Intensitäten ist verzichtet. Von der Nullinie aus läuft nach der Seite wachsender Wellenzahl mit zunehmendem Linienabstand der R-Zweig (positiver Zweig), nach der entgegengesetzten Richtung der P-Zweig (negativer Zweig). Letzterer bewegt sich mit abnehmendem Linienabstand bis zu einer bestimmten Stelle, wo der Linienabstand ein Minimum wird, und klappt hier herum, um mit wachsendem Linienabstand nach der Seite größerer Wellenzahl zu laufen.

Die Umkehrstelle oder Bandkante ist durch $K = |B/C|$ bestimmt, dem Werte von K, für den $\frac{d\nu}{dK}$ ein Minimum hat. Bei nicht ganzzahligem B/C ist als kritischer Wert die nächstliegende ganze Zahl zu wählen. Ist C positiv, also $B' > B''$, so liegt die Kante auf dem P-Zweige. In Gleichung (31) nehmen die Frequenzen $P(K)$ zunächst mit wachsendem K ab, bis von $K = |B/C|$ an das quadratische Glied das lineare zu überwiegen beginnt, die Wellenzahlen also wieder zunehmen (Violettabschattierung). Der R-Zweig bewegt sich von Anfang an nach kürzeren Wellen. Bei negativem $C\,(B' < B'')$ wird der R-Zweig kantenbildend (Rotabschattierung)[1]. Das vorliegende, im Diagramm wiedergegebene Beispiel bezieht sich auf den Fall der Violettabschattierung, für welchen also die Konstante $C = B' - B''$ einen positiven Wert hat. Wie ersichtlich, bildet der Bandenkopf eine Häufungsstelle einer endlichen Zahl von Linien im Gegensatz zur Linienseriengrenze der Atomspektra, wo die Linien unendlich dicht aneinanderrücken. Es sei noch darauf hingewiesen, daß für die Analyse eines Bandenspektrums die Bestimmung der Lage der Nullinie oder, was damit identisch ist, die Bestimmung der absoluten Werte von K sehr wesentlich ist. Denn wird K falsch gezählt, so ändern sich in Gleichung (31) bzw. (24) die Werte der Konstanten, und somit werden die Werte der daraus ermittelten Trägheitsmomente verfälscht.

5. Kombinationsprinzip[2]. Bestimmung der Bandenterme. Das nächste Ziel der Analyse eines Bandenspektrums ist die Berechnung der Spektralterme. Der allgemeine Ausdruck für einen Bandenterm ist, wie aus den früheren Erörterungen folgt, gegeben durch den Ausdruck

$$F = F_{\mathrm{el}} + F_{\mathrm{osc}} + F_{\mathrm{rot}} = F_{\mathrm{el}} + (v + \tfrac{1}{2})\omega_0 - (v + \tfrac{1}{2})^2 x\omega_0 + \cdots + B_v K^2 + D_v K^4 + \cdots \quad (32)$$

Es kommt nun vor allem darauf an, ein strenges Kriterium zu besitzen, welches die richtige Einordnung des Bandensystems garantiert, da andernfalls eine Termbestimmung unsicher bleibt. Eine Analyse kann dann als durchgeführt angesehen werden, wenn es gelungen ist, den Anteil der Elektronen-, Oszillations- und Rotationsenergie voneinander zu trennen, und wenn aus den erhaltenen Termgrößen die Konstanten in Gleichung (32) bestimmt sind. Die Isolierung der Terme kann nun mittels des Kombinationsprinzips durchgeführt werden, welches gleichzeitig ein strenges Kriterium für die richtige Einordnung der Banden abgibt.

Wir bezeichnen die einzelnen Glieder der drei Zweige einer bestimmten Bande wie folgt:

$$\left.\begin{aligned} P(K) &= \nu_0 + F'(K-1) - F''(K)\,, \\ Q(K) &= \nu_0 + F'(K) - F''(K)\,, \\ R(K) &= \nu_0 + F'(K-1) - F''K\,. \end{aligned}\right\} \quad (33)$$

F' bedeutet den Wert des Rotationstermes im Anfangszustand, F'' den des Endzustandes, die Differenz der beiden also die Rotationsfrequenz ν_{rot}; ν_0 ist gleich $\nu_{\mathrm{el}} + \nu_{\mathrm{osc}}$. Aus (33) folgen nun die Kombinationsbeziehungen

$$\left.\begin{aligned} &\text{a)}\quad R(K) - Q(K) = Q(K+1) - P(K+1) = F'(K+1) - F'(K) = \Delta F'(K)\,, \\ &\text{b)}\quad R(K) - Q(K+1) = Q(K) - P(K+1) = F''(K+1) - F''(K) = \Delta F''(K)\,. \end{aligned}\right\} \quad (34)$$

Diese Beziehungen (34) gestatten also in einem Falle, den Endterm, im anderen Falle, den Anfangsterm vollständig zu isolieren. Gleichzeitig gibt die Gültigkeit dieser Beziehungen die Sicherheit, daß die Bezeichnung der Linien in den einzelnen Zweigen richtig getroffen ist. Die Laufzahlen K sind durch (34) nur relativ

[1] Da innerhalb eines Bandensystems $B' - B'' = C$ das Vorzeichen wechseln kann, so sind also in einem Bandensystem beide Fälle der Abschattierung möglich [vgl. F. A. Jenkins, Phys Rev 31, 539 (1928)].

[2] E. Hulthén, Über Kombinationsbeziehungen unter den Bandenspektren. Lund 1923.

festgelegt[1]. Im Falle, daß die Nullinie im Serienverlauf festzustellen ist, ist ebenfalls die absolute Bestimmung von K erreicht. Die Beziehungen (34) können an Hand der Abb. 4 abgelesen werden. Besitzt jede Bande nur je einen P- und R-Zweig, so sind die PQR Kombinationsbeziehungen (34) nicht anwendbar. In diesem Falle muß man Differenzen aus zwei oder mehreren verschiedenen Banden in Vergleich ziehen, und zwar müssen dieselben entweder alle einer Horizontal- oder einer Vertikalreihe des Kantenschemas angehören. Wie man in diesem Falle zur Isolierung der Terme gelangt, ist wie folgt einzusehen. Nehmen wir zunächst aus ν_0 in Gleichung (33) den Oszillationsbestandteil heraus und bezeichnen denselben, ähnlich wie bei dem Rotationsbeitrag, durch $G'(v') - G''(v'')$, die Differenz zweier Terme $G(v)$. In diesem Falle sind also die Zweige einer Bande dargestellt durch (wir führen nun P- und R-Zweig auf)

$$\left.\begin{aligned} P(K) &= \nu_{\text{el}} + G'_{(v')} - G''_{(v'')} + F'_{v'}(K-1) - F''_{v''}(K)\,, \\ R(K) &= \nu_{\text{el}} + G'_{(v')} - G''_{(v'')} + F'_{v'}(K+1) - F''_{v''}(K)\,, \end{aligned}\right\} \tag{35a}$$

die Zweige einer anderen Bande **derselben** Horizontalreihe durch

$$\left.\begin{aligned} P(K) &= \nu_{\text{el}} + G'_{(v')} - G''_{(v''+r)} + F'_{v'}(K-1) - F''_{v''+r}(K)\,, \\ R(K) &= \nu_{\text{el}} + G'_{(v')} - G''_{(v''+r)} + F'_{v'}(K+1) - F''_{v''+r}(K) \end{aligned}\right\} \tag{35b}$$

und weiterhin die einer Bande derselben Vertikalen durch

$$\left.\begin{aligned} P(K) &= \nu_{\text{el}} + G'_{(v'+r)} - G''_{(v'')} + F'_{v'+r}(K-1) - F''_{v''}(K)\,, \\ R(K) &= \nu_{\text{el}} + G'_{(v'+r)} - G''_{(v'')} + F'_{v'+r}(K-1) - F''_{v''}(K)\,. \end{aligned}\right\} \tag{35c}$$

Bilden wir nun für (35b) und (35c) die Differenz $R(K) - P(K)$, so ergibt sich die Kombinationsbeziehung

$$R(K) - P(K) = F'(K+1) - F'(K-1) = 2\,\Delta F'(K) \tag{36a}$$

für alle Banden derselben Horizontalreihe; entsprechend erhalten wir bei Bildung der Differenz $R(K-1) - P(K-1)$

$$R(K-1) - P(K-1) = F''(K+1) - F''(K-1) = 2\,\Delta F''(K) \tag{36b}$$

für alle Banden derselben Vertikalreihe.

Diese Beziehungen gestatten also ebenfalls eine Isolierung der Terme des Anfangs- und Endzustandes und gleichzeitig liefern sie ein Kriterium für die richtige Zuordnung der Zweige. Wie ersichtlich, geben die Kombinationsbeziehungen nicht die Terme selbst, sondern deren Differenzen. Auf die wirklichen Terme wird man von den Differenzen durch Integration kommen. Die Termdifferenzen sind entweder die zweier aufeinanderfolgender Terme (ΔF) oder die Differenz zwischen Termen K und $K+2$ (die mit $2\Delta F$ bezeichnet wurde). Nach Gleichung (24) finden wir also einerseits

$$\Delta F = 2B(K+1) + 4D(K+1)^3 + \cdots, \tag{37a}$$

anderseits

$$2\Delta F = 4(K+\tfrac{1}{2}) + 8D(K+\tfrac{1}{2})^3 \cdots \tag{37b}$$

Die Gleichungen (37) gestatten also, die Werte von B (und somit das Trägheitsmoment und den Kernabstand) und die Konstanten des Rotationstermes zu bestimmen[2].

---

[1] In manchen Fällen läßt sich durch sogen. Störungen die richtige Zählung der P-, Q- und R-Linien feststellen. Diese Störungen bestehen darin, daß ein Rotationsniveau höher oder tiefer liegt, als es die gesetzmäßige Anordnung verlangt, infolgedessen zeigen bestimmte Linien in jedem Zweige eine Verschiebung.

[2] Über die verschiedenen Methoden der Bestimmung vgl. BIRGE, Molecular Spectra in Gases, Report of the National Research Council, Vol. 11 (1926).

Eine Bestimmung der Konstanten des Oszillationstermes ist durch die Aufstellung der Kantenformel erreicht. Wie schon oben erwähnt, gilt der Bezug auf die Kante nur angenähert. Zur genaueren Bestimmung gelangt man bei Umrechnung der Kantenformel auf die Nullinien, was nach erfolgter Feinstrukturanalyse möglich ist.

Die beiden Beziehungen (36) können an Hand der Abb. 6 leicht anschaulich verifiziert werden. Für Anfangs- und Endzustand sind mehrere Oszillationsniveaus und die ersten Rotationsniveaus eingetragen. An der linken Gruppe der eingetragenen Übergänge läßt sich die Beziehung (36a), an der rechten die Beziehung (36b) ablesen. Der Maßstab der Abb. 6 ist für die einzelnen Größen ganz willkürlich genommen.

Tabelle 2. Kombinationsbeziehungen bei den AlO-Banden.

J	$R(J)$ ν	$P(J)$ ν	$R(J)-P(J)$	$R(J)-P(J+2)$
		(0,0)-Bande.		
30	206 39,40	205 68,60	70,80	77,65
31	38,38	65,22	73,16	80,16
32	37,80	61,75	75,55	82,68
33	36,13	58,22	77,91	85,22
34	34,88	54,62	80,26	87,75
35	33,56	50,91	82,65	90,26
36	32,18	47,13	85,05	92,78
37	30,71	43,30	87,41	95,28
38	29,17	39,40	89,77	97,80
39	27,57	35,43	92,14	100,34
40	25,86	31,37	94,49	102,84
		(0,1)-Bande.		
30	196 79,02	196 08,22	70,80	76,94
31	78,37	05,17	73,20	79,46
32	77,63	02,08	75,55	81,95
33	76,82	5 98,91	77,91	84,44
34	75,96	95,67	80,29	86,94
35	75,05	92,38	82,67	89,44
36	74,06	89,02	85,04	91,91
37	73,04	85,61	87,43	94,44
38	71,91	82,15	89,76	96,91
39	70,74	78,60	92,14	99,41
40	69,50	75,00	94,50	101,90
		(1,0)-Bande.		
30	214 98,32	214 28,06	70,26	77,65
31	97,02	24,41	72,61	80,18
32	95,65	20,67	74,98	82,70
33	94,19	16,84	77,35	85,21
34	92,64	12,95	79,69	87,73
35	91,02	08,98	82,04	90,27
36	89,32	04,91	84,41	92,80
37	87,53	00,75	86,78	·95,32
38	85,63	96,52	89,11	97,80
39	83,71	92,21	91,50	100,34
40	81,65	87,83	93,82	102,85

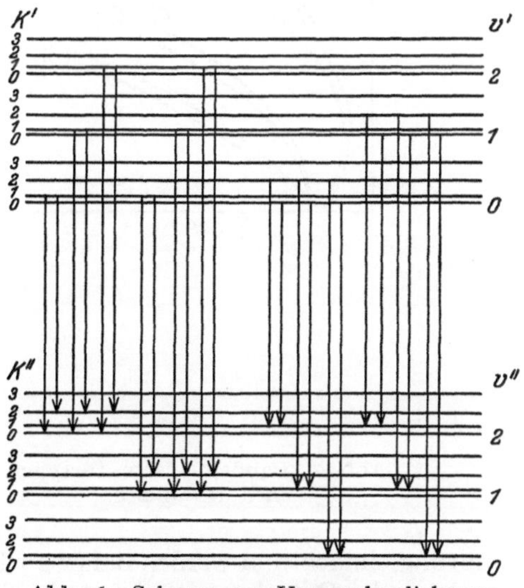

Abb. 6. Schema zur Veranschaulichung der Kombinationsbeziehungen.

In den Fällen, wo wegen der geringen Zahl von Einzelbanden die Anordnung des Kantenschemas zweifelhaft bleibt, sichern die Kombinationsbeziehungen die Anordnung der Teilbanden. Zur weiteren Erläuterung ist in Tabelle 2 als Beispiel das Ergebnis einer Bandenanalyse teilweise wiedergegeben. Es handelt sich um das System der AlO-Banden[1]. Man sieht, für die (0,0)- und (1,0)-Bande stimmen die Termdifferenzen $R(J) - P(J+2)$, für die (0,0)- und (0,1)-Bande die Termdifferenzen $R(J) - P(J)$ überein.

b) Elektronenterme.

6. Empirische Feinstrukturen, Wechsel- und Verschiebungssatz. Bei allen bisherigen Betrachtungen wurde vorausgesetzt, daß jede Einzelbande je einen P-

[1] W. C. Pomeroy, Phys Rev 29, S. 59 (1927).

und einen R- und evtl. noch einen Q-Zweig aufweist. Wie schon eingangs erwähnt, können aber alle Zweige mehrfach auftreten; diese Erscheinung bezeichnet man dann als Fein- oder auch als Multiplettstruktur der Bande. Die Ursache der Feinstruktur ist die Tatsache, daß einer oder beide der zu einem Bandensystem gehörigen Elektronenterme in mehrere dicht nebeneinanderliegende Terme aufspalten und wir infolgedessen statt einer einzelnen Folge eine mehrfache Folge von Rotationsstufen erhalten. Wie wir weiter unten sehen werden, besteht eine weitgehende Analogie zwischen der Erscheinung der Multiplizität der Zweige der Banden und den Multipletts der Atomspektra.

Wie R. Mecke[1] zeigen konnte, lassen sich alle beobachteten Feinstrukturen nach bestimmten Grundtypen einordnen, wie sie teilweise in Abb. 7 schematisch wiedergegeben sind. Die Zweige der Banden des Typus I sind am Banden-

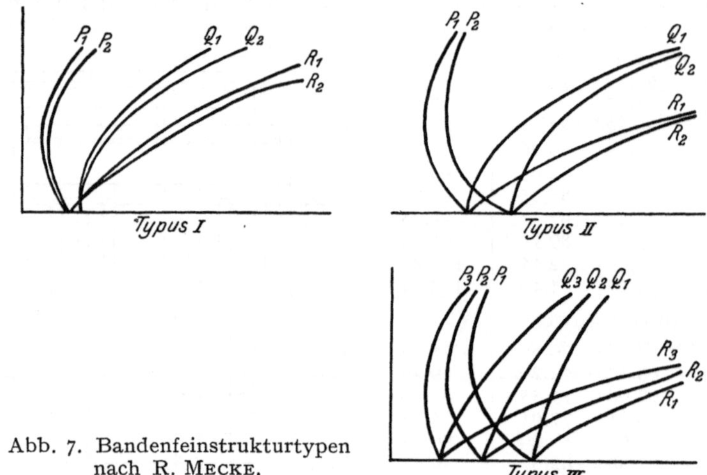

Abb. 7. Bandenfeinstrukturtypen nach R. Mecke.

ursprung einfach und werden daher auch als Singulettbanden bezeichnet. Mit zunehmender Rotation tritt eine Aufspaltung eines jeden Zweiges in zwei Komponenten auf; der Komponentenabstand nimmt mit wachsender Laufzahl zu. Ein gut bekanntes Beispiel für diesen Feinstrukturtypus liefern die violetten Cyanbanden, ebenfalls hierher gehören die AlO- und die CaH-Banden. Bei den letzteren ist die Dublettaufspaltung besonders groß und kann herunter bis zum ersten Gliede der Zweige beobachtet werden. Die Bezeichnung Singulettbanden ist also eigentlich unzutreffend, da in allen erwähnten Fällen schon für die ersten Laufzahlen Dublettcharakter vorliegt, der sich in den meisten Fällen nur wegen nicht ausreichender Auflösung oder Dispersion der Beobachtung entzieht[2]. Beim Typus II, den Dublettbanden, ist die Aufspaltung für die niedrigen Rotationszahlen am größten und nimmt mit wachsender Rotation ab, die Dubletts werden also gebildet von (P_1P_2), (R_1R_2), (Q_1Q_2). Die Aufspaltung kann häufig solche Werte annehmen, daß die Zusammengehörigkeit der Zweige zu einer Bande im

[1] Phys Z 26, S. 127 (1925).

[2] Die Bezeichnung ist insoweit richtig, als für verschwindende Rotation keine Feinstruktur vorliegt, diese wird erst durch die Rotation hervorgerufen. Für die durch die Rotation hervorgerufene Feinstruktur sind wieder zwei Fälle zu unterscheiden, je nachdem dieselbe von der Wechselwirkung zwischen Rotation und Elektronenspin oder Bahnimpuls herrührt. Letztere bedingt stets Dublettstruktur, welche in allen Fällen, in denen der Bahnimpuls in Richtung der Kernverbindung verschieden von Null ist, auftritt und sich der von der Spinwirkung hervorgerufenen überlagert (vgl. weiter unten).

Spektrum nicht mehr zu erkennen ist. Dublettbanden weisen die Moleküle von NO und BO sowie die der Hydride von Zink, Kadmium und Quecksilber auf. Eine besonders große Dublettaufspaltung zeigen die NO-Banden[1]. Zu den Triplettbanden (Typus III) gehören die bekannten SWAN-Banden (C-Molekül), desgleichen die Banden des Stickstoffmoleküls. Bis vor kurzem waren Banden höherer Multiplizität noch nicht gefunden worden, obwohl solche naturgemäß zu erwarten sind. Neuerdings ist beim CO-Molekül als erstes Beispiel ein Bandensystem gefunden und analysiert worden, von welchem jede Bande aus je fünf P-, Q- und R-Zweigen besteht. Neben diesen Quintettbanden besitzt das CO-Molekül Triplett- und Singulettsysteme[2].

Genau wie bei den Atomspektren ein Atom entweder nur Serien gerader oder nur Serien ungerader Multiplizität aufweist, so besitzt ein Molekül ebenfalls entweder Singuletts, Tripletts oder Dubletts (Quartettbanden sind bisher nicht gefunden). Weiterhin lassen sich, worauf R. MECKE[3] zuerst aufmerksam machte, auch der Wechsel- und der Verschiebungssatz der Linienspektra auf die Molekülspektra entsprechend ausdehnen. Die Bogenspektra der Alkalien in der ersten Vertikalreihe des periodischen Systems besitzen bekanntlich Dubletts, die der Erdalkalien in der zweiten Reihe Singuletts und Tripletts, die Bogenspektra der Elemente der dritten Vertikalreihe zeigen wieder Dublettcharakter; allgemein wechselt der Charakter der Multiplizität einer bestimmten Ionisierungsstufe (geradzahlig $\leftrightarrow$ ungeradzahlig), wenn man im periodischen System um eine Einheit voranschreitet. Derselbe Wechsel tritt ein, wenn man bei einem bestimmten Element um eine Stufe in der Ionisierung weitergeht[4]. Betrachtet man die Zahl der äußeren Elektronen, so ergibt sich, daß bei gerader Anzahl von Elektronen eine ungerade Multiplizität, bei ungerader Anzahl eine gerade Multiplizität der Terme vorliegt. Dieses gilt nun auch für die Elektronenterme der Banden. Alle Elementmoleküle (Li_2, Na_2, N_2 usw.) haben ungerade Multiplizität, die Hydride haben die entgegengesetzte Multiplizität wie die Oxyde der entsprechenden Elemente. Ebenfalls konnte an einer Reihe von Beispielen gezeigt werden, daß der Verschiebungssatz gilt. Es besitzen die Moleküle N_2, O_2 und CO Singuletts und Tripletts, die ionisierten N_2^+, O_2^+ und C^+O Dubletts. Eine weitere Analogie zwischen Molekül- und Atomspektren zeigt sich darin, daß beispielsweise die Moleküle BeF, BO, CN, CO^+ und N_2^+, welche alle 13 Elektronen besitzen, Dublett-Elektronenterme ähnlich denen des „entsprechenden" Natriumatoms aufweisen. Die Aufspaltungen sind von derselben Größenordnung. Denkt man sich bei obigen Molekülen je zwei Elektronen in einer Zweierschale eng an jeden Kern gebunden, so bleiben wie beim Natriumatom 9 Elektronen zur Bildung der äußeren Elektronenhülle. In derselben Weise ähneln die Moleküle CO und N_2 dem Magnesiumatom, NO und O_2 dem Aluminiumatom. Vorstehende Analogie geht jedoch nicht beliebig weit. Schon die Tatsache, daß beim Molekül Terme auftreten, die im „entsprechenden" Atom nicht beobachtet werden, zeigt, daß bei der Herleitung der Molekülterme noch andere Gesichtspunkte herangezogen werden müssen als bei der Bestimmung der Terme des Atoms.

7. Systematik der Elektronenterme. Zum Verständnis der mit der Multiplettstruktur der Banden zusammenhängenden Erscheinungen wird es notwendig

[1] M. GUILLERY, Z f Phys 42, S. 121 (1927).
[2] R. R. ASUNDI, London R S Proc A 124, S. 277 (1929).
[3] Naturwiss 13, S. 698, 755 (1925); Z f Phys 36, S. 795 (1926); 42, S. 390 (1927).
[4] Das Funkenspektrum erster, zweiter, dritter Stufe ist der Struktur nach gleich dem Bogenspektrum desjenigen Elementes, das im periodischen System eine Einheit, zwei, drei Einheiten zurückliegt (Verschiebungssatz).

sein, näher auf die Systematik der Elektronenterme der Moleküle einzugehen. Da eine starke Anlehnung an die Systematik der Linienspektra besteht, so seien zunächst die Grundlagen derselben kurz skizziert[1].

Die Terme eines Atoms mit einem Valenzelektron werden durch vier Quantenzahlen n, l, j und m bestimmt. Die Hauptquantenzahl n kennzeichnet die Schale (K, L, M ...), in der das Elektron sich befindet, und hat die Werte $n = 1, 2, 3 \ldots$; l mißt den Drehimpuls der Elektronenbahn und j den Gesamtdrehimpuls. j setzt sich vektoriell zusammen aus dem Bahndrehimpuls l und dem Eigendrehimpuls s des Elektrons. Die Impulse sind in Einheiten von $h/2\pi$ zu messen. Der Elektronenbahnimpuls kann die Werte $l = 0, 1, 2 \ldots$ ($s, p, d, f \ldots$ Elektronen) annehmen und bestimmt mit seiner Größe die Art der Terme, die resp. mit S, P, D, F für $l = 0, 1, 2, 3 \ldots$ bezeichnet werden. Für l gibt die Auswahlregel $\Delta l = \pm 1$; es kann also jeder Term nur mit seinen direkt benachbarten kombinieren. Der Eigendrehimpuls (Spin) des Elektrons ist stets gleich $\frac{1}{2}$ in Einheiten von $h/2\pi$; da beide Momente l und s auf die gleiche Achse bezogen werden (Einstellung von s zu l), sind für den Gesamtdrehimpuls j die beiden Werte $j = l \pm \frac{1}{2}$ möglich. Dies ergibt z. B. die Dubletts, wie sie die Alkalien aufweisen. Zur Kennzeichnung einer bestimmten Elektronenbahn ist nun noch eine weitere Angabe, die Größe der magnetischen Quantenzahl m, notwendig, da im magnetischen Felde eine Elektronenbahn mit dem Impuls j auf $2j + 1$ verschiedene Weisen räumlich realisiert werden kann, die energetisch voneinander abweichen. Die magnetischen Quantenzahlen ergeben sich durch ganzzahlige Projektion (Richtungsquantelung) von j in Richtung des Feldes mit den Werten $j = (j, j - 1, \ldots -j)$.

Sind außerhalb einer abgeschlossenen Schale mehrere Elektronen, die keine abgeschlossene Schale bilden, so stützt sich die Bestimmung des Spektraltypus auf die Annahme, daß a) eine starke Koppelung zwischen den einzelnen l der Elektronen besteht, die bewirkt, daß sich die l-Werte zu einer Resultierenden $\sum l = L$ zusammensetzen; b) unabhängig davon eine Koppelung zwischen den Spins der Elektronen besteht, die sich zu einer Resultierenden $\sum s = S$ zusammenfügen; und c) eine Wechselwirkung zwischen der Resultierenden L der Bahnimpulse und dem resultierenden Eigenimpuls S vorhanden ist. Die übrigen Elektronen, die sich in abgeschlossenen Schalen befinden, heben ihre Impulse gegenseitig auf, für jede abgeschlossene Schale ist also $L = 0$ und $S = 0$. Wie oben l, so kennzeichnet in diesem Fall L den Spektraltypus (S, P, D für resp. $L = 0, 1, 2, 3 \ldots$). Die Koppelung zwischen L und S verursacht dann die Multiplizität ϱ des Termes. Die vektorielle Zusammensetzung von L und S ergibt $\varrho = 2S + 1$ verschiedene Terme mit den Werten des Gesamtimpulses $J = L - S,\ L - S + 1, \ \ldots\ L + S$. Zwei Elektronen liefern z. B. mit $S = 0$ und $S = 1$, $\varrho = 1$ bzw. $\varrho = 3$, d. h. Singuletts und Tripletts, und zwar treten diese für jeden möglichen L-Wert auf. Um die einzelnen Komponenten eines S-, P-, D- ... Termes voneinander zu unterscheiden, versieht man die Termzeichen S, P, D ... zunächst links oben mit einem Index, der den Wert von ϱ, also die Multiplizität, angibt, und setzt rechts unten den Wert von J. Die Hauptquantenzahl n steht vor dem Termsymbol. So besagt die Termbezeichnung $2\,{}^3P_0$, daß dieser Term ein Triplett P-Term ist, für den $n = 2$, $L = 1$ und $J = 0$, also $S = 1$ ist. Beispielsweise sind beim Stickstoffatom zwei Elektronen mit der Hauptquantenzahl $n = 1$ und der Nebenquantenzahl $l = 0$ in der innersten Schale (K-Schale) gebunden, zwei weitere Elektronen mit $n = 2$ und $l = 0$ bilden eine zweite geschlossene Gruppe (L_1-Schale). Die drei restlichen Elektronen mit $n = 2$ und $l = 1$ stellen keine abgeschlossene

[1] Wegen ausführlicherer Darstellung vgl. vorhergehende Kapitel dieses Bandes.

Schale dar (vgl. den Aufbau des periodischen Systems). Die möglichen L-Werte sind $L = 0, 1, 2$; es treten also S-, P- und D-Terme auf. Für den resultierenden Eigendrehimpuls S der Elektronen bestehen die Möglichkeiten $S = \frac{3}{2}, \frac{1}{2}$, somit für die Multiplizität $\varrho = (2S + 1) = 4, 2$. Von den so bestimmten 6 Termen (^2S, ^4S, ^2P, ^4P, ^2D, ^4D) treten aber wegen des PAULIschen Ausschließungsprinzips, nach welchem keine zwei Elektronen dieselben vier Quantenzahlen aufweisen, nur die Terme ^4S, ^2D und ^2P auf. Was die Reihenfolge der Lage der Terme anbetrifft, so liegt allgemein der Term mit der höchsten Multiplizität am tiefsten (^4S), und bei Termen gleicher Multiplizität ergibt das größere L die tiefere Lage (^2D tiefer als ^2P). Von den verschiedenen Termen eines Multipletts liegt der mit dem kleinsten J-Wert ($J = L - S$) normalerweise am tiefsten.

Wir betrachten nun zunächst die Termordnung des Moleküls bei festgehaltenen Kernen; es entspricht dieses einem idealisierten Fall, der in vielen Fällen bei langsamer Rotation angenähert vorliegt. Wie beim Atom setzen sich auch im Molekül[1] die Bahnimpulse l der Elektronen und die Eigendrehimpulse s zu ihren Resultierenden L bzw. S zusammen; das bedeutet, daß die Wechselwirkungen der l untereinander und der s untereinander gegenüber anderen überwiegen. Es ist nun zu beachten, daß infolge des Vorhandenseins zweier Kerne die durch L bestimmte Bewegung eine Störung erfährt; eine ähnliche Störung des Vektors S läßt sich nicht feststellen. Der Einfluß der Kernverbindung bewirkt, daß sich nicht der Drehimpuls der Elektronen, sondern dessen Komponente in Richtung der Kernverbindung bemerkbar macht, und diese Komponente[2] Λ (nicht L) nimmt bestimmte ganzzahlige Werte an und bestimmt den Termtypus. Zur Kennzeichnung, daß die verschiedenen Terme sich nicht durch die Größe von L, sondern durch den Wert von Λ unterscheiden, werden die Terme mit $\Lambda = 0, 1, 2$ resp. durch die griechischen Buchstaben $\Sigma, \Pi, \Delta \ldots$ bezeichnet. So bedeutet die Bezeichnung Σ nicht, daß kein Elektronenimpuls vorhanden ist, sondern nur, daß dessen Komponente in der Richtung der Kernverbindung verschwindet. Die Vielfachheit der Terme kommt nun dadurch zustande, daß der resultierende Eigendrehimpuls S zur Kernverbindung (infolge des Einflusses von L bzw. Λ) herübergezogen wird und sich so einstellt, daß die Komponente X in Richtung der Kernverbindung die Werte $X = S, S - 1, \ldots - S$ annimmt[3]. Es entstehen so $\varrho = 2S + 1$ Terme für jeden Wert Λ mit $\Omega = \Lambda + S, \Lambda + S - 1, \ldots \Lambda - S$ als resultierender, gequantelter Impuls in Richtung der Kernverbindung. Man bezeichnet einen Multipletterm in Anlehnung an die Bezeichnung bei den Linienspektren mit Symbolen wie $^3\Pi_2$, $^3\Pi_1$ usw. Die Zahl links oben gibt die Multiplizität ϱ, der Index unten den Wert von $\Omega = \Lambda + X$ an.

Der Einfluß der Kernverbindung (zwei anziehende Zentren) auf die Termordnung läßt sich verstehen, wenn man die Aufspaltung der Atomzustände im STARK-Effekt zum Vergleich heranzieht. Die bestehende qualitative Übereinstimmung der Molekül-Elektronenzustände für das rotationslose Molekül mit den

[1] Der Zusammenhang zwischen der Elektronenbewegung in der Molekel und der Feinstruktur des Molekelspektrums ist in seinen Hauptzügen durch die Arbeiten von F. HUND aufgeklärt worden. Teils vor HUND und teils gleichzeitig mit ihm hatte MULLIKEN in Anlehnung an Arbeiten von BIRGE einen wesentlichen Schritt in der Systematik der Elektronenterme getan, indem es ihm gelang, für eine Reihe von Molekülen (BO, CN, CO, C^+O, N_2^+) die Elektronenzustände zu bestimmen. Die Ergebnisse von MULLIKEN zeigten sich in vollkommener Übereinstimmung mit der Theorie von HUND. F. HUND, Z f Phys 36, S. 657 (1926); 40, S. 742 (1927); 42, S. 93 (1927); R. S. MULLIKEN, Phys Rev 28, S. 481, 1202 (1926); vgl. auch Wash Nat Ac Proc 12, S. 144 (1926).

[2] Λ wird bei HUND mit i_l, bei MULLIKEN mit σ_k bezeichnet.

[3] X ist bei HUND mit i_s, bei MULLIKEN mit σ_s bezeichnet.

Atomzuständen in starken elektrischen Feldern findet darin ihre Erklärung, daß man sich das von den Kernen herrührende elektrische Feld durch Überlagerung eines starken axialsymmetrischen Zusatzfeldes über ein zentralsymmetrisches Feld (zusammenfallende Kerne) entstanden denken kann. Befindet sich ein Atom mit den resultierenden Impulsen L und S in einem axialsymmetrischen, elektrischen Felde, so bewirkt dieses eine Präzession des L-Vektors um die Feldrichtung, und zwar ist der Winkel gegen die Feldrichtung auf die Werte $\cos\Theta = m_L/L$ $(m_L = L, L - 1, \ldots -L)$ beschränkt. Ein direkter Einfluß des elektrischen Feldes auf S wird nicht beobachtet, jedoch wird S durch das magnetische Feld von L beeinflußt, und zwar verursacht dieses ein Herüberziehen von S in die Feldrichtung, da wegen des Einflusses des elektrischen Feldes auf L das Magnetfeld von L im Mittel die Richtung des Feldes hat. S präzediert also ebenfalls um die Feldrichtung und ergibt eine Quantenzahl $m_S = S, S - 1, S - 2, \ldots -S$. Somit erhalten wir als resultierenden Impuls in Richtung der Feldachse $mh/2\pi$, wobei $m = m_L + m_S$. Im Falle, daß L und S so stark gekoppelt sind, daß das elektrische Feld diese Koppelung nicht aufzuheben vermag, stellt sich der resultierende Impuls $J = L + S$ in Richtung der Feldachse ein, und zwar unter den Winkeln $\cos\Theta = m/J$, $(m = J, J - 1, \ldots -J)$. In dem Falle, daß m_L verschwindet, kann sich S nicht zur Feldrichtung einstellen, und somit existiert dann auch keine Quantenzahl m_S.

Es ist nun leicht einzusehen, welche Quantenzahlen im STARK-Effekt und im Molekül bei festen Zentren einander entsprechen. An die Stelle von m_L tritt Λ, X ist identisch mit m_S, und $\Omega = \Lambda + X$ ist $m = m_L + m_S$ gleichzusetzen.

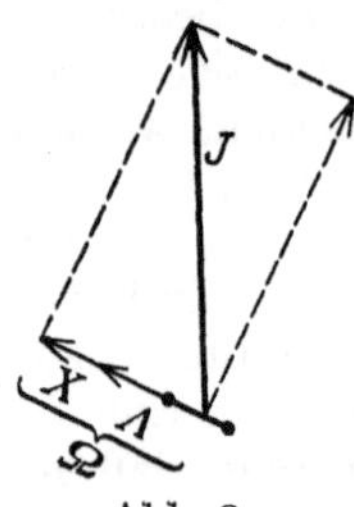

Abb. 8.

Ziehen wir nun die Rotation der Molekel in Betracht, so sind des weiteren im wesentlichen zwei Fälle, die F. HUND mit Fall a) und Fall b) bezeichnet, zu unterscheiden, je nach der Stärke des Einflusses der Rotation auf die Elektronenbewegung. Im Falle a), wenn der Einfluß der Rotation klein ist gegenüber der Wechselwirkung von L und S, stellt sich S gegen L bzw. Λ ein, was eine Richtungsquantelung von S gegen die Kernverbindung zur Folge hat (vgl. Abb. 8). Die Komponente X von S in Richtung der Kernverbindung nimmt die Werte $X = S, S - 1, \ldots - S$ an. Demnach spaltet jeder durch Λ bestimmte Term in $2S + 1$ Komponenten auf mit den Quantenzahlen $\Omega = \Lambda + X, \Lambda + X - 1, \ldots\ldots \Lambda - X$. Wir haben also dieselbe Termordnung wie bei festgehaltenen Kernen. Der Fall a) ist nicht möglich, wenn $\Lambda = 0$, da das Feld der Kerne direkt keinen Einfluß auf S ausübt. Ω setzt sich nun mit dem Impuls O in senkrechter Richtung zur Kernverbindung zum resultierenden J, dem Gesamtimpuls des Moleküls zusammen, und zwar ist $J = \Omega, \Omega + 1, \Omega + 2, \ldots$ Der Impulsvektor O enthält neben dem Drehimpuls, der von der Rotation herrührt, noch eine Komponente G von L in Richtung senkrecht zur Kernverbindung. Es ist also $O = N + G$, wobei nun N sich allein auf den Rotationsimpuls der Kerne bezieht. Es ist zu beachten, daß im allgemeinen N keine Quantenzahl bedeutet. Die Abstände der Termkomponenten sind gleich und etwa von der Größenordnung wie die beim Atom durch die Wechselwirkung von l und s bewirkte Aufspaltung [vgl. Abb. 7, Bandentypen].

Der Fall b) ist nun verwirklicht, wenn die Wechselwirkung zwischen dem durch die Rotation der Kerne erzeugten Magnetfeld und der Spinbewegung der Elektronen größer wird als die Wechselwirkung zwischen Bahnimpuls bzw. dessen Komponente in der Kernverbindungsrichtung und der Spinbewegung. Dieses bedeutet nun, daß der Vektor S in die Richtung der Kernrotationsachse herübergezogen wird. S ist dann nach K ($K = \Lambda + N$, wo N den Drehimpuls der Kernrotation bedeutet) richtungsgequantelt (vgl. Abb. 9). Wir haben also wiederum eine Aufspaltung eines jeden Rotationstermes in $2S + 1$ verschiedene Komponenten. Da die Wechselwirkung zwischen S und dem durch die Kernrotation hervorgerufenen Magnetfeld im allgemeinen ziemlich klein ist, so liegen die einzelnen Termkomponenten dicht beieinander.

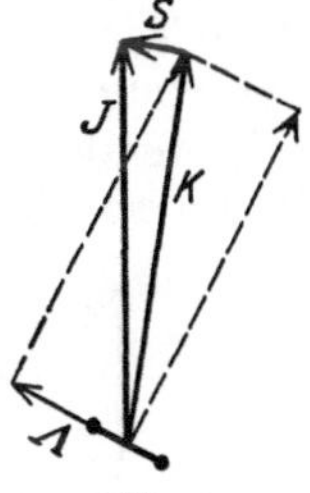

Abb. 9.

Allgemein ist zu erwarten, daß für langsame Rotation der Fall a), für raschere Rotation der Fall b) verwirklicht ist. Dies macht sich in der Feinstruktur dadurch bemerkbar, daß für höhere Rotationsquantenzahlen die Feinstrukturkomponenten (s. Abb. 7) zusammenrücken. Ganz zum Fall b) gehören alle Banden, bei denen für Anfangs- und Endzustand $\Lambda = 0$ ist, also alle $\Sigma \rightarrow \Sigma$-Übergänge.

Infolge der Einführung der Elektronenimpulse ändert auch der Rotationsterm, der durch $BN(N+1)$ wiedergegeben war, seine Gestalt. Im Falle a) ist der Rotationsimpuls durch

$$N^2 = J^2 - \Omega^2 \qquad (\Omega = \Lambda + X) \quad (38\text{a})$$

bestimmt, im Falle b) durch

$$N^2 = K^2 - \Omega^2 \qquad (\Omega = \Lambda)\,. \quad (38\text{b})$$

Der Rotationsterm[1] ist somit in erster Näherung (bei Berücksichtigung der Abänderung durch die Quantenmechanik)

$$\left.\begin{aligned} F_{\text{rot}} &= BN(N+1) = B[J(J+1) - \Omega^2] \quad \text{Fall a)} \\ F_{\text{rot}} &= BN(N+1) = B[K(K+1) - \Omega^2] \quad \text{Fall b)}\,. \end{aligned}\right\} \quad (39)$$

Im ersteren Falle durchläuft J die Werte $J = \Omega, \Omega + 1, \ldots$, im zweiten Falle ist $K = \Lambda, \Lambda + 1, \ldots$; es gibt also in beiden Fällen einen Minimalwert für den Gesamtdrehimpuls (über den daraus folgenden Ausfall von Linien am Bandenursprung vgl. Ziff. 9)[2].

Über die vorstehend erwähnten Aufspaltungen der Terme lagert sich nun in allen Fällen $\Lambda \neq 0$ noch eine weitere schwache, mit wachsender Rotation zunehmende Dublettaufspaltung. Die beiden Terme werden dann durch die Indizes A und B unterschieden. Diese AB-Aufspaltung (σ type doubling nach MULLIKEN) rührt von einer schwachen Wechselwirkung zwischen dem Magnetfeld der Kernrotation und dem Bahnimpuls L her. Der Zustand mit den Impulsen L und Λ kann also bei einsetzender Rotation auf zwei Arten verwirklicht werden, je nachdem, welche Richtung Λ einnimmt. Diese AB-Aufspaltung ist bei verschwindender Rotation Null, weshalb diese Termaufspaltung auch kein Analogon beim Atom im STARK-Effekt findet. Jedoch hat dort jeder Zustand mit $m_L > 0$ doppeltes statistisches Gewicht, da sich alle solche Zustände mit $m_L > 0$ auf zweifache Weise realisieren lassen, je nachdem der Vektor m_L in der Feldrichtung oder entgegengesetzt steht. Es resultiert daraus keine Termaufspaltung, da die rein elektrostatischen Wechselwirkungsenergien vom Umlaufssinn des Elektrons in seiner Bahn unabhängig sind.

In Abb. 10 sind einige Termfeinstrukturtypen nach HUND[3] wiedergegeben. Ist $\Lambda = 0$ und $S = 0$, so gehört zu jeder Rotationsquantenzahl ein Term (Σ); in diesem Falle ist der Rotationsimpuls gequantelt und der Rotationsterm

[1] Der Rotationsimpuls ist im allgemeinen nicht gequantelt, sondern der Gesamtimpuls J.

[2] Auf quantenmechanischem Wege abgeleitete Termformeln siehe bei E. W. HILL u. J. H. VLECK, Phys Rev 32, S. 250 (1928).

[3] F. HUND, Z f Phys 42, S. 95 (1927).

durch $BN(N+1)$, $(N=0, 1, 2, \ldots)$ gegeben. Bei den ${}^i\Sigma$-Termen (b und c Abb. 10) ($\Lambda = 0$, $S > 0$) stellt sich S in der Weise zu N ein, daß seine Komponente in der Richtung der Rotationsachse die Werte $S, S-1, \ldots -S$ annimmt. Diese Terme stellen einen reinen Fall b) dar. Der Rotationsterm wird in erster Näherung durch $BN(N+1)$ dargestellt ($N = 0, 1, 2 \ldots$). Die bei dem ${}^1\Pi$-Term auftretende Feinstruktur ist die oben erwähnte AB-Aufspaltung, die auch für die Terme ${}^2\Pi$ und ${}^3\Pi$ auftritt und sich hier der S-Trennung überlagert. In den

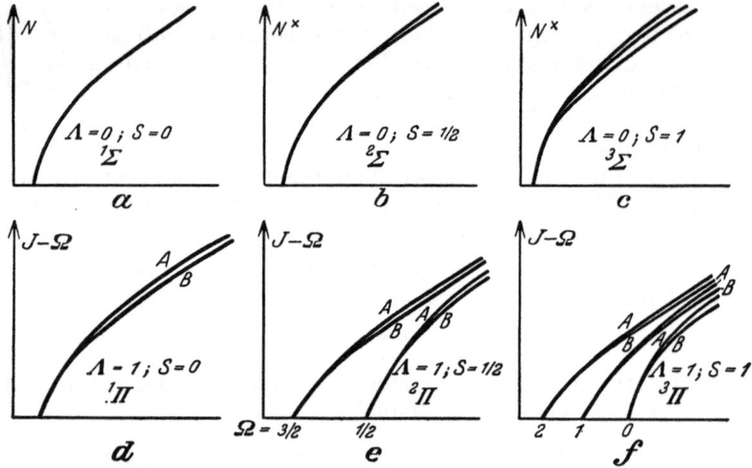

Abb. 10. Bandentermtypen nach F. Hund.

letzteren Fällen existiert also auch für verschiedene Rotation eine Aufspaltung in $2S+1$-Komponenten mit den Impulskomponenten

$$\Omega = \Lambda + X = (\Lambda + S, \Lambda + S - 1, \ldots \Lambda - S)$$

in Richtung der Kernverbindung. Die Rotationsenergie ist für kleine J-Werte durch $B(J(J+1) - \Omega^2)$ gegeben, und J durchläuft die Werte $J = \Omega$, $\Omega + 1$, $\Omega + 2, \ldots$ Mit zunehmender Rotation rücken die Termkomponenten zusammen, und wir erhalten einen Übergang zum Fall b); die Terme ordnen sich dann nach K, und die einzelnen Komponenten sind durch $J = (K+S, K+S-1, \ldots K-S)$ bestimmt. Die Rotationsenergie wird durch $B\,(J\,(J+1) - \Omega^2)$ bzw. $B\,(K\,(K+1) - \Omega^2)$ wiedergegeben. Beim Übergang von Fall a) zu Fall b) ist die Termkomponente mit $X = S$ des Falles a) der Komponente $J = K + S$ des Falles b) zuzuordnen[1].

8. Auswahlregeln, erweiterte Bezeichnung. Im Falle, daß alle Terme kombinieren könnten, würden, wenn die Multiplizität des Anfangsterms ϱ'-fach und die des Endterms ϱ''-fach wäre, im ganzen $= 3\varrho'\varrho''$ Zweige möglich sein. Infolge bestimmter vom Korrespondenzprinzip geforderter Auswahlregeln wird diese Zahl nun bedeutend eingeschränkt. In allen Fällen gilt die Regel, daß der Gesamtimpuls J des Moleküls sich nur um die Werte $\Delta J = 0$ oder ± 1 ändern kann, wodurch resp. Q-, R- und P-Zweige definiert sind. Weiterhin gilt $\Delta\Omega = 0$, ± 1, woraus, wie schon oben erwähnt, folgt, daß jeder Elektronenterm (Σ, Π, Δ) nur mit einem gleichen oder einem unmittelbar benachbarten kombiniert. Im Falle a) ist $\Delta\Omega = 0, \pm 1$ identisch mit $\Delta\Lambda = 0, \pm 1$. X behält Größe und Richtung bei, es ist also $\Delta X = 0$. Übergänge der Form ${}^2\Pi_{\frac{3}{2}} \leftrightarrow {}^2\Pi_{\frac{1}{2}}$, ${}^2\Delta_{\frac{5}{2}} \leftrightarrow {}^2\Delta_{\frac{3}{2}}$ oder ${}^2\Delta_{\frac{3}{2}} \leftrightarrow {}^2\Pi_{\frac{1}{2}}$ sind daher nicht zu erwarten, wodurch die Zahl der Linien

[1] Vgl. F. Hund, Z f Phys 36, S. 664 (1926); desgleichen E. W. Hill u. J. H. v. Vleck, Phys Rev 32, S. 262 (1928).

stark herabgesetzt wird und die Banden nicht wesentlich komplizierter erscheinen als die Terme selbst. Es erklärt sich so die Ähnlichkeit der Bilder der Bandentermtypen (Abb. 10) mit denen der Banden-Feinstrukturtypen (Abb. 7). Die sich überlagernde AB-Aufspaltung bringt darum keine weitere Vermehrung der Bandenlinien, da Linien des Q-Zweiges nur zwischen denselben Termen (AA bzw. BB), Linien der P- und R-Zweige nur zwischen verschiedenen Termen (AB bzw. BA) auftreten[1].

Für den Fall b) sind die Auswahlgesetze weniger scharf. Neben die Auswahlregel für den Gesamtimpuls stellt sich die Bedingung $\Delta K = 0$ oder ± 1, wo nun allgemein $\Delta J \neq \Delta K$ sein kann. Die Übergänge, für die $\Delta J = \Delta K$ ist, liefern die intensivsten Linien, und die entsprechenden Zweige werden als Hauptzweige, die übrigen als Satelliten bezeichnet. Die Auswahlregel für den Elektronenimpuls besteht genau wie im Falle a).

Infolge des Auftretens von Satellitenserien benötigt man zur Unterscheidung der einzelnen Zweige eine erweiterte Bezeichnung[2]. Die großen Buchstaben P, Q, R beziehen sich nach wie vor auf den Wert für J und geben die Änderung des Gesamtimpulses an. Die Änderung von K ($\Delta K = +1, 0, -1$) soll durch einen Index P, Q, R links oben angedeutet werden. ${}^PQ$ bedeutet beispielsweise, daß bei diesem Übergang $\Delta J = 0$ und $\Delta K = -1$ ist. Im Falle a), wobei stets Hauptbuchstabe und Index dieselben sind (${}^RR$, ${}^QQ$, ${}^PP$), wird der Index weggelassen. Es bleibt weiterhin noch anzugeben, welche Stufen [bei Dublettbanden z. B. $F_1(K+S)$ oder $F_2(K-S)$] im Anfangs- und Endzustand vorliegen. Man bringt dieses so zum Ausdruck, daß man rechts unten Zahlen anfügt. ${}^PQ_{12}$ gibt an, daß der Anfangsterm ein F_1- und der Endterm ein F_2-Term ist ($J' = K + \frac{1}{2}$ bzw. $J'' = K - \frac{1}{2}$). Will man noch angeben, ob ein A- oder B-Term vorliegt, so setzt man noch die Buchstaben A bzw. B hinter die Zahlen, z. B. $Q_{1A\,2A}$.

In Tabelle 3 sind die möglichen Übergänge für einen Dublettelektronenterm zusammengestellt. Im allgemeinen sind in Hunds Fall b) alle 20 Zweige für ein gegebenes J zu erwarten. Ist jedoch einer der Terme ein Σ-Term (${}^2\Pi \leftrightarrow {}^2\Sigma$-Übergänge), so reduziert sich die Zahl der Linien sofort auf die Hälfte, da

Tabelle 3.

Hauptzweige	Satelliten	Hauptzweige	Satelliten
$P_{1A\,1B}({}^PP_{1A\,1B})$, $P_{2A\,2B}({}^PP_{2A\,2B})$	${}^PQ_{1A\,2B}$	$Q_{1B}({}^QQ_{1B\,1B})$	${}^QP_{2B\,1B}$
$R_{1A\,1B}({}^RR_{1A\,1B})$, $R_{2A\,2B}({}^RR_{2A\,2B})$	${}^RQ_{2A\,1B}$	$Q_{1A}({}^QQ_{1A\,1B})$	${}^QP_{2A\,1A}$
$P_{1B\,1A}({}^PP_{1B\,1A})$, $P_{2B\,2A}({}^PP_{2B\,2A})$	${}^PQ_{1B\,2A}$	$Q_{2B}({}^QQ_{2B\,2B})$	${}^QR_{1B\,2B}$
$R_{1B\,1A}({}^RR_{1B\,1A})$, $R_{2B\,2A}({}^RR_{2B\,2A})$	${}^RQ_{2B\,1A}$	$Q_{2A}({}^QQ_{2A\,2A})$	${}^QR_{1A\,1A}$

alle Σ-Niveaus entweder B- oder A-Terme sind. Daraus folgt weiter, daß ein ${}^2\Sigma \leftrightarrow {}^2\Sigma$-Übergang nur sechs Zweige aufweisen kann. Im Fall a) ist die Anzahl der Zweige stets geringer, es treten hier nur die Übergänge auf, für die im Falle b) $\Delta J = \Delta K$ ist.

9. Ausfall von Linien zwischen *R*- und *P*-Zweig. Mit der Einführung von Elektronenimpulsen findet auch die Beobachtung eine Erklärung, daß P- und R-Zweig sich nicht am Ursprung aneinanderschließen und durch das Ausfallen von Linien zwischen beiden eine Lücke entsteht. In den Fällen, wo der Serienverlauf am Ursprung verfolgt werden kann, bietet die Feststellung der Zahl

---

[1] E. Hulthén, Z f Phys 46, S. 344 (1928); R. de L. Kronig, ebenda 46, S. 815 (1928); F. Hund, ebenda 42, S. 111 (1927).

[2] R. S. Mulliken, Phys Rev 30, S. 788 (1927).

der ausfallenden Linien die Möglichkeit, die Elektronenterme des Bandensystems zu bestimmen, da die Zahl der ausfallenden Linien zwischen P- und R-Zweig durch $\Omega'' + \Omega' + 1$ bestimmt ist; die Einzelwerte von Ω'' und Ω' lassen sich dadurch bestimmen, daß die Linien sowohl im P- wie im R-Zweig ausfallen können. Betrachten wir die Beiträge der Rotationsenergie zur Energie der Bandenfrequenz für R- und P-Zweig, so sind diese in erster Näherung:

$$R(J)\,(J+1 \to J): \quad \frac{h}{8\pi^2 J}[(J+1)(J+2) - J(J+1)] = \frac{h}{4\pi^2 J}(J+1),$$

$$P(J+1)\,(J \to J+1): \quad \frac{h}{8\pi^2 J}[J(J+1) - (J+1)(J+2)] = \frac{-h}{4\pi^2 J}(J+1).$$

Da für den Gesamtimpuls J ein bestimmtes Minimum, $J_{\min} = \Omega$ besteht, so werden je nach der Größe von Ω in Anfangs- und Endzustand die ersten Glieder im R- und P-Zweig fehlen. Ist für beide Zustände $J_{\min} = 0$ ($\Omega' = \Omega'' = 0$), so fehlt eine Linie (Nullinie) zwischen P- und R-Zweig, und zwar ist dies nach unserer Bezeichnung die Linie P (0). Haben wir einen $^1\Pi \to {}^2\Pi$-Übergang ($\Omega' = \Omega'' = 1$), so fehlen die Linien R (0), P (0) und P (1); $\Omega' = 1$, $\Omega'' = 0$ bedingt den Ausfall der Linien P (0) und P (1); $\Omega' = 0$ und $\Omega'' = 1$ den von P (0) und R (0). Da Ω für die einzelnen Komponenten einer Bande mit Feinstruktur verschiedene Werte aufweist, so ist entsprechend die Zahl der ausfallenden Linien bei denselben verschieden, allgemein beträgt also deren Zahl $\Omega' + \Omega'' + 1$. In Abb. 11 ist an Hand einer graphischen Darstellung, die der Arbeit von F. HUND entnommen ist, der Ausfall der Bandenlinien für die Fälle $\Omega' = \Omega'' = 0, 1, 2$ veranschaulicht[1].

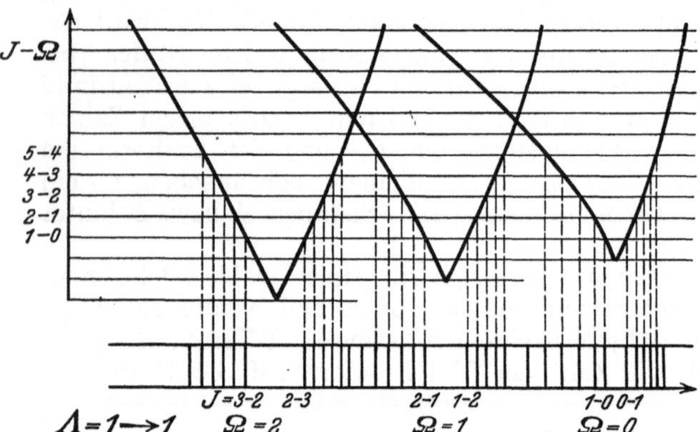

Abb. 11. Ausfall von Bandenlinien zwischen P- und R-Zweig.

c) Intensitäten.

10. Intensitäten der Zweige. Verfolgt man den Intensitätsverlauf innerhalb eines Zweiges einer Bande, so stellt man fest, daß von dem Bandenursprung aus ein schneller Anstieg der Intensität der Linien bis zu einem breiten Maximum erfolgt, von welchem nach höheren Seriengliedern hin die Intensität dann wieder langsam abfällt. Desgleichen läßt der Vergleich der relativen Intensitäten der einzelnen Zweige meist leicht erkennen, daß diese mehr oder weniger verschieden sind.

Nach der Quantentheorie ist die Intensität einer bestimmten Linie bzw. Frequenz durch zwei Faktoren bestimmt: einerseits durch die Zahl der emittierenden Teilchen, die sich in dem bestimmten stationären Zustand befinden, der den Anfangszustand für den zu dieser Frequenz gehörigen Quantensprung darstellt, und weiterhin durch die Häufigkeit des Überganges, der sog. Übergangswahrscheinlichkeit, zwischen den betreffenden Zuständen. Die Zahl der in

[1] Z f Phys 36, S. 668 (1926).

einem bestimmten Rotationszustande befindlichen Moleküle hängt von der Temperatur und der statistischen Wahrscheinlichkeit dieses Zustandes ab und ist, abgesehen von einer Konstanten, die für alle Rotationszustände einer Bande gleich gesetzt werden kann, nach dem MAXWELL-BOLTZMANNschen Verteilungsgesetz durch $p_J e^{-\frac{E(J)}{kT}}$ gegeben. $E(J)$ bedeutet die Rotationsenergie des Zustandes mit der Quantenzahl J, ist also gleich $BJ(J+1)$. Die Anwendbarkeit des MAXWELL-BOLTZMANNschen Gesetzes setzt thermisches Gleichgewicht voraus. Diese Bedingung kann bei Absorptionsversuchen als erfüllt gelten, im Emissionsfall angenähert bei Annahme einer bestimmten effektiven Temperatur[1]. Die Übergangswahrscheinlichkeit, die wir für die Linien einer Bande gleichsetzen, nehmen wir in einen Proportionalitätsfaktor C auf und erhalten für die Intensität

$$I = C p_J e^{-\frac{BJ(J+1)}{kT}}. \tag{40}$$

R. H. FOWLER[2] war der erste, der vorstehende Intensitätsformel der Bandenlinien mit der für die Intensitäten der Multiplettlinien der Atomspektra aufgestellten BURGER-DORGELOschen Summenregel[3] in Verbindung brachte. Nach letzterer ist die Summe der Intensitäten aller von einem bestimmten Zustand mit dem Gesamtimpuls J herrührenden Linien proportional dem statistischen Gewicht $p_J = 2J+1$ dieses Zustandes. Das statistische Gewicht ist bestimmt durch die Zahl der Einstellungsmöglichkeiten des Vektors J in einem äußeren Felde; diese beträgt $2J+1$, da die einzelnen aufeinanderfolgenden Werte sich um 1 unterscheiden müssen. Bei Anwendung der Summenregel auf die Intensitätsformel erhalten wir für die Summe der Intensitäten aller Linien einer Bande mit demselben J die Formel

$$I = C(2J+1)\, e^{-\frac{BJ(J+1)}{kT}}. \tag{40a}$$

Der Wert von J in vorstehender Gleichung faßt die Intensitäten von P-, Q- und R-Zweig und, wenn Multiplettstruktur vorliegt, auch noch die verschiedenen Feinstrukturkomponenten zusammen.

Die Intensitätsformeln für die einzelnen Zweige sind durch die Arbeit von HÖNL und LONDON[4] gewonnen worden, in welchen es den Verfassern gelingt, die vom Korrespondenzprinzip[5] geforderten Intensitätsformeln durch Anwendung der Summenregel weiter zu verschärfen. Die Anwendung des Korrespondenzprinzips verlangt bestimmte Annahmen über die Größe von Λ bzw. $\Delta\Lambda$. Abgesehen vom BOLTZMANN-Faktor und einer allgemeinen Konstanten ergeben sich folgende Ausdrücke[6]

---

[1] R. BIRGE, Ap J 55, S. 273 (1922).

[2] Phil Mag 49, S. 1272 (1925); vgl. auch E. C. KEMBLE, Phys Rev 25, S. 1 (1925); G. M. DIEKE, Z f Phys 33, S. 161 (1925).

[3] Nach dieser ist zur Bestimmung der Intensitäten der einzelnen Komponenten, wie folgt, zu verfahren: Man lasse das eine Mal die Teilniveaus des Anfangszustandes zusammenrücken, das andere Mal die des Endzustandes; die Gesamtintensitäten der von einem zusammengerückten Term nach den einzelnen Teilniveaus des anderen Terms führenden Linien verhalten sich wie die Gewichte $2J+1$ der Teilniveaus.

[4] Z f Phys 33, S. 803 (1925).

[5] Das Korrespondenzprinzip verlangt für die Intensitäten der R-, Q- und P-Zweige für

$$\left.\begin{aligned} \Delta\Lambda &= 0\;\;, \; i_- : i_0 : i_+ = \tfrac{1}{2}\sin^2\Theta : \cos^2\Theta : \tfrac{1}{2}\sin^2\Theta \\ \Delta\Lambda &= \pm 1, \; i_- : i_0 : i_+ = \tfrac{1}{2}(1+\cos\Theta)^2 : \sin^2\Theta : \tfrac{1}{2}(1-\cos\Theta)^2 \end{aligned}\right\}, \quad \cos\Theta = \frac{\Lambda}{J}.$$

[6] Es ist zu beachten, daß die Bezeichnung der Zweige nach dem Endzustand erfolgt.

$$\left.\begin{aligned}
&\Omega'' - \Omega' = 0;\quad (\Lambda'' - \Lambda' = 0)\,.\\
\text{a)}\quad &i \text{ von } P(J) = i \text{ von } R(J-1) = \frac{2(J^2-\Omega^2)}{J},\\
&i \text{ von } Q(J) = \frac{2\Omega^2(2J+1)}{J(J+1)},\\
&\Omega'' - \Omega' = -1;\quad (\Lambda'' - \Lambda' = -1),\\
\text{b)}\quad &i \text{ von } P(J) = \frac{(J-\Omega'+1)(J-\Omega)}{J},\\
&i \text{ von } R(J-1) = \frac{(J+\Omega'-1)(J+\Omega')}{J},\\
&i \text{ von } Q(J) = \frac{(2J+1)}{J(J+1)}(J-\Omega'+1)(J+\Omega'),\\
&\Omega'' - \Omega' = +1;\quad (\Lambda'' - \Lambda' = +1),\\
\text{c)}\quad &i \text{ von } P(J) = \frac{(J+\Omega')(J+\Omega'+1)}{J},\\
&i \text{ von } R(J-1) = \frac{(J-\Omega')(J-\Omega'-1)}{J},\\
&i \text{ von } Q(J) = \frac{2J+1}{J(J+1)}(J+\Omega'+1)(J-\Omega')\,.
\end{aligned}\right\}\qquad (41)$$

Die vorstehenden Formeln[1] gelten für Emission, und dementsprechend ist das Ω des Anfangszustandes eingeführt. Für den Fall der Absorption sind die Formeln für P- und R-Zweig einfach zu vertauschen [bzw. die Bezeichnungen $P(J)$ und $R(J-1)$ umzuwechseln] und Ω' ist durch Ω'' zu ersetzen. Wie man leicht verifizieren kann, ergibt sich jedesmal für die Summe $R(J) + P(J) + Q(J)$ das statistische Gewicht $2J+1$. Liegt Feinstruktur der Zweige vor, so ist durch die Formeln stets die Intensitätssumme der Komponenten gegeben.

Es ergibt sich weiterhin aus Gleichung (41), daß für $^1\Sigma \to {}^1\Sigma$-Übergänge [in bezug auf $^r\Sigma \to {}^i\Sigma$-Elektronensprünge, r und $i > 1$, vgl. später Fall b)] der Q-Zweig wegen $\Omega = 0$ verschwindet. Für P- und R-Zweig finden wir: i von $P(J) = J$, i von $R(J-1) = J$. Es ist zu beachten, daß der BOLTZMANN-Faktor für $P(J)$ größer ist als für $R(J-1)$, da bei Emission die $P(J)$-Linie von dem Rotationsniveau $(J-1)$ des Anfangszustandes ausgeht. Allgemein sind also die Linien des P-Zweiges (für kleinere und mittlere J) etwas intensiver als die des R-Zweiges. Bei Absorption kehren sich die Verhältnisse um.

Für $^1\Pi \to {}^1\Sigma$-Übergänge finden wir: i von $P(J) = \frac{J-1}{2}$; i von $R(J-1) = \frac{J+1}{2}$; i von $Q(J) = \frac{2J+1}{2}$; der Q-Zweig ist also etwa doppelt so stark wie die beiden anderen Zweige, von diesen letzteren ist wieder der R-Zweig etwas intensiver. Mit wachsender Quantenzahl werden die Intensitäten von P- und R-Zweig mehr und mehr gleich. Die Intensitäten in den Übergängen $^1\Sigma \to {}^1\Pi$ unterscheiden sich von den vorhergehenden dadurch, daß sich die Formeln für P- und R-Zweig, wie oben erwähnt, vertauschen; in diesem Falle ist also der P-Zweig etwas intensiver als der R-Zweig; der Q-Zweig behält etwa die doppelte Intensität. Die Intensitätsverhältnisse eines $^1\Sigma \to {}^1\Pi$-Überganges für Emission entsprechen denen eines $^1\Pi \to {}^1\Sigma$-Überganges für Absorption und umgekehrt.

[1] Die vollständige Theorie des symmetrischen Kreisels in der Quantenmechanik liefert dieselben Ausdrücke.

Die theoretischen Ergebnisse[1] sind in den vorliegenden Fällen durch das Experiment qualitativ gut bestätigt worden. Der Q-Zweig tritt in allen Fällen, wie die Theorie es verlangt, am stärksten auf und, soweit es sich nach den bisher vorliegenden Messungen beurteilen läßt, mit etwa der doppelten Stärke wie die beiden anderen Zweige. Wie an einer ganzen Reihe von Heliumbanden und den AlH-Banden mit ${}^1\Pi \rightarrow {}^1\Sigma$-Elektronensprüngen geprüft werden konnte, erweist sich in diesen Fällen der R-Zweig in allen Fällen für kleine J-Werte etwas stärker als der P-Zweig; für hohe Werte von J werden die Intensitäten gleich, wie es nach den obigen Ausführungen zu erwarten ist[2]. Die Tatsache, daß die Q-Linien von A-Niveaus, die P- und R-Linien von B-Niveaus ausgehen, scheint die Intensitätsverhältnisse nicht zu beeinflussen, wenigstens nicht stark, so daß anzunehmen ist, daß beide Zustände gleiche Wahrscheinlichkeit besitzen. Zur Veranschaulichung sind in Abb. 12 die Intensitätsverhältnisse der CO-Ångström-Bande λ 4835 wiedergegeben[2]. Man sieht, daß die Übereinstimmung zwischen theoretischer und beobachteter Kurve als sehr befriedigend zu bezeichnen ist. Die theoretische Kurve entspricht einer effektiven Temperatur von 1250° C. Da die Bande einem ${}^1\Sigma \rightarrow {}^1\Pi$-Elektronensprung angehört, so ist der P-Zweig stärker als der R-Zweig. Die beobachteten Kurven stammen von einer Photometrierung einer Aufnahme, die von einer Entladung in CO_2 bei niedrigem Druck herrührt.

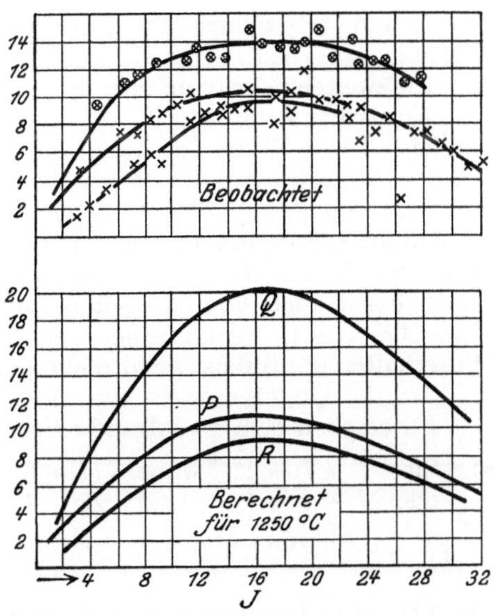

Abb. 12. Intensitätsverhältnisse in der CO-Ångström-Bande λ 4835 A. (${}^1\Sigma \rightarrow {}^1\Pi$ Elektronensprung.)

Für Banden des Falles b) sind die vorstehenden Intensitätsformeln nicht ohne weiteres anwendbar[3], die entsprechenden Formeln können aber aus den obigen gewonnen werden. Für einen bestimmten Wert von $\Delta\Lambda$ kann man bei Vernachlässigung der Wechselwirkung von K und S die Gleichungen von Hönl und London heranziehen, indem man J und Ω resp. durch K und Λ ersetzt. Für Fall b) ist Ω stets gleich Λ.

Wir schreiben die Gleichungen von Hönl und London in folgender Form, in der wir sie später weiter unten benötigen.

$$\left.\begin{aligned} &\text{Für } \Delta\Lambda = 0 \text{ und } \Delta K = 0, \\ &\qquad i = \frac{2(2K+1)\Lambda^2}{K(K+1)}. \\ &\text{Für } \Delta\Lambda = 0 \text{ und } \Delta K = \pm 1, \\ &\qquad i = \frac{2(K^2-\Lambda^2)}{K}, \end{aligned}\right\} \tag{42}$$

[1] D. M. Denison, Phys Rev 28, S. 829 (1926), kommt bei Anwendung der Methoden der Quantenmechanik zu genau denselben Formeln.

[2] Vgl. R. S. Mulliken, Phys Rev 29, S. 402 (1927).

[3] Vgl. R. S. Mulliken, Phys Rev 30, S. 138, 785 (1927).

$$\left.\begin{array}{l}
\text{Für } \Delta\Lambda = \pm 1 \text{ und } \Delta K = 0, \\
\qquad i = \dfrac{(2K+1)(K+\Lambda)(K-\Lambda+1)}{K(K+1)}. \\
\text{Für } K \to K-1 \text{ und } \Lambda \to \Lambda - 1, \text{ oder } K-1 \to K \text{ und } \Lambda - 1 \to \Lambda, \\
\qquad i = \dfrac{(K+\Lambda)(K+\Lambda-1)}{K}, \\
\text{Für } K-1 \to K \text{ und } \Lambda \to \Lambda - 1, \text{ oder } K \to K-1 \text{ und } \Lambda - 1 \to \Lambda, \\
\qquad i = \dfrac{(K-\Lambda)(K-\Lambda+1)}{K}.
\end{array}\right\} \qquad (42)$$

Die K und Λ beziehen sich stets auf die größeren der in Frage kommenden Werte.

Im zweiten Schritt müssen dann die so erhaltenen Intensitäten entsprechend der Wechselwirkung von K und S für die einzelnen Komponenten aufgeteilt werden. Diese Wechselwirkung von K und S ist nun genau von der Art wie bei den Atomspektren die Wechselwirkung zwischen L und S, dem resultierenden Bahnimpuls und dem resultierenden Spin. Es können somit hier die von DE KRONIG[1], SOMMERFELD und HÖNL für die Intensitätsverhältnisse der Komponenten eines Multipletts erhaltenen Formeln angewandt werden, die in derselben Form auch von der Quantenmechanik geliefert werden. Die möglichen Fälle $\Delta K = \pm 1$, 0 entsprechen den Fällen $\Delta l = \pm 1$, 0 bei den Linienspektren. Wir erhalten die Intensitätsformeln aus den SOMMERFELD-HÖNLschen, indem wir in diese die Quantenzahlen des Moleküls einführen.

Es ergeben sich so folgende Formeln:

$$\left.\begin{array}{l}
\text{a) für } J \to J-1, \text{ wenn } K \to K-1 \\
\quad \text{oder } J-1 \to J, \text{ wenn } K-1 \to K \\
\quad i_\pm = \dfrac{[(J+K)(J+K+1)-S(S+1)][(J+K-1)(J+K)-S(S+1)]}{JK}, \\
\text{b) für } J \to J, \text{ wenn } K \to K-1 \text{ oder } K-1 \to K \\
\quad i_0 = \dfrac{(2J+1)[(J+K)(J+K+1)-S(S+1)][S(S+1)-(J-K)(J-K+1)]}{JK(J+1)}, \\
\text{c) für } J-1 \to J, \text{ wenn } K \to K-1 \\
\quad \text{oder } J \to J-1, \text{ wenn } K-1 \to K \\
\quad i_\pm = \dfrac{[S(S+1)-(J-K)(J-K+1)][S(S+1)-(J-K-1)(J-K)]}{JK}, \\
\text{d) } J \to J, \text{ wenn } K \to K \\
\quad i_0 = \dfrac{(2K+1)(2J+1)[J(J+1)+K(K+1)-S(S+1)]}{JK(J+1)(K+1)}, \\
\text{e) } J \to J-1, \text{ oder } J \to J+1, \text{ wenn } K \to K \\
\quad i_\pm = \dfrac{(2K+1)[(J+K)(J+K+1)-S(S+1)][(S(S+1)-(J-K-1)(J-K)]}{JK(K+1)}.
\end{array}\right\} \qquad (43)$$

Die Bezeichnung $i_\pm$ bedeutet die Intensität sowohl für den R-Zweig wie für den P-Zweig. Für J und K sind jedesmal die größeren der beiden Werte für Anfangs- und Endzustand einzusetzen. In allen $\Sigma \to \Sigma$-Übergängen haben wir nur Zweige $\Delta K = \pm 1$ zu erwarten, da nach Gleichungen (41) die Q-Zweige wegen

[1] Z f Phys 31, S. 885 (1925); A. SOMMERFELD u. H. HÖNL, Sitzber Pr Akad d Wiss, phys-math Kl 1925, S. 141.

$\Lambda = 0$ verschwinden. Wie die Formeln zeigen, treten auch Zweige auf, bei denen $\Delta J \neq \Delta K$ ist. Wie im vorigen Abschnitt näher ausgeführt wurde, wird die Änderung von ΔK als Index (P, Q, R) an die Bezeichnung der Zweige angefügt, z. B. ${}^PQ$, ${}^QR$ usw.

Für Übergänge, bei denen $\Delta K = \pm 1$ ist, sind für jeden K-Übergang entsprechend der Auswahlregel $\Delta J = 0, \pm 1$ drei Möglichkeiten vorhanden, wenn $S = \frac{1}{2}$; J hat die Werte $K \pm \frac{1}{2}$. Betrachten wir zunächst den Sprung $K \to K - 1$; diesem sind zugeordnet die drei Sprünge von J: ein Sprung $J' = (K + \frac{1}{2}) \to J'' = (K - 1 + \frac{1}{2})$, welcher eine R_1-Linie ergibt, ein Sprung $J' = (K - \frac{1}{2}) \to J'' = (K - 1 - \frac{1}{2})$, welcher eine R_2-Linie liefert, und weiterhin ein Übergang $J' = (K - \frac{1}{2}) \to J'' = (K - 1 + \frac{1}{2})$, für den eine ${}^RQ_{2,1}$-Linie auftritt.

Für den Quantensprung $K - 1 \to K$ ergeben sich analog drei Übergänge, die eine P_1-, eine P_2- und eine $Q_{1,2}$-Linie liefern. Die Formeln der relativen Intensitäten erhalten wir aus (43), indem wir in a) und b) für J resp. die Werte $K + \frac{1}{2}$, $K - \frac{1}{2}$ und für S den Wert $\frac{1}{2}$ einsetzen[1]. Es ergibt sich so:

$$\left.\begin{aligned} i_1 &= (K+1)(2K-1) && \text{für } P_1 \text{ oder } R_1, \\ i_2 &= (K-1)(2K+1) && \phantom{\text{für }} P_2 \quad ,, \quad R_2, \\ i_3 &= 1 && \phantom{\text{für }} {}^PQ_{1,2} \;,,\; {}^RQ_{2,1}. \end{aligned}\right\} \tag{44}$$

Die vorstehenden Gleichungen können noch in anderer einfacherer Form geschrieben werden, wenn man jede einzelne mit dem Ausdruck $2K/(4K^2 - 1)$ multipliziert und die K-Werte durch $J = K \pm \frac{1}{2}$ ausdrückt. Die Gleichungen für $\Delta K = \pm 1$ gehen dann über in

$$\left.\begin{aligned} i_1 &= \frac{(J^2 - \frac{1}{4})}{J} && \text{für } P_1 \text{ oder } R_1, \\ i_2 &= \frac{(J^2 - \frac{1}{4})}{J} && \phantom{\text{für }} P_2 \quad ,, \quad R_2, \\ i_3 &= \frac{(2J+1)}{4J(J+1)} && \phantom{\text{für }} {}^PQ_{1,2} \;,,\; {}^RQ_{2,1}. \end{aligned}\right\} \tag{44a}$$

Es ist zu beachten, daß J stets den größeren der beiden Werte für Anfangs- und Endzustand darstellt. Daß die Summenregel erfüllt ist, kann an Hand der Gleichungen verifiziert werden. Zur Erläuterung der vorhergehenden Ausführungen können die beiden Abb. 13 und 14 dienen, die der Arbeit von MULLIKEN entstammen. Abb. 13 gibt die ersten Rotationsstufen eines ${}^2\Sigma \to {}^2\Sigma$-Überganges, wie sie beispielsweise bei den Cyanbanden auftreten. Abb. 14b zeigt dieselben Übergänge noch einmal in anderer Weise, mit Angabe der statistischen Gewichte p_J und den nach den Gleichungen (44) sich ergebenden relativen Intensitäten. Die gestrichelt eingeschriebenen Übergänge entsprechen den Satelliten.

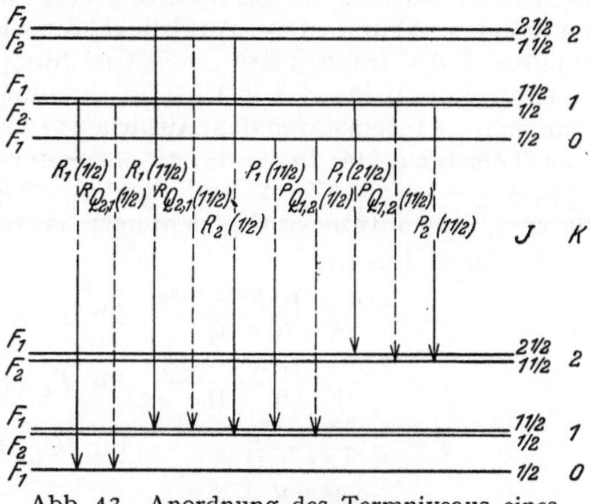

Abb. 13. Anordnung des Termniveaus eines ${}^2\Sigma \to {}^2\Sigma$-Überganges.

[1] Um aus (43) die Gleichungen (44) zu erhalten, ist in Gleichung a) von (43) einmal $K + \frac{1}{2}$ und einmal $K - \frac{1}{2}$ einzusetzen, weiterhin in Gleichung b) von (43) $K - \frac{1}{2}$. Streicht man in diesen drei erhaltenen Gleichungen alle gemeinschaftlichen Faktoren, so ergeben sich die Gleichungen (44). Die Formeln liefern also immer die relativen Intensitäten der Zweige.

An Abb. 14 kann leicht die Gültigkeit der Summenregel ersehen werden; die zwischen den Übergängen eingezeichneten Zahlenwerte geben die relativen Intensitäten an. Abb. 14a entspricht dem einfachsten Fall eines $^1S \to {}^1S$-Elektronensprungs.

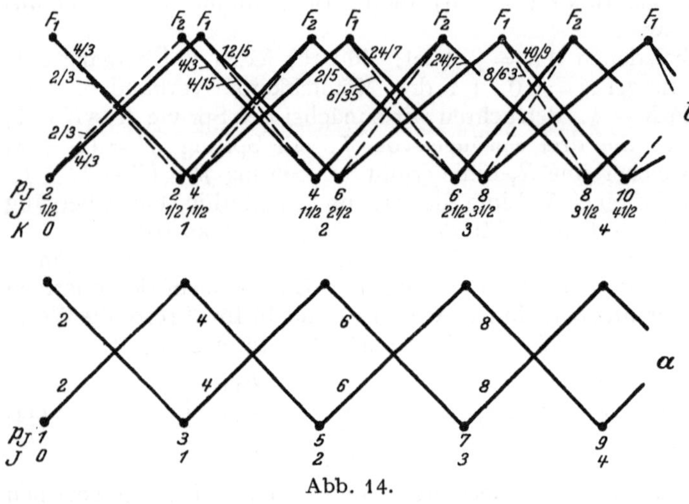

Abb. 14.

Sind andere Terme als S-Terme (P, D usw.) an einem Übergang zwischen Dublettzuständen beteiligt, so haben wir auch den Fall $\Delta K = 0$ in Betracht zu ziehen. Für einen Sprung $\Delta K = 0$ sind bei $S = \frac{1}{2}$ (Dubletts) vier J-Übergänge möglich: $Q_1\,(J' = J'' = K + \frac{1}{2})$, $Q_2\,(J' = J'' = K - \frac{1}{2})$, ${}^QP_{2,1}\,(J' = K' - \frac{1}{2},\ J'' = K'' + \frac{1}{2})$, ${}^QR_{1,2}\,(J' = K + \frac{1}{2},\ J'' = K'' - \frac{1}{2})$. Die folgenden Formeln für die relativen Intensitäten ergeben sich wiederum, wenn man in die Gleichungen c), d) und e) aus (43) für J die Werte resp. $K - \frac{1}{2}$ und $K + \frac{1}{2}$ einsetzt und für S den Zahlenwert $\frac{1}{2}$.

$$\left.\begin{aligned} i_4 &= K(2K+3) && \text{für } Q_1 \quad (J' = K + \tfrac{1}{2}), \\ i_5 &= (K+1)(2K-1) && \text{,, } Q_2 \quad (J' = K - \tfrac{1}{2}), \\ i_6 &= 1 && \text{,, } {}^QP_{2,1} \quad (J' = K - \tfrac{1}{2}) \text{ oder } {}^QR_{1,2} \quad (J'' = K + \tfrac{1}{2}). \end{aligned}\right\} \tag{45}$$

Es ist nun noch zu zeigen, wie aus den vorliegenden Formeln die allgemeinen Intensitätsausdrücke für bestimmte Werte von $\Delta\Lambda$, ΔK und ΔJ gewonnen werden können. Damit diese Ausdrücke die richtigen Werte liefern, müssen die Summen Σ der Intensitäten nach Gleichung (44) und Gleichung (45) mit den Gleichungen (42) für $\Delta\Lambda$ in Übereinstimmung sein. Diese Bedingung ist erfüllt, wenn man die Intensitäten dem Ausdruck $i\,i_x/\Sigma$ gleichsetzt. i ist aus Gleichung (42), i_x aus Gleichung (44) bzw. (45) zu entnehmen. Σ ist im Falle $\Delta K = \pm 1$ gleich $\Sigma_\pm(i_1 + i_2 + i_3) = 4K^2 - 1$, im Falle $\Delta K = 0$ gleich $\Sigma_0(i_4 + i_5 + 2i_6) = (2K+1)^2$. Die endgültigen Intensitätsgleichungen lauten also:

A. für $\Delta\Lambda = 0$:

$$\left.\begin{aligned} i &= \frac{2(K+1)(K^2-\Lambda^2)}{K(2K+1)} && \text{für } P_1 \text{ (oder } R_1), \\ i &= \frac{2(K-1)(K^2-\Lambda^2)}{K(2K-1)} && \text{für } P_2 \text{ (oder } R_2), \\ i &= \frac{2(K^2-\Lambda^2)}{K(4K^2-1)} && \text{für } {}^PQ_{1,2} \text{ (oder } {}^RQ_{2,1}), \\ i &= \frac{2\Lambda^2(2K+3)}{(K+1)(2K+1)} && \text{für } Q_1, \\ i &= \frac{2\Lambda^2(2K-1)}{K(2K+1)} && \text{für } Q_2, \\ i &= \frac{2\Lambda^2}{K(K+1)(2K+1)} && \text{für } {}^QP_{2,1} \text{ (oder } {}^QR_{1,2}), \end{aligned}\right\} \tag{46}$$

B. für $\Lambda \to \Lambda - 1$ (oder $\Lambda - 1 \to \Lambda$):

$$\left.\begin{aligned}
i &= \frac{(K-\Lambda)(K-\Lambda+1)(K+1)}{K(2K+1)} && \text{für } P_1 \text{ (oder } R_1\text{)},\\
i &= \frac{(K-\Lambda)(K-\Lambda+1)(K-1)}{K(2K-1)} && \text{für } P_2 \text{ (oder } R_2\text{)},\\
i &= \frac{(K-\Lambda)(K-\Lambda+1)}{K(4K^2-1)} && \text{für } {}^{P}Q_{1,2} \text{ (oder } {}^{R}Q_{2,1}\text{)},\\
i &= \frac{(K+\Lambda)(K+\Lambda-1)(K+1)}{K(2K+1)} && \text{für } R_1 \text{ (oder } P_1\text{)},\\
i &= \frac{(K+\Lambda)(K+\Lambda-1)(K-1)}{K(2K-1)} && \text{für } R_2 \text{ (oder } P_2\text{)},\\
i &= \frac{(K+\Lambda)(K+\Lambda-1)}{K(4K^2-1)} && \text{für } {}^{R}Q_{2,1} \text{ (oder } {}^{P}Q_{1,2}\text{)},\\
i &= \frac{(K+\Lambda)(K-\Lambda+1)(2K+3)}{(K+1)(2K+1)} && \text{für } Q_1,\\
i &= \frac{(K+\Lambda)(K-\Lambda+1)(2K-1)}{K(2K+1)} && \text{für } Q_2,\\
i &= \frac{(K+\Lambda)(K-\Lambda+1)}{K(K+1)(2K+1)} && \text{für } {}^{Q}P_{2,1} \text{ und } {}^{Q}R_{1,2},
\end{aligned}\right\} \tag{46}$$

Für K ist stets der größere der beiden Werte anzunehmen. Man sieht, daß die Satellitenserien schnell abklingen. Im Falle $\Delta\Lambda = +1$ überwiegt der R-Zweig, für $\Delta\Lambda = -1$ ist es umgekehrt. In allen Fällen, wo $\Lambda \neq 0$, bleibt noch die AB-Aufspaltung (Mulликens σ-type doubling) zu berücksichtigen.

11. Intensitäten der Banden. Intensitätsverteilung im Kantenschema. Betrachtet man die Intensitätsverteilung der Banden bei der Anordnung im Kantenschema, so erhält man zunächst den Eindruck einer großen Regellosigkeit, insbesondere dann, wenn man verschiedene Systeme miteinander vergleicht. Bei näherem Zusehen kann man jedoch eine bestimmte Ordnung feststellen, die eine gewisse Gesetzmäßigkeit, wenn auch nur roh, in Erscheinung treten läßt. Wie schon eingangs erwähnt, treten die Banden im Spektrum häufig zu Gruppen oder Zügen zusammen. Die Anordnung zu Bandengruppen liefert dann im Kantenschema eine Intensitätsverteilung, bei der besonders die Diagonalreihen $v' - v'' = $ konst. weit zu verfolgen sind oder besonders kräftig hervortreten. Die Hauptdiagonale $v' - v'' = 0$ ist dann am intensivsten. Im anderen Falle sind die Horizontalreihen bzw. Vertikalreihen des Kantenschemas besonders stark ausgeprägt, und zwar sind bei Absorption meist die Vertikalreihen bevorzugt, bei Emission die Horizontalreihen. Ein extremes Beispiel für diese letztere Anordnung liefert das J_2-Spektrum. Die Art der häufigsten Intensitätsverteilung ist eine solche, wie sie in Abb. 15 durch das Spektrum des AlO wiedergegeben ist[1]. Die stärkste Bande des Systems ist die (0, 0)-Bande, und das Maximum der Intensität im

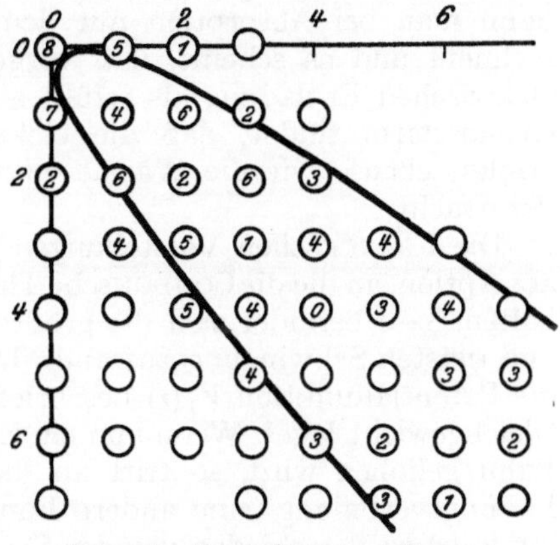

Abb. 15. Intensitätsverteilung im System der AlO-Banden.

[1] Hagenback u. Mörikofer, Arch phys nat (5) 3, S. 301 (1921).

Schema fällt auf die beiden Zweige einer Parabel, deren Scheitel bei der (0, 0)-Bande liegt und deren Achse durch die Mittel- oder Hauptdiagonale des Kantenschemas gebildet wird. Wie ersichtlich, besitzt so jede v'- wie auch jede v''-Reihe zwei Intensitätsmaxima, die eben da liegen, wo die Parabelzweige die Reihen schneiden. Für die Reihen $v' = 0$ und $v'' = 0$ fallen diese Maxima zusammen. Man bezeichnet diese Art der Intensitätsverteilung auch häufig als „normale" Verteilung. Charakteristisch für ein System mit „normaler" Intensitätsverteilung ist eine geringe Änderung des Trägheitsmomentes (bzw. der Konstanten B des Rotationstermes) beim Übergang zwischen den beiden an der Emission (oder Absorption) beteiligten Molekülzuständen, womit wiederum eine geringe Änderung der Oszillationsfrequenz[1] verknüpft ist. Die Abweichungen von der normalen Intensitätsverteilung sind allgemein um so stärker, je mehr die Oszillationsfrequenzen ω für Anfangs- und Endzustand voneinander abweichen.

Sehen wir von der durch die Temperatur oder die Anregungsvorgänge bedingten Verteilung der Moleküle auf die einzelnen Quantenzustände v'' (Absorption) oder v' (Emission) ab und denken uns alle Zustände gleich stark besetzt, so sind die relativen Intensitäten der Banden durch die relativen Übergangswahrscheinlichkeiten in Abhängigkeit von den v-Werten gegeben. Einen Weg, die Übergangswahrscheinlichkeiten abzuschätzen, ergaben die Ausführungen von FRANCK[2] über die Vorgänge bei der Dissoziation durch Lichtabsorption. An die FRANCKschen Vorstellungen anschließend, gelang es CONDON[3], eine Theorie der Intensitätsverteilung zu entwickeln, die in großen Zügen mit den tatsächlichen Erscheinungen im Einklang ist.

12. CONDONsche Theorie der Intensitätsverteilung im Bandensystem. Die CONDONsche Theorie macht nur Aussagen über die relativen Wahrscheinlichkeiten der verschiedenen möglichen Übergänge zwischen zwei Oszillationszuständen mit den Quantenzahlen v' und v'', wohingegen sie nicht die Verteilung der Moleküle auf die einzelnen Oszillationszustände berücksichtigt. Bei thermischem Gleichgewicht ist diese Verteilung wieder durch das MAXWELL-BOLTZMANNsche Verteilungsgesetz gegeben. Wie schon im vorigen Abschnitt erwähnt, kann man bei Absorption mit dem Bestehen von thermischem Gleichgewicht rechnen, und es scheint, daß vorgenannte Bedingung in manchen Fällen der elektrischen Entladung als erfüllt angesehen werden kann, was vielleicht seinen Grund darin findet, daß die elektrische Entladung, wenn sie unregelmäßig erfolgt, ebenso wie die Wärme eine ganz ungeordnete Bewegung der Moleküle verursacht.

Die FRANCKschen Vorstellungen vom Vorgang der Dissoziation durch Lichtabsorption, an die die CONDONsche Theorie anschließt, sind kurz wie folgt. In einem kalten Gase befindet sich die größte Zahl der Moleküle im tiefsten Elektronen- und tiefsten Schwingungszustand. Die Oszillationsbewegung der Kerne sei durch die Potentialfunktion $V_1(r)$ beschrieben, und der Kernabstand r_0 entspreche der Gleichgewichtslage[4]. Wenn nun ein Elektron durch Lichtabsorption in eine höhere Bahn gehoben wird, so tritt an die Stelle von $V_1(r)$ infolge der veränderten Ladungsverteilung eine andere Funktion $V_2(r)$, und die Gleichgewichtslage r_0 für $V_1(r)$ ist verschieden von der für $V_2(r)$ und um so mehr, je stärker die beiden Potentiale voneinander abweichen. Der Schwingungszustand wird also ein anderer und im Falle, daß

$$V_2(r_0) > V_{2\,\max}$$

[1] Vgl. Ziffer 18. [2] Trans Faraday Society (1925).

[3] Phys Rev 28, S. 1182 (1926).

[4] Vgl. Ziff. 19 und die dort wiedergegebenen Potentialkurven.

ist, wo $V_{2\max}$ den Maximalwert von V_2 in dem Gebiet $r_{01} < r < \infty$ bedeutet, wird die Schwingungsamplitude so groß, daß Dissoziation erfolgt. Bei dem Beispiel Abb. 20a ist dieses möglich. Suchen wir in der oberen Potentialkurve den Punkt auf, dessen r gleich ist dem Werte r_0 (tiefster Punkt) der unteren Kurve, so entspricht diesem ein Potentialwert, der größer ist als die Dissoziationsenergie D'; von diesem Punkte aus fliegt das Molekül nach einer Halbschwingung auseinander.

CONDON dehnt nun diese Betrachtungen auf beliebige Schwingungszustände aus und setzt (wie auch FRANCK dies tut) des weiteren voraus, daß der Elektronensprung in einer Zeit vor sich geht, die vernachlässigbar klein ist gegenüber der Periode der Kernschwingung, und daß die Elektronenbewegung nur wenig von der Schwingungsbewegung beeinflußt wird. Tritt ein Elektronensprung auf, und ist in diesem Augenblick der Abstand der Kerne gleich r, so ist anzunehmen, daß der Übergang des Elektrons weder den Kernabstand r noch den Oszillationsimpuls p_r merklich ändert, sondern lediglich an die Stelle von $V_1(r)$ eine neue Potentialfunktion $V_2(r)$ zu setzen ist. Die Werte von r und p_r bestimmen dann eine bestimmte Oszillationsbewegung des zweiten Elektronenzustandes. Es ist nicht anzunehmen, daß die gegebenen Werte von r und p_r sich den Quantenbedingungen der Bewegung im zweiten Zustande einfügen, und die Erhaltung von r und p_r wird sich in der Art auswirken, daß sie eine Überführung in einen Quantenzustand bewirkt, dessen Werte von r und p_r am nächsten liegen. Da die Wechselwirkungen von Elektronen- und Oszillationsbewegungen vernachlässigbar sind, so wird die Wahrscheinlichkeit dafür, daß ein Elektronensprung auftritt, in jedem Augenblick gleich groß sein. Daraus folgt, daß die meisten Übergänge an den Umkehrstellen $r_{\max}$ und $r_{\min}$ erfolgen werden, da an diesen Stellen die Atome während jeder Schwingung am längsten verweilen. Wir haben also die entsprechenden Banden als die stärksten im System zu erwarten, und zwar finden wir für jedes v' zwei Werte v'', die diesen besonders starken Übergängen entsprechen. Für rein harmonische Bindung ist die Bestimmung der v''-Werte von CONDON durchgeführt worden. Für den allgemeinen Fall gibt CONDON eine graphische Methode an, die es erlaubt, die Werte v'' zu finden. Zur Durchführung ist es notwendig, daß man den Verlauf der Potentialfunktionen $V_1(r)$ und $V_2(r)$ wenigstens angenähert kennt, die Analyse des Spektrums also weitgehend durchgeführt ist. Der Verlauf der beiden Funktionen sei graphisch im selben Koordinatensystem aufgetragen (vgl. Abb. 16). Die Abszissen bedeuten die Kernabstände, die Ordinaten die Quantenzahlen v. Wenn das Molekül sich in einem Quantenzustand v befindet, so erhält man die beiden Übergänge, indem man von den Umkehrstellen aus (s. Abb. 16) senkrecht nach oben bzw. unten Gerade bis zum Schnitt mit der Kurve für den Endzustand zieht und die zu den Schnittpunkten gehörigen Quantenzahlen v'' bestimmt. Es ergeben sich so für die Lagen der stärksten Banden parabolische Kurven, wie sie ähnlich nach Abb. 15 auch experimentell gefunden sind. Die Öffnungen der Parabeln variieren von System zu System, und die Abweichungen von der Form einer

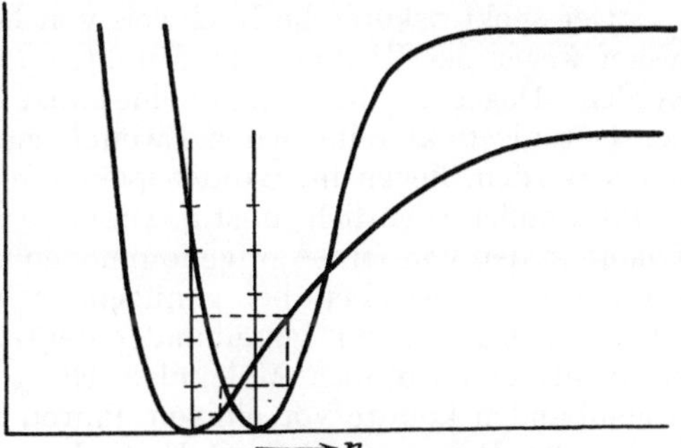

Abb. 16. Zur graphischen Methode der Bestimmung der häufigsten Übergänge $v' \longleftrightarrow v''$ nach E. U. CONDON.

wirklichen Parabel sind um so größer, je stärker die Bindung im Molekül von einer harmonischen abweicht.

Wie oben erwähnt, zeigt das Spektrum von AlO deutlich die Intensitätsverteilung auf zwei Parabelzweige. Die Kurven in Abb. 15 sind nach den Molekülkonstanten berechnet. Der untere Zweig der theoretischen Kurve zeigt außerordentlich gute Übereinstimmung, während der obere ein wenig zu hoch liegt. Für die vierte positive Gruppe des CO ist die Abweichung von der harmonischen Bindung schon bedeutend, und die Potentialkurven für Anfangs- und Endzustand weichen besonders in dem Gebiet $r_{01} < r$ stark voneinander ab. Die Abb. 17 zeigt, wie der untere Parabelzweig dementsprechend nach unten verschoben wird, für den oberen Teil macht sich die Korrektion weniger bemerkbar. Da das Bandensystem sich über einen großen Wellenbereich erstreckt, so ist von einer Intensitätsangabe der einzelnen Banden abgesehen, und es sind nur die Lagen der beobachteten Banden angegeben.

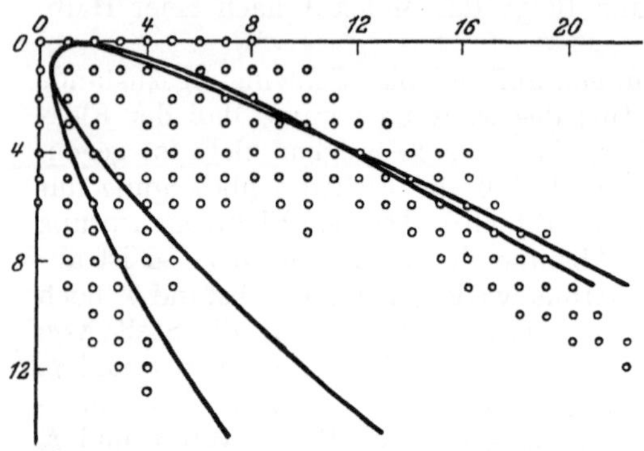

Abb. 17. Intensitätsverteilung im System der CO-Banden (vierte positive Gruppe).

d) Isotopieeffekt.

13. Allgemeines. Isotope Atome eines Elementes unterscheiden sich bekanntlich in den Massen ihrer Kerne; die resultierende Kernladung sowie die Zahl der äußeren Elektronen ist bei allen dieselbe. Da in die Termformeln der Linienspektra wie auch in die der Bandenspektra die Massen der Atome eingehen, so müssen demnach die emittierten Frequenzen zweier isotopen Atome oder Moleküle voneinander verschieden sein.

Der spektroskopische Nachweis von Isotopen konnte bei den Linienspektren bisher wegen der Kleinheit des Effektes noch nicht mit voller Sicherheit[1] geführt werden. Dagegen gibt es heute eine ganze Anzahl von Bandenspektren, bei denen der Isotopieeffekt ohne jeden Zweifel nachgewiesen ist. Wie wir weiter unten sehen werden, liegen im Bandenspektrum die Verhältnisse für den Nachweis der Isotopie außerordentlich günstig. Die erste Beobachtung einer Isotopenaufspaltung gelang an den von IMES[2] aufgenommenen ultraroten Absorptionsbanden von HCl bei 1,76 μ, in welchen bei genügender Auflösung alle Linien als Dubletts erscheinen. Unabhängig voneinander deuteten KRATZER[3] und LOOMIS[4] diese Dubletts als den isotopen Molekülen HCl_{35} und HCl_{36} zugehörig. Bei den Elektronenbanden konnte vor einigen Jahren MULLIKEN[5] als erster an einer ganzen Reihe von Beispielen (BO, CuH, CuJ und SiN) den Isotopieeffekt nachweisen. Die Zahl der Beispiele hat sich seitdem ständig vermehrt. In allen vorliegenden

[1] Sehr wahrscheinlich ist die von SCHÜLER und WURM [Naturwiss 15, S. 971 (1927)] an der Lithiumresonanzlinie aufgedeckte Feinstruktur als Isotopieeffekt zu deuten, wie die Verfasser es tun. Für die Deutung spricht neben der Linienanordnung vor allem das Intensitätsverhältnis, welches mit dem Mengenverhältnis gut übereinstimmt.

[2] Ap J 50, S. 251 (1919).

[3] Z f Phys 3, S. 460 (1920).

[4] Ap J 52, S. 248 (1920).

[5] Phys Rev 25, S. 119, 259 (1925); 26, S. 1, 319 (1925).

Fällen bedeuteten bisher alle Ergebnisse nur eine Bestätigung der ASTONschen Messungen mit dem Massenspektrographen, und erst vor kurzem ist es auch gelungen, den isotopen Charakter von Elementen auf bandenspektroskopischem Wege aufzudecken, für die der Massenspektrograph kein Resultat ergeben hatte. Es handelt sich um die Isotopen des Sauerstoffs[1] und des Stickstoffs[2]. Die Schwierigkeit des Nachweises ist in diesen Fällen darauf zurückzuführen, daß in einem Gemisch der beiden Molekülarten die Moleküle einer Art gegenüber denen der anderen äußerst selten sind. Nach den bisher vorliegenden Messungen ist das Sauerstoffatom O_{16} etwa 1250mal so häufig wie das isotope Atom O_{18} und sogar 10000mal so häufig wie das Atom O_{17}. Die relative Häufigkeit oder das Mengenverhältnis spiegelt sich wieder in dem Intensitätsverhältnis entsprechender Linien der verschiedenen Spektra, wodurch sich das späte Auffinden obiger Isotope erklärt. Im Falle des Sauerstoffs gelang der Nachweis an den atmosphärischen Absorptionsbanden im Sonnenspektrum. Die Schichtdicken, die hier von dem Sonnenlicht durchsetzt werden, reichen gerade hin, um im Absorptionsspektrum die Bandenlinien des wenigst häufigen Sauerstoffisotops noch in Erscheinung treten zu lassen. Auf der Aufnahme der Sauerstoffbande bei λ 7600 A in Abb. 1 sind Linien einer isotopen Bande (O_{16}—O_{18}) deutlich zu erkennen. Die Tatsache, daß im Laufe der Zeit von immer mehr Elementen der isotope Charakter nachgewiesen wurde, legt den Schluß nahe, daß alle Elemente mehr oder weniger Isotope besitzen, so daß sich allmählich die Lücken in der Skala der Atommassen immer mehr ausfüllen werden. In der Auffindung solcher schwachen Isotope ist die Bandenspektroskopie dem Massenspektrographen überlegen, und es scheint sich hier ein Weg zu ergeben, die relativen Atommassen zu bestimmen[3] und damit die für die Atomkernforschung so wichtige Massendefektsbestimmung in weiterem Umfange durchzuführen.

14. Theorie des Isotopieeffektes. Der Isotopieeffekt wird gemessen durch die Isotopenverschiebung $\nu_2 - \nu_1$, die Differenz zwischen zwei Frequenzen entsprechender Linien zweier Banden desselben Oszillationssprunges, wobei also eine Bande dem einen, die zweite dem anderen Isotop angehört. Der Index 1 soll sich im folgenden ein für allemal auf das häufigere Isotop beziehen. Um die Ausdrücke für die Isotopenverschiebung zu gewinnen, ist festzustellen, wie die Massen in die Termformeln eingehen. Wie oben teilen wir die Gesamtenergie der Moleküle wieder in drei Teile, Elektronen-, Oszillations-, Rotationsenergie, und setzen dementsprechend die Isotopenverschiebung

$$\nu_2 - \nu_1 = (\nu_{\text{el}_2} - \nu_{\text{el}_1}) + (\nu_{\text{osc}_2} - \nu_{\text{osc}_1}) + (\nu_{\text{rot}_2} - \nu_{\text{rot}_1}). \tag{47}$$

Somit haben wir die Aufteilung in Elektronen-, Oszillations- und Rotationseffekt.

15. Elektroneneffekt. Für den Elektronenisotopieeffekt liegen bisher keine ausreichenden theoretischen Ergebnisse vor. Es ist sehr wahrscheinlich, daß sich derselbe in der Größenordnung bewegt wie bei den Atomspektren, der, wie oben erwähnt, kaum nachweisbar ist. Es mag sich hier um einige Hundertstel der Frequenzeinheit handeln, welche gegenüber dem Oszillations- und dem Rotationseffekt vernachlässigt werden können. Die Elektronenfrequenz bleibt also bei zwei Isotopen dieselbe, woraus aber, worauf noch besonders hingewiesen sei, nicht zu folgern ist, daß die Nullinien der ersten Bande zusammenfallen. Da die Wellenmechanik fordert, daß das Molekül zumindest ein halbes Schwin-

---

[1] W. F. GIAUQUE u. JOHNSTON, Nature 123, S. 318, 831 (1929); J Amer Chem Soc 51, S. 1436 (1929); Nature 124, S. 127 (1929); H. D. BABCOCK, Wash Nat Ac Proc 15, S. 471 (1929); R. T. BIRGE, Nature 124, S. 13 (1929).

[2] A. S. KING u. R. T. BIRGE, Nature 124, S. 182 (1929).

[3] Vgl. R. MECKE und K. WURM, Z f Phys 61, S. 37 (1930).

gungsquant besitzt, so werden die Nullinien der ersten Bande um die Differenz der halben Schwingungsquanten auseinander liegen. MULLIKEN[1] und WATSON[2] konnten bereits vor der Einführung der neuen Quantenmechanik zeigen, daß die Meßergebnisse in vielen Fällen eindeutig die Halbzahligkeit der Oszillationsquanten fordern.

16. Oszillationseffekt. Der Oszillationsterm wurde bekanntlich durch

$$F_{osc} = h\nu\,\omega_0(1 - x(v + \tfrac{1}{2})) \tag{48}$$

dargestellt. Es zeigt sich, daß in den ersten oder linearen Term die Masse mit $\mu^{-\frac{1}{2}}$ eingeht; der zweite, bedeutend kleinere quadratische Term, enthält den Massenkoeffizienten μ^{-1}. Hier bedeutet μ die reduzierte Masse $\mu = \frac{m m'}{(m + m')}$. Ist nun die Oszillationsfrequenz des einen Moleküls durch

$$\nu_1^{osc} = (\omega_0'(v' + \tfrac{1}{2}) - \omega_0''(v'' + \tfrac{1}{2})) - (\omega_0' x'(v' + \tfrac{1}{2})^2 - \omega_0'' x''(v'' + \tfrac{1}{2})^2) \tag{49}$$

gegeben, und setzen wir

$$\varrho = \sqrt{\frac{\mu_1}{\mu_2}}, \qquad \left.\begin{aligned} \mu_1 &= \frac{m\,m_1'}{m + m_1'} \\ \mu_2 &= \frac{m\,m_2'}{m + m_2'}, \end{aligned}\right\} \tag{50}$$

so sind die Oszillationsfrequenzen des isotopen Moleküls durch

$$\nu_2^{osc} = \varrho(\omega_0'(v' + \tfrac{1}{2}) - \omega_0''(v'' + \tfrac{1}{2})) - \varrho^2(\omega_0' x'(v' + \tfrac{1}{2})^2 - \omega_0'' x''(v'' + \tfrac{1}{2})^2) \tag{51}$$

dargestellt. Daraus ergibt sich die Isotopenverschiebung für die Oszillationsfrequenzen

$$\left.\begin{aligned} \nu_2^{osc} - \nu_1^{osc} = {} & (\varrho - 1)[(\omega_0'(v' + \tfrac{1}{2}) - \omega''(v'' + \tfrac{1}{2})] \\ & - (\varrho^2 - 1)[\omega_0' x'(v' + \tfrac{1}{2})^2 - \omega_0'' x''(v'' + \tfrac{1}{2})^2)]. \end{aligned}\right\} \tag{52}$$

In erster Näherung kann der zweite Term in Gleichung (52) vernachlässigt werden, die dann in

$$\nu_2^{osc} - \nu_1^{osc} = (\varrho - 1)\,\nu_1^{osc} \tag{53}$$

übergeht. Die von der Kernschwingung herrührende Isotopenverschiebung ist also angenähert proportional dem Abstande vom Ursprung des Systems, und zwar liegen die Banden des schwereren Isotops immer zur Nullstelle hin. Je schwerer also das Molekül ist, desto enger werden die Aufspaltungen im Bandensystem. Da der Faktor $(\varrho - 1)$ durchschnittlich von der Größenordnung einiger Hundertstel ist, so kann die obige Verschiebung bei entsprechender

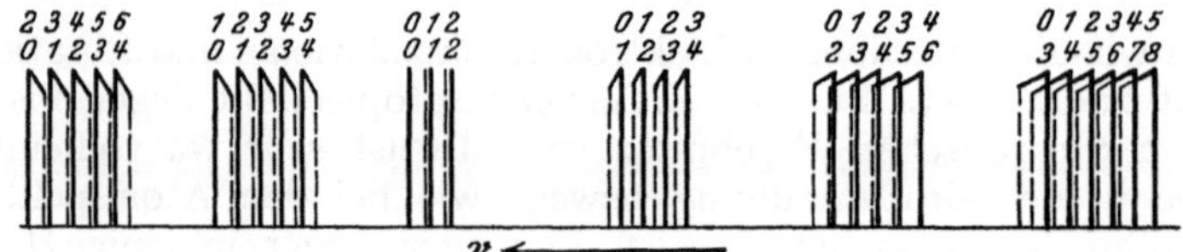

Abb. 18. Isotopieeffekt der Kernschwingung.

Entfernung von der (0, 0)-Bande beträchtliche Werte annehmen; sie kann in vielen Fällen dann schon mit Apparaten kleiner Dispersion nachgewiesen werden (vgl. Abb. 1a). In Abb. 18 ist eine der Arbeit von MULLIKEN entnommene Abbildung wiedergegeben, die schematisch die Erscheinung im Spektrum veranschaulicht. Die vertikalen Striche geben die Nullinien der Banden (oder auch die Kanten), die gestrichelten Vertikalen entsprechend die der

[1] Phys Rev 25, S. 119, 259 (1925); 26, S. 1, 319 (1925).
[2] Nature 117, S. 692 (1926).

isotopen Banden. Im allgemeinen ist die Erscheinung nicht so in die Augen fallend, wie es die Abb. 18 zeigt, da infolge Überlagerung die Kanten des schwächeren Isotops häufig verdeckt werden.

17. Rotationseffekt. Betrachten wir nun die Verschiebung, die von der Kernrotation herrührt. Der Rotationsterm ist gegeben durch[1]

$$F_{\mathrm{rot}} = B_0 K^2 - \alpha (v + \tfrac{1}{2}) K^2 + D_v K^4 . \tag{54}$$

Die Molekülmasse geht sowohl in B_0 als auch in α und in D_v ein, und zwar in B_0 mit μ^{-1}, in α mit $\mu^{-\frac{3}{2}}$ und in D_v mit μ^{-2}. Es ergibt sich so für die Verschiebung

$$\left.\begin{aligned} \nu_2^{\mathrm{rot}} - \nu_1^{\mathrm{rot}} = {} & (\varrho^2 - 1)(B_0' K'^2 - B_0'' K''^2) \\ & - (\varrho^3 - 1)(\alpha'(v' + \tfrac{1}{2}) K^2 - \alpha''(v'' + \tfrac{1}{2}) K''^2) \\ & + (\varrho^4 - 1)(D_v' K'^4 - D_v'' K''^4) . \end{aligned}\right\} \tag{55}$$

In erster Näherung können wir wieder den ersten Term allein in Betracht ziehen und erhalten

$$\nu_2^{\mathrm{rot}} - \nu_1^{\mathrm{rot}} = (\varrho^2 - 1)\, \nu_1^{\mathrm{rot}} . \tag{56}$$

Da ν_1^{rot} ungefähr proportional dem Abstand von der Nullinie ist, so zeigt sich, daß auch in diesem Falle die Isotopenverschiebung proportional dem Abstand vom Bandenursprung ist. An Hand des FORTRAT-Diagramms in Abb. 19 ist zu ersehen, wie sich der Rotationseffekt ausnimmt. Die durchgezogenen Kurven entsprechen dem schwereren Isotop. Wie sich zeigt, liegt von zwei entsprechenden Linien immer die des schwereren Isotops zur Nullinie hin. Für den vorliegenden Fall ist der Oszillationsbeitrag gleich 0, die beiden Banden entsprechen also Übergängen zwischen den tiefsten Schwingungstermen.

Die wirklich beobachteten Verschiebungen sind nun die Summen aus Oszillations- und Rotationseffekt

$$\Delta\nu = \Delta\nu_{\mathrm{osc}} + \Delta\nu_{\mathrm{rot}} . \tag{57}$$

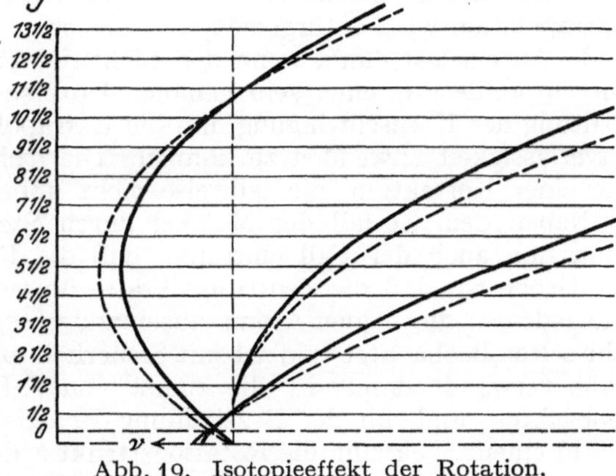

Abb. 19. Isotopieeffekt der Rotation.

Da $\Delta\nu_{\mathrm{osc}}$ beim Übergang von einer Seite des Systemursprungs zur andern das Vorzeichen wechselt, $\Delta\nu_{\mathrm{rot}}$ dagegen (von dem Gebiet zwischen Nullinie und Kante abgesehen) im ganzen System entweder positiv (Violettabschattierung) oder negativ (Rotabschattierung) ist, so addieren sich auf einer Seite die beiden Effekte, auf der anderen Seite ergibt sich dagegen nur die Differenz der beiden. Zweckmäßig beobachtet man also auf der Seite, wo sich die beiden Effekte addieren.

e) Spektroskopische Bestimmung der Dissoziationsarbeit von Molekülen.

18. Einleitung. Wie J. FRANCK[2] vor einigen Jahren zeigen konnte, eröffnet die Analyse der Kernschwingungsstruktur eines Bandenspektrums den Weg,

[1] B_0 enthält das Trägheitsmoment der rotations- und oszillationsfreien Molekel. Das zweite Glied berücksichtigt die Änderung des Trägheitsmomentes bei steigender Rotation und Oszillation. Nach der Quantenmechanik ist dieses Glied stets von 0 verschieden.

[2] Trans Faraday Soc 21, Tl. 3 (1925).

die Dissoziationsarbeit[1] des emittierenden Moleküls zu bestimmen. Die Genauigkeit, mit der diese Bestimmung durchgeführt werden kann, hängt von der Vollständigkeit ab, mit der der Verlauf der Kantenserien bekannt ist. Wie aus dem Kantenschema bzw. der Kantenformel zu ersehen ist, besitzen die einzelnen Kantenserien eine Konvergenzstelle, und im Falle, daß diese im Spektrum beobachtbar wird, läßt sich die Größe der Dissoziationsarbeit unmittelbar aus dem Spektrum ablesen. Die Konvergenzstelle[2], an die sich, ähnlich der Erscheinung des Kontinuums an der Seriengrenze der Atomspektren, ein Gebiet kontinuierlicher Absorption anschließt, gibt den Maximalwert der Energie an, die das Molekül in dem betreffenden Elektronenzustand in Form von Schwingungsenergie aufzunehmen vermag. Jede Steigerung der Schwingungsenergie führt zum Auseinanderfliegen der Atome; obige Energie, die der Konvergenzstelle entspricht, ist also gleich der Dissoziationsarbeit in dem betreffenden Elektronenzustand. Um aber die wirkliche Dissoziationsenergie (vgl. Anm. 2) zu erhalten, ist noch darauf zu achten, in welche Bestandteile das Molekül zerfällt, ob in normale oder angeregte Atome oder in Ionen. Es sind also die Anregungsenergien der Zerfallsprodukte von der aus der Konvergenzstelle bestimmten Zerfallsenergie abzuziehen.

Die Fälle, in denen Bandenkonvergenzstellen mit anschließendem Kontinuum im Spektrum auftreten, sind nun sehr selten. Es ist aber häufig möglich, die Lage derselben nach einer von BIRGE und SPONER[3] angegebenen Methode aus der Serie der beobachteten Kanten durch Extrapolation zu gewinnen. Die Extrapolation wird naturgemäß sehr unsicher, wenn die Kantenserien sehr kurz sind. Aber selbst dann, wenn dies nicht der Fall ist, bedarf es, wie BIRGE[4] vor kurzem aufdeckte, einer sehr genauen Untersuchung über den Verlauf der Aufspaltung der Kernschwingung, um die Extrapolationsmethode mit hinreichender Zuverlässigkeit anwenden zu können. Die früher erlangten Resultate bedürfen alle einer Korrektion, die teilweise nicht unbeträchtlich ist.

Neben dem Zerfall der Molekel durch Steigerung der Schwingungsenergie kann nun auch der Fall eintreten, daß die Rotationsenergie der Molekel von der Größe ist, daß die Zentrifugalkräfte überwiegen, die Molekel instabil wird, infolgedessen die beiden Atome auseinanderfliegen. Diese Tatsache wird jedoch sehr selten beobachtet und ist mit Sicherheit bisher nur bei HgH nachgewiesen. Nahe verwandt damit ist die zuerst von V. HENRI[5] und seinen Mitarbeitern beobachtete und mit der Bezeichnung Prädissoziation belegte Erscheinung, daß in einem Spektrum die Rotationsstruktur der Banden an bestimmten Stellen verwischt wird. Verursacht wird diese Verwaschenheit der Bandenlinien dadurch, daß die Rotationsquantelung verschwindet. Eine Erklärung des Vor-

[1] Im folgenden soll unter der Dissoziationsarbeit die Energie verstanden werden, die das Molekül in zwei normale Atome zerlegt. In der physikalischen Chemie wird die Trennungsarbeit für ein Molvolumen angegeben; diese ist also $D_M = DN_L$, wobei D die Dissoziationsenergie eines Moleküls und $N_L = 6{,}05 \cdot 10^{23}$ die LOSCHMIDTsche Zahl bedeutet. Weiterhin gelten die Angaben für den absoluten Nullpunkt. Die Temperaturabhängigkeit der Wärmetönung macht sich aber im vorliegenden Falle nicht stark bemerkbar, da die Dissoziationsenergien der meisten zweiatomigen Moleküle von der Größenordnung von 100 kcal sind und die Differenz für Zimmertemperatur und absol. Nullpunkt unter 1% liegt.

[2] Jedes Spektrum liefert zwei (äußerste) Konvergenzstellen, je nachdem man die Banden gleichen Anfangs- (Längsserien) oder gleichen Endzustandes (Querserien) zusammenfaßt; die erste ist dem tieferen, die andere dem höheren Elektronenzustand zuzuordnen. Wegen der energetischen Beziehungen vgl. weiter unten.

[3] Phys Rev 28, S. 259 (1916); vgl. auch H. SPONER, Erg d exakten Naturwiss VI, S. 75 (1927).

[4] Trans Faraday Soc 1929 Sept.

[5] Photochimie 1919; Structure des Molécules 1925.

ganges auf Grund der Quantenmechanik gaben BONHOEFFER und FARKAS[1] und unabhängig davon DE KRONIG[2] und G. WENTZEL[3].

19. Der Verlauf des Potentials der Bindungskräfte. Bevor wir näher auf die Bestimmung der Dissoziationsenergien zweiatomiger Moleküle eingehen, seien zunächst einige Bemerkungen über deren Bindung vorausgeschickt. Das Potential der Bindungskräfte in der zweiatomigen Molekel als Funktion des Kernabstandes zeigt allgemein einen Verlauf, wie er durch die Diagramme in Abb. 20 veranschaulicht wird. Die notwendigen Bestimmungsstücke der Potentialkurven können für jeden Elektronenzustand, der an der Emission beteiligt ist, durch die Analyse des Bandenspektrums gewonnen werden. Die übereinanderstehenden Kurven einer Teilfigur beziehen sich auf übereinanderliegende bzw. aufeinanderfolgende Elektronenzustände eines Moleküls. Auf jedem Elektronenzustand baut sich ein System von Schwingungsniveaus auf, wie ein solches in einer Kurve der Abbildung eingezeichnet ist. Für die Gleichgewichtslage (Ruhelage) der Atomkerne besitzt das Potential ein mehr oder weniger tiefes Minimum. Schwingt das Molekül um die Ruhelage, so steigt die potentielle Energie nach beiden Richtungen, und zwar nach kleinerem Kernabstand steiler, als mit wachsendem Kernabstand, für den die Potentialkurve schließlich sich asymptotisch einer zur Abzissenachse parallelen Geraden nähert, zu welcher auch die Schwingungsstufen konvergieren. Die Differenz des Potentialwertes an dieser Stelle und des Wertes im Minimum stellt offenbar das Maximum der Energie dar, die das Molekül als Schwingungsenergie aufnehmen kann, gibt also die Zerfallsenergie für den fraglichen Elektronenzustand an.

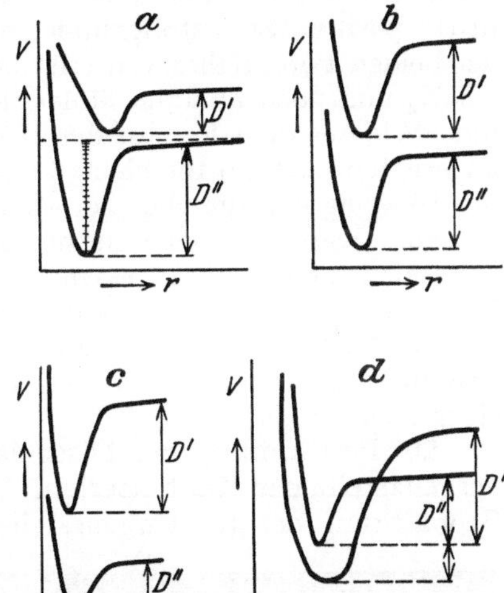

Abb. 20. Potentialkurven der Bindungskräfte zweiatomiger Moleküle.

Besondere Aufmerksamkeit verdient der Vergleich der relativen Lagen und der Gestalt aufeinanderfolgender Potentialkurven eines Moleküls, wodurch sich ein Einblick in die Änderung der Bindungsfestigkeit bei der Anregung gewinnen läßt. Es können hier vier typische Fälle unterschieden werden, wie sie in Abb. 20 nebeneinander gezeigt sind. Im Diagramm *a* ist der Fall veranschaulicht, wie beim Übergang vom Normalzustand zum angeregten Elektronenzustand die Bindung geschwächt wird. Die Dissoziationsarbeit wird kleiner, und die Gleichgewichtslage hat sich nach einem größeren Werte von r verschoben. Da die Krümmung im Minimum schwächer wird, nimmt auch die Schwingungsfrequenz ab. Für den Wert r_0 der Ruhelage im Grundzustand ergibt sich für die obere Kurve ein Potentialwert, der bereits größer ist als die Trennungsarbeit. Dieser Bindungstypus liegt beispielsweise bei O_2 sowie bei den Molekülen der Halogene (Cl_2, Br_2, J_2) und der Alkalien (Li_2, Na_2 usw.) vor und ist der bei weitem häufigste[4]. Ver-

[1] Z f physik Chem 134, S. 337 (1927).

[2] Z f Phys 50, S. 347 (1928). [3] Phys Z 29, S. 321 (1928).

[4] Für O_2 (atmosphärische Sauerstoffbanden) haben ω_0'' und ω_0' resp. den Wert 1565 cm^{-1} und 708 cm^{-1}. Es ist weiterhin für SiN: $\omega_0'' = 1145\ cm^{-1}$, $\omega_0' = 1016\ cm^{-1}$; NO (dritte pos. Stickstoffgruppe): $\omega_0'' = 1892\ cm^{-1}$, $\omega_0' = 2345\ cm^{-1}$; CN (violett): $\omega_0'' = 2050\ cm^{-1}$, $\omega_0' = 2144\ cm^{-1}$.

treter des Typus *b*, wo die Anregung nur zu ganz geringer Änderung der Größe der Bindungskräfte führt, sind die Molekeln SiN und AlO. Bei Molekülen, die einen Potentialwert wie im Diagramm *c* aufweisen, tritt ersichtlich bei der Anregung eine Steigerung der Bindungsfestigkeit ein. Infolge der stärkeren Bindung verschiebt sich die Ruhelage nach einem kleineren Werte von *r*, der Abfall zum Minimum wird steiler, und sowohl die Oszillationsfrequenz wie die Dissoziationsarbeit nehmen zu. Für diesen Fall liefert das NO-Spektrum, und zwar die sog. dritte positive Stickstoffgruppe, ein Beispiel. Eine eigenartige Überschneidung der beiden Potentialkurven tritt bei *d* auf; auf diesen Fall, der bei CN wie auch bei N_2 und noch anderen Molekülen auftritt, weisen HEITLER[1] und HERZBERG[2] hin. Wie aus dem Verlauf der Kurven ersichtlich ist, tritt beim Übergang zum angeregten Zustand für kleine Schwingungen um die Ruhelage eine Verstärkung der Bindung ein, die aber bei wachsendem Kernabstand sehr rasch abnimmt, so daß die Dissoziationsenergie des angeregten Zustandes kleiner wird als die des Normalzustandes. Der Verminderung der Dissoziationsarbeit im angeregten Zustand entspricht es, worauf HERZBERG beim N_2^+ zuerst aufmerksam machte, daß das Molekül vom angeregten Zustand aus in zwei normale Bestandteile, vom Grundzustand aus aber in Bestandteile zerfällt, von denen einer normal und einer angeregt ist.

20. Bestimmung der Dissoziationsarbeit aus der Beobachtung der Konvergenzstelle der Kantenserien. Wie bereits oben erwähnt wurde, gestattet die Beobachtung der Konvergenzstellen der Kantenserien, die Dissoziationsenergie unmittelbar aus dem Spektrum abzulesen, vorausgesetzt, daß die Zerfallsprodukte bekannt sind[3]. Um das Entstehen der Konvergenzstellen besser verstehen zu können, möge statt des Spektrums zunächst das Energiediagramm Abb. 21 betrachtet werden. In Abb. 21 sind die Schwingungsniveaus eines hypothetischen Bandensystems und außerdem eine Reihe von Übergängen eingezeichnet, welche zweien von den tiefsten Schwingungszuständen in Anfangs- und Endzustand ausgehenden Kantenserien entsprechen. Die von $v' = 0$ ausgehende Serie erstreckt sich nach langen Wellen und liefert die obere Konvergenzstelle; sie bezieht sich auf den tieferen Elektronenzustand. Die Serie mit $v'' = 0$ ergibt die untere Konvergenzstelle und ist dem höheren Elektronenzustand zuzuordnen. Wie sich ein solcher Kantenserienverlauf im Spektrum ausnimmt, ist wiederum in Abb. 22 zu sehen, die sich speziell auf

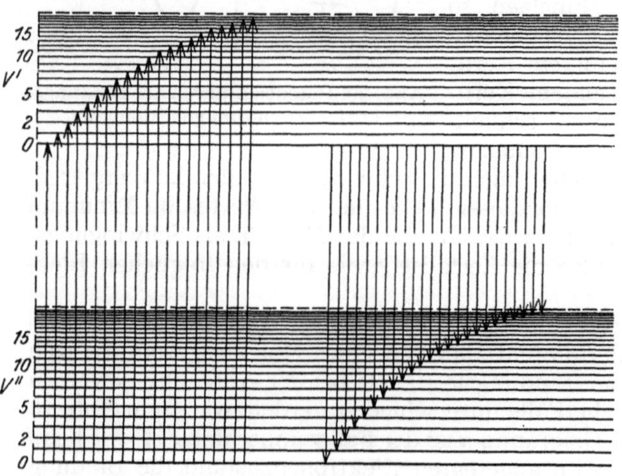

Abb. 21. Konvergenzserien.

[1] Z f Phys 53, S. 52 (1929). [2] Ann d Phys 86, S. 189 (1928).

[3] Ist die Wellenlänge der Konvergenzstelle in ÅNGSTRÖM-Einheiten angegeben, so ergibt sich mit $h = 6{,}55 \cdot 10^{-27}$ die Zerfallsenergie $D_M = DN_L = \frac{6{,}05 \cdot 10^{23} \cdot 6{,}55 \cdot 10^{-27} \cdot 3 \cdot 10^{10}}{\lambda} = \frac{1{,}187}{\lambda} \cdot 10^{16}$ erg $= \frac{2{,}835}{\lambda} \cdot 10^{5}$ kcal, normale Zerfallsprodukte vorausgesetzt. $N_L = 6{,}05 \cdot 10^{23}$ ist die LOSCHMIDTsche Zahl.

die untere Grenze des im Sichtbaren gelegenen Absorptionsspektrums der J_2-Molekel bezieht[1]. Die Konvergenzstelle, an die sich das Kontinuum anschließt, liegt bei 4995 A, die obere Konvergenzstelle ist in Absorption nicht beobachtbar.

Die energetischen Beziehungen zwischen oberer und unterer Konvergenzstelle und der Zerfallsenergie D' aus dem oberen und D'' aus dem unteren Zustand können aus dem Diagramm Abb 23 leicht abgelesen werden. ν_K gibt die

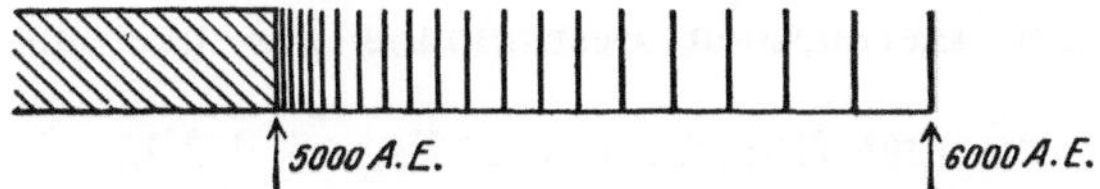

Abb. 22. Untere Konvergenzserie des Jods.

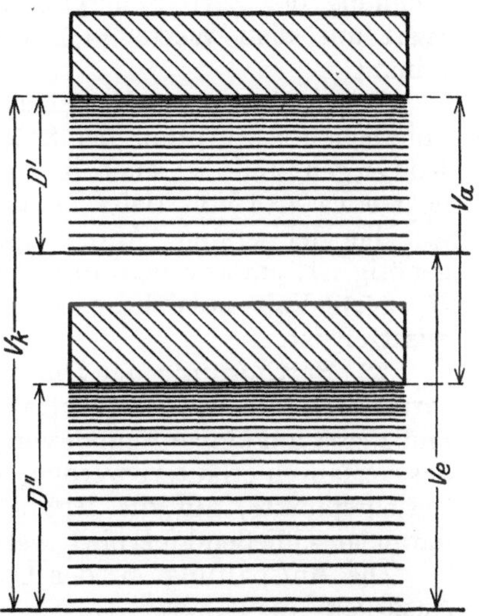

Abb. 23. Zusammenhang der Zerfallsenergien D' und D'' mit der Elektronenfrequenz ν_e des Moleküls und der Anregungsfrequenz ν_a des Atoms.

Frequenz der unteren Konvergenzstelle, D'' und D' entsprechen den Trennungsarbeiten in den entsprechenden Elektronenzuständen. Die Differenz der Abspaltungsarbeiten in den beiden Zuständen ist proportional $\nu_e - \nu_a$; ν_e bedeutet die Frequenz des Elektronensprunges, ν_a den Frequenzabstand der beiden Termkonvergenzstellen. Die Trennungsarbeit D' (ausgedrückt in cm^{-1}) im angeregten Zustand hängt mit der Zerfallsenergie D'' im Normalzustand, der Anregungsfrequenz ν_e und der Anregungsfrequenz des Atoms, welche durch ν_a gegeben ist, also wie folgt zusammen:

$$D' + \nu_e = D'' + \nu_a = \nu_K. \tag{58}$$

Was die praktische Verwirklichung der Dissoziation durch Steigerung der Schwingungsenergie betrifft, so ist dieselbe im Grundzustand des Elektronensystems einzig durch Temperatursteigerung (Energiezufuhr durch die Wärmebewegung) möglich. Alleinige Aufnahme von Schwingungsenergie durch Lichtabsorption ist nur bei Molekülen mit elektrischem Moment (polaren Molekeln) möglich, aber auch hier nimmt die Absorption mit wachsender Quantenzahl so stark ab, daß eine Dissoziation praktisch nicht erreicht wird. Dagegen kann bei gleichzeitiger Aufnahme von Elektronen-, Oszillations- und Rotationsenergie jede Anzahl Schwingungsquanten in einem Absorptionsvorgang aufgenommen werden. Wird also mit einer Frequenz eingestrahlt, die über die kurzwellige Konvergenzstelle hinaus nach kurzen Wellen liegt, so tritt Dissoziation des Moleküls ein.

21. Beispiele. Besonders gut ausgeprägte Kantenserien finden sich in den Absorptionsspektren der Halogene; der Serienverlauf läßt sich hier bis zur Konvergenzstelle (des angeregten Zustandes) verfolgen, und desgleichen läßt sich teilweise das Einsetzen der kontinuierlichen Absorption beobachten[2]. Der Konvergenzstelle beim Jod entspricht eine Energie proportional 2050 cm^{-1} (2,4 Volt). Die obere Konvergenz läßt sich aus Fluoreszenzversuchen gut abschätzen und liegt etwa 13500 cm^{-1} (0,8—0,9 Volt) unterhalb der Frequenz des reinen Elektronensprunges (0,0-Bande)[3]. Um aus dem angeregten Zustand zu

[1] Für jede Bande ist nur die Kante eingetragen, da die Rotationsstruktur hier nicht interessiert.

[2] G. Dymond, Z f Phys 34, S. 553 (1925).

[3] H. Kuhn, Z f Phys 39, S. 77 (1927).

dissoziieren, sind also 0,9 Volt mehr als beim Grundzustand nötig. Der Überschuß von rund 1 Volt wird einer Anregungsstufe des Jodatoms entsprechen. Innerhalb der zu erwartenden Genauigkeit ist dies der Fall, da ein metastabiler $^2P_1$-Term 0,94 Volt über dem $^2P_2$-Grundterm liegt. Der Zerfall des J_2-Moleküls liefert im angeregten Zustand also ein normales $^2P_2$-Atom und ein angeregtes $2^2\,P_1$-Atom, der Grundzustand würde zwei normale Atome ergeben. Eine Umrechnung der Zerfallsenergie, auf ein Mol bezogen, ergibt 34,2 kcal, welcher Wert mit dem Werte 34,5 aus der thermischen Bestimmung gut übereinstimmt.

Beim Wasserstoff stellen DIEKE und HOPFIELD[1] den Beginn der kontinuierlichen Absorption bei 849,4 A (entsprechend 14,53 Volt) fest. Die obere Konvergenzstelle ist auch hier relativ gut durch Extrapolation bestimmbar und liegt etwa 4,34 Volt tiefer als der Ursprung des Bandensystems. Der Frequenz ν_a, die der ersten Anregungsstufe im LYMAN-Spektrum (λ 1216 A) zugehörig ist, entsprechen 10,15 Volt. Zur Dissoziation ist somit der Betrag von $D = 4{,}38$ Volt notwendig, welcher also einer Energie von 101 kcal gleichzusetzen ist.

22. Bestimmung der Dissoziationsarbeit durch Extrapolation der Serienformel. Die Methode der Extrapolation ist von BIRGE und SPONER ausgearbeitet und zuerst auf einige Reihen von Fällen angewandt worden. Es soll hier zunächst das Verfahren erläutert werden, wie es ursprünglich entwickelt wurde. Die neuen Gesichtspunkte, auf die BIRGE[2] kürzlich die Aufmerksamkeit lenkte, mögen daran anschließend berührt werden.

Die Aufspaltung ω_v der Oszillationsniveaus ist nach früherem durch den Ausdruck

$$\omega_v = \omega_0 - 2x\omega_0\left(v + \frac{1}{2}\right)\ldots = \frac{1}{h}\frac{dE}{dv} \tag{59}$$

gegeben, die Dissoziationsarbeit in einem bestimmten Elektronenzustand also durch das Integral

$$D = h\int\limits_0^{v_L} \omega_v\,dv; \tag{60}$$

hier bedeutet v_L den Wert der Oszillationsquantenzahl, für die die Aufspaltung zweier aufeinanderfolgender Oszillationsstufen gleich Null wird. Ist der Verlauf von $\omega_v = f(v)$ bekannt, so kann D durch graphische Integration der ω_v-Kurve gewonnen werden. Es ist nun wichtig, zu wissen, bei welchem Werte von v die Aufspaltung der Schwingungsstufen verschwindet und ob dieser Wert endlich bleibt[3]. Wie KRATZER[4] zeigte, liegt v_L im Endlichen (desgleichen bleibt der Wert des Integrals endlich), wenn das Kraftgesetz der Bindung in der Potenzreihenentwicklung nach dem Kernabstand für das Gebiet großer Kernabstände mit einer Potenz m beginnt, die kleiner ist als -3. Ist $m \geqq -3$, so ist zwar D, aber nicht v_L endlich. Die ω_v-Kurven haben demnach in den beiden Fällen einen sehr verschiedenen Verlauf; ist $m < -3$, so ergeben sich Kurven der Form a (s. Abb. 24), im anderen Falle schneidet die ω_v-Kurve die v-Achse (s. Abb. 24, Kurve b).

Während Kurve a bei polaren Molekeln zu erwarten ist, findet man einen Verlauf ähnlich Kurve b bei homöopolarer Bindung; in diesen Fällen wird

---

[1] Z f Phys 40, S. 299 (1926).

[2] Phys Rev 28, S. 259 (1926).

[3] Aus der Kantenformel bestimmt sich die Lage der Konvergenzstelle, indem man den Wert v für $\omega_0 - 2x\omega_0(v + \frac{1}{2}) = 0$ in $\nu = \nu_0 \pm (\omega_0(v + \frac{1}{2}) - x\omega(v + \frac{1}{2})^2)$ einsetzt.

[4] Z f Phys 26, S. 40 (1925).

also eine Extrapolation gut brauchbare Werte liefern, die wieder um so genauer sein werden, je besser der Verlauf der ω_v-Kurven bekannt ist.

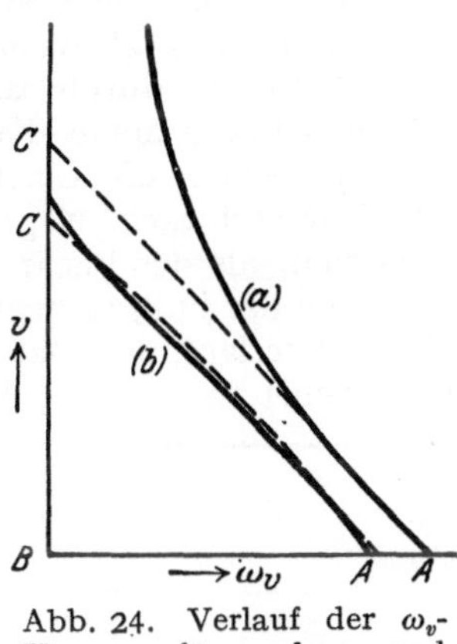

Abb. 24. Verlauf der ω_v-Kurven für polare und homöopolare Bindung.

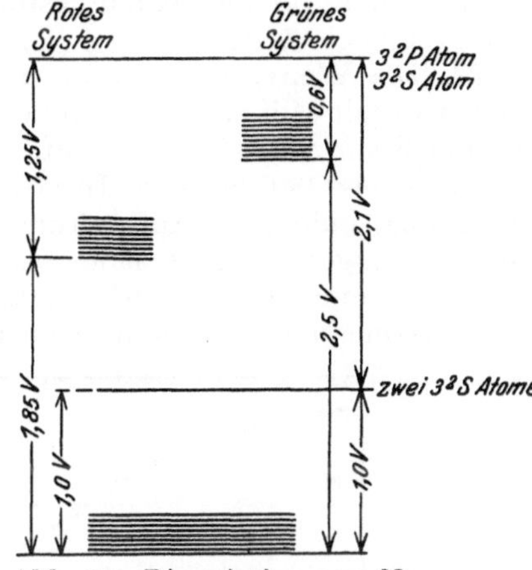

Abb. 25. Dissoziation von Na_2.

23. Dissoziation von Na_2. Als Beispiel möge die Bestimmung der Dissoziationsarbeit von Na_2 behandelt werden[1]. Das Natriummolekül besitzt im Sichtbaren zwei Bandensysteme, eines im Grünen und ein anderes im Roten (vgl. Abb. 25), die beide den Grundzustand gemeinsam haben. Die Konvergenzstelle[2] des Grundzustandes liegt 8604 cm^{-1} (= 1,06 Volt) über dem Nullniveau, für die Konvergenzstelle des angeregten Zustandes des grünen Systems erhält man 4586 cm^{-1} (= 0,57 Volt) über dem Ursprung (ν_0 = 20302 cm^{-1} = 2,5 Volt) des Systems. Der Abstand der Konvergenzstellen für beide Zustände beträgt somit 2,07 Volt. Dieser Wert entspricht nun sehr gut der Anregungsspannung der D-Linien. Der $3\,^2P_i$ angeregte Zustand liegt 2,1 Volt über dem Grundterm $3\,^2S$. Wir können somit schließen, daß aus dem angeregten Zustand des grünen Systems ein Zerfall in ein angeregtes $3\,^2P_i$- und in ein

Tabelle 4. Spektroskopisch bestimmte Dissoziationsenergien (entnommen, R. T. Birge, International Critical Tables).

	D'	D''	D'' (chemisch)
AgBr		2,3	2,6
AgJ		2,34	2,0
Br_2	0,387	1,96	2,0
C_2		7,0	
CN		9,5	
CO		11,2	10,8
CO^+		9,8	
Cl_2	0,233	2,54	2,47
CsJ		3,25	3,34
H_2		4,42	4,2
H_2^+		2,6	
HJ		2,9	3,0
HgH		0,4	
J_2	0,547	1,532	1,6
JCl	0,30	2,20	2,20
K_2	0,57	0,89	
KBr		3,9	
KCl		4,5	
KJ		3,25	
N_2		11,7	11,4
N_2^+		9,0	
NO		7,9	8,3
Na_2	0,57	0,98	
NaBr		3,9	
NaJ		$<$ 3,2	3,0
O_2	0,96	7,02	6,5
O_2^+		6,5	
S_2	0,97	4,9	
Se_2	0,44	3,6	
Te_2	0,42	2,8	

[1] F. W. LOOMIS, Phys Rev 31, S. 323 (1928).

[2] Diese ergibt sich aus der Bandenformel durch Differentiation von $T(v'') = 158{,}0\,v' - 0{,}73\,v''^2$ und Bestimmung von T''_{max}.

normales Atom vor sich geht; der Grundzustand liefert zwei normale Atome. Die Konvergenzstelle des angeregten Zustandes des roten Systems fällt mit der des grünen Systems im angeregten Zustand zusammen. Wahrscheinlich liegt bei dem einen System ein Zerfall in ein $3\,{}^2P_2$- und bei dem anderen in ein $3\,{}^2P_1$-Atom vor.

24. Die Weiterentwicklung des Extrapolationsverfahrens durch Birge[1]. Trägt man mit Hilfe der aus Bandenanalysen gewonnenen Daten die ω_v-Kurven für eine Reihe von Molekeln auf, so zeigt sich, daß nur selten die Linearität nach Gleichung (59) besteht. In vielen Fällen zeigt sich eine schwache negative Krümmung, indem die Aufspaltungen schneller abnehmen, als der lineare Verlauf es verlangt; für einige Molekeln ist auch das Gegenteil der Fall, es liegt eine positive Krümmung vor. Viel häufiger ist nun ein Kurvenverlauf, den man auch wohl als eine Normalform ansehen kann, bei dem zunächst für kleine v-Werte

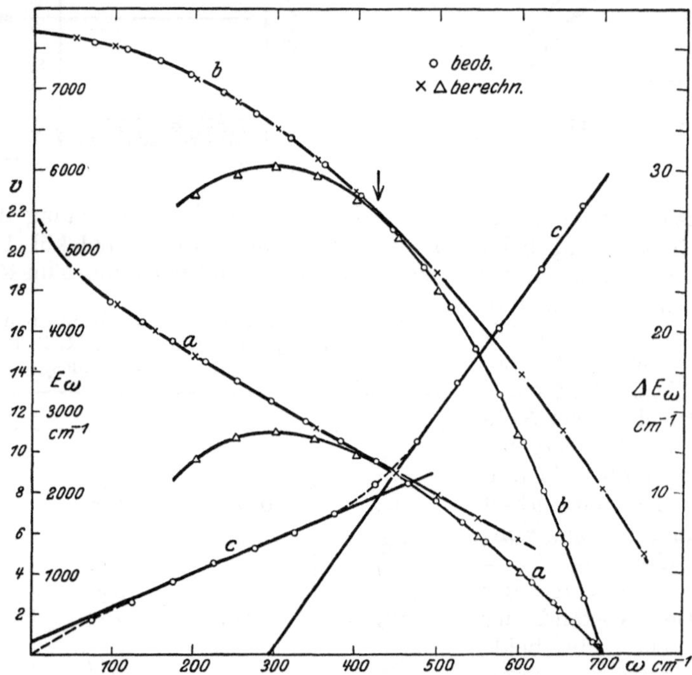

Abb. 26. Zur Weiterentwicklung des Extrapolationsverfahrens nach Birge.

eine schwache negative Krümmung vorliegt, die allmählich in eine positive Krümmung übergeht (s. Kurve a in Abb. 24). Wie die Beispiele O_2, J_2, Br_2, Cl_2 und JCl zeigen, für die die Werte bis zum Konvergenzpunkt aus dem Spektrum bekannt sind, ist es allgemein so, daß eine anfängliche negative Krümmung stets in eine positive übergeht und damit endet, wenn nicht hin und wieder die Krümmung am Konvergenzpunkt verschwindet. Ist dagegen im anfänglichen Verlauf die ω, v-Kurve streng linear, so scheint es sehr wahrscheinlich, daß dieser lineare Verlauf auch bis zum Ende erhalten bleibt; für diese Fälle liefert also die ursprüngliche Methode exakte Werte.

Wie Birge[2] weiter zeigen konnte, gelingt es nicht, die ω, v-Kurven nach Gleichung (59) durch ein Polynom in v befriedigend darzustellen; dagegen ergab

[1] Trans Faraday Soc 1929 Sept.

[2] Siehe oben zitierte Arbeit von Birge und Sponer, desgleichen Report of Nat Res Council, Molecular Spectra in Gases, Fig. 12, S. 132 (1926).

sich die interessante Tatsache, daß eine Darstellung von ω_v als Funktion von $E_v (= \Sigma\omega_v)$ einen parabolischen Verlauf (s. Kurve b) zeigt, und zwar besteht die Kurve aus zwei Parabelbögen, wovon sich der eine über das Gebiet der positiven Krümmung der ω_v-Kurve erstreckt (s. Abb. 26). In Abb. 26 sind noch weiterhin die ersten Differenzen ΔE_v in Abhängigkeit von ω_v eingetragen, deren Verlauf (zwei sich schneidende Geraden) zeigt, daß es sich wirklich um zwei Parabelbögen handelt. Die Stelle, an der der experimentelle Verlauf von dem einen Parabelbogen zu dem anderen übergeht, liegt ziemlich scharf zwischen zwei ω_v-Werten, und diese Erscheinung entspricht wahrscheinlich einer bestimmten Änderung der inneren Struktur des Moleküls, die im Falle der Linearität der ω_v-Kurve nicht bemerkbar wird.

Die Untersuchungen von BIRGE, die noch nicht zu einem Abschluß gekommen sind, machen es so wahrscheinlich, daß die nach der ursprünglichen Methode gewonnenen Werte größtenteils einer Korrektion bedürfen. Als bisheriges Resultat werden von BIRGE als wahrscheinliche Werte 6 Volt für O_2, 9,1 Volt für N_2 und für NO und CO resp. 6,6 und 10,3 Volt angegeben.

25. Prädissoziation. Weiterhin verdient im Zusammenhang mit dem Zerfall von Molekülen eine Erscheinung besondere Aufmerksamkeit, die zuerst von V. HENRI[1] und seinen Mitarbeitern beobachtet wurde. Es zeigt sich, daß häufig in einem Bandensystem neben Banden mit scharfer Rotationsstruktur auch diffuse Banden auftreten können. Eine Erklärung hierfür gaben BONHOEFFER und FARKAS[2] und unabhängig davon später DE KRONIG[3] auf Grund der Quantenmechanik. Schon vorher hatten BORN[4] und FRANCK in richtiger Weise diese Erscheinung der Prädissoziation in Zusammenhang mit einem strahlungslosen Zerfall infolge abnorm kurzer Lebensdauer der Anregungszustände gebracht. Nach der quantenmechanischen Deutung besteht, wenn in einem mechanischen System sowohl eine Reihe diskreter Energiestufen als auch eine kontinuierliche Folge solcher vorliegt, infolge eines Resonanzeffektes immer eine gewisse Wahrscheinlichkeit eines Überganges aus den diskreten in die kontinuierlichen Zustände. Auf Molekülterme angewandt, besteht also im Falle, daß die Summe von Elektronen-, Schwingungs- und Rotationsenergie die Dissoziationsenergie in zwei bestimmte Zerfallsprodukte eines anderen Elektronenzustandes übersteigt (vgl. Abb. 27), eine gewisse Wahrscheinlichkeit, daß der Zerfall spontan eintritt[5]. Gleichzeitig kann unter günstigen Umständen die Lebensdauer des Moleküls in den betreffenden Zuständen von derselben Größenordnung wie die Rotationsperiode werden (vgl. DE KRONIG l. c.). Es verschwindet somit die Rotationsquantelung, was eine Verwaschenheit der Linien zur Folge hat. Die Prädissoziation ist nun, obwohl eine Überlagerung eines diskreten und eines kontinuierlichen Energiezustandes bei Molekülen sehr häufig ist, selten beobachtet. Eine Erklärung dafür geben FRANCK und SPONER[6],

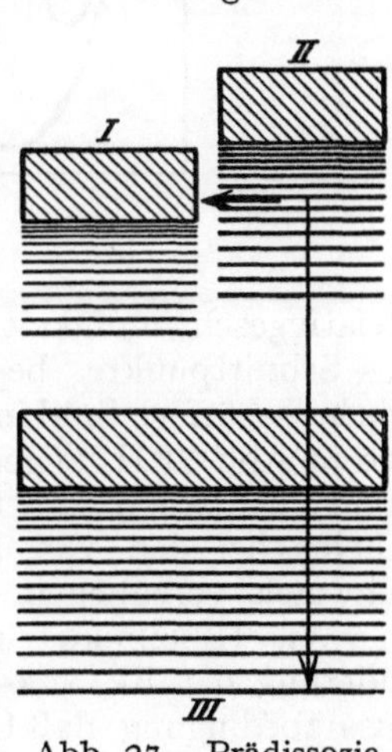

Abb. 27. Prädissoziation.

[1] Photochimie (1919); Structure des Molécules (1925).
[2] Z f physik Chemie 134, S. 337 (1927).
[3] Z f Phys 50, S. 347 (1928).
[4] Z f Phys 31, S. 411 (1925).
[5] Ein ähnlicher Effekt ist bei den Atomspektren, wo es bei Atomen mit mehreren gleichwertigen Elektronen Zustände gibt, die energetisch im Bereich der stationären Zustände des Atomions liegen, als AUGER-Effekt bekannt.
[6] Göttinger Nachrichten 1928.

indem sie das bekannte FRANCKsche Prinzip[1] heranziehen, wonach bei einem Elektronenübergang in einem Molekül nur geringe Änderungen der Kernabstände und der Relativgeschwindigkeiten der Kerne gegeneinander auftreten können. Um die Anwendung auf diesen Fall besser verstehen zu können, betrachten wir die der Arbeit von FRANCK und SPONER entnommenen Potentialkurven in Abb. 28, wo in bekannter Weise die potentielle Energie unabhängig vom Kernabstande aufgetragen ist. Von den drei Elektronenzuständen mögen zwar n und a miteinander kombinieren, dagegen Übergänge nach a' durch ein Auswahlverbot ausgeschlossen sein. Im Absorptionsspektrum werden nun die Übergänge so weit Feinstruktur aufweisen, bis das Gebiet unmittelbar unter dem Schnittpunkt der Kurve a' mit a erreicht wird. Da der Schnittpunkt sowohl den diskreten Werten von a, als auch dem dissoziierten Zustand von a' angehört, so werden die Banden an dieser Stelle unscharf werden. Die Übergänge von a' nach a sind, da nach dem obigen Prinzip eine geringe Änderung von Lage und

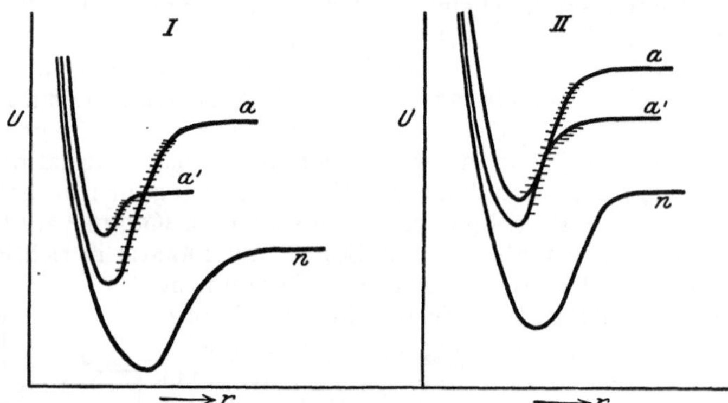

Abb. 28. Prädissoziationserscheinung.

Relativgeschwindigkeit der Kerne vorausgesetzt ist, auf die nächste Umgebung des Schnittpunktes beschränkt. Nach oben werden also die Quantenzustände wieder schärfer. Sind in einem Molekül die Elektronen- und Schwingungszustände wie in Abb. 28 II angeordnet, so kann keine Prädissoziation eintreten, da a' in dem kritischen Gebiet selbst noch diskrete Stufen besitzt. Ein Fall nach Abb. 28 I scheint bei den von HENRI und ROSEN[2] beobachteten Bandenspektren des Schwefels vorzuliegen.

Wie HERZBERG[3] weiter zeigen konnte, kann durch eine geringfügige Abänderung der FRANCK-SPONERschen Gedankengänge die etwas unbefriedigende Zusatzbedingung, daß Übergänge zu dem dritten Zustand a' verboten sind, fallengelassen werden. Denkt man sich in Abb. 28 I die Minima von a und a' zu größeren Werten r als dem Werte $r_{\min}$ von der Kurve n verschoben, so erfolgen die Übergänge von n nach a und von dort nach a' auf den linken Teilen der Kurven von a und a', so daß also das Molekül zunächst noch eine Halbschwingung auszuführen hat, bis Dissoziation erfolgt. Direkte Übergänge nach a' sind wiederum infolge des FRANCKschen Prinzips ausgeschlossen, und die Existenz des Zustandes a' äußert sich einzig im Auftreten eines Kontinuums. Ein solches Kontinuum ist von ROSEN (l. c.) bei den Spektren von S_2, Se_2 und Te_2 beobachtet worden.

[1] Es ist dasselbe Prinzip, auf das sich die CONDONsche Theorie der Intensitätsverteilung der Banden in einem System stützt.

[2] C R 179, S. 1156 (1924); B. ROSEN, Z f Phys 43, S. 69 (1927); 48, S. 545 (1928).

[3] Z f Phys 61, S. 604 (1930).

Literatur.

Eine Zusammenstellung der bis Mai 1927 erschienenen Arbeiten ist bei R. Mecke, Phys Z 26, S. 217 (1925) und R. Mecke u. M. Guillery, Phys Z 28, S. 515 (1927) zu finden. Die folgende Aufzählung, die eine Fortsetzung der Zusammenstellung von R. Mecke bildet, reicht bis etwa Juli 1930. Die Anordnung ist, soweit dies möglich, nach den Gruppen des periodischen Systems gewählt.

I. Allgemeines.

G. Beck, Der energetische Aufbau der Moleküle. Z f anorg Chem 182, S. 332 (1929), Nr. 3.

E. Bengtsson u. E. Hulthén, Über eine experimentelle Prüfung der Kombinationsregeln unter den Bandenspektren. Z f Phys 52, S. 275 (1928), Nr. 3/4.

Raymond T. Birge, The rotational and vibrational energy of molecules. Phys Rev (2) 31, S. 919 (1928), Nr. 5.

Raymond T. Birge, The hydrogen molecule. Nature 121, S. 134 (1928), Nr. 3039.

Raymond T. Birge and J. J. Hopfield, The theoretical relation between infrared and ultraviolet bands. Phys Rev (2) 30, S. 365 (1927), Nr. 3.

Raymond T. Birge, Tables of constants for diatomic molecules, derived from band spectra data. Phys Rev (2) 31, S. 919 (1928), Nr. 5.

K. F. Bonhoeffer u. P. Harteck, Die Eigenschaften des Parawasserstoffs. Z f Elektrochem 35, S. 621 (1929), Nr. 9.

K. F. Bonhoeffer u. P. Harteck, Über Para- und Orthowasserstoff. Z f Phys Chem (B) 4, S. 113 (1929), Nr. 1/2.

K. F. Bonhoeffer u. P. Harteck, Über Para- und Orthowasserstoff. Z f phys Chem (B) 5, S. 292 (1929), Nr. 3/4.

M. Born u. R. Oppenheimer, Zur Quantentheorie der Molekeln. Ann d Phys (4) 84, S. 457 (1927), Nr. 20.

P. Debye, Die elektrischen Momente der Molekeln und die zwischenmolekularen Kräfte. Z f Elektrochem 34, S. 450 (1928), Nr. 9.

G. H. Dieke, Properties of the terms of the helium molecule. Nature 123, S. 716 (1929), Nr. 3106.

A. Eucken, Der Nachweis einer Umwandlung der antisymmetrischen Wasserstoffmolekülart in die symmetrische. Naturwiss 17, S. 182 (1929), Nr. 11.

A. Eucken u. K. Hiller, Der Nachweis einer Umwandlung des Orthowasserstoffs in Parawasserstoff durch Messung der spezifischen Wärme. Z f phys Chem (B) 4, S. 142 (1929), Nr. 1/2.

K. Fajans, Deformation von Ionen und Molekülen auf Grund refraktometrischer Daten. Z f Elektrochem 34, S. 502 (1928), Nr. 9.

Gerhard Herzberg, Zum Aufbau der zweiatomigen Moleküle. Z f Phys 57, S. 601 (1929), Nr. 9/10.

Elmer Hutchisson, The molecular heat and entropy of hydrogen chloride calculated from band spectra data. J Am Chem Soc 50, S. 1895 (1928), Nr. 7.

H. H. Hyman and R. T. Birge, Molecular constants of hydrogen. Nature 123 (1929), Nr. 3095.

Edwin C. Kemble and C. Zener, Computation of properties of certain excited states of H_2. Phys Rev (2) 33, S. 286 (1929), Nr. 2.

Edwin C. Kemble and C. Zener, The two quantum excited states of the hydrogen molecule. Phys Rev (2) 33, S. 512 (1929), Nr. 4.

Edwin C. Kemble and V. Guillemin jr., Note on the Lyman bands of hydrogen. Wash Nat Ac Proc 14, 782 (1928), Nr. 10.

Edwin C. Kemble, Recent progress in the theory of band spectra. J Frankl Instit 206, S. 27 (1928), Nr. 1.

Edwin C. Kemble, The excited states of the H_2 molecule. Phys Rev (2) 31, S. 1131 (1928), Nr. 6.

R. de L. Kronig, Nieuwe resultaten van de theorie der bandenspectra. Physica 9, S. 81 (1929), Nr. 3.

L. Landau, Zur Theorie der Spektren der zweiatomigen Moleküle. Z f Phys 40, S. 621 (1926), Nr. 8.

H. Ludloff, Beitrag zur Quantenmechanik der Moleküle. Z f Phys 55, S. 304 (1929), Nr. 5/6.

A. Magnus, Über die Dipolnatur adsorbierender Gasmolekeln. Z f Elektrochem 34, S. 531 (1928), Nr. 9.

R. Mecke, Bandenspektren und periodisches System der Elemente. Z f Phys 42, S. 390 (1927), Nr. 5/6.

Philip M. Morse, Vibrational levels and potential energies of diatomic molecules. Phys Rev (2) 33, S. 1091 (1929), Nr. 6.

Robert S. Mulliken, The electronic states of the helium molecule. Wash Nat Ac Proc 12, S. 158 (1926), Nr. 3.

LINUS PAULING, Die Anwendung der Quantenmechanik auf die Struktur des Wasserstoffmoleküls, des Wasserstoffmolekülions und verwandte Probleme. Chem Rev 5, S. 173 (1928), Nr. 3.

O. W. RICHARDSON and P. M. DAVIDSON, The energy functions of the H_2 molecule. London R S Proc (A) 125, S. 23 (1929), Nr. 796.

JENNY E. ROSENTHAL and F. A. JENKINS, Perturbations in band spectra. Phys Rev (2) 33, S. 285 (1929), Nr. 2. Wash Nat Ac Proc 15, S. 381 (1929), Nr. 5. Wash Nat Ac Proc 15, S. 896 (1929), Nr. 12.

J. SUGIURA, Über die Eigenschaften des Wasserstoffmoleküls im Grundzustand. Z f Phys 45, S. 484 (1927), Nr. 7/8.

J. K. SYRKIN, Zur Frage der Dimensionen zweiatomiger Moleküle. Z f phys Chem (B) 5, S. 156 (1929), Nr. 2.

EDUARD TELLER, Über das Wasserstoffmolekülion. Z f Phys 61, S. 458 (1920), Nr. 7/8.

EDUARD TELLER, Berechnung der angeregten Zustände des Wasserstoffmolekülions. Phys Z 31, S. 357 (1930), Nr. 8.

H. C. UREY, The structure of the hydrogen molecule ion. Phys Rev (2) 27, S. 800 (1926), Nr. 6.

J. H. VAN VLECK and AMELIA FRANK, The mean square angular momentum and diamagnetism of the normal hydrogen molecule. Wash Nat Ac Proc 15, S. 539 (1929), Nr. 7.

S. C. WANG, The problem of the normal hydrogen molecule. Phys Rev (2) 31, S. 150 (1928), Nr. 1.

W. WEIZEL, Über die Banden des Lithiumhydrids und Lithiums. Z f Phys 60, S. 599 (1930), Nr. 9/10.

W. WEIZEL, Die Elektronenterme des Singulettsystems im Viellinienspektrum des Wasserstoffs. Z f Phys 55, S. 483 (1929), Nr. 7/8.

RUPERT WILDT, Über die Absorptionsbanden der Fixsternspektren. Z f Phys 54, S. 856 (1929), Nr. 11/12.

ADOLFO T. WILLIAMS, La structure des molécules de N_2, O_2 et F_2. J chim phys 26, S. 327 (1929), Nr. 6.

A. H. WILSON, The ionised hydrogen molecule. London R S Proc (A) 118, S. 635 (1928), Nr. 780.

J. G. WINANS and R. C. G. STUECKELBERG, The origin of the continuous spectrum of the hydrogen molecule. Wash Nat Ac Proc 14, S. 867 (1928), Nr. 11.

Bindung.

J. FRANCK, Energiestufen von Atomen und Molekülen und ihre Beziehung zur chemischen Bindung. Chem Ber 61, S. 445 (1928), Nr. 3.

J. FRANCK, Bandenspektren und chemische Bindung. Helv Phys Acta 2, S. 284 (1929), Nr. 4.

J. FRENKEL, Zur Heitler-Londonschen Theorie der homöopolaren Moleküle. Phys Z 30, S. 716 (1929), Nr. 4.

W. HEITLER u. F. LONDON, Wechselwirkung neutraler Atome und homöopolarer Bindung nach der Quantenmechanik. Z f Phys 44, S. 455 (1927), Nr. 6/7.

W. HEITLER, Elektronenaustausch und Molekülbildung. Göttinger Nachr 1927, S. 368, Nr. 4.

W. HEITLER, Zur Quantentheorie der chemischen Bindung bei mehratomigen Molekülen. Verh D Phys Ges (3) 10, S. 11 (1929) Nr. 1.

W. HEITLER, Zur Gruppentheorie der homöopolaren chemischen Bindung. Z f Phys 47, S. 835 (1928), Nr. 11/12.

W. HEITLER u. G. HERZBERG, Eine spektroskopische Bestätigung der quantenmechanischen Theorie der homöopolaren Bindung. Z f Phys 53, S. 52 (1929), Nr. 1/2.

F. HUND, Quantenmechanik und chemische Bindung. Z f Elektrochem 34, S. 437 (1928), Nr. 9.

F. HUND, Molekelbau und chemische Bindung, Phys Z 29, S. 851 (1928), Nr. 22.

EGIL A. HYLLERAAS, Homöopolare Bindung beim angeregten Wasserstoffmolekül. Z f Phys 51, S. 150 (1928), Nr. 1/2.

HANS LESSHEIM, Zur Quantentheorie der Molekülbildung. Z f Phys 51, S. 828 (1928), Nr. 11/12 u. Naturwiss 16, S. 578 (1928), Nr. 29.

HANS LESSHEIM u. R. SAMUEL, Zur Systematik der Bindungstypen zweiatomiger Moleküle. Naturwiss 17, S. 827 (1929), Nr. 42.

HANS LESSHEIM u. R. SAMUEL, Zur Systematik der Bindungstypen zweiatomiger Moleküle. Z f Phys 62, S. 208 (1930), Nr. 3/4.

F. LONDON, Über den Mechanismus der homöopolaren Bindung. Probleme der modernen Physik (Sommerfeld-Festschrift), S. 104, (1928).

F. LONDON, Zur Quantentheorie der homöopolaren Valenzzahlen. Z f Phys 46, S. 455 (1928), Nr. 7/8.

F. LONDON, Zur Quantenmechanik der homöopolaren Valenzchemie. Z f Phys 50, S. 24 (1928), Nr. 1/2.

H. LUDLOFF, Molekülbildung und Bandenspektren. Z f Phys 39, S. 528 (1926), Nr. 7/8.

H. LUDLOFF, Molekülbildung und Molekülstruktur. Verh D Phys Ges (3) 8, S. 7 (1927), Nr. 1.

H. LUDLOFF, Zum Aufbau der Moleküle. Naturwiss 15, S. 409 (1927), Nr. 18.

H. LUDLOFF, Abschattierung und Austauschentartung. Naturwiss 16, S. 611, (1928) Nr. 31.

R. SAMUEL, Unpolare Bindung und Atomrefraktion. Z f Phys 49, S. 95 (1928), Nr. 1/2.

R. SAMUEL, Unpolare Bindung und Atomrefraktion. II. Z f Phys 53, S. 380 (1929), Nr. 5/6.

LOUIS A. TURNER, Molecular binding and low ^5S terms of N^+ and C. Wash Nat Ac Proc 15, S. 526 (1929), Nr. 6.

Elektronenbewegung, Elektronenterme.

EDW. U. CONDON, Nuclear motions associated with electron transitions in diatomic molecules. Phys Rev (2) 33, S. 122 (1929), Nr. 1.

ERIK HALLÉN, Über die gequantelte Bewegung eines zweiatomigen Moleküls im Kramersschen Molekülmodell. Z f Phys 35, S. 642 (1926), Nr. 8/9.

ERIK HULTHÉN, Feinstruktur und Elektronenterme einiger Bandenspektren. Z f Phys 45, S. 331 (1927), Nr. 5/6.

ERIK HULTHÉN, Über nicht kombinierende Teilsysteme in den Bandenspektren. Z f Phys 46, S. 349 (1928), Nr. 5/6.

ERIK HULTHÉN, Electronic states in hydride molecules. Ark Mat Astr Fys (B) 21, Nr. 5, S. 55 (1929), Heft 3.

F. HUND, Zur Deutung einiger Erscheinungen in den Molekelspektren. Z f Phys 36, S. 657 (1926), Nr. 9/10.

F. HUND, Fortschritte der Systematik und Theorie der Molekelspektren. Phys Z 28, S. 779 (1927), Nr. 22.

F. HUND, Symmetriecharaktere von Termen bei Systemen mit gleichen Partikeln in der Quantenmechanik. Z f Phys 43, S. 788 (1927), Nr. 11/12.

F. HUND, Zur Deutung der Molekelspektren. I. Z f Phys 40, S. 742 (1927), Nr. 10.

F. HUND, Zur Deutung der Molekelspektren. II. Z f Phys 42, S. 93 (1927), Nr. 2/3.

F. HUND, Zur Deutung der Molekelspektren. III. Bemerkungen über das Schwingungs- und Rotationsspektrum bei Molekeln mit mehr als zwei Kernen. Z f Phys 43, S. 805 (1927), Nr. 11.

F. HUND, Zur Deutung der Molekelspektren. IV. Z f Phys 51, S. 759 (1928), Nr. 10.

F. HUND, Zur Deutung der Molekelnspektren. V. Die angeregten Elektronenterme von Molekeln mit zwei gleichen Kernen (H_2, He_2, Li_2, N_2^+, N_2 . . .). Z f Phys 63, S. 719 (1930), Nr. 11/12.

EDWIN C. KEMBLE, The rotational distortion of multiplet electronic states in band spectra. Phys Rev (2) 30, S. 387 (1927), Nr. 4.

H. A. KRAMERS, Zur Struktur der Multiplett-S-Zustände in zweiatomigen Molekülen. I. Z f Phys 53, S. 422 (1929), Nr. 5/6.

H. A. KRAMERS, Zur Aufspaltung von Multiplett-S-Termen in zweiatomigen Molekülen. II. Z f Phys 53, S. 429 (1929), Nr. 5/6.

R. DE L. KRONIG, Zur Deutung der Bandenspektren. Z f Phys 46, S. 814 (1928), Nr. 11/12.

R. DE L. KRONIG, Zur Deutung der Bandenspektren. II. Z f Phys 50, S. 347 (1928), Nr. 5/6.

HANS LESSHEIM, Über den Elektronendrehimpuls rotierender Moleküle. Z f Phys 35, S. 831 (1926), Nr. 11/12.

LUCY MENSING, Die Rotationsschwingungsbanden nach der Quantenmechanik. Z f Phys 36, S. 814 (1926), Nr. 11/12.

ROBERT S. MULLIKEN, Electronic states and band spectrum in diatomic molecules. I. Statement of the postulates. Interpretation of CuH, CH and CO band types. Phys Rev (2) 28, S. 481 (1926), Nr. 3.

ROBERT S. MULLIKEN, Electronic states and band spectrum structure in diatomic molecules. II. Spectra involving terms essentially of the form $B\ (j^2 - \sigma^2)$. Phys Rev (2) 28, S. 1202 (1926), Nr. 6.

ROBERT S. MULLIKEN, Systematic relations between electronic structure and band spectrum structure in diatomic molecules. III. Molecule formation and molecular structure. Wash Nat Ac Proc 12, S. 338 (1926), Nr. 5.

ROBERT S. MULLIKEN, Electronic states and band spectrum structure in diatomic molecules. III. Intensity relations. Phys Rev (2) 29, S. 391 (1927), Nr. 3.

ROBERT S. MULLIKEN, Electronic states and band spectrum structure in diatomic molecules. IV. HUND's theory: second positive nitrogen and Swan bands; alternating intensities. Phys Rev (2) 29, S. 637 (1927), Nr. 5.

ROBERT S. MULLIKEN, Band structure and intensities, atomic and molecular electronic states, in diatomic hydrides. Phys Rev (2) 29, S. 921 (1927), Nr. 6.

ROBERT S. MULLIKEN, Electronic states and band spectrum structure in diatomic molecules. V. Bands of the violet CN ($^2S \rightarrow {}^2S$) type. Phys Rev (2) 30, S. 138 (1927), Nr. 2.
ROBERT S. MULLIKEN, Electronic states and band spectrum structure in diatomic molecules. VI. Theory of intensity relations for case b doublet states. Interpretations of CH bands $\lambda\lambda$ 3900, 4300. Phys Rev (2) 30, S. 785 (1927), Nr. 6.
ROBERT S. MULLIKEN, Electronic states in diatomic molecules. Phys Rev (2) 31, S. 705 (1928), Nr. 4.
ROBERT S. MULLIKEN, The assignment of quantum numbers for electrons in molecules. I. Phys Rev (2) 32, S. 186 (1928), Nr. 2.
ROBERT S. MULLIKEN, The assignment of quantum numbers for electrons in molecules. II. Correlation of molecular and atomic states. Phys Rev (2) 32, S. 761, (1928), Nr. 5.
ROBERT S. MULLIKEN, Electronic states and band spectrum structure in diatomic molecules. VII. $^2P \rightarrow {}^2S$ and $^2S \rightarrow {}^2P$ transitions. Phys Rev (2) 32, S. 388 (1928), Nr. 3.
ROBERT S. MULLIKEN, Formation of MH molecules; effects of H atom and M atom. Phys Rev (2) 33, S. 285 (1929), Nr. 2.
ROBERT S. MULLIKEN, Electronic states and band spectrum structure in diatomic molecules. VIII. Some empirical relations in σ-type doubling. Phys Rev (2) 33, S. 507 (1929), Nr. 4.
ROBERT S. MULLIKEN, The assignment of quantum numbers for electrons in molecules. III. Diatomic hydrides. Phys Rev (2) 33, S. 730 (1929), Nr. 5.
ROBERT S. MULLIKEN, The interpretation of band spectra. Parts I, IIa, IIb. Rev Modern Phys 2, S. 60 (1930), Nr. 1.
J. H. VAN VLECK and R. S. MULLIKEN, On the widths of σ-type doublets in molecular spectra. Phys Rev (2) 32, S. 327 (1928), Nr. 2.
J. H. VAN VLECK, On σ-type doubling and electron spin in the spectra of diatomic molecules. Phys Rev (2) 33, S. 467 (1929), Nr. 4.
W. WEIZEL, Entkopplung des Elektronenbahndrehimpulses von der Molekülachse durch die Rotation bei He_2. Z f Phys 52, S. 175 (1928), Nr. 3/4.
W. WEIZEL, Über doppelte Rotationstermfolgen von Singulett-Σ-Termen. Z f Phys 61, S. 602 (1930), Nr. 9/10.

II. Dissoziation, Prädissoziation.

J. FRANCK, Bandenspektrum und chemische Bindung. Atti Congr Intern dei Fisici Como 1927 Bd. I, S. 65 (1928), Nr. 1.
J. FRANCK u. H. SPONER, Beitrag zur Bestimmung der Dissoziationsarbeit von Molekülen aus Bandenspektren. Göttinger Nachr 1928, S. 241, Nr. 2.
J. FRANCK u. H. SPONER, Beitrag zur optischen Dissoziation von Molekülen. Verh D Phys Ges (3) 10, S. 13 (1929), Nr. 3. (Kurzes Referat über die ausführlichen Arbeiten in den Göttinger Nachr.)
VICTOR HENRI et FRANZ WOLFF, Formation, prédissociation et dissociation des molécules déterminées par les spectres de vibration. Étude du monoxyde de soufre SO. J de Phys et le Radium (6), 10, S. 81 (1929), Nr. 3.
GERHARD HERZBERG, Zur Deutung der diffusen Molekülspektren (Prädissoziation). Z f Phys 61, S. 604 (1930), Nr. 9/10.
K. W. KOHLRAUSCH, Die Berechnung der chemischen Bindekräfte aus den Frequenzen der Ramanlinien. Wiener Anz 1929, S. 287, Nr. 3.
V. KONDRATJEW u. A. LEIPUNSKY, Zur Frage nach der Geschwindigkeit der Molekülbildung aus freien Atomen. Z f Phys 56, S. 353 (1929), Nr. 5/6.
O. OLDENBERG, Über den Zerfall von Molekülen durch Rotation. Z f Phys 56, S. 563 (1929), Nr. 7/8.
OSCAR KNEFLER RICE, The theory of diffuse band spectra. Phys Rev (2) 33, S. 271 (1929), Nr. 2.
OSCAR KNEFLER RICE, Perturbations in molecules and the theory of predissociation and diffuse spectra. Phys Rev (2) 33, S. 748 (1929), Nr. 5.
B. ROSEN, Über diffuse Molekülspektra. Z f Phys 52, S. 16 (1928), Nr. 1/2.
HERMANN SENFTLEBEN, Nachweis einer direkten durch Bestrahlung bewirkten Dissoziation zweiatomiger Gase. Sitzungsberichte Ges z Bef ges Naturwiss zu Marburg 62, S. 419 (1927), Nr. 13.
H. SPONER, Lichtabsorption und Bindungsart von Molekülen der Gase und Dämpfe. Z f Elektrochem 34, S. 483 (1928), Nr. 9.
G. STENVINKEL, Zur Deutung einiger Prädissoziationserscheinungen in Bandenspektren. Z f Phys 62, S. 201 (1930), Nr. 3/4.
A. TERENIN, Optische Dissoziation heteropolarer Moleküle. Naturwiss 15, S. 73 (1927), Nr. 3.
D. S. VILLARS and E. U. CONDON, Predissociation of diatomic molecules from high rotational states. Phys Rev (2) 35, S. 1028 (1930), Nr. 9.

H

R. T. BIRGE and O. R. WULF, Nature of the molecular binding and other properties of the hydrogen halides. Phys Rev (2) 31, S. 917 (1928), Nr. 5.

EGIL A. HYLLERAAS, Homöopolare Bindung beim angeregten Wasserstoffmolekül. Z f Phys 51, S. 150 (1928), Nr. 1/2.

JOSEPH KAPLAN, Dissociation of hydrogen by collisions of the second kind. Nature 123, S. 162 (1929), Nr. 3092.

WILLIAM W. WATSON, The heat of dissociation of diatomic hydride molecules. Phys Rev (2) 34, S. 372 (1929), Nr. 2.

ENOS E. WITMER, Critical potentials and the heat of dissociation of hydrogen as determined from its ultra-violet band spectrum. Phys Rev (2) 28, S. 1223 (1926), Nr. 6.

Alkalien.

J. FRANCK, H. KUHN u. G. ROLLEFSON, Beziehungen zwischen Absorptionsspektren und chemischer Bindung bei Alkalihalogeniddämpfen. Z f Phys 43, S. 155 (1927), Nr. 3/4.

Na

F. W. LOOMIS, The heat of dissociation of Na_2. Phys Rev (2) 31, S. 705 (1928), Nr. 4.

K

A. CAVELLI u. PETER PRINGSHEIM, Die Bildungswärme der K_2-Moleküle. Z f Phys 44, S. 643 (1927), Nr. 9/10.

R. W. VITCHBURN, The photo-electric threshold and the heat of dissociation of the potassium molecule. Proc Cambridge Phil Soc 24, S. 320 (1928), Nr. 2.

Ag

J. FRANCK u. H. KUHN, Über ein Absorptions- und ein Fluoreszenzspektrum von Silberjodidmolekülen und die Art ihrer chemischen Bindung. Z f Phys 43, S. 164 (1927), Nr. 3/4.

Zn, Cd, Hg

S. MROZOWSKI, Dissociation energy of Zn_2 molecules. Nature 125, S. 528 (1930), Nr. 3153.

S. MROZOWSKI, Über die Bandenfluoreszenz und Dissoziationswärme der Quecksilbermoleküle. Z f Phys 55, S. 338 (1929), Nr. 5/6.

J. G. WINANS, Energies of dissociation of cadmium and zinc molecules. Nature 123, S. 279 (1929), Nr. 3095.

C

J. W. ELLIS, Heats of linkage of C—H and N—H bands from vibration spectra. Phys Rev (2) 33, S. 27 (1929), Nr. 1.

R. MECKE, The heat of dissociation of oxygen and of the C—H band. Nature 125, S. 526 (1930), Nr. 3153.

DONALD STATLER VILLARS, The heats of dissociation of the molecules CH, NH, OH and HF. J Am Chem Soc 51, S. 2374 (1929), Nr. 8.

N

RAYMOND T. BIRGE, The heat of dissociation of nitrogen. Nature 122, S. 842 (1928), Nr. 3083.

E. GAVIOLA, The NH band and the dissociation energy of nitrogen. Nature 122, S. 313 (1928), Nr. 3070.

GERHARD HERZBERG, The dissociation energy of nitrogen. Nature 122, S. 505 (1928), Nr. 3075.

JOSEPH KAPLAN, The heat of dissociation of nitrogen. Phys Rev (2) 33, S. 267 (1929), Nr. 2.

R. S. MULLIKEN, The heat of dissociation of nitrogen. Nature 122, S. 842 (1928), Nr. 3083.

O, S

GERHARD HERZBERG, Die Dissoziationsarbeit von Sauerstoff. Z f phys Chem (B) 4, S. 223 (1929), Nr. 3.

LOUIS S. KASSEL, The heat of dissociation of oxygen. Phys Rev (2) 34, S. 817 (1929), Nr. 5.

V. KONDRATJEW, Die Dissoziationsarbeit des Sauerstoffs und des Schwefels. Z f phys Chem (B) 7. S. 70 (1930), Nr. 1.

E. C. G. STUECKELBERG, Simultaneous ionization and dissociation of oxygen and intensities of ultraviolet O_2 bands. Phys Rev (2) 34, S. 65 (1929), Nr. 1.

Halogene.

K. BUTKOW u. A. TERENIN, Optische Anregung und Dissoziation einiger Halogensalze. Z f Phys 49, S. 865 (1928), Nr. 11/12.

K. BUTKOW, Absorptionsspektren und Art der chemischen Bindung der Thallohalogenide im Dampfzustand. Z f Phys 58, S. 232 (1929), Nr. 3/4.

G. E. GIBSON and H. C. RAMSPERGER, Band spectra and dissociation of iodine monochloride. Phys Rev (2) 30, S. 598 (1927), Nr. 5.

G. E. GIBSON and O. K. RICE, Diffuse bands and predissociation of iodine monochloride. Nature 123, S. 347 (1929), Nr. 3097.

V. KONDRATJEW, Zur Frage der Homöopolarität der Halogenwasserstoffe. Z f Phys 48, S. 583 (1928), Nr. 7/8.

ALLAN C. G. MITCHELL, Über die Richtungsverteilung der Relativgeschwindigkeit der Zerfallsprodukte bei optischer Dissoziation von Jodnatrium. Z f Phys 49, S. 228 (1928), Nr. 3/4.

HERMANN SENFTLEBEN u. ERICH GERMER, Nachweis einer direkten durch Bestrahlung bewirkten Dissoziation der Halogenmoleküle. Ann d Phys (5) 2, S. 847 (1929), Nr. 7.

LOUIS A. TURNER, The optical dissociation of iodine vapor. Phys Rev (2) 31, S. 710 (1928), Nr. 4.

III. Intensitäten.

EDWARD CONDON, A theory of intensity distribution in band systems. Phys Rev (2) 28, S. 1182 (1926), Nr. 6.

ELMER HUTCHISSON, Intensities in band spectra. Nature 125, S. 746 (1930), Nr. 3159.

ROBERT S. MULLIKEN, Intensity relations and electronic states in spectra of diatomic molecules. Phys Rev (2) 29, S. 211 (1927), Nr. 1.

ROBERT S. MULLIKEN, Band structure and intensities, atomic and molecular electronic states in diatomic hydrides. Phys Rev (2) 29, S. 921 (1927), Nr. 6.

ROBERT S. MULLIKEN, Intensity relations and band structure in bands of the violet CN type. Phys Rev (2) 29, S. 923 (1927), Nr. 6.

L. S. ORNSTEIN u. W. R. VAN WIJK, Temperaturbestimmung im elektrischen Bogen aus dem Bandenspektrum. Proc Amsterdam Ac 33, S. 44 (1930), Nr. 1.

R. SEWIG, Intensitätsmessungen in Bandenspektren. Verh D Phys Ges (3) 6, S. 56 (1925), Nr. 3.

M. C. TEVES, Über Druckverbreiterung von Absorptionsbanden. Z f Phys 48, S. 244 (1928), Nr. 3/4.

Na

CARL J. CHRISTENSEN and G. K. ROLLEFSON, The influence of the method of excitation on transition probabilities in sodium vapor. Phys Rev (2) 34, S. 1157 (1929), Nr. 8.

N

GERHARD HERZBERG, Über die Intensitätsverteilung in Bandenspektren (insbesondere in den Stickstoffbanden). Z f Phys 49, S. 761 (1928), Nr. 11/12.

L. S. ORNSTEIN und W. R. VAN WIJK, Untersuchungen über das negative Stickstoffbandenspektrum. Z f Phys 49, S. 315 (1928), Nr. 5/6.

B. POGANY u. R. SCHMIDT, Über die Intensität der NO-Banden. Math-naturw Anz Budapest 46, S. 677 (1929). (Ungarisch mit deutscher Zusammenfassung.)

F. RASETTI, Alternating intensities in the spectrum of nitrogen. Nature 124, S. 792 (1929), Nr. 3134.

R. SCHMID, Über die Intensitätsverhältnisse der NO-Banden. Z f Phys 59, S. 850 (1930), Nr. 11/12.

W. R. VAN WIJK, Intensity measurements in the nitrogen band spectrum. Proc Amsterdam Ac 32, S. 1243 (1929), Nr. 9.

W. R. VAN WIJK, Intensitätsmessungen im Bandenspektrum des Stickstoffs. Z f Phys 59, S. 313 (1930), Nr. 5/6.

O

W. H. J. CHILDS and R. MECKE, Intensities in the atmospheric oxygen (Intercombination) bands. Nature 125, S. 599 (1930), Nr. 3155.

E. C. G. STUECKELBERG, Simultaneous ionisation and dissoziation of oxygen and intensities of ultraviolett O_2^+ bands. Phys Rev (2) 34, S. 65 (1929), Nr. 1.

E. C. G. STUECKELBERG, The explanation of a critical potential of oxygen ($O_2 \rightarrow O^+ + O$) and the intensities of the ultra-violet O_2^+-bands. Phys Rev (2) 33, S. 1091 (1929), Nr. 6.

J

O. OLDENBERG, Über die Intensitätsverteilung in Woods Resonanzserie des Jodmoleküls. Z f Phys 45, S. 451 (1927), Nr. 7/8.

He

W. H. J. CHILDS, The distribution of intensity in the band spectrum of helium: the band at λ 4650. London R S Proc (A) 118, S. 296 (1928), Nr. 779.

IV. Isotopie.

RAYMOND T. BIRGE, The vibrational isotope effect. Phys Rev (2) 35, S. 133 (1930), Nr. 1.
ROBERT S. MULLIKEN, The vibrational isotope effect in the band spectrum of boron nitride. Science (N. S.) 58, S. 164 (1923), Nr. 1496.

C

RAYMOND T. BIRGE, Further evidence of the carbon isotope, mass 13. Phys Rev (2) 34, S. 379 (1929), Nr. 2.
RAYMOND T. BIRGE, Further evidence of the carbon isotope, mass 13. Nature 124, S. 182 (1929), Nr. 3118.
ARTHUR S. KING and RAYMOND T. BIRGE, An isotope of carbon, mass 13. Phys Rev (2) 34, S. 376 (1929), Nr. 2.
ARTHUR S. KING and RAYMOND T. BIRGE, An isotope of carbon, mass 13. Nature 124, S. 127 (1929), Nr. 3117.
ARTHUR S. KING and RAYMOND T. BIRGE, The carbon isotope, mass 13. Phys Rev (2) 35, S. 133 (1930), Nr. 1.

Sn

W. JEVONS, A band spectrum of tin monochloride exhibiting isotope effects. London R S Proc (A) 110, S. 365 (1926), Nr. 754.

Pb

SIDNEY BLOOMENTHAL, Detection of the isotopes of lead by means of their oxide band spectra. Phys Rev (2) 33, S. 285 (1929), Nr. 2.
SIDNEY BLOOMENTHAL, Detection of the isotopes of lead by the band spectrum method. Science (N. S.) 69, S. 229 (1929), Nr. 1782.
SIDNEY BLOOMENTHAL, Vibrational quantum analysis and isotope effect for the lead oxide band spectra. Phys Rev (2) 35, S. 34 (1930), Nr. 1.

N

S. M. NAUDÉ, An isotope of nitrogen, mass 15. Phys Rev (2) 34, S. 1498 (1929), Nr. 11.

O

HAROLD D. BABCOCK, The constitution of oxygen. Nature 123, S. 761 (1929), Nr. 3107.
HAROLD D. BABCOCK, Some new features of the atmospheric oxygen bands and the relative abundance of the isotopes O_{16}, O_{18}. Wash Nat Ac Proc 15, S. 471 (1929), Nr. 6.
HAROLD D. BABCOCK, Relative abundance of the isotopes of oxygen. Phys Rev (2) 34, S. 540 (1929), Nr. 3.
RAYMOND T. BIRGE, The isotopes of oxygen. Nature 124, S. 13 (1929), Nr. 3114.
W. F. GIAUQUE and H. L. JOHNSTON, An isotope of oxygen, mass 18. Nature 123, S. 318 (1929), Nr. 3096.
W. F. GIAUQUE and H. L. JOHNSTON, An isotope of oxygen of mass 17 in the earth's atmosphere. Nature 123, S. 831 (1929), Nr. 3109.
W. F. GIAUQUE and H. L. JOHNSTON, An isotope of oxygen, mass 17, in the earth's atmosphere. J Am Chem Soc 51, S. 3528 (1929), Nr. 12.
W. F. GIAUQUE, Isotope effect in spectra and precise atomic weights. Nature 124, S. 265 (1929), Nr. 3120.
W. F. GIAUQUE and H. L. JOHNSTON, An isotope of oxygen, mass 18. Interpretation of the atmospheric absorption bands. J Am Chem Soc 51, S. 1436 (1929), Nr. 5.
R. MECKE u. K. WURM, Das Atomgewicht des Sauerstoffisotops O_{18}. Z f Phys 61, S. 37 (1930), Nr. 1/2.

Cl

A. ELLIOT, The isotope effect in the spectrum of chlorine. Nature 122, S. 997 (1928), Nr. 3087.

J

G. E. GIBSON, Der Isotopeneffekt der Jodmonochloridbanden in der Nähe der Konvergenz. Z f Phys 50, S. 692 (1928), Nr. 9/10.

V. Experimentelles.

H

H. STANLEY ALLEN and JAN SANDEMAN, Bands in the secondary spectrum of hydrogen. London R S Proc (A) 114, S. 293 (1927), Nr. 767.
H. STANLEY ALLEN and JAN SANDEMAN, Bands in the secondary spectrum of hydrogen. II. London R S Proc (A) 116, S. 312 (1927), Nr. 774.

H. BEUTLER, Stöße zweiter Art bei Molekülen. (Die Anregung der Lymanbanden und das Nichtkombinieren des symmetrischen mit dem antisymmetrischen Termsystem beim Wasserstoffmolekül.) Z f Phys 50, S. 581 (1928), Nr. 9/10.
K. F. BONHOEFFER u. P. HARTECK, Experimente über Para- und Orthowasserstoff. Berl Sitzber 1929, S. 103, Nr. 6/7.
D. G. BOURGIN, An approximation method and application to some HCl bands. Phys Rev (2) 32, S. 237 (1928), Nr. 2.
CHARLES J. BRASEFIELD, Some peculiar hydrogen bands. Phys Rev (2) 33, S. 925 (1929) Nr. 6.
BROOKS A. BRICE and F. A. JENKINS, A new ultra-violet band spectrum of hydrogen chloride. Nature 123, S. 944 (1929), Nr. 3112.
BROOKS A. BRICE and F. A. JENKINS, A new band system probably due to singly ionized HCl. Phys Rev (2) 33, S. 1090 (1929), Nr. 6.
W. E. CURTIS, The Fulcher hydrogen bands. London R S Proc (A) 107, S. 570 (1925), Nr. 743.
PANCHENON DAS, Über das Viellinienspektrum des Wasserstoffs. Z f Phys 59, S. 243 (1929), Nr. 3/4.
D. B. DEODHEAR, Supplementary table of wave-lengths of new lines in the secondary spectrum of hydrogen. London R S Proc (A) 113, S. 420 (1926), Nr. 764.
D. B. DEODHEAR, New bands in the secondary spectrum of hydrogen. Phil Mag (7) 6, S. 466 (1928), Nr. 36.
D. B. DEODHEAR, New bands in the secondary spectrum of hydrogen. Part II. Phil Mag (7) 9, S. 37 (1930), Nr. 55.
G. H. DIEKE and J. J. HOPFIELD, The structure of the ultra-violet spectrum of the hydrogen molecule. Phys Rev (2) 30, S. 400 (1927), Nr. 4.
G. A. DIEKE, Die Terme des Wasserstoffmoleküls. (Kurze Mitteilung.) Z f Phys 55, S. 447 (1929), Nr. 7/8.
WOLFGANG FINKELNBURG, Über das Molekülspektrum des Wasserstoffs. Verh D Phys Ges (3) 9, S. 35 (1928), Nr. 2.
WOLFGANG FINKELNBURG u. R. MECKE, Die Bandensysteme im Molekülspektrum des Wasserstoffs. Teil I. Das Singulettsystem. Z f Phys 54, S. 198 (1929), Nr. 3/4.
WOLFGANG FINKELNBURG u. R. MECKE, Die Bandensysteme im Molekülspektrum des Wasserstoffs. Teil II. Das Triplettsystem. Z f Phys 54, S. 597 (1929), Nr. 9/10.
H. G. GALE, G. S. MONK and R. O. LEE, Measurement of wave-lengths in the secondary spectrum of hydrogen between 3394 A and 8902 A. Phys Rev (2) 31, S. 309 (1928), Nr. 2.
J. J. HOPFIELD and G. H. DIEKE, Absorption spectrum of the hydrogen molecule. Nature 118, S. 592 (1926), Nr. 2973.
J. J. HOPFIELD, New data on H_2 absorption. Phys Rev (2) 31, S. 918 (1928), Nr. 5.
TAKEO HORI, Über die Analyse des Wasserstoffbandenspektrums im äußersten Ultraviolett. Z f Phys 44, S. 834 (1927), Nr. 11/12.
DAVID JACK, The band spectrum of water vapour. London R S Proc (A) 115, S. 373 (1927), Nr. 771. II. Ebenda 118, S. 647 (1928), Nr. 780. III. Ebenda 120, S. 222 (1928), Nr. 784.
E. B. LUDLAM, Band spectrum of chlorine or hydrogen chloride. Nature 123, S. 414 (1929), Nr. 3098.
J. C. MCLENNAN, H. GRAYSON-SMITH and W. T. COLLINS, Intensities in the secondary spectrum of hydrogen at various temperatures. London R S Proc (A) 116, S. 277 (1927), Nr. 774.
J. C. MCLENNAN, R. RUEDY and A. C. BURTON, An investigation of the absorption spectra of water and ice, with reference to the spectra of the major planets. London R S Proc (A) 120, S. 296 (1928), Nr. 785.
R. MECKE u. W. FINKELNBURG, Die Bandensysteme des Wasserstoffmoleküls. Naturwiss 17, S. 255 (1929), Nr. 16.
CHARLES F. MEYER and AARON A. LEVIN, On the absorption spectrum of hydrogen chloride. Phys Rev (2) 34 (1929), Nr. 1.
G. S. MONK and A. E. ELO, New bands in the secondary spectrum of hydrogen. Phys Rev (2) 33, S. 114 (1929), Nr. 1.
GIORGIO PICCARDI, Molecular hydrogen in sunspots. Nature 122, S. 880 (1928), Nr. 3084.
A. H. POETKER, The infra-red spectrum of hydrogen. Nature 119, S. 123 (1927), Nr. 2986.
O. W. RICHARDSON, Structure in the secondary hydrogen spectrum. Part II. London R S Proc (A) 108, S. 553 (1925), Nr. 748.
O. W. RICHARDSON, Structure in the secondary hydrogen spectrum. Part III. London R S Proc (A) 109, S. 239 (1925), Nr. 750.
O. W. RICHARDSON, Structure in the secondary hydrogen spectrum. Part IV. London R S Proc (A) 111, S. 714 (1926), Nr. 759.
O. W. RICHARDSON, Note on a connection between the visible and ultraviolet bands of hydrogen. London R S Proc (A) 114, S. 643 (1927), Nr. 769.

O. W. RICHARDSON, The hydrogen band spectrum: New band spectrum in the violet. London R S Proc (A) 115, S. 528 (1927), Nr. 772.
O. W. RICHARDSON, The band spectrum of hydrogen. Atti Congr Intern dei Fisici Como—Pavia—Roma, Sept. 1927, II.
O. W. RICHARDSON, The hydrogen molecule. Nature 121, S. 320 (1928), Nr. 3044.
O. W. RICHARDSON and P. M. DAVIDSON, The spectrum of the hydrogen molecule. Nature 121, S. 1018 (1928), Nr. 3061.
O. W. RICHARDSON and K. DAS, The spectrum of H_2: The bands analogous to the orthohelium line spectrum. London R S Proc (A) 122, S. 688 (1929), Nr. 790.
O. W. RICHARDSON and P. M. DAVIDSON, The spectrum of H_2: The bands analogous to the parhelium line spectrum. Part I. London R S Proc (A) 123, S. 54 (1929), Nr. 791.
O. W. RICHARDSON and P. M. DAVIDSON, The spectrum of H_2: The bands analogous to the parhelium line spectrum. Part II. London R S Proc (A) 123, S. 466 (1929), Nr. 792.
O. W. RICHARDSON and P. M. DAVIDSON, The spectrum of H_2: The bands analogous to the parhelium line spectrum. Part III. London R S Proc (A) 124, S. 50 (1929), Nr. 793.
O. W. RICHARDSON and P. M. DAVIDSON, The spectrum of H_2: The bands analogous to the parhelium line spectrum. Part IV. London R S Proc (A) 124, S. 69 (1929), Nr. 793.
O. W. RICHARDSON and K. DAS, The spectrum of H_2: The bands analogous to the orthohelium line spectrum. London R S Proc (A) 125, S. 309 (1929), Nr. 797.
O. W. RICHARDSON and K. DAS, The spectrum of H_2: The bands analogous to the orthohelium line spectrum. Part II· London R S Proc (A) 125, S. 309 (1929), Nr. 797.
O. W. RICHARDSON, A new connection between the absorption spectrum of hydrogen and the many-lined spectrum. London R S Proc (A) 126, S. 487 (1930), Nr. 802.
JAN SANDEMAN, The Fulcher bands of hydrogen. Proc R S Edinburgh 49, S. 48 (1928/29), Nr. 1.
JAN SANDEMAN, Bands in hydrogen related to the Fulcher system. Proc R S Edinburgh 49, S. 245 (1929), Nr. 20.
JAN SANDEMAN, The Fulcher bands of hydrogen. Nature 123, S. 410 (1929), Nr. 3098.
A. SCHAAFSMA u. G. H. DIEKE, Über die ultravioletten Banden des Wasserstoffmoleküls. Z f Phys 55, S. 164 (1929), Nr. 3/4.
L. A. SOMMER, Absorption experiments on excited molecular hydrogen. Nature 120, S. 841 (1927), Nr. 3032.
WILLIAM MAYO VENABLE, Classification of lines of the secondary spectrum of hydrogen. J Opt Soc Am 14, S. 141 (1927), Nr. 2.
S. C. WANG, The problem of the normal hydrogen molecule in the new quantum mechanics. Phys Rev (2) 31, S. 579 (1928), Nr. 4.
W. WEIZEL, Bandenspektren leichter Moleküle. I. Das Spektrum von He_2 und H_2. Z f Phys 56, S. 727 (1929), Nr. 11/12.
SVEN WERNER, Hydrogen bands in the ultra-violet Lyman region. London R S Proc (A) 113, S. 107 (1926), Nr. 763.

Alkalien

L. A. MÜLLER, Absorptionsspektren der Alkalihalogenide in wässeriger Lösung und im Dampf. Ann d Phys (4) 82, S. 39 (1927), Nr. 1.
FRANZ URBACH, Über Lumineszenz der Alkalihalogenide. Verh D Phys Ges (3) 8, S. 17 (1927), Nr. 2.
W. WEIZEL u. M. KULP, Über die Bandensysteme der Alkalidämpfe. Ann d Phys (5) 4, S. 971 (1930), Nr. 7.

Li

A. HARVEY and F. A. JENKINS, Alternating intensities in the absorption bands of Li_2. Phys Rev (2) 34, S. 1286 (1929), Nr. 9.
A. HARVEY and F. A. JENKINS, The blue-green absorption bands of Li_2. Phys Rev (2) 35, S. 132 (1930), Nr. 1.
GISABURO NAKAMURA, Das Absorptionsspektrum des Lithiumhydrids und die molekularen Konstanten des LiH. Z f phys Chem (B) 3, S. 80 (1929), Nr. 1.
GISABURO NAKAMURA, Das Bandenspektrum des Lithiumhydrids. Z f Phys 59, S. 218 (1929), Nr. 3/4.
K. WURM, Über das Bandenspektrum des Lithiums. Naturwiss 16, S. 1028 (1928), Nr. 48.
K. WURM, Über die Rotationsstruktur der blaugrünen Lithiumbanden. Z f Phys 58, S. 562 (1929), Nr. 7/8.
K. WURM, Über die Struktur der roten Lithiumbanden. Z f Phys 59, S. 35 (1929), Nr. 1/2.

Na

W. R. FREDRICKSON and WILLIAM W. WATSON, The sodium and potassium absorption bands. Phys Rev (2) 30, S. 429 (1927), Nr. 4.
W. R. FFEDRICKSON, Magnetic rotation lines in the red sodium bands. Phys Rev (2) 31, S. 1130 (1928), Nr. 6.

W. R. FREDRICKSON, Rotational structure of the red Na_2 bands. Phys Rev (2) 34, S. 207 (1929) Nr. 2.

HANS-HERMANN HUPFELD, Die Nachleuchtdauer der J_2-, K_2-, Na_2- und Na-Resonanzstrahlung. Z f Phys 54, S. 484 (1929), Nr. 7/8.

E. H. JOHNSON, The many-lined spectrum of sodium hydride. Phys Rev (2) 29, S. 85 (1927), Nr. 1.

E. L. KINSEY, The excitation of the D lines by the green sodium band. Nature 121, S. 904 (1928), Nr. 3058.

E. L. KINSEY, Note on the D line excitation by the green sodium band and the dissociation potential of sodium vapor. Wash Nat Ac Proc 15, S. 37 (1929), Nr. 1.

F. W. LOOMIS, Vibrational levels in the blue-green band system of sodium. Phys Rev (2) 29, S. 607 (1927), Nr. 4.

F. W. LOOMIS and S. W. NILE JR., New features of the red band system of Na_2. Phys Rev (2) 31, S. 1135 (1928), Nr. 6.

F. W. LOOMIS and S. W. NILE JR., New features of the red band system of sodium. Phys Rev (2) 32, S. 873 (1928), Nr. 6.

F. W. LOOMIS and R. W. WOOD, The rotational structure of the blue-green bands of Na_2. Phys Rev (2) 32, S. 223 (1928), Nr. 2.

PETER PRINGSHEIM u. E. ROSEN, Über Molekülspektra des Kaliums, Natriums und K-Na-Gemisches. Z f Phys 43, S. 519 (1927), Nr. 8.

R. RITSCHL u. D. VILLARS, Bandenspektren und Elektronenterme der Moleküle Na_2, NaK und K_2. Naturwiss 16, S. 219 (1928), Nr. 13.

JOICHI UCHIDA, An analysis of the ultraviolet band spectrum of sodium-potassium molecule. Jap J Phys 5, S. 148 (1929), Nr. 4.

R. W. WOOD and E. L. KINSEY, The fluorescence spectrum of sodium vapor in the vicinity of the D lines. Phys Rev (2) 31, S. 793 (1928), Nr. 5.

R. W. WOOD and F. W. LOOMIS, The rotational structure of the blue-green bands of Na_2. Phys Rev (2) 31, S. 1126 (1928), Nr. 6.

K

HIDEO JAMAMOTO, The blue absorption band spectrum of potassium. Jap J Phys 5, S. 153 (1929), Nr. 4.

H. KUHN, Über den Nachweis eines durch Polarisationskräfte gebundenen K_2-Moleküls. Naturwiss 18, S. 332 (1930), Nr. 15.

L. A. RAMDAS, The spectrum of potassium excited during its spontaneous combination with chlorine. Ind J Phys 3, S. 31 (1928), Nr. 1.

Ag

BROOKS A. BRICE, The band spectrum of silver chloride. Phys Rev (2) 33, S. 1090 (1929) Nr. 6.

J. FRANCK u. H. KUHN, Über Absorption und Fluorescenz von Silberbromid und Silberchloriddampf. Z f Phys 44, S. 607 (1927) Nr. 9/10.

Au

W. F. C. FERGUSON, The spectrum of gold chloride. Nature 120, S. 298 (1927), Nr. 3017.

W. F. C. FERGUSON, The spectrum of gold chloride. Phys Rev (2) 31, S. 969 (1928), Nr. 6.

Be

ERNST BENGTSSON, Origin of the ultraviolet beryllium hydride band spectrum. Nature 123, S. 529 (1929), Nr. 3101.

F. A. JENKINS, Fine structure of the beryllium fluoride bands. Phys Rev (2) 33, S. 1090 (1929), Nr. 6.

F. A. JENKINS, Fine structure of the beryllium fluoride bands. Phys Rev (2) 35, S. 315 (1930), Nr. 4.

JENNY E. ROSENTHAL and F. A. JENKINS, Quantum analysis of the beryllium oxide bands. Phys Rev (2) 31, S. 705 (1928), Nr. 4.

JENNY E. ROSENTHAL and F. A. JENKINS, Quantum analysis of the beryllium oxide bands. Phys Rev (2) 33, S. 163 (1929), Nr. 2.

WILLIAM W. WATSON, Beryllium hydride band spectra. Phys Rev (2) 32, S. 600 (1928), Nr. 4.

Mg

P. N. GHOSH, B. C. MOOKERJEE and P. C. MAHANTI, Band spectrum of magnesium oxide. Nature 124, S. 303 (1929), Nr. 3121.

WILLIAM W. WATSON and PHILIP RUDNICK, Rotational terms in the MgH bands. Phys Rev (2) 29, S. 413 (1927), Nr. 4.

Ca

P. S. Delaup, Zeeman effect in the calcium hydride bands. Phys Rev (2) 31, S. 1130 (1928), Nr. 6.
S. Goudsmit, The structure of the calcium fluoride band λ 6087 A. Proc Amsterdam Ac 30, S. 355 (1927), Nr. 3.
B. Grundström and E. Hulthén, Pressure effects in the band structure of calcium hydride. Nature 125, S. 634 (1930), Nr. 3156.
E. Hulthén, On the band spectrum of calcium hydride. Phys Rev (2) 29, S. 97 (1927), Nr. 1.

Zn

Ernst Bengtsson u. Berger Grundström, Über neue Zinkhydridbanden im Ultraviolett. Z f Phys 57, S. 1 (1929), Nr. 1/2.
H. Volkringer, Spectres continus et spectres de bandes de la vapeur de zinc. C R 186, S. 1717 (1928), Nr. 25.
H. Volkringer, Spectres de bandes de la vapeur de zinc. C R 189, S. 1264 (1929), Nr. 27.

Cd

S. Barratt and A. R. Bonar, The band spectra of cadmium and bismuth. Phil Mag (7) 9, S. 519 (1930), Nr. 57.
W. de Groot, Die ultraviolette Bande des Cd bei λ 2100 A. Naturwiss 16, S. 101 (1928), Nr. 6.
A. Jablonski, Über die Bandenabsorption und Fluoreszenz des Cadmiumdampfes. Z f Phys 45, S. 878 (1927), Nr. 11/12.
A. Jablonski, Sur l'absorption à spectre de bandes de la vapeur de cadmium. Krakauer Anzeiger (A) 1928, S. 163, Nr. 4/5.
A. Jablonski, Sur un système de bandes d'absorption de la vapeur de cadmium. C R Soc Pol de Phys 3, S. 357 (1929), Nr. 4.
W. Kapúsciński, Sur la fluorescence de la vapeur de cadmium. C R Soc Pol de Phys 8, S. 475 (1927), Nr. 8.
Erik Svensson, Untersuchung über das Bandenspektrum des Cadmiumhydrids. Z f Phys 59, S. 333 (1930), Nr. 5/6.
J. G. Winans, Flutings in the absorption spectrum of a mixture of mercury and cadmium vapours. Phil Mag (7) 7, S. 565 (1929), Nr. 43.

Hg

Nikolaj Dziedzicki, Sur la formation et le spectre de l'hydrure de mercure. C R Soc Pol de Phys 3, S. 207 (1928), Nr. 3.
Nikolaj Dziedzicki, Über die Bildung und das Spektrum des Quecksilberhydrürs. Sprawozdánia i Prace Polskiego Towarzystra Fizycznego 3, S. 207 (1928), Nr. 3.
M. Eliashevich and A. Terenin, Fluorescence of mercury vapour in the far ultra-violet. Nature 125, S. 856 (1930), Nr. 3162.
Takeo Hori, Über das Bandenspektrum des ionisierten Quecksilberhydrids. Mem Ryojun Coll of Eng 2, S. 305 (1930), Nr. 4d.
F. G. Houtermans, Über die Bandenfluoreszenz des Quecksilberdampfes. Z f Phys 41, S. 140 (1927), Nr. 2/3.
E. Hulthén, Neuere Untersuchungen über das Bandenspektrum des Quecksilberhydrids. Z f Phys 50, S. 319 (1928), Nr. 5/6.
Henryk Jezewski, Nouvelles bandes d'hydrure de mercure dans l'ultraviolet. Krakauer Anzeiger (A) 1928, S. 143, Nr. 4/5.
W. Kapúsciński u. J. G. Eymers, Intensitätsmessungen im Bandenspektrum des Quecksilberhydrids. Z f Phys 54, S. 246 (1929), Nr. 3/4.
H. Kuhn, Über das Grundschwingungsquant des Quecksilbermoleküls. Naturwiss 16, S. 352 (1928), Nr. 20.
S. Mrozowski, Sur la luminescence de la vapeur de mercure excitée par les rayons X. C R Soc Pol de Phys 4, S. 93 (1929), Nr. 1.
S. Mrozowski, Zur Deutung der Träger der Quecksilberbanden. Z f Phys 60, S. 410 (1930), Nr. 5/6.
O. Oldenberg, Über Fluoreszenz von Quecksilber-Edelgas-Banden. Z f Phys 47, S. 184 (1928), Nr. 3/4.
O. Oldenberg, Über Struktur und Deutung der Quecksilber-Edelgas-Banden. Z f Phys 55, S. 1 (1929), Nr. 1.
St. Pienkowski, Sur l'origine de la bande λ 2476,3—2482,7 dans le spectre de mercure. Krakauer Anzeiger (A) 1928, S. 171, Nr. 4/5.
Lord Rayleigh, Studies on the mercury band spectrum of long duration. London R S Proc (A) 114, S. 620 (1927), Nr. 769.

Lord RAYLEIGH, Series of emission and absorption bands in the mercury spectrum. London R S Proc (A) 116, S. 702 (1927), Nr. 775.
Lord RAYLEIGH, Observations on the band spectra of mercury. London R S Proc (A) 119, S. 349 (1928), Nr. 782.
Lord RAYLEIGH, The band spectrum of mercury from the excited vapour. Nature 119, S. 387 (1927), Nr. 2993.
Lord RAYLEIGH, Bands in the absorption of mercury. Nature 119, S. 778 (1927), Nr. 3004.
H. VOLKRINGER, Spectre continu et spectre de bandes du mercure. C R 185, S. 60 (1927), Nr. 1.
R. K. WARING, Investigation of a mercury-thallium molecule. Nature 121, S. 675 (1928), Nr. 3052.
R. K. WARING, The absorption spectra of mixtures of mercury and thallium vapors. Phys Rev (2) 31, S. 1109 (1928), Nr. 6.
R. K. WARING, Absorption bands in the spectra of mixtures of metallic vapors. Phys Rev (2) 32, S. 435 (1928), Nr. 3.
K. WIELAND, Bandenspektren der Quecksilber-Cadmium-Zinkhalogenide. Helv Phys Acta 2, S. 46, 77 (1929), Nr. 1, 2.
J. G. WINANS, The band spectrum of mercury excited by a high frequency discharge. Nature 121, S. 863 (1928), Nr. 3057.
J. G. WINANS, The fluorescence and absorption of a mixture of mercury and zinc vapors. Phys Rev (2) 32, S. 427 (1928), Nr. 3.
J. G. WINANS, Flutings in the absorption spectrum of a mixture of mercury and cadmium vapours. Phil Mag (7) 7, S. 565 (1929), Nr. 43.

B

F. A. JENKINS, Structure and isotope effect in the alpha bands of boron monoxide. Phys Rev (2) 29, S. 921 (1927), Nr. 6.
F. A. JENKINS, The structure of certain bands in the visible spectrum of boron monoxide. Wash Nat Ac Proc 13, S. 496 (1927), Nr. 7.

Al

ERNST BENGTSSON, Über die Bandenspektra von Aluminiumhydrid. Z f Phys 51, S. 889 (1928), Nr. 11/12.
ERNST BENGTSSON u. RAGNAR RYDBERG, Die Bandenspektra von Aluminiumhydrid. Z f Phys 59, S. 540 (1930), Nr. 7/8.
H. LUDLOFF, Zur Termdarstellung der AlH-Banden. Z f Phys 39, S. 519 (1926), Nr. 7/8.
W. C. POMEROY and R. T. BIRGE, The quantum analysis of the band spectrum of AlO (λ 5200 — λ 4650). Phys Rev (2) 27, S. 107 (1926), Nr. 1.
W. C. POMEROY, The quantum analysis of the band spectrum of aluminium oxide (λ 5200 — λ 4650). Phys Rev (2) 29, S. 59 (1927), Nr. 1.

Seltene Erden

J. BECQUEREL, H. KAMERLINGH ONNES and W. J. DE HAAS, The absorption bands of the compounds of the rare earths, their modification by a magnetic field, and the magnetic rotation of the plane of polarisation at very low temperatures. Comm Leiden Nr. 177, S. 3 (1925) u. Proc Amsterdam Ac 29, S. 264 (1926), Nr. 2.

La

W. JEVONS, The band spectrum of lanthanum monoxide. London Proc Phys Soc 41, S. 520 (1929), Nr. 5.
R. MECKE, Die Bandenspektren des Lanthanoxyds. Naturwiss 17, S. 86 (1929), Nr. 5.
GIORGIO PICCARDI, New bands in the spectrum of oxide of lanthanum. Nature 124, S. 129 (1929), Nr. 3117.

Pr, Nd, Sa

L. FERNANDES, La risoluzione di una banda di assorbimento ritenuta commune al praseodimio e neodimio. Lincei Rend (6) 6, S. 413 (1927), Nr. 10.
GIORGIO PICCARDI, Band spectra of the oxides of Praseodymium, Neodymium and Samarium. Nature 124, S. 618 (1929), Nr. 2139.

Tl

RAMON G. LOYARTE et ADOLFO T. WILLIAMS, Le spectre d'absorption de la vapeur de thallium entre 7000 et 1850 A. J d Phys et le Radium (6) 9, S. 121 (1928), Nr. 4.

C

R. K. ASUNDI, A search of new bands in the near infra-red spectra of CO, N_2^+ and BeF. Ind J Phys 4, S. 367 (1930), Nr. 5.
R. K. ASUNDI, A new band system of carbon monoxide. Nature 123, S. 47 (1929), Nr. 3089.

C. R. Bailey, The Raman and infra-red spectra of carbon dioxide. Nature 123, S. 410 (1929), Nr. 3098.
Raymond T. Birge, The band spectra of carbon monoxide. Phys Rev (2) 28, S. 1157 (1926), Nr. 6.
N. T. Bobrovnikoff, The spectra of comets. Phys Rev (2) 29, S. 210 (1927), Nr. 1.
Harold T. Byck, On a resonance-fluorescence phenomenon in the cyanogen spectrum. Phys Rev (2) 34, S. 453 (1929), Nr. 3.
L. H. Dawson and Joseph Kaplan, The comet-tail bands. Phys Rev (2) 34, S. 379 (1929), Nr. 2.
G. H. Dieke and W. Lochte-Holtgreven, Some bands of the carbon molecule. Nature 125, S. 51 (1930), Nr. 3141.
O. S. Duffendack and Gerald W. Fox, Energy levels of the carbon monoxide molecule. Nature 118, S. 12 (1926), Nr. 2957.
O. S. Duffendack and Gerald W. Fox, The excitation of the spectra of carbon monoxide by electronic impacts. Ap J 65, S. 214 (1927), Nr. 4.
Duffieux, Sur l'origine de quelques spectrés de bandes. Ann de phys (10) 4, S. 249 (1925), Sept./Oct.
D. C. Duncan, CO bands. Science (N. S.) 63, S. 382 (1926), Nr. 1632.
Roger S. Estey, New measurements in the fourth positive CO bands. Phys Rev (2) 35, 309 (1930), Nr. 4.
Ann. D. Hepburn, Carbon monoxide band excitation potentials. Phys Rev (2) 29, S. 212 (1927), Nr. 1.
Gerhard Herzberg, Ein neues Bandensystem des CO. Naturwiss 16, S. 1027 (1928), Nr. 48.
Gerhard Herzberg, Über die Bandenspektren von CO. Nach Versuchen mit der elektrodenlosen Ringentladung (mit einem Anhang über die Swan- und Cyanbanden). Z f Phys 52, S. 815 (1929), Nr. 11/12.
J. J. Hopfield, Absorption spectra in the extreme ultra-violet. Phys Rev (2) 29, S. 356 (1927), Nr. 2.
J. J. Hopfield and R. T. Birge, Ultra-violet absorption and emission spectra of carbon monoxide. Phys Rev (2) 29, S. 922 (1927), Nr. 6.
Takeo Hori, Über die Struktur der CH-Bande 3143 A und einer neuen NH-Bande 2530 A. Z f Phys 59, S. 91 (1929), Nr. 1/2.
Takeo Hori, Über die Struktur der CH-Bande 3143 A und einer neuen NH-Bande 2530 A. Mem Ryojun Coll of Eng 2, S. 259 (1929), Nr. 4b.
O. Jasse, Étude des bandes 4511 et 4123 du spectre de l'oxyde de carbon. Rev d'Opt 5, S. 450 (1926), Nr. 11.
F. A. Jenkins, Extension of the violet CN band system to include the CN tail bands. Phys Rev (2) 31, S. 153 (1928), Nr. 1.
F. A. Jenkins, Extension of the violet CN band system to include the CN tail bands. Phys Rev (2) 31, S. 539 (1928), Nr. 4.
W. Jevons, The ultra-violet band system of carbon monosulphide and its correlation to carbon monoxide (the 4th positive bands) and silicon monoxide. London R S Proc (A) 117, S. 351 (1928), Nr. 777.
R. C. Johnson, Energy levels of the carbon monoxide molecule. Nature 118, S. 50 (1926), Nr. 2958.
R. C. Johnson, The structure and origin of the Swan band spectrum of carbon. Phil Trans (A) 226, S. 157 (1927), Nr. 640.
R. C. Johnson and R. K. Asundi, A new band system of carbon monoxide ($3\,{}^1S \rightarrow 2\,{}^1P$), with remarks on the Ångström band system. London R S Proc (A) 123, S. 560 (1929), Nr. 792.
R. C. Johnson, Some bands of the carbon molecule. Nature 125, S. 89 (1930), Nr. 3142.
H. Kallmann u. B. Rosen, Über die Ionisierungsspannung von CN und C_2-Molekülen. Z f Phys 61, S. 332 (1930), Nr. 5/6.
Harvey B. Leman, Some laboratory observations bearing on the spectra of comets. Phys Rev (2) 29, S. 210 (1927), Nr. 1.
Louis R. Maxwell, The comet tail bands of carbon monoxide. Phys Rev (2) 35, S. 665 (1930), Nr. 6.
Frank C. McDonald, An investigation of some hydrocarbon bands. Phys Rev (2) 29, S. 212 (1927), Nr. 1.
W. E. Pretty, The Swan band spectrum of carbon. London Proc Phys Soc 40, S. 71 (1928), Nr. 3.
Jolin D. Shea, The structure of the Swan bands. Phys Rev (2) 30, S. 825 (1927), Nr. 6.

Si

W. H. B. Cameron, Note on some band spectra associated with silicon. Phil Mag (7) 3, S. 110 (1927), Nr. 13.

FRANCIS A. JENKINS, Structure of the violet bands of silicon nitride. Phys Rev (2) 31, S. 1129 (1928), Nr. 6.

FRANCIS A. JENKINS and HENRY DE LASZLO, Structure of the violet bands of silicon nitride. London R S Proc (A) 122, S. 103 (1929), Nr. 789.

R. C. JOHNSON and H. G. JENKINS, The band spectra of silicon fluoride. London R S Proc (A) 116, S. 327 (1927), Nr. 774.

Ti

R. T. BIRGE and A. CHRISTY, The titanium bands. Phys Rev (2) 29, S. 212 (1927), Nr. 1.

A. CHRISTY and R. T. BIRGE, The titanium oxide bands. Nature 122, S. 205 (1928), Nr. 3067.

ANDREW CHRISTY, Quantum analysis of the blue-green bands of titanium oxyde. Phys Rev (2) 33, S. 701 (1929), Nr. 5.

ANDREW CHRISTY, A new titanium band system. Phys Rev (2) 34, S. 539 (1929), Nr. 3.

ANDREW CHRISTY, A new titanium band system. Nature 123, S. 873 (1929), Nr. 3110.

ANDREW CHRISTY New band system of titanium oxide. Ap J 70, S. 1 (1929), Nr. 1.

FRANCES LOWATER, The band systems of titanium oxide. London Proc Phys Soc 41, S. 557 (1929), Nr. 5.

FRANCES LOWATER, Titanium oxide bands in the orange, red and infra-red region. Nature 123, S. 644 (1929), Nr. 3104.

Sn

W. F. C. FERGUSON, The less refrangible bands in the spectrum of tin monochloride. Phys Rev (2) 32, S. 607 (1928), Nr. 4.

Pb

SIDNEY BLOOMENTHAL, An ultra-violet lead oxide band system. Science (N. S.) 69, S. 676 (1929), Nr. 1800.

ANDREW CHRISTY and SIDNEY BLOOMENTHAL, Fine structure analysis of the bands of the A and D system of lead oxide. Phys Rev (2) 35, S. 46 (1930), Nr. 1.

R. MECKE, Bandenspektrum des Bleis. Naturwiss 17, S. 122 (1929), Nr. 7.

N

H. ELIZABETH ACLY, Struktur und Anregungsstufen der Molekeln einiger Nitride, bestimmt durch das ultraviolette Absorptionsspektrum der Dämpfe. Z f phys Chem 135, S. 251 (1928), Nr. 3/4.

HENRY A. BARTON, FRANCIS A. JENKINS and ROBERT S. MULLIKEN, The beta bands of nitric oxide. II. Intensity relations and their interpretation. Phys Rev (2) 30, S. 175 (1927), Nr. 2.

R. T. BIRGE and J. J. HOPFIELD, The ultra-violet band spectra of nitrogen. Phys Rev (2) 29, S. 356 (1927), Nr. 2.

L. H. EASSON and R. W. ARMOUR, The action of "active" nitrogen on iodine vapour. Proc R S Edinburgh 48, S. 1 (1927/28), Nr. 1.

JOHN H. FINDLEY, Spectra excited by active nitrogen. Trans R S Canada Sect. III (3) 22, S. 341 (1928), Nr. 2.

MARIA GUILLERY, Über das Bandenspektrum von NO. Verh D Phys Ges (3) 7, S. 46 (1926), Nr. 3.

MARIA GUILLERY, Über den Bau der sogenannten dritten positiven Stickstoffgruppe (NO-Banden). Z f Phys 42, S. 121 (1927), Nr. 2/3.

GERHARD HERZBERG, Spektroskopisches über das Nachleuchten von Stickstoff. Z f Phys 49, S. 512 (1928), Nr. 7/8.

GERHARD HERZBERG, Über die Struktur der negativen Stickstoffbanden. Ann d Phys (4) 86, S. 189 (1928), Nr. 10.

J. J. HOPFIELD, New absorption bands in nitrogen. Phys Rev (2) 31, S. 1131 (1928), Nr. 6.

FRANCIS A. JENKINS, HENRY A. BARTON and ROBERT S. MULLIKEN, The beta bands of nitric oxide. Phys Rev (2) 29, S. 211 (1927), Nr. 1.

FRANCIS A. JENKINS, HENRY A. BARTON and R. S. MULLIKEN, The beta bands of nitric oxide. 1. Measurements and quantum analysis. Phys Rev (2) 30, S. 150 (1927), Nr. 2.

FRANCIS A. JENKINS, HENRY A. BARTON and R. S. MULLIKEN, The beta bands of nitric oxide. Nature 119, S. 118 (1927), Nr. 2986.

W. JEVONS, The more refrangible band system of cyanogen as developed in active nitrogen. London R S Proc (A) 112, S. 407 (1926), Nr. 761.

R. C. JOHNSON and H. G. JENKINS, Note on some observations of the nitrogen after-glow spectra. Phil Mag (7) 2, S. 621 (1926), Nr. 9.

JOSEPH KAPLAN, Active nitrogen. Phys Rev (2) 31, S. 1126 (1928), Nr. 6.

JOSEPH KAPLAN, The excitation of oxygen by active nitrogen. Phys Rev (2) 31, S. 1126 (1928), Nr. 6.

JOSEPH KAPLAN, The existence of metastable molecules in active nitrogen. Phys Rev (2) 33, S. 189 (1929), Nr. 2.
JOSEPH KAPLAN, Active nitrogen. Phys Rev (2) 33, S. 638 (1929), Nr. 4.
JOSEPH KAPLAN, Excitation of the beta bands of nitric oxide. Phys Rev (2) 34, S. 165 (1929), Nr. 1.
P. K. KICHLU and D. P. ACHARYA, Active nitrogen. Nature 121, S. 982 (1928), Nr. 3060.
HAROLD P. KNAUSS, Band spectra in the extreme ultra-violet excited by active nitrogen. Phys Rev (2) 31, S. 918 (1928), Nr. 5.
HAROLD P. KNAUSS, Band spectra in the extreme ultra-violet excited by active nitrogen. Phys Rev (2) 32, S. 417 (1928), Nr. 3.
H. O. KNESER, Über die Natur des aktiven Stickstoffs. Phys Z 29, S. 895 (1928), Nr. 23.
H. O. KNESER, Über die Natur des aktiven Stickstoffs. Ann d Phys (4) 87, S. 717 (1928), Nr. 21.
A. KOENIG u. G. H. KLINKMANN, Über die Zeitfunktion der Lichtstrahlung des aktiven Stickstoffs. Z f phys Chem (A) 137, S. 335 (1928), Nr. 1/4.
MAURICE LAMBREY, Les deux états normaux de la molécule NO. C R 100, S. 670 (1930), Nr. 11.
J. C. MCLENNAN, R. RUEDY and J. M. ANDERSON, On the nitrogen afterglow. Trans R S Canada, Sect. III (3) 22, S. 303 (1928), Nr. 2.
ROBERT S. MULLIKEN, The vibrational isotope effect in the band spectrum of boron nitride. Science (N. S.) 58, S. 164 (1923), Nr. 1496.
GISABURO NAKAMURA, On the zero-zero band of the second positive band spectrum of nitrogen (λ 3371). Jap J Phys 4, S. 109 (1927), Nr. 3.
J. OKUBO and H. HAMADA, Metallic spectra excited by active nitrogen. Phil Mag (7) 5, S. 372 (1928), Nr. 28.
A. H. POETKER, Extension of the first group of nitrogen bands. Phys Rev (2) 31, S. 152 (1928), Nr. 1.
ARTHUR EDWARD RUARK, PAUL O. FOOTE, PHILIP RUDNICK and ROY L. CHENAULT, Spectra excited by active nitrogen. J Opt Soc Am 14, S. 17 (1927), Nr. 1.
ARTHUR EDWARD RUARK, Notes on active nitrogen. Phil Mag (7) 6, S. 335 (1928), Nr. 35.
RICHARD RUDY, On active nitrogen. II. J Frankl Instit 202, S. 376 (1926), Nr. 3.
RICHARD RUDY, On the active nitrogen glow. Phys Rev (2) 35, S. 125 (1930), Nr. 1.
H. D. SMITH and E. G. F. ARNOTT, The excitation of certain nitrogen bands by positive ion impact. Phys Rev (2) 35, S. 126 (1930), Nr. 1.
H. SPONER, Absorption bands in nitrogen. Wash Nat Ac Proc 13, S. 100 (1927), Nr. 3.
H. SPONER, Die Absorptionsbanden des Stickstoffs. Z f Phys 41, S. 611 (1927), Nr. 8/9.
LOUIS A. TURNER and E. W. SAMSON, The excitation potential of the negative bands of nitrogen. Phys Rev (2) 34, S. 747 (1929), Nr. 5.
E. J. B. WILLEY, Active nitrogen. Nature 121, S. 355 (1928), Nr. 3045.
ERIC JOHN BAXTER WILLEY, On active nitrogen. Part VII. Further studies upon the decay of the nitrogen after-glow. J Chem Soc 1930, S. 336, March.
ENOS E. WITMER, The critical potential of the negative band spectrum of nitrogen. Phys Rev (2) 26, S. 780 (1925), Nr. 6.

O

HAROLD D. BABCOCK, A new absorption band of atmospheric oxygen and the vibrational frequency of the normal molecule. Phys Rev (2) 35, S. 125 (1930), Nr. 1.
R. M. BADGER u. R. MECKE, Die atmosphärische Sauerstoffbande λ 7600 (A-Gruppe). Z f Phys 60, S. 59 (1930), Nr. 1/2.
G. H. DIEKE and HAROLD D. BABCOCK, The structure of the atmospheric absorption bands of oxygen. Wash Nat Ac Proc 13, S. 670 (1927), Nr. 9.
J. DUFAY, Sur les spectres d'absorption de l'oxygène et de l'ozone dans la région ultraviolette. C R 188, S. 162 (1929), Nr. 2.
VIVIAN M. ELLISWORTH and J. J. HOPFIELD, Oxygen bands in the ultra-violet. Phys Rev (2) 29, S. 79 (1927), Nr. 1.
H. FESEFELDT, Messungen von Sauerstoffbanden im violetten und ultravioletten Spektralgebiet. Z f wiss Photogr 25, S. 33 (1927), Nr. 1.
A. S. GANESAN, The ultra-violet absorption bands of oxygen. Ind J Phys 3, S. 95 (1928), Nr. 1.
ALFRED LÄNCHLI, Über die Absorption des ultravioletten Lichtes in Ozon. Helv Phys Acta 1, S. 208 (1928), Nr. 3.
W. LOCHTE-HOLTGREVEN u. G. H. DIEKE, Über die ultravioletten Banden des neutralen Sauerstoffmoleküls. Ann d Phys (5) 3, S. 937 (1929), Nr. 7.
ROBERT S. MULLIKEN, Structure of the OH bands. Phys Rev (2) 31, S. 310 (1928), Nr. 2.
ROBERT S. MULLIKEN, Interpretation of the atmospheric oxygen bands; electronic levels of the oxygen molecule. Nature 122, S. 505 (1928), Nr. 3075.

W. OSSENBRÜGGEN, Termdarstellung der Bandenspektren des neutralen Sauerstoffmoleküls. Z f Phys 49, S. 167 (1928), Nr. 3/4.

S

J. GILLES, Bandes ultraviolettes du soufre. C R 188, S. 1607 (1929), Nr. 25.
B. ROSEN, Resonanz, Fluoreszenz und Absorptionsspektra in der sechsten Gruppe des periodischen Systems. Z f Phys 43, S. 69 (1927), Nr. 1/2.
B. ROSEN, Über Molekülspektra des Schwefels. Z f Phys 48, S. 545 (1928), Nr. 7/8.

Se

A. F. EVANS, The absorption spectrum of selenium dioxide. Nature 125, S. 528 (1930), Nr. 3153.
Mlle. M. MORACZEWSKA, Sur de nouvelles bandes d'absorption de la vapeur de sélénium dans l'ultra-violet lointain. C R Acad Pol Krakau 1930, Nr. 2, S. 6.
Mlle. M. MORACZEWSKA, Über eine neue Bandengruppe im ultravioletten Absorptionsspektrum des Selendampfes. Bull int Acad Polon (A) 1930, S. 17, Nr. 1/2.
Mlle. M. MORACZEWSKA, Über das Absorptionsspektrum des Se-Dampfes. Z f Phys 62, S. 270 (1930), Nr. 3/4.
Mlle. BARBARA SCHMIDT, Sur une nouvelle série de résonance du sélénium. Krakauer Anzeiger (A) 1928, S. 61, Nr. 3.

Halogene.

G. B. BONINO, Bemerkungen über das Ultrarotspektrum einiger Halogenverbindungen. Z f Phys 54, S. 803 (1929), Nr. 11/12.
P. BOVIS, Les larges bandes d'absorption continue chez les halogènes. Ann de phys (10), 10, S. 232 (1928), Sept./Oct.
RUDOLF RITSCHL, Über den Bau einer Klasse von Absorptionsspektren. Z f Phys 42, S. 172 (1927), Nr. 43.

F

HENRY G. GALE and GEORGE S. MONK, Band spectrum, continuous emission and continuous absorption of fluorine gas. Phys Rev (2) 29, S. 211 (1927), Nr. 1.
HENRY G. GALE and GEORGE S. MONK, The band spectrum of fluorine. Phys Rev (2) 33, S. 114 (1929), Nr. 1.
HENRY G. GALE and GEORGE S. MONK, The band spectrum of fluorine. Ap J 69, S. 77 (1929), Nr. 2.

Cl

A. ELLIOTT, The absorption band spectrum of chlorine. London R S Proc (A) 123, S. 629 (1929), Nr. 792.
JORITSUNE OTA and JOICHI USHIDA, Studies on the emission band spectrum of chlorine Jap J Phys 5, S. 53 (1928), Nr. 1.

Br

MARGARET B. HAYS, The absorption spectrum of bromine vapor between 6117 Å and 6309 Å. J Frankl Instit 208, S. 363 (1929), Nr. 3.
TAKEO HORI, Study of the structure of bromine lines. Mem Coll of of Science Kyoto (A) 9, S. 307 (1926), Nr. 5.
JOICHI USHIDA and JORITSUNE OTA, Studies on the emission band spectrum of bromine. Jap J Phys 5, S. 59 (1928), Nr. 1.

J

S. S. BHATNAGAR, D. L. SHRIVASTAVA, K. N. MATHUR and R. K. SHARMA, Tesla luminescence spectra of the halogens. Part I. Jodine. Phil Mag (7) 5, S. 1226 (1928), Nr. 33.
GÜNTHER CARIO u. OTTO OLDENBERG, Über elektrische Anregung des Jodbandenspektrums und des Jodlinienspektrums. Z f Phys 31, S. 914 (1925), Nr. 12.
RICHARD HAMER and CONRAD K. RIZER, The effect of small changes at moderate temperatures on the absorption spectrum of iodine. J Opt Soc Am 16, S. 122 (1928), Nr. 2.
A. KRATZER u. ELIS SUDHOLT, Die Gesetzmäßigkeiten im Resonanzspektrum des Joddampfes und die Bestimmung des Trägheitsmomentes. Z f Phys 33, S. 144 (1925), Nr. 1/2.
F. W. LOOMIS, New series in the spectrum of fluorescent iodine. Phys Rev (2) 29, S. 355 (1927), Nr. 2.
PETER PRINGSHEIM, Neue Beobachtungen über die Absorption und Fluoreszenz des J_2-Dampfes. Naturwiss 16, S. 131 (1928), Nr. 8.
PETER PRINGSHEIM u. B. ROSEN, Über die Bandensysteme im Spektrum des J_2-Dampfes. Z f Phys 50, S. 1 (1928), Nr. 1/2.
PETER PRINGSHEIM, Ausfallende Linien in optisch erregten Joddampffluoreszenzbanden. Naturwiss 16, S. 315 (1928), Nr. 18.
H. SPONER u. W. W. WATSON, Die Molekülabsorption des Jods im Vakuumultraviolett. Z f Phys 56, S. 184 (1929), Nr. 3/4; siehe auch Verh D Phys Ges (3) 10, S. 32 (1929), Nr. 2.

Carl D. Wilson, Absorption band spectrum of iodine monochloride. Phys Rev (2) 32, S. 611 (1928), Nr. 4.
R. W. Wood and F. W. Loomis, Optically excited iodine bands with alternate missing lines. Phil Mag (7) 6, S. 231 (1928), Nr. 34.
R. W. Wood and F. W. Loomis, Optically excited iodine bands with alternate missing lines. Nature 121, S. 283. (1928), Nr. 3043.

He

W. E. Curtis and R. G. Long, The structure of the band spectrum of helium. III. The doublet bands. London R S Proc (A) 108, S. 513 (1925), Nr. 747.
W. E. Curtis and A. Harvey, The structure of the band spectrum of helium. V. London R S Proc (A) 121, S. 381 (1928), Nr. 787.
W. E. Curtis, New regularities in the band spectrum of helium. Nature 121, S. 907 (1928), Nr. 3058.
W. E. Curtis, The structure of the band spectrum of helium. IV. London R S Proc (A) 118, S. 157 (1928), Nr. 779.
W. E. Curtis and W. Jevons, The Zeeman effect in the band spectrum of helium. London R S Proc (A) 120, S. 110 (1928), Nr. 784.
W. E. Curtis and A. Harvey, The structure of the band spectrum of helium. VI. London R S Proc (A) 125, S. 484 (1929), Nr. 798.
G. H. Dieke, T. Takamine and T. Suga, New regularities in the band spectrum of helium. Nature 121, S. 793 (1928), Nr. 3055.
C. H. Dieke, T. Takamine u. T. Suga, Neue Gesetzmäßigkeiten im Bandenspektrum des Heliums. I. Z f Phys 49, S. 637 (1928), Nr. 9/10.
C. H. Dieke, S. Imanishi u. T. Takamine, Neue Gesetzmäßigkeiten im Bandenspektrum des Heliums. II. Z f Phys 54, S. 826 (1929), Nr. 11/12.
G. H. Dieke, S. Imanishi u. T. Takamine, Neue Gesetzmäßigkeiten im Bandenspektrum des Heliums. III. Z f Phys 57, S. 305 (1929), Nr. 5/6.
Joshio Fujioka, Experimentaluntersuchungen über die Heliumbanden. Z f Phys 52, S. 657 (1928), Nr. 9/10.
Sunao Imanishi, A study of the helium band spectrum. Scient Pap Inst Phys Chem Res Tokyo 10, S. 193 (1929), Nr. 184.
Sunao Imanishi, A study of the helium band spectrum. Scient Pap Inst Phys Chem Res Tokyo 10, S. 237 (1929), Nr. 189.
Sunao Imanishi, Electronic fine structure in helium bands. Nature 125, S. 529 (1930), Nr. 3153.
Sunao Imanishi, A study of the helium band spectrum. III. Scient Pap Inst Phys Chem Res Tokyo 11, S. 139 (1929), Nr. 199.
L. A. Sommer, Bands in the extreme ultraviolet spectrum of helium discharge. Wash Nat Ac Proc 13, S. 213 (1927), Nr. 4.
W. Weizel u. Chr. Füchtbauer, Kernschwingungen im Bandenspektrum des Heliums. Z f Phys 44, S. 431 (1927), Nr. 6/7.
W. Weizel, Über das Bandenspektrum des Heliums. Z f Phys 51, S. 328 (1928), Nr. 5/6.
W. Weizel u. Erich Pestel, Über das Bandenspektrum des Heliums. Naturwiss 17, S. 390 (1929), Nr. 21.
W. Weizel u. Erich Pestel, Gesetzmäßigkeiten im Bandenspektrum des Heliums. Schwingungsquanten von He_2 und He_2^+. Z f Phys 56, S. 197 (1929), Nr. 3/4.
W. Weizel, Analyse des Bandenspektrums des Heliums. Z f Phys 54, S. 321 (1929), Nr. 5/6.

Ne

D. G. Dhavale, A probable band spectrum of neon. Nature 125, S. 276 (1930), Nr. 3147.

Zusammenfassende Darstellungen.

F. Hund, Molekelbau, Ergebn. d. ex. Naturw., Bd. 8. Berlin: Julius Springer 1930.
R. de L. Kronig, Band Spectra and Molecular Structure. Cambridge, University Press 1930.
R. Mecke, Bandenspektra, Handb. d. Phys., Bd. 21, Kap. 11. Berlin: Julius Springer 1929.
R. Mecke, Bandenspektra und ihre Bedeutung für die Chemie: Fortschritte der Chemie, Physik und phys. Chemie, Bd. 20, H. 3. Gebr. Bornträger 1929.
R. S. Mulliken, Band Spectra. Part I, II a, II b. Review of Modern Physics, Bd. 2, Nr. 1. 1930 (Physical Review Supplement).
R. Ruedy, Bandenspektren auf experimenteller Grundlage, Sammlung Vieweg, H. 101/2.
Molecular Spectra and Molecular Structure, A General Discussion held by the Faraday Society, Sept 1929.

Chapter 8.

Theory of Pulsating Stars.

By

E. A. MILNE-Oxford.

a) General Theory.

1. Historical. The fundamental memoir on the motion of a fluid in a field of radiation is one by ROSSELAND[1]. To the ordinary hydrodynamical equations (the equation of continuity and the equations for the rate of change of momentum) it is necessary to add an energy rate-of-change equation, which fixes the rate of change of the temperature at any point. This is obtained by applying the principle of the conservation of energy, and the resulting equation may conveniently be regarded as determining DT/Dt, the rate of change of the temperature T of any particle, following the motion. D/Dt is the LAGRANGEan operator. ROSSELAND'S method was to work with an atomic theory of matter and to calculate the fluxes of the various kinds of energy (kinetic, radiant, thermal, sub-atomic) into a closed surface fixed in space. It appears to the writer, however, that ROSSELAND left out of account the mechanical effects of radiation pressure. Forms of the DT/Dt equation have also been given by JEANS[2] and VOGT[3]; their method was to calculate the output of thermal energy of all kinds (but omitting kinetic energy) across a surface moving with the matter. VOGT pointed out that JEANS omitted terms due to the change of volume of the moving surface; but to the present writer it appears that VOGT omitted the correction to the flux of radiant energy across the moving surface due to the motion of the surface. The method which is used below follows JEANS and VOGT in using a moving surface but follows ROSSELAND in calculating the changes of kinetic as well as of thermal energy. It differs further from ROSSELAND'S method in using a continuous theory of matter instead of an atomic one. This is valid in large scale phenomena such as are here in question. The resulting equation agrees with ROSSELAND'S when a radiation-pressure term is added. Its volume average agrees with those of JEANS and VOGT since it merely corresponds to a different allocation of radiant energy amongst the moving volume elements. Applied to "adiabatic" motions in a pulsating star it gives a slightly different equation from that used by EDDINGTON, a term due to temperature gradient appearing.

2. The Conservation of Energy for a Fluid moving in a Field of Radiation. Let E be the radiant energy at any point, per unit volume, measured in a frame in which the velocity of the fluid is (u, v, w). Let ϱK be the heat-energy of the fluid per unit volume where ϱ is the density. (For a perfect gas, $K = C_v T$.) Let

[1] Ap J 63, p. 342 (1926).
[2] M N 85, p. 917 (1925); Astronomy and Cosmogony, p. 114 (1928).
[3] A N 232, p. 1 (1928).

$4\pi\varepsilon$ be the rate of liberation of sub-atomic energy per gram at any point, p the hydrostatic fluid pressure, p' the pressure of radiation, F_x, F_y, F_z the components of net flux of radiation. The circumstances are supposed to be such that the radiation stress-tensor $p'_{xx}\ldots$ reduces to a hydrostatic pressure, so that $p' = \frac{1}{3}E$. We shall however not use the relation $p' = \frac{1}{3}E$ until we are compelled, in order to distinguish the origins of the various terms. Material and radiative viscosity will both be neglected.

Consider a surface S moving with the fluid particles. It consists during the motion of the same fluid elements. The total thermal energy being $E + \varrho K$ per unit volume and the kinetic energy being $\frac{1}{2}\varrho(u^2 + v^2 + w^2)$ per unit volume, the rate of change of the energy contained within S is

$$\frac{D}{Dt}\iiint\left[E + \varrho K + \frac{1}{2}\varrho(u^2 + v^2 + w^2)\right]do \tag{1}$$

where do is a volume element.

This must equal the rate of appearance of energy within the space enclosed by S, i. e. the sum of the flow into the surface (across it) together with the liberation of energy inside it. It must therefore be the sum of the following four quantities:

a) the rate of liberation of sub-atomic energy,

$$\iiint 4\pi\varepsilon\varrho\,do; \tag{2}$$

b) the work done by the total pressure $p + p'$ at the surface,

$$-\iint(p + p')(lu + mv + nw)\,dS, \tag{3}$$

where l, m, n are the direction-cosines of the normal to dS;

c) the work done by the gravitational forces, of potential V (force components $\partial V/\partial x$, $\partial V/\partial y$, $\partial V/\partial z$),

$$\iiint\varrho\left(u\frac{\partial V}{\partial x} + v\frac{\partial V}{\partial y} + w\frac{\partial V}{\partial z}\right)do; \tag{4}$$

d) the rate of flow of radiant energy into the space enclosed by S. If the surface were at rest, the flow would be

$$-\iint(lF_x + mF_y + nF_z)\,dS, \tag{5}$$

but the flow through the moving S will be different. It will exceed expression (5) by the amount of radiant energy contained in the volume elements swept through by the moving surface S, which is

$$\iint E(lu + mv + nw)\,dS. \tag{6}$$

Equating (1) to the sum of expressions (2) to (6) and transforming the surface integrals by GREEN's theorem we have

$$\left.\begin{aligned}&\frac{D}{Dt}\iiint\left[E + \varrho K + \frac{1}{2}\varrho(u^2 + v^2 + w^2)\right]do\\ &= \iiint\left[4\pi\varepsilon\varrho - \sum_{x,y,z}\frac{\partial}{\partial x}\{(p + p')u\} + \varrho\sum_{x,y,z}u\frac{\partial V}{\partial x} - \sum_{x,y,z}\frac{\partial F_x}{\partial x} + \sum_{x,y,z}\frac{\partial}{\partial x}(Eu)\right]do.\end{aligned}\right\} \tag{7}$$

Now if φ is any function of position, we have by a known theorem

$$\frac{D}{Dt}\iiint\varphi\,do = \iiint\left[\frac{\partial\varphi}{\partial t} + \sum_{x,y,z}\frac{\partial}{\partial x}(\varphi u)\right]do. \tag{8}$$

Use this to transform the left-hand side of (7). We find for this

$$\left.\begin{aligned}&\iiint\Bigg[\frac{\partial E}{\partial t}+\sum_{x,y,z}\frac{\partial}{\partial x}(Eu)+\frac{\partial}{\partial t}(\varrho K)+\sum_{x,y,z}\frac{\partial}{\partial x}(\varrho K)\\&+\frac{1}{2}(u^2+v^2+w^2)\left\{\frac{\partial\varrho}{\partial t}+\sum_{x,y,z}\frac{\partial}{\partial x}(\varrho u)\right\}+\sum_{x,y,z}\varrho u\left\{\frac{\partial u}{\partial t}+u\frac{\partial u}{\partial x}+v\frac{\partial u}{\partial y}+w\frac{\partial u}{\partial z}\right\}\Bigg]do.\end{aligned}\right\}\tag{9}$$

But by the equation of continuity we have

$$\frac{\partial\varrho}{\partial t}+\sum_{x,y,z}\frac{\partial}{\partial x}(\varrho u)=0,\tag{10}$$

and by the equations of motion

$$\varrho\frac{Du}{Dt}\equiv\varrho\left\{\frac{\partial u}{\partial t}+u\frac{\partial u}{\partial x}+v\frac{\partial u}{\partial y}+w\frac{\partial u}{\partial z}\right\}=\varrho\frac{\partial V}{\partial x}-\frac{\partial(p+p')}{\partial x}.\tag{11}$$

Inserting (9) for the left-hand side of (7) and using (10) and (11), we find that (7) becomes

$$\iiint\left[\frac{\partial E}{\partial t}+\varrho\frac{\partial K}{\partial t}+\sum_{x,y,z}u\frac{\partial K}{\partial x}\right]do=\iiint\left[4\pi\varepsilon\varrho-(p+p')\sum_{x,y,z}\frac{\partial u}{\partial x}-\sum_{x,y,z}\frac{\partial F_x}{\partial x}\right]do.\tag{12}$$

But
$$\frac{\partial K}{\partial t}+\sum_{x,y,z}u\frac{\partial K}{\partial x}=\frac{DK}{Dt}$$

and by (10)
$$\sum_{x,y,z}\frac{\partial u}{\partial x}=-\frac{1}{\varrho}\left[\frac{\partial\varrho}{\partial t}+\sum_{x,y,z}u\frac{\partial\varrho}{\partial x}\right]=-\frac{1}{\varrho}\frac{D\varrho}{Dt}.$$

Hence (12) gives

$$\iiint\left[\frac{\partial E}{\partial t}+\varrho\frac{DK}{Dt}-\frac{p+p'}{\varrho}\frac{D\varrho}{Dt}\right]do=\iiint\left[4\pi\varepsilon\varrho-\sum_{x,y,z}\frac{\partial F_x}{\partial x}\right]do.\tag{13}$$

Equation (13) must hold whatever the surface S. Hence

$$\frac{\partial E}{\partial t}+\varrho\frac{DK}{Dt}-\frac{p+p'}{\varrho}\frac{D\varrho}{Dt}=4\pi\varepsilon\varrho-\sum_{x,y,z}\frac{\partial F_x}{\partial x}.\tag{14}$$

Equation (14) completes the scheme of equations (10) and (11). Since K and E both involve the temperature, equation (14) is the equation determining the manner in which the temperature is changing.

3. Physical Meaning. To see the physical meaning of (14), integrate it through any fixed surface. We find

$$\iiint\left[\frac{\partial E}{\partial t}+\varrho\frac{DK}{Dt}-\frac{p+p'}{\varrho}\frac{D\varrho}{Dt}\right]do=\iiint4\pi\varepsilon\varrho\,do-\iint(lF_x+mF_y+nF_z)\,dS.\tag{15}$$

The right-hand side of (15) is equal to the total liberation of energy less the amount radiated through the surface. Hence the left-hand side must represent the rate of gain of thermal energy contained in the fixed surface.

We have
$$\frac{DE}{Dt}=\frac{\partial E}{\partial t}+\sum_{x,y,z}u\frac{\partial E}{\partial x}.$$

Consequently (14) can be written

$$\frac{DE}{Dt}-\sum_{x,y,z}u\frac{\partial E}{\partial x}+\varrho\frac{DK}{Dt}-\frac{p+p'}{\varrho}\frac{D\varrho}{Dt}=4\pi\varepsilon\varrho-\sum_{x,y,z}\frac{\partial F_x}{\partial x}.\tag{14'}$$

When we integrate this through any fixed surface we require to handle the integral

$$-\iiint \sum_{x,y,z} u \frac{\partial E}{\partial x} do .$$

This may be written

$$\iiint \left[E \sum_{x,y,z} \frac{\partial u}{\partial x} - \sum_{x,y,z} \frac{\partial}{\partial x}(uE) \right] do$$

or

$$-\iiint \frac{E}{\varrho} \frac{D\varrho}{Dt} do - \iint E(lu + mv + nw) dS .$$

Hence

$$\left.\begin{aligned} &\iiint \left[\frac{DE}{Dt} - \frac{p + p' + E}{\varrho} \frac{D\varrho}{Dt} + \varrho \frac{DK}{Dt} \right] do - \iint E(lu + mv + nw) dS \\ &\quad = \iiint \left[4\pi\varepsilon\varrho - \sum_{x,y,z} \frac{\partial F_x}{\partial x} \right] do . \end{aligned}\right\} \qquad (15')$$

If the velocity vanishes over the surface S or if (as in the case when S encloses a complete star) the value of E at the boundary may be neglected, the surface integral in (15′) disappears and we have

$$\iiint \left[\frac{DE}{Dt} - \frac{p + p' + E}{\varrho} \frac{D\varrho}{Dt} + \varrho \frac{DK}{Dt} \right] do = \iiint \left[4\pi\varepsilon\varrho - \sum_{x,y,z} \frac{\partial F_x}{\partial x} \right] do . \qquad (15'')$$

The surface S in (15″) is no longer arbitrary, so that we cannot deduce the relation

$$\frac{DE}{Dt} - \frac{p + p' + E}{\varrho} \frac{D\varrho}{Dt} + \varrho \frac{DK}{Dt} = 4\pi\varepsilon\varrho - \sum_{x,y,z} \frac{\partial F_x}{\partial x} . \qquad (16)$$

The latter is the form due to JEANS and VOGT. We thus see that the equation of JEANS and VOGT is not true in general, but gives an accurate result when integrated over a complete star.

It may be verified that for a quasi-static spherically symmetrical contracting star,

$$\iiint \left[\frac{\partial E}{\partial t} + \varrho \frac{DK}{Dt} - \frac{p + p'}{\varrho} \frac{D\varrho}{Dt} \right] do = \frac{D}{Dt} \iiint (\varrho K - 3p) do .$$

For a perfect gas,

$$\varrho K = \varrho C_v T = \frac{R}{\mu} \frac{\varrho T}{\gamma - 1} = \frac{p}{\gamma - 1} ,$$

whence

$$\iiint (\varrho K - 3p) do = \iiint \frac{4 - 3\gamma}{\gamma - 1} p \, do = \iiint \frac{4 - 3\gamma}{\gamma - 1} \beta P do .$$

The latter is the expression for the total thermal, radiant and gravitational energy of a star in equilibrium, P being the total pressure. Calling this U we have

$$\iiint \left[\frac{\partial E}{\partial t} + \varrho \frac{DK}{Dt} - \frac{p + p'}{\varrho} \frac{D\varrho}{Dt} \right] do = \frac{DU}{Dt} ,$$

which may be regarded as a verification of (14).

Since U includes the gravitational energy, we verify also, as is indeed clear from the method of derivation, that (14) includes the heating effects arising from gravitational contraction. Were we to investigate the contraction of a star (not necessarily quasi-static) under gravitation only, without the liberation of subatomic energy, we should add to the equations of motion and the equation of continuity the equation

$$\frac{\partial E}{\partial t} + \varrho \frac{DK}{Dt} - \frac{p + p'}{\varrho} \frac{D\varrho}{Dt} = - \sum_{x,y,z} \frac{\partial F_x}{\partial x} = - \frac{1}{r^2} \frac{\partial}{\partial r} (r^2 F_r) . \qquad (17)$$

Such a scheme of equations would determine the way in which the star settled down on itself in time. It should be noted that the solution will not be unique, i. e. there is no unique density distribution for a star cooling under its self-gravitation only. For we may build up a star in mechanical equilibrium in an infinite number of ways, and each density-distribution will settle down, as it cools, in its own way.

4. The BERNOULLIAN Energy-Integral for Steady Motion along the Temperature Gradient[1]. Consider the case of steady motion in a region in which $4\pi\varepsilon$, the rate of liberation of sub-atomic energy, is zero. Such a state of affairs will probably hold in a region of steady motion in the outer regions of a star, such as a sun-spot. The temperature distribution will also be stationary, and accordingly

$$\frac{\partial E}{\partial t} = 0.$$

Hence (14) gives

$$\varrho \frac{DK}{Dt} - \frac{p+p'}{\varrho} \frac{D\varrho}{Dt} = -\sum \frac{\partial F_x}{\partial x}. \tag{18}$$

Let us now suppose further that the stream lines of the motion coincide with the curves defined by the vector F. Since F is along the gradient of T^4, i. e. along the gradient of T, the motion will now be along the temperature-gradient. (This is likely to be the case in the core of a sun-spot apart from rotational motion, on the hypothesis that a spot is a region of upward flow.) Let σ be the cross-sectional area of any elementary tube of flow, s the arc of the tube measured along its axis. Then

$$\sum \frac{\partial F_x}{\partial x} = \operatorname{div} \boldsymbol{F} = \frac{1}{\sigma} \frac{d}{ds} (\sigma F),$$

if by F we mean $|\boldsymbol{F}|$. Accordingly (18) becomes

$$\varrho \frac{DK}{Dt} - \frac{p+p'}{\varrho} \frac{D\varrho}{Dt} = -\frac{1}{\sigma} \frac{d}{ds} (F\sigma). \tag{19}$$

The equation of continuity takes the form

$$\varrho q \sigma = \text{constant} = f, \tag{20}$$

say, where q is the scalar resultant velocity. Also $Dt = ds/q$. Hence (19) becomes

$$f\left[\frac{dK}{ds} - \frac{p+p'}{\varrho^2} \frac{d\varrho}{ds}\right] = -\frac{d}{ds} (F.\sigma). \tag{21}$$

The equation of motion is

$$\varrho q \frac{dq}{ds} = \varrho \frac{dV}{ds} - \frac{d(p+p')}{ds},$$

or

$$q \frac{dq}{ds} = \frac{dV}{ds} - \frac{d}{ds}\left(\frac{p+p'}{\varrho}\right) - \frac{p+p'}{\varrho^2} \frac{d\varrho}{ds}. \tag{22}$$

Multiply (22) by f and add to (21). Then

$$f\left[\frac{dK}{ds} + q\frac{dq}{ds} - \frac{dV}{ds} + \frac{d}{ds}\left(\frac{p+p'}{\varrho}\right)\right] = -\frac{d(F\sigma)}{ds}. \tag{23}$$

The integral of this is

$$f\left[K + \frac{1}{2} q^2 - V + \frac{p+p'}{\varrho}\right] = -F\sigma + C', \tag{24}$$

[1] Quart Journ Math (Oxford) 1, p. 1 (1930).

where C' is constant along the stream-line. Using (20) this becomes

$$K + \frac{1}{2} q^2 - V + \frac{p + p'}{\varrho} = -\frac{F}{\varrho q} + C, \tag{25}$$

where C is constant along the stream line. The physical meaning of (24) or (25) is that the total flux of energy of all points along the stream line

$$f\left[K + \frac{1}{2} q^2 - V + \frac{p + p'}{\varrho}\right] + F\sigma,$$

is constant. The various terms are in order the flux of heat energy, kinetic energy, potential energy, energy of compression and radiant energy. When $F = 0$ and $p' = 0$ we get the BERNOULLIan integral of classical hydrodynamics.

5. Convective Equilibrium under Radiation Pressure. Consider a fluid instantaneously in random turbulent motion, in a hydrodynamically steady state when large regions are considered. Then $\partial E/\partial t = 0$, and if in (14) we write $Dt = ds/q$, where q is the local velocity, we have

$$\varrho \frac{DK}{Ds} - \frac{p + p'}{\varrho} \frac{D\varrho}{Ds} = \frac{1}{q}\left(4\pi\varepsilon\varrho - \sum_{x,y,z} \frac{\partial F_x}{\partial x}\right). \tag{26}$$

If q becomes large, the state will approach which is usually called convective equilibrium, and in the limit, along any direction in the fluid, we shall have

$$\varrho dK - \frac{p + p'}{\varrho} d\varrho = 0. \tag{27}$$

The physical meaning of this equation is seen by writing it in the form

$$dK = -(p + p')\, d(1/\varrho),$$

which states that the increase in heat energy dK of unit mass, of volume $1/\varrho$, is equal to the work done by the total pressure in compressing it. It is in fact the equation of the adiabatic of a non-enclosed element of the material.

Consider now a column of material under constant gravity (atmospheric column) in the condition represented by (27). Over any not too small region the equation of mechanical equilibrium will hold, in the form

$$\frac{d(p+p')}{dx} + g\varrho = 0 \tag{28}$$

where x is the height measured vertically upwards. Writing this in the form

$$d\left(\frac{p + p'}{\varrho}\right) + \frac{p + p'}{\varrho^2} d\varrho + g\, dx = 0, \tag{28'}$$

and combining with (27) so as to eliminate $d\varrho$ we get

$$d\left(\frac{p + p'}{\varrho}\right) + dK + g\, dx = 0, \tag{28''}$$

which integrates in the form

$$\frac{p + p'}{\varrho} + K + gx = \text{const.} \tag{29}$$

For a perfect gas (29) takes the form

$$\frac{R}{\mu} T + \frac{\frac{1}{3} a T^4}{\varrho} + C_v T + gx = \text{const}$$

or

$$\frac{R}{\mu} \frac{\gamma}{\gamma - 1} T + \frac{\frac{1}{3} a T^4}{\varrho} + gx = \text{const}. \tag{30}$$

If we neglect the radiation-pressure term we have that T is a linear function of x, the well-known temperature distribution for a gas in convective equilibrium under gravity. Equation (30) is the generalisation of this when radiation-pressure is taken into account. It will be noticed that no equation of state has been used in deriving (29).

In the absence of radiation-pressure ($p' = 0$) the integral of (27) for a perfect gas has the well-known form

$$p \propto \varrho^{\gamma}.$$

It is of interest to obtain the generalisation of this integral when radiation-pressure is taken into account, in the case of a perfect gas.

We have in this case, putting $K = C_v T = RT/\mu(\gamma - 1)$ in (27)

$$\frac{R}{\mu(\gamma-1)} dT - \frac{R}{\mu} T d\varrho - \frac{\frac{1}{3} a T^4}{\varrho} d\varrho = 0$$

or

$$\frac{R}{\mu}\left[\frac{\varrho}{3(\gamma-1)} d\left(\frac{1}{T^3}\right) + \frac{d\varrho}{T^3}\right] + \frac{\frac{1}{3} a}{\varrho} d\varrho = 0 .$$

This has for an integrating factor $\varrho^{3\gamma-4}$. It way be written accordingly

$$\frac{R}{3(\gamma-1)\mu} d\left[\frac{\varrho^{3\gamma-3}}{T^3}\right] + \frac{\frac{1}{3} a}{3\gamma-4} d\,(\varrho^{3\gamma-4}) = 0,$$

which integrates in the form

$$\frac{R}{3(\gamma-1)\mu}\left(\frac{\varrho^{\gamma-1}}{T}\right)^3 + \frac{\frac{1}{3} a}{3\gamma-4}\varrho^{3\gamma-4} = \text{const.} \tag{31}$$

When term involving a is neglected, we have $\varrho^{\gamma-1}/T = \text{const}$ or $\varrho^{\gamma}/p = \text{const}$, the usual result.

In general (31) may be written

$$\frac{R}{3(\gamma-1)\mu}\frac{\varrho}{T^3} + \frac{\frac{1}{3} a}{3\gamma-4} = \frac{C}{\varrho^{3\gamma-4}},$$

or

$$\frac{1}{3\gamma-3}\frac{p}{p'} + \frac{1}{3\gamma-4} = \frac{C'}{\varrho^{3\gamma-4}}. \tag{31'}$$

As we descend the column, ϱ increases and if $3\gamma > 4$, p/p' decreases, ultimately to zero. The radiation-pressure becomes increasingly important as we descend the column. But the density ϱ can never exceed a certain limit. We have in fact

$$\varrho^{3\gamma-4} < (3\gamma - 4)\,C'.$$

Thus as we descend, ϱ increases, asymptotically approaching a certain maximum value. This feature markedly differentiates convective equilibrium under radiation pressure from convective equilibrium in the absence of radiation pressure. Further by (31) $\varrho^{\gamma-1}/T$ decreases as ϱ increases if $3\gamma > 4$, i. e. ϱ^{γ}/p decreases as ϱ increases.

6. Application to Adiabatic Motions of a Gaseous Star. For a spherically symmetrical star we may write

$$\frac{\partial E}{\partial t} = \frac{DE}{Dt} - u\frac{\partial E}{\partial r},$$

where u is the velocity of any element along the radius. Equation (14) then becomes

$$\frac{DE}{Dt} - u\frac{\partial E}{\partial r} + \varrho\frac{DK}{Dt} - \frac{p+p'}{\varrho}\frac{Do}{Dt} = 4\pi\varepsilon\varrho - \frac{1}{r^2}\frac{\partial}{\partial r}(r^2 F). \tag{32}$$

For a perfect gas we put as usual $K = C_v T = RT/\mu(\gamma-1)$, where γ is the ratio of specific heats of the gas. Also $E = 3p' = aT^4$. Equation (32) is the general equation governing stellar pulsations of radial type. If we neglect the right-hand side we obtain the equation for "adiabatic" pulsations

$$\frac{DE}{Dt} - u\frac{\partial E}{\partial r} + \frac{R}{\mu(\gamma-1)}\varrho\frac{DT}{Dt} - \frac{p+p'}{\varrho}\frac{D\varrho}{Dt} = 0 \tag{33}$$

or

$$\frac{DE}{Dt} - u\frac{\partial E}{\partial r} + \frac{p}{(\gamma-1)T}\frac{DT}{Dt} - \frac{p+p'}{\varrho}\frac{D\varrho}{Dt} = 0. \tag{33'}$$

Equation (33) differs from the equation used by EDDINGTON[1] in his investigations of pulsating stars. EDDINGTON's equation is derived by considering the motion of an element of volume as if it were "adiabatically enclosed", i. e., enclosed in totally reflecting walls. Since the volume of unit mass is $1/\varrho$ we obtain

$$d\left(\frac{E}{\varrho}\right) + dK = -(p+p')\,d\left(\frac{1}{\varrho}\right)$$

or

$$dE + \varrho dK - \frac{p+p'+E}{\varrho^2}\,d\varrho = 0. \tag{34}$$

This is the form we get by applying the adiabatic hypothesis to (16), thus neglecting its right-hand side. But we have seen that according to the present arguments equation (16), though correct as regards its volume integral over the whole star, is incorrect locally. Thus EDDINGTON's equation (34) is incorrect locally. It gives the theory of the pulsations of a star assuming it divided into a multitude of small cells each adiabatically walled. It thus assumes convection of the radiant energy with the material — it assumes that the material drags with it its own elements of radiant energy. Actually the radiant energy is flowing past the material, and the theory of pulsating stars should be based on (33) or (33').

We shall now take up the theory of pulsating stars as it stands at present, following the existing procedure in adopting equation (34) since time has not yet permitted the revision of the analysis on the basis of (33).

b) Pulsation Theory[2].

7. Historical. The behaviour of certain types of variable stars and the hypotheses made to account for them have made the investigation of the possible modes of oscillation of a spherical mass a subject of cosmogonic importance. Before any such applications were thought of, however, certain problems of this type had been discussed. Thus in 1863 Sir W. THOMSON[3], in a paper on "The Oscillations of a Liquid Sphere" investigated a type of disturbed motion by the method of spherical harmonics. His result was that if the surface of the sphere is normally displaced according to a spherical harmonic of order i, the resulting motion gives rise to a simple harmonic variation of the normal displacement, of period

$$2\pi\left[\frac{a}{g}\,\frac{2i+1}{2i(i-1)}\right]^{\frac{1}{2}},$$

where a is the radius of the sphere and g the value of surface gravity. Since $(a/g)^{\frac{1}{2}} = (a^3/GM)^{\frac{1}{2}} \backsim \bar{\varrho}^{-\frac{1}{2}}$, where M is the mass and $\bar{\varrho}$ is the mean density, we see that the period is inversely proportional to the square root of the density — a general result in this branch of theory.

A similar type of oscillation of a spherical mass of compressible fluid has been considered by R. EMDEN[4] on the following hypotheses: a) the equilibrium

---

[1] M N 79, p. 2 (1918); 79, p. 177 (1919); Internal Constitution of the Stars, Chap. 8 (1926).

[2] In writing this and the succeeding section, E. A. MILNE has had the collaboration of his pupil L. S. LEFÉVRE, of Oxford.

[3] Coll Papers 3, p. 384 (Encyc. Brit., 9th Ed., 1878).

[4] Gaskugeln, S. 448 (1907).

configuration is that of a polytrope of order n, less than 5; b) the small oscillations correspond to the deformation of the surface to a neighbouring surface given by a surface harmonic of order i, the interspace between the normal and the disturbed surface being occupied by matter at great attenuation so that the attraction of the layer in question may be disregarded in comparison with that of the main mass; c) the elements undergo variations about their equilibrium state according to the same polytropic law as that on which the whole equilibrium configuration is constructed; d) the small deformation of any spherical shell does not alter its attraction at any other point, so that every particle at distance r from the centre moves in the gravitational field of masses interior to r, which may be supposed concentrated at the centre. On these assumptions EMDEN found that the vertical displacement from the equilibrium position makes periodic oscillations of period

$$2\pi\left(\frac{a}{g}\cdot\frac{1}{i}\right)^{\frac{1}{2}}.$$

The first consideration of radial pulsations was made by A. RITTER[1]. He investigated the class of oscillations of a compressible fluid in which the sphere maintains its spherical shape throughout, the density remaining constant in concentric shells. The problem was worked out for small oscillations on the following hypotheses: a) the sphere is of constant density; b) the sphere remains of constant density at each instant during the pulsation (though varying in time); c) the material during the pulsation obeys the equation p/ϱ^γ = constant. We proceed to a brief account of RITTER's analysis.

Let ξ denote the displacement of any particle from its equilibrium position. Values of quantities in the equilibrium position are indicated by the suffix 0. The equation of motion is

$$\frac{d^2\xi}{dt^2} = -g - \frac{1}{\varrho}\frac{dp}{dr}, \tag{1}$$

where g is gravity at any point, p the pressure, ϱ the density and r the radial distance. Put

$$\xi = r - r_0, \qquad \omega = \xi/r_0.$$

By assumption b), ω is constant through the sphere at any instant. We have

$$\frac{g}{g_0} = \frac{1/r^2}{1/r_0^2} = \frac{1}{(1+\omega)^2},$$

or

$$g = g_0(1+\omega)^{-2}.$$

Further

$$\varrho = \varrho_0(1+\omega)^{-3}, \qquad r = r_0(1+\omega).$$

From the equilibrium configuration,

$$dp_0 = -g_0\varrho_0\,dr_0$$

and by assumption c),

$$\frac{p}{p_0} = \left(\frac{\varrho}{\varrho_0}\right)^\gamma = (1+\omega)^{-3\gamma},$$

Accordingly, from (1)

$$\frac{d^2\xi}{dt^2} = -g_0[(1+\omega)^{-2} - (1+\omega)^{2-3\gamma}]$$

or, for small oscillations,

$$\frac{d^2\xi}{dt^2} = -(3\gamma - 4)\,\omega g_0.$$

---

[1] Wied Ann 8, p. 172 (1879). See also: Anwendungen der mechanischen Wärmetheorie auf kosmologische Probleme (1882).

But
$$\omega g_0 = \frac{\xi g_0}{r_0} = \frac{\xi G(\frac{4}{3}\pi \varrho_0 r_0^3/r_0^2)}{r_0} = \frac{4}{3}\pi G \varrho_0 \xi,$$
where G is the constant of gravitation. Hence
$$\frac{d^2\xi}{dt^2} = -\frac{4}{3}\pi G \varrho_0 \xi (3\gamma - 4),$$
which defines harmonic oscillations of period
$$2\pi \left[\frac{3}{4\pi G \varrho_0 (3\gamma - 4)}\right]^{\frac{1}{2}}.$$
This formula, artificial as the problem may be, illustrates two points of general interest usually encountered in pulsation problems: 1. the proportionality of the period to the inverse square root of the mean density, 2. the critical nature of the value $\gamma = \frac{4}{3}$. For a sphere of the mean density of the sun (1,41) we find

for $\gamma = \frac{5}{3}$, period = 2 hours 47 minutes,
$\gamma = 1{,}4$, period = 6 hours 13 minutes.

RITTER endeavoured to extend the theory to finite oscillations, but, as EMDEN[1] pointed out, assumptions b) and c) above then become contradictory, and the extension is invalid.

All these investigators proceeded on a purely mechanical basis and made little or no reference to the thermal properties of the pulsating sphere. Account of such properties is taken in a paper by J. H. JEANS[2] "The Stability of a Spherical Nebula", in which the small oscillations of a gaseous sphere in mechanical and conductive equilibrium were investigated. In accordance with modern ideas the hypothesis of conductive equilibrium is now replaced by that of radiative equilibrium.

8. Adiabatic Oscillations of a Gaseous Star. EDDINGTON's Theory. A theory of adiabatic oscillations of a gaseous star has been developed by A. S. EDDINGTON (l. c. § 6) and applied to the problem of Cepheid variation. He takes as his fundamental equilibrium configuration the model suggested by his own theory of the radiative equilibrium of the stars. The general differential equation expressing the variation from such a configuration contains differentiations with respect to the time up to the third order and is not easily manageable. As a simplifying hypothesis which is afterwards justified EDDINGTON has considered the pulsations arising from adiabatic motion, the adiabatic feature arising from the high opacity of stellar material as deduced by him. In the adiabatic motion we neglect, in the energy-change equation, the terms arising from the generation of energy and the flow of radiation. This simplification introduced, the differential equation reduces to one of the second order.

The simplification is effected by considering the matter and enmeshed aether as forming a single system, of ratio of specific heats γ [γ was in section a) above the ratio for the matter alone], the total pressure P and density ϱ being assumed to be connected by the equation
$$P = k\varrho^{\gamma}. \tag{2}$$

Consider the motion of an elementary shell of the sphere bounded by concentric spheres of radii r and $r + dr$. This motion can be expressed by three relations, namely,

---

[1] Gaskugeln, S. 482. [2] Phil Trans 199, p. 1 (1902).

a) the equation of continuity, b) the equation of motion, c) the energy-rate equation (see ciph. 1 of this chapter) which as explained is replaced by the assumed adiabatic relation (2).

Let T, g denote temperature and gravity at r. Since we are to consider a given shell of matter, r varies during the motion. The suffix 0 is used to denote equilibrium values. For other values we write

$$r - r_0 = \delta r = r_0 r_1, \qquad P - P_0 = \delta P = P_0 P_1,$$

etc. The equation of continuity is

$$4\pi \varrho r^2 dr = 4\pi \varrho_0 r_0^2 dr_0$$

or

$$\frac{\delta \varrho}{\varrho_0} + 2\frac{\delta r}{r_0} + \frac{d(\delta r)}{dr_0} = 0,$$

or again

$$\varrho_1 = -2r_1 - \frac{d}{dr_0}(r_0 r_1) = -3r_1 - r_0 \frac{dr_1}{dr_0}. \tag{3}$$

The equation of motion is

$$\frac{d^2 r}{dt^2} = -g - \frac{1}{\varrho}\frac{dP}{dr}, \tag{4}$$

and we have the equilibrium relation

$$0 = -g_0 - \frac{1}{\varrho_0}\frac{dP_0}{dr_0}. \tag{5}$$

Now

$$\frac{dP}{dr} = \frac{d(P_0 + \delta P)}{dr_0}\frac{dr_0}{dr} = \frac{dP_0}{dr_0}\left(1 - \frac{d(\delta r)}{dr_0}\right) + \frac{d(\delta P)}{dr_0}$$

Hence (4) gives

$$\frac{d^2(\delta r)}{dt^2} = -(g_0 + \delta g) - \frac{1}{\varrho_0}\left(1 - \frac{\delta\varrho}{\varrho_0}\right)\left[\frac{dP_0}{dr_0}\left(1 - \frac{d(\delta r)}{dr_0}\right) + \frac{d(\delta P)}{dr_0}\right]$$

or, using (5)

$$\frac{d^2(r_0 r_1)}{dt^2} = -\delta g - \frac{1}{\varrho_0}\frac{d(\delta P)}{dr_0} - g_0\left[\frac{d(r_0 r_1)}{dr_0} + \varrho_1\right]. \tag{6}$$

But

$$\frac{g}{g_0} = \frac{r_0^2}{r^2},$$

so that

$$\delta g = -2 g_0 r_1.$$

Hence (6) can be written, on substituting for δg and using (3)

$$r_0 \frac{d^2 r_1}{dt^2} = 4 g_0 r_1 - \frac{1}{\varrho_0}\frac{d(P_0 P_1)}{dr_0}. \tag{7}$$

The adiabatic relation (2) gives

$$P_1 = \gamma \varrho_1$$

or

$$P_1 = -\gamma\left[3 r_1 + r_0 \frac{dr_1}{dr_0}\right]. \tag{8}$$

Equation (7) now becomes, on using (8) and (5)

$$\begin{aligned} r_0 \frac{d^2 r_1}{dt^2} &= 4 g_0 r_1 + g_0\left(3 r_1 + r_0 \frac{dr_1}{dr_0}\right) + \frac{\gamma P_0}{\varrho_0}\left(4\frac{dr_1}{dr_0} + r_0 \frac{d^2 r_1}{dr_0^2}\right) \\ &= (4 - 3\gamma) g_0 r_1 + \gamma\left(\frac{4 P_0}{\varrho_0} - g_0 r_0\right)\frac{dr_1}{dr_0} + \frac{\gamma P_0}{\varrho_0} r_0 \frac{d^2 r_1}{dr_0^2}. \end{aligned}$$

In this put

$$\frac{g_0 \varrho_0 r_0}{P_0} = \mu.$$

Then

$$\frac{d^2 r}{dr_0^2} + \frac{4 - \mu}{r_0}\frac{dr_1}{dr_0} + \left[-\frac{\varrho_0}{\gamma P_0 r_1}\frac{d^2 r_1}{dt^2} - \left(3 - \frac{4}{\gamma}\right)\frac{\mu}{r_0^2}\right] r_1 = 0 \tag{9}$$

Now assume the star to be oscillating as a whole with period $2\pi/n$, so that

$$\frac{d^2 r_1}{dt^2} = -n^2 r_1.$$

Then (9) becomes

$$\frac{d^2 r_1}{d r_0^2} + \frac{4-\mu}{r_0}\frac{d r_1}{d r_0} + \left[\frac{n^2 \varrho_0}{\gamma P_0} - \left(3 - \frac{4}{\gamma}\right)\frac{\mu}{r_0^2}\right] r_1 = 0. \tag{10}$$

This is the fundamental differential equation determining r_1 as a function of r_0. The ratio ϱ_0/P_0 and the quantity μ depend on the equilibrium model chosen. For the EMDEN polytrope $n = 3$, we have

$$\frac{\varrho_0}{P_0} = \frac{1}{u}\left(\frac{\varrho_0}{P_0}\right)_c$$

where c denotes the central value and u is EMDEN's variable. Also by (5)

$$\mu = \frac{g_0 \varrho_0 r_0}{P_0} = -\frac{r_0}{P_0}\frac{d P_0}{d r_0} = -\frac{4\xi}{u}\frac{du}{d\xi}$$

and so is dimensionless, ξ being EMDEN's radial variable. We recall that EMDEN's variable u for the polytrope $n = 3$ satisfies the relations

$$P_0 = (P_0)_c\, u^4, \qquad \varrho_0 = (\varrho_0)_c\, u^3. \tag{11}$$

The equation of hydrostatic equilibrium

$$\frac{1}{r_0^2}\frac{d}{d r_0}\left(\frac{r_0^2}{\varrho_0}\frac{d P_0}{d r}\right) = -4\pi G \varrho_0$$

becomes EMDEN's equation

$$\frac{1}{\xi^2}\frac{d}{d\xi}\left(\xi^2 \frac{du}{d\xi}\right) = -u^3 \tag{11'}$$

on putting

$$r_0 = \xi\left(\frac{P_0}{\pi G \varrho_0^2}\right)_c^{\frac{1}{2}}. \tag{11''}$$

Transforming (10) to EMDEN's variables it becomes

$$\frac{d^2\xi_1}{d\xi^2} + 4\left(1 + \frac{\xi}{u}\frac{du}{d\xi}\right)\frac{1}{\xi}\frac{d\xi_1}{d\xi} + \left[\frac{n^2}{\gamma}\left(\frac{\varrho_0}{P_0}\right)_c\left(\frac{P_0}{\pi G \varrho_0^2}\right)_c\frac{1}{u} + \left(3 - \frac{4}{\gamma}\right)\frac{4}{u\xi}\frac{du}{d\xi}\right]\xi_1 = 0,$$

or

$$\frac{d^2\xi_1}{d\xi^2} + 4\left(1 + \frac{\xi}{u}\frac{du}{d\xi}\right)\frac{1}{\xi}\frac{d\xi_1}{d\xi} + \left[\frac{n^2}{\gamma\pi G(\varrho_0)_c}\frac{1}{u} + \left(3 - \frac{4}{\gamma}\right)\frac{4}{u\xi}\frac{du}{d\xi}\right]\xi_1 = 0. \tag{12}$$

EDDINGTON writes

$$\omega^2 = \frac{n^2}{\gamma\pi G(\varrho_0)_c}, \qquad \alpha = 3 - \frac{4}{\gamma}, \tag{12'}$$

whence (12) becomes

$$\frac{d^2\xi_1}{d\xi^2} + 4\left(1 + \frac{\xi}{u}\frac{du}{d\xi}\right)\frac{1}{\xi}\frac{d\xi_1}{d\xi} + \left[\frac{\omega^2}{u} + \alpha\frac{4}{u\xi}\frac{du}{d\xi}\right]\xi_1 = 0. \tag{13}$$

Equation (13) has been solved numerically by quadrature, using the values of u, ξ, $du/d\xi$ tabulated by EMDEN (see Bd. III/1, Thermodynamics of the Stars), for the polytrope $n = 3$. We first assign a value to γ, and so to α; EDDINGTON chooses $\alpha = 0{,}2$; $\gamma = 10/7$. It is necessary to try various values of ω until the solution fits the boundary condition, which is that the first place of constant pressure (called by EDDINGTON a node, but preferably an antinode) must fall at the boundary of the star. The arbitrary initial value of ξ determines the amplitude of the oscillation; $d\xi_1/d\xi$ is zero at the centre. A solution in series may be used near $\xi = 0$. The following table giving a set of trial solutions in the case of $\alpha = 0{,}2$ is taken from EDDINGTON's "Internal Constitution of the Stars", p. 189. Analogous solutions for the polytropes $n = 2$ and $n = 4$ have been given by J. P. S. MILLER[1].

Table I. Trial Solutions for a Pulsating Star ($\alpha = 0{,}2$).

ξ	$\omega^2 = 0{,}055$			$\omega^2 = 0{,}060$			$\omega^2 = 0{,}065$		
	ξ_1	ξ_1'	ξ_1''	ξ_1	ξ_1'	ξ_1''	ξ_1	ξ_1'	ξ_1''
0	1	0	0,0423	1	0	0,0413	1	0	0,0403
1	1,0218	0,0443	0,0504	1,0212	0,0431	0,0476	1,0206	0,0420	0,0448
$1\frac{1}{4}$	1,0345	0,0573	0,0538	1,0335	0,0554	0,0506	1,0325	0,0535	0,0474
$1\frac{1}{2}$	1,0505	0,0713	0,0585	1,0489	0,0685	0,0541	1,0474	0,0657	0,0497
$1\frac{3}{4}$	1,0702	0,0867	0,0644	1,0678	0,0825	0,0584	1,0654	0,0784	0,0524
2	1,0940	0,1037	0,0718	1,0903	0,0977	0,0634	1,0867	0,0919	0,0550
$2\frac{1}{4}$	1,1223	0,1227	0,0806	1,1168	0,1142	0,0688	1,1114	0,1059	0,0570
$2\frac{1}{2}$	1,1556	0,1441	0,0912	1,1475	0,1320	0,0744	1,1396	0,1202	0,0577
$2\frac{3}{4}$	1,1946	0,1685	0,1041	1,1829	0,1514	0,0804	1,1715	0,1346	0,0568
3	1,2401	0,1965	0,1203	1,2234	0,1723	0,0862	1,2069	0,1484	0,0529
$3\frac{1}{4}$	1,2932	0,2290	0,1407	1,2692	0,1945	0,0917	1,2456	0,1606	0,0440
$3\frac{1}{2}$	1,3551	0,2672	0,1676	1,3208	0,2181	0,0968	1,2870	0,1697	0,0276
$3\frac{3}{4}$	1,4272	0,3135	0,2045	1,3784	0,2427	0,0999	1,3300	0,1735	0,0014
4	1,5122	0,3707	0,2571	1,4422	0,2678	0,0994	—	—	—
$4\frac{1}{4}$	1,6131	0,4442	0,3361	1,5122	0,2919	0,0927	—	—	—
$4\frac{1}{2}$	1,7349	0,5427	0,4621	1,5879	0,3130	0,0735	—	—	—
$4\frac{3}{4}$	—	—	—	1,6680	0,3266	0,0289	—	—	—
5	—	—	—	1,7497	0,3233	0,0680	—	—	—

EDDINGTON's discussion shows that $\omega^2 = 0{,}060$ gives a solution satisfying the boundary conditions fairly well. It is found empirically that the value of ω^2 satisfying the boundary conditions is roughly proportional to α. The following values have been given by EDDINGTON:

$$\alpha = 0{,}1, \quad \omega^2 = 0{,}0315, \quad (\gamma = 1{,}38),$$
$$\alpha = 0{,}2, \quad \omega^2 = 0{,}060, \quad (\gamma = 1{,}43),$$
$$\alpha = 0{,}6, \quad \omega^2 = 0{,}156, \quad (\gamma = 1{,}67).$$

A sufficiently accurate formula is

$$\omega^2 = \tfrac{3}{10}\,\alpha.$$

Inserting this in the definition of ω^2, (12′), we have for the period Π

$$\Pi = \frac{2\pi}{n} = \frac{2\pi}{[\frac{3}{10}\gamma\alpha\pi G(\varrho_0)_c]^{\frac{1}{2}}} \tag{14}$$

or

$$\Pi[(\varrho_0)_c]^{\frac{1}{2}} = 25080\,(3\gamma - 4)^{-\frac{1}{2}} \tag{15}$$

or, if Π is expressed in days

$$\Pi[(\varrho_0)_c]^{\frac{1}{2}} = 0{,}790\,(3\gamma - 4)^{-\frac{1}{2}}. \tag{15′}$$

[1] M N 90, p. 59 (1929).

The striking similarity with RITTER's formula should be noticed. For given γ, $\Pi \propto [(\varrho_0)_c]^{-\frac{1}{2}}$.

It should be noted here that γ is the ratio of specific heats for the combined system, matter and aether. To determine γ EDDINGTON proceeds as follows. The adiabatic relation is, assuming the element of material adiabatically enclosed,

$$d\left(\frac{E}{\varrho}\right) + d(C_v T) = -(p + p')\, d\left(\frac{1}{\varrho}\right)$$

or

$$dE + \varrho C_v dT - \frac{p + p' + E}{\varrho} d\varrho = 0. \tag{16}$$

[Cf. equation (34), section a).] This has to be identified with the relation

$$\frac{dP}{P} = \gamma \frac{d\varrho}{\varrho}, \tag{17}$$

which defines γ. Let now Γ be the ratio of specific heats for the gas alone. Then $C_v = (R/\mu)/(\Gamma - 1)$ and

$$E = aT^4 = 3p', \qquad p = (R/\mu)\varrho T, \qquad P = p + p'.$$

Accordingly (16) may be written

$$12p' \frac{dT}{T} + \frac{p}{\Gamma - 1} \frac{dT}{T} - \frac{p + 4p'}{\varrho} d\varrho = 0, \tag{16'}$$

and (17) may be written

$$\frac{\gamma P}{\varrho} d\varrho = dp + dp' = p\left(\frac{d\varrho}{\varrho} + \frac{dT}{T}\right) + 4p' \frac{dT}{T}. \tag{17'}$$

Eliminating $dT : d\varrho$ between (16') and (17') we have

$$\frac{12p' + \dfrac{p}{\Gamma - 1}}{4p' + p} = \frac{p + 4p'}{\gamma P - p}. \tag{18}$$

If in this we write $p = \beta P$, $p' = (1 - \beta)P$, we have

$$\frac{12(1 - \beta)(\Gamma - 1) + \beta}{(\Gamma - 1)(4 - 3\beta)} = \frac{4 - 3\beta}{\gamma - \beta}$$

or

$$\gamma = \beta + \frac{(4 - 3\beta)^2(\Gamma - 1)}{\beta + 12(\Gamma - 1)(1 - \beta)}.$$

We note as a verification that when $\beta = 1$, $\gamma = \Gamma$; when $\beta = 0$, $\gamma = \frac{4}{3}$, as is to be expected. The value of γ depends on β, and so according to EDDINGTON's model on the mass, but not conspicuously. Accordingly by (15) the product $\Pi \varrho_c^{\frac{1}{2}}$ should be approximately constant for Cepheids if they are in fact pulsating stars.

For δ Cephei, $1 - \beta = 0{,}45$, $\varrho_c^{\frac{1}{2}} = 0{,}165$ and taking $\Gamma = 14/9$ as a probable average value formula (15') gives $\Pi = 3{,}57$ days. The observed value is 5,37 days.

In order to estimate the errors introduced by the adiabatic hypothesis, EDDINGTON calculated dQ/dt, the rate of gain of heat per unit mass in the shell $(r, r + dr)$ caused by the transfer of radiation. Adopting the absorption law $k \propto \varrho/T^{\frac{1}{2}}$, he found that at $\xi = 3$ in a pulsating star for which $\gamma = 1{,}380$, $1 - \beta$

$= 0{,}385$ (corresponding to a period of about 4 days) the value of dQ/dt is

$$\frac{dQ}{dt} = 2{,}21\,\varepsilon \cdot 0{,}7\,\frac{\delta R}{R} + \text{const},$$

where ε is the rate of generation per unit mass, supposed uniform. Taking $\delta R/R$ (proportional amplitude of the pulsation) as 0,05, this represents an average rate of gain of energy of about $\frac{1}{20}\,\varepsilon$, equivalent to about $\frac{1}{10}$ day at the rate ε, during a half-period of 2 days. Now the total heat content is about 100000 years' supply of radiation. Thus the periodic loss and gain of heat (neglected on the adiabatic hypothesis) is to the heat already present in the ratio of $\frac{1}{10}$ day to 100000 years. The result is a temperature variation with amplitude of order $0^0{,}01$, superposed on the main temperature oscillation of an amplitude of some half-million degrees. The leakage is thus negligible, and the adiabatic hypothesis is justified. Near the boundary however the leakage effect becomes more important, and the adiabatic hypothesis ceases to be valid. It appears that at the place where $T = 5\,T_e$, the temperature oscillation due to heat leakage is about equal to the oscillation due to adiabatic pulsation. Thus outside $T = 5\,T_e$ the adiabatic hypothesis breaks down completely.

The small leakage just considered would ultimately dissipate the energy of the pulsations and damp them to zero if there were no countervailing agency at work. For δ Cephei the period of decay is found to be of the order of 8000 years. This is so short compared with the probable observed duration of the Cepheid stage (as judged by the observed frequency of occurrence of Cepheids) that we are bound to assume some kind of agency to maintain the pulsations. EDDINGTON concludes that "the rate of liberation of subatomic energy must increase nearly proportionally to the square of the temperature or the two-kinds power of the density in order to keep the pulsations going" (loc. cit. p. 201). No such dependence is however indicated by the luminosities and effective temperatures of non-pulsating stars.

An outstanding difficulty of the pulsation theory of Cepheids is its failure to account for the phase-relation between the light-curve and the radial-velocity curve. Maximum velocity of approach is found observationally to coincide with maximum light. On the pulsation theory the maximum light-intensity should occur at the moment of greatest compression, when the radial velocity is zero. There is thus a discrepancy of one-quarter of a period between the observed and predicted light-maximum. One possibility is that the observed spectral changes give the pulsations of the star's atmosphere and not of the star as a whole. At light-maximum, light-pressure will also be a maximum, and the facts could be explained if the atmosphere could be shown to pulsate in phase with the light-pressure. Maximum light-pressure means however maximum acceleration, not maximum velocity, and to make the two coincide, we should have to introduce a damping resistance. Such a resistance exists, in that an absorbing atom moving away from a light-source experiences less radiation-pressure than an atom at rest[1], but the effect appears to be too small. Another explanation might be found in the departure of the oscillations in the outer parts of the star from the adiabatic type, but the investigations of EDDINGTON[2] and of J. J. M. REESINCK[3] do not disclose any effect sufficiently large. EDDINGTON concludes that there must be some physical circumstance affecting the outside layers of a star which has not been realised in the formulation of the equations. The discrepancy remains unexplained.

---

[1] Cf. E. A. MILNE, M N 86, p. 578 (1926).
[2] M N 87, p. 539 (1927). [3] M N 87, p. 414 (1927).

c) Stability Investigations.

9. JEANS' Investigations on the Stability of Stellar Structures. Closely connected with the problem of small motions about equilibrium configurations are the discussions of J. H. JEANS[1] and H. VOGT[2] on stability.

The equation of motion of the moving star has the form

$$\frac{d^2 r}{dt^2} = -\frac{1}{\varrho}\frac{d(p+p')}{dr} - \frac{GM(r)}{r^2}. \tag{1}$$

JEANS, after adopting a correction due to VOGT, takes as the energy equation:

$$\varrho c_v \frac{dT}{dt} - (p + 4p')\frac{1}{\varrho}\frac{d\varrho}{dt} = \varrho\varepsilon - \frac{1}{r^2}\frac{d}{dr}(r^2 F), \tag{2}$$

where $\varrho\, c_v$ denotes the specific heat per unit volume of the matter and radiation together. We have shown that according to the investigations of section a) above, this equation, derived in section a) as equation (16), contains an error. How important this error may be remains for future investigation, but in the meantime we give an account of JEANS' analysis as it stands. In (21) ε is the rate of generation per gram (not $4\pi\varepsilon$). JEANS investigates a particular type of small motion about the equilibrium configuration, namely that in which the change in r is proportional to r throughout the star. He also supposes the change in T to be proportional to T. Using as before the suffix 0 to denote equilibrium values, we have for the type of motion considered $\delta r \propto r_0$, $\delta T \propto T_0$. An equation of state is assumed in the form $p \propto T\varrho^{1+s}$, thus allowing deviations from the perfect gas laws to be taken into account. On using these relations together with the equation of continuity, (1) becomes

$$\frac{d^2 r}{dt^2} = -\frac{T}{T_0}\left(\frac{r_0}{r}\right)^{1+3s}\left(\frac{1}{\varrho}\frac{dp}{dr}\right)_0 - \left(\frac{T}{T_0}\right)^4\left(\frac{r}{r_0}\right)^2\left(\frac{dp'}{dr}\right)_0 - \frac{GM(r)}{r_0^2}\left(\frac{r_0}{r}\right)^2.$$

Putting $\lambda = p_0/p'_0$ this reduces to

$$\frac{d^2(\delta r)}{dt^2} = \frac{GM(r)}{r_0^2}\left[\frac{\lambda+4}{\lambda+1}\left(\frac{\delta T}{T_0} + \frac{\delta r}{r_0}\right) - \frac{3s\lambda}{\lambda+1}\frac{\delta r}{r_0}\right]. \tag{3}$$

JEANS observes that if we equate the right-hand side of this equation to zero, as in equilibrium, and integrate, we find

$$r^{1-\frac{3s\lambda}{\lambda+4}}\, T = r_0^{1-\frac{3s\lambda}{\lambda+4}}\, T_0, \tag{4}$$

a generalised form of LANE's Law. But the result is open to the criticism that λ has been assumed to be constant through the star.

If the opacity is given by the law

$$\varkappa \propto \varrho / T^{3+n},$$

the flux equation

$$F = -\frac{4aT'}{3\varkappa\varrho}\frac{dT}{dr},$$

gives rise to the relation

$$\frac{1}{r^2}\frac{d}{dr}(r^2 F) = \left(\frac{T}{T_0}\right)^{7+n}\left(\frac{r}{r_0}\right)^4\left[\frac{1}{r^2}\frac{d}{dr}(r^2 F)\right]_0, \tag{5}$$

---

[1] M N 85, p. 914 (1925); 87, p. 400 (1927); 87, p. 720 (1927); Astronomy and Cosmogony, pp. 117—125, p. 144 etc. (1929).

[2] E. g. Veröff. d. Univ.-Sternwarte zu Jena, Nr. 2 (1929).

on the assumptions made. JEANS next adopts a formula for the dependence of generation of energy on density and temperature of the type

$$\varepsilon \propto \varrho^{\alpha} T^{\beta}, \tag{6}$$

whence

$$\frac{\delta \varepsilon}{\varepsilon_0} = \alpha \frac{\delta \varrho}{\varrho_0} + \beta \frac{\delta T}{T_0} = -3\alpha \frac{\delta r}{r_0} + \beta \frac{\delta T}{T_0}. \tag{7}$$

The energy-equation (2) now becomes, after using equilibrium relations,

$$c_v \frac{d(\delta T)}{dt} + \frac{3p_0 + 4aT_0^4}{\varrho_0 r_0} \frac{d(\delta r)}{dt} = \varepsilon_0 \left[-3\alpha \frac{\delta r}{r_0} + \beta \frac{\delta T}{T_0} - (7+n) \frac{\delta T}{T_0} - 7 \frac{\delta r}{r_0}\right]. \tag{8}$$

Elimination of δT between (3) and (8) yields the equation

$$\left.\begin{aligned} &\frac{d^3(\delta r)}{dt^3} + \frac{\gamma + n - \beta}{c_v T_0} \varepsilon_0 \frac{d^2(\delta r)}{dt^2} \frac{GM/r}{r_0^3}\left[\frac{\lambda+4}{\lambda+1}\left(\frac{3p_0 + 4aT_0^4}{\varrho c_v T_0} - 1\right) + \frac{35\lambda}{\lambda+1}\right] \frac{d(\delta r)}{dt} \\ &\quad + \frac{GM/r}{r_0^3} \frac{\varepsilon_0}{C_v T_0}\left[\frac{\lambda+4}{\lambda+1}(3\alpha + \beta - n) + \frac{3s\lambda}{\lambda+1}(\gamma + n - \beta)\right] \delta r = 0. \end{aligned}\right\} \tag{9}$$

This may be written in the form

$$\frac{d^3(\delta r)}{dt^3} + B \frac{d^2(\delta r)}{dt^2} + C \frac{d(\delta r)}{dt} + D\,\delta r = 0. \tag{10}$$

JEANS now discusses (10) on the assumption that B, C, D may be treated as constants independent of r. It is clear that this assumption is not valid save for very specialised models, and it is by no means certain what degree of generality we are to attach to the succeeding deductions. What is certain is that the most general disturbed motion of a star gives rise to a differential equation of the third order in t for δr as a function of t, the coefficients being functions of r derived from the equilibrium state. EDDINGTON's second order equation arises from neglect of terms arising from ε and F, and the third order terms, in his analysis, are in effect examined a posteriori when account is taken of the damping. The question whether or no a stellar structure is stable can only be solved by treating the problem in its most general form; no discussion of particular motions such as adiabatic motions can touch the question as to whether other unstable motions may not exist. The most general equation of the type (10) will include every kind of motion (of the homologous expansion or contraction type) of which the star is capable; it will include the small oscillations that are possible if the structure is stable with their appropriate damping factors.

If we assume B, C, D to be independent of r, (10) will possess a solution of the type

$$\delta r = A_1 e^{\theta_1 t} + A_2 e^{\theta_2 t} + A_3 e^{\theta_3 t}. \tag{11}$$

where θ_1, θ_2, θ_3 are the roots of the equation

$$\theta^3 + B\theta^2 + C\theta + D = 0.$$

Solution (11) represents a stable oscillation if and only if the real parts of θ_1, θ_2 and θ_3 are all negative. JEANS has shown that this condition gives rise to the inequalities

$$BC > D > 0, \tag{12}$$

which he claims to be the necessary conditions of stability, on all the assumptions made. They may be considered as roughly indicative of the kind of conditions to be expected from a more thorough-going analysis. JEANS' discussion shows that $D > 0$ expresses the condition that there shall be no slow secular expansion or contraction, whilst $BC > D$ expresses the condition that superimposed small oscillations shall be stable.

It would be inappropriate to follow JEANS here into his discussion of the application of inequalities (12) to equation (9). His main conclusion is however that for stability massive stars cannot be composed of perfect gas — that the exponent s cannot be zero.

Considering the assumptions made this conclusion can only be accepted with reserve. The opinion of the writer is that at present we know very little about the stability of any theoretically constructed stellar structure. Owing to the intractability of the equations for the general stellar model, progress would appear the most feasible along the direction of investigating rigorously the stability of definite simple models. A beginning might be made with EDDINGTON's first model, the star for which k and ε are both constant through the star and constant during the motion. Extension could then be attempted towards more general models. A single complete investigation of a definite model on consistent assumptions would be of great value.

Nachtrag zum Kapitel 6.

O. Laporte: Theorie der Multiplettspektren.

Ergänzung zum Literaturverzeichnis Seite 724 bis 737.

A II.

C. J. Bakker u. T. L. de Bruin, Z f Phys 62, S. 32 (1930).

A III.

T. L. de Bruin, Z f Phys 61, S. 307 (1930).

Ag II.

H. A. Blair, Phys Rev 36, S. 173 (1930).

Al III, Al IV.

E. Ekefors, Z f Phys 51, S. 471 (1928).
A. Ericson u. B. Edlén, Z f Phys 59, S. 656 (1930).

As IV, As V.

K. R. Rao, Nature 123, S. 244 (1929).
P. Quency, C R 189, S. 158 (1929); J de Phys et le Radium 10, S. 448 (1929).

As VI.

P. Pattabhiramiah u. A. S. Rao, Z f Phys 53, S. 587 (1929).

B II.

F. R. Smith u. R. A. Sawyer, J Opt Soc Am 14, S. 287 (1927).

B III.

J. S. Bowen u. R. A. Millikan, Wash Nat Ac Proc 10, S. 199 (1924).
F. R. Smith u. R. A. Sawyer, J Opt Soc Am 14, S. 287 (1927).

Ba II.

H. N. Russell u. F. A. Saunders, Ap J 61, S. 38 (1925).

Be II.

A. Ericson u. B. Edlén, Z f Phys 59, S. 656 (1930).

Br I.

C. C. Kiess u. T. L. de Bruin, Bur Stand J of Res 4, S. 667 (1930).

Br II, Br III, Br IV, Br V.

S. C. Deb, London R S Proc 127, S. 197 (1930).

C I.

J. J. Hopfield, Phys Rev 35, S. 1586 (1930).
F. Paschen u. G. Kruger, Ann d Phys 7, S. 1 (1930).

C III.

A. Ericson u. B. Edlén, Z f Phys 59, S. 656 (1930).

C IV.

J. S. Bowen u. R. A. Millikan, Nature 114, S. 380 (1924).
B. Edlén u. A. Ericson, Z f Phys 64, S. 64 (1930).

Cd II.

R. A. Sawyer u. C. T. Humphreys, Phys Rev 31, S. 1123 (1928).

Co II.

J. H. Findlay, Phys Rev 36, S. 5 (1930).

Cu I.

H. Lundegardh, Ark Kem Min och Geol Stockholm 10, S. 1 A (1929).

Ga III.

K. R. Rao, Proc Phys Soc 39, S. 150 (1927).
K. R. Rao u. A. L. Narayan, London R S Proc A 119, S. 607 (1928); Ind J Phys 3, S. 477 (1928).

He I.

P. G. Kruger, Phys Rev 36, S. 855 (1930).

Hf I.

W. F. Meggers u. B. F. Scribner, Bur Stand J of Res 4, S. 169 (1930).

Hg I.

E. D. McAllister, Phys Rev 35, S. 1585 (1930).
T. Takamine u. T. Suga, Sc Pap Inst of Phys and Chem Res Tokio 13, S. 1 (1930).
F. Paschen, Ann d Phys 6, S. 47 (1930).

Hg II.

G. Déjardin u. R. Ricard, C R 190, S. 427 u. 634 (1930).
W. M. Hicks, Phil Mag 9, S. 673 (1930).

J I.

W. Kerris, Z f Phys 60, S. 20 (1930).
L. u. E. Bloch, Z f Phys 61, S. 873 (1930).
W. Kerris, Z f Phys 61, S. 874 (1930).

In I.

D. A. Jackson, London R S Proc 128, S. 508 (1930).
J. C. McLennan u. E. J. Allin, London R S Proc 129, S. 208 (1930).

In III.

R. J. Lang, Wash Nat Ac Proc 15, S. 414 (1929).

K I.

H. Lundegardh, Ark Kem Min och Geol Stockholm 10, S. 1 A (1929).

Li I.

W. France, London R S Proc 129, S. 354 (1930).

Li II.

A. Ericson u. B. Edlén, Z f Phys 59, S. 656 (1930); Nature 124, S. 688 (1929) u. 125, S. 233 (1930).

Lu I, Lu II, Lu III.

W. F. Meggers u. B. F. Scribner, Bur Stand J of Res 5, S. 73 (1930).

Mg I.

R. A. Sawyer, J Opt Soc Am 13, S. 43 (1926).
H. Lundegardh, Ark Kem Min och Geol Stockholm 10, S. 1 A (1929).

Mg IV, Mg V.

J. E. Mack u. R. A. Sawyer, Phys Rev 35, S. 299 (1930).

Mn II.

H. E. White u. R. Ritschl, Phys Rev 35, S. 1146 (1930).

Mn VII.

R. C. Gibbs u. H. E. White, Phys Rev 33, S. 157 (1929).

N I.

E. Ekefors, Z f Phys 63, S. 437 (1930).

N IV.

L. J. Freeman, London R S Proc 127, S. 330 (1930).

N V.

B. EDLÉN u. A. ERICSON, Z f Phys 64, S. 64 (1930).

Na III.

J. E. MACK u. R. A. SAWYER, Phys Rev 35, S. 299 (1930).

Ne I.

N. RYDE, Z f Phys 59, S. 836 (1930).

O I.

F. PASCHEN, Naturwiss 18, S. 752 (1930); Z f Phys 65, S. 1 (1930).

O III, O IV, O V, O VI.

A. ERICSON u. B. EDLÉN, Z f Phys 59, S. 656 (1930).

O IV.

L. J. FREEMAN, London R S Proc 127, S. 330 (1930).

O VI.

B. EDLÉN u. A. ERICSON, Z f Phys 64, S. 64 (1930).

Pb III.

S. SMITH, Phys Rev 36, S. 1 (1930).

Pb IV.

A. S. RAO u. A. L. NARAYAN, Z f Phys 61, S. 149 (1930).
S. SMITH, Phys Rev 36, S. 1 (1930).

Pd II.

H. A. BLAIR, Phys Rev 36, S. 173 (1930).

Ra II.

W. F. MEGGERS u. A. G. SHENSTONE, Phys Rev 35, S. 868 (1930).

Sb I.

F. CHAROLA, Phys Z 31, S. 457 (1930).

Sb III.

R. J. LANG, Phys Rev 35, S. 664 (1930).

Sc II.

H. N. RUSSELL u. W. F. MEGGERS, Bur Stand J of Res 2, S. 733 (1929).

Sc II, Sc III, Sc IV.

L. u. E. BLOCH, Ann de Phys 13, S. 233 (1930).

Si III.

R. A. SAWYER u. F. PASCHEN, Ann d Phys 84, S. 1 (1927).

Sn IV.

R. J. LANG, Wash Nat Ac Proc 15, S. 414 (1929).
K. R. RAO, A. L. NARAYAN u. A. S. RAO, Indian J Phys 2, S. 476 (1928).

Te II, Te III, Te IV.

L. u. E. BLOCH, Ann de Phys 13, S. 233 (1930).

Tl II.

H. E. WHITE, Wash Nat Ac Proc 16, S. 68 (1930).
J. C. MCLENNAN, A. B. MCLAY u. M. F. CRAWFORD, London R S Proc 125, S. 570 (1929).

Tl III.

J. C. MCLENNAN u. E. J. ALLIN, London R S Proc 129, S. 43 (1930).

X II.

G. DÉJARDIN, C R 190, S. 580 (1930).

Y III.

W. F. MEGGERS u. H. N. RUSSELL, Bur Stand J of Res 2, S. 736 (1929).

Em I (Emanation).

E. RASMUSSEN, Naturwiss 18, S. 84 (1930); Z f Phys 64, S. 494 (1930).

Sachverzeichnis.